CAMBRIDGE

Event-B 建模：系统和软件工程

[法] 简-埃蒙德·阿布瑞尔（Jean-Raymond Abrial）著

裘宗燕 译

人民邮电出版社
北京

图书在版编目（C I P）数据

Event-B建模 ：系统和软件工程 / (法) 简-埃蒙德
·阿布瑞尔 (Jean-Raymond Abrial) 著 ; 裘宗燕译. --
北京 ：人民邮电出版社，2019.9
ISBN 978-7-115-50899-7

Ⅰ. ①E… Ⅱ. ①简… ②裘… Ⅲ. ①软件工程－系统
建模 Ⅳ. ①TP311.5

中国版本图书馆CIP数据核字(2019)第037906号

版权声明

◆ 著　　　[法] 简-埃蒙德·阿布瑞尔（Jean-Raymond Abrial）
译　　　裘宗燕
责任编辑　吴晋瑜
责任印制　焦志炜

◆ 人民邮电出版社出版发行　　北京市丰台区成寿寺路 11 号
邮编　100164　　电子邮件　315@ptpress.com.cn
网址　http://www.ptpress.com.cn
北京鑫正大印刷有限公司印刷

◆ 开本：787×1092　1/16
印张：30.75
字数：722 千字　　　2019 年 9 月第 1 版
印数：1 – 2 400 册　　2019 年 9 月北京第 1 次印刷

著作权合同登记号　图字：01-2017-7733 号

定价：129.00 元

读者服务热线：(010) 81055410　印装质量热线：(010) 81055316
反盗版热线：(010) 81055315
广告经营许可证：京东工商广登字 20170147 号

内 容 提 要

这本实用的教科书适用于形式化方法的入门课程或高级课程。本书以 B 形式化方法的一个扩展 Event-B 作为工具，展示了一种完成系统建模和设计的数学方法。

简-埃蒙德·阿布瑞尔（Jean-Raymond Abrial）是国际著名计算机科学家，曾任苏黎世联邦理工学院客座教授，他基于精化的思想提出了一种系统化的方法，教读者如何逐步构造出所期望的模型，并通过严格的证明对所构造模型做系统化的推理。本书将介绍如何根据实际需要去构造各种程序，以及如何构造各种更一般的离散系统的模型。本书提供了大量示例，这些示例源自计算机系统开发的各个领域，包括顺序程序、并发程序和电子线路等。

本书还包含了大量具有不同难度的练习和开发项目。书中的每个例子都用 Rodin 平台工具集证明过。

本书适合作为高等院校计算机、软件工程、网络工程、信息安全等专业高年级本科生、研究生的教材，也可供相关领域的研究人员和技术人员参考。

序言：无缺陷系统？我们能！

这个标题当然很有挑衅的味道。我们都会认为，这一宣言是针对着某些不可能的事情。不可能！环视四周，我们还做不出无缺陷的系统。如果这件事有可能，应该早就被人们做好了。再说，无论如何，我们首先要说清楚什么是“缺陷”。

我们该怎么想象这里的情况呢？我们可能想，这应该是一位大师想兜售他最新的灵丹妙药。亲爱的读者，请放心，这个序言并不包含任何全新的克敌法宝，而且进一步说，它也不是技术性的，不要求你理解一大堆复杂的概念。本序言的意图，就是提醒你注意一些简单的事实和想法。如果愿意，你就可以去利用它们。

这里的思路就是去扮演某个人的角色，这个人现在正面临一种险恶的局面（是的，计算机化的系统的开发并没有远离险境——作为一种度量的尺度，只需要考虑在系统崩溃时所浪费的金钱）。在面临险境时，我们有可能决定以某种鲁莽的方式去改变某些东西。但是，这样做通常完全无效。另一条途径就是逐步引入一些简单的特征，希望把它们**放在一起**，最终能导致局面的全局性改变。后者也就是我们将要用在这里的“哲学”。

定义和需求文档

我们的目标就是构造出正确的系统，因此，首先需要认真地定义一种方法，据此可以判断自己做出的东西究竟是什么。这就是“定义和需求”文档的用途。在投身于开发一个计算机化的系统之前，必须认真地写出这种文档。

但是，你会说，大量工业部门都有这种文档，它们已然存在，为什么还要为此操心呢？好吧，就我个人的经验，绝大多数情况是，业界正在使用的文档**非常糟糕**。仅仅是理解需求到底是什么，将其从有关文档中提取出来，通常就已经很困难了。一个事实是，人们常以做文档时用了某些（昂贵）工具的事实作为其需求文档值得信任的证据！

我强烈建议，应该按照本节中说明的简单路线重写需求文档。

这样的一个文档应该包含两类相互嵌套的正文：**解释性的正文**和**参考性的正文**。前者包含为理解手头问题所需要的解释，当读者第一次遇到这里的问题，或者需要某些基本的理由时，这些解释应该能帮助他们。后者包含定义和需求，其形式主要是带有标签和编号、用自然语言写出的简短陈述句。与相应的解释相比，这种定义或需求应该更形式化。当然，它们必须是自足的，而且能成为判断正确性的唯一参考。

定义和需求文档应该类似于数学书籍，其中一段段的**解释性文字**（在这里，作者非形式化地解释自己的方法，有时还给出一些历史背景）里交织着一些更形式化的片段——定义、引理和定理——所有这些构成了**参考性正文**，很容易与书中的其他内容区别开来。

对于系统工程的情况，我们用两个坐标来标记参考性的定义和需求。第一个坐标说明其用途（功能、设备、安全性、物理单元、退化模式、错误等），第二个坐标说明其抽象层次（高层、中间层、底层等）。

我们必须仔细地定义好第一个坐标，然后再去写定义和需求文档，因为对于不同的项目，这个坐标的情况有可能不同。注意，“功能性”标签描述目标软件中处理特定任务的需求，而“设备”标签描述环境必须保证的**假设**（我们也称其为**需求**）。我们的目标软件将运行于这种环境中。这种环境由一些设备组成，还包括一些物理变化现象、其他的软件部分，以及系统的用户。第二个坐标把参考性的项目放到一个层次结构中，从非常一般（抽象）的定义或需求，直到越来越特殊的、为了系统的运行而需要的东西。

这其中有一件事非常重要：在这个工作阶段，有关的定义和需求文档都必须得到利益相关方的同意和认定（签字）。

到了这个阶段的最后，我们已经写下有关目标系统的所需性质。这些东西到底能不能实现，我们还**没有任何保证**。即使我们写下所需要的飞机必须能飞，也不保证它真能飞起来。在写出了这样的文档后，人们经常会急于去编程。而我们都知道这样做将会得到什么。在投入**编程之前**，还需要有一个中间工作阶段，其作用将在下一节解释。

模拟和编程

程序设计活动的目标是构造出一段形式化正文。我们假定这段正文能指导计算机，告诉它怎样去完成一些特定的任务。**我们的想法是不做这件事**，而是去构造一个系统，其中有一部分是软件（也是我们将构造出的东西），它是系统许多部分中的一个。这也就是我们不把自己的工作仅限于去开发软件部分的原因。

为了像工程师一样做好这件事。我们并不假定是要指导计算机，而是假定要指导自己。要以严格的方式完成这件事。我们没有别的办法，只能是设法去做出未来系统的一个完全的**模型**，包括最后将要构造出的那个软件以及它的环境。该环境（同样）由一些设备、变化的物理现象、其他软件以及可能的用户构成。程序设计语言无助于我们完成这些工作。所有这些都必须认真地建模，并设法弄清软件将如何运行的所有假设。

模拟是系统工程师最主要的工作。程序设计则将随之变成了一种从属性的工作，它完全可以全自动地完成。

建模一个计算机化的系统，过去是借助于某种建模语言——例如 SIMULA-67（它是所有面向对象语言的鼻祖）——完成的，现在仍然如此。我们对此的建议仍然是做一个模拟，但不是用某种模拟语言来做这件事。为了便于检查和分析这一工作的结果，我们建议用构造**数学模型**的方式来完成它，通过**证明**来分析得到的模型。物理学家或者运筹学家就是这样工作的，我们也应该采用类似的做法。

因为我们并不打算指导计算机，所以不必去说需要一步步地做什么。我们要做的是解释并形式化地描述应该**观察**到的情况。但是，要这样做时，立刻就会遇到一个问题：我们如何才能去观察某种当时并不存在的东西？对这个问题的回答很简单：虽然它还没有存在于物理世界中，但显然它已经存在于我们的脑海里。工程师或建筑师总是这样做的：他们根据自己脑海中已有定义的某种表示，去构造出相应的实际物品。

离散迁移系统和证明

正如前一节所言，建模工作并不仅仅是形式化未来系统在我们脑海里的表示，还包括**证明**这一表示能满足某些期望的性质等相关工作，也就是在前面讨论定义和需求文档时，非形式化地说明了的那些性质。

为了完成这一包含了模拟和证明的工作，我们采用一种简单的形式化工具，称为**离散迁移系统**。换句话说，无论需要执行的模拟工作是什么，我们总是把未来系统的组件表示为一些状态的序列。状态之间是突然出现的迁移，也称为**事件**。

从模拟的观点看，理解下面的情况非常重要：一个人按动一个按钮，或者一个发动机的启动或停止，或者一部分软件执行某项任务，如果这些都出现在某个全局性的系统里，那么它们之间并没有任何**本质性的差异**。这些活动中的每一个都是离散迁移系统，它们自行工作或相互通信，都在参与作为一个整体的某个系统的分布式活动。这些也就是我们计划采用的建模各种任务的方法。

使用这一非常简单的工作方式也极其方便。特别是有关的证明工作，其中一部分工作就是证明每个组件的迁移都能维持一些全局性质，而这些性质是我们所希望的，组件的所有状态都必须始终满足它们。这种性质就是所谓的**不变式**。在多数情况中，这些不变式涉及系统中的多个组件，是横贯它们的性质。相应的证明称为**不变式保持性证明**。

状态和事件

正如我们在前一节里已经看到的，一个离散迁移组件包括一个状态和若干迁移。我们现在用一些简单的术语来说明有关情况。

粗略地说，状态（如同在一个命令式程序里一样）由一些变量表示。但是，与程序里的情况不同，这里的变量可以是整数、偶对、集合、关系、函数等（也就是说，可以是任何集合论里可以表示的数学对象），而不仅是计算机里的对象（即那些受限的整数和浮点数、数组、文件一类的东西）。除了变量定义外，我们可能还有不变式语句——它们可以用任何在一阶逻辑和集合论的描述范围内能够写出的谓词表示。把所有这些放在一起，一个状态就可以简单地抽象为一个集合。

练习：在一个人可以按动一个按钮的离散系统里，状态是什么？在一个发动机可以启动和停止的系统里，状态又是什么？

根据上面的所有说法，一个**事件**可以抽象为状态空间上一个简单的二元关系。该关系表示了顺序的前后两个状态之间的联系，这两个状态中的一个恰好出现在该事件的“执行”之前，另一个恰好出现它之后。当然，直接把事件定义为二元关系，有可能不太方便。更好的方式是把事件分解为两个部分，一些**卫**和一些**动作**。

卫也就是一个谓词，一个事件的所有卫并在一起，就得到了与之对应的二元关系的作用域。一个动作也就是对状态变量的一次简单赋值。假定一个事件的所有动作将同时在不同的变量上“执行”，未赋值的变量不会改变。

这些也就是我们在定义状态迁移系统时使用的全部记法形式。

练习：在一个人可以按动一个按钮的离散系统里，有哪些事件？在一个发动机可以启动和停止的系统里，又有哪些事件？在这两个系统之间可能有哪些关系？

在这个工作阶段，我们可能会有点困窘——发现最后一个问题不太容易回答。事实上，从一开始，我们就没有遵照“药方”。或许我们应该先写下一个与用户/按钮/发动机有关的定义和需求文档。在做这件事时，我们可能就已经发现了，发动机和按钮之间的关系原来并不是那么简单。在这里可能出现下面一些问题：我们究竟需要一个按钮，还是几个按钮（例如，一个开始按钮和一个停止按钮）？后一做法是一个好想法吗？如果采用多个按钮，在发动机已经运转的情况下再按启动按钮，我们会观察到什么？在这种情况下，我们是否必须松开按钮以便随后重新启动发动机？如此等等。我们也可能看清楚了，与其分别考虑一个按钮系统和一个发动机系统，而后再**组合**它们，更好的做法可能是先将其作为一个问题来考虑，而后再**分解**成几个。这时，我们又要考虑，怎么在这两者之间放进去一点软件，如此等等。

横向精化和证明

要想模拟一个包含很多离散迁移组件的大系统，这样的工作当然不可能一蹴而就，只能通过一系列的工作步骤来完成，在每一步中把这个模型做得更丰满一点。我们首先创建其各种组件的状态和迁移，而后再充实它们；先以非常抽象的方式，而后引入更具体的元素。这种活动称为**横向精化**（或者 superposition，叠加）。

在做这种事情时，系统工程师会仔细考察定义和需求文档，逐渐从中提取出一些元素来进行形式化。他们还要关心模型里的定义和需求的可追溯性。注意，经常会出现这样的情况，我们在建模中会发现定义和需求文档是不完全的或不一致的，因此需要对它们做相应的编辑修改。

在应用这种横向精化方法时，我们也需要做一些证明，确保更具体的精化步骤不违背在更抽象的精化步骤中已经完成的工作。这就是**精化证明**。

最后，当模型中每个定义和每个需求都被考虑了之后，横向精化阶段就完成了。

在做横向精化的过程中，我们并不关心可实现性。我们的数学模型，就是用集合论的记法形式描述的状态不变式和状态迁移。

在做横向精化时，我们将通过增加变量的方式扩充模型的状态，也可以强化事件的卫或者增加新的卫，还可以给事件增加新的动作。最后，还可以增加新的事件。

纵向精化和证明

还有第二类精化工作，这类工作在所有横向精化完成之后才能执行。鉴于这种情况，这时我们不会在模型里加入任何新细节，只是转换离散系统里的某些状态或迁移，以使它们更容易在计算机上实现。这种精化称为**纵向精化**（或者**数据精化**）。这类精化常常可以用一个半自动化的工具来做。这样做时，同样需要做**精化证明**，以保证实现选择与更抽象的观点吻合。

纵向精化的典型实例，如把有穷的集合转换为布尔数组，同时把各种集合运算（并、交、包含等）对应地转换为一些程序循环。

在执行纵向精化时，我们可以删去一些变量并加入一些新变量。纵向精化中的一个重要方面是所谓的连接不变式，它建立起具体状态和抽象状态之间的联系。

通信和证明

建模工作有一个非常重要的方面，与未来系统中不同组件之间的通信有关。在顺序地完成一系列精化时，我们必须在这方面非常小心。一开始就按照组件在最终系统里所具有的通信方式建模它们之间的通信，是一种错误的做法。做这件事的更好方法是，首先设想每个组件都有“权利”去**直接访问**另一些组件的状态（这仍然是非常抽象的考虑）。这样做就是搞了一点“欺骗”，显然，在现实中情况不可能是这样。但是，把这种方法用在初始的横向精化步骤里，是非常方便的做法，因为随着精化步骤的进展，组件将和它们之间的通信一起逐步精化，逐渐变得更加充实。**只有到了最后**的横向精化步骤，我们再根据组件之间的真实通信模式引入对应的各种通道。这样做才是最合适的，也能把全局系统分解为一些相互通信的子系统。

在此之后，我们还需要弄清楚，在每个组件看到其他组件的状态的模糊图景时，应该如何针对它们的状态迁移做出的反应。出现这种情况，是因为消息在组件之间传递需要一点时间。因此，我们必须证明，即使出现了这样的时间偏移，所有事情“仍然像”不存在这种时间偏移的情况一样。这是我们需要完成的另一类**精化证明**。

能做到无缺陷：这是什么意思？

现在我们已经可以准确地说明，所谓的“无缺陷”系统究竟意味着什么了。这个词语，如本序言的标题所言，反映了我们的最终目标。

设想一个控制火车网络的程序，如果它不是采用“构造即正确”的方式开发出来的，那么我们在写出它之后，肯定无法证明该程序能保证不会出现两列火车相撞的情况。这时再去证明这一性质，已经太晚了。这时我们能测试或证明的，只是诸如这个程序在做数组访问时不会出现越界，或者不会出现危险的空指针访问，或者不存在算术溢出的危险（这件事貌似很简单，但请记住，这也就是导致阿丽亚娜 5 型火箭在其首次航行中爆炸的问题，事先没有检查出来）。

我们应该看到在问题的解的认证和问题的认证之间的差异，这件事非常重要。看起来，这里存在着值得注意的混乱，许多人并没有清晰地区分这两种不同的认证工作。

解的认证只关心构造出来的软件，有关工作就是针对上面提到的一些**软件性质**（数组越界访问、空指针、溢出等）确认这个软件没有问题。与之对应的，问题的认证关注的是系统的**全局情况**（例如，保证列车在一个给定的铁路网中总能安全运行）。在做这件事情时，我们必须证明整个系统（不仅是其中的软件）的所有组件都能和谐地参与到完成这一全局目标的活动中。

要证明程序保证两列火车绝不会相撞，我们就必须通过模拟这个问题的方式来构造程序。显然，这个问题中的一个重要部分就是需要考虑的性质，它们必须是作为工作之始的那个**模型的一部分**。

自然，我们也应该注意，有时人们可以成功地做出某些类别的问题证明，作为得到的解（程序）的一部分。人们完成这一工作的方式，通常是在程序里加入一些幽灵变量（ghost variable），以此处理需要考虑的问题。在最终的程序里，这类变量将被删除。我们认为，这种方法是过于人为的赘物。其主要缺点是，它只能关注软件的情况，不能关注更广泛的问题。事实上，幽灵变量的这种使用，恰恰说明需要在问题层面上做抽象的推理。本书中倡导的方法正是从抽象开始，对它们做推理，后来再引入程序。

在模型开发的横向精化阶段，我们将会考虑很多性质。在横向开发阶段结束时，我们应该已经精确地知道了，这种不会撞车的性质到底是什么意思。在做这些工作的过程中，我们要精确地给出**所有假设**（尤其是有关环境的假设），有了这些，模型就能保证两列火车绝不会相撞。

正如我们已经看到的，有关的性质本身是不够的。通过展示出所有假设，我们才能做好问题的认证。从本质上说，这种做法与仅仅针对软件能做的事情完全不同。

采用这一类方法，我们就能在开发结束时断言，相对于系统需要的所有性质，系统一经构造出来就是无缺陷的。在这种情况下，我们把所考虑的“缺陷”是什么都精确地说清楚了（而且特别是弄清了有关的假设）。

当然，我们也应该注意到一种微妙的情况。在前面的讨论中，我们佯装说明这种方法能做出最终的软件，使它相对于它的环境是构造即正确的。换句话说，这一全局系统是无缺陷的。完成这一工作的方式，就是在我们构造的环境里建模，并在此过程中完成一些证明。前面说过，这一环境由设备、物理现象、一些软件以及用户等组成。显然，这些元素不可能完全地形式化。因此，与其说软件相对于它的环境是正确的，更恰当一点，不如说它的正确性是相对于我们在此之前构造出的那个环境模型的。显然，该模型只是物理环境的一个近似。如果这个近似与真实环境的距离很远，那么软件就可能在一些事先未曾预料的外部情况中出错。

综上所述，我们只能佯装说完成了一个相对无缺陷的构造，而非绝对的，因为后者根本不可能。当这个解还在婴儿期时，我们就要找到一种方法，做出一个环境的模拟，使其是真实环境的一个“很好的”近似。显然，概率性方法一定对这类工作很有用。

关于证明

此前我们曾几次提到，需要在建模的过程中完成一些证明。首先，我们显然需要有一个工具来自动生成那些必须证明的东西。让人自己明确写出所有必须证明的形式化语句，显然是很愚蠢的（也太容易出错了）。对于很简单的系统，常常也需要做数以千计的证明。其次，我们也需要能自动完成证明的工具：在这方面的典型情况是，90%以上的证明都可以自动完成。

这里出现了一个有趣的问题，那就是需要研究在自动证明失败时究竟发生了什么情况。导致失败的可能因素有：①自动证明器不够聪明；②要求证明的语句本身为假；③需要证明的语句本身是不可证明的。对于情况①，我们必须做交互式的证明（参看后面的“工具”部分）；对于情况②，这个模型应该做一些重要的修改；对于情况③，这个模型需要充实。情况②和③都非常有趣，它们正好说明了，证明活动对于建模所可能扮演的角色，就像是测试相对于程序的角色。

还应注意，最终能自动证明的百分比，也是模型质量的一个很好的指示器。如果需要做太多的交互式证明，可能说明这个模型太复杂。通过简化模型，我们常常可以大幅度地提高自动完成的证明的百分比。

设计模式

设计模式近年来非常走红，也是由于多年前的一本针对面向对象软件开发的设计模式著作[3]。但是，实际上，这个想法本身比那本书里谈到的更具普遍性：它可以很有成效地扩展到任何特定的工程专业领域，特别是系统工程领域，就像这里所设想的。

有关想法就是先写下一些预定义的小的工程处方，只要根据不同的场景对它们做相应的统一的实例化，就可以重复地使用它们。对于我们的情况，这种模式在形式上就是一些经过证明的参数化模型，它们可以被结合到各种大项目里。这样做的优势是可以避免重复证明，只做一次，而后就能重复地用在基于模式的开发中。我们有可能开发出相应的工具，帮助我们以系统化的方式方便地完成模式的实例化和组合。

动态演示

这里还有一个很奇怪的东西：之前我们强烈建议把正确性的保证构筑在建模和证明的基础上。而在这一小节，我们则准备说，“动态演示”（即“执行”）模型可能也是一个“很好的”主意。

当然，前面我们一直认为，有数学就足够了，因此并不需要执行。这里有什么矛盾吗？是不是我们实际上并不能确定数学处理已经足够了，或者无法保证数学总是“真的”？并非如此！在证明了毕达哥拉斯定理之后，任何数学家都不会再想去通过度量一个直角三角形的两条直边和斜边来验证这个定理！那么，为什么我们要去执行模型呢？

我们确实已经证明了一些东西，并对自己的证明也确信无疑。但是，我们怎么能简单地确信已经证明的就是需要证明的东西呢？这里可能有些事情是很难接受的：我们（花了很多力气）写下了定义和需求文件，就是出于一个原因，想弄清楚需要证明些什么。而我们现在又说，或许该需求文档说的并不是我们真正需要的东西。确实，情况就是这样，历史并不总是直线前进的。

直接演示已有的模型（在这里，我们没有说再去做某种特殊的模拟，而是直接使用已经建立的模型），并在屏幕上展示整个系统（而不仅是其中的软件部分）的活动情况，用以检查我们写出的东西正是自己所需，也是一种非常有效的方法。经常会出现这样的情况：在做动态演示时，我们发现以前所写的需求文档并不足够精确，或者它要求了某些不必要的性质，甚至发现它要求的某些性质并不符合实际需要。

动态演示是建模的补充，它能帮助我们发现一些问题，使我们能在早期阶段修改自己的想法。更有意义的是，做这些的代价并不大，远远低于通过对最终系统做了一次实际执行，竟然发现我们构造出的系统并不是自己想要的东西（实在是太晚了）。

看起来，动态演示似乎应该在证明之后再做，作为编程阶段之前的一个额外工作阶段。这不对！我们的想法是，应该在横向精化阶段里尽可能早做一些动态演示，甚至在非常抽象的层面上做。这样做的理由是，如果我们必须修改需求（并重做一些证明），最重要的就是确切地知道模型中的哪些部分可以保留，模型结构的哪些地方应该修改。

同时进行演示和证明还有另一个正面作用。回忆一下，我们说过，证明也是一种找出和排除模型中错误的方法：一个证明不能完成，可以看作模型里有"错误"，或者是模型过于贫乏的一种指示剂。一个不变式保持证明做不出来，也有可能在证明之前就通过演示揭露出来，并且得到了解释。通过演示，我们很容易发现无死锁的反例。但也请注意，动态演示并不意味着我们可以暂时把证明活动停下来，上面的讨论只是想说，它可以是证明的一个非常有用的补充。

工具

对于开发正确的系统而言，工具非常重要。我们建议，在这里已经有了一个（形式化的）包含着模型的正文文件及其一系列精化之后，我们应该离开常规的工作方式。按我们的建议，需要有一个**数据库**，用于记录和处理建模的对象，如模型、变量、不变式、事件、卫、活动，以及它们之间的关系，这些都是我们在前面提到过的。

常规的静态分析器能处理这些组件，完成词法分析、名字冲突检查、数学式的正文语法分析、精化规则的验证，如此等等。

根据上面的讨论，最重要的工具之一称为**证明义务生成器**。它能分析已有的模型（不变式、事件等）以及它们的精化，生成需要证明的语句。

最后，还需要某些**证明工具**（自动化的和交互式的），以便能消解前一工具生成的那些证明义务。在这里，我们应该理解一个重要的情况：这里需要执行的证明，并不像专业的数学家需要去攻克（或感兴趣）的那一类证明。我们的工具应该考虑这个情况。

在一项数学研究中，数学家的兴趣就是去证明一个定理（例如四色定理）以及一些引理（例如 20 个引理）。数学家不会想利用数学的帮助去构造出一个人造物件。在数学项目中，研究的问题是不变的（始终就是那个四色定理）。

在一个工程项目中，有数以千计的定理需要证明。进一步说，在开始时，我们并不清晰地知道需要证明什么。还要注意的是，我们不是要证明火车绝不相撞，而要证明，在有关环境的某些确定假设之下，所构造的系统能确保火车不会相撞。我们要证明的东西涉及有关构造过程中我们对问题的认识，以及工作过程（并非线性的）的进展情况。

作为这种情况的推论，一个工程证明器可能需要一些功能。对专门帮助数学家做证明的工具而言，这些功能可能没必要。这里提出两种功能：差分式的证明（在模型做了少许修改之后，如何找出哪些证明需要重做）；存在无用假设下的证明。

除了我们在这一部分讨论的工具集，如果再增加一些使用同一个核心数据库的工具，也可能很有价值：动态演示工具、模型检验工具、UML 转换工具、设计模式工具、组合工具、分解工具，等等。这意味着，工具系统应该按有利于扩充的方式来构造。按照这种设计哲学开发的一个工具就是 Robin 平台，可以从 Event-B 官方网站免费下载。

遗产代码问题

遗产代码带来两方面问题：①我们希望开发一部分新的软件，而这部分软件需要连接某些遗产代码；②我们希望修复或更新某些遗产代码。

问题①最常见，在开发所有新代码时，几乎都会遇到这个问题。在这种情况下，遗产代码也就是新产品的环境中的一个元素。这里的挑战是，如何能模拟遗产代码的可观察行为，以便把它纳入模型中，就像处理环境里的其他元素一样。要做好这件事，在新产品的需求文档里，就必须包含一些与遗产代码有关的元素。这种需求（假设）必须首先非形式化地定义清楚，就像前文解释的那样。

工作中的目标，应该是为模型开发出与有关遗产代码兼容的最小接口。与通常的情况一样，关键还是抽象和精化：这样才能逐步把遗产代码引入模型，采用的方式应使我们能顾及它所提供的具体接口的各个方面。

与问题①相比，问题②要困难得多。事实上，这种修复更新经常带来非常令人失望的结果。人们趋向于认为，遗产代码本身“就是”在修复更新中应该使用的需求文档。这种看法完全是错误的。

首先，我们应该写出一个全新的需求文档，定义好抽象的需求，使之独立于在遗产代码中看到的具体实现。即使它偏离了遗产代码，也不应该犹豫。

其次，修复更新遗产代码，工作方式是开发并证明它的一个模型。这里的危险是过于接近地模仿遗产代码，因为它可能包含一些不好理解的方面（除了编写遗产代码的程序员通常都不在场之外），而且它显然不是通过形式化建模方法开发出来的。

我们的建议是，在开始这种修复更新之前多加斟酌。更好的方法是开发一个新产品。一些人认为开发新产品的代价可能高于简单更新，但是，经验说明情况可能并不如此。

集合论记法的使用

物理学家或运筹学家们也构造各种模型，但他们绝不为了这些工作去发明新的语言，而是始终使用经典的集合论记法形式。

计算机科学家则不然，因为他们接受的教育就是做程序，所以常常相信需要为建模发明新的语言。这也是一个错误。集合论记法形式非常适合做我们需要的系统模拟，而且更重要的是，我们也完全能理解自己写下的语句是什么意思！

经常听到这样一种说法，说是必须隐藏起数学的表达形式，因为工程师不能理解它，也害怕它。这完全是一派胡言。我们能设想，在设计一个电力网络时，由于电力工程师可能害怕数学记法，就必须隐藏起数学的表达形式吗？

其他认证方法

目前存在着许多不同的软件认证方法，包括测试、抽象解释和模型检验等。

这些方法都是认证问题的解（相应的软件），而不是认证问题（全局的系统）。在每种情况中，我们都是先构造出一部分软件，然后（也仅仅是然后）再设法去认证它（模型检查并不完全是这种情况，它也被用于认证问题）。为了完成认证工作，我们考虑清楚所期望的性质，并通过检查，认定该软件确实具有这些性质。如果情况不是这样，我们就必须去修改软件，而这样做经常又会引入更多的问题。众所周知，这种方法代价高昂，远远大于纯粹开发的代价。

我们不认为独立地使用这些方法是很合适的，当然，我们也不拒绝它们。我们要说的是，这些方法有可能成为建模和证明方法的补充。

创新

大型的工业公司通常都很难搞创新。当然，他们有时也想做这件事，拿出一大笔钱来专门用于搞创新。不用说，这种情况很罕见。大家也都知道，大公司的所谓研发（R&D）部门并不能为其业务部门提供任何有意义的新技术。

虽然如此，融资机构仍竭尽全力，希望与此类大公司的实际研究计划建立关系。这是错误的。他们更应该与那些更小一些的创新活动建立联系。

我相信，把这里倡导的方法介绍给业界，应该更多地通过小型的创新性公司，而不是通过那些大公司。

教育

今天涉足大型软件项目的大多数人都没得到正确的教育。公司一般认为，编程工作可以由层级较低的人来做——他们没有或者很少有数学的基础和兴趣（常见情况是程序员并不喜欢数学，这就是他们选择做计算的首要原因）。所有这些都很糟糕。对于一个系统工程师而言，最基本的基础就是一种良好（或更高）水平的**数学教育**。

计算是第二个问题，应该在已经很好地理解了必要的数学基础之后。如果不能做到这些，这个领域就不可能进步。当然，事情也很清楚，许多专业人员不同意这种说法，这也不是我们面临的最小的问题。许多专业人员仍然对计算和数学感到困惑。

与一大批缺乏适当水准的教育的人们相比，“维护”较少的经过良好教育的人们，需要付出的代价更低。这并不是一种精英的观点。谁会认为，一名医生或建筑师，不需要接受其专业领域的正确教育，就能把工作做得很好？再说一次，系统和软件工程师的最基础的训练就是（离散）数学。

未来的软件工程师必须学习两个特殊的科目：写需求文档（在实际软件工程的教学计划中，极少出现这一科目）；构造数学模型。在这方面，基本方法是非常面向实际的。在教授这些科目时，教师应该让学生完成很多实例和项目。经验说明，对于一个已经有良好的数学基础的学生而言，掌握数学方法（包括证明）不会是一个问题。

技术转移

把这一类技术转移到业界，可能是一个严重的问题。根本原因就在于管理者极其不情愿改变自己的开发过程。通常，这些过程很难定义，更难付诸实践。这也是管理者不希望改变它们的原因。

在开发过程中，结合进一个重要的写需求文档的初始阶段，随后是另一个重要的建模阶段，通常会被认为是很危险的，因为这些新加的阶段将在项目开始期间强行地加入可观的代价。再说，管理者并不相信，早期的这种付出意味着后期的节约。然而，经验说明，这样做将能显著地降低整体成本，因为后面测试阶段的高昂代价显著地降低了。类似的还有修补设计错误带来的巨大工作量。

在所有这些之上，为了把一种技术转移到工业界，我们需要做的初始工作就是在教育领域里努力进取。没有这种初始努力，任何技术转移的企图都注定要失败。

还应该注意到，也存在一些欺骗性的技术转移。在那里，人们假装使用某种形式化的方法（虽然实际上没有用），实际上只是某些权力部门想给软件加上某种“形式化”标签。

参考资料

这个短短的序言里阐释的思想并不是新的，其中许多出自 20 世纪 80 年代和 90 年代开发的 Action Systems 中的创新思想。参考资料［1］和参考资料［2］是论述 Action Systems 的重要文献（还有许多）。

更近一些，这里阐释的一些想法已经被付诸实践。读者可以查看 Event-B 官方网站，并（自然地）可以阅读本书，得到更多的信息、实例和工具的说明。

[1] R Back and R Kurki-Suonio. Decentralization of process nets with centralized control. 2nd ACM SIGACT-SIGOPS Symposium on Principles of Distributing Computing (1983).

[2] M Butler. Stepwise refinement of communicating systems. Science of Computer Programming 27, 139–173 (1996).

[3] E Gamma et al. Design Patterns: Elements of Reusable Object Oriented Software. Addison-Wesley (1995).

致 谢

这本有关 Event-B 的著作的开发经历了一个很长的过程，花了我超过十年的时间。

一本分量和内容如此之重的书不可能由一个人独立完成。我在瑞士苏黎世联邦理工学院（它是两所瑞士联邦理工学院之一）工作的这些年里，逐渐精炼出本书中展示的许多例子。完成这一工作，得到许多人的帮助，还有我的学生们富于洞见的反馈。

特别感谢 Dominique Cansell 始终不渝的帮助。没有他，这本书可能会很不一样。在许多情况中，我完全无法前进了，是 Dominique 的建议使我能继续下去。随着本书的发展，他持续地阅读了本书的各个版本，总是给出非常重要的改进建议。Dominique，谢谢你！

另一重要的帮助来自苏黎世的 Rodin 和 Deploy 团队（Rodin 和 Deploy 是欧盟项目的名称，这两个项目支持了 Event-B 的工作）。该团队的成员有 Laurent Voisin、Stefan Hallerstede、Thai Son Hoang、Farhad Mehta、François Terrier 和 Matthias Schmalz。不计其数的讨论，对于有关 Event-B 的全部工作和 Rodin 平台之间的成功合作，都是非常必要的。Rodin 平台现在已经是一个开源工具集，可以免费下载。在这些人中，Laurent Voisin 扮演了非常卓越的角色。Laurent 是这个工具的结构设计师，他在工具开发方面无穷无尽的能力，使我们得到了这样一个工具，为 Event-B 提供了绝对必要的支持。Laurent 还是 Event-B 中若干关键概念的提议人。Laurent，谢谢你！

我在苏黎世联邦理工学院多次讲授有关这个科目的课程（包括入门课程和高级课程），上述团队的成员们提供了很多帮助。他们开发了许多练习题和项目题，提供给学生使用。Adam Darvas 以及前面提到的团队成员，还在我的授课中提供了帮助。我对于 Adam 快速掌握相关问题并给出有趣反馈的能力感到吃惊。Gabriel Katz 是苏黎世联邦理工学院的一名学生，他也加入了助教团队，后来还成了开发团队的一名临时成员。

苏黎世联邦理工学院的另一些人，也以这种或那种方式参与了 Event-B 的开发工作，包括 David Basin、Peter Müller 和 Christoph Sprenger。苏黎世联邦理工学院的形式化方法俱乐部的许多人，在一周一次的会议中，也对 Event-B 的持续开发提出了许多评论和反馈，其中包括 Joseph Ruskiewicz、Stephanie Balzer、Bernd Schöller、Vijay D'silva、Burkhart Wolf 和 Achim Brucker 等。

在苏黎世联邦理工学院之外，还有一些人积极地参与了这个工作。在他们之中，我要特别提到 Christophe Métayer。他在把 Event-B 应用到工业部门方面做出了卓越贡献，还开发了几个其他工具。还有，François Bustany 领导的 Systerel 公司（也是 Laurent Voisin 和 Christophe Métayer 现在工作的地方）在 Event-B 的工业界开发方面扮演了关键角色。

作为欧盟项目 Rodin 和 Deploy 的成员，Michael Butler 和 Michael Leuschel 发挥他们在形式化方法领域的能力，在这些项目进行的许多年里提供了很多帮助。Michael Butler 及其在南安普敦大学的团队，以及 Michael Leuschel 及其在杜塞尔多夫大学的团队都开发了非常有趣的工具，扩充了苏黎世联邦理工学院所属团队的开发工具集。

感谢 Dominique Méry、Michel Sintzoff、Egon Börger、Ken Robinson、Richard Banach、Marc Frappier、Henri Habrias、Richard Bornat、Guy Vidal-Naquet、Carroll Morgan、Leslie Lamport 和 Stephan Merz，他们在这些年的许多学术会议中，以不同方式提供了帮助。

最后，我还想特别感谢 Tony Hoare 和 Ralph Back，他们对这一工作的影响极其重要。Edsger Dijkstra 的开创性思想也持续不断地影响着 Event-B。

资源与支持

本书由异步社区出品，社区（https://www.epubit.com/）为您提供相关资源和后续服务。

提交勘误

作者（译者）和编辑尽最大努力来确保书中内容的准确性，但难免会存在疏漏。欢迎您将发现的问题反馈给我们，帮助我们提升图书的质量。

当您发现错误时，请登录异步社区，按书名搜索，进入本书页面，单击“提交勘误”，输入勘误信息，单击“提交”按钮即可。本书的作者（译者）和编辑会对您提交的勘误进行审核，确认并接受后，将赠予您异步社区的 100 积分（积分可用于在异步社区兑换优惠券、样书或奖品）。

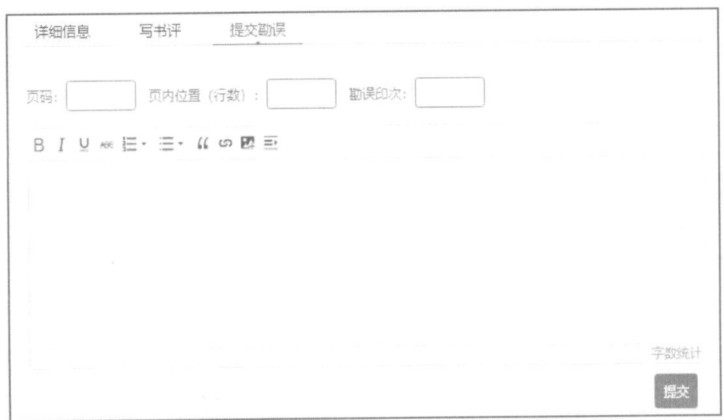

扫码关注本书

扫描下方二维码，您将会在异步社区微信服务号中看到本书信息及相关的服务提示。

与我们联系

我们的联系邮箱是 contact@epubit.com.cn。

如果您对本书有任何疑问或建议，请发邮件给我们，并请在邮件标题中注明本书书名，以便我们更高效地做出反馈。

如果您有兴趣出版图书、录制教学视频，或者参与图书翻译、技术审校等工作，可以发邮件给我们；有意出版图书的作者也可以到异步社区在线提交投稿（直接访问 www.epubit.com/selfpublish/submission 即可）。

如果您是学校、培训机构或企业，想批量购买本书或异步社区出版的其他图书，也可以发邮件给我们。

如果您在网上发现有针对异步社区出品图书的各种形式的盗版行为，包括对图书全部或部分内容的非授权传播，请您将怀疑有侵权行为的链接发邮件给我们。您的这一举动是对作者权益的保护，也是我们持续为您提供有价值的内容的动力之源。

关于异步社区和异步图书

“异步社区”是人民邮电出版社旗下 IT 专业图书社区，致力于出版精品 IT 技术图书和相关学习产品，为作译者提供优质出版服务。异步社区创办于 2015 年 8 月，提供大量精品 IT 技术图书和电子书，以及高品质技术文章和视频课程。更多详情请访问异步社区官网 https://www.epubit.com。

“异步图书”是由异步社区编辑团队策划出版的精品 IT 专业图书的品牌，依托于人民邮电出版社近 30 年的计算机图书出版积累和专业编辑团队，相关图书在封面上印有异步图书的 LOGO。异步图书的出版领域包括软件开发、大数据、AI、测试、前端、网络技术等。

异步社区

微信服务号

目　　录

第 1 章　引　　言

1.1　动机

本书的目标是给出一些有关**建模**和**形式化推理**的理解。这类活动应该在正式开始计算机系统的编码之前完成，以便使被考虑的系统能做到**构造即正确**。

在这本书里，我们将学习如何构造程序的模型，或者更一般的，实际上是构造各种离散系统的模型。在做这种工作时，我们需要时刻**把实际问题放在心里**。为此，我们将研究一大批实例，它们来自计算机系统开发的各种领域：顺序程序、并发程序、分布式系统、电子线路、反应式系统，等等。

我们将认识到，一个程序的模型与程序本身有很大不同。我们还将看到，对模型的**推理**要比对程序的推理容易得多。我们将会意识到**抽象**和**精化**这两个极其重要的概念，这里的思想是，我们可能需要逐步构造出未来程序的一系列模型，可能很多，越来越精确（请考虑建筑师画出的各种蓝图），只有到最后阶段，我们才得到了相应的可执行程序。

我们将会说清楚，对一个模型的**推理**是什么意思。完成这种工作，需要使用一些简单的数学方法，我们将展示有关情况，首先通过一些例子，然后再考察经典逻辑（命题和谓词逻辑）和集合论。我们将会理解采用非常严格的方法完成这些证明的必要性。

我们还将理解，根据无法完成某些证明的事实，有可能检查出我们的模型中存在着不一致性。证明的失败将为我们提供非常有用的线索，帮助我们认识到模型里的错误或者定义不充分的情况。我们将使用有关的工具，并看到利用计算机完成这些证明是如何简单。

我们在这本书里使用的形式化描述方法称为 Event-B，它是原来那个 B 方法[1]的简化，也是其扩充。B 是十多年以前开发的，已经被人们用于一些大规模的工业项目[4][3]。Event-B 里的形式化概念并不新，这些概念是许多年前的一些形式化理论中提出的，例如 Action Systems[6]、TLA+ [2]和 UNITY [5]。

本书是围绕着例子组织起来的，每一章都包含一个新的例子（有时是几个），同时介绍一些必要的形式化记法，使用了一些数学概念，这些都需要理解。当然，我们也不是一章接一章地重复这些概念，有时需要把它们弄得更精确。实际上，这里的每一章几乎是独立的。在每一章里所做的证明都是用开源工具 Rodin 平台[7]完成的（见互联网 Event-B 主页）。

本书可以用作教科书，可以用一次或者几次课讨论一章的内容。下一节将给出本书各章的简单总结，而后提出一些建议，讨论将本书用于入门课程和高级课程的各种可能。

1.2 各章概览

这里首先列出本书中的各章，并简要说明它们的内容。

第 1 章 引言

这个（非技术性的）第 1 章的目的，就是介绍形式化方法的概念，也想解释清楚我们所说的**建模**究竟是什么。在这里还将看到我们在建模时使用的一些系统化的记法。但也应该注意，如果还没有弄清楚系统的需求是什么，我们根本就不应该投身于建模工作。由于这种情况，我们要准备去研究如何写出**需求文档**。

第 2 章 控制桥上的汽车

这一章的意图是介绍一个小型系统的完整开发过程。我们将开发出一个系统，它负责控制一座单行桥上的汽车，这座桥连接着大陆和一座小岛。作为附加约束，岛上汽车的数量也有限制。物理设备包括指挥交通的红绿灯和汽车感应器。

在这一开发中，我们将展示本书中使用的系统化方法，并用这种方法开发出我们希望构造的系统的一系列模型，一个比一个更精确。请注意，这些模型都不是用实现系统的高级程序设计语言表示的，而是根据系统的外部观察者能感知的方式做出的形式化描述。

每个模型都将仔细地分析并给以证明，这就使我们能相对于一些评判准则，建立起模型的正确性。作为这样做的结果，在完成最后一个模型时，我们就能说，这个模型是**构造即正确**的。进一步说，该模型非常接近最终实现，很容易把它转换到一个真正的程序。

上面粗略提到的正确性评判准则，将通过一批证明义务规则，完全清晰而且系统化地给出来。它们将被应用于我们的模型。应用这些规则将得到一些语句，要求我们去形式化地证明它们。在这方面，我们将复述一批经典的相继式演算的推理规则。这些规则与谓词逻辑、等式和基本算术有关。这里的基本想法，是让读者有机会去手工地证明这些语句。当然，这些语句很容易用定理证明器（如 Rodin 平台里使用的证明器）解决。但我们觉得，在这个阶段，让读者在使用自动定理证明器之前自己做一做这种证明，也是非常重要的。请注意，我们并没有断言说，一个定理证明器就是像这里所做的那样完成证明。我们常常可以看到，工具完成工作的方式与人的做法不同。

第 3 章 冲压机控制器

在这一章里，我们将再开发一个完整系统的控制器，这个系统是一个机械的冲压机。这一章的意图是阐释这样一种工作可以通过系统化的方式完成，并最终得到正确的代码。与前面一样，我们将首先给出这个系统的需求文档。在此之后，我们将开发出两个通用的设计模式，并将在随后的工作中使用它们。在开发这种模式的过程中，我们将利用证明来发现不变式和事件的卫。最后，我们将完成机械冲压机的主要开发工作。

在这一章里，我们希望展示，对于系统化的正确的开发工作，利用形式化的设计模式有可能提供怎样的帮助。

第 4 章 简单文件传输协议

本章介绍的例子与前面两章的例子有很大不同。前面的例子都假设有关程序要去控制某种外部的情形（一座桥上的汽车，或者一台机械冲压机），这里我们要展示的是一个所谓的协议，被计算机网络上的两个参与方使用。这里讨论的是一种非常经典的两方握手协议。在 L. Lamport 的书[2]里可以找到本例的一个非常优美的展示。

这个例子使我们能扩充有关的数学语言的使用，加入的结构包括部分的和全的函数、函数的作用域和值域、函数的限制等。我们还要进一步扩充数学语言，引进全称量化公式和相关的推理规则。

第 5 章 Event-B 建模语言和证明义务规则

在前几章里，我们已经使用了 Event-B 的记法，使用了相应的各种证明义务规则，但是还没有系统化地介绍它们，而只是根据例子里使用的需要给予说明。对于研究的最简单例子而言，这样做也足够了，因为我们只用到了一部分记法和一部分证明义务规则。当我们需要在后面的章节里展示更复杂的例子时，继续这样做，可能就不太合适了。

这一章的作用就是改变前面的做法。这里将首先作为一个整体来介绍 Event-B 的记法，特别是前面还没用过的那些部分，而后完整地介绍所有证明义务规则。我们将通过一个简单实例来展示这些东西。请注意，证明义务规则的数学论证将在第 14 章给出。

第 6 章 有界重传协议

在这一章里，我们将扩充第 4 章的文件传输协议的例子。与前面的简单例子相比，这里我们假设两个位置之间的通道是**不可靠的**。由于这种情况，执行有界重传协议的效果就是，一个顺序文件或许只能**部分地**从一个位置拷贝到另一个位置。这个例子的作用是精确地研究我们可能如何处理这类问题，也就是说，如何处理容错，并对其做形式化的推理。许多文章里研究过这个例子，例如参考资料[8]。

请注意，对于前面章节里已做过的工作的那些扩充，我们将不在这一章里去开发有关的证明，而只是给出一些提示。要求读者去开发实际的证明。

第 7 章 一个并发程序的开发

在前几章里，我们看到了一些**顺序**程序的开发实例（注意，我们将在第 15 章回到顺序程序的开发问题），以及**分布式**程序的开发实例。在这一章里，我们将展示如何开发并发程序。并发程序与分布式程序不同。分布式程序中的各个进程在不同的计算机上执行，它们以某种方式相互**合作**（通过良好定义的方式交换信息），以期达到某些良好定义的目标。第 4 章和第 6 章的例子都是很典型的这类情况，第 10、11、12 和 13 章也考虑这种例子。

在并发程序的情况中，我们也有不同的进程，但这时进程通常运行在同一台计算机上，它们将相互**竞争**而不是合作，以便获得对某些共享资源的访问权。并发进程不是通过交换信息的方式通信（它们相互并不知晓），而是可能以某种随机的方式中断其他进程。我们将展示这里的情况，开发一个称为“Simpson 4-槽完全异步机制”的并发程序[14]。

第8章 电路的开发

在这一章里，我们将给出一种系统化地开发电子线路的方法。在这一工作中，我们可以看到，Event-B 方法是足够通用的，能适应各种不同的执行模型。这里使用的方法与我们将在第 15 章中用于开发顺序程序的方法类似：首先将意欲开发的电路定义为“一下子”就能完成所有工作的单一事件，而后把初始的非常抽象的转换精化为多个转换，直至我们能应用一些语法规则，把各种转换综合为一个电路。

第9章 数学语言

这一章不像前面几章（除了第 5 章之外），其中并不包含任何实例，内容就是本书所用的数学语言的形式化定义。这一章首先包含顺序的 4 节，它们分别介绍命题语言、谓词语言、集合论语言和算术语言。这些语言中的每一个都是前一个的扩充。

无论如何，在介绍这些语言之前，我们还要给出一个有关相继式演算的简单总结。在这里，我们还要进一步强调证明的概念。

在这一章的最后，我们将给出对一些经典但也很“高级”概念的形式化：传递闭包、图的一些性质（特别是强连通性）、表、树以及良基关系。后面各章将用到这些概念。

第10章 环形网络上选领导

在这一章里，我们将研究分布式计算中的另一个有趣问题。假设我们有了可能很大（但也有穷）的一集代理，而不像在第 4 章和第 6 章的例子中（讨论文件传输协议）那样只有两个。这些代理分布在不同的站点，所有站点通过无向通道相互连接，构成了一个环。每个代理都执行同样的一段代码。我们希望，所有相同程序的这些分布式执行，最终能使某个代理成为“被选出的领导”。这个例子来自 G. Le Lann 在 20 世纪 70 年代的一篇文章[9]。

这一章的目标是学习有关建模的更多东西，特别是在非确定性的领域。我们将使用更多的数学工具，例如集合在某个关系下的象集、关系的覆盖操作，以及关系的组合操作等，这些都已经在前一章里介绍过。最后，我们还要研究若干有趣的数据结构，包括环和线性表，这也是在前一章里介绍过的。

第11章 树形网络上的同步

在这一章给出的例子里，我们有一个结点的网络，与前面只需要处理环的情况相比，现在情况更复杂了一点，需处理的是树形结构。这里的一个进程能执行某些作业，所有进程执行的作业都一样（这个作业的具体性质并不重要）。现在的约束是，我们希望这些进程能观察到它们一直是**同步的**。有关分布式算法的状态的另一约束是，每个进程只能与其在树中直接相邻的进程通信。许多研究者考虑过这个问题，例如参考资料[10]和参考资料[11]。

在这一章里，我们将遭遇另一种有趣的数学对象：树。我们将学习如何形式化这样一种数据结构，并看到能怎样使用一种归纳规则，对树做卓有成效的推理。还应该提醒读者，在第 9 章里，我们已经介绍过这种数据结构。

第 12 章 移动代理的路由算法

这一章开发了另一个例子，其作用是展示了一个非常有趣的路由算法，给一个移动代理发送信息。在这个例子里，我们将再次遇到前一章里已经讨论过的树结构，但这一次树的结构将会动态地变化。我们还将看到，这也是时钟的使用扮演了重要角色的另一个例子（除第 6 章给出的“受限重传协议”之外）。这个例子来自参考资料[12]。

第 13 章 在连通图上选举领导

这一章给出的例子与第 10 章里的那个例子类似，这也是一个选领导的协议，但这里的网络具有比环更复杂一些的结构。说得更准确些，IEEE-1394 协议[13]的目标是在有穷个结点通过某种通信通道连起的网络里，在有穷的时间里选出一个特殊结点，称为领导结点。这一选举需要以分布式和非确定性的方式完成。

这里的网络具有一些特殊的性质。作为一种数学结构，这种网络称为一棵自由树。这是一种有穷图，对称、非自反、连通，而且无环。在这一章里，我们将学习如何处理这样一种复杂的数据结构，对它做推理。这种结构也已在第 9 章给出。

第 14 章 证明义务的数学模型

在这一章里，我们将针对第 5 章介绍的证明义务规则，给出有关的数学论证。为完成这一工作，我们基于 Event-B 开发的迹语义，构造出一些集合论数学模型。我们将证明，本书中使用的证明义务规则，等价于这一章开发的 Event-B 的数学模型所蕴含的规则。

第 15 章 顺序程序的开发

整个这一章将集中讨论顺序程序的开发问题。我们将首先研究这种程序的结构：它们包含着一些赋值语句，用若干种运算粘合到一起，包括顺序复合、条件和循环。我们将看到，这些东西可以用一些简单的迁移来模拟，而这些迁移都是 Event-B 的形式化记法中最本质的东西。一旦通过一些精化步骤慢慢地开发出了这种迁移，我们就可以用几个合并规则把它们组合到一起。这些合并在性质上完全是语法的。

所有这些情况都通过大量的例子来展示，从最简单的数组和几个数值计算程序，直到更复杂的带有指针的程序。

第 16 章 位置访问控制器

这一章的目标是研究另一个完整系统的处理，与第 2 章和第 3 章的情况类似。在那两章里，我们研究了一座桥上的汽车和一台机械冲压机的控制问题。在这里我们将构造一个系统，它能够控制一些人对于某个“工作场所”中的一些位置的访问，工作场所的例子如大学校园、工业场地、军事管制区，或者购物中心等。

我们在这里研究的系统，比前面研究的那些更复杂一点，特别是，我们将要使用的数学数据结构更高级。这一章的意图是展示一种情况，在对我们构造的模型进行推理的过程中，有可能发现需求文档中的一些重要缺失。

第17章 列车系统

这一章的目标是展示一个完整的计算机化的系统的规范描述和构造过程。在这里，我们感兴趣的例子称为一个**列车系统**。这个系统由一位列车行车调度员来管理，该调度员的角色就是控制各列列车通过一个受监控的轨道网络。我们希望构造出一个计算机化的系统，其功能就是帮助这个行车调度员完成上述工作。

这是一个很有趣的例子，其中使用了相当复杂的数据结构，有关结构的数学性质必须非常仔细地定义，我们将展示可能如何完成这件工作。

这个例子也是一类问题的有趣实例，对于这类问题，最终产品的可靠性绝对是最基本的要求。我们希望在自己构造的这个软件产品的自动化的引导之下，多列火车能够安全地通过这一网络。由于这个要求，研究有可能发生的恶性事故是非常重要的，我们需要完全避免它们，或者是安全地管理有关情况。

在设计有关软件时，我们必须把需要仔细控制的外部环境也纳入考虑的范围。作为这种考虑的结果，我们在这里提出的形式化模型不仅包含了希望构造的那个软件的模型，还包括了环境的细节模型。我们的最终目标是得到一个软件，要求它能完美地与所有外部设备协作，包括轨道电路、连接结点（道岔）、信号以及火车司机等。我们希望证明，只要列车服从软件控制器发出的信号，并且（只需要盲目地）在软件控制器设置好结点（道岔）的轨道上运行，它就能绝对安全地通过这个网络。

第18章 一些问题

最后一章包含了一些读者可能希望去解决的问题。我们没有把练习和开发项目散布到本书的各章里，而是集中起来放在这一章。

这里所有的问题都应该用 Rodin 平台解决。再说一次，该平台软件可以在 Event-B 网页下载。除了练习（通常比较简单）和开发项目（应该比练习更大也更复杂一些），我们还在这里提出了若干数学开发问题，这些问题也可以用 Rodin 平台来证明。

1.3 如何用这本书

本书中提供的材料可以用于教授多种不同课程，包括入门课程和高级课程。这里想针对这两类课程提出一些建议。

入门课程

入门课程的危险倾向是展示了过多的材料，造成的问题是使听课的人被完全吓到了。考虑这种情况，我们可以在课程中讨论下面的内容：

- 第1章（引言）
- 第2章（控制桥上的汽车）
- 第3章（冲压机控制器）
- 第4章（简单文件传输协议）

- 第 5 章的一些部分（Event-B 表示法）
- 第 9 章的一些部分（数学语言）
- 第 15 章的一些部分（顺序程序的开发）

这里的主要想法，就是避免遭遇过于复杂的概念，只需要一些比较简单的数学概念：命题演算、算术和简单的集合论结构。

第 2 章很重要，因为这个例子很容易理解。这里通过简单的例子介绍了 Event-B 和经典逻辑的基本记法形式。当然，我们也必须当心，应该很缓慢地展示该章的内容，仔细地为学生做有关的证明，因为他们在第一次接触这种类型的材料时，通常还是会有很多困惑。这个例子里的数据结构非常简单，只有数和布尔值。

第 3 章同样展示了一个完整的开发。这个例子也很简单，使用了形式化的设计模式，它们非常有助于以系统化的方式构造出一个控制器。

第 4 章使我们可以展示一个非常简单的分布式程序。学生将学到如何严格地描述这种系统，而后通过精化得到一个非常经典的分布式协议。他们将能理解，这样的协议可以从构造一个非常抽象的（非分布式的）描述开始，而后逐步分布到不同的进程（这里是两个进程）。与前两章中使用的东西相比，这个例子里包含一些更精致的数据结构，包括区间、函数、限制等。

第 5 章包括 Event-B 记法和一些证明义务规则的综述。让学生看到这些也非常重要，这使他们知道所用的记法虽然简单，但都是良好定义的，而且通过证明义务规则给出了一种数学解释。在这样的入门课程中，继续深入给出过多细节就不必要了。

第 9 章使我们能够稍许脱离开具体的例子。这是在课程的中间重新温习一些数学概念。这里最重要的方面，就是让学生能进一步熟悉在证明中使用的集合论概念。应该给学生提供几个练习，让他们把集合论的结构翻译到谓词演算。有关讨论并不需要覆盖这一章的全部内容。

第 15 章的部分内容是入门性质的，因为学生一定已经熟悉怎样写程序。这里重要的问题是理解，这种程序也可以通过一种系统化的方法构造出来，并最终理解形式化的程序构造（如我们在这里所做）和程序验证（在程序已开发之后去“证明”它）之间的关系。有些例子不一定适合在引论课程中讲解，例如那些涉及指针的程序，它们可能是太困难了。

在这个课程结束时，学生应该已经习惯了抽象的记法和精化，他们也应该不再害怕去对付那些简单数学语句的形式化证明。最后，他们还应该相信，确实有可能开发出一个程序，让它第一次运行就能工作！

我们还应该让学生关注 Rodin 平台[7]，它就是为 Event-B 而开发的。但我们还是认为，首先应该让学生亲手做一些证明，以便能理解有关的工具究竟在做些什么。

高级课程

在这里，我们假定学生已经参加过入门课程的学习，在这种情况下，重复展示第 2 章和第 3 章的内容就没有必要了。但我们还是鼓励学生重新读一下这两章。本课程中应该包含其余各章的内容。

最重要的事情就是帮助学生理解，同样一个 Event-B 方法，可以用于建模采用了非常不同的执行方式的系统：顺序的、分布式的、并发的以及并行的。

学生应该习惯于对各种复杂数据结构的推理：表、树、DAG 以及任意的图。他们也应该理解，集合论足以使他们可以构造出非常复杂的数据结构。由于这些原因，第 11 章、第 12 章、第 13 章和第 17 章的内容都非常重要。

在这个课程中，学生们不应该像在前面说明的入门课程中那样继续去做更多的手工证明。他们必须使用如 Rodin 平台这样专门为 Event-B 打造的工具和相关插件[7]。

1.4 形式化方法

今天，术语“形式化方法”已经带来了**极大的混乱**，因为它的使用被扩大到太多的活动中。我们可以对这类方法提出的典型问题包括：为什么使用形式化方法？它们被用于做什么？什么时候我们需要使用这种方法？UML 是一种形式化方法吗？形式化方法在面向对象的编程领域有用吗？我们应该如何定义形式化方法？

我们将逐个地考察这些问题。形式化方法已经被一些人使用，他们都认识到自己（内部的）使用的**程序开发过程**是不合适的。说这些过程不合适，可能有多种原因，例如失败的开发、开发代价和风险等。

选择形式化方法，不是一件简单的事情，部分是由于存在着许多形式化方法的供应商。更准确地说，形容词“形式化”本身并不意味着任何东西。这里有些问题，你可以拿去问形式化方法的供应商：在你的形式化方法背后有什么理论？你的形式化方法使用哪种类型的语言？是否存在与你的形式化方法关联的某种类型的精化机制？与你的形式化方法关联的推理方法是什么？在使用你的形式化方法时需要证明些什么？

有些人可能说，使用形式化方法根本不可能，因为那样做会遇到一些本质性的困难。这里是一些经常听到的困难：你必须是个数学家；人们建议采用的形式化描述很难掌握；它不够可视化（没有矩形、箭头等）；人不可能做出这些证明。

我基本上不同意上面的这些观点，但我也认识到，确实存在一些困难。在我的心目里，有关的困难主要是下面这些：

① 在使用形式化方法时，你必须在编码之前做大量的思考。就我们所知，在当前的实践中，人们并不是这样做的。

② 形式化方法的使用必须结合到某种特定的开发过程中，而这种结合并不容易。在工业界，人们遵循某种非常精确的指导书去开发自己的产品，他们必须非常小心地按手册工作。通常情况是，在一个工业部门引进这种指导书，使之被工程师接受和完全掌握，需要花费很长时间。现在，要改变这种指导书，把形式化方法的使用结合进去，这是管理层特别不愿意做的事情，因为他们害怕这种过程修改带来的时间和金钱的开销。

③ 构造模型不是一种简单的活动，请注意，这就是我们将在这本书里学习的东西。我们要特别当心，不要混淆了建模和编程。有时人们做的实际上是某种伪编程，而不是建模。说得更精确些，一个程序的初始模型描述该程序应该满足的那些性质。它并不描述该程序里应该包含的算法，而是描述一种方法，使我们可以利用它去检查最终的程序是否正确。举例说，文件排序程序的初始模型并不解释如何排序，而只是解释排序文件的性质是什么，

以及在需要被排序的初始文件和最终排好序的文件之间应该有怎样的关系。

④ 建模应该与推理相伴而行。换句话说，一个程序的模型不应该就是一段正文，无论它采用什么样的形式写出，都应该包含与这些正文相关的证明。许多年来，形式化方法只是被用作一种方法，用以得到所需程序的抽象描述。应该再说一次，仅仅描述是不够的，我们必须论证所写下的东西的正当性，证明一些有关一致性的性质。目前的问题是，软件领域的实践者并不习惯于去构造这种证明，而其他工程领域的人们则更习惯于做这类事情。在软件工程的日常实践中，完成这部分工作的一个困难，就是缺乏支持证明的好用的工具，而且它们能用于大规模的项目。

⑤ 最后，经常会遇到的一个重要困难是，在我们要去做编程工作时，却缺乏相关的高质量的需求文档。在大多数情况下，虽然我们能在产业部门找到需求文档，但是它几乎没什么用，或者就是太啰唆。根据我的观察，在许多情况下，最重要的问题就是在开始任何建模之前，完全重写需求文档。下面我们将会重新回到这个问题。

1.5 一个小迂回：蓝图

我始终相信，在应对大型和复杂的计算机系统的开发时，人们最终一定会像在所有成熟的工程领域那样，也就是说，**在构造未来系统的过程中，需要用一个人造物对这个系统做推理**。在那些成熟的工程领域里，人们使用某种推广意义下的**蓝图**，这使他们可以在真实的构造过程之前做形式化的推理。这里是一些成熟的工程领域：航空电子学、土木工程、机械工程、列车控制系统、造船等。在这些领域，人们都使用各种各样的蓝图，而且把它们看作是整个工程活动中非常重要的组成部分。

让我们来分析一下蓝图究竟是什么。蓝图，也就是未来系统的一种特定表示。它不是一个实体模型，因为没有基础。你不可能去驾驶一辆车的蓝图！但是，蓝图使你可以在实际的构造过程之前，对未来的你希望构造的那个系统做推理。

对未来的系统做推理，意味着你要去定义和推断该系统的行为和约束条件。通过这种工作，你还可以逐渐构造起相应的体系结构。推理要基于某些专门的理论：材料的强度、流体力学、引力，等等。

完全可以采用多种不同的“蓝图”技术，现在我们来考虑有关情况。在做蓝图时，我们要使用一些预定义的约定，它们能帮助推理，而且使蓝图能在一个很大的专业社团里共享。通常会做出一系列的蓝图，它们一个比一个更精确（请再次考虑建筑师画出的蓝图），更近的版本中加入了一些在以往版本里看不到的细节。同样，蓝图可能分解为一些更小的部分，以提高其可读性。也有可能，一些早期蓝图并不是完全确定的，其中留下了一些选项，要求后来继续精化（用后续的蓝图）。最后，有一个老的蓝图库也非常有意义，工程师们可以浏览这个库，以便重复使用一些早已做过了的工作。显然，所有这些（精化、分解、重用）都要求非常小心地使用有关的蓝图，以保证系统的整个蓝图的开发具有内在的一致性。例如，我们必须保证，一张更精细的蓝图并不与前面不那么精细的蓝图相互矛盾。

在软件构造的专业领域，大部分时间，人们并不使用这种蓝图式的人造物品。而这样做造成的结果，就是对于最后产品的工作繁重的测试阶段，而这一工作，众所周知是出现得太晚了。在我们的专业领域里画蓝图，也就是为我们未来的系统**构造模型**。一个程序的模型完全不应该是那个程序本身。但是，对于一个程序，或者更一般地，一个复杂的计算机系统，虽然它们的模型不能执行，但却使我们有可能清晰地辨识出它们的各种性质，并且证明这些性质确实将会出现在未来的系统里。

1.6 需求文档

应该特别注意，我们在前一节里简单描述的那些蓝图，还不会出现在有关开发过程的最初阶段。在它之前还有一部分非常重要的工作，那就是写出所谓的**需求文档**。在大多数情况中，这种文档或者根本就没有，或者写得很差。正是由于这种情况，我们需要认真考虑这个问题，并设法给它一个合适的回答。

1.6.1 生命周期

首先我们要弄清楚，在程序开发的生命周期中，什么时候是完成这一工作（也就是说，书写需求文档）的正确时间。这里简要列出软件生命周期中的各个阶段：系统分析、需求文档、技术规范描述、设计、实现、测试以及维护。

让我们简略地总结一下这些阶段的工作内容。系统分析阶段的工作，就是完成对希望构造的系统的最基本的可行性研究；需求文档阶段需要清晰地说明什么是这个系统的功能和约束条件，这一文档多半是用自然语言写出的；技术规范描述包括做出前面的需求文档的结构化和形式化描述，这里要采用某种建模技术；设计阶段进一步开发前面得到的结果，做出并确认与前面得到的规范描述的实现有关的各种决策，还要定义未来系统的体系结构；实现阶段把前面阶段的产出转换为一些硬件和软件部件；测试阶段完成对最终系统的试验性验证；维护阶段做系统的升级改造。

正如我们在前面已经注意到的，在这个生命周期中，需求文档阶段通常是一个**重要薄弱点**，并因此给后续阶段带来许多困难。特别是，由于需求文档的脆弱性，在设计阶段中就会出现不可避免的规范修改，并因此带来综合性的影响。如果这种文档写得很好，这种困难就可能消失了。正因为这样，理解这个阶段可以怎样改进，就显得特别重要了。

1.6.2 需求文档的困难

写出好的需求文档是一件非常困难的工作。我们应该记住，这种文档的读者是人，他们要去从事下一阶段的工作，也就是说，去做技术规范描述和系统设计。对他们来说，要利用好需求文档，通常也是非常困难的，因为他们常常无法清晰地找出必须考虑的要素，也不知道应该按怎样的顺序去考虑它们。

另一种情况也很常见，那就是需求文档中缺失了某些要点。我看过一个篇幅极长的需求文档，有关某种飞机的警报系统。对一个非常简单的事实，即这个系统不应发出错误的报警，在这个文档里就没有说明。当我针对这个缺失点询问该文档的作者时，他们的回答相当令人震惊：没必要把这种细节写进需求文档，因为“每个人都知道这个系统不应该发出错误的报警”。也有些时候的情况正相反，一些需求文档中描述了过多的无关细节。

对需求文档的读者而言，最困难的一个问题就是清晰地区分哪一部分文字描述是**解释**，而哪一部分描述是真正的**需求**。解释部分也很重要，其作用是帮助读者在开始时理解未来的系统。当读者更熟悉这个系统的用途之后，解释部分就不那么重要了。到了这个时候，最重要的就是记住真正的需求，以便弄清在构造这个系统时需要考虑哪些东西。

1.6.3 一种有用的比较

存在另一些文档（更好的说法是图书），其中也包含解释和（按某种意义看的）需求。这就是各种数学图书。其中的“需求”部分是定义和定理，这种东西通常都写得很容易识别，用它们的功能来标记（定义、引理、定理等），采用系统化的方式编号，通常还采用了与书中其他内容不同的字体。这里是一个例子：

> **2.8 康托-伯恩斯坦定理** *如果$a \preceq b$而且$b \preceq a$，那么a和b等势。*
>
> 这个定理首先是康托在1895年提出的猜想，1898年被伯恩斯坦证明。
>
> 证明：由于$b \preceq a$，因此a有一个子集c使得$b \approx c$……
>
> □

这段引文取自一本数学书。我们可以清晰地看到“需求”第一行标明了定理的编号和定理的名字，而后是描述定理的语句（采用楷体）。随后是相关的“解释”，包括有关的历史注释和定理的证明。

这种区分非常有趣，对读者也特别有用。如果我们第一次接触这一材料，有关的解释是很重要的。后来，我们可能就只有兴趣去读定理的准确陈述，而不再有意愿再去读那些历史注释，甚至有关的证明。在有些数学书里，其中的“所有需求”——也就是说，那些定义和定理——都总结到在书后的一个附录里，使我们可以非常方便地查阅。

结构化的需求文档

我们可以模仿数学图书：我们的需求文档也应该组织成两类正文，**解释性**正文和**参考性**正文，它们相互嵌套。应该清晰地区分这两类不同的正文，这样做，将使我们有可能提取出独立的参考性正文。

按照通常的做法，参考性正文的形式是用自然语言写出的**带有标签和编号的简短语句**，它们必须能独立于解释性正文，而且很容易阅读。为此，我们将对参考性正文采用一种特殊的形式。这种片段本身必须足够完整，不需要再做任何解释。它们的全体就构成了需求文档。另一方面，解释性正文只是给出了一些注记，对于初期的读者有所助益。在开始阶段之后，我们就只需要考虑那些参考性正文了。

需求片段的标签也是非常重要的，对于不同的系统，我们采用的标签可以不同。最常见的标签如下。

FUN：功能性需求

ENV：环境需求

SAF：安全性质

DEG：退化模式的需求

DEL：与延时有关的需求，等等

在开始撰写需求文档之前，我们还需要做一件重要工作，就是仔细定义我们准备使用的各种标签。对需求的编号也非常重要，在后续开发阶段中需要引用这些编号。这种做法称为**可追溯性**，基本想法就是让这种带编号的标签出现在后续开发阶段（技术规范描述、设计，以至于实现阶段），使我们很容易看到，在系统构造的各个阶段以及最终的运行版本中，是否考虑了这里的每一项需求。

在多数情况下，需求片段就是一些简单的语句，但它们也可能具有其他形式，如数据描述的表格、迁移图、数学公式、物理设备的表格、图示等。

整个需求文档的顺序或更一般性的结构，在这个阶段并不是那么重要。这些问题将在后续的开发阶段中考虑。

1.7 本书中使用的“形式化方法”的定义

形式化方法，也就是一些技术，可以用于构造我们的专业领域所采用的蓝图。这种蓝图被称为**形式化模型**。

就像实际的蓝图一样，我们将使用一些**预先定义的约定方式**来描述模型。这并不意味着需要发明一种新语言，我们将使用**经典逻辑**和**集合论**的语言。采用这些描述方式，使我们很容易与其他人交流自己做出的模型，因为任何具有一定数学基础的人都熟悉这些语言。采用这样的数学语言，使我们可以用数学证明的方式做一些推理，我们将总是这样做。

再次提请注意，就像蓝图一样，由于缺少基础，一般而言，**我们的模型不是可执行的**。

我们感兴趣去开发的系统是**复杂的**和**离散的**，现在我们来考虑这两个概念。

1.7.1 复杂系统

在这里，我们一开始就可能提出一些问题。对一些系统，比如说，电子线路、文件传输协议、飞机座位预定系统、排序程序、PC 机操作系统、网络路由程序、核电站控制系统、智能卡电子钱包，或者运载工具的起飞控制器等，它们的共性是什么？对于这些在规模和用途方面差异如此巨大的系统，是否存在任何种类的能深入研究并形式化地证明它们的需求、规范描述、设计和实现的途径或者方法？

我们现在只能给出一个非常宽泛的回答。几乎所有这类系统都是**复杂的**，它们由许多部件组成，这些部件高度紧密地相互作用，还要与可能并不友善的环境交互。它们还可能涉及一些并行执行的部分，要求高度的正确性。最后，它们之中的大多数都是某种构造过程的结果，有关工作持续了若干年，由一个很庞大且很能干的工程师和技术人员团队完成。

1.7.2 离散系统

虽然上面列出的系统的最终行为肯定是连续的，但是，按时间来看，它们的操作呈现出一种**离散的风格**。这就说明，它们的行为可以准确而可靠地**抽象**为一系列的稳定状态，其中夹杂着导致状态突然改变的跳跃。当然，这里可能出现的变化数量惊人，它们可能以并发的方式发生，而且难以想象的频繁。然而，变化的数量和高度频繁性并没有改变问题的实际性质：这种系统内在地就是离散的。这类系统可以归属到一个大的概念：**迁移系统**。但是，说这么多也没给我们一种方法，但有关讨论至少告诉我们一个**共同的出发点**。

上面提出的一些例子是纯粹的程序，换句话说，在本质上，它们的迁移只与**一个对象**有关。电子线路和排序程序都很明确地属于这一类别。其他例子中大部分都比纯粹的程序复杂得多，因为它们都涉及多个不同的执行主体，还要与它们的环境频繁交互。这就意味着，不同类的实体执行的状态迁移将会并发地执行。但是，还要说一次，这些都没有改变系统的离散性质，只是使情况更加复杂化。

1.7.3 测试推理与模型（蓝图）推理

与构造这样的复杂系统相关的，还有一项非常重要的活动，至少从时间和代价的观点来看非常重要，那就是验证最终实现确实能以所谓的**正确**方式运转。在今天的大多数情况中，这种活动都通过大力开展的测试阶段来实现，我们将称其为“实验室执行”。

通过“实验室执行”的方式来认证一个离散系统，即使有这种可能，也是一项极其复杂的工作，处理多个主体的情况更难于处理一个主体。我们都已经知道，在几乎所有编程项目中，采用程序测试作为认证过程，几乎不可能是一种完全的过程。实际上，不必考虑太多，覆盖所有执行情况本身就已经是不可能的了。对我们而言，这里的不完全性，一般而言，更体现在**缺乏判断测试正误的依据**，也就是说，我们常常无法**事先**给出未来测试会话的预期结果，而且要与具体的测试对象无关。

实际上，时至今日，复杂系统的构造还是要依赖于由若干聪明人组成的很小的设计团队，由他们去管理一大批实现人员，有关的构造过程最终通过一个很长的强力实施的测试阶段来结束。这里有一个众所周知的事实，测试的代价至少是纯粹开发的代价的两倍以上。这是一种合理的开发方法吗？我们的观点是，如果一种技术采用这样的开发方法，就说明该技术还处于其婴儿期。在 20 世纪初，有一些技术领域也采用这样的开发方法，但是现在它们已经达到了另一种更成熟的状态（例如航空技术）。

在这一简短的讨论里，我们考虑的技术都是针对**复杂离散系统**的构造问题。只要采用的主要认证方法是测试，我们就认为这种技术还处于欠发展的状态。测试并不涉及任何类型的深刻而复杂的推理，相反，它表示了在系统规范描述和设计阶段中**一直推迟所有的严肃思考**。系统的构造总是需要根据测试的结果（试错）重新调整、再转变形式。很自然，正如我们都知道的，这样做通常都是太晚了。

总结一下，测试只能给出有关正在构造的系统的短视的操作性观点，只能反映系统执行的具体情况。在其他技术领域，再说一下航空，确实，人们在最后也要测试他们构造出的东西，但这种测试只是作为对深刻而复杂的设计过程的一种**常规性的确认方法**，而不是作为开发的一个基础阶段。事实上，在真正构造最终的物品**之前**，大部分推理都已经做过了，在各种各样的蓝图上，以广泛的方式，通过把良好定义的理论应用于各种蓝图。

本书的意图就是把这样一种“蓝图”方法结合到复杂离散系统的设计过程中，这里的目标还包括展示一种理论，它能帮助我们对有关蓝图做各种**证明式的推理**，这种推理将在最后的构造之前很早就开始进行。在当前的上下文中，“蓝图”被称为**离散模型**。下面将给出一个有关离散模型概念的简要概览。

1.8 有关离散模型的非形式化概览

在这一节里，我们将非形式地介绍离散模型。一个离散模型由一个状态和一些迁移组成。为了更好理解，我们将给离散模型一个操作式的解释，然后说明我们希望表达的那一类形式化推理。最后，我们将考察模型本身的复杂性的控制和管理问题，这要借助于三个重要概念：精化、分解和泛型开发。

1.8.1 状态和迁移

粗略地说，一个离散模型有一个**状态**，由一些常量和变量表示。相对于我们所研究的实际系统，这些常量和变量处在某个特定的抽象层面上。这里的变量很像人们研究各种自然系统的应用科学（如物理、生物、运筹学等）里使用的那类变量。在那些科学研究中，人们也构造各种模型。通过在这些模型里进行推理，帮助人们推演出真实世界的某些规律。

除了状态，模型中还包含一些**迁移**，它们会在某些特定的境况中发生。我们将把这种迁移称为“事件”。每个事件包含一个**卫**，它也就是一个有关状态常量和变量的谓词，表达了这一事件发生的**必要**条件。每个事件还包含了一个**动作**，它描述对一些特定的状态变量的修改操作，作为这个事件发生的结果。

1.8.2 操作性解释

正如我们将要看到的，一个离散动态模型构成了一类状态迁移机器。我们可以给一部这种机器一个非常简单的**操作性解释**。注意，不要把这种解释看作是我们为自己的模型提供的一种操作语义（有关语义将在后面通过一个证明系统给出），这里给出有关解释，只是为了帮助读者形成对这种模型的一种**非形式化的理解**。

首先考虑事件的执行，它描述了一些状态变量的可观察的迁移，我们认为迁移是**不需要时间的**。进一步说，不会有两个事件同时发生。这样，模型的执行情况如下。

- 没有任何事件的卫为真时，模型的执行停止。这时**它被称为进入死锁**。
- 当有些事件的卫为真时，那么这些事件中的某一个必须发生，并导致相应的状态修改；然后再重新检查事件的卫，并这样继续下去。

显然，这种行为必然表现出一些可能的非确定性（称为外部的非确定性），因为有可能出现几个卫同时为真的情况。当出现这种情况时，在这些卫为真的事件中，究竟哪个特定的事件将会执行？对于这个问题，我们**不做任何假设**。如果所有时刻至多只有一个卫为真，这个模型就称为是**确定性的**。

请注意一个事实，一个模型将最终停止并**不是一种强制性的要求**。事实上，我们研究的大部分系统都绝不死锁，它们将永无止境地运行下去。

1.8.3 形式化推理

在前一小节里，我们描述了最基本的状态迁移机器。虽然很基本，它们也足以支持进一步的精心加工，使我们能做一些有趣的形式化推理。下面考察离散模型的两类性质。

我们希望对自己的模型证明的第一类性质，因此也是最终的实际系统的性质，称为**不变式性质**。一个不变式就是一个条件，状态变量必须保证它永恒不变地成立。为了确认这种性质，我们只需要**证明**：在我们考虑的不变式和任何一个事件的卫成立的条件下，经过与该事件相关的动作的修改后，得到的状态仍然使不变式成立。

我们也可能考虑一些更复杂的推理形式，其中涉及的条件不同于不变式，它们并不是始终都成立的。与之对应的断言语句称为**模态的**。在我们的方法里，我们将只考虑一种形式非常特殊的模态，称为**可达性**。在这里，我们希望证明：即使一个事件的卫现在不一定成立，但是在有穷的一定步骤之内，必然会出现使它成立的情况。

1.8.4 管理闭模型的复杂性

注意，在我们要构造的模型中，不仅要描述所期望系统的控制部分，也需要包含环境的某种特定的表示，因为，我们假设所期望的系统将要与其环境相互作用。事实上，我们基本上总是要构造出一种**闭模型**，它应该表现出在一个环境和一个与之对应的（可能是分布式的）控制器之间发生的动作和反应。

在做这件事时，我们应该把一个控制器的模型放入其环境的一个抽象里，这一抽象应该形式化地表示为另一个模型。这样一个闭模型的状态，就会包含描述环境状态的物理变量，以及描述控制器状态的逻辑变量。还有，按同样的方式，状态迁移也将分为两组，一些关系到环境，而另一些关系到控制器。我们需要把这两个实体之间的交互也构建在模型里。

但是，正如我们早已提到的，在需要研究的实际系统里，状态迁移的数量可能巨大无比。很自然，要描述这种系统的状态，需要的变量也非常之多。我们将如何在实践中管理这种复杂性呢？对这个问题的回答基于三个概念：**精化**（1.8.5 节）、**分解**（1.8.6 节）和**泛型实例化**（1.8.7 节）。最重要的是应该注意，这些概念都是相互关联的。事实上，我们精化一个模型就是为了后来做分解。另一方面可能更重要，我们分解一个模型就是为了能更方便地做精化。还有最后，开发得到一个泛型模型可以实例化，使我们可以避免重复地做类似的证明。

1.8.5 精化

精化使我们可以**逐步**构造出一个模型，把它做得越来越精确，也使它越来越接近现实。换句话说，我们并不准备只构造出唯一的一个模型，一蹴而就地表达我们在现实中需要的所有东西。由于状态的规模和迁移的数量，这种想法通常根本就不可能行得通。即使有可能，也会使做出的模型非常难以把控。因此，我们宁愿准备顺序地构造出一系列嵌套的模型，其中每个模型都假设是序列中位于其前面的那个模型的精化。这就意味着，每个经过精化的更具体的模型，可能有比其抽象更多的变量。这样不断增加的新变量，形成了一种观察的序列，就像我们越来越近地观察这个系统。

这里有一种很形象的比喻，就像科学家通过显微镜观察。在这样做时，现实对象是同一个，显微镜并不会改变它。但是，**我们对它的观点则会越来越精确**：一些在现实中原来看不到的部分，现在被显微镜揭示出来了。使用一个威力更强大的显微镜，就能揭示出更多的细节，如此等等。因此，一个精化的模型，在体量上将大于它以前的抽象。

与这种**空间上的扩张**类似，还有对应的**时间上的扩张**。这是因为，新加入的变量现在也需要能通过某些迁移来修改，这些迁移不可能出现在前面的抽象模型里，因为需要修改的这些新变量，在抽象模型里根本就不存在。在实践中，这种迁移要通过新的事件实现，它们只与新变量有关。这种新事件在精化抽象模型里隐含的某些什么也不做的事件。这样精化得到的结果，就是我们对现实的另一种离散观察的结果，采用了一种**更小的时间粒度**。

精化也被用于改变状态，使之可以通过某种编程语言在计算机上实现。精化的这种用途称为**数据精化**。一旦所有重要性质都已建模完成，我们就会使用这种第二位的技术。

1.8.6 分解

精化并不能完全解决复杂性的问题。在一个模型越来越精化的同时，其中的状态变量和相应的迁移也会不断增加，以至于使这个模型变得越来越难以作为一个整体来管控。在这种时刻，我们就必须把一个精化的模型分解为几个几乎相互独立的片段。

准确地说，分解是这样的一种过程，通过它，我们可以以某种系统化的方式，把一个模型切分为几个不同的组件模型。在这样做之后，我们就可以通过独立于其他部件的方式，研究并精化得到的每一个部件模型，这样就降低了建模工作的整体复杂性。这种分解的定义也意味着，这些独立精化的组件模型必须能重新组合到一起，构成一个单一的整体模型，而且保证得到的模型是原来那个模型的精化。这样的分解操作还能应用到组件上，并如此做下去。注意，组件模型可能已经存在，是过去已经开发好的，这就使我们有可能混合使用自上而下和自下而上的开发方法。

1.8.7 泛型开发

通过精化和分解完成的任何一个模型都是参数化的，参数是通过某些性质定义的一些载体集合和常量。

这种泛型模型可以实例化，用在另一个开发中，就像一个数学理论，例如群论，可以在另一更特殊的数学理论中实例化一样。只要我们能证明，抽象理论里的公理都是后一理论里的定理，就可以这样做。

从泛型模型出发进行实例化，这种方法的意义就在于使我们能避免重复地做在抽象开发中已经做过的那些证明。

1.9 参考资料

[1] J R Abrial. The B-book: Assigning Programs to Meanings. Cambridge University Press, 1996.

[2] L Lamport. Specifying Systems: The TLA+ Language and Tools for Hardware and Software Engineers. Addison-Wesley, 1999.

[3] F Badeau. Using B as a high level programming language in an industrial project: Roissy val. In Proceedings of ZB'05, 2005.

[4] P Behm. Meteor: A successful application of B in a large project. In Proceedings of FM'99, 1999.

[5] K M Chandy and J Misra. Parallel Program Design: A Foundation. Addison-Wesley, 1988.

[6] R J Back and R Kurki-Suonio. Distributed cooperation with action systems. ACM Transactions on Programming Languages and Systems. 10(4): 513–554, 1988.

[7] Rodin. European Project Rodin. http://rodin.cs.ncl.ac.uk.

[8] J F Groote and J C Van de Pol. A bounded retransmission protocol for large data packets – a case study in computer checked algebraic verification. Algebraic Methodology and Software Technology: 5th International Conference AMAST '96, Munich. Lecture Notes in Computer Science 1101.

[9] G Le Lann. Distributed systems – towards a formal approach. In B. Gilchrist, editor, Information Processing 77 North-Holland, 1977.

[10] N Lynch. Distributed Algorithms. Morgan Kaufmann Publishers, 1996.

[11] W H J Feijen and A J M van Gasteren. On a Method of Multi-programming., Springer. 1999.

[12] L Moreau. Distributed Directory Service and Message Routers for Mobile Agent. Science of Computer Programming 39(2–3): 249–272, 2001.

[13] IEEE Standard for a High Performance Serial Bus. Std 1394–1995, August 1995.

[14] H R Simpson. Four-slot fully asynchronous communication mechanism. Computer and Digital Techniques. IEE Proceedings. 137 (1) (Jan 1990).

第 2 章　控制桥上的汽车

2.1　引言

本章的意图是介绍一个完整的例子，完成一个小型系统的开发。在这个开发中，读者将逐渐领会我们所采用的系统化方法。在这个工作过程中，我们将开发出希望构造的系统的一系列越来越精确的模型，这种技术称为**精化**。之所以需要构造一系列模型，是因为如果只构造一个模型，该模型就会过于复杂，以致我们无法对它进行推理。注意，这里的模型并不是针对有关系统的编程，不是用某种高级程序设计语言表示的。一个模型只是形式化地表示了该系统的一个**外部观察者**对它的感知。

构造出每个模型都要进行分析并给予证明，这样就使我们能建立起所做的模型相对于某些评价标准的正确性。作为这样工作的结果，当最后一个模型完成时，我们就能说这个模型是**构造即正确**的。进一步说，最后的那一个模型将如此地接近最终实现，以至我们可以非常容易地将其翻译为一个真正的程序。

这里提到了正确性的评价标准，下面会把它完全说清楚。我们采用的方式就是提出一些证明义务规则，并把它们应用于我们的系统，从而系统化地给出有关标准。通过应用这些规则，我们将得到一些需要形式化地证明的语句。为了完成有关的证明，我们需要重温一些经典的相继式推理规则，这些规则关系到命题逻辑、等式和基本算术。这里的想法是给读者一个机会，让他们手工证明一些由证明义务规则产生的语句。实际上，这些证明都很容易用一个自动定理证明器来解决，但我们觉得，在这个学习阶段，应该让读者在使用自动定理证明器之前，自己来解决问题。这一练习非常重要。请注意，我们并没有说自动定理证明器也会用这里的方式完成证明工作，在很多情况中，我们用的工具并不采用人的工作方式。

本章的内容和组织情况如下：2.2 节讨论我们希望开发的系统的需求文档，在做这件事情时，我们将采用前一章里解释过的有关工作原则。2.3 节解释我们的精化策略，基本上就是把各种不同的需求指派给不同的开发步骤。其余 4 节用于讨论初始模型的开发，以及随后做出的三个精化模型。

2.2　需求文档

我们将要构造的系统就是一个软件——称为**控制器**，它关联着若干设备，这些设备是控制器的**环境**。这里有两类需求：一些需求与控制器的功能有关，我们用标签 FUN 标记；另一些与环境有关，用 ENV 标记。

注意，我们准备构建模型的是一个**闭模型**，由控制器**以及它的环境**构成。这样做的原因是，我们希望把与环境有关的假设都仔细定义清楚。换句话说，我们将要构造的控制器的**正确性**，实际上要求环境满足一些假设。如果违背了这些假设，这个控制器就不能保证正确工作了。我们将在 2.7 节回到这个问题。

现在让我们把注意力转到这个系统的需求。这个系统的主要功能就是控制一座窄桥上的汽车，假定这座桥连接大陆和一座小岛：

系统控制一座连接大陆和小岛的桥上的汽车	FUN-1

该系统的设备包括两个双色交通灯：

系统的设备包括两个双色交通灯，灯可以是红色或绿色	ENV-1

一个交通灯安装在桥的大陆一端，另一个安装在小岛一端，两个灯都在桥近旁：

交通灯控制桥两端的入口	ENV-2

假定汽车司机都服从交通灯的指挥，灯为红色时不行驶：

假定汽车在红灯时不通过，只在绿灯时通过	ENV-3

在桥的两端都有汽车传感器：

系统装备了4个两状态的传感器，状态是开或闭	ENV-4

假定这些传感器能感知出有汽车试图进入或驶出该桥的情况。这里有 4 个传感器，有两个传感器安装在桥上，另外两个分别安装在大陆上和小岛上：

传感器用于检测有汽车进入或离开这座桥，“开”表示有车要进入或离开桥	ENV-5

各种设备的安装情况如图 2.1 所示。整个系统还有两个附加的约束条件：在桥上和在小岛上的汽车都有数量限制。

桥上和小岛上的汽车数量受到限制	FUN-2

还有，这座桥是单车道的：

桥上只能向这个或那个方向行驶，不能双向行驶	FUN-3

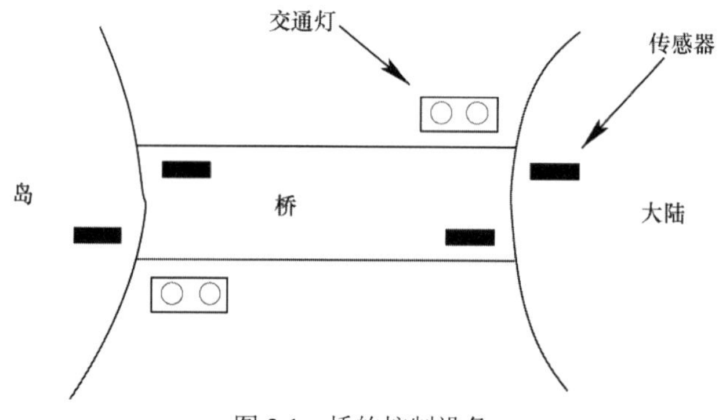

图 2.1 桥的控制设备

2.3 精化策略

在真正投入这样一个系统的开发之前，最好先清晰地说明我们将要采用的设计策略。现在来做这件事。我们按顺序列出将如何考虑有关的需求，它们都已经包含在前一节给出的需求文档里了。下面是我们的策略：

- 我们将从一个非常简单的模型开始，其中只考虑了需求 FUN-2，它关注的是桥上和岛上汽车的最大数量（2.4 节）。
- 然后把桥引入问题，同时把需求 FUN-3 纳入考虑范围。这个需求告诉我们，桥上只能向这个方向或者那个方向行驶（2.5 节）。
- 在下一次精化中，我们引入交通灯，这对应于需求 ENV-1、ENV-2 和 ENV-3（2.6 节）。
- 在最后一次精化中，我们引入对应于传感器的需求 ENV-4 和 ENV-5（2.7 节）。在这一个精化里，我们还将最终引入我们的闭模型的**体系结构**，它包括了控制器、环境以及两者之间的通信通道。

你可能已经注意到，我们还没有提到需求 FUN-1，它告诉我们这个系统的主要功能是什么。原因也很简单：这条是一项普遍性的需求，在每一步开发中都要考虑它。

2.4 初始模型：限制汽车的数量

2.4.1 引言

我们准备构造的第一个模型非常简单，这里不准备考虑各种设备（即那些交通灯和传感器），它们将在后续的精化中引入。类似地，现在也不考虑桥，只有一个由桥和小岛绑在一起而成的**组合体**。

这是一种常用的方法。与我们希望构造出的最后模型相比，一开始时构造的模型通常是**极度抽象的**。这样做的基本想法就是，在开始时，只考虑非常少的约束条件。这样做，就是因为我们希望能以简单的方式开始对系统的推理，一步步地考虑一项项需求。

作为一种有用的类比，请想象我们从遥远的空中观察有关情况。虽然我们还不能看到这里的桥，但还是假定我们能“看到”在桥-岛组合体上的汽车，而且观察到两个迁移 `ML_out` 和 `ML_in`，它们分别对应于进入和离开桥-岛组合体。所有这些都表示在图 2.2 里。

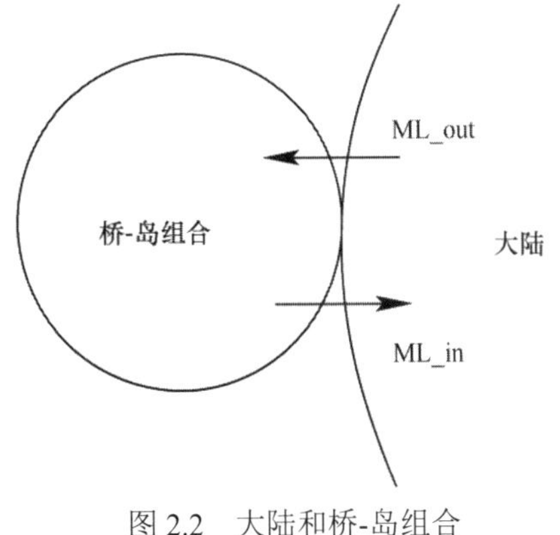

图 2.2 大陆和桥-岛组合

我们的第一项工作，就是形式化地表示这个系统的第一个版本里的**状态**（2.4.2 节），然后形式化可以观察到的两个**事件**（2.4.3 节）。

2.4.2 状态的形式化

模型的状态由两个部分组成：**静态部分**和**动态部分**。静态部分包含与一些**常量**相关的定义和公理；而动态部分包含一些变量，它们将随着系统的演化而被修改。静态部分也称为模型的**上下文**（context）。

第一个模型的上下文非常简单，它只包含一个常量 d。这是一个自然数，表示允许同时出现在桥-岛组合体上的最大汽车数。常量 d 有一条简单的公理：它必须是自然数。如下所见，我们将这条公理命名为 **axm0_1**：

constant: d

axm0_1: $d \in \mathbb{N}$

动态部分由一个变量 n 构成，该变量表示给定时刻位于桥-岛组合体上的实际车辆数目。这些可以简单地描述如下：

variable: n

inv0_1: $n \in \mathbb{N}$
inv0_2: $n \leqslant d$

变量 n 通过两个称为**不变式**的条件定义，它们分别被命名为 **inv0_1** 和 **inv0_2**。把它们称为不变式的原因很简单：无论 n 的值随着时间而怎样变化，这些条件都必须为真。不变式 **inv0_1** 说 n 是一个自然数。另外，在这一阶段，**inv0_2** 考虑了系统的**第一个基本需求**，也就是 `FUN-2`。它要求在这一组合体上的汽车数 n 总是小于或等于最大数 d。

我们在上面使用了标签 **axm0_1**、**inv0_1** 和 **inv0_2**，这些都是按一种系统化的方式选择的。前缀 **axm** 用于标记与常量有关的**公理**，而前缀 **inv** 用于标记与变量有关的**不变式**。

axm0_1 和 **inv0_2** 中使用的数字 **0** 表示是在初始模型里引进了这些条件，后续的模型里将使用 **1**、**2** 等。最后，标签里第二个数字，如 **inv0_2** 里的 **2**，就是简单的顺序编号。在后面的讨论中，我们将始终采用这一系统化的标记模式为模型里的条件命名。有时（很少出现）我们也会用其他前缀代替 **axm** 或者 **inv**。我们发现这样的命名模式很方便。当然，完全可以采用其他命名模式，但要保证它也是系统化的。

2.4.3 事件的形式化

在目前阶段，我们可以观察到两个迁移，从现在开始我们将称这种迁移为**事件**。这两个事件分别对应于汽车进入桥-岛组合体或者离开它。图 2.3 描述的情况是从第一个事件 `ML_out` 即将发生之前到刚刚发生之后的变化（名字 `ML_out` 表示“离开大陆”）。正如这里所见，这一事件的结果造成组合体中的汽车数增加了 1。

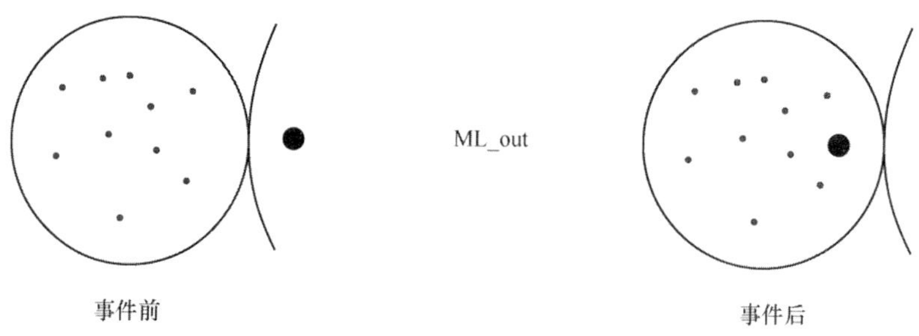

图 2.3 事件 `ML_out`

类似地，图 2.4 描述了第二个事件 `ML_in` 即将发生之前到刚刚发生之后的变化（名字 `ML_in` 表示“进入大陆”）。正如所见，这一事件的结果造成组合体上的汽车数减少 1。

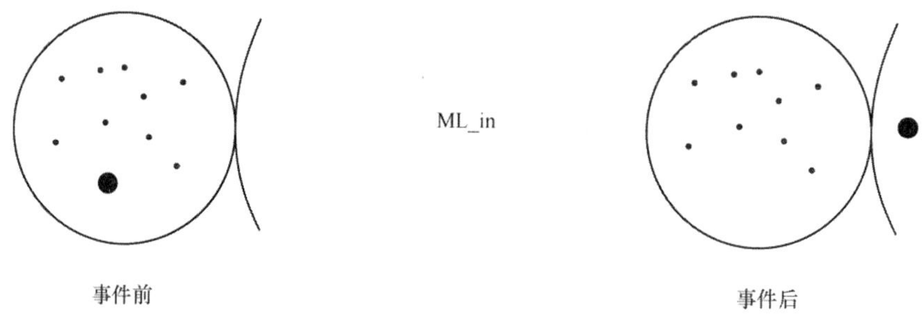

图 2.4 事件 `ML_in`

作为第一个近似，我们可以把初始模型里的“事件”简单地定义如下：

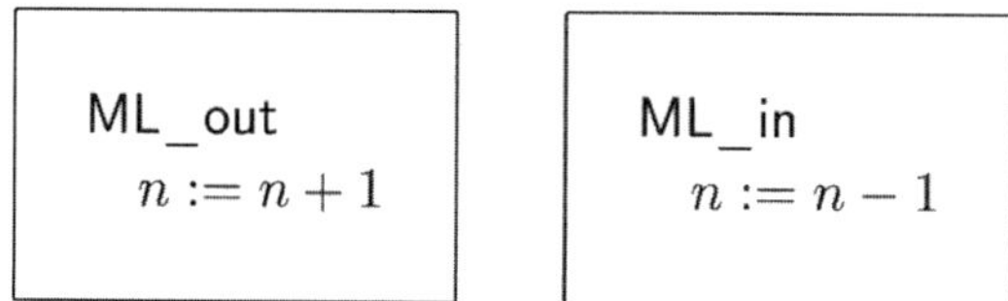

每个事件有一个**名字**，这里分别采用 `ML_out` 和 `ML_in`。一个事件还要包含一个**动作**，这里分别是 $n := n + 1$ 和 $n := n - 1$。这两个语句可以分别读作“令 n 变为等于当时的 n 加 1”和“令 n 变为等于当时的 n 减 1”。这种语句称为**动作**。最重要的是应该注意，在写动作时，

我们不是在做编程，而只是在形式化地描述在系统的演化中可以观察到的现象。我们是给自己的观察做出一种形式化的表示。

你可能已经注意到了我们在上面的说法，我们提出这两个事件是作为“第一个近似”。这样说有两个原因。

（1）我们的模型观察将以一种**渐进的方式**进行。换句话说，我们并不是要立刻定义出最终系统的状态和事件。再说一遍，**我们不是在做编程**，而是要为希望构造的系统定义一些模型，而一般而言，这些模型不能一下子就定义出来，因此就需要逐步地引进状态的各种组成部分和有关的迁移。

（2）我们在这里建议了一个状态和几个事件，但还不知道这些元素是否是协调的。这件事必须形式化地证明，通过这样做，我们有可能发现已提出的建议并不正确。

2.4.4　前-后谓词

在这一节里，我们要给出**前-后谓词**的概念。这个概念将有助于我们在后面的章节里定义证明义务规则。

事件是用活动定义的，对每个事件，都存在一个与之对应的所谓的前-后谓词。与一个动作关联的前-后谓词描述了在相应的**迁移发生之前**和**迁移刚刚发生**之后，相关变量的值之间存在的关系。下面对比说明了这种关系的情况：

事件	ML_out $n := n + 1$	ML_in $n := n - 1$
前-后谓词	$n' = n + 1$	$n' = n - 1$

正如在这里看到的，我们很容易从动作得到前-后谓词：将动作符号“:=”左边的变量都加上撇号，并把动作符号“:=”改为等于符号“=”。最后，动作符号右边的表达式原样拷贝。

我们约定，在前-后谓词里，带撇号的变量，如 n'，表示**刚刚发生了迁移之后**变量 n 的值，而 n 表示它自己在**发生迁移之前**的值。举例说，在刚发生了事件 `ML_out` 之后，变量 n 的值等于事件发生前它自己的值加一，这也就是 $n' = n + 1$。

我们在这里给出的前-后谓词具有非常简单的形状，其中带撇号的变量等于某个只依赖于无撇号变量的表达式。当然，也可能出现形状更复杂的表达式，目前我们还没有遇到更复杂的情况。这个例子里的谓词是**确定性的**。

2.4.5　证明不变式的保持性质

在写对应于事件 `ML_in` 和 `ML_out` 的动作时，我们并不需要去考虑不变式 **inv0_1** 和 **inv0_2**，因为这时应该把注意力集中到关心变量 n 应该如何修改。这样做带来的结果是，写出的这些事件是否保持不变式，这样的问题并没有任何先天的保证。实际上，这种性质必须**通过严格的方式来证明**。本节的目的就是要精确地定义，为了保证有关的不变式确实是不变式，我们需要证明些什么。

需要证明的语句应该通过一条规则，以某种系统化的方式生成。这里考虑的规则称为 `INV`，规则只需要定义一次，以后永远使用。这样的一条规则称为一条**证明义务**规则或者**验证条件**规则。

一般而言，假定把我们的常量收集到一起称为 c，并令 $A(c)$ 是关于这些常量的公理。说得更准确些，$A(c)$ 表示与这些常量关联的所有公理的列表 $A_1(c), A_2(c), \ldots$。在我们这个例子里，$A(c)$ 也就是只包含单个元素 **axm0_1** 的表。与此类似，令 v 表示所有变量，再令 $I(c, v)$ 表示这些变量的所有不变式。就像有关常量的公理一样，这个 $I(c, v)$ 也表示与变量有关的一个不变式的列表 $I_1(c, v), I_2(c, v), \ldots$。在我们的例子里，$I(c, v)$ 是包含两个元素 **inv0_1** 和 **inv0_2** 的表。最后，令 $v' = E(c, v)$ 是与一个事件关联的前-后谓词。对于这个事件，以及从不变式集合 $I(c, v)$ 里选出的一个具体不变式 $I_i(c, v)$，我们必须证明的不变式保持语句就是：

$A(c),\ I(c,v)\ \vdash\ I_i(c, E(c,v))$	INV

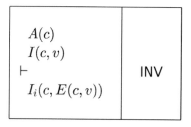

这样的语句称为**相继式**（在下一节里有相继式的精确定义）。上面语句可以如下读出："假设 $A(c)$ 和假设 $I(c, v)$，就可以**推导出**谓词 $I_i(c, E(c, v))$"。这就是我们需要对每一个事件和每个不变式 $I_i(c, v)$ 证明的东西。这件事也很容易理解。在正好要做迁移之前，我们当然可以假定集合 $A(c)$ 里的每个公理都成立，也可以假定集合 $I(c, v)$ 里的每个不变式都成立。作为这些假定的推论，也就是说，我们可以假定 $A(c)$ 和 $I(c, v)$。现在，经过了状态迁移，v 的值变成了 $E(c, v)$，因此不变式语句 $I_i(c, v)$ 就变成了 $I_i(c, E(c, v))$，现在它必须成立，因为这也就是不变式要求的东西。

为了简化书写并使阅读更方便，如果有多个假设，我们将采用一种纵向写法。对于上面的规则 `INV`，我们写成下面的样子：

$A(c)$ $I(c,v)$ $\vdash$ $I_i(c, E(c,v))$	INV

这样的有关证明义务规则 `INV` 的形式公式可能不容易记住。我们可以把它写成另一种样子，虽然不那么形式化：

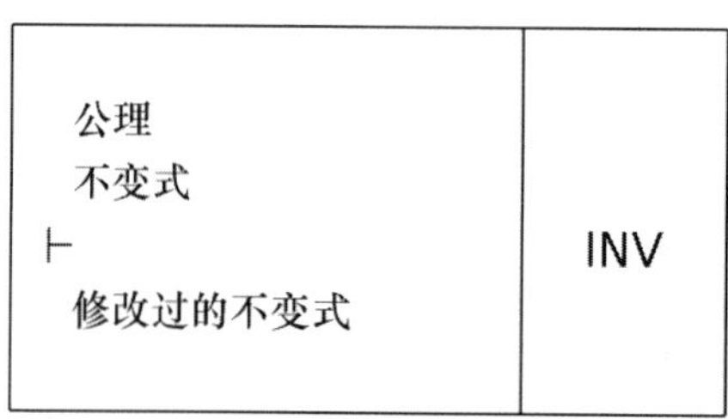

证明义务规则 INV 告诉我们，为了确认各个事件都能保持不变式，**我们需要形式化地证明一些什么**。但是，我们还没定义这里所说的“形式化证明”是什么意思。这个问题将在 2.4.8～2.4.11 节解决。我们还将解释如何以一种系统化的方式来构造一个形式化的证明。最后还请注意，通过应用规则 INV 生成这种相继式的工作，很容易用一个工具来完成，这种工具称为**证明义务生成器**。

2.4.6 相继式

在前一节里，我们介绍了相继式的概念，用以表示需要使用的证明义务规则。在这一节里，我们将给出更多有关这种结构的信息[1]。正如前面所说的，具有下面形式的语句称为相继式：

$$\mathbf{H} \vdash \mathbf{G}$$

符号 ⊢ 称为**十字转门**，该符号左边部分（也就是这里的 **H**）是一个有穷的谓词集合，称为**假设**（hypothese，或**假定**，assumption）。注意，**H** 也可以是空集。转门符号右边部分（也就是这里的 **G**）是一个谓词，称为**目标**（goal，或**结论**，conclusion）。

这样的一个语句的直观意义就是：在假设 **H 之下**，目标 **G** 是**可证明**的。换句话说，转门符号可以读作动词“可以推导出”（entail）或者“产生”（yield），也就是说，假定 **H** 产生结论 **G**。

后面，我们在分析构造出的模型时，总是会给出一些这样的相继式（并试着去证明它们）。我们还将给出一些能用于形式化地证明相继式的规则。

2.4.7 应用不变式保持性的规则

回到前面的例子，我们现在已经可以清晰地陈述需要证明的究竟是什么了，这也就是本节要做的事情。2.4.5 节给出的证明义务规则 INV 能生成几个需要证明的相继式。对于每个事件和每个不变式，我们都需要应用这一证明义务规则。在我们的情况中，有两个事件 ML_out 和 ML_in，还有两个不变式 **inv0_1** 和 **inv0-2**，这样就会做出 4 个需要证明的相继式，也就是说，对每个事件有两个相继式。

为了更容易记住我们将要讨论的证明义务，我们给它们取一种**组合名字**。我们让一个证明义务首先提到有关的事件，而后提到有关的不变式，再写出标签 INV，以使我们能记住这是一个有关不变式保持的证明义务（因为后面还会有一些其他类别的证明义务[2]）。对于目前的情况，4 个证明义务将分别命名如下：

ML_out / **inv0_1** / INV　　ML_out / **inv0_2** / INV
ML_in / **inv0_1** / INV　　ML_in / **inv0_2** / INV

现在我们把证明义务规则 INV 应用于两个事件和两个不变式。对于事件 ML_out 和不

1 第 9 章的第 1 节将以更形式化的方式仔细讨论相继式和相继式演算。

2 第 5 章的第 2 节将总结所有的证明义务。

变式 **inv0_1**，我们需要证明的是下面相继式：

公理 **axm0_1** 不变式 **inv0_1** 不变式 **inv0_2** $\vdash$ 修改后的不变式 **inv0_1**	$d \in \mathbb{N}$ $n \in \mathbb{N}$ $n \leqslant d$ $\vdash$ $n+1 \in \mathbb{N}$	ML_out / **inv0_1** / INV

回忆一下，事件 `ML_out` 对应的前后谓词是 $n' = n + 1$，这也就是为什么在假设里对应于不变式 **inv0_1** 的谓词 $n \in \mathbb{N}$，在目标里现在被替换为 $n+1 \in \mathbb{N}$。下面是我们对事件 `ML_out` 和不变式 **inv0_2** 需要证明的相继式：

公理 **axm0_1** 不变式 **inv0_1** 不变式 **inv0_2** $\vdash$ 修改后的不变式 **inv0_2**	$d \in \mathbb{N}$ $n \in \mathbb{N}$ $n \leqslant d$ $\vdash$ $n+1 \leqslant d$	ML_out / **inv0_2** / INV

下面是我们对事件 `ML_in` 和不变式 **inv0_1** 需要证明的相继式（请记住，事件 `ML_in` 的前后谓词是 $n' = n - 1$）：

公理 **axm0_1** 不变式 **inv0_1** 不变式 **inv0_2** $\vdash$ 修改后的不变式 **inv0_1**	$d \in \mathbb{N}$ $n \in \mathbb{N}$ $n \leqslant d$ $\vdash$ $n-1 \in \mathbb{N}$	ML_in / **inv0_1** / INV

下面是我们对事件 `ML_in` 和不变式 **inv0_2** 需要证明的相继式：

公理 **axm0_1** 不变式 **inv0_1** 不变式 **inv0_2** $\vdash$ 修改后的不变式 **inv0_2**	$d \in \mathbb{N}$ $n \in \mathbb{N}$ $n \leqslant d$ $\vdash$ $n-1 \leqslant d$	ML_in / **inv0_2** / INV

2.4.8 证明义务的证明

现在，我们已经确切地知道了需要证明哪些相继式，下一步工作就是去证明它们。这就是本节要讨论的问题。完成这些相继式的形式化证明，需要应用一些相继式上的**变换**，生成另外的一个或几个需要证明的相继式，直至得到的相继式都应该认为是已经证明的，不需要继续确认为止。从一个相继式变换得到另一些新的相继式，对应的想法是，对后者的证明足以证明前者。例如，我们这里的第一个相继式，即：

$$\begin{array}{l} \quad d \in \mathbb{N} \\ \quad n \in \mathbb{N} \\ \quad n \leqslant d \\ \vdash \\ \quad n+1 \in \mathbb{N} \end{array} \tag{2.1}$$

可以通过消除一些**无关假设**的方式来做些简化（显然，假设 $d \in \mathbb{N}$ 和 $n \leqslant d$ 对于证明目标 $n+1 \in \mathbb{N}$ 完全无用），产生出下面简化的相继式：

$$n \in \mathbb{N} \ \vdash \ n+1 \in \mathbb{N} \tag{2.2}$$

在这里，我们可以接受这一步证明，所基于的事实是，对于相继式（2.2）的证明**足以**证明相继式（2.1）。换句话说，如果我们成功地证明了相继式（2.2），也就有了一个对相继式（2.1）的证明。对相继式（2.2）的证明将化于无形，也就是说，我们不需要进一步确认，就可以直接接受它。这个相继式说的是，如果 n 是自然数，$n+1$ 也是一个自然数。

2.4.9 推理规则

在前一节里，我们非形式地应用了某些规则，它们或者是把一个相继式变换为另外一个，或者是接受一个相继式而不再去做进一步的确认。这些规则都可以严格地形式化，得到所谓的**推理规则**（rules of inference）。这就是我们现在要做的事情。我们用过的第一条推理规则，可以如下陈述：

$$\frac{\mathbf{H1} \ \vdash \ \mathbf{G}}{\mathbf{H1}, \mathbf{H2} \ \vdash \ \mathbf{G}} \quad \mathsf{MON}$$

这个描述也表示出推理规则的结构：在一条横线上面，我们可以有一组相继式（这里只有一个），它们称为这一规则的**前提**（antecedent）。在横线之下总是只有一个相继式，称为这一规则的**推论**（consequence）。在规则的右边有一个名字，这里是 MON，就是这条规则的名字。对于这条规则，名字 MON 说它表示假设的**单调性**（monotonicity）。

规则可以按如下的方式读出：为了证明有关的推论，证明了前提中的每一条相继式就**足够**了。看上面的规则，它说的是：为了有在两个假设 **H1** 和 **H2** 下目标 **G** 成立的证明，只需要有一个 **G** 在 **H1** 下成立的证明就足够了。这样，我们就得到了所希望的效果：可以消去所有可能的无关假设 **H2**。

注意，在应用这条规则时，我们并不要求前提的子集 **H2** 按这条规则中描述的那样，严格地都排在子集 **H1** 之后。事实上，子集 H2 应该理解为前提的一个**任意子集**。举例说，在前一节里将这条规则应用于我们的证明义务（2.1）时，我们就是消除了位于 $n \in \mathbb{N}$ 之前的假设 $d \in \mathbb{N}$ 和位于它之后的假设 $n \leqslant d$。

第二条推理规则可以写成下面的样子：

$$\frac{}{\mathbf{H},\ \mathbf{n} \in \mathbb{N}\ \vdash\ \mathbf{n}+1 \in \mathbb{N}}\quad \text{P2}$$

这里我们有了一条无前提的规则。这种形式的规则称为**公理**（axiom）。这里给出的是有关自然数的第二条**皮阿诺公理**，取名 **P2**。该公理说，为了得到这里推论的证明，我们不证明任何东西就足够了。在假设 **n** 是自然数的情况下，**n** + 1 也是一个自然数。请注意，这里的假设 **H** 是可选的，因为这种假设总可以用规则 MON 消除。因此，这条规则也可以写成如下的更简单的形式（下面我们将一直采用这种约定）：

$$\frac{}{\mathbf{n} \in \mathbb{N}\ \vdash\ \mathbf{n}+1 \in \mathbb{N}}\quad \text{P2}$$

下面是一条类似的但更受限的规则，以后也会使用，它关心的是自然数的减小：

$$\frac{}{0 < \mathbf{n}\ \vdash\ \mathbf{n}-1 \in \mathbb{N}}\quad \text{P2}'$$

这条规则说，在 **n** 是**正数**的假设下，**n** – 1 也是自然数。我们还使用了另外两条推理规则，它们分别称为 INC 和 DEC：

$$\frac{}{\mathbf{n} < \mathbf{m}\ \vdash\ \mathbf{n}+1 \leqslant \mathbf{m}}\quad \text{INC}$$

这个规则说，在 **n** 严格小于 **m** 的假设下，**n** + 1 小于或等于 **m**。

$$\frac{}{\mathbf{n} \leqslant \mathbf{m}\ \vdash\ \mathbf{n}-1 < \mathbf{m}}\quad \text{DEC}$$

规则 DEC 说，在 **n** 小于等于 **m** 的假设下，**n** – 1 小于 **m**。显然，我们还需要更多推理规则去处理基本逻辑和自然数。但就目前的情况而言，我们只需要本节中已经给出的这些规则。

请注意，推理规则 P2'、INC 和 DEC 都是**派生的**推理规则，也就是说，这些规则都可以从基本规则（例如上面的 P2 等）中推导出来。但现在我们不准备去关心这件事，只考虑构造出一个有用的规则**库**。

2.4.10 元变量

你可能已经注意到，我们在前一节的各种推理规则里使用了一些标识符，例如 **H1**、**H2**、**G**、**n**、**m** 等，在这里都用了强调的黑体，而没有采用表示其标准数学符号的字体形式，也就是说 $H1$、$H2$、G、n、m 等。这是因为，这里的这些变量，并不是我们将要使用的数学语言的组成部分，它们称为**元变量**（meta variable）。

说得更准确一些，我们提出的每一条推理规则都表示一种模式，与之对应，我们可以执行它的所有**匹配**（matche）。举例说，规则 P2

$\overline{\mathbf{n} \in \mathbb{N} \ \vdash \ \mathbf{n}+1 \in \mathbb{N}}$	P2

以非常一般的形式描述了第二条皮阿诺公理，它可以被应用于下面相继式：

$$a+b \in \mathbb{N} \ \vdash \ a+b+1 \in \mathbb{N}$$

在这里，我们把元变量 **n** **匹配**于数学语言的表达式 $a+b$。

2.4.11 证明

装备了几条推理规则之后，我们现在已经准备好，可以去做一些简单的形式化证明了。这就是本节的主题。一个证明也就是一个相继式的序列，关联着一些推理规则的名字，这些推理规则可以使我们从一条相继式走到下一条相继式。这种相继式序列以一条没有前提的推理规则结束。我们将在 2.4.24 节看到证明的更一般形状，但是，对于当前情况，上面的说法已经足够了。

举个例子，有关我们的第一个证明义务 ML_out / **inv0_1** / INV 的证明如下，它正好对应于 2.4.8 节中非形式化地讨论的情况，也就是说，先消去若干个无用假设，而后再接受第二个相继式而无需进一步的证明：

$d \in \mathbb{N}$ $n \in \mathbb{N}$ $n \le d$ $\vdash$ $n+1 \in \mathbb{N}$	MON	$n \in \mathbb{N}$ $\vdash$ $n+1 \in \mathbb{N}$	P2

下一个证明对应于证明义务 ML_out / **inv0_2** / INV。但是，由于我们不能把规则 INC 应用于最后的相继式，因此证明失败了。这里没有假设告诉我们 $n < d$ 成立，而规则 INC 需要这个假设。这里只有较弱的 $n \leqslant d$。因此我们在相继式序列的最后写了一个问号“？”：

$d \in \mathbb{N}$ $n \in \mathbb{N}$ $n \leqslant d$ $\vdash$ $n+1 \leqslant d$	MON	$n \leqslant d$ $\vdash$ $n+1 \leqslant d$	?

与此类似，ML_in / **inv0_1** / INV 的证明也将失败。在这里我们无法对最后的相继式应用规则 P2'，因为我们没有需要的假设 $0 < n$，只有较弱的 $0 \leqslant n$：

$d \in \mathbb{N}$ $n \in \mathbb{N}$ $n \leqslant d$ $\vdash$ $n-1 \in \mathbb{N}$	MON	$n \in \mathbb{N}$ $\vdash$ $n-1 \in \mathbb{N}$	?

最后一个对 ML_in / **inv0_2** / INV 的证明成功了：

$d \in \mathbb{N}$ $n \in \mathbb{N}$ $n \leqslant d$ $\vdash$ $n-1 \leqslant d$	MON	$n \leqslant d$ $\vdash$ $n-1 < d \ \vee \ n-1 = d$	OR_R1	$n \leqslant d$ $\vdash$ $n-1 < d$	DEC

请注意，在这里的第二步，我们直接把 $n-1 \leqslant d$（表示 $n-1$ 小于等于 d）代换为等价的形式语句 $n-1 < d \ \vee \ n-1 = d$，这里的 $\vee$ 是析取运算符“或”。而后我们应用规则 OR_R1（见下一节）得到了目标 $n-1 < d$，它可以直接用规则 DEC 证明。

2.4.12 更多推理规则

在前一节的最后，我们应用了第一条逻辑推理规则，它的名字是 OR_R1[1]。这是我们需要的第一条逻辑推理规则，后面还会介绍更多的这一类规则。我们在这里给出它和与之相伴的另一条规则 OR_R2：

1 第 9 章将总结所有推理规则。

$$\frac{\mathbf{H} \ \vdash \ \mathbf{P}}{\mathbf{H} \ \vdash \ \mathbf{P} \lor \mathbf{Q}} \quad \text{OR\_R1}$$

$$\frac{\mathbf{H} \ \vdash \ \mathbf{Q}}{\mathbf{H} \ \vdash \ \mathbf{P} \lor \mathbf{Q}} \quad \text{OR\_R2}$$

这两条规则所陈述的，都是需要证明涉及两个谓词 **P** 和 **Q** 的析取目标 **P** ∨ **Q** 的明显事实。要证明这样的析取，证明下面两者之一就足够了：对于规则 `OR_R1` 是证明 **P**，而对于规则 `OR_R2` 是证明 **Q**。

请注意，对于这两条规则名的后缀 `_R1` 或 `_R2`，其中的 `R` 表示“右边”，说明这两条规则变换相继式的目标，也就是转门符号右边的那个语句。下面将会看到另一些逻辑推理规则变换相继式的假设部分，也就是转门符号的左边部分，那些规则的名字将带有后缀 `L`。

2.4.13 改造两个事件：引进卫

回到我们前面的例子。现在，由于某些证明失败了的事实，我们必须对已有的模型做一些修改。由此可以看到，证明具有与（程序）调试类似的作用，换句话说，**证明中的一个失败揭示了一个错误**。

为了纠正我们在证明中已经发现的缺陷，我们必须为某些事件增加**卫**。简单地说，这种卫表示的是使一个事件能行的**必要条件**。说得更准确些，如果一个事件能行，就意味着该事件对应的迁移可以发生。相反，如果一个事件并不能行（也就是说，它的卫中至少有一个不成立），与之相关的迁移就不能发生。

要使事件 `ML_out` 能行，我们必须要求 n 的值严格地小于 d，也就是说，$n < d$。而要使 `ML_in` 能行，就要求 n 的值为正，也就是说，$0 < n$。请注意，这些卫式条件正好就是我们在 2.4.11 节证明的相继式时缺少的那些条件。这些情况说明，我们有可能从证明的失败中获得指导信息。加入了卫之后的事件如下：

```
ML_out
  when
    n < d
  then
    n := n + 1
  end
```

```
ML_in
  when
    0 < n
  then
    n := n − 1
  end
```

如上所见，这里增加了一点语法：卫被放在关键字 **when** 和 **then** 之间，而动作被放在 **then** 和 **end** 之间。实际上，我们允许出现多个卫，虽然这里没出现该情况。

2.4.14 改造的不变式保持规则

现在考虑如何处理带有卫的事件。假设事件的卫集合用 $G(c, v)$ 表示，前-后谓词的形式是 $v' = E(c, v)$（这里的 c 表示一些常量，v 表示一些变量，如 2.4.5 节），我们前面的证明义务规则应该做一些修改，把卫集合 $G(c, v)$ 加入相继式的假设中。这样就产生出下面有关带卫事件的更一般的证明义务：

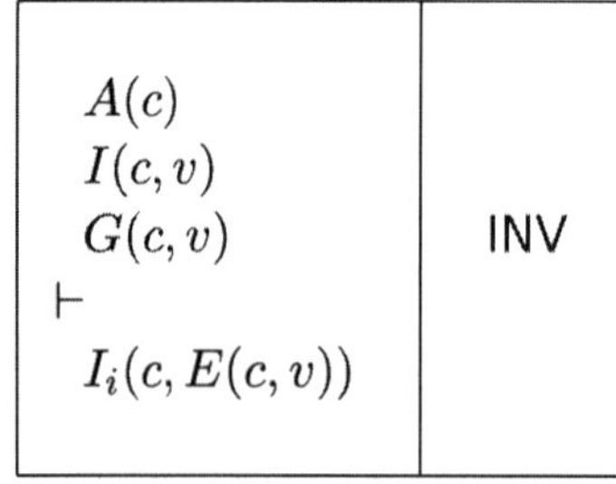

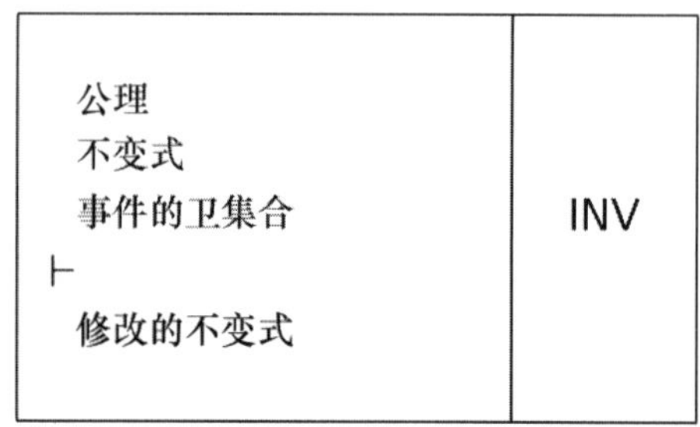

2.4.15 重新证明不变式的保持性

通过应用修正后的证明义务规则 INV，需要证明的语句做了相应的修改，现在证明就很容易了。下面是保证事件 ML_out 能保持不变式 **inv0_2** 需要证明的相继式：

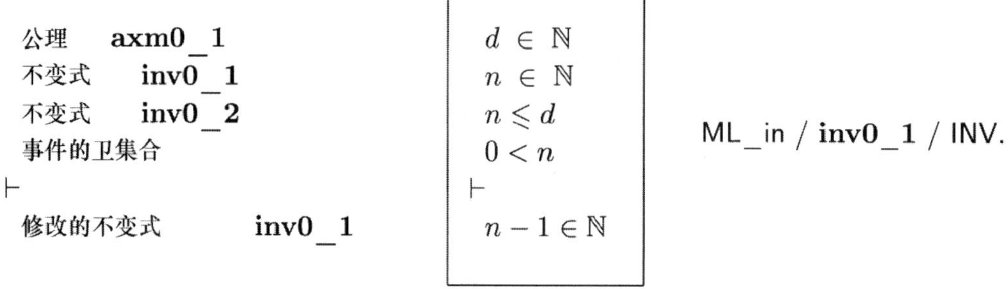

下面是保证事件 ML_in 将保持不变式 **inv0_1** 需要证明的相继式：

公理 **axm0_1**
不变式 **inv0_1**
不变式 **inv0_2**
事件的卫集合
$\vdash$
修改的不变式 **inv0_1**

$d \in \mathbb{N}$
$n \in \mathbb{N}$
$n \leqslant d$
$0 < n$
$\vdash$
$n-1 \in \mathbb{N}$

ML_in / **inv0_1** / INV.

前面缺少的两个证明，现在都很容易得到了：

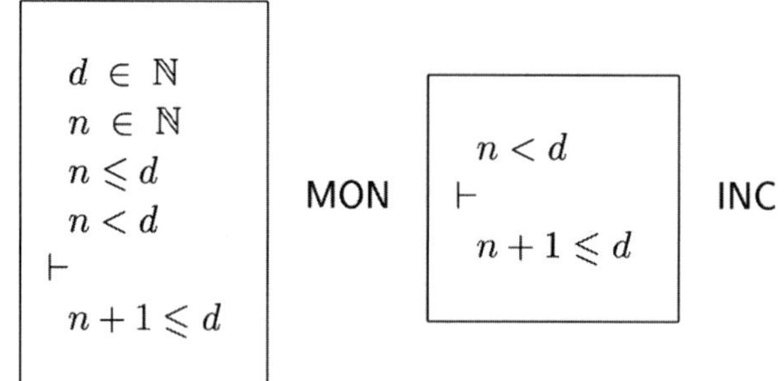

$$\begin{array}{|l|}\hline d \in \mathbb{N} \\ n \in \mathbb{N} \\ n \leqslant d \\ 0 < n \\ \vdash \\ n-1 \in \mathbb{N} \\ \hline \end{array} \quad \textsf{MON} \quad \begin{array}{|l|}\hline 0 < n \\ \vdash \\ n-1 \in \mathbb{N} \\ \hline \end{array} \quad \textsf{P2}'$$

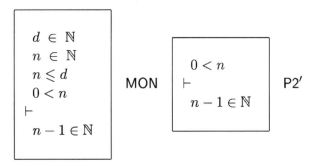

请注意，我们在 2.4.11 节已经得到了有关 `ML_out` / **inv0_1** / `INV` 和 `ML_in` / **inv0_2** / `INV` 的证明，那些证明都不需要重新做。这是因为，我们只是给一些证明义务增加了假设。请回忆一下推理规则 `MON`（2.4.9 节），它说的是，要证明在一些假设 **H** 下的一个目标成立，只需要证明在少了一些假设下同一个目标成立。所以，与此相反，只是在一个证明中增加一些假设，已经完成的证明不会变得不合法。

2.4.16 初始化

在前面几节里，我们定义了两个事件 `ML_out` 和 `ML_in`，还定义了不变式 **inv0_1** 和 **inv0_2**。我们也已证明，这些不变式能被两个事件定义的迁移保持。但是我们还没定义系统开始时应该发生什么情况。为说明这个情况，我们需要定义一种特殊的初始事件，这一事件将总是命名为 `init`。对于我们的例子，这个事件的定义如下：

$$\begin{array}{|l|}\hline \textsf{init} \\ \quad n := 0 \\ \hline \end{array}$$

正如所见，这个初始化事件对应的观察是：开始的时候，组合体上没有汽车。注意，这个事件没有卫，对于初始化事件 `init`，情况总是这样。这也意味着初始事件总会发生！

还请注意，在事件 `init` 的动作中，符号 := 右边的表达式里不能引用模型中的任何变量，因为现在是做**初始化**（initializing）。对目前的例子，这就要求变量 n 不能用依赖于 n 的表达式赋值。因此，对应于 `init` 事件的前-后谓词实际上总是一个“后谓词”。对我们的例子，前后谓词是（正如所见，这个谓词里没提到 n，只提到 n'）：

$$\boxed{n' = 0}$$

2.4.17 初始化事件 `init` 的不变式建立规则

事件 `init` 不会保持不变式，因为在 `init` 之前，系统状态“根本不存在”。所以，事件 `init` 也就是第一次**建立不变式**。基于这种考虑，其他事件（按定义）只能观察到初始化已经完成的状态，并由此而可能在不变式成立的情景中获得能行性。

由于这些情况，我们必须为不变式的建立定义一种专门的证明义务规则。该规则与我们在 2.4.5 节给出的证明义务规则 INV 类似，差别就在于，现在要给出的这条规则中不会提到相继式的假设。更准确些，给定了一个系统，其常量集合 c 带有公理 $A(c)$，又有变量集合 v 和一条不变式 $I_i(c, v)$，还有一个初始化事件，它的后谓词是 $v' = K(c)$，那么建立不变式的证明义务规则 INV 的定义如下：

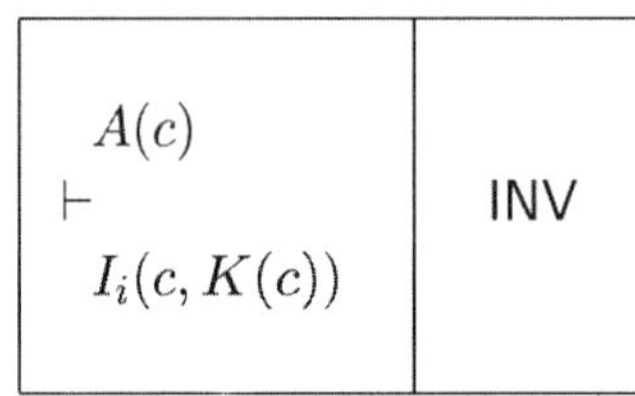

2.4.18 应用不变式建立规则

把上面规则应用于我们的初始化事件 init，得到下面的证明义务：

公理 **axm0_1**
⊢
修改的不变式 **inv0_1**

$d \in \mathbb{N} \vdash 0 \in \mathbb{N}$	**inv0_1** / INV

公理 **axm0_1**
⊢
修改的不变式 **inv0_2**

$d \in \mathbb{N} \vdash 0 \leq d$	**inv0_2** / INV

2.4.19 证明初始化的证明义务：更多推理规则

如果没有其他推理规则，前一节给出的证明义务是无法形式化地证明的。第一条推理规则称为 P1，断言 0 是自然数，这是**皮阿诺第一公理**。注意，作为这条推理规则的推论部分的相继式没有假设：

$$\frac{}{\vdash\ 0 \in \mathbb{N}} \quad \text{P1}$$

我们需要的第二条推理规则是**皮阿诺第三公理**的一个推理，该公理说 0 不是任何自然数的后继。我们可以证明，该公理可以重新写成：0 是最小的自然数。换句话说，在 **n** 是自然数的假设下，0 总是小于等于 **n**。为方便起见，我们把这条规则命名为 P3：

$$\frac{}{\mathbf{n} \in \mathbb{N}\ \vdash\ 0 \leq \mathbf{n}} \quad \text{P3}$$

我们需要证明前面的两条初始化证明义务，这个工作留给读者作为练习。

2.4.20 无死锁

现在，我们的两个主要事件都有了卫，这也意味着我们的模型有可能死锁。在这两个卫同时为假的情况下，没有任何一个事件能行，就会导致系统被锁住。在有些时候，这就是我们希望的情况，但这个系统显然不是这样，因此应该避免死锁的发生。实际上，我们现在发现了一个问题：无死锁是 2.2 节的需求文档中的一项缺失性质。我们需要编辑有关文档，加入这一新需求：

一旦开始执行，这个系统就应该永远工作下去	FUN-4

2.4.21 无死锁规则

给定了一个模型，其常量集合 c 带有公理 $A(c)$，还有变量集合 v 和不变式 $I(c, v)$。这时，我们必须证明一条称为 DLF 的证明义务（DLF 表示无死锁，deadlock freedom），该证明义务说所有事件的卫 $G_1(c, v)$，…，$G_m(c, v)$ 中至少有一个成立。对我们的例子，这就是说，总是或者允许汽车进入组合体，或者允许汽车离开。这个性质需要在常量 c 的公理集合 $A(c)$以及不变式的集合 $I(c, v)$ 的条件下证明，有关证明义务可以写成如下的一般形式：

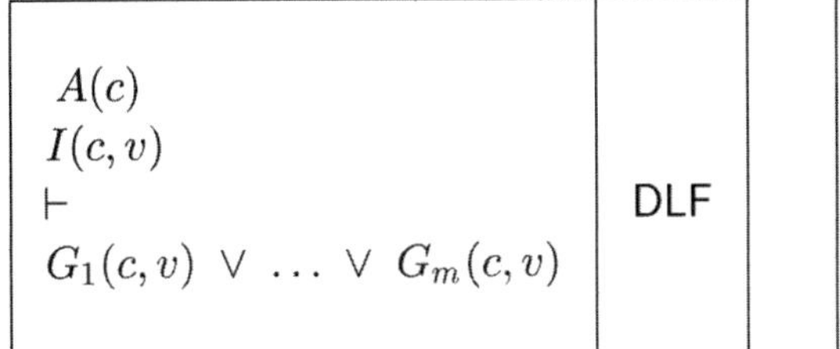

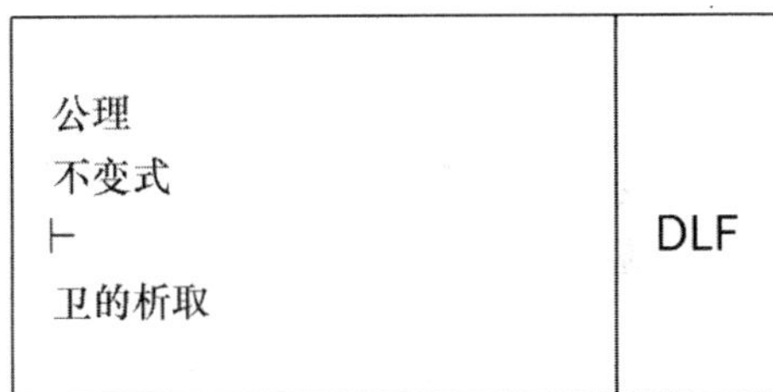

注意，这一规则的应用并**不是强制性的**，并非每个系统都要求无死锁。

2.4.22 应用无死锁证明义务规则

根据 DLF 规则，我们必须完成的证明如下：

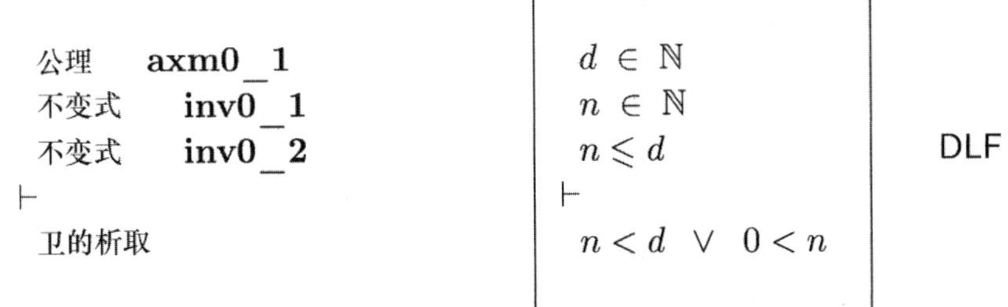

2.4.23 更多推理规则

如果没有更多的推理规则，上面这个无死锁证明义务也是无法证明的。首先是一条逻辑推理规则，它对应于**分情况证明**的经典技术。名字取 OR_L，是因为在这条规则处理的情况中，或运算符“∨”位于相继式左边的假设部分。说得更准确些，为了证明在一个析取假设 **P** ∨ **Q** 之下目标成立，我们必须独立地证明同一目标在假设 **P** 下或假设 **Q** 下都能成立：

$$\frac{\mathbf{H,P}\ \vdash\ \mathbf{R} \qquad \mathbf{H,Q}\ \vdash\ \mathbf{R}}{\mathbf{H,\ P\lor Q}\ \vdash\ \mathbf{R}}\quad \text{OR\_L}$$

为了完全，我们还列出另外两条逻辑推理规则，它们已经在 2.4.12 节给出：

$$\frac{\mathbf{H}\ \vdash\ \mathbf{P}}{\mathbf{H}\ \vdash\ \mathbf{P\lor Q}}\quad \text{OR\_R1} \qquad\qquad \frac{\mathbf{H}\ \vdash\ \mathbf{Q}}{\mathbf{H}\ \vdash\ \mathbf{P\lor Q}}\quad \text{OR\_R2}$$

我们的另外两条逻辑规则处理相继式的基本情况。第一条规则 HYP 说当一个相继式的目标正好是这个相继式的一个假设时，该相继式就是已经证明了。第二条规则 FALSE_L 说，如果相继式的假设是假，它也已证明。我们用符号 ⊥ 表示假：

$$\frac{}{\mathbf{P}\ \vdash\ \mathbf{P}}\quad \text{HYP} \qquad\qquad \frac{}{\bot\ \vdash\ \mathbf{P}}\quad \text{FALSE\_L}$$

我们的另外两条推理规则处理等式，它们解释了可以如何利用等式假设：

$$\frac{\mathbf{H(F),\ E=F}\ \vdash\ \mathbf{P(F)}}{\mathbf{H(E),\ E=F}\ \vdash\ \mathbf{P(E)}}\quad \text{EQ\_LR} \qquad\qquad \frac{\mathbf{H(E),\ E=F}\ \vdash\ \mathbf{P(E)}}{\mathbf{H(F),\ E=F}\ \vdash\ \mathbf{P(F)}}\quad \text{EQ\_RL}$$

在规则 EQ_LR 里，有一个目标为 **P(E)** 的相继式，这是一个**依赖于**表达式 **E** 的谓词；这里还有一集依赖于表达式 **E** 的假设 **H(E)**；最后，还有一个等式假设 **E** = **F**。该规则说，在这种情况下，我们可以把这个相继式代换为另一个相继式，得到后一相继式的方法，就是把前提 **P(E)** 和假设 **H(E)** 里 **E** 的所有出现都换成 **F**。标签中的 LR 提醒这是以从“左”到“右”的方式应用等式。规则 EQ_RL 以从右到左的方式应用等式，也就是说，把 **P(F)** 和 **H(F)** 里 **F** 的所有出现都换成 **E**。注意，这里并没有形式化地准确解释什么是我们所说的一个谓词“依赖于”一个表达式 **E**，我们将在后面把这件事说清楚。

我们处理等式的最后一条规则说，任何表达式都等于它自己。这一规则在下面的证明中并没有使用，但在这里介绍它也是很自然的：

$$\frac{}{\vdash \ \mathbf{E} = \mathbf{E}} \quad \text{EQL}$$

2.4.24 证明无死锁的证明义务

回到我们的例子，我们现在要给出有关无死锁证明义务 DLF 的一个试探性的证明。首先重新写下：

$$\begin{array}{l} d \in \mathbb{N} \\ n \in \mathbb{N} \\ n \leqslant d \\ \vdash \\ n < d \ \lor \ 0 < n \end{array} \quad \text{DLF}$$

在这里，我们需要首先应用推理规则 OR_L，因为假设 $n \leqslant d$ 等价于析取谓词 $n < d \ \lor \ n = d$。正如我们将要看到的，使用 OR_L 将导致一种树形的证明，因为这条规则有两个前提。实际上，树形是一个证明的正常形状：

$$\begin{array}{l} d \in \mathbb{N} \\ n \in \mathbb{N} \\ n < d \ \lor \ n = d \\ \vdash \\ n < d \ \lor \ 0 < n \end{array} \quad \text{MON} \quad \begin{array}{l} n < d \ \lor \ n = d \\ \vdash \\ n < d \ \lor \ 0 < n \end{array} \quad \text{OR\_L} \ \ldots$$

$$\ldots \begin{cases} \begin{array}{l} n < d \\ \vdash \\ n < d \lor 0 < n \end{array} \quad \text{OR\_R1} \quad n < d \vdash n < d \quad \text{HYP} \\[2ex] \begin{array}{l} n = d \\ \vdash \\ n < d \lor 0 < n \end{array} \quad \text{EQ\_LR} \quad \vdash d < d \lor 0 < d \quad \text{OR\_R2} \quad \vdash 0 < d \quad ? \end{cases}$$

现在我们发现，最后一个相继式无法证明。我们必须加入下面的公理，称为 **axm0_2**，前面确实把它忘记了：

axm0_2: $0 < d$

我们注意到，加入了这个公理，就要求我们采用另一个更精确的需求 FUN-2：

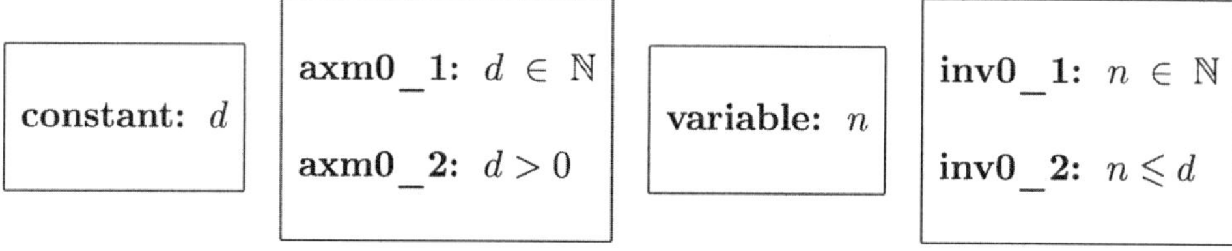

在桥和岛上的汽车数量有限制，限制是正数	FUN-2

加上这条公理以避免死锁是非常直观的，因为，如果 $d = 0$，就没有汽车能进入组合体，系统刚一启动就会死锁。还应该注意，加入有关常量 d 的这个新公理，并不会使我们至今已经做过的任何证明不再合法，这是 2.4.9 节介绍的单调性规则 MON 的推论。

2.4.25 对初始模型的总结

正如我们已经看到的，这些证明（或者失败的证明尝试）使我们能发现原来写出的事件过于幼稚（例如，不得不在 2.4.13 节加入卫），还忘记了有关常量 d 的一个公理。还有一种情况也相当常见：证明能帮助我们发现模型里的不一致性。事实上，这些就是建模方法的核心价值。我们的初始模型的状态的最后版本如下：

constant: d

axm0_1: $d \in \mathbb{N}$

axm0_2: $d > 0$

variable: n

inv0_1: $n \in \mathbb{N}$

inv0_2: $n \leqslant d$

初始模型里的事件的最后版本如下：

```
init
  n := 0
```

```
ML_out
  when
    n < d
  then
    n := n + 1
  end
```

```
ML_in
  when
    0 < n
  then
    n := n − 1
  end
```

2.5 第一次精化：引入单行桥

2.5.1 引言

现在我们要继续工作，做出初始模型的第一个**精化**。一个精化就是一个比初始模型更精确的模型。虽然它更精确，但也不应该与初始模型矛盾。这样，我们就必须证明这个精化与初始模型的一致性，这方面的工作将在本节中看得很清楚。

在第一个精化中，我们将引进“桥”的概念。这意味着我们将要更精确地观察我们的系统。与这种更精确的观察一起，我们还能看到更多的事件，包括汽车进入或离开小岛。这两个事件将分别称为 `IL_in` 和 `IL_out`。注意，出现在初始模型里的事件 `ML_out` 和 `ML_in`，在这个精化中依然存在，它们分别对应于汽车离开大陆上桥和离开桥进入大陆。所有这些情况可以在图 2.5 里看到。

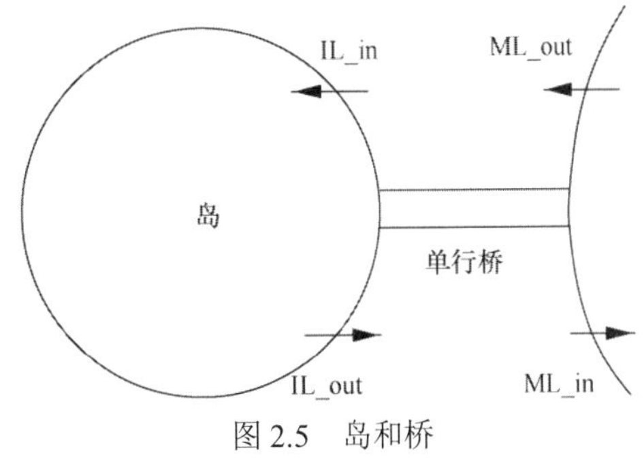

图 2.5　岛和桥

2.5.2　状态的精化

在初始模型里，我们通过常量 d 和变量 n 定义模型的状态，现在需要进一步精确化。常量 d 保持原样，但变量 n 要**用三个变量取代**，这是因为，现在我们可以分别看到桥上的车和岛上的车，这些在前一个抽象中是无法区分的。进一步说，我们还能看到桥上车辆的走向，它们或者是向岛行驶，或者是向大陆行驶。

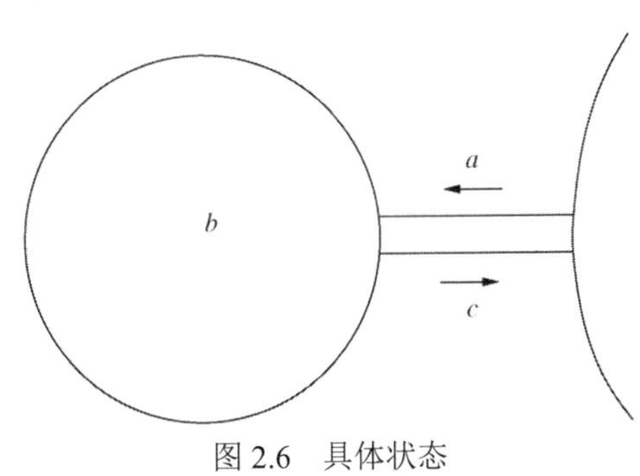

图 2.6　具体状态

由于这些原因，现在的状态要通过三个变量 a、b 和 c 表示：变量 a 表示在桥上并驶向小岛的车辆数，变量 b 表示岛上的车辆数，而变量 c 表示在桥上并驶向大陆的车辆数。图 2.6 描绘了这些情况。

初始化模型里的状态称为**抽象状态**，而精化里的状态称为**具体状态**。与之类似，抽象状态里的变量 n 称为**抽象变量**，而具体状态里的变量 a、b、c 则称为**具体变量**。

具体状态也要用若干不变式表示，我们将其称为**具体不变式**。首先，变量 a、b、c 都是自然数，这些用不变式 **inv1_1**、**inv1_2** 和 **inv1_3** 描述：

variables:　a, b, c

inv1_1:　$a \in \mathbb{N}$

inv1_2:　$b \in \mathbb{N}$

inv1_3:　$c \in \mathbb{N}$

inv1_4:　$a + b + c = n$

inv1_5:　$a = 0 \ \vee \ c = 0$

这里我们还说明了这三个变量之和等于前面的抽象变量 n（该抽象变量将会消失），不变式 **inv1_4** 陈述了这一事实，它建立起由三个变量 a、b 和 c 表示的具体状态与变量 n 表示的抽象状态之间的关系。最后，我们还需要说明桥是单行的，这是基本需求 `FUN-3` 的要求，用 a 或 c 等于 0 表示。显然，因为桥是单行的，这两个变量不能同时为正；但它们可以都是 0，这时桥是空的。这一单行性质用不变式 **inv1_5** 表示。

请注意，在这些具体不变式中，有些只处理具体变量的情况。不变式 **inv1_1**、**inv1_2**、**inv1_3** 和 **inv1_5** 都是这种情况。但 **inv1_4** 同时处理具体变量和抽象变量。

2.5.3 精化抽象事件

现在，两个抽象事件 `ML_out` 和 `ML_in` 都需要**精化**，它们不应该再去处理抽象变量 n 了，而应该去处理具体变量 a、b 和 c。下面是我们提出的事件 `ML_out` 和 `ML_in` 的**具体版本**（有时也称为精化后的版本）：

```
ML_in
  when
    0 < c
  then
    c := c − 1
  end
```

```
ML_out
  when
    a + b < d
    c = 0
  then
    a := a + 1
  end
```

注意，现在的事件 `ML_out` 有两个卫，分别是 $a+b<d$ 和 $c=0$。还应注意，虽然我们精化后的模型有三个变量 a、b 和 c，但是在每个事件里只修改了其中的一个变量。事件 `ML_in` 里修改的是 c，而事件 `ML_out` 修改的是 a。在每一种情况里，未提及的另外两个变量，都**隐含地**表示是**保持不变的**。

很容易理解这些事件做些什么。对事件 `ML_in`，相关动作把变量 c 的值减 1，因为桥上少了一辆汽车，而这件事能发生，就要求桥上有驶向大陆的汽车，也就是说，要求 $0<c$ 成立（注意，我们还能保证这时桥上没有汽车驶向小岛，因为 c 为正时 a 必然是 0）。

另一方面，事件 `ML_out` 的动作把变量 a 的值加 1，它使桥上又多了一辆汽车。这种情况可能发生时要求 c 等于 0，这是由于桥的单行限制。进一步说，这一事件有可能发生还要求另一个条件：新汽车的进入不会打破有关组合体上的汽车数不超过总量上限 d 的约束，也就是要求 $a+b+c<d$。因为 c 是 0，这个条件可以简化为 $a+b<d$。

2.5.4 重温前-后谓词

对前一节里给出的具体事件中相关动作的观察，要求我们更精确地构造出与之相关的前-后谓词。当一个模型里包含**多个变量**时，对它的一个事件的动作，相应的前-后谓词里必须显式地提到在动作里没有修改的那些缺失变量，方式就是说明它们带撇号的**后值**等于它们的不带撇号的**前值**。对我们的例子，与两个事件动作关联的前-后谓词如下：

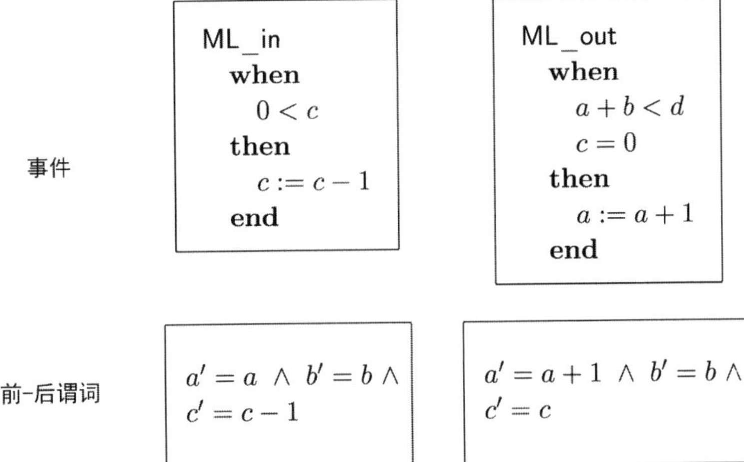

正如所见，动作 $c := c - 1$ 的前后谓词如期包含了 $c' = c - 1$，但也包含了 $a' = a$ 和 $b' = b$。对应于动作 $a := a + 1$ 的前后谓词也包含类似的等式成分。

2.5.5 精化的非形式化证明

在下一节里我们将给出清晰的定义，说明当一个事件的具体版本**精化其抽象**时，究竟会要求些什么。现在我们只想给出一些非形式的论述。为此，我们分别比较一下模型中的两个事件的抽象版本和具体版本。下面是事件 `ML_out` 的两个版本：

(abstract_)ML_out	(concrete_)ML_out
when	**when**
$n < d$	$a + b < d$
	$c = 0$
then	**then**
$n := n + 1$	$a := a + 1$
end	**end**

正如所见，这个事件的具体版本的卫与其抽象版本的卫完全不同，我们可以“感到”这个具体版本与抽象版本**并不矛盾**。当具体版本能行时，也就是说，当它的卫成立时，抽象版本肯定也是能行的，因为，两个具体的卫 $a + b < d$ 和 $c = 0$ 一起蕴涵着 $a + b + c < d$，根据不变式 **inv1_4**（它说 $a + b + c$ 等于 n）就有 $n < d$。而这就是抽象版本的卫。进一步说，具体版本的动作是 $a := a + 1$，这使 a 的值加 1 而其他变量不变。还是根据不变式 **inv1_4**，这也就对应于抽象版本里 n 的值加 1。类似地，事件 `ML_in` 的两个版本如下：

(abstract_)ML_in	(concrete_)ML_in
when	**when**
$0 < n$	$0 < c$
then	**then**
$n := n - 1$	$c := c - 1$
end	**end**

我们同样能对事件 `ML_in` 的两个版本做出一个类似的非形式化“证明”，说明其中的具体版本与抽象版本并不矛盾。

2.5.6 证明抽象事件的正确精化

现在我们要给出系统化的规则，精确地定义，为了保证一个具体事件确实精化了其抽象时，我们究竟需要证明些什么。事实上，我们需要证明两种不同的东西，首先要有一个语句有关事件的卫，还要有第二个语句有关事件的动作。

卫的强化 我们首先需要证明，具体的卫比抽象的卫**更强**，这里的“更强”意味着具体的卫**蕴涵**了抽象的卫。换句话说，不可能出现这样的情况，其中具体的卫能行而抽象的卫不行。如果事情不是这样，那么就可能出现某种具体的状态迁移，但在抽象模型里却没有它的对应。上述要求需要在常量的抽象公理、抽象不变式和具体不变式的条件下证明。在 2.5.16 节里，我们将看到，具体的卫也不能过度强化，因为那样有可能导致不希望出现的死锁。

采用更一般的术语，令 c 是常量而 $A(c)$ 是常量公理集，v 是抽象变量而 $I(c, v)$ 是抽象不变式集合，w 是具体变量，$J(c, v, w)$ 是具体不变式的集合。再设某一个抽象事件的卫集合是 $G(c, v)$，也就是说，$G(c, v)$ 表示为列表 $G_1(c, v), G_2(c, v), \dots$。而与之对应具体事件的卫是 $H(c, v)$。对于这里的每个抽象的卫 $G_i(c, v)$，我们都需要证明：

<table><tr><td>$A(c)$
$I(c,v)$
$J(c,v,w)$
$H(c,w)$
$\vdash$
$G_i(c,v)$</td><td>GRD</td></tr></table>

<table><tr><td>公理
抽象不变式
具体不变式
具体的卫
$\vdash$
抽象的卫</td><td>GRD</td></tr></table>

请特别注意，在 $J(c, v, w)$ 表示的具体不变式集合中，有些基本不变式只涉及具体变量 w，而另一些同时涉及抽象变量 v 和具体变量 w。这也是我们需要在这里使用整个集合 $J(c, v, w)$ 的原因。

还需注意，精化中有可能引入新的常量，但是我们没有在具体不变式里描述这件事，也就是为了保持公式比较小。

正确精化 我们还需要证明，一个具体事件把具体变量 w 变换到 w' 的方式并不与抽象事件矛盾。当这一迁移发生时，对应抽象事件也将抽象变量 v（通过具体不变式 $J(c, v, w)$ 表与 w 关联）变换到 v'（通过修改后的不变式 $J(c, v', w')$ 表与 w'关联）。这些可以用下面的交换图表示：

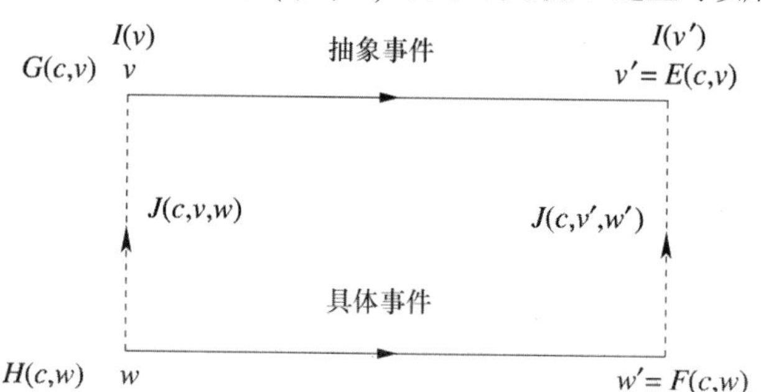

按我们常用的写法约定，这些导致了下面名为 INV 的证明义务规则，其中 $J_j(c, v, w)$ 表示具体不变式集合 $J(c, v, w)$ 里的一个不变式：

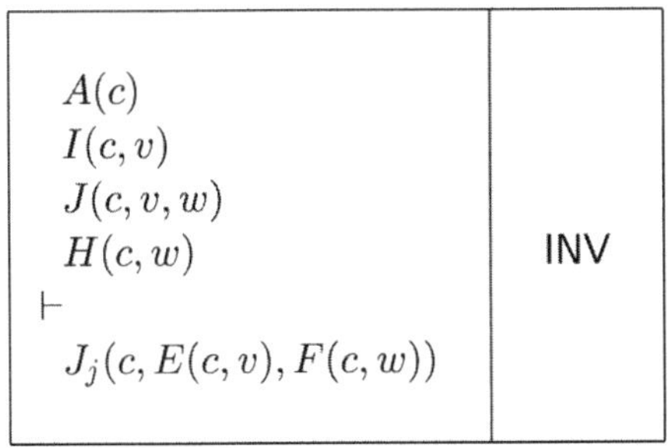

$A(c)$ $I(c,v)$ $J(c,v,w)$ $H(c,w)$ $\vdash$ $J_j(c, E(c,v), F(c,w))$	INV

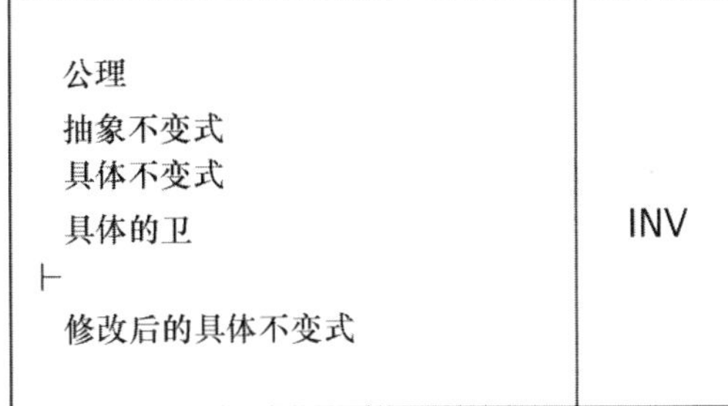

公理 抽象不变式 具体不变式 具体的卫 $\vdash$ 修改后的具体不变式	INV

2.5.7 应用精化规则

回到我们的例子。我们现在把 GRD 应用到两条精化后的规则 ML_out 和 ML_in，就会得到几个相继式。它们看起来比较复杂，但是很容易证明。

把卫强化规则应用于事件 ML_out 下面就是有关事件 ML_out 必须证明的相继式：

axm0_1
axm0_2
inv0_1
inv0_2
inv1_1
inv1_2
inv1_3
inv1_4
inv1_5
ML_out 的具体卫
$\vdash$
ML_out 的抽象卫

$d \in \mathbb{N}$ $0 < d$ $n \in \mathbb{N}$ $n \leqslant d$ $a \in \mathbb{N}$ $b \in \mathbb{N}$ $c \in \mathbb{N}$ $a + b + c = n$ $a = 0 \ \vee \ c = 0$ $a + b < d$ $c = 0$ $\vdash$ $n < d$	ML_out / GRD.

这个很大的令人印象深刻的相继式可以大大简化。我们首先应用 MON 消去其中的无用假设，而后利用假设中的等式 $c = 0$ 把假设 $a + b + c = 0$ 变换为 $a + b + 0 = n$，而后再得到 $a + b = n$。然后，我们可以再应用这个等式把 $a + b < d$ 代换为 $n < d$。我们现在得到的正好就是需要证明的目标，这时可以应用 HYP。更形式化地，由这些考虑可以得到原相继式（应用 MON 规则之后）的一系列变换如下：

$a + b + c = n$ $a + b < d$ $c = 0$ $\vdash$ $n < d$	EQ_LR	$\underline{a + b + 0 = n}$ $a + b < d$ $\vdash$ $n < d$	ARI	$a + b = n$ $a + b < d$ $\vdash$ $n < d$	EQ_LR	$n < d$ $\vdash$ $n < d$	HYP

正如所见，我们又使用了一条名字为 `ARI` 的一般性推理规则，这是用一种不太形式化的方式做了一些基于简单算术性质的认证。我们也可以定义特殊的推理规则，但目前不大有必要做这种事情。为了把所考虑的算术性质说得更清楚一点，我们给这种 `ARI` 认证左边的相继式中相关的假设或目标加了下划线。

把卫强化规则应用于事件 `ML_in`　在应用了 `MON` 之后，我们可以得到下面的相继式：

$$
\begin{array}{l}
b \in \mathbb{N} \\
a+b+c=n \\
a=0 \ \vee \ c=0 \\
0<c \\
\vdash \\
0<n
\end{array}
$$

析取假设提示我们采用分情况证明。随后我们可以应用等式规则，然后再简化得到的相继式。这一证明通过应用一些简单的算术变换而结束。下面是该相继式的证明：

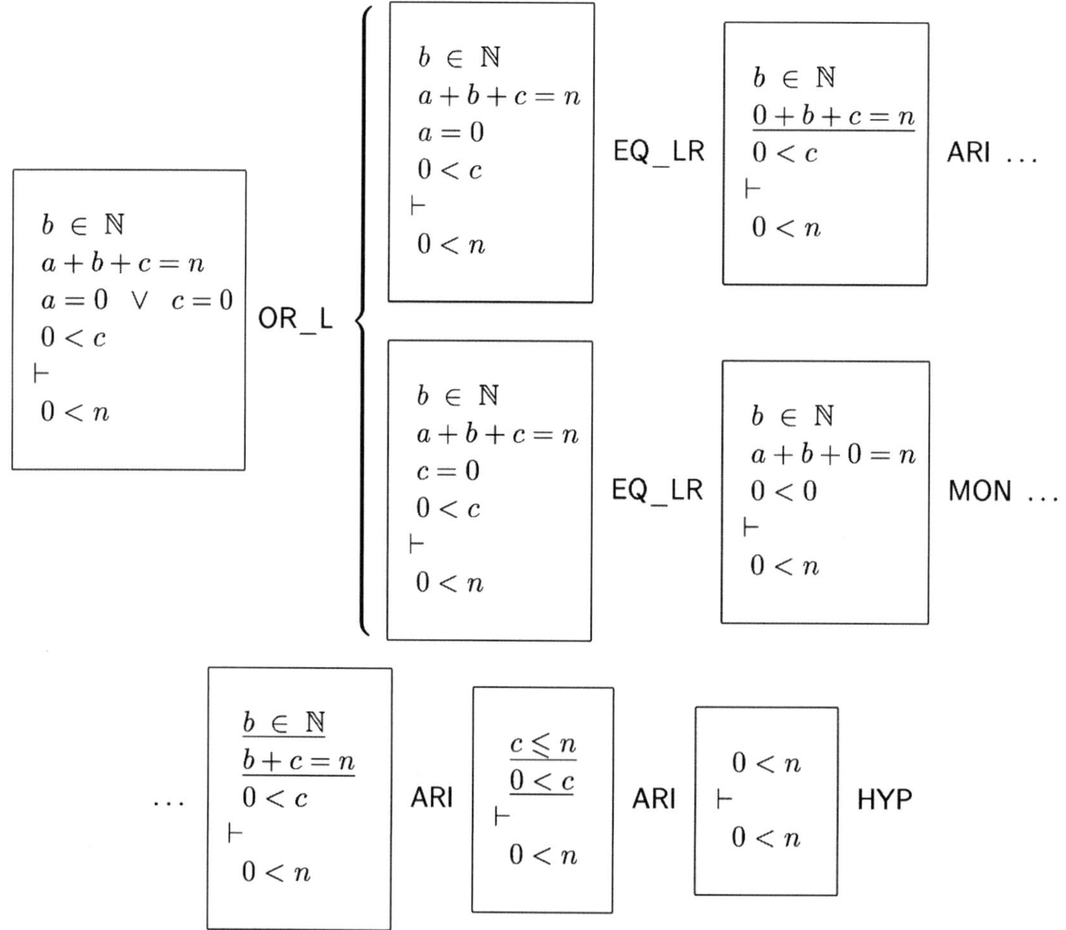

$$\cdots \quad \boxed{\begin{array}{l}\underline{0<0}\\ \vdash\\ 0<n\end{array}} \quad \text{ARI} \quad \boxed{\begin{array}{l}\bot\\ \vdash\\ 0<n\end{array}} \quad \text{FALSE\_L}$$

通过应用证明义务规则 INV，我们将得到 10 个需要证明的谓词，因为这里有两个事件和 5 条具体不变式。下面将只给出其中几个的证明，其他留给读者作为练习。

不变式 inv1_4 被事件 ML_out 保持　在应用了 MON 规则之后，我们可以得到下面的证明：

$$\boxed{\begin{array}{l}a+b+c=n\\ \vdash\\ \underline{a+1+b+c=n+1}\end{array}} \text{ARI} \boxed{\begin{array}{l}a+b+c=n\\ \vdash\\ a+b+c+1=n+1\end{array}} \text{EQ\_LR} \boxed{\vdash \;\; n+1=n+1} \text{EQL.}$$

不变式 inv1_5 被事件 ML_in 保持　在应用了 MON 规则之后，我们可以得到下面的证明：

$$\boxed{\begin{array}{l}a=0\vee c=0\\ 0<c\\ \vdash\\ a=0\vee c-1=0\end{array}} \;\text{OR\_L}\; \left\{\begin{array}{l}\boxed{\begin{array}{l}a=0\\ 0<c\\ \vdash\\ a=0\vee c-1=0\end{array}} \;\text{OR\_R1}\; \boxed{\begin{array}{l}a=0\\ 0<c\\ \vdash\\ a=0\end{array}} \;\text{MON}\; \boxed{\begin{array}{l}a=0\\ \vdash\\ a=0\end{array}} \;\text{HYP}\\ \\ \boxed{\begin{array}{l}c=0\\ 0<c\\ \vdash\\ a=0\vee c-1=0\end{array}} \;\text{EQ\_LR}\; \cdots\end{array}\right.$$

$$\cdots \quad \boxed{\underline{0<0} \;\vdash\; a=0\;\vee\;-1=0} \quad \text{ARI} \quad \boxed{\bot \;\vdash\; a=0\;\vee\;-1=0} \quad \text{FALSE\_L}$$

2.5.8 精化初始化事件 init

我们也需要定义特殊事件 init 的精化。这个事件显然应该重新定义为：

$$\boxed{\begin{array}{l}\text{init}\\ \quad a:=0\\ \quad b:=0\\ \quad c:=0\end{array}}$$

这里我们第一次看到了**多重动作**，与之对应的前-后谓词也就是我们希望的：

$$a' = 0 \ \wedge \ b' = 0 \ \wedge \ c' = 0$$

2.5.9 初始化事件 init 精化正确性的证明义务规则

对于初始化事件，我们必须应用的证明义务规则也就是前面证明义务规则 INV 的特殊情况，也称为 INV。如果抽象初始化的后谓词的形式是 $v' = K(c)$，而具体初始化的后谓词具有形式 $w' = L(c)$，有关的证明义务规则如下：

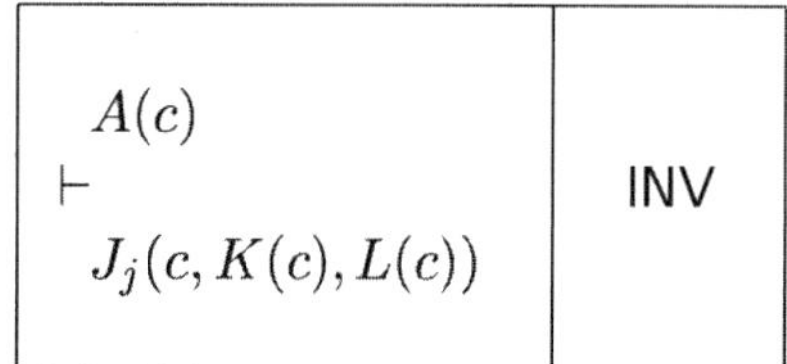

$A(c)$
$\vdash$
$J_j(c, K(c), L(c))$ INV

公理
$\vdash$
修改后的具体不变式 INV

请注意，这里没有关于卫强化的证明义务规则，因为按定义，初始化事件没有卫。

2.5.10 应用初始化精化的证明义务规则

把前一节里介绍的证明义务规则应用于我们的例子，完全是直截了当的。从得到的五个谓词中，我们只选出最重要的两个。下面是有关不变式 **inv1_4** 需要做的证明：

axm0_1
axm0_2
$\vdash$
修改后的具体不变式 **inv1_4**

$d \in \mathbb{N}$
$d > 0$
$\vdash$
$0 + 0 + 0 = 0$

inv1_4 / INV

下面是有关不变式 **inv1_5** 需要做的证明：

axm0_1
axm0_1
$\vdash$
修改后的具体不变式 **inv1_5**

$d \in \mathbb{N}$
$d > 0$
$\vdash$
$0 = 0 \ \vee \ 0 = 0$

inv1_5 / INV

这些相继式的证明留给读者。

2.5.11 引入新事件

在这个精化中，我们还必须引入两个对应于汽车进入和离开小岛的新事件。下面是我们提出的两个新事件：

```
IL_in
  when
    0 < a
  then
    a := a − 1
    b := b + 1
  end
```

```
IL_out
  when
    0 < b
    a = 0
  then
    b := b − 1
    c := c + 1
  end
```

这里又出现了一些**多重动作**。然而，这些动作还是不完全，在第一个事件的动作里没出现变量 c，而在第二个里面没出现变量 a。这些多重动作分别关联于下面的前-后谓词：

$$a' = a - 1 \quad \wedge \quad b' = b + 1 \quad \wedge \quad c' = c$$

$$a' = a \quad \wedge \quad b' = b - 1 \quad \wedge \quad c' = c + 1$$

这些事件做的事情都很容易理解。事件 `IL_in` 对应于一辆汽车离开桥进入小岛，因此它减少桥上的汽车数 a 并同时增加岛上的汽车数 b。仅当桥上有驶向小岛的汽车时，这个动作才能做，也就是说，要求条件 $0 < a$ 成立。

事件 `IL_out` 对应于汽车离开小岛进入桥。这个动作在减小 b 的同时增大 c。仅当岛上有车时才能做这个动作，也就是说，要求条件 $0 < b$ 成立。使事件 `IL_out` 能行的另一个条件是桥上没有驶向小岛的汽车（请记住，桥是单行的），这也就是要求 $a = 0$。

2.5.12 空动作 skip

正如我们将在下一节里解释的，我们需要证明新事件精化抽象里的一个没有卫，而且**什么也不做**的“虚拟”事件。这样一个空动作用一个 `skip` 表示。

首先应该注意，`skip` 的前后谓词依赖于它所在的模型的状态，这一点非常重要。对于目前的例子，我们首先要说一下初始模型里的这种空动作。这个模型里只有一个变量 n，因此空动作的前-后谓词是：

$$n' = n$$

但另一方面，对应于上面的具体模型，由于这里有三个变量 a、b 和 c，与这里的 `skip` 关联的前后谓词就会具有另一种不同的形式：

$$a' = a \quad \wedge \quad b' = b \quad \wedge \quad c' = c$$

2.5.13 证明两个新事件的正确性

在 2.5.11 节引进的两个新事件，在抽象里当然看不到。然而，看不到并不意味着它们不存在或者不发生。当通过一个显微镜观察时，你就可以看到一些不通过显微镜时看不到的东西。与此类似，精化就像是通过一个显微镜去观察一个系统。对应于新事件 `IL_in` 和 `IL_out` 的状态迁移在抽象里是不可见的，但是再说一次，它们是存在的。把这种想法形式化，就应该说，这种新事件精化了一个无卫的带有空动作 `skip` 的事件。作为这种想法的推论，我们可以用证明义务规则 `INV` 来证明新事件的正确性。下面是我们对于事件 `IL_in` 和具体不变式 **inv1_4** 需要证明的相继式：

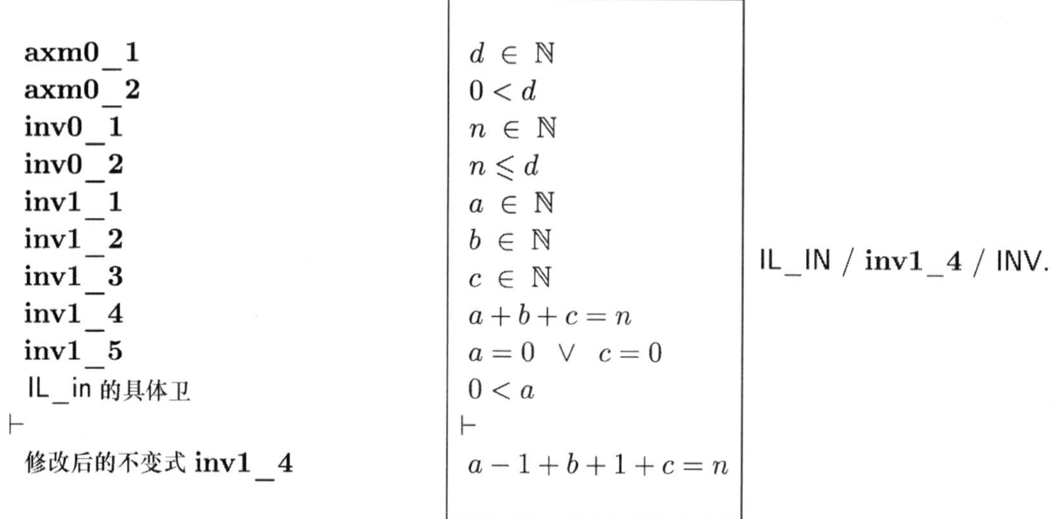

axm0_1 **axm0_2** **inv0_1** **inv0_2** **inv1_1** **inv1_2** **inv1_3** **inv1_4** **inv1_5** IL_in 的具体卫 $\vdash$ 修改后的不变式 **inv1_4**	$d \in \mathbb{N}$ $0 < d$ $n \in \mathbb{N}$ $n \leqslant d$ $a \in \mathbb{N}$ $b \in \mathbb{N}$ $c \in \mathbb{N}$ $a+b+c=n$ $a=0 \ \vee \ c=0$ $0<a$ $\vdash$ $a-1+b+1+c=n$	IL_IN / **inv1_4** / INV.

注意，这里的 n 并没有修改，因为该事件精化的是无卫的以 `skip` 为动作的事件。在应用了 `MON` 之后，我们得到下面的证明：

$a+b+c=n$ $\vdash$ $a-1+b+1+c=n$	ARI	$a+b+c=n$ $\vdash$ $a+b+c=n$	HYP

对于事件 `IL_in` 和具体不变式 **inv1_5**，我们需要证明：

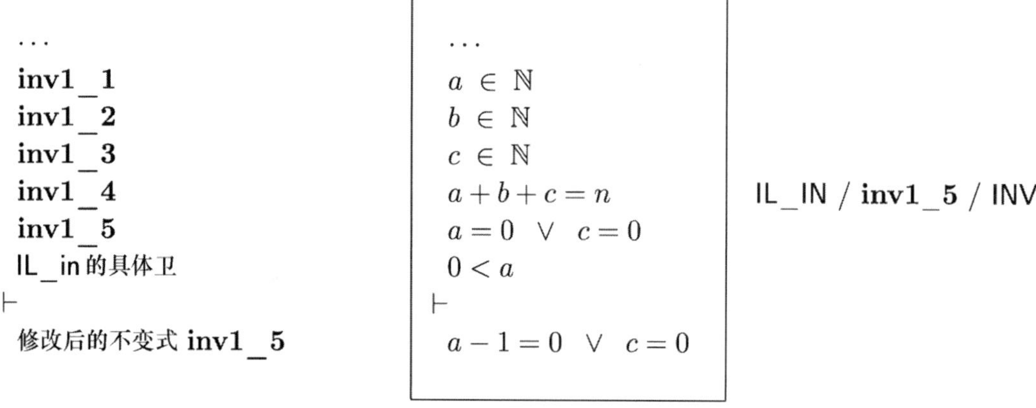

… **inv1_1** **inv1_2** **inv1_3** **inv1_4** **inv1_5** IL_in 的具体卫 $\vdash$ 修改后的不变式 **inv1_5**	… $a \in \mathbb{N}$ $b \in \mathbb{N}$ $c \in \mathbb{N}$ $a+b+c=n$ $a=0 \ \vee \ c=0$ $0<a$ $\vdash$ $a-1=0 \ \vee \ c=0$	IL_IN / **inv1_5** / INV

在应用了 MON 之后，我们得到下面的证明：

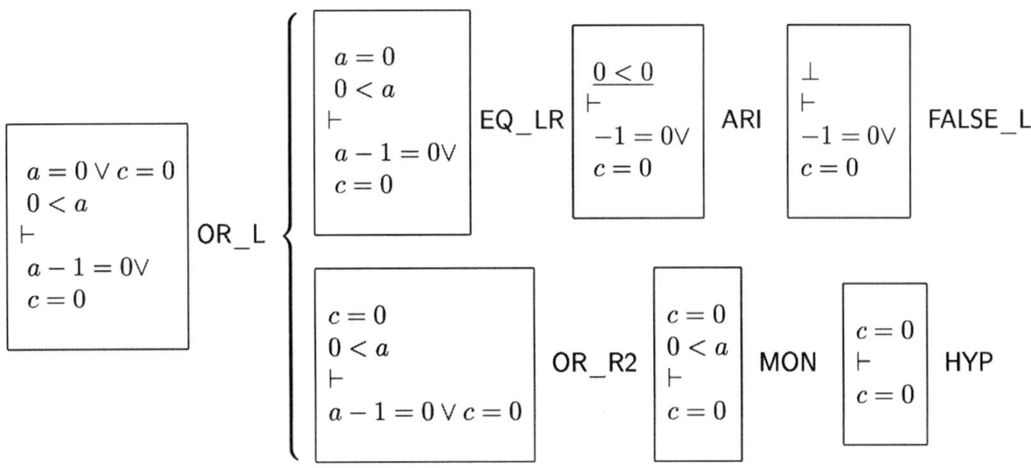

还需要陈述并证明与其他不变式谓词，以及另一个新事件 IL_out 对应的另外一些相继式，我们把有关工作留给读者作为练习。

2.5.14　证明新事件的收敛性

当引进了一些新事件时，我们还必须证明另外一些东西，就是说它们**不会发散**，也就是说，这些新事件不会永无止境地能行。如果出现这种情况，那么，某些已有事件（如在我们的例子里的 ML_out 和 ML_in）的具体版本就可能被无限地推迟了。我们显然希望避免那种情况，因为在抽象里，那些事件是可能发生的。为证明这一性质，我们必须给出一个自然数值的表达式，称为**变动式**，而后证明**所有的新事件都会减小它的值**。这就带来了两个证明义务：第一个说我们提出的这个变动式是一个自然数，第二个说每个新事件都会减小该变动式的值。

第一个证明义务规则称为 NAT，我们要证明给出的变动式 $V(c, w)$ 是一个自然数。在做这件事时，假定常量 c 上的公理 $A(c)$、抽象不变式 $I(c, v)$ 和具体不变式 $J(c, v, w)$，以及每个新事件的卫 $H(c, w)$。这里要把卫 $H(c, w)$ 作为前提，因为当新事件的卫不成立时，我们并不关心需要证明的变动式是否为自然数（例如，这种情况下它可能是负数）：

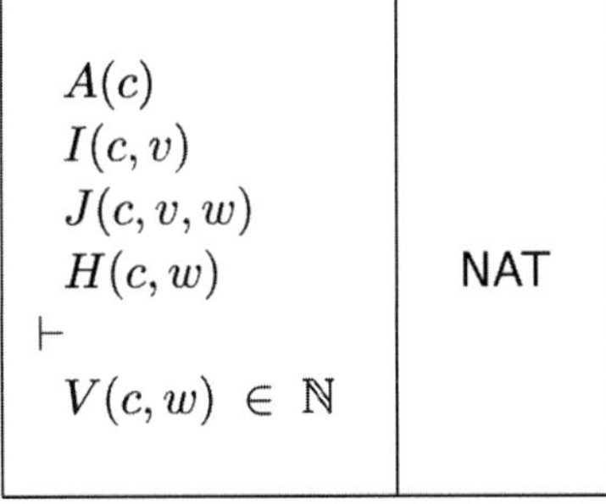

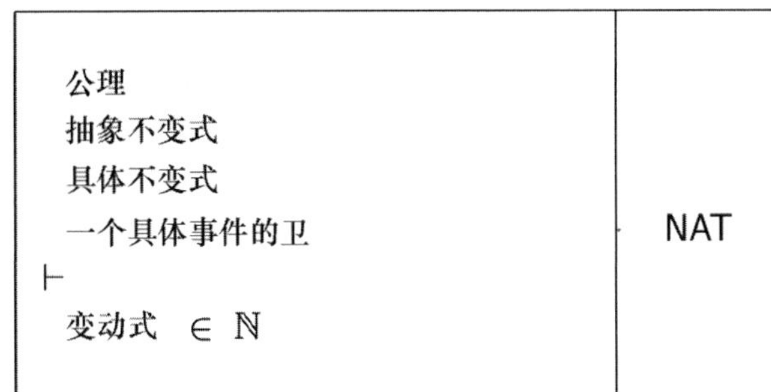

第二个证明义务规则说这个变动式是减小的。应该对于每个具有卫 $H(c,\ w)$ 和前-后谓词 $w' = F(c, w)$ 的新事件来证明这个断言：

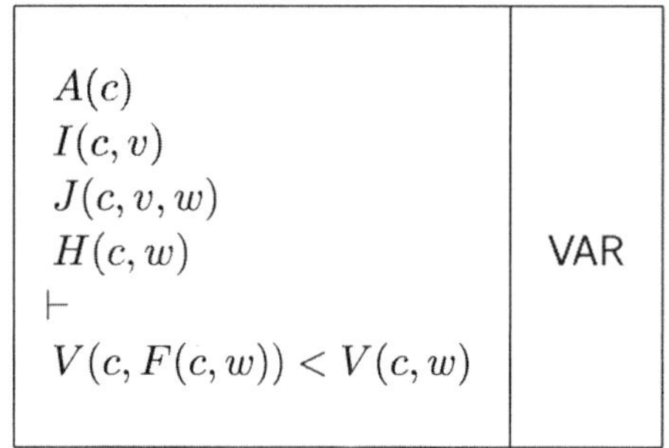

公理 抽象不变式 具体不变式 一个具体事件的卫 $\vdash$ 修改后的变动式 $<$ 变动式	VAR

注意，变动式应该只有唯一的一个，换句话说，每一个新事件都应该减小同一个变动式。有些时候，变动式可能不是一个很简单的自然数表达式，但在目前这个例子里，我们只需要一个简单的自然数表达式作为变动式。

2.5.15 应用非收敛证明义务规则

对于这里的情况，我们提出下面的变动式：

variant_1： $2 * a + b$

把规则 `VAR` 应用于事件 `IL_in`，将会得到下面这个相当大但也很明显的相继式，需要证明：

axm0_1	$d \in \mathbb{N}$	
axm0_2	$0 < d$	
inv0_1	$n \in \mathbb{N}$	
inv0_2	$n \leqslant d$	
inv1_1	$a \in \mathbb{N}$	
inv1_2	$b \in \mathbb{N}$	IL_in / VAR.
inv1_3	$c \in \mathbb{N}$	
inv1_4	$a + b + c = n$	
inv1_5	$a = 0 \ \vee \ c = 0$	
具体事件 IL_in 的卫	$0 < a$	
$\vdash$	$\vdash$	
修改后的变动式 < 变动式	$2 * (a - 1) + b + 1 < 2 * a + b$	

把规则 VAR 应用于事件 IL_out：

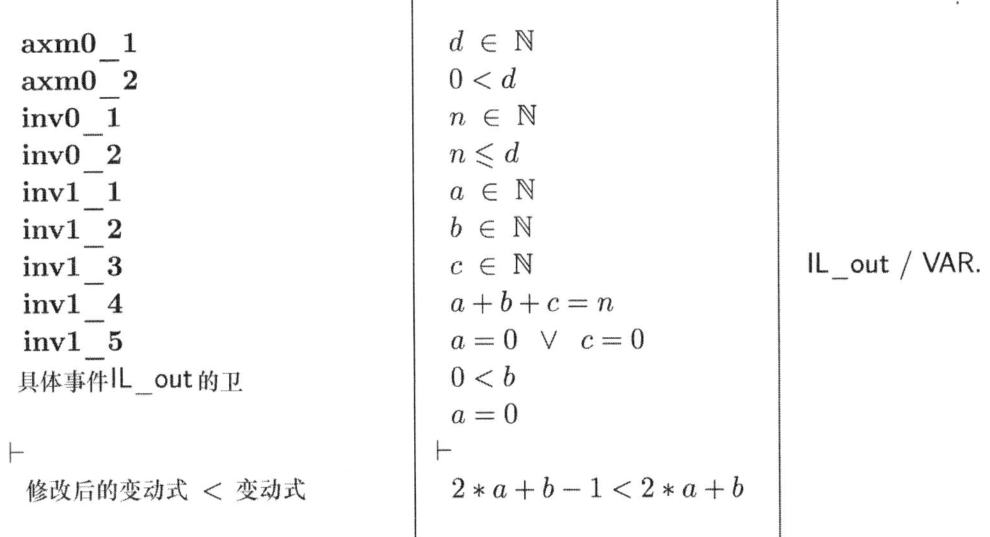

axm0_1 **axm0_2** **inv0_1** **inv0_2** **inv1_1** **inv1_2** **inv1_3** **inv1_4** **inv1_5** 具体事件IL_out的卫 $\vdash$ 修改后的变动式 < 变动式	$d \in \mathbb{N}$ $0 < d$ $n \in \mathbb{N}$ $n \leq d$ $a \in \mathbb{N}$ $b \in \mathbb{N}$ $c \in \mathbb{N}$ $a + b + c = n$ $a = 0 \ \vee \ c = 0$ $0 < b$ $a = 0$ $\vdash$ $2 * a + b - 1 < 2 * a + b$	IL_out / VAR.

这两个相继式都可以通过简单的算术运算证明。证明从略。

2.5.16　相对无死锁

最后，我们还必须证明所有具体事件（无论老的还是新的）都不会出现比抽象事件更多的死锁。为此我们需要证明，所有抽象卫 $G_1(c, w)$, ..., $G_m(c, w)$ 的析取蕴涵所有具体卫 $H_1(c, w)$, ..., $H_n(c, w)$ 的析取。这一证明规则称为 DLF：

$A(c)$ $I(c,v)$ $J(c,v,w)$ $G_1(c,v) \ \vee \ \ldots \ \vee \ G_m(c,v)$ $\vdash$ $H_1(c,w) \ \vee \ \ldots \ \vee \ H_n(c,w)$	DLF

公理 **抽象不变式** **具体不变式** **抽象卫的析取** $\vdash$ **具体卫的析取**	DLF

2.5.17　应用相对无死锁证明义务规则

应用证明义务规则 DLF 得到下面需要证明的相继式。请注意，在这里，我们从蕴涵的前提中删去了抽象卫的析取，因为在初始模型中已经证明了它们：

axm0_1 **axm0_2** **inv0_1** **inv0_2** **inv1_1** **inv1_2** **inv1_3** **inv1_4** **inv1_5** $\vdash$ **具体卫的析取**	$d \in \mathbb{N}$ $0 < d$ $n \in \mathbb{N}$ $n \leqslant d$ $a \in \mathbb{N}$ $b \in \mathbb{N}$ $c \in \mathbb{N}$ $a + b + c = n$ $a = 0 \ \vee \ c = 0$ $\vdash$ $(a + b < d \ \wedge \ c = 0) \ \vee$ $c > 0 \ \vee$ $a > 0 \ \vee$ $(b > 0 \ \wedge \ a = 0)$	DLF.

2.5.18 更多推理规则

对于前面的相继式，我们必须要证明各种谓词的**析取**。做这件事的一种很方便的方法是（利用析取的可交换性和可结合性）应用下面的规则，它把相继式的目标中的一个析取项的否定移到了相继式的假设部分。下面是相应的规则：

$$\frac{\mathbf{H}, \neg \mathbf{P} \ \vdash \ \mathbf{Q}}{\mathbf{H} \ \vdash \ \mathbf{P} \vee \mathbf{Q}} \quad \text{OR\_R}$$

下面两条规则使我们可以处理出现在相继式的假设部分或目标部分的析取谓词：

$$\frac{\mathbf{H}, \mathbf{P}, \mathbf{Q} \ \vdash \ \mathbf{R}}{\mathbf{H}, \ \mathbf{P} \wedge \mathbf{Q} \ \vdash \ \mathbf{R}} \quad \text{AND\_L}$$

$$\frac{\mathbf{H} \ \vdash \ \mathbf{P} \qquad \mathbf{H} \ \vdash \ \mathbf{Q}}{\mathbf{H} \ \vdash \ \mathbf{P} \wedge \mathbf{Q}} \quad \text{AND\_R}$$

证明无死锁证明义务 有了上面的新的推理规则，现在我们就可以证明前面的无死锁证明义务了（在应用了规则 MON 之后）：

$$\begin{array}{l} 0<d \\ a \in \mathbb{N} \\ b \in \mathbb{N} \\ c \in \mathbb{N} \\ \vdash \\ (a+b<d \wedge \\ \quad c=0) \vee \\ c>0 \vee \\ a>0 \vee \\ (b>0 \ \wedge \ a=0) \end{array} \quad \text{OR\_R} \quad \begin{array}{l} 0<d \\ a \in \mathbb{N} \\ b \in \mathbb{N} \\ \underline{c \in \mathbb{N}} \\ \underline{\neg(c>0)} \\ \vdash \\ (a+b<d \wedge \\ \quad c=0) \vee \\ a>0 \vee \\ (b>0 \ \wedge \ a=0) \end{array} \quad \text{ARI} \quad \begin{array}{l} 0<d \\ a \in \mathbb{N} \\ b \in \mathbb{N} \\ c=0 \\ \vdash \\ (a+b<d \wedge \\ \quad c=0) \vee \\ a>0 \vee \\ (b>0 \ \wedge \ a=0) \end{array} \quad \text{EQ\_LR} \ldots$$

$$\ldots \quad \begin{array}{l} 0<d \\ a \in \mathbb{N} \\ b \in \mathbb{N} \\ \vdash \\ (a+b<d \wedge \\ 0=0) \vee \\ a>0 \vee \\ (b>0 \wedge a=0) \end{array} \quad \text{OR\_R} \quad \begin{array}{l} 0<d \\ \underline{a \in \mathbb{N}} \\ b \in \mathbb{N} \\ \underline{\neg(a>0)} \\ \vdash \\ (a+b<d \wedge \\ 0=0) \vee \\ (b>0 \wedge a=0) \end{array} \quad \text{ARI} \quad \begin{array}{l} 0<d \\ a=0 \\ b \in \mathbb{N} \\ \vdash \\ (a+b<d \wedge \\ 0=0) \vee \\ (b>0 \wedge a=0) \end{array} \quad \text{EQ\_LR} \ldots$$

$$\ldots \quad \begin{array}{l} 0<d \\ \underline{b \in \mathbb{N}} \\ \vdash \\ (\underline{0+b}<d \ \wedge \\ \qquad 0=0) \ \vee \\ (b>0 \ \wedge \ 0=0) \end{array} \quad \text{ARI} \ \ldots$$

$$\ldots \quad \begin{array}{l} 0<d \\ b=0 \ \vee \ b>0 \\ \vdash \\ (b<d \ \wedge \ 0=0) \ \vee \\ (b>0 \ \wedge \ 0=0) \end{array} \quad \text{OR\_L} \quad \left\{ \begin{array}{l} \begin{array}{l} 0<d \\ b=0 \\ \vdash \\ (b<d \ \wedge \ 0=0) \ \vee \\ (b>0 \ \wedge \ 0=0) \end{array} \quad \text{OR\_R1} \ \ldots \\ \\ \begin{array}{l} 0<d \\ b>0 \\ \vdash \\ (b<d \ \wedge \ 0=0) \ \vee \\ (b>0 \ \wedge \ 0=0) \end{array} \quad \text{OR\_R2} \ \ldots \end{array} \right.$$

$$\cdots \boxed{\begin{array}{l} 0<d \\ b=0 \\ \vdash \\ b<d \land 0=0 \end{array}} \text{ EQ\_LR } \boxed{\begin{array}{l} 0<d \\ \vdash \\ 0<d \land 0=0 \end{array}} \text{ AND\_R } \left\{ \begin{array}{ll} \boxed{0<d \vdash 0<d} & \text{HYP} \\ \boxed{0<d \vdash 0=0} & \text{EQL} \end{array} \right.$$

$$\cdots \boxed{0<d,\ b>0 \vdash b>0 \ \land\ 0=0} \text{ AND\_R } \left\{ \begin{array}{ll} \boxed{0<d,\ b>0 \vdash b>0} & \text{HYP} \\ \boxed{0<d,\ b>0 \vdash 0=0} & \text{EQL} \end{array} \right.$$

2.5.19 第一个精化的总结

这里总结了第一个精化的状态：

constants: d

variables: a, b, c

inv1_1: $a \in \mathbb{N}$

inv1_2: $b \in \mathbb{N}$

inv1_3: $c \in \mathbb{N}$

inv1_4: $a + b + c = n$

inv1_5: $a = 0 \lor c = 0$

variant1: $2 * a + b$

这里总结了第一个精化里的事件：

```
ML_in
  when
    0 < c
  then
    c := c − 1
  end
```

```
ML_out
  when
    a + b < d
    c = 0
  then
    a := a + 1
  end
```

```
IL_in
  when
    0 < a
  then
    a := a − 1
    b := b + 1
  end
```

```
IL_out
  when
    0 < b
    a = 0
  then
    b := b − 1
    c := c + 1
  end
```

```
init
    a := 0
    b := 0
    c := 0
```

2.6 第二次精化：引入交通灯

在现在的形式中，桥的模型看起来有些奇妙。按照我们的观察，好像汽车司机能统计汽车的数量，并据此决定能不能从大陆上桥（事件 `ML_out`）或者从岛上桥（事件 `IL_out`）。这也意味着他们能看到整个系统的状态。显然，这是根本不可能的。正如我们所知，在真实的世界里，司机只是根据交通灯的指示，他们不会统计汽车的数量。

在这一次精化中，我们首先要引入两个交通灯，分别取名为 ml_tl 和 il_tl，而后引入相应的不变式，最后再引入一些新事件，它们能改变交通灯的颜色。图 2.7 描绘了这些新的物理情况，上面说的情况都可以在这个精化里看到。

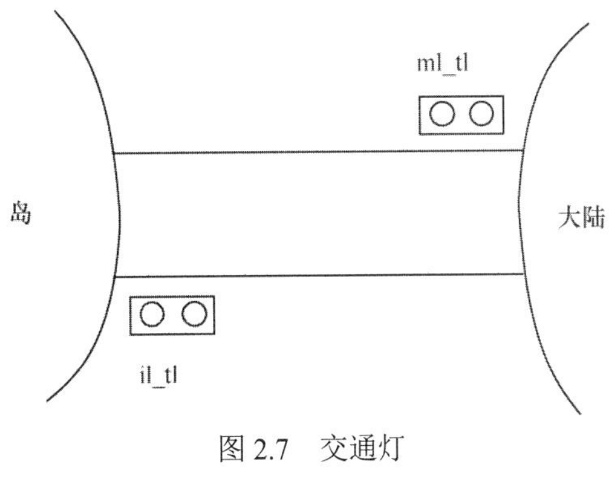

图 2.7 交通灯

2.6.1 精化状态

在这一步，我们必须扩充系统的常量集合。首先引进一个集合 *COLOR*，它包含两个不同的值 *red* 和 *green*。这件事是这样完成的：

set: $COLOR$

constants: $red, green$

axm2_1: $COLOR = \{green, red\}$

axm2_2: $green \neq red$

而后引进两个新变量，分别命名为 *ml_tl*（表示大陆的交通灯）和 *il_tl*（表示小岛的交通灯）。这两个变量被定义为颜色值：通过下面的不变式 **inv2_1** 和 **inv2_2** 形式化定义。由于只是在交通灯为绿色时才允许司机通过，我们可以做得更好一点：通过两个**带条件的不变式 inv2_3** 和 **inv2_4** 来保证，当 *ml_tl* 是 *green* 时事件抽象 `ML_out` 的卫成立，而当 *il_tl* 是 *green* 时事件 `IL_out` 的卫成立。注意，我们现在是要把需求 ENV-1、ENV-2 和 ENV-3 纳入考虑。下面是这个精化中引入的变量：

variables: ...
ml_tl
il_tl

inv2_1: $ml\_tl \in COLOR$

inv2_2: $il\_tl \in COLOR$

inv2_3: $ml\_tl = green \;\Rightarrow\; a+b<d \;\wedge\; c=0$

inv2_4: $il\_tl = green \;\Rightarrow\; 0<b \;\wedge\; a=0$

再请注意，不变式 **inv2_3** 和 **inv2_4** 都是**带条件的不变式**，这种不变式是通过逻辑蕴涵运算符“⇒”的方式引进的。显然，我们还需要推理规则来处理这种逻辑运算符。我们将在 2.6.6 节介绍相关的推理规则。

到目前这一点，看起来我们所处的情况与我们在做前面的精化时有些不同。在前面的精化里，我们用具体变量 a、b、c 取代更抽象的变量 n。而这一次我们只是加入两个新变量 *ml_tl* 和 *il_tl* 并保留抽象变量 a、b 和 c。这种特殊的精化模式称为**叠加**。我们将在 2.6.4 节看到，叠加精化需要另一个证明义务规则。

2.6.2 精化抽象事件

现在也需要精化事件 `ML_out` 和 `IL_out`，需要修改它们的卫，加入对相应交通灯是否为绿色的检查。在这里，我们隐含地假设了司机总遵守交通灯的指挥，这是需求 `ENV-3` 提出的要求。注意，`ML_in`（从桥进入大陆）和 `IL_in`（从桥进入小岛）在这次精化中并不修改。下面是事件 `ML_out` 的新版本以及它的抽象版本：

(abstract_)ML_out	(concrete_)ML_out
when	**when**
$c = 0$	$ml\_tl = green$
$a + b < d$	**then**
then	$a := a + 1$
$a := a + 1$	**end**
end	

下面是事件 `IL_out` 的新版本以及它的抽象版本：

(abstract_)IL_out	(concrete_)IL_out
when	**when**
$a = 0$	$il\_tl = green$
$0 < b$	**then**
then	$b, c := b - 1, c + 1$
$b, c := b - 1, c + 1$	**end**
end	

2.6.3 引进新事件

我们还必须引进两个新事件，它们在适当的条件下把交通灯的颜色由红转绿。在这里，合适的条件正好就是抽象事件 `ML_out` 和 `IL_out` 的卫。下面是新提出的事件：

ML_tl_green	IL_tl_green
when $ml\_tl = red$; $a + b < d$; $c = 0$	**when** $il\_tl = red$; $0 < b$; $a = 0$
then $ml\_tl := green$	**then** $il\_tl := green$
end	**end**

2.6.4 叠加：调整精化规则

在这一节里，我们暂时离开我们的例子，通过一些一般性的术语来解释**叠加**问题。当我们有了一种叠加情况，其中一些抽象变量在具体状态里继续保持时，我们就必须应用精化证明义务规则 INV。其他精化规则都不需要考虑。

假设在抽象状态里有变量 u 和 v，而在具体状态里有变量 v 和 w，其中 v 是抽象状态和具体状态中都有的变量。用 $I(c, u, v)$ 表示抽象不变式，$J(c, u, v, w)$ 表示具体不变式。为了能应用证明义务规则 INV，抽象状态和具体状态必须是**完全不相交的**，然而显然，如果现在遇到了叠加的情况，这个条件不满足。

为了能得到一种不相交的情况，我们可以重新命名具体状态里的变量，比如说把 v 修改为 $v1$，**再加上一条具体不变式** $v1 = v$。假定抽象状态里一个事件的前后谓词是 $u' = E(c, u, v)$ 和 $v' = M(c, u, v)$，具体状态里对应事件的前后谓词是 $v' = N(c, v, w)$ 和 $w' = F(c, v, w)$，这个具体事件的卫用 $H(c, v, w)$ 表示。应用证明义务规则 INV 将产生两种需要证明的相继式：

常量的公理	$A(c)$	$A(c)$
抽象不变式	$I(c,u,v)$	$I(c,u,v)$
具体不变式	$J(c,u,v1,w)$	$J(c,u,v1,w)$
	$v1 = v$	$v1 = v$
具体卫	$H(c,v1,w)$	$H(c,v1,w)$
$\vdash$	$\vdash$	$\vdash$
修改后的不变式	$J_j(c,E(c,u,v),M(c,u,v),F(c,v1,w))$	$M(c,u,v) = N(c,v1,w)$

应用等式 $v1 = v$，将前面相继式里的 $v1$ 都代换为 v，就得到了下面的相继式，其中已经不再有 $v1$ 了。这就是我们希望对证明义务规则 INV 做的调整。这种调整可以解释为：我们需要给基本证明义务规则 INV 增加另一条证明义务规则，它说，在抽象不变式 $J(c, u, v, w)$ 的假设下，在抽象和具体状态里，抽象和具体表达式给公共变量设置的值相等：

$A(c)$	$A(c)$
$I(c,u,v)$	$I(c,u,v)$
$J(c,u,v,w)$	$J(c,u,v,w)$
$H(c,v,w)$	$H(c,v,w)$
$\vdash$	$\vdash$
$J(c,E(c,u,v),M(c,u,v),F(c,v,w))$	$M(c,u,v) = N(c,v,w)$

第一个相继式与前面一样，对应于证明义务规则 INV，而第二个是新的，取名为 SIM，说的就是给公共变量赋值的抽象表达式和具体表达式相等：

$A(c)$ $I(c,u,v)$ $J(c,u,v,w)$ $H(c,v,w)$ $\vdash$ $M(c,u,v) = N(c,v,w)$	SIM

常量的公理
抽象不变式
具体不变式
具体卫
$\vdash$
给公共变量赋值的两个表达式相等

2.6.5 证明事件的正确性

为了证明具体的已有事件精化与之对应的抽象事件，现在我们必须应用三条证明义务规则：GRD、SIM 和 INV。

事件 IL_in 和 ML_in 与其抽象版本一样，所以，将证明义务规则 GRD 和 SIM 应用于它们，不会得到任何需要证明的东西。将证明义务规则 INV 应用于它们，得到的语句非常简单，很容易证明，这里需要证明具体不变式 **inv2_3** 和 **inv2_4** 的保持性。

将证明义务规则 SIM 应用于事件 IL_out 和 ML_out，得到的相继式也很简单，因为这些事件中的抽象和具体动作正好完全一样。将证明义务规则 GRD 应用于这两个事件，也带来很简单的证明：我们必须使用不变式 **inv2_3** 和 **inv2_4** 来证明卫的强化。在 2.6.2 节里，我们已经非形式化地讨论过这一工作。

仅剩下的工作，也就是把证明义务规则 INV 应用于事件 IL_out 和 ML_out 得到的相继式的证明了。下面我们将会看到，在这一证明中出现了一些困难。

2.6.6 更多逻辑推理规则

我们现在增加几条新的逻辑规则，在执行下面的推理时需要它们。前两条规则使我们可以简化出现在相继式的假设或目标中的蕴涵谓词，另一条规则处理否定假设[1]：

$$\frac{\mathbf{H}, \mathsf{P}, \mathsf{Q} \vdash \mathsf{R}}{\mathbf{H}, \mathsf{P} \Rightarrow \mathsf{Q} \vdash \mathsf{R}}\ \mathsf{IMP\_L} \qquad \frac{\mathbf{H}, \mathsf{P} \vdash \mathsf{Q}}{\mathbf{H} \vdash \mathsf{P} \Rightarrow \mathsf{Q}}\ \mathsf{IMP\_R} \qquad \frac{\mathbf{H}, \neg\mathsf{Q} \vdash \mathsf{P}}{\mathbf{H}, \neg\mathsf{P} \vdash \mathsf{Q}}\ \mathsf{NOT\_L}$$

2.6.7 试探性的证明和解

证明事件 ML_out 保持不变式 inv2_4 下面是需要证明的相继式：

1 请读者注意，第 9 章将总结所有推理规则。

axm0_1	$d \in \mathbb{N}$	
axm0_2	$0 < d$	
axm2_1	$COLOR = \{green, red\}$	
axm2_2	$green \neq red$	
inv0_1	$n \in \mathbb{N}$	
inv0_2	$n \leqslant d$	
inv1_1	$a \in \mathbb{N}$	
inv1_2	$b \in \mathbb{N}$	
inv1_3	$c \in \mathbb{N}$	ML_out / **inv2_4** / INV.
inv1_4	$a + b + c = n$	
inv1_5	$a = 0 \vee c = 0$	
inv2_1	$ml\_tl \in \{red, green\}$	
inv2_2	$il\_tl \in \{red, green\}$	
inv2_3	$ml\_tl = green \Rightarrow a + b < d \wedge c = 0$	
inv2_4	$il\_tl = green \Rightarrow 0 < b \wedge a = 0$	
ML_out的卫	$ml\_tl = green$	
$\vdash$	$\vdash$	
修改后的**inv2_4**	$il\_tl = green \Rightarrow 0 < b \wedge a + 1 = 0$	

下面是对该相继式的试探性证明（在应用了 MON 规则之后）：

$$\begin{array}{l} green \neq red \\ il\_tl = green \Rightarrow 0 < b \wedge a = 0 \\ ml\_tl = green \\ \vdash \\ il\_tl = green \Rightarrow 0 < b \wedge a + 1 = 0 \end{array} \quad \text{IMP\_R} \quad \begin{array}{l} green \neq red \\ il\_tl = green \Rightarrow 0 < b \wedge a = 0 \\ ml\_tl = green \\ il\_tl = green \\ \vdash \\ 0 < b \wedge a + 1 = 0 \end{array} \quad \text{IMP\_L} \ldots$$

$$\ldots \quad \begin{array}{l} green \neq red \\ 0 < b \wedge a = 0 \\ ml\_tl = green \\ il\_tl = green \\ \vdash \\ 0 < b \wedge a + 1 = 0 \end{array} \quad \text{AND\_L} \quad \begin{array}{l} green \neq red \\ 0 < b \\ a = 0 \\ ml\_tl = green \\ il\_tl = green \\ \vdash \\ 0 < b \wedge a + 1 = 0 \end{array} \quad \text{AND\_R} \quad \ldots$$

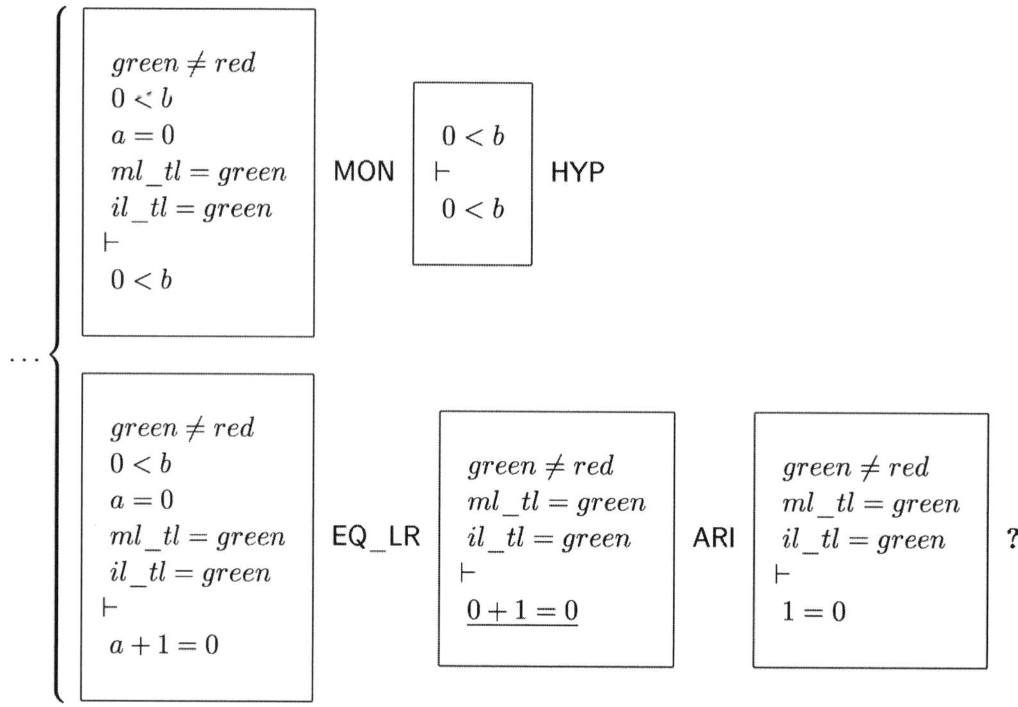

显然，最后一个相继式无法证明。

证明事件 IL_out 保持不变式 inv2_3 对于事件 IL_out 保持不变式 **inv2_3**，我们需要证明下面的相继式：

...	...	
axm2_1	$COLOR = \{green, red\}$	
axm2_2	$green \neq red$	
inv2_1	$ml\_tl \in \{red, green\}$	
inv2_2	$il\_tl \in \{red, green\}$	
inv2_3	$ml\_tl = green \Rightarrow a+b<d \wedge c=0$	IL_out / **inv2_3** / INV
inv2_4	$il\_tl = green \Rightarrow 0<b \wedge a=0$	
IL_out 的卫	$il\_tl = green$	
$\vdash$	$\vdash$	
修改后的 inv2_3	$ml\_tl = green \Rightarrow a+b-1<d \wedge c+1=0$	

下面是对该相继式的试探性证明（在应用了 MON 规则之后）：

$$\begin{array}{l} green \neq red \\ ml\_tl = green \Rightarrow \\ \quad a+b<d \wedge c=0 \\ il\_tl = green \\ \vdash \\ ml\_tl = green \Rightarrow \\ \quad a+b-1<d \wedge c+1=0 \end{array} \quad \text{IMP\_R} \quad \begin{array}{l} green \neq red \\ ml\_tl = green \Rightarrow \\ \quad a+b<d \wedge c=0 \\ il\_tl = green \\ ml\_tl = green \\ \vdash \\ a+b-1<d \wedge c+1=0 \end{array} \quad \text{IMP\_L} \ \ldots$$

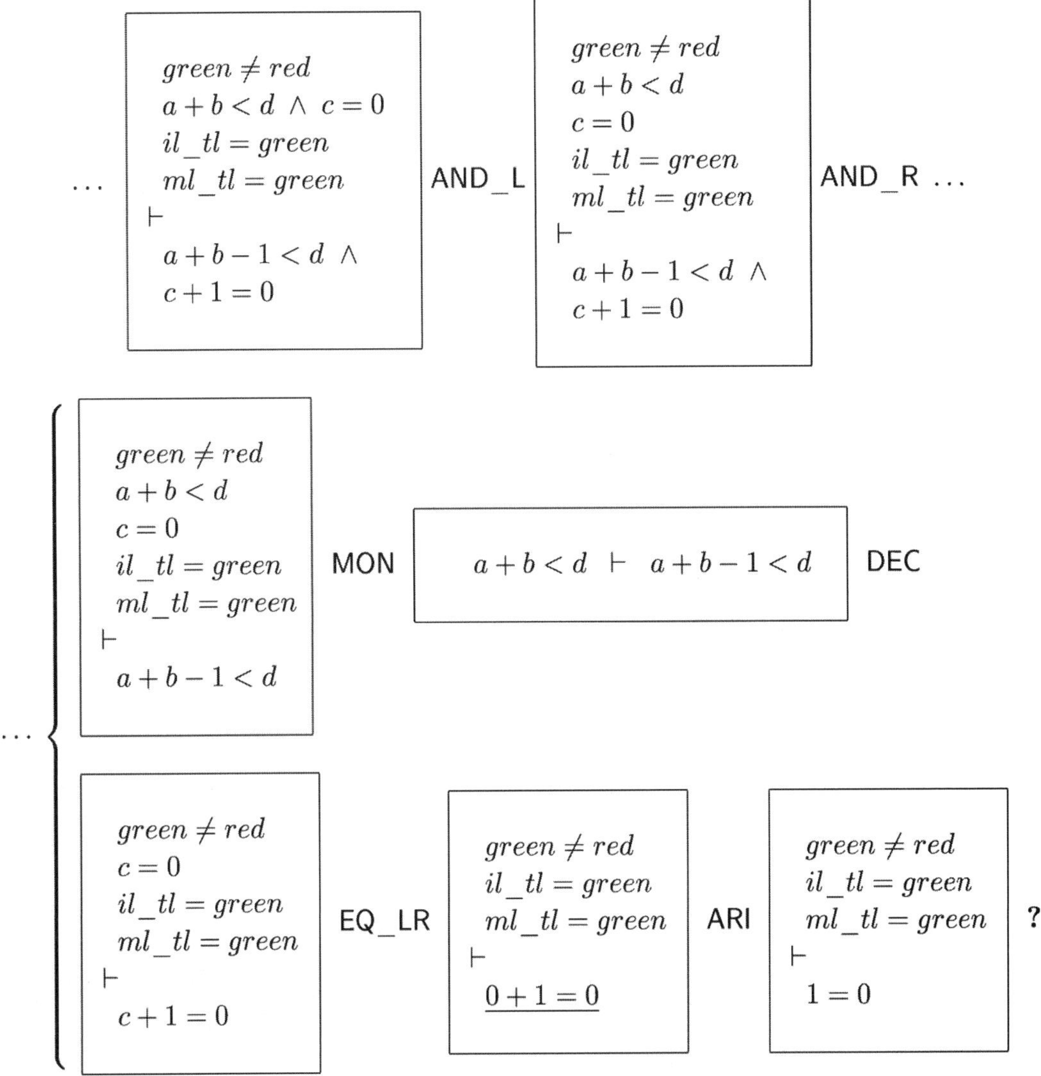

显然，最后一个相继式也无法证明。

解 前面两个证明失败了，因为它们都要求证明下面的相继式：

$$\begin{array}{|l|}\hline green \neq red \\ il\_tl = green \\ ml\_tl = green \\ \vdash \\ 1 = 0 \\ \hline\end{array}$$

这个公式说的是两个灯不能同时是绿色。这是一个很明显的事实，但我们在前面完全忘记去表达它。为此我们现在增加一个不变式，加入这个事实：

$$\textbf{inv2\_5:} \quad ml\_tl = red \ \vee \ il\_tl = red$$

我们可以注意到，这一不变式可以作为一个需求，虽然前面已有的需求里已经包含这个条件：ENV-3 说“假定汽车在红灯时不通过，只在绿灯时通过”，需求 FUN-3 说“桥上只能向这个或那个方向行驶，不能双向行驶”。加入这个新不变式就能解决前面的问题，因为现在我们可以像下面这样扩充我们的证明：

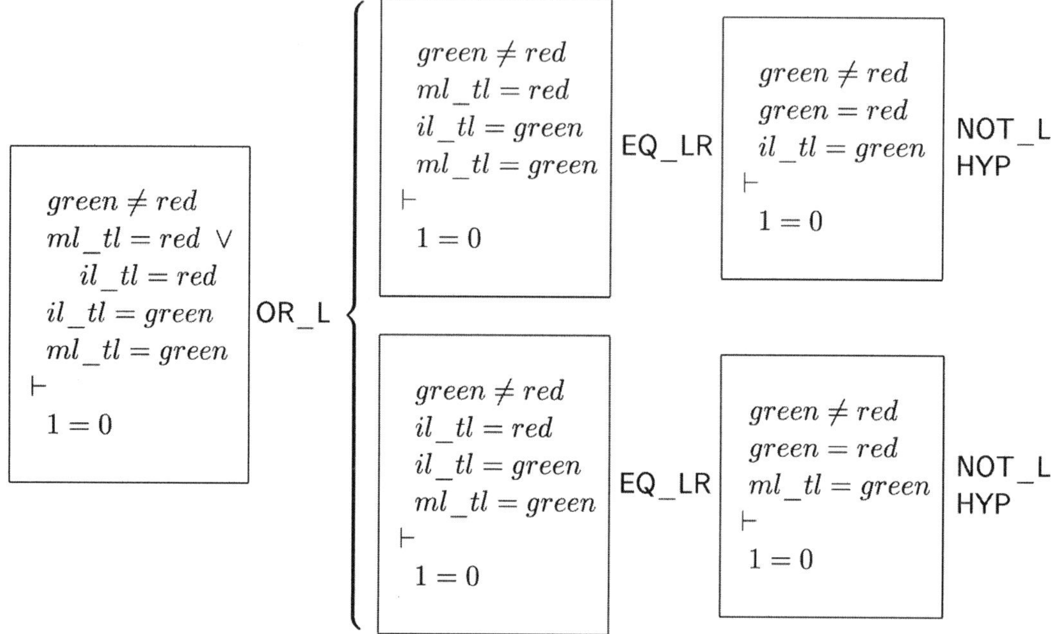

修改事件 ML_tl_green 和 IL_tl_green 新不变式 **inv2_5** 也需要保持，很明显，我们在前面 2.6.3 节提出的新事件 ML_tl_green 和 IL_tl_green 并没有做好这件事。应该更正，让它们把另一边的交通灯转到红色：

```
ML_tl_green
  when
    ml_tl = red
    a + b < d
    c = 0
  then
    ml_tl := green
    il_tl := red
  end
```

```
IL_tl_green
  when
    il_tl = red
    0 < b
    a = 0
  then
    il_tl := green
    ml_tl := red
  end
```

证明事件 ML_out 保持不变式 inv2_3 当试图去证明 ML_out 保持不变式 **inv2_3** 时，我们又会遇到一个麻烦。这时我们需要证明的是：

… **inv2_3** **inv2_4** ML_out 的卫 $\vdash$ 修改后的**inv2_3**	… $ml\_tl = green \Rightarrow a+b<d \wedge c=0$ $il\_tl = green \Rightarrow 0<b \wedge a=0$ $ml\_tl = green$ $\vdash$ $ml\_tl = green \Rightarrow a+1+b<d \wedge c=0$	ML_out / **inv2_3** / INV

下面是试探性的证明（应用了规则 MON 之后）：

$ml\_tl = green \Rightarrow a+b<d \wedge c=0$ $\vdash$ $ml\_tl = green \Rightarrow a+1+b<d \wedge c=0$	IMP_R	$ml\_tl = green \Rightarrow$ $a+b<d \wedge c=0$ $ml\_tl = green$ $\vdash$ $a+1+b<d \wedge c=0$	IMP_L …

…	$a+b<d \wedge c=0$ $ml\_tl = green$ $\vdash$ $a+1+b<d \wedge c=0$	AND_L	$a+b<d$ $c=0$ $ml\_tl = green$ $\vdash$ $a+1+b<d \wedge c=0$	AND_R …

…	$a+b<d$ $c=0$ $ml\_tl = green$ $\vdash$ $a+1+b<d$	?		
	$a+b<d$ $c=0$ $ml\_tl = green$ $\vdash$ $c=0$	MON	$c=0$ $\vdash$ $c=0$	HYP

正如所见，最后两个相继式中的第一个在 $a+1+b=d$ 时无法证明，除非当时 ml_tl 的值被设置为红色。实际上，当 $a+1+b=d$ 时，进入的汽车是当时允许进入的最后一辆汽车，再多进汽车就会违背需求 FUN-2，也就是说，岛上和桥上的车辆之和不超过 d。这种情况说明，我们必须把 ML_out 分裂为两个不同的事件（两个事件都精化原来的抽象事件）：

```
ML_out_1
  when
    ml_tl = green
    a + b + 1 ≠ d
  then
    a := a + 1
  end
```

```
ML_out_2
  when
    ml_tl = green
    a + b + 1 = d
  then
    a := a + 1
    ml_tl := red
  end
```

证明事件 IL_out 保持不变式 inv2_4 由于类似的原因，当 b 等于 1 时事件 `IL_out` 也不能保持不变式 **inv2_4**，这时岛上只剩下最后一辆车。作为这种情况的推论，岛上的交通灯也应该转为红色。与前面小节里的事件 `ML_out` 一样，我们也必须把事件 `IL_out` 分裂成两个事件：

```
IL_out_1
  when
    il_tl = green
    b ≠ 1
  then
    b, c := b − 1, c + 1
  end
```

```
IL_out_2
  when
    il_tl = green
    b = 1
  then
    b, c := b − 1, c + 1
    il_tl := red
  end
```

2.6.8 新事件的收敛性

现在还必须证明新事件不会发散。为此，我们必须给出一个变动式，保证它被每一个新事件减小。事实上，我们可以发现，这件事根本不可能做到。例如，a 和 c 同时为 0，就意味着桥上两个方向都没有车，这时交通灯可以自由地改变颜色。只要看看新事件 `ML_tl_green` 和 `IL_tl_green`，就能弄清楚这种情况：

```
ML_tl_green
  when
    ml_tl = red
    a + b < d
    c = 0
  then
    ml_tl := green
    il_tl := red
  end
```

```
IL_tl_green
  when
    il_tl = red
    0 < b
    a = 0
  then
    il_tl := green
    ml_tl := red
  end
```

这样就有可能出现一种情况：两个灯的颜色变换得太快，以至于司机根本无法通过。我们必须让颜色以更有规则的方式变化，也就是说，只在有车从某个方向通过的时候改变。为了完成这一修改，我们再引进两个变量 *ml_pass* 和 *il_pass*，它们都可以取两个不同的值 TRUE 或 FALSE，是包含这两个不同值的预定义集合 BOOL 的成员。*ml_pass* 等于 TRUE 表示在大陆一侧交通灯最后一次变绿之后，已经有至少一辆车上桥驶向小岛。*il_pass* 等于 TRUE 的情况与此类似。这些变量用下面的不变式形式化定义：

variables: …
ml_pass,
il_pass

inv2_6: $ml\_pass \in \mathrm{BOOL}$

inv2_7: $il\_pass \in \mathrm{BOOL}$

现在我们必须修改事件 `ML_out_1`、`ML_out_2`、`IL_out_1` 和 `IL_out_2`，让它们在有车从正确方向驶入时设置变量 *ml_pass* 和 *il_pass*：

ML_out_1
  when
    $ml\_tl = green$
    $a + b + 1 \neq d$
  then
    $a := a + 1$
    $\underline{ml\_pass := \mathrm{TRUE}}$
  end

ML_out_2
  when
    $ml\_tl = green$
    $a + b + 1 = d$
  then
    $a := a + 1$
    $ml\_tl := red$
    $\underline{ml\_pass := \mathrm{TRUE}}$
  end

IL_out_1
  when
    $il\_tl = green$
    $b \neq 1$
  then
    $b := b - 1$
    $c := c + 1$
    $\underline{il\_pass := \mathrm{TRUE}}$
  end

IL_out_2
  when
    $il\_tl = green$
    $b = 1$
  then
    $b := b - 1$
    $c := c + 1$
    $il\_tl := red$
    $\underline{il\_pass := \mathrm{TRUE}}$
  end

我们还必须修改事件 `ML_tl_green` 和 `IL_tl_green`，让它们把变量 *ml_pass* 和 *il_pass* 重置为 FALSE，还要分别在它们的卫中加入条件 $ml\_pass = \mathrm{TRUE}$ 和 $il\_pass = \mathrm{TRUE}$，以保证确实有车从另一个方向驶入。这样就得到了：

$$
\begin{array}{l}
\mathsf{ML\_tl\_green} \\
\quad \textbf{when} \\
\quad\quad ml\_tl = red \\
\quad\quad a+b<d \\
\quad\quad c=0 \\
\quad\quad \underline{il\_pass = \mathrm{TRUE}} \\
\quad \textbf{then} \\
\quad\quad ml\_tl := green \\
\quad\quad il\_tl := red \\
\quad\quad \underline{ml\_pass := \mathrm{FALSE}} \\
\quad \textbf{end}
\end{array}
\qquad
\begin{array}{l}
\mathsf{IL\_tl\_green} \\
\quad \textbf{when} \\
\quad\quad il\_tl = red \\
\quad\quad 0<b \\
\quad\quad a=0 \\
\quad\quad \underline{ml\_pass = \mathrm{TRUE}} \\
\quad \textbf{then} \\
\quad\quad il\_tl := green \\
\quad\quad ml\_tl := red \\
\quad\quad \underline{il\_pass := \mathrm{FALSE}} \\
\quad \textbf{end}
\end{array}
$$

做完上面这些之后，现在我们已经可以说明，为了保证新事件不发散需要证明的东西是什么了。我们需要的变动式就是：

$$
\textbf{variant\_2:} \quad ml\_pass + il\_pass
$$

然而这个变动式并不正确，因为 *ml_pass* 和 *il_pass* 不是自然数变量而是布尔变量。这个问题可以通过定义下面常量 b_2_n 的方式简单地解决，该常量是一个从 BOOL 到集合 $\{0,1\}$ 的简单函数：

$$
\begin{array}{ll}
\textbf{constants:} & \dots \\
 & b\_2\_n
\end{array}
\qquad
\begin{array}{ll}
\textbf{axm2\_3:} & b\_2\_n \in \mathrm{BOOL} \to \{0,1\} \\
\textbf{axm2\_4:} & b\_2\_n(\mathrm{TRUE}) = 1 \\
\textbf{axm2\_4:} & b\_2\_n(\mathrm{FALSE}) = 0
\end{array}
$$

现在，所需要变动式可以正确地定义为：

$$
\textbf{variant\_2:} \quad b\_2\_n(ml\_pass) + b\_2\_n(il\_pass)
$$

把证明义务规则 VAR 应用于事件 `ML_tl_green` 和 `IL_tl_green`，得到的相继式是：

$$
\begin{array}{l}
\quad ml\_tl = red \\
\quad a+b<d \\
\quad c=0 \\
\quad il\_pass = \mathrm{TRUE} \\
\vdash \\
\quad b\_2\_n(il\_pass) < b\_2\_n(ml\_pass) + b\_2\_n(il\_pass)
\end{array}
$$

$$
\begin{array}{l}
il\_tl = red \\
b > 0 \\
a = 0 \\
ml\_pass = \mathrm{TRUE} \\
\vdash \\
b\_2\_n(ml\_pass) < b\_2\_n(ml\_pass) + b\_2\_n(il\_pass)
\end{array}
$$

到了这一点，我们又发现这两个相继式不能证明，除非在第一种情况里 $ml\_pass = \mathrm{TRUE}$（因此就有 $b\_2\_n(ml\_pass)$ 等于 1），在第二种情况里 $il\_pass = \mathrm{TRUE}$（因此就有 $b\_2\_n(il\_pass)$ 等于 1）。这些情况建议我们加入下面的不变式：

inv2_8: $ml\_tl = red \ \Rightarrow\ ml\_pass = \mathrm{TRUE}$

inv2_9: $il\_tl = red \ \Rightarrow\ il\_pass = \mathrm{TRUE}$

剩下的工作就是需要证明，所有事件都保持这两个新不变式 **inv2_8** 和 **inv2_9**。我们把这些工作留给读者作为练习。

2.6.9 相对无死锁

现在，只剩下证明相对无死锁的证明义务规则 DLF 成立了。请注意，这个“相对”无死锁，在我们的例子里将变成“绝对”无死锁，因为我们已经证明了前面抽象的无死锁性质。需要证明的语句是各个卫的析取，下面已经简化了一些假设（我们不需要所有不变式）：

$$
\begin{array}{l}
d \in \mathbb{N} \\
0 < d \\
ml\_tl \in COLOR \\
il\_tl \in COLOR \\
ml\_pass \in \mathrm{BOOL} \\
il\_pass \in \mathrm{BOOL} \\
a \in \mathbb{N} \\
b \in \mathbb{N} \\
c \in \mathbb{N} \\
ml\_tl = red \Rightarrow ml\_pass = \mathrm{TRUE} \\
il\_tl = red \Rightarrow il\_pass = \mathrm{TRUE} \\
\vdash \\
(ml\_tl = red \wedge a + b < d \wedge c = 0 \wedge ml\_pass = \mathrm{TRUE} \wedge il\_pass = \mathrm{TRUE}) \vee \\
(il\_tl = red \wedge a = 0 \wedge b > 0 \wedge ml\_pass = \mathrm{TRUE} \wedge il\_pass = \mathrm{TRUE}) \vee \\
ml\_tl = green \vee \\
il\_tl = green \vee \\
a > 0 \vee \\
c > 0
\end{array}
\qquad \text{DLF}
$$

下面是有关证明的梗概，其中忽略了许多中间步骤，用符号“$\leadsto$”表示：

$$
\begin{array}{|l|}
\hline
d \in \mathbb{N} \\
0 < d \\
b \in \mathbb{N} \\
ml\_tl = red \\
il\_tl = red \\
ml\_tl = red \Rightarrow ml\_pass = \mathrm{TRUE} \\
il\_tl = red \Rightarrow il\_pass = \mathrm{TRUE} \\
\vdash \\
(b < d \wedge ml\_pass = \mathrm{TRUE} \wedge \\
\;il\_pass = 1) \vee \\
(b > 0 \wedge ml\_pass = \mathrm{TRUE} \wedge \\
\;il\_pass = 1) \\
\hline
\end{array}
\leadsto
\begin{array}{|l|}
\hline
d \in \mathbb{N} \\
0 < d \\
b \in \mathbb{N} \\
ml\_tl = red \\
il\_tl = red \\
ml\_pass = \mathrm{TRUE} \\
il\_pass = \mathrm{TRUE} \\
\vdash \\
(b < d \wedge ml\_pass = \mathrm{TRUE} \wedge \\
\;il\_pass = \mathrm{TRUE}) \vee \\
(b > 0 \wedge ml\_pass = \mathrm{TRUE} \wedge \\
\;il\_pass = \mathrm{TRUE}) \\
\hline
\end{array}
\leadsto \cdots
$$

$$
\cdots
\begin{array}{|l|}
\hline
0 < d \\
b \in \mathbb{N} \\
\vdash \\
b < d \vee b > 0 \\
\hline
\end{array}
\quad \mathsf{OR\_R1} \quad
\begin{array}{|l|}
\hline
0 < d \\
b = 0 \\
\vdash \\
b < d \\
\hline
\end{array}
\quad \mathsf{EQ\_LR} \quad
\begin{array}{|c|}
\hline
0 < d \;\vdash\; 0 < d \\
\hline
\end{array}
\quad \mathsf{HYP}
$$

2.6.10 第二个精化的总结

在这一精化中，我们又看到有关证明（或者说是失败的证明企图）如何帮助我们纠正错失或者改进模型。事实上，在这里我们发现了四个错误，引进了几个不变式，修正了四个事件，还增加了两个事件。下面是第二个精化的最终版本：

$$
\begin{array}{|ll|}
\hline
\textbf{variables:} & \ldots \\
 & ml\_tl \\
 & il\_tl \\
 & ml\_pass \\
 & il\_pass \\
\hline
\end{array}
\qquad
\begin{array}{|ll|}
\hline
\textbf{inv2\_1:} & ml\_tl \in COLOR \\
\textbf{inv2\_2:} & il\_tl \in COLOR \\
\textbf{inv2\_3:} & ml\_tl = green \Rightarrow a + b < d \wedge c = 0 \\
\textbf{inv2\_4:} & il\_tl = green \Rightarrow 0 < b \wedge a = 0 \\
\hline
\end{array}
$$

inv2_5: $ml\_tl = red \lor il\_tl = red$

inv2_6: $ml\_pass \in \mathrm{BOOL}$

inv2_7: $il\_pass \in \mathrm{BOOL}$

inv2_8: $ml\_tl = red \Rightarrow ml\_pass = \mathrm{TRUE}$

inv2_9: $il\_tl = red \Rightarrow il\_pass = \mathrm{TRUE}$

variant_2: $b\_2\_n(ml\_pass) + b\_2\_n(il\_pass)$

下面是第二个精化的事件：

```
ML_out_1
  when
    ml_tl = green
    a + b + 1 ≠ d
  then
    a := a + 1
    ml_pass := TRUE
  end
```

```
ML_out_2
  when
    ml_tl = green
    a + b + 1 = d
  then
    a := a + 1
    ml_tl := red
    ml_pass := TRUE
  end
```

```
IL_out_1
  when
    il_tl = green
    b ≠ 1
  then
    b := b − 1
    c := c + 1
    il_pass := TRUE
  end
```

```
IL_out_2
  when
    il_tl = green
    b = 1
  then
    b := b − 1
    c := c + 1
    il_tl := red
    il_pass := TRUE
  end
```

```
ML_in
  when
    0 < c
  then
    c := c − 1
  end
```

```
IL_in
  when
    0 < a
  then
    a := a − 1
    b := b + 1
  end
```

```
ML_tl_green
  when
    ml_tl = red
    a + b < d
    c = 0
    il_pass = TRUE
  then
    ml_tl := green
    il_tl := red
    ml_pass := FALSE
  end
```

```
IL_tl_green
  when
    il_tl = red
    0 < b
    a = 0
    ml_pass = TRUE
  then
    il_tl := green
    ml_tl := red
    il_pass := FALSE
  end
```

2.7 第三次精化：引入车辆传感器

2.7.1 引言

传感器 在这一次精化中，我们将引入传感器，这是一种能够检查汽车上桥或下桥的物理情况的设备。我们想请读者注意，这种传感器设备将安装在道路的两边和桥的两个尽头，有关情况如图 2.8 所示。

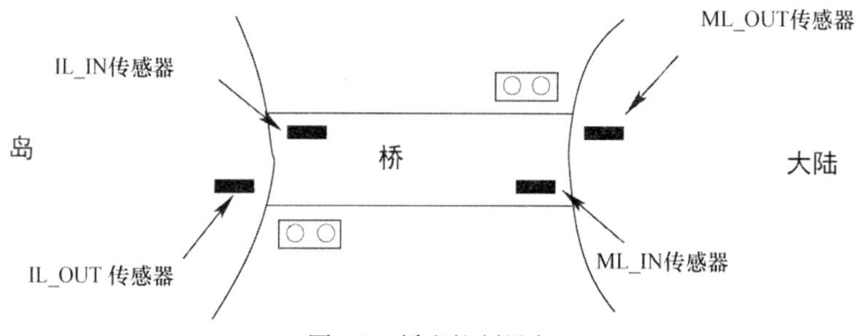

图 2.8 桥和控制设备

控制器及其环境的模型 传感器的出现，要求我们清晰地区分未来系统中的**软件控制器**和它的**物理环境**，这个问题已经在 2.1 节开始时提过。图 2.9 描绘了这种情况。

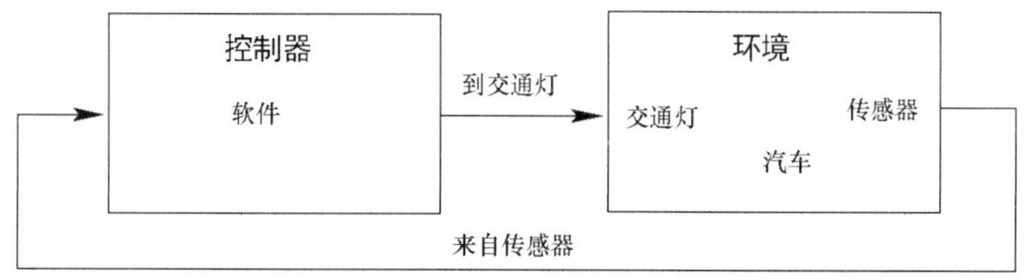

图 2.9 控制器和环境

正如所见，软件控制器配备了两组**通道**：输出通道从控制器连接到交通灯，输入通道从传感器连接到软件控制器。我们的目标就是构造出一个**闭模型**，它是对应着这样一对软件控制器及其环境的完整的数学模拟。需要构造这样的模型，是因为我们希望保证自己的控制器能与它的环境完全和谐地工作，保证这一点的先决条件是，后者的行为符合一组前面已经完全写清楚的假设（还要在 2.7.2 节里进一步写准确）。我们现在想重温一下有助于构造出这一闭模型的各个组成部分的变量。

控制变量 软件控制器的模型包含一些变量，前面已经遇到了它们：变量 a、b 和 c 分别表示桥上的车辆数（a 和 c）以及岛上的车辆数（b），还有前一节引入的变量 *il_pass* 和 *ml_pass*。最重要的是应该理解，变量 a、b 和 c 未必恰好对应于桥上和在岛上的物理车辆数目，我们将在下一节讨论这件事。事实上，控制器总是工作在环境的一种近似图景中，但我们需要**证明**，虽然如此，它还是能以正确的方式控制环境。这些是模拟过程的核心问题。

环境变量 环境将通过 4 个对应于传感器状态的变量来模拟。说得更精确些，一个传感器可以处于两个状态之一：或者"开"，或者"关"。"开"表示其上面有车，而"关"表示没车。作为这一情况的推论，我们将扩大系统的状态，增加 4 个变量，每个变量对应于一个传感器：*ML_OUT_SR*、*ML_IN_SR*、*IL_OUT_SR* 和 *IL_IN_SR*。注意，我们用大写字母为这些变量命名，就是为了提醒自己，这些变量是**物理变量**，它们指代着真实世界里的实体。我们还要引进 3 个变量 A、B 和 C，它们分别表示在桥上驶向小岛的汽车（A）、岛上的汽车（B）和桥上驶向大陆的汽车（C）的**物理**数量。

输出通道 现在，我们还必须解释控制器和环境之间如何通信。我们已经引进了变量 *ml_tl* 和 *il_tl*，它们对应于从控制器到环境的输出通道。为了简化问题，并作为一种抽象，我们假设物理的交通灯也直接用这两个变量表示。这也是一个抽象，因为我们可以设想，在控制器修改这些通道中的某一个与相应的物理交通灯的真正改变之间，也存在一个（非常小的）小延迟。但我们认为这一延迟如此之小，可以认为它就等于 0 了。

输入通道 剩下的问题是解释传感器如何与控制器通信。我们对使用这些传感器的具体技术并没有什么兴趣，只关心它们的外部行为。如上所说，一个传感器可以处于两种不同状态：或"开"；或"关"。其状态由"关"变成"开"，意味着正好检查到有一辆汽车到达它这里了，在这种情况下，传感器并不向控制器送任何消息。注意，"开"的状态可能延续一些时间，这期间有汽车因为相关的交通灯为红色而在这里等待。如果传感器的状态由"开"变为"关"，说明有一辆汽车刚刚离开。这时将有一个消息送给控制器。图 2.10 描绘了这里的情况。

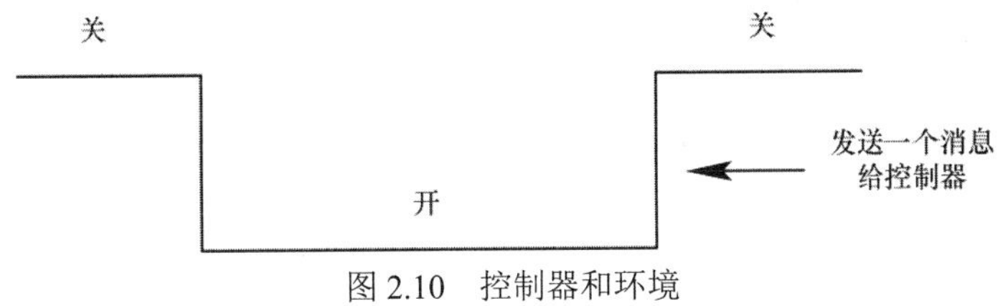

图 2.10 控制器和环境

我们为此引进 4 个输入通道变量，每个变量对应于一个传感器：*ml_out_10*、*ml_in_10*、*il_out_10* 和 *il_in_10*。

总结 下表总结了我们刚刚讨论过的所有不同种类的变量：

输入通道	$ml\_out\_10, ml\_in\_10, il\_in\_10, il\_out\_10$
控制器	$a, b, c, ml\_pass, il\_pass$
输出通道	ml_tl, il_tl
环境	$A, B, C, ML\_OUT\_SR,$ $ML\_IN\_SR, IL\_OUT\_SR, IL\_IN\_SR$

图 2.11 描绘了我们闭系统里的各种类别的变量。原则上说，输入通道变量由环境设置，被控制器检查和使用。类似地，输出通道变量由控制器设置，被环境检查。但是，正如我们将在 2.7.3 节的最后仔细解释的，在这个例子里，相对于这些规则也有例外情况。另外，控制器变量只由控制器设置和检查，而环境变量由环境设置和检查。这些规则没有例外。

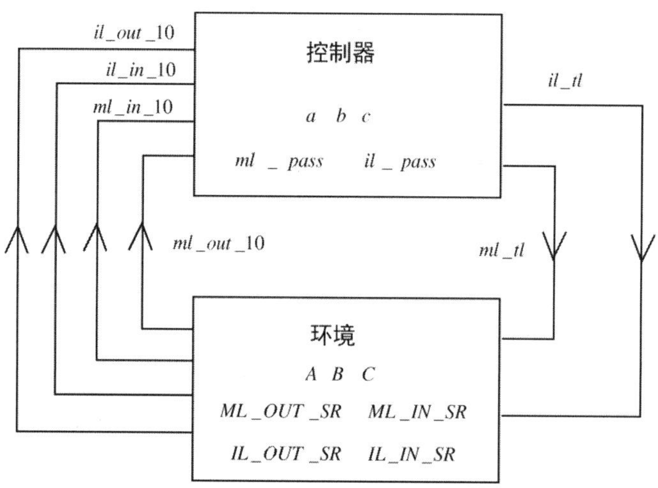

图 2.11 控制器、环境和各种变量

2.7.2 精化状态

我们首先引进一个新加入的载体集合，用于定义传感器的不同状态（“开”或者“关”）。下面是有关的定义：

sets: $\ldots, SENSOR$

constants: $\ldots, on, off$

axm3_1: $SENSOR = \{on, off\}$

axm3_2: $on \neq off$

下面是一些新变量和它们的基本归类不变式 **inv3_1**～**inv3_11**：

$$
\begin{array}{ll}
\textbf{inv3\_1}: & ML\_OUT\_SR \in SENSOR \\
\textbf{inv3\_2}: & ML\_IN\_SR \in SENSOR \\
\textbf{inv3\_3}: & IL\_OUT\_SR \in SENSOR \\
\textbf{inv3\_4}: & IL\_IN\_SR \in SENSOR
\end{array}
$$

$$
\begin{array}{ll}
\textbf{inv3\_5}: & A \in \mathbb{N} \\
\textbf{inv3\_6}: & B \in \mathbb{N} \\
\textbf{inv3\_7}: & C \in \mathbb{N} \\
\textbf{inv3\_8}: & ml\_out\_10 \in \mathrm{BOOL} \\
\textbf{inv3\_9}: & ml\_in\_10 \in \mathrm{BOOL} \\
\textbf{inv3\_10}: & il\_out\_10 \in \mathrm{BOOL} \\
\textbf{inv3\_11}: & il\_in\_10 \in \mathrm{BOOL}
\end{array}
$$

我们现在要陈述一些关于这些变量的更有趣的不变式。首先，需要有一个不变式说明当传感器 *IL_IN_SR* 是 *on* 的时候 *A* 一定为正。换句话说，这时一定有至少一辆物理的汽车在桥上，至少是那辆使得 *IL_IN_SR* 变成 *on* 的汽车。对于 *IL_OUT_SR* 和 *ML_IN_SR*，也有类似的不变式。这样就得到：

$$
\begin{array}{ll}
\textbf{inv3\_12}: & IL\_IN\_SR = on \;\Rightarrow\; A > 0 \\
\textbf{inv3\_13}: & IL\_OUT\_SR = on \;\Rightarrow\; B > 0 \\
\textbf{inv3\_14}: & ML\_IN\_SR = on \;\Rightarrow\; C > 0
\end{array}
$$

其次，当输入通道 *ml_out*_10 是 TRUE 时，这意味着刚刚有一辆汽车离开了传感器 *ML_OUT_SR*。要使这种情况有可能出现，大陆的交通灯就必须是绿的。这一不变式描述了一个事实：汽车司机服从交通灯的指挥。对输入通道 *il_out*_10 也有类似的情况。这些可以用下面两个不变式形式化地表示：

$$
\begin{array}{ll}
\textbf{inv3\_15}: & ml\_out\_10 = \mathrm{TRUE} \;\Rightarrow\; ml\_tl = green \\
\textbf{inv3\_16}: & il\_out\_10 = \mathrm{TRUE} \;\Rightarrow\; il\_tl = green
\end{array}
$$

我们的下一组不变式处理传感器状态与送给控制器的消息之间的关系。它们说，当一辆汽车位于某个传感器上时，相应输入通道上没有消息。下面是这些不变式：

$$\mathbf{inv3\_17}:\quad IL\_IN\_SR = on \;\Rightarrow\; il\_in\_10 = \mathrm{FALSE}$$

$$\mathbf{inv3\_18}:\quad IL\_OUT\_SR = on \;\Rightarrow\; il\_out\_10 = \mathrm{FALSE}$$

$$\mathbf{inv3\_19}:\quad ML\_IN\_SR = on \;\Rightarrow\; ml\_in\_10 = \mathrm{FALSE}$$

$$\mathbf{inv3\_20}:\quad ML\_OUT\_SR = on \;\Rightarrow\; ml\_out\_10 = \mathrm{FALSE}$$

这些不变式断言，当一辆汽车在一个传感器上时，来自这个传感器的前一个消息已经被控制器处理过了。这些不变式有两种解释：

① 汽车必须在接触传感器之前等待，直到控制器就绪；

② 控制器的速度足够快，总能准备好等着下一辆汽车。

显然，①是不可接受的，所以我们接受选择②。如果这一条件不能满足，就会出现控制器错失了一些汽车进入或离开系统的消息。换种说法，在**安装好系统后必须检查确认这一假设**。事实上，这一假设对应于我们需求文档里明显缺失的一项需求：

控制器必须足够快速，能处理来自环境的所有信息	FUN-5

我们的另一组不变式处理汽车的物理数量（A、B 和 C）和与之对应的控制器处理的汽车数量（a、b 和 c）之间的关系：

$$\mathbf{inv3\_21}:\quad il\_in\_10 = \mathrm{TRUE} \wedge ml\_out\_10 = \mathrm{TRUE} \;\Rightarrow\; A = a$$

$$\mathbf{inv3\_22}:\quad il\_in\_10 = \mathrm{FALSE} \wedge ml\_out\_10 = \mathrm{TRUE} \;\Rightarrow\; A = a + 1$$

$$\mathbf{inv3\_23}:\quad il\_in\_10 = \mathrm{TRUE} \wedge ml\_out\_10 = \mathrm{FALSE} \;\Rightarrow\; A = a - 1$$

$$\mathbf{inv3\_24}:\quad il\_in\_10 = \mathrm{FALSE} \wedge ml\_out\_10 = \mathrm{FALSE} \;\Rightarrow\; A = a$$

这些不变式很容易理解。例如，$il\_in\_10 = \mathrm{TRUE}$，意味着有一辆汽车已经离开桥进入小岛，但控制器当时还不知道这个情况：这样，当时 A 已减小而 B 已增大，但 a 和 b 还没有改变。类似地，$ml\_out\_10 = \mathrm{TRUE}$，意味着有一辆车从大陆上了桥，但控制器当时还不知道这个情况，因此当时 A 已增大而 a 还没有改变。我们还有类似的不变式来处理 B 和 b，以及 C 和 c，如下所示：

$$\begin{aligned}
&\textbf{inv3_25}: && il_in_10 = \text{TRUE} \wedge il_out_10 = \text{TRUE} \Rightarrow B = b\\
&\textbf{inv3_26}: && il_in_10 = \text{TRUE} \wedge il_out_10 = \text{FALSE} \Rightarrow B = b+1\\
&\textbf{inv3_27}: && il_in_10 = \text{FALSE} \wedge il_out_10 = \text{TRUE} \Rightarrow B = b-1\\
&\textbf{inv3_28}: && il_in_10 = \text{FALSE} \wedge il_out_10 = \text{FALSE} \Rightarrow B = b
\end{aligned}$$

$$\begin{aligned}
&\textbf{inv3_29}: && il_out_10 = \text{TRUE} \wedge ml_in_10 = \text{TRUE} \Rightarrow C = c\\
&\textbf{inv3_30}: && il_out_10 = \text{TRUE} \wedge ml_in_10 = \text{FALSE} \Rightarrow C = c+1\\
&\textbf{inv3_31}: && il_out_10 = \text{FALSE} \wedge ml_in_10 = \text{TRUE} \Rightarrow C = c-1\\
&\textbf{inv3_32}: && il_out_10 = \text{FALSE} \wedge ml_in_10 = \text{FALSE} \Rightarrow C = c
\end{aligned}$$

最后两个不变式可能是这一精化中最重要的，它们说明了两个最主要的性质（桥的单行和车辆数的限制）对车的物理数量也成立：

$$\begin{aligned}
&\textbf{inv3_33}: && A = 0 \vee C = 0\\
&\textbf{inv3_34}: && A + B + C \leqslant d
\end{aligned}$$

换句话说，虽然与物理量 A、B 和 C 相比，控制器工作在时间上稍微移动了一点的信息环境中（控制器基于自己的变量 a、b 和 c 完成决策），但无论如何，它还是维持了物理的汽车数 A、B 和 C。

2.7.3 精化控制器里的抽象事件

现在，完成抽象事件的精化已经没有困难了。我们可以直截了当地写出：

```
ML_out_1
  when
    ml_out_10 = TRUE
    a + b + 1 ≠ d
  then
    a := a + 1
    ml_pass := TRUE
    ml_out_10 := FALSE
  end
```

```
ML_out_2
  when
    ml_out_10 = TRUE
    a + b + 1 = d
  then
    a := a + 1
    ml_tl := red
    ml_pass := TRUE
    ml_out_10 := FALSE
  end
```

```
IL_out_1
  when
    il_out_10 = TRUE
    b ≠ 1
  then
    b := b − 1
    c := c + 1
    il_pass := TRUE
    il_out_10 := FALSE
  end
```

```
IL_out_2
  when
    il_out_10 = TRUE
    b = 1
  then
    b := b − 1
    c := c + 1
    il_tl := red
    il_pass := TRUE
    il_out_10 := FALSE
  end
```

请注意，这些事件的抽象版本已经检查过相应交通灯为绿色的状态。在这些精化后的版本中，我们不需要再多做什么，因为现在的事件由输入通道 *ml_out*_10 或 *il_out*_10 触发，它们与对应交通灯为绿色的关系通过不变式 **inv3_15** 和 **inv3_16** 保证：

```
ML_in
  when
    ml_in_10 = TRUE
    c > 0
  then
    c := c − 1
    ml_in_10 := FALSE
  end
```

```
IL_in
  when
    il_in_10 = TRUE
    a > 0
  then
    a := a − 1
    b := b + 1
    il_in_10 := FALSE
  end
```

上面 6 个事件都是由输入通道触发的，我们可以看到，所有被使用的通道都在相关事件里重置，用于表明与之对应的控制器操作已经结束。在下一节里，在事件 **xxx_arr** 的卫中将检查这种重置，以便“允许”下一辆汽车还能占据相应的传感器。这种相互作用，也就是一种形式化地表述控制器的快速响应的方法，说明它能比汽车到达的速度更快！

```
ML_tl_green
  when
    ml_tl = red
    a + b < d
    c = 0
    il_pass = TRUE
    il_out_10 = FALSE
  then
    ml_tl := green
    il_tl := red
    ml_pass := FALSE
  end
```

```
IL_tl_green
  when
    il_tl = red
    0 < b
    a = 0
    ml_pass = TRUE
    ml_out_10 = FALSE
  then
    il_tl := green
    ml_tl := red
    il_pass := FALSE
  end
```

为了保持不变式 **inv3_16**，事件 `ML_tl_green` 里新的卫 $il\_out\_10 = \text{FALSE}$ 是不能缺少的。这个不变式是：

$$\textbf{inv3\_16}: \quad il\_out\_10 = \text{TRUE} \ \Rightarrow \ il\_tl = green$$

因为 il_tl 被事件 `ML_tl_green` 设置为 red，所以需要这个卫。在 `IL_tl_green` 里也有一个类似的卫（$ml\_out\_10 = \text{FALSE}$），这是为了保持不变式 **inv3_15**。

也可以考虑在前面这两个事件里加入其他卫。有关想法是，只在有汽车希望通过时才把交通灯转到绿色。为了做到这些，我们就需要修改两个安装在交通灯近旁的传感器的设置方法，让它们在有汽车到达时送出附加信息。我们把完成这种扩充的工作留给读者。

2.7.4 在环境里增加新事件

现在，我们要增加 4 个新事件，它们分别对应于有车到达各个传感器：

```
ML_out_arr
  when
    ML_OUT_SR = off
    ml_out_10 = FALSE
  then
    ML_OUT_SR := on
  end
```

```
ML_in_arr
  when
    ML_IN_SR = off
    ml_in_10 = FALSE
    C > 0
  then
    ML_IN_SR := on
  end
```

```
IL_in_arr
  when
    IL_IN_SR = off
    il_in_10 = FALSE
    A > 0
  then
    IL_IN_SR := on
  end
```

```
IL_out_arr
  when
    IL_OUT_SR = off
    il_out_10 = FALSE
    B > 0
  then
    IL_OUT_SR := on
  end
```

在每种情况里，我们都假定前一个消息已经得到了处理，有关的输入通道都需要检查是否为 FALSE，还要进一步检查车辆的物理数量满足所需。这里表达了一个事实：把一个传感器设置为“开”，就是由于汽车的出现。这符合我们的需求 `ENV-5`，它说传感器用于检查是否有汽车要求进入或离开桥。我们的最后 4 个事件对应于汽车离开传感器：

```
ML_out_dep
  when
    ML_OUT_SR = on
    ml_tl = green
  then
    ML_OUT_SR := off
    ml_out_10 := TRUE
  quadA := A + 1
  end
```

```
ML_in_dep
  when
    ML_IN_SR = on
  then
    ML_IN_SR := off
    ml_in_10 := TRUE
    C := C − 1
  end
```

```
IL_in_dep
  when
    IL_IN_SR = on
  then
    IL_IN_SR := off
    il_in_10 := TRUE
    A := A − 1
    B := B + 1
  end
```

```
IL_out_dep
  when
    IL_OUT_SR = on
    il_tl = green
  then
    IL_OUT_SR := off
    il_out_10 := TRUE
    B := B − 1
    C := C + 1
  end
```

我们应该注意到下面的非常重要的情况：只有在相应的交通灯为绿色时，汽车才能离开大陆一边的 *out*-传感器。与此类似，只有相应的传感器为绿色时，汽车才能离开小岛一边的 *out*-传感器。这里考虑的是需求 ENV-3，它说“汽车在红灯时不通过，只在绿灯时通过”。在这里，我们可以看到送给控制器的每一个消息。最后，汽车的物理数量也按需要做了修改，用这种方式模拟了环境中发生的情况。

2.7.5 新事件的收敛性

我们还需要给出一个变动式，每个新事件都会减小它。下面是这个变动式：

$$\textbf{variant\_3:}\ 12-(ML\_OUT\_SR+ML\_IN\_SR+IL\_OUT\_SR \\ +IL\_IN\_SR+ \\ 2*(ml\_out\_10+ml\_in\_10+il\_out\_10+il\_in\_10))$$

注意，就像前面 **variant_2** 的情况，上面的变动式是不对的，必须把布尔变动式或传感器变动式转换为数值变动式。我们把有关工作留给读者。

2.7.6 无死锁

我们把证明第 3 个精化没有死锁的问题也留给读者。

第 3 章　冲压机控制器

在这一章里，我们将完整地开发另一个控制器实例，它控制着一台冲压机。我们的意图就是展示这种工作可以如何以一种系统化的方式进行，直至得到正确的最终代码。在第 1 节里，我们将给出这一系统的一个非形式的描述；在第 2 节里，我们开发两个后面将要使用的一般性模式，在这种模式的开发中，我们也要利用证明作为发现不变式和事件卫的方法；在第 3 节里，我们将以一种更精确的方式定义需求文档，使用一些在前面定义模式时开发出来的术语。冲压机系统的主要开发在后几节里给出，其中还要展示更多的设计模式。

3.1　非形式描述

3.1.1　基本设备

一台冲压机基本上包含下面一些部件：

- 一个**垂直的滑块**，它或者处于停止状态，或者上下快速运动；
- 一台**电动机**，它可以被停止或启动工作；
- 一个**连杆**，它把电动机的旋转转换到滑块的运动；
- 一个**离合器**，它使电动机可以与连杆接合或断离。

图 3.1 描绘了这里的情况。

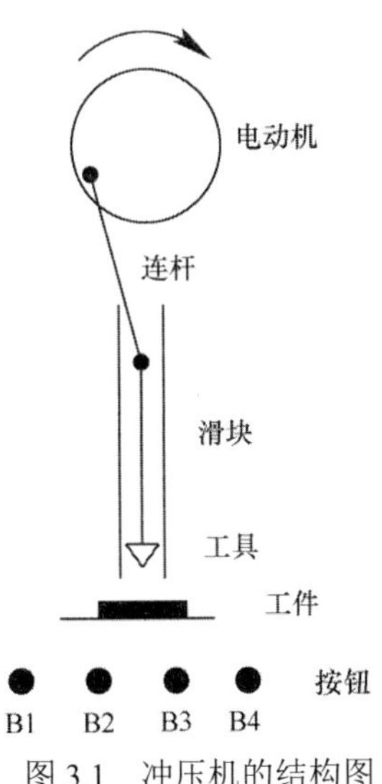

图 3.1　冲压机的结构图

3.1.2 基本命令和按钮

通过分别命名为 B1、B2、B3 和 B4 的按钮，可以执行下面几个**命令**。

命令 1：启动电动机（通过按压按钮 B1 执行）。

命令 2：停止电动机（通过按压按钮 B2 执行）。

命令 3：离合器接合（通过按压按钮 B3 执行）。

命令 4：离合器断离（通过按压按钮 B4 执行）。

3.1.3 基本用户动作

用户可以执行下面的**操作**（很明显，最好是在滑块停止时做）：

操作 1：换装滑块下端的工具。

操作 2：把需要用冲压机加工的工件放入滑块下面的特定位置。

操作 3：取出用冲压机加工过的工件。

整个系统的第一个最粗略的结构轮廓可以设想为图 3.2 中的样子。

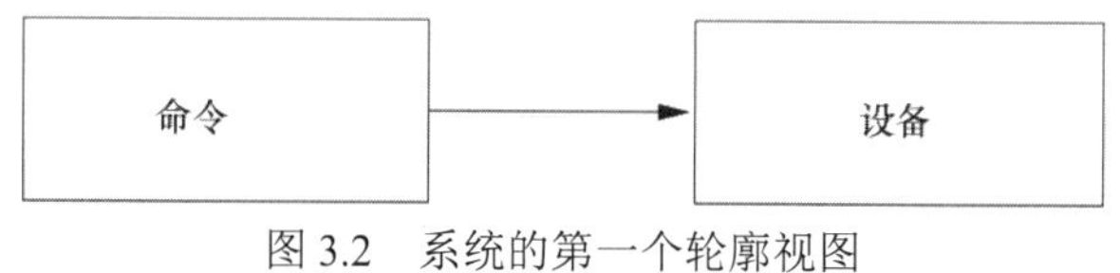

图 3.2 系统的第一个轮廓视图

3.1.4 用户工作期

一个典型的**用户工作期**如下（我们假定**初始时**电动机停止而且离合器断离）：

① 启动电动机（**命令 1**）。

② 换工具（**操作 1**）。

③ 放入工件（**操作 2**）。

④ 接合离合器（**命令 3**），冲压机工作。

⑤ 断离离合器（**命令 4**），冲压机停止。

⑥ 取出工件（**操作 3**）。

⑦ 重复项目 3 到 6，0 次或多次。

⑧ 重复项目 2 到 7，0 次或多次。

⑨ 关电动机（**命令 2**）。

正如所见，这里的机械冲压机的规则是，它可以停止工作而不关电动机。

3.1.5 危险：控制器的必要性

显然，这里的**操作 1**（换工具）、**操作 2**（放入工件）和**操作 3**（取出工件）都是有危险的，因为用户需要去操作的物品（工具、工件）位于垂直滑块的下面。**在正常情况下**，人们做这种操作时滑块必须不动，也就是要求离合器断离。然而，用户可能忘记断离离合器，或者由于设备的误操作，都可能造成离合器没有正确断离。作为这些考虑的推论，我们需要把一个**控制器**放在命令和设备之间，以保证系统总能正确地工作。为了防止设备误操作，各个设备都要向控制器报告其所处的状态。作为这些考虑的结果，我们可以画出一个更精确的系统结构图，如图 3.3 所示。

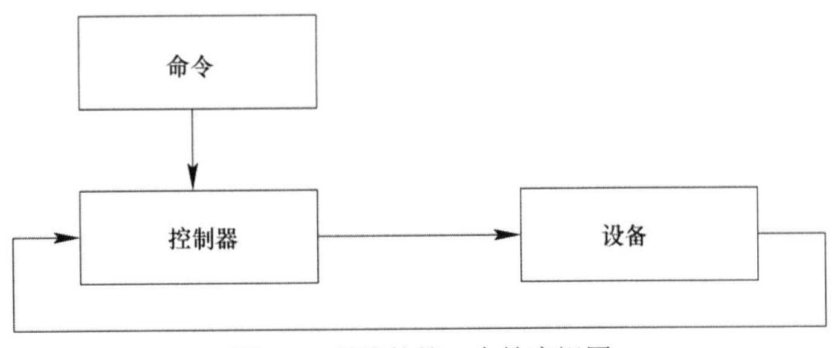

图 3.3　系统的第二个轮廓视图

3.1.6　安全门

在命令和设备之间放一个控制器，显然还是不够的。我们必须把这些命令做得更复杂一些，**以保护用户的安全**。事实上，这里的关键就是离合器的接合和断离两个命令。为此，我们在冲压机的前面放一个**安全门**，如图 3.4 所示。

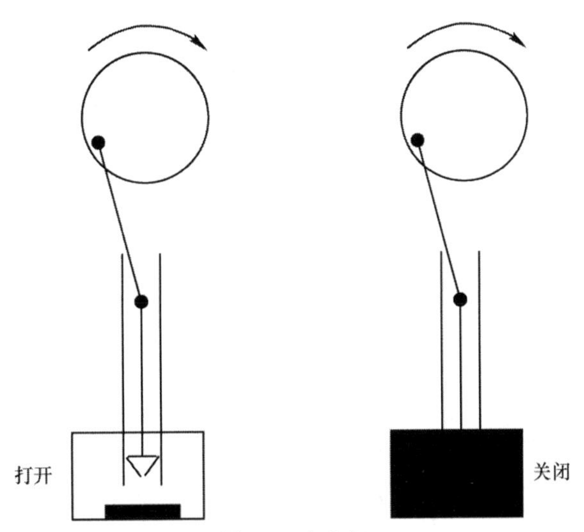

图 3.4　安全门

初始时，这个安全门是打开的。当用户按下按钮 B3 时去结合离合器时，系统在接合离合器**之前**关闭安全门。而当用户按下按钮 B4 时，系统在断离了离合器**之后**再打开安全门。

3.2　设计模式

在这个例子里，用户在很多情况下都会去按某个按钮，而后系统将做出一种反应。例如，按钮 B1 和 B2 最终导致电动机的动作，当然这并不是一个直接的动作。换句话说，在这些按钮和电动机之间并没有直接的连线，电动机的直接动作由控制器触发，而控制器则是在接收到来自按钮 B1 或 B2 的信息后送出这些命令。

例如，当时电动机没有工作，按动按钮 B1 的效果就是使电动机最终工作起来了。与此类似，如果电动机当时正在工作，按动按钮 B2 的效果就是使电动机最终停止了。请注意，如果用户按下这样一个按钮，例如 B1，然后很快就松开它，也可能什么事情也不发生。这就是因为控制器还没有足够的时间断定该按钮已经被按过。

另一种有趣的情况是用户按下按钮 B1，并一直保持其按下的状态，没松开自己的手指。一旦电动机开始工作了，用户又用另一个手指去按下按钮 B2。这样做的结果是电动机最后将停下来。但是，当时 B1 还处于被按下的状态，为什么却没产生效果，电动机没有再次启动呢？这个情况要归结到另一个事实：任何按钮都必须在释放之后，才能再次起作用。

图 3.5 显示了下面的情况更复杂的动作序列：

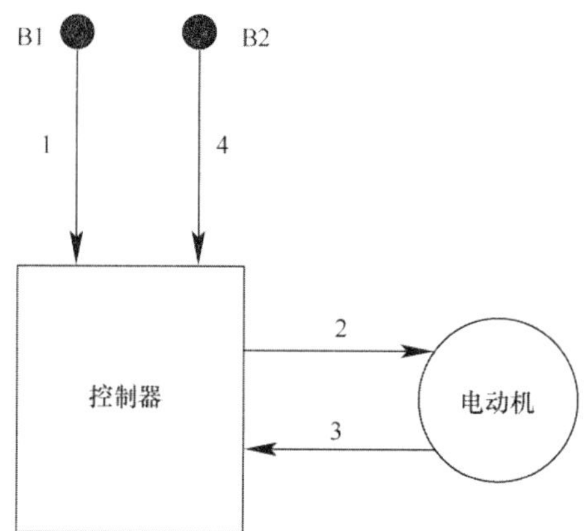

图 3.5 按钮 3 和 4 之间的竞态

① 用户按下按钮 B1（启动电动机），而且没有过快地释放它；

② 控制器通过给电动机发生启动信号来响应按钮 B1 的按压动作；

③ 电动机回送给控制器一个信息，报告自己已经开始工作；

④ 用户按下按钮 B2（停止电动机），而且没有过快地释放它。

这里出现一个麻烦：动作 3 和 4 是由电动机和用户并行地做的，控制器必须执行这两个动作。如果动作 3（来自电动机的反馈）先到了，那么动作 4（按压按钮 B2）将会得到控制器的反应，它就会发停止信号给电动机。但是，如果动作 4 在先，控制器就无法做出同样反应，因为它还没收到来自电动机的报告，不知道电动机已经开始工作。在这种情况下，按动按钮 B2 就没有效果了。

在这一节里，我们想形式化地研究这些情况。这一研究将使我们得到一种系统化的方法，可以用在后面各节里，用于构造这个机械冲压机的反应式系统。

3.2.1 动作和反应

我们在前一节里提到的一般性的范例就是**动作**和**反应**。图 3.6 描绘了动作和反应的情况，

这里有一个称为 a 的动作，用普通的实线表示，跟随其后有一个称为 r 的反应，用虚线表示。动作和反应都能取值 0 或者 1。我们可以注意到，反应 r 总是跟随在动作 a **之后**。换句话说，反应 r 的上升（取值升到 1）总在 a 的上升（取值升到 1）**之后**，类似地，r 的下降（取值降到 0）也在 a 下降（取值降到 0）之后。

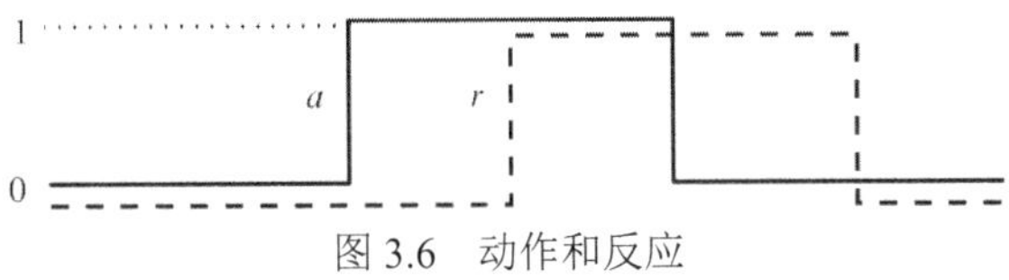

图 3.6 动作和反应

3.2.2 第一种情况：一个简单的动作反应模式，无反作用

引言 这里的第一种情况对应于两种可能的情形。在第一种情节里，a 可能上升下降几次，而 r 不能反应得如此之快，因此就一直待在下降的状态。图 3.7 描绘了这种情形。

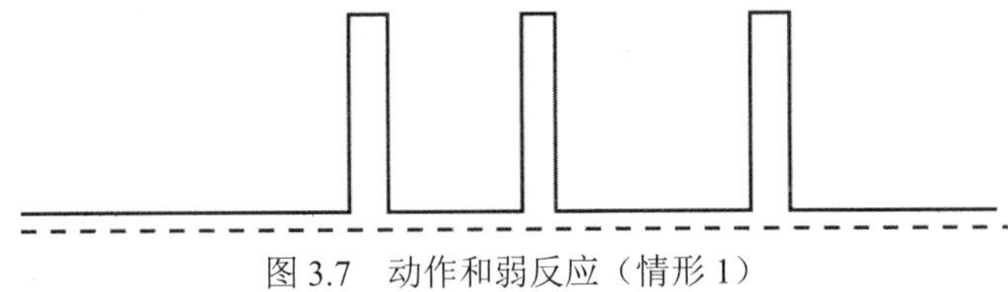
图 3.7 动作和弱反应（情形 1）

作为第二种情形，有可能出现 r 已经上升，而后 a 下降并又很快上升，因此出现了 a 已经下降了几次之后 r 才下降的情况。图 3.8 描绘了这种情形。

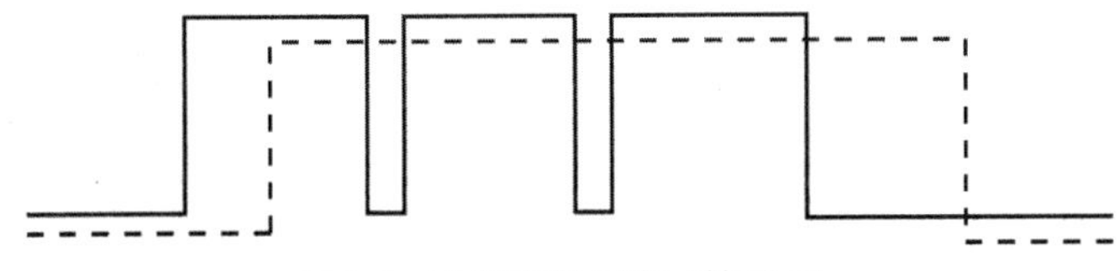
图 3.8 动作和弱反应（情形 2）

如果一个动作-反应系统表现出上面说的这种行为，我们就说在这里的动作和反应之间具有一种**弱同步性质**。

建模 上述两种情形将用同一个模型来处理。除了变量 a 和 r 分别指称动作和反应的状态外（下面的不变式 **pat0_1** 和 **pat0_2**），我们还要引进两个计数器：第一个计数器 ca 关联于 a，第二个计数器 cr 关联于 r（下面的不变式 **pat0_3** 和 **pat0_4**）。这两个计数器分别表示动作和反应已经经历过的上升次数。这些计数器被用于精确地形式化弱反应的概念，主要不变式 **pat0_5** 完成这一工作，它说 cr 绝不会大于 ca。

请注意，这些计数器不会出现在我们的模式的最后定义里，它们的作用就是**精确地描述模式的约束条件**。由于这个原因，我们不允许变量 ca 和 cr 出现在事件的卫里，只让它们出现在事件的动作中。

```
variables:  a
            r
            ca
            cr
```

```
pat0_1:  a ∈ {0,1}
pat0_2:  r ∈ {0,1}
pat0_3:  ca ∈ ℕ
pat0_4:  cr ∈ ℕ
pat0_5:  cr ⩽ ca
```

初始时，动作和反应都没发生过（下面的事件 init）。事件 a_on 和 a_off 对应于动作 a。正如下面描述的，这些事件不受反应的约束：

```
init
  a := 0
  r := 0
  ca := 0
  cr := 0
```

```
a_on
  when
    a = 0
  then
    a := 1
    ca := ca + 1
  end
```

```
a_off
  when
    a = 1
  then
    a := 0
  end
```

与 r 对应的 r_on 和 r_off 的情况与前面事件不同，这些事件要与 a_on 和 a_off 的某些出现同步，描述的方式是在事件 r_on 和 r_off 的卫里出现了卫 $a = 1$ 或者 $a = 0$。

```
r_on
  when
    r = 0
    a = 1
  then
    r := 1
    cr := cr + 1
  end
```

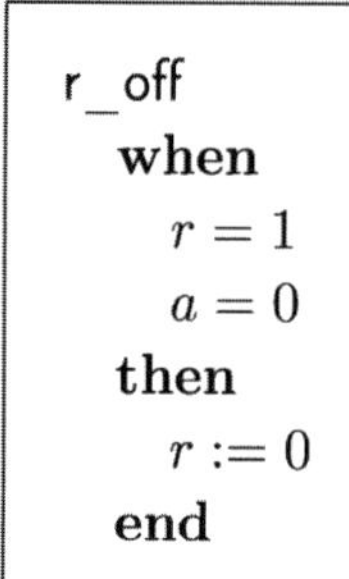

```
r_off
  when
    r = 1
    a = 0
  then
    r := 0
  end
```

图 3.9 描述了动作和反应之间弱同步的情况。在这个图里，箭头表示一个事件的出现依赖于另外某些事件的出现。举例说，事件 r_on 既依赖于事件 a_on，又依赖于事件 r_off。注意，这种箭头描述只应该非形式地理解。

证明 不变式保持性的证明是直截了当的。不幸的是，其中一个证明将会失败，这就是事件 r_on 保持不变式 **pat0_5** 的证明，也就是 r_on / **pat0_5** / INV。

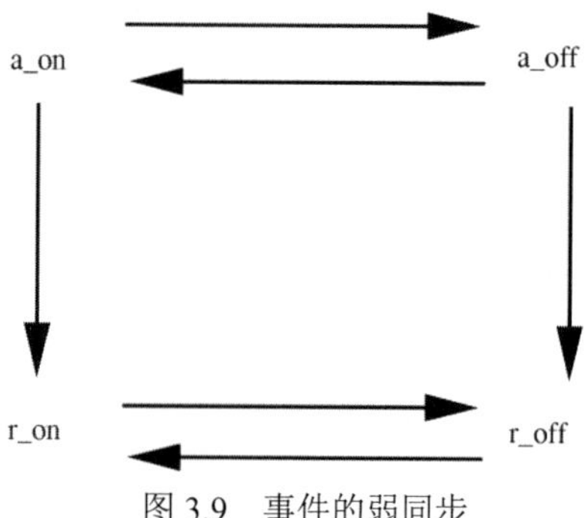

图 3.9 事件的弱同步

```
r_on
  when
    r = 0
    a = 1
  then
    r := 1
    cr := cr + 1
  end
```

对此，我们必须证明下面的相继式（经过一些简化）：

不变式 **pat0_5**	$cr \leqslant ca$
事件 r_on	$r = 0$
的卫	$a = 1$
$\vdash$	$\vdash$
修改后的不变式 **pat0_5**	$cr + 1 \leqslant ca$

我们可以给事件 r_on 加入卫 $cr < ca$ 来解决这里的困难，这肯定是最经济的解决方法，因为它不会影响模型的其他部分。但是，正如我们在前面指出的，我们不希望把计数变量放到事件的卫中。这提示我们写出下面的蕴涵不变式：

$$a = 1 \ \Rightarrow \ cr < ca,$$

事件 a_on 自然地能保持它，因为这个事件同时设置 a 为 1 并增加 ca 的值。事件 a_off（设置 a 为 0 并不改动 ca 和 cr）和 r_off（保持 a、ca 和 cr 不变）也都很明显地能保持它。但是很可惜，事件 r_on 还是不能保持这个公式。在这种情况下，我们必须证明：

不变式	$a = 1 \ \Rightarrow \ cr < ca$
事件 r_on	$r = 0$
的卫	$a = 1$
$\vdash$	$\vdash$
修改后的不变式	$a = 1 \ \Rightarrow \ cr + 1 < ca$

它可以简化为：

$$\begin{array}{l} cr < ca \\ r = 0 \\ a = 1 \\ \vdash \\ cr + 1 < ca. \end{array}$$

这说明我们提出的候选不变式 $a = 1 => cr < ca$ 不够强。建议读者自己确认公式 $r = 0 => cr < ca$ 也不够强。在这里，我们还要假设 $r = 0$ 也成立，这样就得到了下面这个新不变式：

pat0_6: $a = 1 \ \wedge \ r = 0 \ \Rightarrow \ cr < ca$

不变式 **pat0_6**	$a = 1 \land r = 0 \Rightarrow cr < ca$
事件 r_on	$r = 0$
的卫	$a = 1$
$\vdash$	$\vdash$
修改后的不变式 **pat0_6**	$a = 1 \land 1 = 0 \Rightarrow cr + 1 < ca.$

上面的相继式可以简化为下面的公式。由于这里出现了假的前提 1 = 0，相继式自然成立：

$$
\begin{array}{l}
cr < ca \\
r = 0 \\
a = 1 \\
1 = 0 \\
\vdash \\
cr + 1 < ca
\end{array}
$$

3.2.3　第二种情况：一个简单的动作模式，一次重复动作和反应

引言　在这一节里，我们要精化前面构造的模型，设法使图 3.8 和 3.7 描绘的情况不再出现，使得动作和反应之间有一种**强同步**，只能出现图 3.10 描述的良好同步行为。

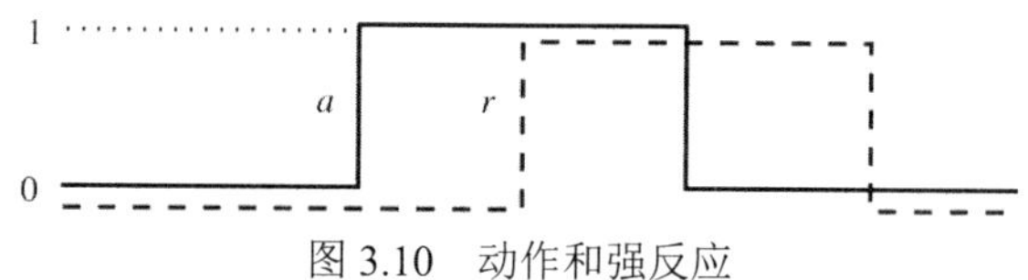

图 3.10　动作和强反应

建模　我们的新模型里出现的变量与前面模型完全一样，但增加了一条不变式来保证 *ca* 的值至多比 *cr* 的值大 1。也就是说，*ca* 或者等于 *cr*，或者等于 *cr* + 1。这条不变式是：

$$\textbf{pat1\_1:} \quad ca \leqslant cr + 1$$

证明　开始工作时，由于不知道怎么修改事件，我们完全不修改它们。这里的想法仍然是，某些证明的失败将会给我们提供一些如何改进的线索。事实上，所有的证明都将成功，除了一个证明，那就是事件 a_on 不能保持不变式 **pat1_1**：

```
a_on
  when
    a = 0
  then
    a := 1
    ca := ca + 1
  end
```

在做了一些简化之后，我们需要证明：

不变式 **pat0_5**	$cr \leqslant ca$
不变式 **pat1_1**	$ca \leqslant cr + 1$
事件a_on的卫	$a = 0$
$\vdash$	$\vdash$
修改后的不变式 **pat1_1**	$ca + 1 \leqslant cr + 1$:

这也就是：

$$\begin{array}{l} cr \leqslant ca \\ ca \leqslant cr + 1 \\ a = 0 \\ \vdash \\ ca \leqslant cr. \end{array}$$

这一语句的证明无法完成，是由于不变式 **pat0_5**（$cr \leqslant ca$）要求 ca 不能严格地小于 cr，这一情况提示我们写出下面的不变式：

pat1_2: $a = 0 \;\Rightarrow\; ca = cr$

不幸的是，a_off 不能保持这个不变式：

```
a_off
  when
    a = 1
  then
    a := 0
  end
```

经过一些简化，我们需要证明：

事件 a_off 的卫	$a = 1$
$\vdash$	$\vdash$
修改后的不变式 **pat1_2**	$0 = 0 \;\Rightarrow\; ca = cr.$

注意，我们已经有下面的断言（**pat0_6**）：

$$a = 1 \;\wedge\; r = 0 \;\Rightarrow\; cr < ca.$$

这建议我们尝试下面的不变式：

pat1_3: $a = 1 \;\wedge\; r = 1 \;\Rightarrow\; ca = cr$

但是还是很不幸，当我们使用事件 a_off 时不能保证 $r = 1$，**除非**（当然）我们把 $r = 1$ 加入事件 a_off 作为一个新的卫。这样，我们就尝试一下去精化 a_off，加强它的卫：

```
a_off
  when
    a = 1
    r = 1
  then
    a := 0
  end
```

不幸的是，现在 a_on 又出了问题：

```
a_on
  when
    a = 0
  then
    a := 1
    ca := ca + 1
  end
```

要求它保持 **pat1_3**，使我们需要证明下面的相继式：

不变式 **pat1_2**	$a = 0 \Rightarrow ca = cr$
a_on 的卫	$a = 0$
$\vdash$	$\vdash$
修改后的不变式 **pat1_3**	$1 = 1 \wedge r = 1 \Rightarrow ca + 1 = cr$

这个公式可以简化为：

$$
\begin{array}{l}
ca = cr \\
a = 0 \\
r = 1 \\
\vdash \\
ca + 1 = cr
\end{array}
$$

要想证明它，唯一的可能就是给 a_on 增加卫，设法得到一个矛盾。最自然的是加入 $r = 0$（它将与 $r = 1$ 矛盾）。我们通过加强卫的方式精化 a_on 如下：

```
a_on
  when
    a = 0
    r = 0
  then
    a := 1
    ca := ca + 1
  end
```

现在我们发现，**所有的不变式保持性证明都成功了**。注意，我们可以把不变式 **pat1_2** 和 **pat1_3** 合并到一起：

pat1_2:	$a = 0 \;\Rightarrow\; ca = cr$
pat1_3:	$a = 1 \;\wedge\; r = 1 \;\Rightarrow\; ca = cr$

这样就得到了下面的不变式，它可以取代上面两个：

pat1_4:	$a = 0 \;\vee\; r = 1 \;\Rightarrow\; ca = cr$

把不变式 **inv0_6** 和它放在一起，很有一些提示作用：

pat0_6:	$a = 1 \;\wedge\; r = 0 \;\Rightarrow\; cr < ca$

可以看到，**pat0_6** 的前件就是 **pat1_4** 的前件的逆。从图 3.11 里，我们可以看到这些不变式在什么位置成立。

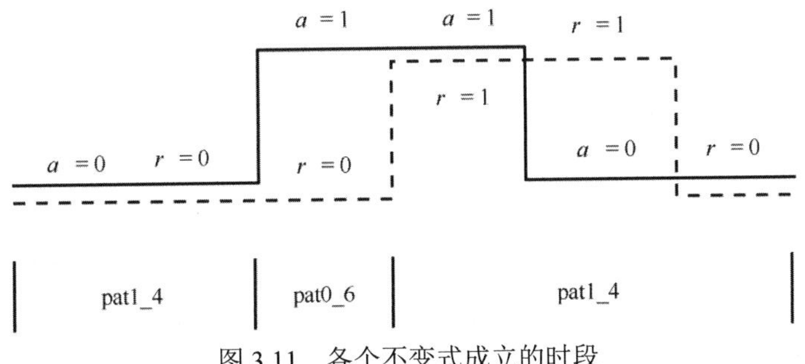

图 3.11　各个不变式成立的时段

总结一下：这里给出的事件适合强同步的情况。我们已经消去了计数器，它们的出现也就是为了形式化事件之间的关系：

a_on	a_off	r_on	r_off
when	**when**	**when**	**when**
$a = 0$	$a = 1$	$r = 0$	$r = 1$
$r = 0$	$r = 1$	$a = 1$	$a = 0$
then	**then**	**then**	**then**
$a := 1$	$a := 0$	$r := 1$	$r := 0$
end	**end**	**end**	**end**

图 3.12 描绘了强同步中事件之间的关系。

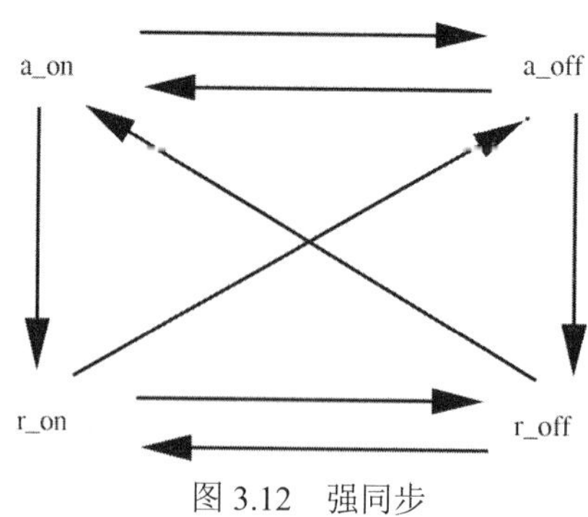

图 3.12 强同步

3.3 冲压机的需求

根据上面已经看到的情况，现在我们可以给出冲压机系统的需求。首先是三条定义各种部件的需求：

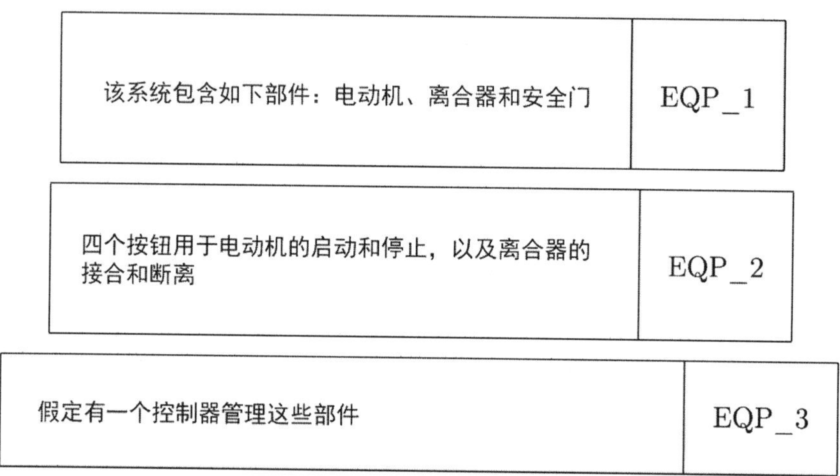

该系统包含如下部件：电动机、离合器和安全门
EQP_1
四个按钮用于电动机的启动和停止，以及离合器的接合和断离
EQP_2
假定有一个控制器管理这些部件
EQP_3

然后，我们给出各部件与控制器的连接方式：

按钮与控制器之间要求弱同步	FUN_1

控制器和部件之间要求强同步	FUN_2

下面两条是系统最主要的安全需求：

当离合器接合时，电动机必须正在工作	SAF_1

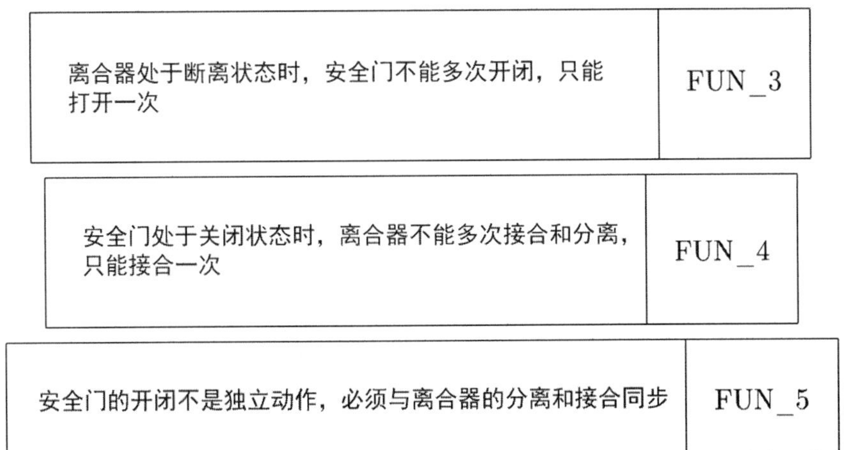

当离合器接合时，安全门必须是关闭的
SAF_2

最后，在离合器和安全门之间还要增加更多约束：

离合器处于断离状态时，安全门不能多次开闭，只能打开一次	FUN_3

安全门处于关闭状态时，离合器不能多次接合和分离，只能接合一次	FUN_4

安全门的开闭不是独立动作，必须与离合器的分离和接合同步	FUN_5

这个系统的整体结构如图 3.13 所示。

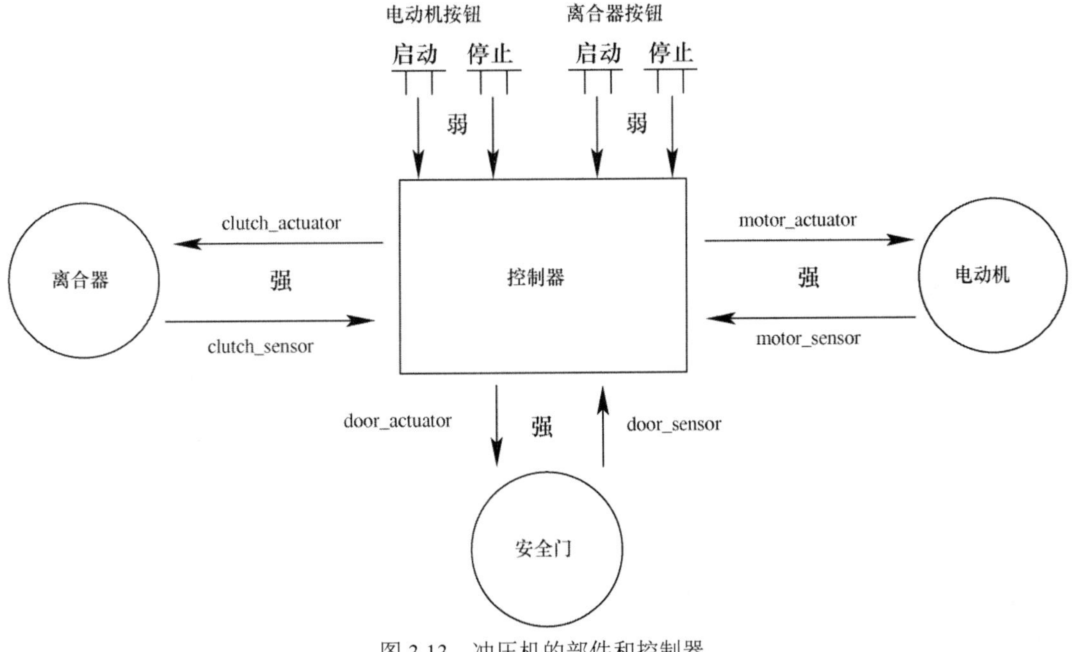

图 3.13 冲压机的部件和控制器

3.4 精化策略

在下面几节里，我们将开发这个冲压机系统，采用下面的策略：

- 初始模型：连接控制器和电动机。
- 第一个精化：连接电动机按钮和控制器。
- 第二个精化：连接控制器和离合器。
- 第三个精化：建立离合器和电动机之间的约束。
- 第四个精化：连接控制器和安全门。
- 第五个精化：建立离合器和安全门之间的约束。
- 第六个精化：建立离合器和安全门之间的更多约束。
- 第七个精化：连接离合器按钮和控制器。

在每一种情况下，我们都将通过实例化某些设计模式的方式完成工作。

3.5 初始模型：连接控制器和电动机

3.5.1 引言

初始模型形式化地表示控制器与电动机的连接，如图 3.14 所示。

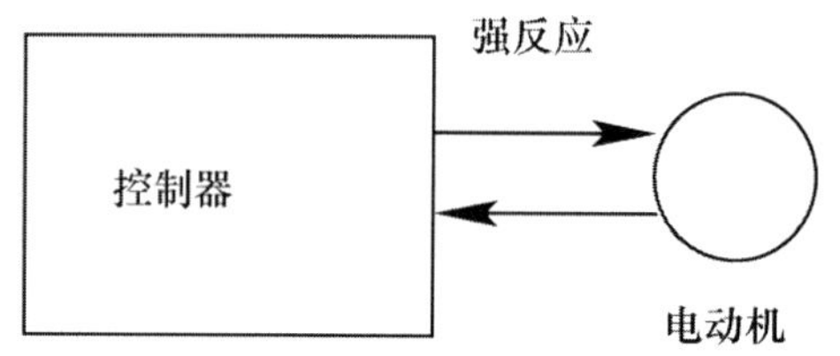

图 3.14 把控制器连接到电动机

我们部分地考虑需求 FUN_2：

控制器和部件之间要求强同步	FUN_2

3.5.2 建模

我们首先定义一个上下文，其中的集合 *STATUS* 定义电动机的两个不同状态：*stopped*（停止状态）和 *working*（运行状态）：

set: $STATUS$	constants: $stopped$ $working$	axm0_1: $STATUS = \{stopped, working\}$ axm0_2: $stopped \neq working$

然后我们定义两个变量 *motor_actuator* 和 *motor_sensor*，它们对应于电动机到控制器的

连接。变量 *motor_actuator* 形式化了控制器到电动机的连接，对应于控制器送出的命令。变量 *motor_sensor* 形式化了电动机到控制器的连接，对应于电动机有关其**物理状态**的反馈：

variables:	$motor\_actuator$ $motor\_sensor$

inv0_1: $motor\_sensor \in STATUS$
inv0_2: $motor\_actuator \in STATUS$

在这一连接中，控制器的活动方式就像一个**动作**，而电动机的活动方式就像一个**反应**。正如前面所说的，电动机的反应是强同步于控制器的动作。因此，这里的想法就是使用相应的模式（3.2.3 节），针对当前的问题做该模式的**实例化**。说得更准确些，我们将对强同步模式做如下的实例化：

a	$\leadsto$	$motor\_actuator$
r	$\leadsto$	$motor\_sensor$
0	$\leadsto$	$stopped$
1	$\leadsto$	$working$
a_on	$\leadsto$	treat_start_motor
a_off	$\leadsto$	treat_stop_motor
r_on	$\leadsto$	Motor_start
r_off	$\leadsto$	Motor_stop

这样就得到了下面几个事件，它们表示控制器的动作：

```
a_on
  when
    a = 0
    r = 0
  then
    a := 1
  end
```

```
treat_start_motor
  when
    motor_actuator = stopped
    motor_sensor = stopped
  then
    motor_actuator := working
  end
```

```
a_off
  when
    a = 1
    r = 1
  then
    a := 0
  end
```

```
treat_stop_motor
  when
    motor_actuator = working
    motor_sensor = working
  then
    motor_actuator := stopped
  end
```

在这一节和本章的其余部分里，我们将一直沿用同样的约定：有关控制器的事件的名字都用前缀“treat_”开头。换句话说，名字不以前缀“treat_”开头的所有事件，都是物理事件，发生在环境中。

我们假设下面几个事件表示了电动机的物理反应：

```
r_on
  when
    r = 0
    a = 1
  then
    r := 1
  end
```

```
motor_start
  when
    motor_sensor = stopped
    motor_actuator = working
  then
    motor_sensor := working
  end
```

```
r_off
  when
    r = 1
    a = 0
  then
    r := 0
  end
```

```
motor_stop
  when
    motor_sensor = working
    motor_actuator = stopped
  then
    motor_sensor := stopped
  end
```

3.5.3 事件的总结

- 环境
  motor_start
  motor_stop
- 控制器
  treat_start_motor
  treat_stop_motor

3.6 第一次精化：把电动机按钮连接到控制器

3.6.1 引言

我们现在扩充前一节开发的模型，给控制器连接上电动机按钮 B1（启动电动机）和 B2（停止电动机），对应于图 3.15 描绘的情况。

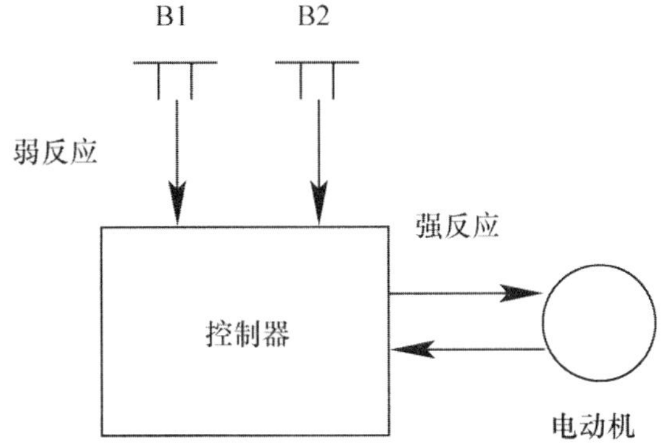

图 3.15 把电动机按钮连接到控制器

我们在这里部分地考虑了需求 FUN_1：

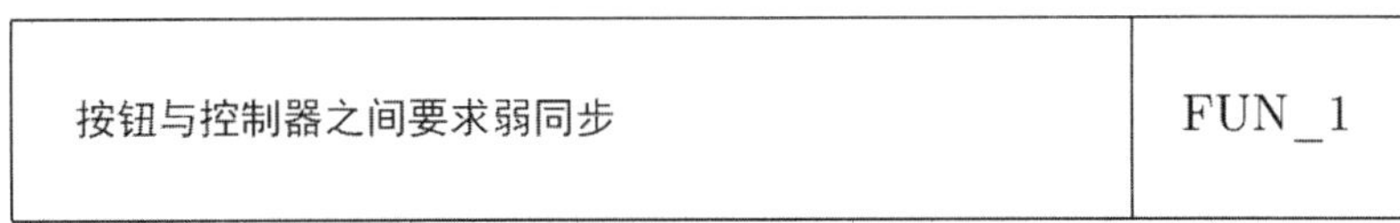

按钮与控制器之间要求弱同步	FUN_1

3.6.2 建模

与连接在控制器上的两个电动机按钮对应，我们定义两个布尔变量：*start_motor_button* 和 *stop_motor_button*。这两个物理变量分别表示按钮 B1 和 B2 的状态：值为 TRUE 表示对应按钮处于按下的状态，值为 FALSE 表示按钮处于释放状态。

我们再定义另外两个变量 *start_motor_impulse* 和 *stop_motor_impulse*，它们是控制器变量。这两个变量表示控制器对于按钮的物理状态的**知识**。显然它们不同于两个物理变量，因为按钮的物理状态变化的发生**先于**控制器对它的可能感知：

variables: ...
start_motor_button
stop_motor_button
start_motor_impulse
stop_motor_impulse

inv1_1: $stop\_motor\_button \in \mathrm{BOOL}$
inv1_2: $start\_motor\_button \in \mathrm{BOOL}$
inv1_3: $stop\_motor\_impulse \in \mathrm{BOOL}$
inv1_4: $start\_motor\_impulse \in \mathrm{BOOL}$

正如我们已经知道的，控制器对按钮是弱反应的，也就是说，有可能出现按钮被快速地按下并释放若干次，而控制器并没有相应的反应。这种行为显然是我们在 3.2.2 节研究过的弱反应模式的一个实例。因此，我们将实例化弱反应模式如下：

a_on	$\leadsto$	push_start_motor_button
a_off	$\leadsto$	release_start_motor_button
r_on	$\leadsto$	treat_start_motor
r_off	$\leadsto$	treat_release_start_motor_button
a	$\leadsto$	*start_motor_button*
r	$\leadsto$	*start_motor_impulse*
0	$\leadsto$	FALSE
1	$\leadsto$	TRUE

这样，我们就有了前两个事件：

```
a_on
  when
    a = 0
  then
    a := 1
  end
```

```
push_start_motor_button
  when
    start_motor_button = FALSE
  then
    start_motor_button := TRUE
  end
```

```
a_off
  when
    a = 1
  then
    a := 0
  end
```

```
release_start_motor_button
  when
    start_motor_button = TRUE
  then
    start_motor_button := FALSE
  end
```

在这里，我们还需要另外两个事件。如前面所见，在初始模型里 `treat_start_motor` 是**动作**的实例，现在应该作为**反应**的实例。我们将其重新命名为 `treat_push_start_motor_button`：

```
r_on


  when
    r = 0
    a = 1


  then
    r := 1

  end
```

```
treat_push_start_motor_button
  refines
    treat_start_motor
  when
    start_motor_impulse = FALSE
    start_motor_button = TRUE
    motor_actuator = stopped
    motor_sensor = stopped
  then
    start_motor_impulse := TRUE
    motor_actuator := working
  end
```

```
r_off
  when
    r = 1
    a = 0
  then
    r := 0
  end
```

```
treat_release_start_motor_button
  when
    start_motor_impulse = TRUE
    start_motor_button = FALSE
  then
    start_motor_impulse := FALSE
  end
```

为了帮助读者理解这里出现的情况，让给我们重新看一下抽象事件 `treat_start_motor`：

```
treat_start_motor
  when
    motor_actuator = stopped
    motor_sensor = stopped
  then
    motor_actuator := working
  end
```

我们可以看到新的模式如何**叠加**到前面的模式上：

```
treat_push_start_motor_button
  refines
    treat_start_motor
  when
    start_motor_impulse = FALSE
    start_motor_button = TRUE
    motor_actuator = stopped
    motor_sensor = stopped
  then
    start_motor_impulse := TRUE
    motor_actuator := working
  end
```

事件 `treat_push_start_motor_button` 的具体版本的卫已经加强，动作集合也扩大了：这个事件的新版本确实是原先版本的精化。但是，与此同时，这个事件的新版本仍然是**有关模式的一个精化**（在换名的意义下）。

现在我们再次实例化弱模式如下：

a_on	$\rightsquigarrow$	push_stop_motor_button
a_off	$\rightsquigarrow$	release_stop_motor_button
r_on	$\rightsquigarrow$	treat_stop_motor
r_off	$\rightsquigarrow$	treat_release_stop_motor_button
a	$\rightsquigarrow$	$stop\_motor\_button$
r	$\rightsquigarrow$	$stop\_motor\_impulse$
0	$\rightsquigarrow$	FALSE
1	$\rightsquigarrow$	TRUE

与前面的情况一样，我们又一次看到，在初始模型里 `treat_stop_motor` 是**动作**的实例，现在则作为**反应**的实例。我们将其重新命名为 `treat_push_stop_motor_button`：

```
a_on
  when
    a = 0
  then
    a := 1
  end
```

```
push_stop_motor_button
  when
    stop_motor_button = FALSE
  then
    stop_motor_button := TRUE
  end
```

```
a_off
  when
    a = 1
  then
    a := 0
  end
```

```
release_stop_motor_button
  when
    stop_motor_button = TRUE
  then
    stop_motor_button := FALSE
  end
```

```
r_on
  when
    r = 0
    a = 1
  then
    r := 1
  end
```

```
treat_push_stop_motor_button
  refines
    treat_stop_motor
  when
    stop_motor_impulse = FALSE
    stop_motor_button = TRUE
    motor_sensor = working
    motor_actuator = working
  then
    stop_motor_impulse := TRUE
    motor_actuator := stopped
  end
```

```
r_off
  when
    r = 1
    a = 0
  then
    r := 0
  end
```

```
treat_release_stop_motor_button
  when
    stop_motor_impulse = TRUE
    stop_motor_button = FALSE
  then
    stop_motor_impulse := FALSE
  end
```

在图 3.16 里，你可以看到各种事件之间的组合同步情况。

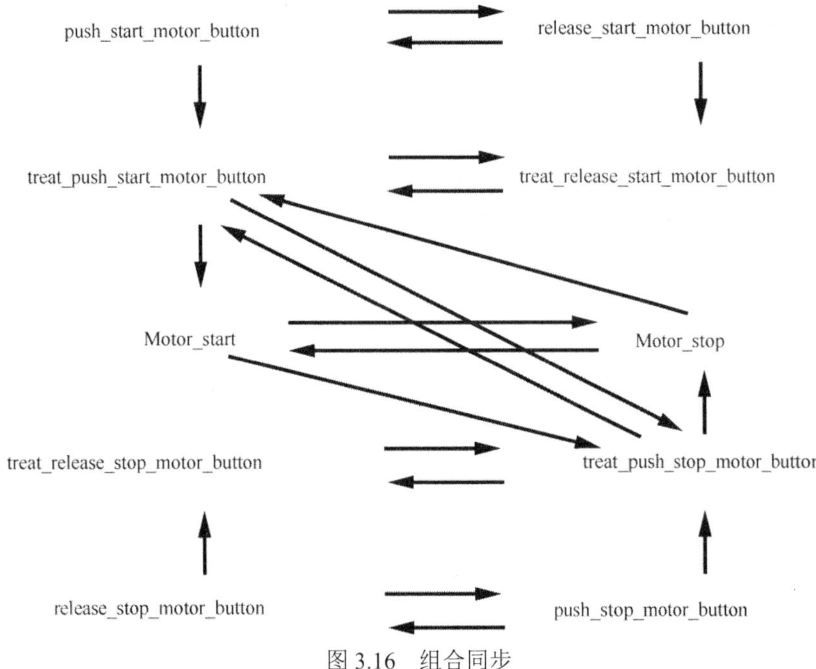

图 3.16　组合同步

3.6.3　加入“假”事件

我们现在必须要解决的问题，关系到对于一个已有事件的叠加。一个典型事例就是下面的事件：

```
treat_push_start_motor_button
  refines
    treat_start_motor
  when
    start_motor_impulse = FALSE
    start_motor_button = TRUE
    motor_actuator = stopped
    motor_sensor = stopped
  then
    start_motor_impulse := TRUE
    motor_actuator := working
  end
```

由于下面条件是假：

$$motor\_actuator = stopped \ \wedge \ motor\_sensor = stopped$$

而下面条件为真：

$$start\_motor\_impulse = \mathrm{FALSE} \ \wedge \ start\_motor\_button = \mathrm{TRUE};$$

因此这个事件不能“执行”，但是按钮已经被按下，所以赋值：

$$start\_motor\_impulse := \text{TRUE}$$

必须“执行”。作为这些情况的推论，我们必须定义下面这个附加的事件：

```
treat_push_start_motor_button_false
  when
    start_motor_impulse = FALSE
    start_motor_button = TRUE
    ¬ (motor_actuator = stopped ∧
       motor_sensor = stopped)
  then
    start_motor_impulse := TRUE
  end
```

下面，对于所有的按钮，我们都会遇到类似的情况。

3.6.4 事件的总结

- 环境
  motor_start
  motor_stop
  push_start_motor_button
  release_start_motor_button
  push_stop_motor_button
  release_stop_motor_button
- 控制器
  treat_push_start_motor_button
  treat_push_start_motor_button_false
  treat_push_stop_motor_button
  treat_push_stop_motor_button_false
  treat_release_start_motor_button
  treat_release_stop_motor_button

3.7 第二次精化：连接控制器到离合器

现在我们要把控制器连上离合器。这里要做的工作，完全按照 3.6 节中把控制器连到电动机时已经做过的方式，我们也是简单地拷贝初始模型中已经做好的东西（需要把其中的“motor”都改为“clutch”）。

3.7.1 事件的总结

- 环境

  motor_start
  motor_stop
  clutch_start
  clutch_stop
  push_start_motor_button
  release_start_motor_button
  push_stop_motor_button
  release_stop_motor_button

- 控制器

  treat_push_start_motor_button
  treat_push_start_motor_button_false
  treat_push_stop_motor_button
  treat_push_stop_motor_button_false
  treat_release_start_motor_button
  treat_release_stop_motor_button
  treat_clutch_start
  treat_clutch_stop

3.8 另一个设计模式：两个强反应的弱同步

我们设计这一冲压机系统的下一步，就是把如下的安全性约束也纳入考虑的范围：

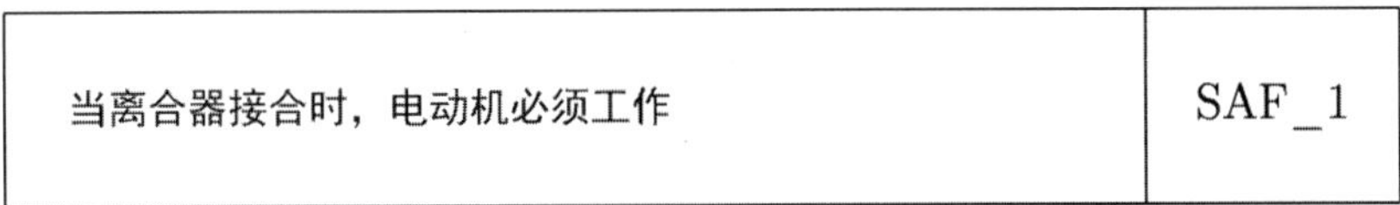

当离合器接合时，电动机必须工作	SAF_1

这意味着离合器的接合与电动机的启动有关系。而在前面的精化里，我们已经有的是两个完全独立的强同步连接操作，一个是电动机的连接，另一个是离合器的。为了做一个通用研究，我们现在考虑另一个设计模式。

3.8.1 引言

在这个设计模式里，我们有两个强同步模式，如图 3.17 所示。在这里，每个情况中的箭头指示着正在起作用的强同步。注意，第一个强同步中的动作和反应都像前面一样标记为 a 和 r，而第二个中的则分别标记为 b 和 s。

我们现在希望进一步同步这些动作和反应，使得**只有**在第一个 r 已经能行之后，第二个反应 s 才能出现。换句话说，我们希望保证 $s = 1 \Rightarrow r = 1$。

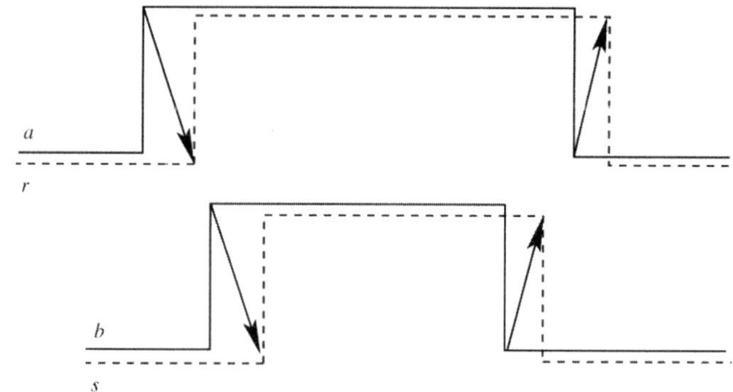

图 3.17 两个强同步的动作和反应

图 3.18 描绘了这种同步的情况，其中的虚线箭头表示这里的新同步。但是，我们假设在这两个同步之间的这一个同步为弱同步。例如，可能出现电动机连续启停了几次后，离合器才真正接合的情况。类似地，也可能离合器分离并重新接合几次之后电动机才停止。图 3.19 描绘了所有这些情况。

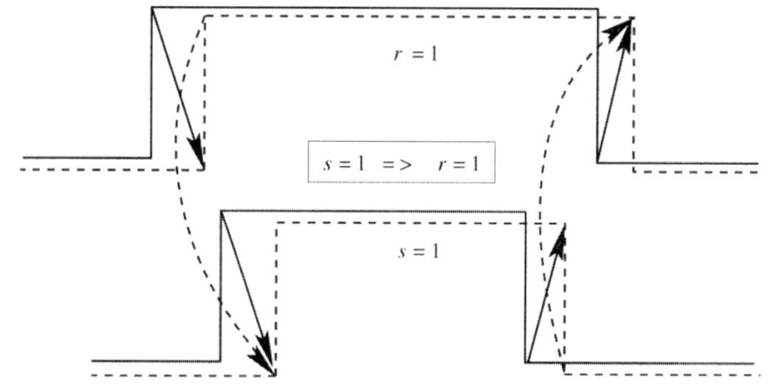

图 3.18 同步两个强同步中的动作和反应

在图 3.19 里，不同事件之间的新关系用虚线箭头表示。这里采用虚线的箭头，是希望

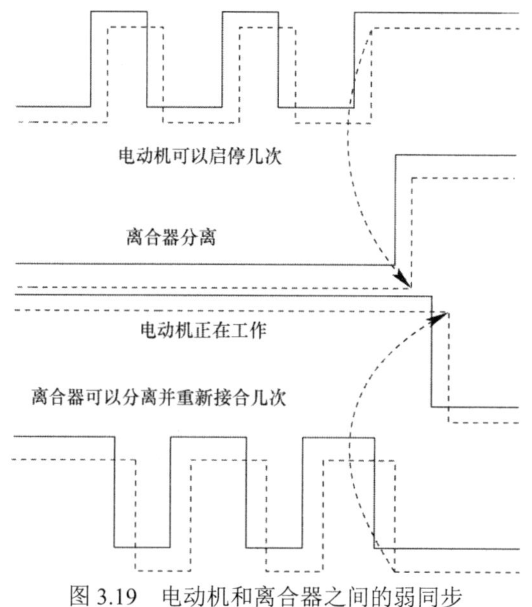

图 3.19 电动机和离合器之间的弱同步

说明，在加入新约束的时候，**我们并不希望改变反应事件** s_on 和 r_off。图 3.20 描述了有关的情况。说得更准确些，我们希望在活动的层面上使能这些事件，这也就是我们将要在下一节里完成的形式化工作。

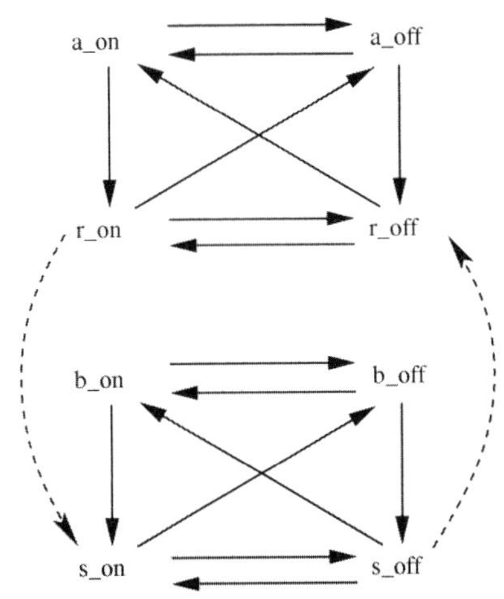

图 3.20 两个强同步的动作和反应对之间的弱同步

3.8.2 建模

下面是拷贝过来的两个强同步模式：

dbl0_1: $a \in \{0,1\}$
dbl0_2: $r \in \{0,1\}$
dbl0_3: $ca \in \mathbb{N}$
dbl0_4: $cr \in \mathbb{N}$
dbl0_5: $a=1 \land r=0 \Rightarrow ca=cr+1$
dbl0_6: $a=0 \lor r=1 \Rightarrow ca=cr$

dbl0_7: $b \in \{0,1\}$
dbl0_8: $s \in \{0,1\}$
dbl0_9: $cb \in \mathbb{N}$
dbl0_10: $cs \in \mathbb{N}$
dbl0_11: $b=1 \land s=0 \Rightarrow cb=cs+1$
dbl0_12: $b=0 \lor s=1 \Rightarrow cb=cs$

a_on
when
  $a=0$
  $r=0$
then
  $a,ca:=1,ca+1$
end

a_off
when
  $a=1$
  $r=1$
then
  $a:=0$
end

r_on
when
  $r=0$
  $a=1$
then
  $r,cr:=1,cr+1$
end

r_off
when
  $r=1$
  $a=0$
then
  $r:=0$
end

b_on
when
  $b=0$
  $s=0$
then
  $b,cb:=1,cb+1$
end

b_off
when
  $b=1$
  $s=1$
then
  $b:=0$
end

s_on
when
  $s=0$
  $b=1$
then
  $s,cs:=1,cs+1$
end

s_off
when
  $s=1$
  $b=0$
then
  $s:=0$
end

现在我们来精化这些模式，引入我们的新需求：

$$\textbf{dbl1\_1:}\quad s=1 \;\Rightarrow\; r=1$$

在证明不变式时，只有事件 `s_on`（设置 s 为 1）和 `r_off`（设置 r 为 0）有可能出问题。为了解决这个问题，我们只需要分别给事件 `s_on` 和 `r_off` 加上卫 $r=1$ 和 $s=0$：

```
s_on
  when
    s = 0
    b = 1
    r = 1
  then
    s, cs := 1, cs + 1
  end
```

```
r_off
  when
    r = 1
    a = 0
    s = 0
  then
    r := 0
  end
```

但是，正如前面已经指出的，**我们不希望修改这些反应事件**。为了得到完全一样的效果，只需要增加下面的不变式：

$$\textbf{dbl1\_2:}\quad b=1 \;\Rightarrow\; r=1$$

$$\textbf{dbl1\_3:}\quad a=0 \;\Rightarrow\; s=0$$

为了保持不变式 **dbl1_2**，我们必须修改事件 `b_on`，为它加入一个卫 $r=1$，因为它将把 b 设置为 1：

```
b_on                    b_on
when                    when
  b = 0                   b = 0
  s = 0                   s = 0
then          ⇝           r = 1
  b := 1                then
  cb := cb + 1            b := 1
end                       cb := cb + 1
                        end
```

为了保持不变式 **dbl1_2**，我们还必须修改事件 `r_off`，为它加入一个卫 $b=0$，因为它将把 r 设置为 0：

```
r_off                       r_off
  when                        when
    r = 1                       r = 1
    a = 0          ⇝            a = 0
  then                          b = 0
    r := 0                    then
  end                           r := 0
                              end
```

但是，我们又一次遇到了**不希望修改这一反应事件**的问题，所以引进下面的不变式：

$$\textbf{dbl1\_4:}\quad a = 0 \;\Rightarrow\; b = 0$$

为了保持不变式 **dbl1_3**，即

$$\textbf{dbl1\_3:}\quad a = 0 \;\Rightarrow\; s = 0$$,

我们必须精化事件 a_off（加强它的卫）：

```
a_off                       a_off
when                        when
  a = 1                       a = 1
  r = 1            ⇝          r = 1
then                          s = 0
  a := 0                    then
end                           a := 0
                            end
```

我们还需要精化 s_on（加强卫）：

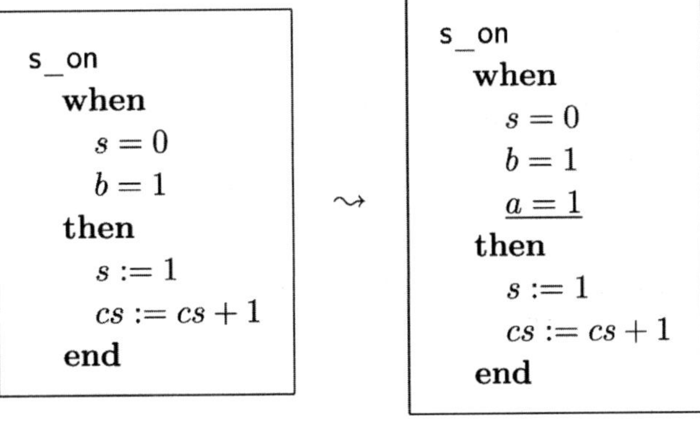

```
s_on                        s_on
  when                        when
    s = 0                       s = 0
    b = 1                       b = 1
  then             ⇝            a = 1
    s := 1                    then
    cs := cs + 1                s := 1
  end                           cs := cs + 1
                              end
```

现在我们又一次遇到了“不想修改这个事件”的情况，所以必须引入下面的不变式：

$$b = 1 \Rightarrow a = 1$$

很巧，这正好就是 **dbl1_4** 的逆反命题：

$$\textbf{dbl1\_4:}\quad a = 0 \Rightarrow b = 0$$

为了保持 **dbl1_4**，我们必须再次精化事件 a_off：

```
a_off                 a_off
when                  when
  a = 1                 a = 1
  r = 1                 r = 1
  s = 0        ⇝        s = 0
then                    b = 0
  a := 0              then
end                     a := 0
                      end
```

并再次精化事件 b_on：

```
b_on                  b_on
when                  when
  b = 0                 b = 0
  s = 0                 s = 0
  r = 1                 r = 1
then           ⇝        a = 1
  b := 1              then
  cb := cb + 1          b := 1
end                     cb := cb + 1
                      end
```

现在我们已经得到了期望的效果，也就是说，分别建立了针对动作 a 和 b 的反应 r 和 s 之间的弱同步。图 3.21 描绘了上述情况。

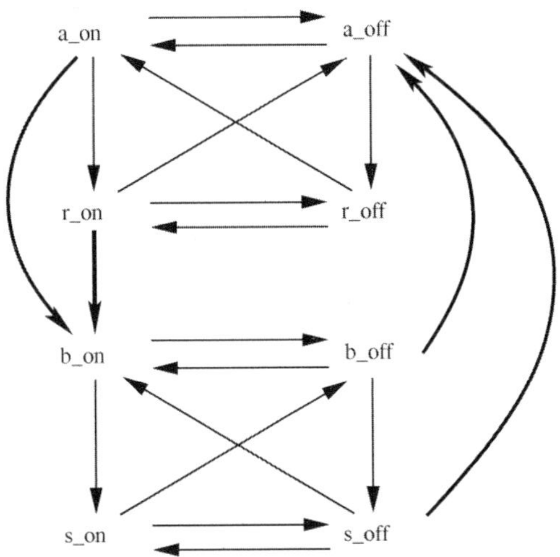

图 3.21 两个强同步的动作-反应对之间的弱同步

这里是新引进的不变式的总结：

dbl1_1: $s = 1 \Rightarrow r = 1$	**dbl1_3:** $a = 0 \Rightarrow s = 0$
dbl1_2: $b = 1 \Rightarrow r = 1$	**dbl1_4:** $a = 0 \Rightarrow b = 0$

这里是修改后的事件 `a_off` 和 `b_on` 的总结（其中已经消去了增加计数器 cb 的动作）：

```
a_off
when
  a = 1
  r = 1
  s = 0
  b = 0
then
  a := 0
end
```

```
b_on
when
  b = 0
  s = 0
  r = 1
  a = 1
then
  b := 1
end
```

请注意，前面 4 个不变式可以等价地归约到下面这样的一个不变式，从图 3.22 里可以“读出”它来：

dbl1_5: $b = 1 \lor s = 1 \Rightarrow a = 1 \land r = 1$

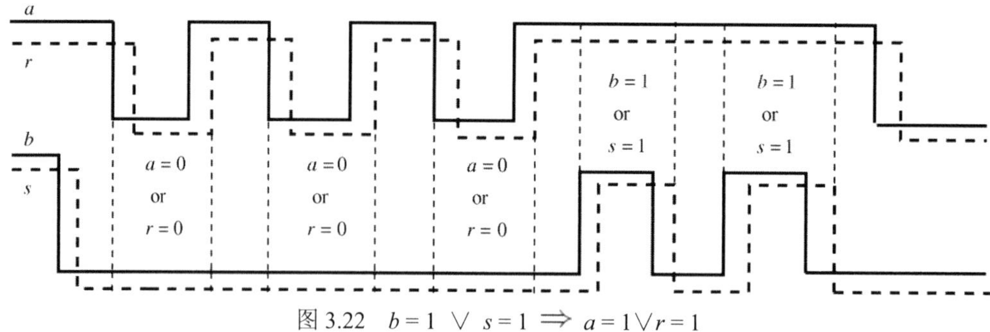

图 3.22 $b=1 \vee s=1 \Rightarrow a=1 \vee r=1$

3.9 第三次精化：约束离合器和电动机

回到我们的开发，现在准备把下面的需求纳入考虑范围：

当离合器接合时，电动机必须正在工作	SAF_1

这个需求可以用下面的不变式形式化地描述：

inv3_1: $clutch\_sensor = engaged \Rightarrow motor\_sensor = working$

这正好是我们在 3.8 节开发的设计模式的一个实例，我们可以做下面的实例化：

a	$\rightsquigarrow$	$motor\_actuator$	a_on	$\rightsquigarrow$	treat_push_start_motor_button
r	$\rightsquigarrow$	$motor\_sensor$	a_off	$\rightsquigarrow$	treat_push_stop_motor_button
0	$\rightsquigarrow$	$stopped$	r_on	$\rightsquigarrow$	Motor_start
1	$\rightsquigarrow$	$working$	r_off	$\rightsquigarrow$	Motor_stop
b	$\rightsquigarrow$	$clutch\_actuator$	b_on	$\rightsquigarrow$	treat_start_clutch
s	$\rightsquigarrow$	$clutch\_sensor$	b_off	$\rightsquigarrow$	treat_stop_clutch
0	$\rightsquigarrow$	$disengaged$	s_on	$\rightsquigarrow$	Clutch_start
1	$\rightsquigarrow$	$engaged$	s_off	$\rightsquigarrow$	Clutch_stop

得到的不变式如下：

dbl1_1: $s=1 \Rightarrow r=1$

inv3_1: $clutch\_sensor = engaged \Rightarrow motor\_sensor = working$

dbl1_2: $b = 1 \Rightarrow r = 1$	**inv3_2:** $clutch\_actuator = engaged \Rightarrow motor\_sensor = working$
dbl1_3: $a = 0 \Rightarrow s = 0$	**inv3_3:** $motor\_actuator = stopped \Rightarrow clutch\_sensor = disengaged$
dbl1_4: $a = 0 \Rightarrow b = 0$	**inv3_4:** $motor\_actuator = stopped \Rightarrow clutch\_actuator = disengaged$

下面是两个修改后的事件：

```
b_on
when
  b = 0
  s = 0
  r = 1
  a = 1
then
  b := 1
end
```

```
treat_start_clutch
  when
    clutch_actuator = disengaged
    clutch_sensor = disengaged
    motor_sensor = working
    motor_actuator = working
  then
    clutch_actuator := engaged
  end
```

```
a_off
when


  a = 1
  r = 1
  s = 0
  b = 0
then
  a := 0

end
```

```
treat_stop_motor
  when
    stop_motor_impulse = FALSE
    stop_motor_button = TRUE
    motor_actuator = working
    motor_sensor = working
    clutch_sensor = disengaged
    clutch_actuator = disengaged
  then
    motor_actuator := stopped
    stop_motor_impulse := TRUE
  end
```

3.10 第四次精化：连接控制器到安全门

3.10.1 拷贝

我们拷贝已经在初始化模型（3.6 节）里做出的所有东西，对其中的名字做相应的修改（如，把名字里的“motor”都改为“door”）。

3.10.2 事件的总结

- 环境
  motor_start
  motor_stop
  clutch_start
  clutch_stop
  door_open
  door_close
  push_start_motor_button
  release_start_motor_button
  push_stop_motor_button
  release_stop_motor_button
- 控制器
  treat_push_start_motor_button
  treat_push_start_motor_button_false
  treat_push_stop_motor_button
  treat_push_stop_motor_button_false
  treat_release_start_motor_button
  treat_release_stop_motor_button
  treat_clutch_start
  treat_clutch_stop
  treat_open_door
  treat_close_door

3.11 第五次精化：约束离合器和安全门

我们现在要把另一个安全性约束结合进来：

当离合器接合时，安全门必须是关闭的	SAF_2

要完成这件事，可以拷贝在 3.9 节做出的那些东西（把“motor”重命名为“door”）。到了这一点，我们发现忘记了某些与安全门有关的情况：当电动机停止时安全门也必须打开，以便用户有可能取出工件或更换工具。我们可以增加下面的需求，来说明这一点：

当电动机停止时，安全门必须是打开的
SAF_3

以逆反的等价形式给出这条需求，看起来更有意思，称其为 SAF_3'：

当安全门关闭时，电动机必须是工作的	SAF_3’

我们可以通过拷贝 3.9 节第三个模型里完成的工作（把“clutch”重命名为“door”之后），来解决这个需求。把前面两条需求 SAF_1 和 SAF_2 和 SAF_3' 放在一起，是很有趣的：

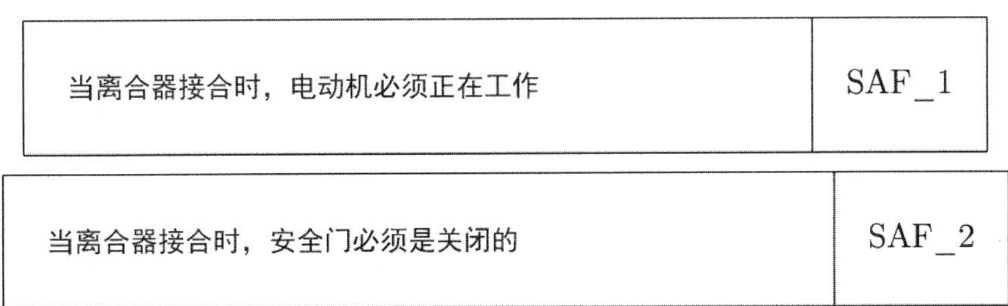
当离合器接合时，电动机必须正在工作
SAF_1
当离合器接合时，安全门必须是关闭的
SAF_2

这说明 SAF_1 是多余的，因为它可以由 SAF_3 和 SAF_3' 的组合得到！这个故事的寓意是，3.9 节所做的第三个精化可以完全丢掉，这也使我们可以简化在 3.4 节讨论的精化策略，得到下面精化过程：

- 初始模型：连接控制器和电动机。
- 第一个精化：连接电动机按钮和控制器。
- 第二个精化：连接控制器和离合器。
- 第三个（原第四个）精化：连接控制器和安全门。
- 第四个（原第五个）精化：建立离合器和安全门之间，以及电动机和安全门之间的约束。
- 第五个（原第六个）精化：建立离合器和安全门之间的更多约束。
- 第六个（原第七个）精化：连接离合器按钮和控制器。

3.12　另一设计模式：两个强反应的强同步

3.12.1　引言

现在考虑下面的需求 FUN_3 和 FUN_4，它们有关离合器和安全门之间的关系：

离合器处于分离状态时， 安全门不能多次开闭	安全门处于关闭状态时， 离合器不能多次离合

这也是两个强反应之间的一种同步情况。但这一次弱同步不再够用了，我们需要的是强同步。图 3.23 描绘了这里的情况，完整的图景如图 3.24 所示。

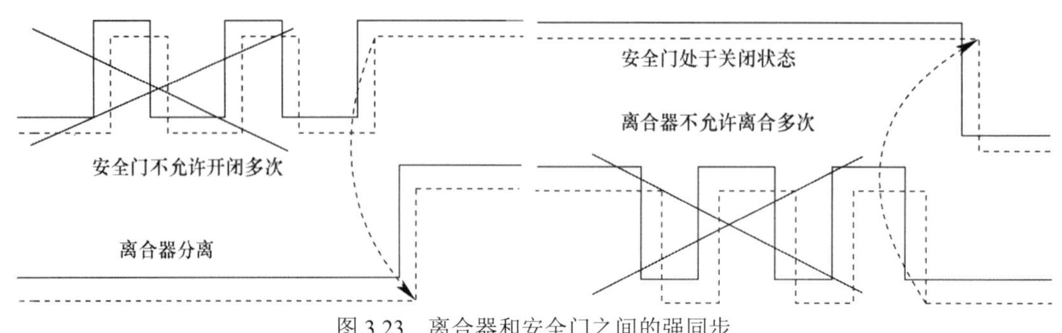

图 3.23 离合器和安全门之间的强同步

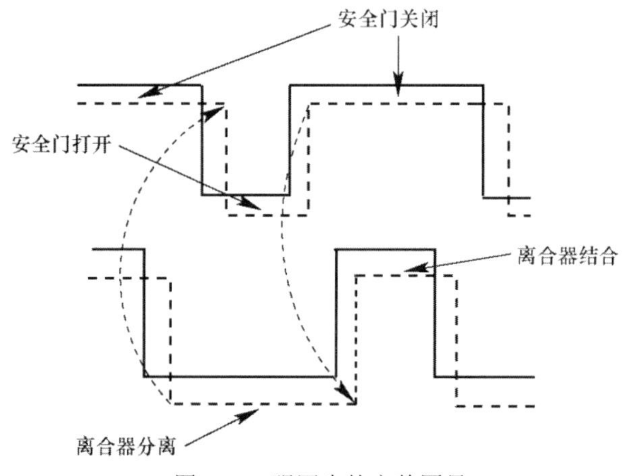

图 3.24 强同步的完整图景

3.12.2 建模

在为这种新约束的建模时，我们要将其作为 3.8 节的“弱-强”模型的精化。为了形式化地表示这一类新的同步，我们必须重新考虑图 3.25 里描述的几个计数器。

我们希望得到下面两个语句描述的性质：

$$ca = cb \ \lor \ ca = cb + 1$$

$$cr = cs \ \lor \ cr = cs + 1$$

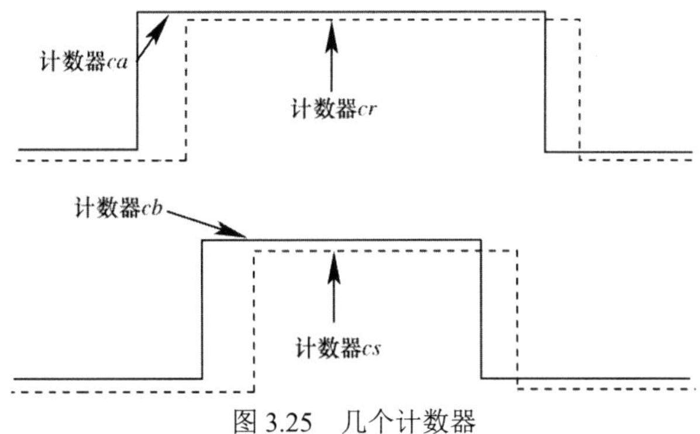

图 3.25　几个计数器

让我们先处理图 3.26 里描绘的计数器 ca 和 cb 的情况。初看起来，它们就像图 3.27 中描述的那样，条件 $ca = cb + 1$ 被条件 $a = 1 \ \wedge \ b = 0$ 蕴涵。但这一猜测是不对的，因为可以看到图 3.28 中描绘的情况。解决问题的方法是像图 3.29 那样引进一个新变量 m。

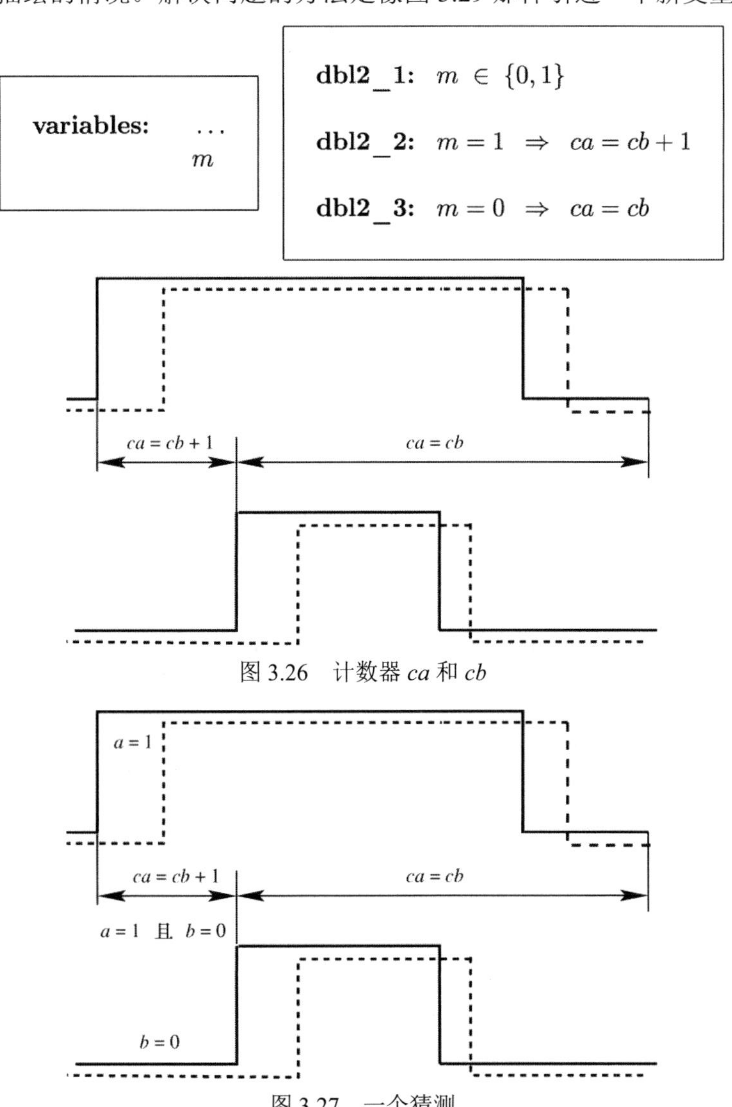

图 3.26　计数器 ca 和 cb

图 3.27　一个猜测

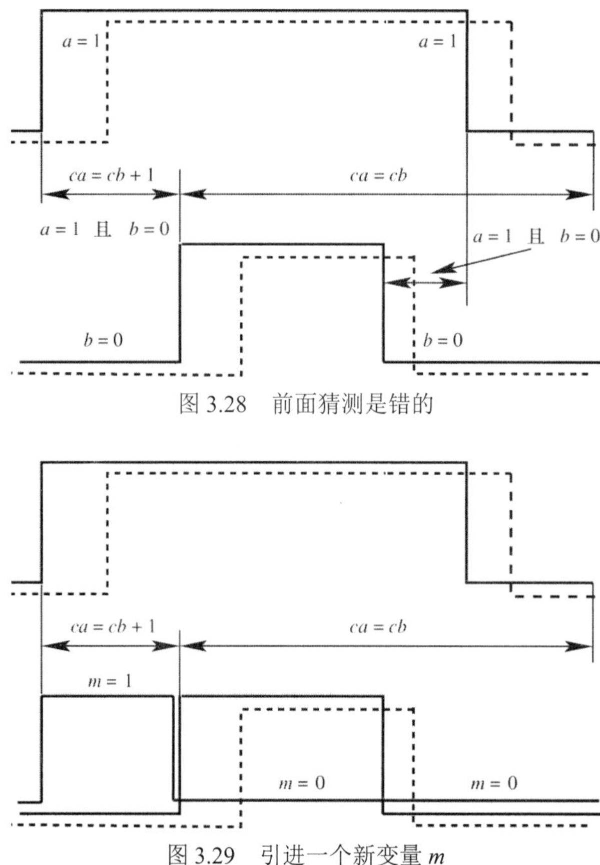

图 3.28　前面猜测是错的

图 3.29　引进一个新变量 m

现在我们处理图 3.30 里描绘的计数器 cr 和 cs 的情况。看起来条件 $cr = cs + 1$ 被条件 $r = 1 \ \wedge \ s = 0$ 蕴涵，如图 3.31 描述的那样。但这个猜测也是错误的，图 3.32 说明了有关情况。问题的解决方法如图 3.33 所示，这些情况引出了下面新增加的不变式 **dbl2_4** 和 **dbl2_5**：

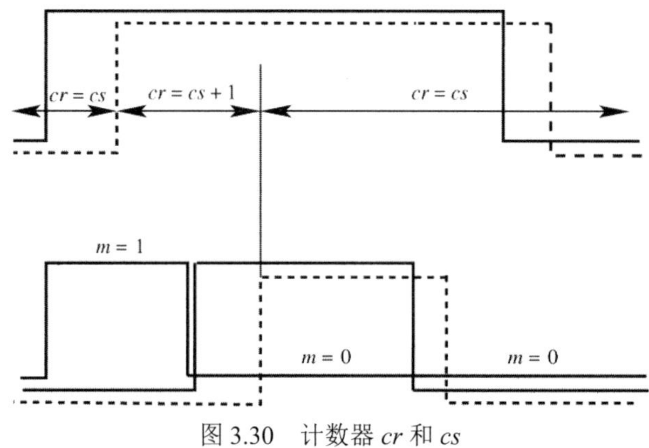

图 3.30　计数器 cr 和 cs

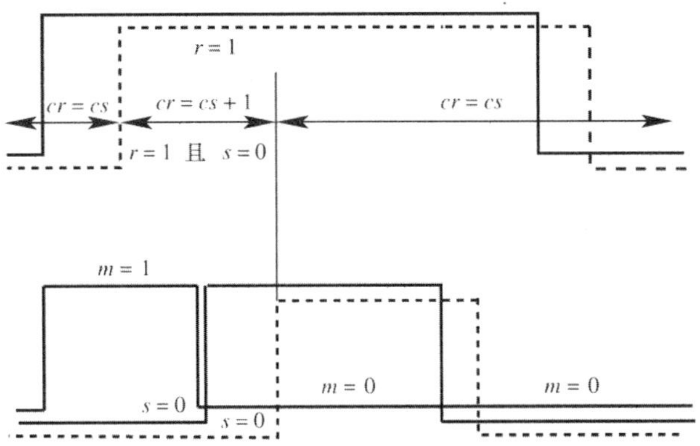

图 3.31 一个猜测

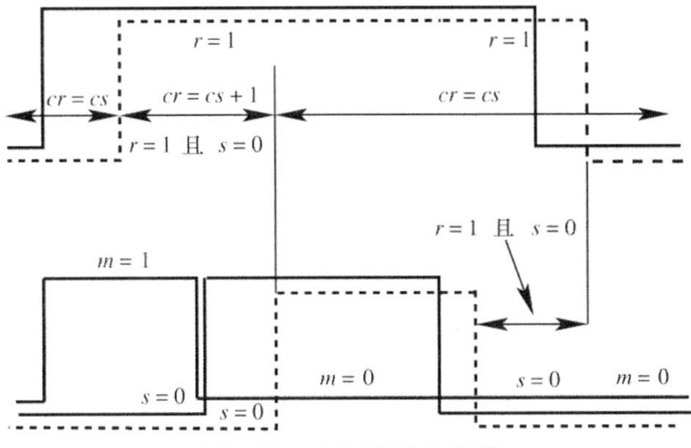

图 3.32 前面猜测是错的

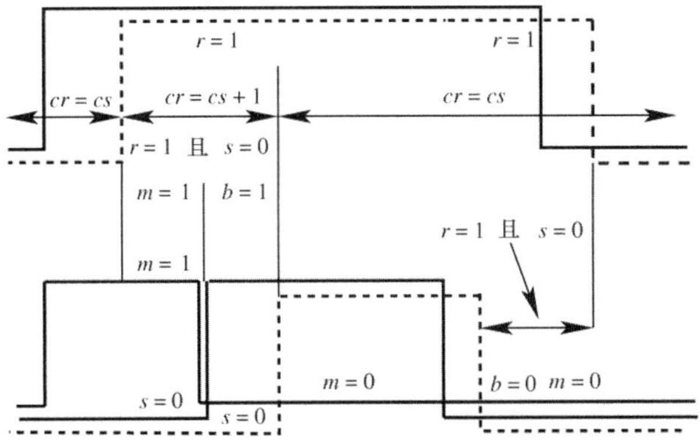

图 3.33 问题的解决

dbl2_1: $m \in \{0,1\}$

dbl2_2: $m = 1 \Rightarrow ca = cb + 1$

dbl2_3: $m = 0 \Rightarrow ca = cb$

dbl2_4: $r = 1 \wedge s = 0 \wedge (m = 1 \vee b = 1) \Rightarrow cr = cs + 1$

dbl2_5: $r = 0 \vee s = 1 \vee (m = 0 \wedge b = 0) \Rightarrow cr = cs$

我们现在把关注点转到修改事件，图 3.34 描绘了这里的情况。正如所见，现在要关注的事件是 `a_on`、`b_on` 和 `a_off`。下面是我们提出的定义：

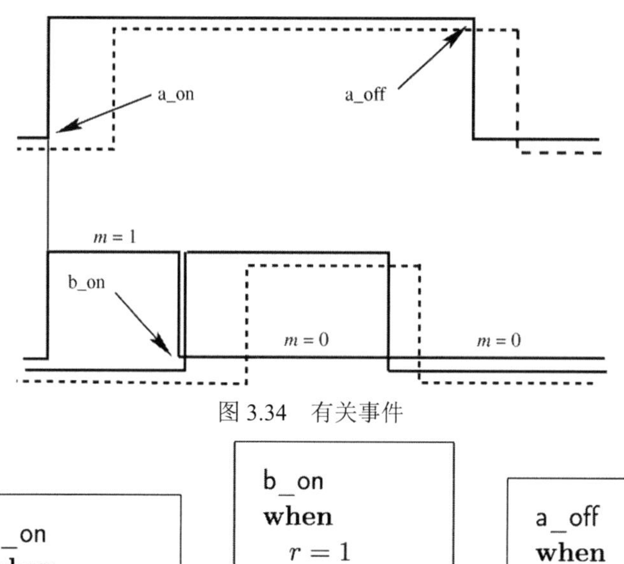

图 3.34 有关事件

```
a_on
when
  a = 0
  r = 0
then
  a := 1
  ca := ca + 1
  m := 1
end
```

```
b_on
when
  r = 1
  a = 1
  b = 0
  s = 0
  m = 1
then
  b := 1
  cb := cb + 1
  m := 0
end
```

```
a_off
when
  a = 1
  r = 1
  b = 0
  s = 0
  m = 0
then
  a := 0
end
```

现在剩下的工作就是完成证明。使用与 3.2 节和 3.8 节类似的技术，引导我们定义下面的新不变式 **dbl2_6** 和 **dbl2_7**：

dbl2_1: $m \in \{0,1\}$

dbl2_2: $m=1 \Rightarrow ca=cb+1$

dbl2_3: $m=0 \Rightarrow ca=cb$

dbl2_4: $r=1 \wedge s=0 \wedge (m=1 \vee b=1) \Rightarrow cr=cs+1$

dbl2_5: $r=0 \vee s=1 \vee (m=0 \wedge b=0) \Rightarrow cr=cs$

dbl2_6: $m=0 \Rightarrow a=0 \vee r=1$

dbl2_7: $m=1 \Rightarrow b=0 \wedge s=0 \wedge a=1$

在扩充了这些不变式之后，有关证明很容易完成。

3.13 第六次精化：离合器和安全门之间的更多约束

现在的情况提示我们去实例化前一节开发的“强-强”模式。我们采用下面的映射：

$$
\begin{array}{lll}
a & \leadsto & door\_actuator \\
r & \leadsto & door\_sensor \\
0 & \leadsto & open \\
1 & \leadsto & closed
\end{array}
\quad
\begin{array}{lll}
b & \leadsto & clutch\_actuator \\
s & \leadsto & clutch\_sensor \\
0 & \leadsto & disengaged \\
1 & \leadsto & engaged
\end{array}
\quad
\begin{array}{lll}
\mathsf{a\_on} & \leadsto & \mathsf{treat\_close\_door} \\
\mathsf{a\_off} & \leadsto & \mathsf{treat\_open\_door} \\
\mathsf{b\_on} & \leadsto & \mathsf{treat\_start\_clutch}
\end{array}
$$

这样就得到了如下的事件实例：

```
a_on
when
  a = 0
  r = 0
then
  a := 1
  m := 1
end
```

```
treat_close_door
  when
    door_actuator = open
    door_sensor = open
    motor_actuator = working
    motor_sensor = working
  then
    door_actuator := closed
    m := 1
  end
```

```
b_on
when
  b = 0
  s = 0
  r = 1
  a = 1
  m = 1
then
  b := 1
  m := 0
end
```

```
treat_start_clutch
  when
    motor_actuator = working
    motor_sensor = working
    clutch_actuator = disengaged
    clutch_sensor = disengaged
    door_sensor = closed
    door_actuator = closed
    m = 1
  then
    clutch_actuator := engaged
    m := 0
  end
```

```
a_off
when
  a = 1
  r = 1
  s = 0
  b = 0
  m = 0
then
  a := 0
end
```

```
treat_open_door
  when
    door_actuator = closed
    door_sensor = closed
    clutch_sensor = disengaged
    clutch_actuator = disengaged
    m = 0
  then
    door_actuator := open
  end
```

安全门和离合器之间的最后同步情况如图 3.35 所示，其中加下划线的事件是环境事件。

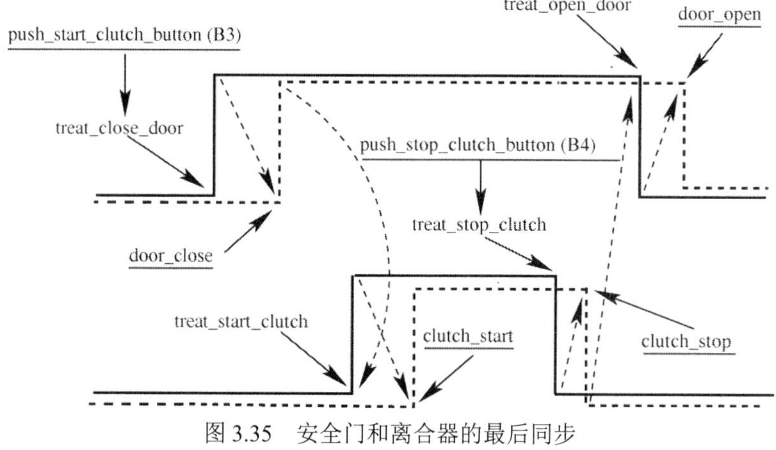

图 3.35 安全门和离合器的最后同步

3.14 第七次精化：把控制器连接到离合器按钮

3.14.1 拷贝

我们简单地把按钮 B3 连接到事件 `treat_close_door`，并把按钮 B4 连接到事件 `treat_stop_clutch`。

3.14.2 事件的总结

- 环境
  motor_start
  motor_stop
  clutch_start
  clutch_stop

door_open
door_close
push_start_motor_button
release_start_motor_button
push_stop_motor_button
release_stop_motor_button
push_start_clutch_button
release_start_clutch_button
push_stop_clutch_button
release_stop_clutch_button

- 控制器

treat_push_start_motor_button
treat_push_start_motor_button_false
treat_push_stop_motor_button
treat_push_stop_motor_button_false
treat_release_start_motor_button
treat_release_stop_motor_button
treat_clutch_start
treat_clutch_stop
treat_open_door
treat_close_door
treat_close_door_false

第 4 章　简单文件传输协议

本章将要介绍的实例与前面的实例相当不同。前面两个实例都假定是控制着一个外部场景（桥上的汽车或者一台冲床），这里要给出的是一个所谓的协议，这个协议在计算机网络上由两个代理系统使用。这是一个非常经典的两段握手协议，许多文献里都仔细地讨论过这个例子，L. Lamport[1] 的书中有对这个协议的非常出色的讨论。

这个例子能让我们进一步扩充数学语言的使用，包括更多的结构，如部分函数和全函数、函数的作用域和值域、函数的限制等。我们也要扩充所用的逻辑语言，引入全称量化公式和相应的推理规则。

4.1　需求

这个协议的用途就是从一个代理（发送方）向另一个代理（接收方）传送一个顺序文件。接收到的文件应该等同于原来的文件：

协议应保证将文件的一个拷贝从一个站点送到另一个站点	FUN-1

顺序文件恰如其名，由一些数据项组成，它们表现为一个有序的序列：

假定文件是一个数据项的序列	FUN-2

假定两个代理位于**不同的站点**，因此传输不可能通过简单地一下子拷贝整个文件的方式完成。相反，它需要用两个不同的程序，通过在网络上交换各种消息的方式来逐步实现：

文件需要以一个个片段的方式在站点之间传输	FUN-3

这样的两个程序将在不同的计算机上工作，所以，整个协议实际上就是一个**分布式程序**。

4.2　精化策略

我们不打算立刻就模拟出最后的协议，因为那样做太困难了，也太容易出错。现在解释一下我们准备采用的精化策略。

在初始化模型里（4.3 节），我们的想法是给出当协议已经完成时，我们可能获得的对于协议的最终结果的观察。在这个初始步骤里，我们并不假定协议的两个参与方（发送方和接收方）位于不同站点。在模拟各种协议时，我们将总是使用这种技术。这个初始模型很重要，因为它确切地**告诉我们这个协议做些什么，但是没告诉我们怎样做**。

在第一个精化中（4.4 节），我们将分离发送方和接收方。进一步地，文件将采用分片段的方式在它们之间传递，而不像在初始模型里那样一下子就传递完。然而，这里发送方和接收方之间的分离并不完全，我们假定接收方可以“看到”发送方站点里剩下的文件部分，而且可以“直接”从发送方那里取走下一个数据项，并将其加入自己的文件。在这个阶段，我们将解释算法的实质，但是还没有去看其中某个站点上执行的分布式行为的细节。在建模一个协议时，这种类型的精化也非常重要。让一个分离的参与方“作弊”，让它直接查看另一个参与方的私有存储器，将大大地简化我们的工作。

在下一个精化里（3.5 节），接收方将不再作弊，不再能直接访问发送方的站点了。事实上，这时的发送方将**发送消息**让接收方去读。然后，作为对接收到的消息的回应，接收方传给发送方某种**确认消息**。至此，这个分布式算法的所有细节都完全展现出来了。这里最重要的就是，参与方之间的各种消息，可以看作前面抽象（在那里，接收方可以直接访问发送方的存储器里的内容）的一种实现。再说一次，在模拟协议时，我们将经常采用这种技术。

在最后的精化里（4.6 节），我们要优化两个参与方之间传送的消息。有关协议不做任何修改，只是把它做得更高效。

4.3 协议的初始模型

在这一节里，我们将要开发的模型**并不**直接对应于所需要的分布式程序。我们要构造的只是它的**分布式执行的一个模型**。在这个模型的上下文中，被传输的文件将形式化为一个有穷序列 f。假定文件 f“位于”发送方站点，到这个协议的执行结束时，我们希望在接收方的站点里已经有了文件 f 一个拷贝，在一个名字为 g 的文件里（假定 g 开始时为空），既没有丢失内容也没有重复。图 4.1 描绘了这些情况。

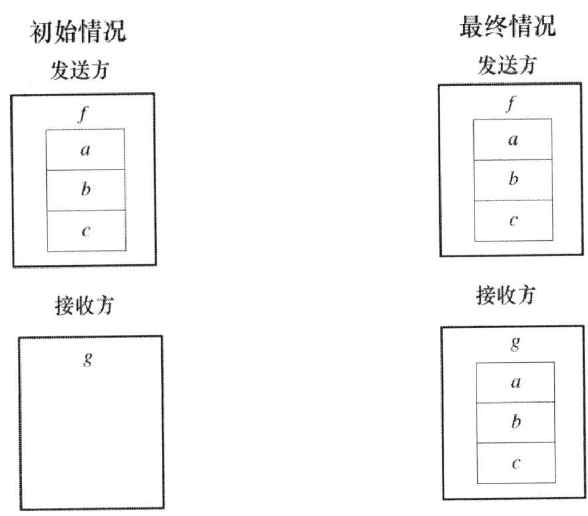

图 4.1 初始情况和最终情况

4.3.1 状态

这里的上下文包含一个集合，取名为 D，这是一个**载体集合**。这个集合表示可能在文件里存储的数据。我们有关载体集的仅有假设就是它们非空。这种集合的存在，将使我们的开发结果具有类属的性质，也就是说，将来可以把载体集 D 实例化为任何特定的集合。进一步地，我们还有两个常量。第一个常量 n 是一个正的自然数，第二个常量 f 是一个从整数区间 $1\,..\,n$ 到集合 D 的**全函数**。这些也就是我们形式化有穷序列的方式。有关性质用下面的公理 **axm0_1** 和 **axm0_2** 描述：

sets: D

constants: n, f

axm0_1: $0 < n$

axm0_2: $f \in 1\,..\,n \to D$

我们有一个变量 g，它是一个从整数区间 $1\,..\,n$ 到集合 D 的**部分函数**，这一性质用下面的不变式 **inv0_1** 写出。还有一个布尔变量 b，用于描述这个协议是否结束，结束时 b = TRUE。正如我们将在 4.3.3 节看到的，当协议未结束时变量 g 为空；而当协议结束时它就等于 f。这些用两个不变式 **inv0_2** 和 **inv0_3** 描述：

variables: g, b

inv0_1: $g \in 1\,..\,n \pfun D$

inv0_2: $b = \text{FALSE} \;\Rightarrow\; g = \varnothing$

inv0_3: $b = \text{TRUE} \;\Rightarrow\; g = f$

4.3.2 一些数学表示法

在前一节里，我们使用了一些数学概念，例如区间、部分函数和全函数。现在再说一些与这些概念或类似概念相关的表示法和定义。

给定了两个自然数 a 和 b，从 a 到 b 的**区间**就是所有满足 $a \leqslant x$ 且 $x \leqslant b$ 的自然数 x 的集合，用结构 $a\,..\,b$ 表示。注意，当 b 小于 a 时集合 $a\,..\,b$ 为空：

$x \in S$	集合成员运算符
$\mathbb{N}$	自然数的集合：$\{0, 1, 2, 3, \ldots\}$
$a\,..\,b$	从a到b的区间：$\{a, a+1, \ldots, b\}$ （当 $b < a$ 时集合为空）

给定两个集合 S 和 T，以及分别属于 S 和 T 的两个元素 a 和 b，按给定的顺序由 a 和 b 组成的**有序对**用结构 $a \mapsto b$ 表示。从 S 和 T 出发做出的所有这种有序对的集合，称为 S 和 T 的**笛卡儿积**，用结构 $S \times T$ 表示。

给定集合 T，另一集合 S 是 T 的一个**子集**的事实用谓词 $S \subseteq T$ 表示。集合 S 的所有子集的集合称为 S 的**幂集**，用结构 $\mathbb{P}(S)$ 表示：

$a \mapsto b$	有序对构造符
$S \times T$	笛卡儿积运算符：取自S和T是所有有序对的集合
$S \subseteq T$	集合包含运算符
$\mathbb{P}(S)$	幂集运算符：集合S的所有子集的集合

给定两个集合 S 和 T，它们的笛卡儿集合的幂集称为这两个集合上的**二元关系**，应该记为 $\mathbb{P}(S \times T)$，但常用简记结构 $S \leftrightarrow T$ 表示。因此，一个关系也就是一个有序对的集合，也可能为空。空关系也用空集 $\varnothing$ 表示。

给定集合 S 和 T 上的一个二元关系 r（也就是说，r 属于集合 $S \leftrightarrow T$），r 的**定义域**是 S 的一个子集。x 是这个子集的元素，当且仅当存在 T 的元素 y，使得有序对 $x \mapsto y$ 属于关系 r。关系 r 的定义域集合用 $\mathrm{dom}(r)$ 表示。

与之对称地，关系 r 的**值域**是 T 的一个子集。y 是该子集的元素，当且仅当存在 S 的元素 x 使有序对 $x \mapsto y$ 属于关系 r。关系 r 的值域集合用 $\mathrm{ran}(r)$ 表示：

$S \leftrightarrow T$	S和T上的二元关系的集合
$\mathrm{dom}(r)$	关系r的定义域
$\mathrm{ran}(r)$	关系r的值域

下图形象地表示了集合 S 和 T 上的一个二元关系 r 的情况：

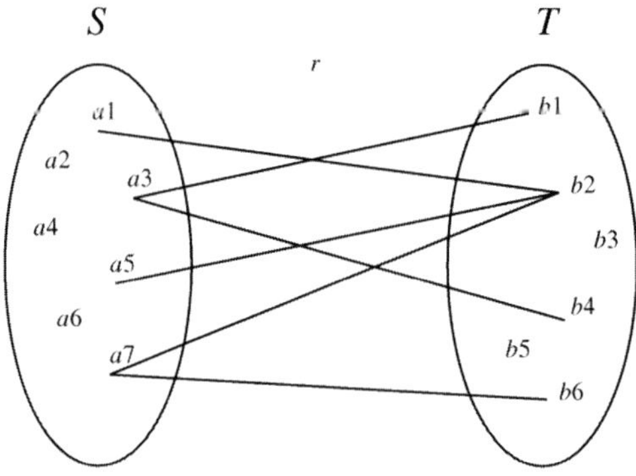

给定两个集合 S 和 T，从 S 到 T 的一个**偏函数** f 是 S 和 T 上的一种特殊的二元关系，其性质是，如果任何两个有序对 $x \mapsto y$ 和 $x \mapsto z$ 都属于 f，那么就有 y 等于 z。从 S 到 T 的所有偏函数的集合用结构 $\mathrm{S} \leftrightarrow \mathrm{T}$ 表示。

给定两个集合 S 和 T，从 S 到 T 的一个**全函数** f 是 S 和 T 上的一个偏函数，但其定义域等于 S。从 S 到 T 的所有全函数的集合用结构 $S \to T$ 表示：

$S \leftrightarrow T$	从S到T的偏函数的集合
$S \to T$	从S到T的全函数的集合

下图形象地表示了从 S 到 T 的一个偏函数 f 的情况，这里 f 的定义域是集合 $\{a1, a3, a5, a7\}$，值域是 $\{b2, b4, b6\}$：

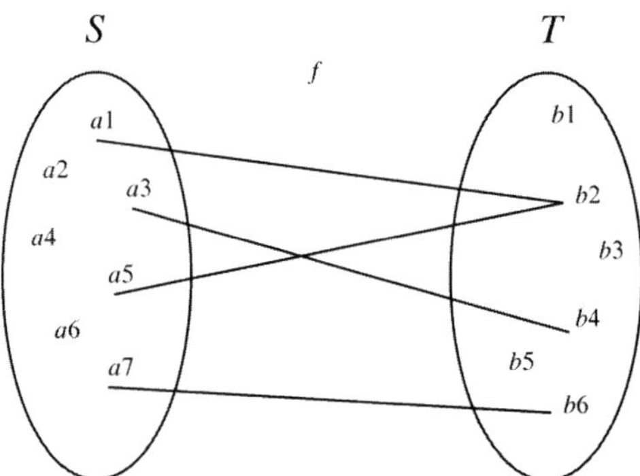

下图形象地表示了从 S 到 T 的一个全函数 f 的情况，易见，f 的定义域就是集合 S：

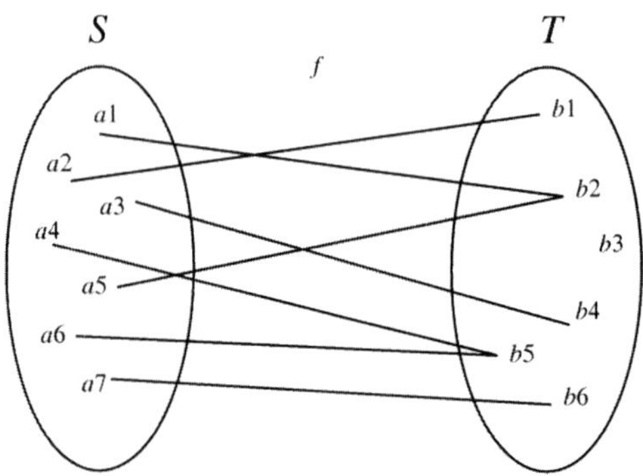

4.3.3 事件

回到我们的例子，现在考虑如何定义第一个模型里的事件。初始时 g 是空的，这一情况在下面的特殊事件 `init` 里定义。本协议的最全局性的迁移动作，可以通过**一个**命名为 `final` 的事件抽象地描述：

$$
\begin{array}{l}
\mathsf{init} \\
\quad g := \varnothing \\
\quad b := \mathrm{FALSE}
\end{array}
\qquad
\begin{array}{l}
\mathsf{final} \\
\quad \textbf{when} \\
\qquad b = \mathrm{FALSE} \\
\quad \textbf{then} \\
\qquad g := f \\
\qquad b := \mathrm{TRUE} \\
\quad \textbf{end}
\end{array}
$$

事件 `final` 本身并不存在，也就是说，它根本就不是这个协议的一部分。这个事件只是作为我们希望**看到**的一个**临时性快照**。在真实的世界里，文件 f 并不是一下子就传过去，而是逐步传输的。但是，在这种开发方法的初始阶段，我们对具体传输方式不感兴趣。换句话说，**作为一个抽象**，我们无须考虑这个协议在分布式执行时的细节情况，只要求其最终活动的结果使我们能观察到，文件 f 确实被拷贝到了文件 g。

在目前这一点，应该注意到，我们并没有承诺任何特定的协议，因此，从某种意义上说，这个模型是最一般的，它对应于一大类特定的协议，即所有完成文件传输的协议。我们完全可能提出某种更复杂的规范描述，其中有关文件已经被部分地传输（这种情况将在第 6 章研究），但在当前这里的例子中，我们不准备研究这种扩充。

4.3.4 证明

现在我们把注意力转到证明。在目前工作阶段，我们需要考虑的并不是保持性证明和无死锁证明。这里只需要关心初始化事件 `init` 能建立起不变式 **inv0_1** 和 **inv0_2** 的证明义务。第一个证明义务是事件 `init` 能建立不变式 **inv0_1**：

$$
\begin{array}{l}
\textbf{axm0\_1} \\
\textbf{axm0\_2} \\
\vdash \\
\text{修改后的 } \textbf{inv0\_1}
\end{array}
\qquad
\begin{array}{l}
0 < n \\
f \in 1\,..\,n \rightarrow D \\
\vdash \\
\varnothing \in 1\,..\,n \mapsto D
\end{array}
\qquad
\mathsf{init} \;/\; \textbf{inv0\_1} \;/\; \mathsf{INV}
$$

我们用非形式化的讨论来说明有关的证明工作：显然，空函数是从 1 .. n 到 D 的一个部分函数。关于集合论结构的证明，我们现在不准备提供特殊的推理规则（在第 2 章，我们已经为命题逻辑和等词提供了规则），而将使用一条“通用”推理规则称为 `SET`，每次使用时做非形式化的确认。下面是事件 `init` 能建立不变式 **inv0_2** 和 **inv0_3** 的证明义务：

axm0_1 **axm0_2** $\vdash$ 修改后的 **inv0_2**	$0 < n$ $f \in 1\,..\,n \rightarrow D$ $\vdash$ $\mathrm{FALSE} = \mathrm{FALSE} \;\Rightarrow\; \varnothing \;=\; \varnothing$	init / **inv0_2** / INV

axm0_1 **axm0_2** $\vdash$ 修改后的 **inv0_3**	$0 < n$ $f \in 1\,..\,n \rightarrow D$ $\vdash$ $\mathrm{FALSE} = \mathrm{TRUE} \;\Rightarrow\; \varnothing \;=\; f$	init / **inv0_3** / INV

相应的证明都很容易完成。下面是有关事件 `final` 保持不变式 **inv0_1** 的证明义务：

axm0_1 **axm0_2** **inv0_1** **inv0_2** **inv0_3** 卫 $\vdash$ 修改后的 **inv0_1**	$0 < n$ $f \in 1\,..\,n \rightarrow D$ $g \in 1\,..\,n \mathrel{+\!\!\!\rightarrow} D$ $b = \mathrm{FALSE} \;\Rightarrow\; g \;=\; \varnothing$ $b = \mathrm{TRUE} \;\Rightarrow\; g \;=\; f$ $b = \mathrm{FALSE}$ $\vdash$ $f \in 1\,..\,n \mathrel{+\!\!\!\rightarrow} D$	final / **inv0_1** / INV

在应用了规则 MON 之后，证明达到了下面的情况。显然，一个集合到另一集合的全函数也是同样的这两个集合上的偏函数：

$f \in 1\,..\,n \rightarrow D$ $\vdash$ $f \in 1\,..\,n \mathrel{+\!\!\!\rightarrow} D$	SET

下面是有关事件 `final` 保持不变式 **inv0_2** 和 **inv0_3** 的证明义务：

axm0_2 **axm0_3** **inv0_1** **inv0_2** **inv0_3** 卫 $\vdash$ 修改后的 **inv0_2**	$0 < n$ $f \in 1\,..\,n \rightarrow D$ $g \in 1\,..\,n \mathrel{+\!\!\!\rightarrow} D$ $b = \mathrm{FALSE} \;\Rightarrow\; g \;=\; \varnothing$ $b = \mathrm{TRUE} \;\Rightarrow\; g \;=\; f$ $b = \mathrm{FALSE}$ $\vdash$ $\mathrm{TRUE} = \mathrm{FALSE} \;\Rightarrow\; g \;=\; \varnothing$	final / **inv0_2** / INV

axm0_2 **axm0_3** **inv0_1** **inv0_2** **inv0_3** 卫 $\vdash$ 修改后的 **inv0_3**	$0 < n$ $f \in 1\,..\,n \rightarrow D$ $g \in 1\,..\,n \nrightarrow D$ $b = \text{FALSE} \Rightarrow g = \varnothing$ $b = \text{TRUE} \Rightarrow g = f$ $b = \text{FALSE}$ $\vdash$ $\text{TRUE} = \text{TRUE} \Rightarrow f = f$	final / **inv0_3** / INV

利用第 2 章介绍的推理规则，相应的证明都很容易完成。

4.4 协议的第一次精化

4.4.1 非形式化的说明

前面的**抽象**事件 `final` 一下子就在接收端“神奇地”完成了整个文件传输，我们现在准备精化这个事件。为了做好这个工作，我们要引进一个新的**具体**事件 `receive`，它对应于协议的内部工作方式，其目标是**一个一个片段地**传输整个文件。当然，抽象事件 `final` 也不应该消失，它也会有一个具体对应物，提供与其抽象相同的观察。

在图 4.2 里可以看到，上部是我们在抽象层面的观察，其中事件 `init` 之后只跟着一个 `final` 事件。而在下部，我们看到了在这一精化里将会观察到的情况。我们可以说，与抽象观察时的情况相比，现在观察者的眼睛睁开得更频繁，因此在事件 `init` 的发生和事件 `final` 的发生之间，他们还观察到了事件 `receive` 的若干次发生。

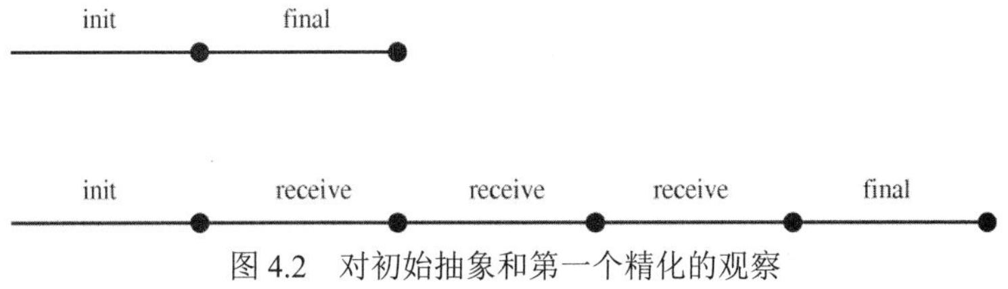

图 4.2 对初始抽象和第一个精化的观察

我们把变量 g 换成另一个变量 h，该变量被事件 `receive` 修改。事实上，事件 `receive` 将逐步地把文件 f 从发送方的站点拷贝到接收方的站点。为此，该事件要使用一个下标 r，这个下标如图 4.3 所示的那样逐步更新。正如所见，事件 `receive` 一次给文件 h 加入一个元素，采用的方式就是把文件 f 的第 r 个元素拷贝到文件 h。如果看看现在事件 `final` 做什么，也是很有趣的（需要等到 4.4.4 节）。

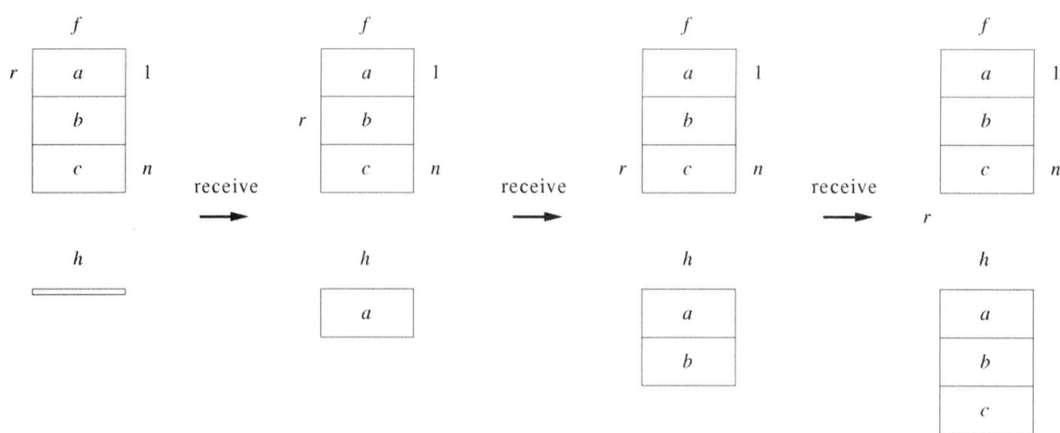

图 4.3 第一个精化的行为跟踪

4.4.2 状态

我们要扩大模型的状态，给它加入一个变量 r。这个变量也是一个自然数，将被初始化为 1。我们将 r 用作文件 f 的下标，因此它从区间 $1\,..\,n+1$ 中取值，下面的不变式 **inv1_1** 描述了这一情况。我们还要把变量 g 用另一个变量 h 取代。当作用域**限制**到 $1\,..\,r-1$ 时，变量 h 正好等于常量 f（见下一节）。我们用结构 $(1\,..\,r-1) \lhd f$ 描述这种情况。换句话说，$(1\,..\,r-1) \lhd f$ 要求我们只考虑 f 里的 x 属于集合 $1\,..\,r-1$ 的那些有序对 $x \mapsto y$。这一要求用不变式 **inv1_2** 描述。最后，我们还需要建立具体变量 h 和抽象变量 g 之间的连接。还有，在协议的最后（当 b 是 TRUE 时），r 必须等于 $n+1$。这个要求用不变式 **inv1_3** 描述。很容易证明定理 **thm1_1**，它断言当 b 等于 TRUE 时 g 就等于 h。

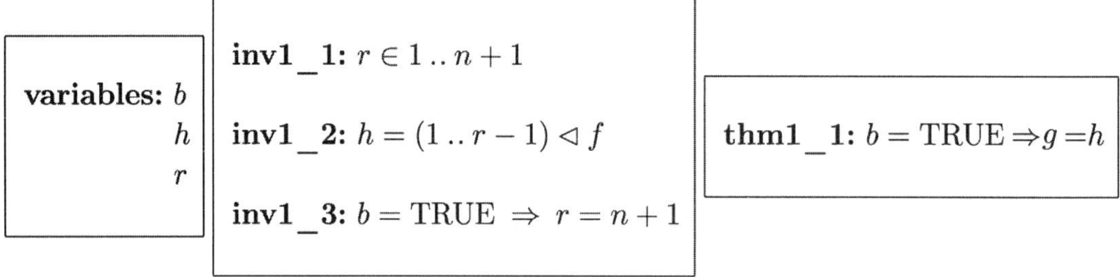

variables: b
h
r

inv1_1: $r \in 1\,..\,n+1$

inv1_2: $h = (1\,..\,r-1) \lhd f$

inv1_3: $b = \mathrm{TRUE} \;\Rightarrow\; r = n+1$

thm1_1: $b = \mathrm{TRUE} \Rightarrow g = h$

4.4.3 更多数学符号

在前一节里，我们已经介绍了一个运算符 $\lhd$，它的作用就是限制关系的作用域。这一节将介绍更多的限制运算符。

给定从 S 到 T 的一个关系 r，以及 S 的一个子集 s，表达式 $s \lhd r$ 表示关系 r 中所有第一个元素属于 s 的有序对形成的关系，称为 r 的一个**定义域限制**。

给定从 S 到 T 的一个关系 r，以及 S 的一个子集 s，表达式 $s \ndres r$ 表示关系 r 中所有第一个元素不属于 s 的有序对形成的关系，称为 r 的一个**定义域减**。

给定从 S 到 T 的一个关系 r，以及 T 的一个子集 t，表达式 $r \rhd t$ 表示关系 r 中所有第二

个元素属于 t 的有序对形成的关系，称为 r 的一个**值域限制**。

给定从 S 到 T 的一个关系 r，以及 T 的一个子集 t，表达式 $r \unrhd t$ 表示关系 r 中所有第二个元素不属于 t 的有序对形成的关系，称为 r 的一个**值域减**。

$s \lhd r$	**作用域限制运算符**
$s \unlhd r$	**作用域减运算符**
$r \rhd t$	**值域限制运算符**
$r \unrhd t$	**值域减运算符**

下面图示中的虚线对应于 $\{a3, a7\} \lhd f$。

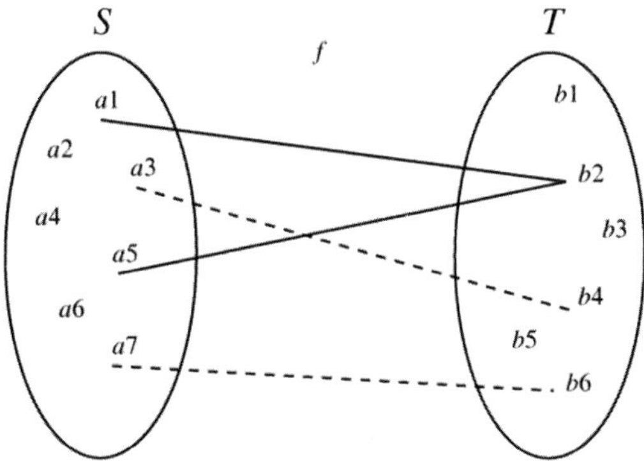

下面图示中的虚线对应于$\{a3, a7\} \unlhd f$。

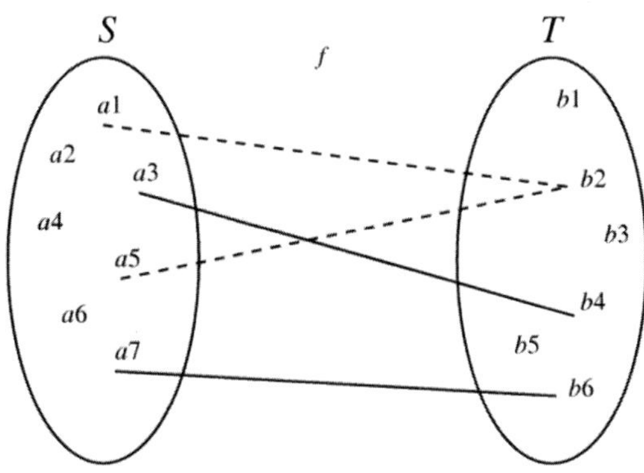

下面图示中的虚线对应于 $f \rhd \{b2, b4\}$：

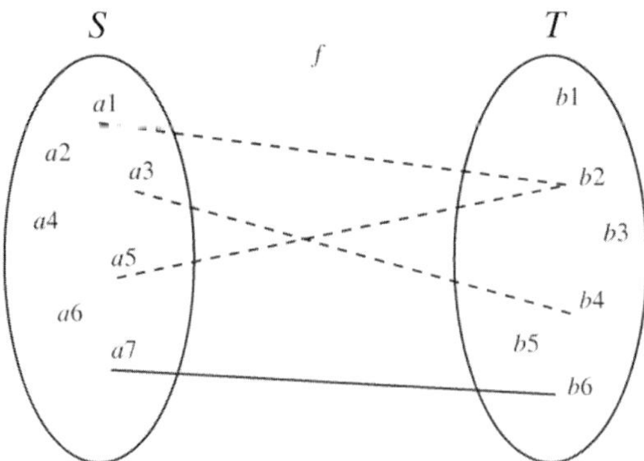

下面图示中的虚线对应于 $f \rhd \{b2, b4\}$：

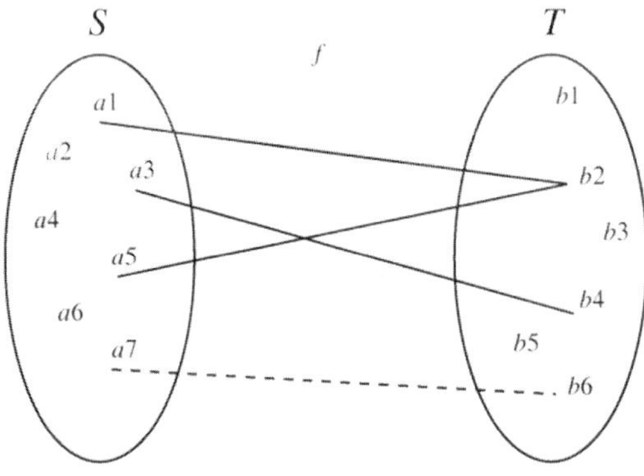

4.4.4 事件

回到我们的例子，现在定义这个精化里的事件。初始化事件应该把 b 设置为 FALSE（与在抽象中一样），还要把 h 设置为空集，并把 r 设置为 1。事件 `receive` 给 h 增加一个元素，它把 f 的第 r 个元素拷贝到 h，还要增大 r 的值。事件 `final` 什么也不做（只是像抽象中一样把 b 设置为 TRUE）！这看起来有些奇怪，但我们将证明它确实精化了它的抽象。事实上，事件 `final` 现在的行为就像一个见证人，当它的卫为真时，也就是说当条件 $r = n + 1$ 而且 b 是 FALSE 时，文件 g 必须等于文件 f，就像抽象模型保证的一样。

```
init
  b := FALSE
  h := ∅
  r := 1
```

```
receive
  status
    convergent
  when
    r ⩽ n
  then
    h := h ∪ {r ↦ f(r)}
    r := r + 1
  end
```

```
final
  when
    r = n + 1
    b = FALSE
  then
    b := TRUE
  end
```

请注意事件 `receive` 的 **status**，这里是 `convergent`，意味着我们必须证明它不会永远“掌握着控制权”。为了证明这一点，我们必须给出一个数值的 **variant**，并证明事件 `receive` 使之减小。这一证明将在 4.4.6 节完成。

4.4.5 精化证明

与初始化事件 `init` 有关的证明都很简单。下面的证明义务说明它能建立不变式 **inv1_1**：

axm0_1 **axm0_2** $\vdash$ 修改后的 **inv1_1**	$0 < n$ $f \in 1\,..\,n \to D$ $\vdash$ $1 \in 1\,..\,n+1$	init / **inv1_1** / INV

这个证明很容易完成：把目标 $1 \in 1\,..\,n+1$ 转换为 $1 \leqslant 1 \wedge 1 \leqslant n+1$，然后应用推理规则 `AND_R`，再做一些简单算术计算。下面是初始化事件建立不变式 **inv1_2** 的证明义务：

axm0_1 **axm0_2** $\vdash$ 修改后的 **inv1_2**	$0 < n$ $f \in 1\,..\,n \to D$ $\vdash$ $\varnothing = (1\,..\,1-1) \lhd f$	init / **inv1_2** / INV

要证明这个相继式，我们先把区间 $1..1-1$ 转换为 $1\,..\,0$，它是空集。而后我们注意到表达式 $\varnothing \lhd f$ 是空集，这时可以应用规则 `EQL`。最后，有关 **inv1_3** 的证明也非常简单。

更有趣一些的是对事件 `final` 的精化证明。我们首先需要应用证明义务规则 `GRD`，这时的结果很明显，因为，在具体版本的卫是 $r = n+1$，它明显强于抽象版本的卫，因为在抽象版本里未出现的卫表示真。把新规则 `INV` 应用于不变式 **inv1_1**，将得到下面的需要证明的相继式。这个证明也很明显，只需要先应用推理规则 `MON`，而后再应用 `HYP`（因为，这里的目标 $r \in 1\,..\,n+1$ 也是一个假设）：

... **inv1_1** ... final的卫 ... $\vdash$ 修改后的 **inv1_1**	... $r \in 1\,..\,n+1$ ... $r = n+1$ ... $\vdash$ $r \in 1\,..\,n+1$	final / **inv1_1** / INV

类似地，不变式 **inv1_2** 也很容易证明，只需应用推理规则 MON 和 HYP：

… **inv1_2** … final 的卫 … ⊢ 修改后的 **inv1_2**	… $h=(1\,..\,r-1)\lhd f$ … $r=n+1$ … ⊢ $h=(1\,..\,r-1)\lhd f$	final / **inv1_2** / INV

要证明事件 final 保持不变式 **inv1_3**，需要证明下面的相继式。这个也很明显：

… final 的卫 … ⊢ 修改后的 **inv1_3**	… $r=n+1$ … ⊢ $\mathrm{TRUE}=\mathrm{TRUE}\ \Rightarrow\ r=n+1$	final / **inv1_3** / INV

事件 receive 保持不变式 **inv1_1** 要求证明下面的相继式：

… **inv1_1** … receive 的卫 ⊢ 修改后的 **inv1_1**	… $r\in 1\,..\,n+1$ … $r\leqslant n$ ⊢ $r+1\ \in\ 1\,..\,n+1$	receive / **inv1_1** / INV

下面是应用了规则 MON 之后的证明：

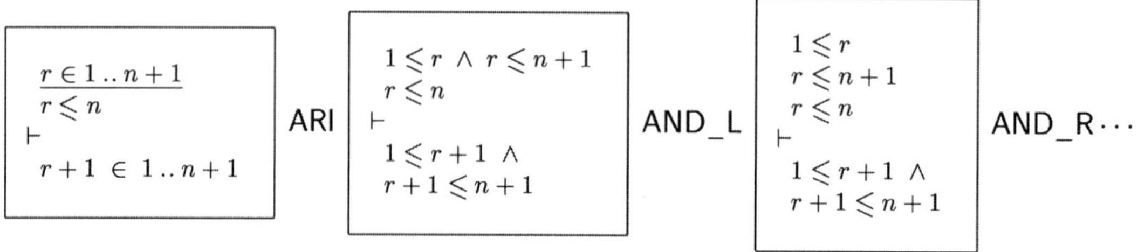

$$\ldots \left\{ \begin{array}{l} \boxed{\begin{array}{l} 1 \leqslant r \\ r \leqslant n+1 \\ r \leqslant n \\ \vdash \\ 1 \leqslant r+1 \end{array}} \ \text{MON} \ \boxed{\begin{array}{l} \underline{1 \leqslant r} \\ \vdash \\ 1 \leqslant r+1 \end{array}} \ \text{ARI} \ \boxed{\begin{array}{l} 1 < r+1 \\ \vdash \\ 1 \leqslant r+1 \end{array}} \ \text{ARI} \\ \\ \boxed{\begin{array}{l} 1 \leqslant r \\ r \leqslant n+1 \\ r \leqslant n \\ \vdash \\ r+1 \leqslant n+1 \end{array}} \ \text{MON} \ \boxed{\begin{array}{l} r \leqslant n \\ \vdash \\ \underline{r+1 \leqslant n+1} \end{array}} \ \text{ARI} \ \boxed{\begin{array}{l} r \leqslant n \\ \vdash \\ r \leqslant n \end{array}} \ \text{HYP} \end{array} \right.$$

事件 receive 保持不变式 **inv1_2** 要求证明下面相继式：

$$\begin{array}{l} \ldots \\ \textbf{inv1\_1} \\ \textbf{inv1\_2} \\ \ldots \\ \text{receive的卫} \\ \vdash \\ \text{修改后的}\textbf{inv1\_2} \end{array} \quad \boxed{\begin{array}{l} \ldots \\ r \in 1 \,..\, n+1 \\ h = (1 \,..\, r-1) \lhd f \\ \ldots \\ r \leqslant n \\ \vdash \\ h \cup \{r \mapsto f(r)\} = (1 \,..\, r+1-1) \lhd f \end{array}} \quad \text{receive/}\textbf{inv1\_2}\text{/INV\_REF}$$

下面是应用了规则 MON 之后的证明：

$$\boxed{\begin{array}{l} f \in 1 \,..\, n \rightarrow D \\ \underline{r \in 1 \,..\, n+1} \\ h = (1 \,..\, r-1) \lhd f \\ r \leqslant n \\ \vdash \\ h \cup \{r \mapsto f(r)\} = (1 \,..\, r+1-1) \lhd f \end{array}} \ \text{ARI} \ \boxed{\begin{array}{l} f \in 1 \,..\, n \rightarrow D \\ 1 \leqslant r \\ h = (1 \,..\, r-1) \lhd f \\ r \leqslant n \\ \vdash \\ h \cup \{r \mapsto f(r)\} = (1 \,..\, r) \lhd f \end{array}} \ \text{EQ\_LR} \ldots$$

$$\ldots \boxed{\begin{array}{l} f \in 1 \,..\, n \rightarrow D \\ 1 \leqslant r \\ r \leqslant n \\ \vdash \\ (1 \,..\, r-1) \lhd f \ \cup \ \{r \mapsto f(r)\} \ = \ (1 \,..\, r) \lhd f \end{array}} \ \text{SET}$$

最后一个相继式也可以证明，为此我们只需要注意到一点：在 r 属于 f 的作用域的条件下，将小函数 $\{r \mapsto f(r)\}$ 加入 f 相对于区间 $1 \,..\, r-1$ 的限制，得到的正好就是 f 相对于区间 $1 \,..\, r$ 的限制。事件 receive 保持不变式 **inv1_3** 要求证明下面的相继式：

... **inv1_3** receive 的卫 $\vdash$ 修改后的 **inv1_3**	... $b = \text{TRUE} \Rightarrow r = n+1$ $r \leqslant n$ $\vdash$ $b = \text{TRUE} \Rightarrow r+1 = n+1$	receive / **inv1_3** / INV_REF

下面是应用了规则 MON 之后的证明：

$b = \text{TRUE} \Rightarrow r = n+1$ $r \leqslant n$ $\vdash$ $b = \text{TRUE} \Rightarrow r+1 = n+1$	IMP_R	$b = \text{TRUE} \Rightarrow r = n+1$ $r \leqslant n$ $b = \text{TRUE}$ $\vdash$ $r+1 = n+1$	IMP_L ...

...	$r = n+1$ $r \leqslant n$ $b = \text{TRUE}$ $\vdash$ $r+1 = n+1$	EQL_LR	$\underline{n+1 \leqslant n}$ $b = \text{TRUE}$ $\vdash$ $r+1 = n+1$	ARI	$\bot$ $b = \text{TRUE}$ $\vdash$ $r+1 = n+1$	FALSE_L

4.4.6 事件 receive 的收敛性证明

我们还必须证明事件 receive 的收敛性。为此需要给出一个变动式，它必须是非负的，而且被事件 receive 减小。最明显的变动式就是：

variant1: $n+1-r$

这个变动式的证明很容易，我们需要应用证明义务规则 NAT（证明该变动式是一个自然数）和 VAR（证明该变动式被事件 receive 减小）。有关这个变动式将被减小的证明非常重要，因为它说明了事件 final 的具体“执行”是可能**最终达到的**。换句话说，它说明，虽然具体版本增加了新的事件 receive，但在这个具体版本里，同样有可能达到在 final 的抽象版本里给出的目标。我们在这里写词语“有可能”，也是有意的，因为我们在这里证明的只是事件 receive 不会永远执行，但也有可能出现它执行到了某个地方，因为卫不真而停止，导致事件 final 无法被使能的情况。下一节的工作就是要证明这种情况不可能发生。

4.4.7 相对无死锁证明

我们现在来证明这个系统绝不会死锁（抽象版本里确实是这样）。应用规则 DLF，很容易证明事件 `receive` 和 `final` 的卫的析取总是真。应用该规则并做一些简化后，我们将得到：

$$
\begin{array}{l}
r \in 1\,..\,n+1 \\
\vdash \\
r \leqslant n \;\vee\; r=n+1
\end{array}
$$

正如所见，系统的“执行”情况如下：首先是 `init`，然后是事件 `receive` 的一次或者多次“执行”，最后是 `final` 的一次“执行”。

4.5 协议的第二次精化

前面已经完成的精化并不太令人满意，原因是，按我们的假定，是由接收方“执行”事件 `receive`，但是这个事件在工作中却直接访问了假定位于发送方站点的文件 f。我们希望得到这个协议的更加分布式的执行。我们的观察者现在需要更频繁地睁开眼睛，以便能看到另一个事件 `send`，该事件发生在 `receive` 的每一次发生之前。在图 4.4 里，我们先看到了观察者在前面两个阶段能看到的情况，最下面是他们现在应该看到的情况。

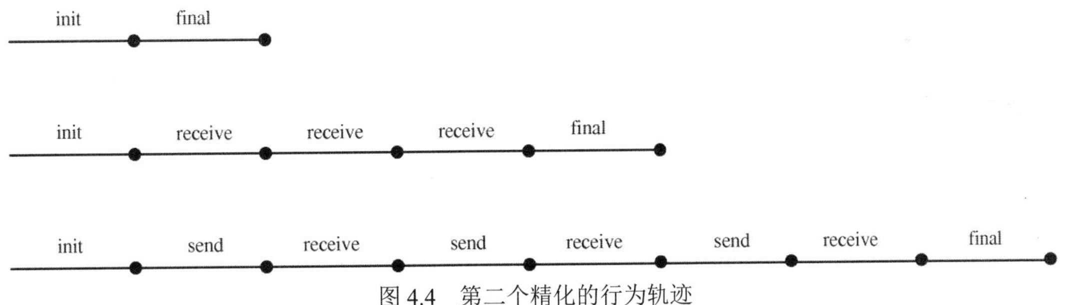

图 4.4 第二个精化的行为轨迹

4.5.1 状态和事件

发送方需要有一个局部计数器 s，记录准备送给接收方的下一项数据的下标（初始时 s 设置为 1）。当一次传输发生时，数据项 d（也就是 $f(s)$）被发送给接收方，下标 s 被加 1，而且 s 的新值将与 d 一起发送给接收方（事件 `send`）。请注意，发送方并不立即发送下一个数据项，而是一直等待，直到收到了来自接收方的确认消息。这里的确认消息也就是计数器 r 的值，下面将会看到。

当接收方收到一对“下标-数据项”时，它将收到的计数器值与 r 比较，如果收到的计

数器值与 r 不同，就接受这个数据项（事件 `receive`）。在接受的情况下，r 将被加 1 并作为确认消息送出。当发送方接收到了一个整数 r 并确定其等于 s 时，就认为这是一个确认消息。它继续送出下一个数据项，并这样继续下去。

这样，发送方和接收方实际上通过两个通道相连，一个是数据通道，另一个是确认通道，如图 4.5 所示。

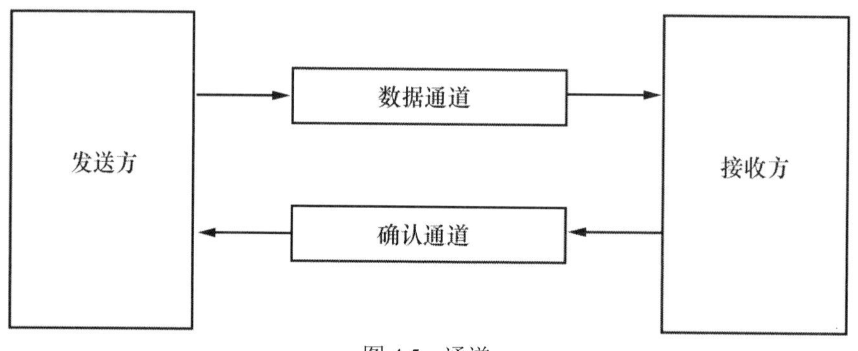

图 4.5 通道

下面的不变式 **inv2_1** 和 **inv2_2** 描述了 s 的重要性质，它们说计数器 s 的值最多比 r 的值大 1。现在剩下的工作就是形式化两个通道，目前（在这个精化里）数据通道包含发送方的计数器 s 和数据项 d。计数器 s 已经形式化，我们只需要给出描述 d 的不变式。不变式 **inv2_3** 完成这一工作，它断言当 s 不等于 r 时（根据不变式 **inv2_2**，这时 s 一定等于 $r+1$），数据项 d 就是 f 的第 r 个元素。另一方面，确认通道里包含的就是接收方的计数器 r：

variables: b, h, s, r, d

inv2_1: $s \leqslant n+1$

inv2_2: $s \in r \,..\, r+1$

inv2_3: $s = r+1 \;\Rightarrow\; d = f(r)$

下面是各个事件，它们编码了前面非形式地说明了的协议的各方面行为：

init
　$b := \text{FALSE}$
　$h := \varnothing$
　$s := 1$
　$r := 1$
　$d :\in D$

send
　when
　　$s = r$
　　$r \neq n+1$
　then
　　$d := f(s)$
　　$s := s+1$
　end

receive
　when
　　$s = r+1$
　then
　　$h := h \cup \{r \mapsto d\}$
　　$r := r+1$
　end

final
　when
　　$b = \text{FALSE}$
　　$r = n+1$
　then
　　$b := \text{TRUE}$
　end

请注意，在这里，我们在事件 `init` 里使用了非确定性的赋值操作 $d :\in D$。5.1.8 节将会解释非确定性赋值的更多细节，现在我们只需要理解，这里的 d 被赋予了集合 D 中包含的某个任意值。

4.5.2 证明

所有证明都留给读者作为练习。我们鼓励读者试用比前一节提出的不变式更弱的不变式。说得更清楚一些，首先丢掉不变式 **inv2_2**，并用一个更弱的公式，如 $s \in \mathbb{N}$，代替不变式 **inv2_1**，看起来好像这就是我们需要的东西。请记住，需要证明下面各项内容：

- 事件 `init` 建立各不变式；
- 事件 `receive` 和 `final` 正确地精化它们的抽象版本；
- 事件 `send` 精化了隐含的事件 `skip`；
- 事件 `send` 收敛，为此需要给出一个变动式；
- 放在一起，这些事件绝不会死锁。

还请不要忘记，对那些具有与抽象中同样名字的变量，即这里的 b、h 和 r，还必须证明，在这里对它们做的操作与原来的事件 `receive` 和 `final` 完全一样。

4.6 协议的第三次精化

在这个精化中，我们将给出这一两阶段协议的最终实现。有关想法来自一种观察：我们并不需要在数据和确认通道中传递计数器 s 和 r 的所有值。这种认识有三个理由：① 在两个站点所做的检查都是相等检查（$s = r$ 或 $s \neq r$，正如在 4.5.1 节最后的事件定义中可以看到的）；② 对计数器的修改只有简单的加一（同样，正如在 4.5.1 节最后的事件定义中可以看到的）；③ s 和 r 之差最多是 1（请看不变式 **inv2_2**）。作为推论，这种相等检查可以通过在相应位置的奇偶性检查来完成。这也就是现在我们希望在站点之间传递的量。

4.6.1 状态

这里有一些非常明显的定义，关系到自然数的奇偶性的性质。0 的奇偶性是 0，而 $x+1$ 的奇偶性是 $1 - parity(x)$：

constants: … $parity$	**axm3_1:** $parity \in \mathbb{N} \rightarrow \{0,1\}$ **axm3_2:** $parity(0) = 0$ **axm3_3:** $\forall x \cdot x \in \mathbb{N} \Rightarrow parity(x+1) = 1 - parity(x)$

请注意 **inv3_3**，在这里我们第一次看到一种谓词逻辑公式，它们由量词符号 $\forall$（读作“对于所有的”）开头。

很容易证明下面的结果（参看 4.6.3 节），我们将要使用它。这个结果说，如果需要比较两个自然数，而且已知这两个数至多相差 1，那么，只需要比较这两个数的奇偶性，就可以判断它们是否相等了：

thm3_1: $\forall x, y \cdot$
$$\begin{array}{l} x \in \mathbb{N} \\ y \in \mathbb{N} \\ x \in y\,..\,y+1 \\ parity(x) = parity(y) \\ \Rightarrow \\ x = y \end{array}$$

这是一个定理，也就是说，它是基于在其他地方已经定义的常量的性质和不变式可以证明的推论。

我们现在来精化状态，引进两个新变量 p 和 q，定义它们分别为 s 和 r 的奇偶值：

variables: …
p
q

inv3_1: $p = parity(s)$

inv3_2: $q = parity(r)$

4.6.2 事件

精化后的事件如下：

```
init
    b := FALSE
    h := ∅
    s := 1
    r := 1
    p := 1
    q := 1
    d :∈ D
```

```
send
  when
    p = q
    s ≠ n + 1
  then
    d := f(s)
    s := s + 1
    p := 1 − p
  end
```

```
receive
  when
    p ≠ q
  then
    h := h ∪ {r ↦ d}
    r := r + 1
    q := 1 − q
  end
```

```
final
  when
    b = FALSE
    r = n + 1
  then
    b := TRUE
  end
```

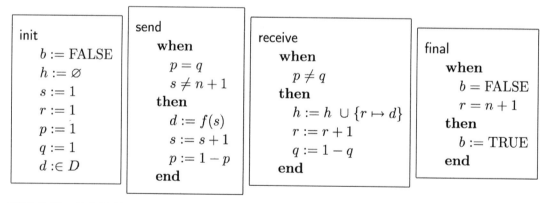

可以看到，现在计数器 s 或 r 都只在一个站点里修改和使用了，所以，从发送方传递到接收方的只有数据项 d 和 p，而从接收方传到发送方的只有 q。同样，这里的所有证明都留给读者作为练习。

4.6.3 全称量化谓词的推理规则

在证明 **thm3_1** 之前，我们自然需要一些能处理全称量化公式的推理规则。就像在基本逻辑中一样，我们也需要两条规则：一条针对全称量化的假设（左部），另一条针对全称量化的目标（右部）。下面是这两条规则：

$$\frac{\mathbf{H},\ \forall \mathbf{x}\cdot \mathbf{P}(\mathbf{x}),\ \mathbf{P}(\mathbf{E}) \vdash \mathbf{Q}}{\mathbf{H},\ \forall \mathbf{x}\cdot \mathbf{P}(\mathbf{x}) \vdash \mathbf{Q}} \quad \text{ALL\_L}$$

$$\frac{\mathbf{H} \vdash \mathbf{P}(\mathbf{x})}{\mathbf{H} \vdash \forall \mathbf{x}\cdot \mathbf{P}(\mathbf{x})} \quad \begin{array}{c}\text{ALL\_R} \\ (\mathbf{x} \text{ not free in } \mathbf{H})\end{array}$$

第一条规则（ALL_L）使我们可以在要证明一个全称量化公式时加入另一个假设，得到这个新假设的方法是把谓词 **P(x)** 里的变量 **x** 实例化为某个表达式 **E**。第二条规则（ALL_R）使我们可以消去出现在目标里的“∀”量词，做这件事的条件是量化变量（这里的 x）在假设集合 **H** 里没有**自由出现**。这种要求称为**副条件**。

有了上面介绍的规则之后，我们现在就可以证明定理 **thm3_1** 了。这个定理的证明义务也是一个相继式，以定理 **thm3_1** 作为目标，以所有的公理为假设，得到的相继式如下：

$$\begin{array}{l}
\ldots \\
parity \in \mathbb{N} \rightarrow \{0,1\} \\
parity(0) = 0 \\
\forall x \cdot x \in \mathbb{N} \Rightarrow parity(x+1) = 1 - parity(x) \\
\vdash \\
\forall x, y \cdot \quad x \in \mathbb{N} \\
\qquad\qquad y \in \mathbb{N} \\
\qquad\qquad x \in y \,..\, y+1 \\
\qquad\qquad parity(x) = parity(y) \\
\qquad\qquad \Rightarrow \\
\qquad\qquad x = y
\end{array}$$

这一证明也留给读者完成。

4.7 对开发的回顾

4.7.1 动机和预期事件的引入

在已经完成的开发中，我们曾经改变了初始模型里的文件变量名 g，在第一个精化中采用了另一个文件变量 h。进一步说，为了建立两者之间的关系（通过连接不变式 **inv1_2** 和 **inv1_3**），我们还不得不引进了一个布尔变量 b，它并不是协议里真实存在的变量。所有这些看起来都有些过于造作了。

事实上，对于初始模型里的变量 g，我们不得不在第一个精化中改用变量 h，纯粹是由于技术性的原因。根本原因就是第一个精化中引进的新事件 receive 必须精化 skip（每个新事件都必须是这样），而且这个新事件要修改 h，每次把 f 里的一个数据项加入 h。作为这些情况的推论，这个事件就不能直接在 g 上工作，h 也必须不同于 g。

为了绕过这个困难，我们介绍一个概念，称为**预期事件**（anticipated event）[1]。在初始模型里，我们就引进事件 receive 作为“预期的”，其行为是可能以某种非确定性的方式

1 这一概念是 D. Cansell 和 D. Méry 共同开发的。

修改 g。更一般地，如果在一个精化中引进了一个新预期事件（这里没出现这种情况），并不要求它减小一个变动式，只要在后来的某个精化中，该事件变为收敛（convergent）的时候能做到这一点就行。当然，一个预期事件必须不增大当前的变动式（如果存在的话）。

在这个新的开发中，事件 `receive` 将在第一个精化里变为 `convergent`。它也就是在我们前面开发中定义的事件 `receive`，除了现在工作在 g 上（而不是工作在 h 上）。这样做，我们就可以避免引入人为的文件变量 h 和布尔变量 b 了。

在下面几小节里，我们将直接给出应用这种技术完成的开发工作。正如读者将会看到的，这一开发与前面的一个类似，归功于在初始模型里引进了一个预期事件。

4.7.2 初始模型

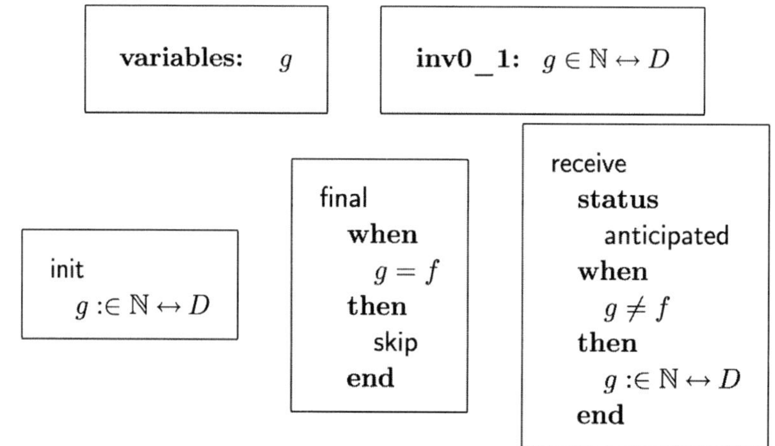

4.7.3 第一次精化

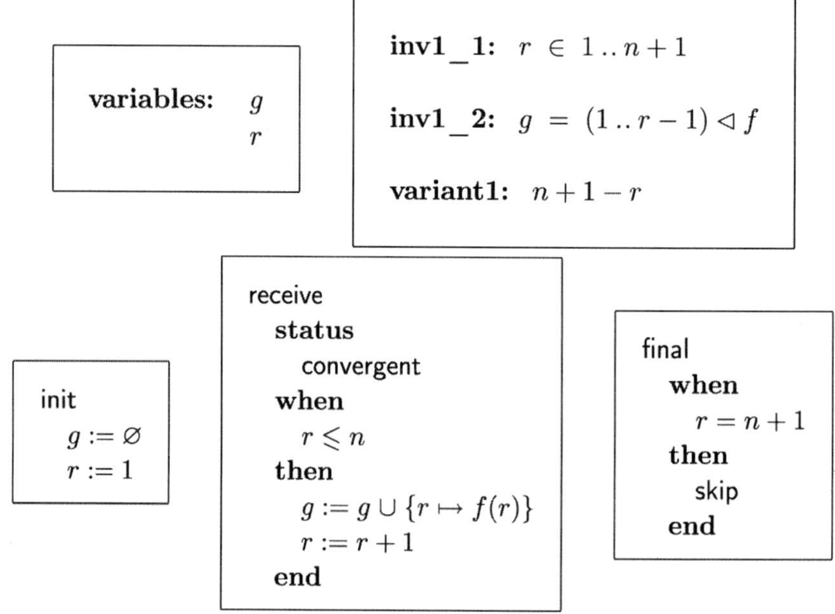

4.7.4 第二次精化

variables: g
s
r
d

inv2_1: $s \leqslant n+1$

inv2_2: $s \in r \,..\, r+1$

inv2_3: $s = r+1 \;\Rightarrow\; d = f(r)$

variant2: $r+1-s$

```
init
  g := ∅
  s := 1
  r := 1
  d :∈ D
```

```
send
  status
    convergent
  when
    s = r
    r ≠ n+1
  then
    d := f(s)
    s := s+1
  end
```

```
receive
  when
    s = r+1
  then
    g := g ∪ {r ↦ d}
    r := r+1
  end
```

```
final
  when
    r = n+1
  then
    skip
  end
```

4.7.5 第三次精化

variables: ...
p
q

inv3_1: $p = parity(s)$

inv3_2: $q = parity(r)$

```
init
  g := ∅
  s := 1
  r := 1
  p := 1
  q := 1
  d :∈ D
```

```
send
  when
    p = q
    s ≠ n+1
  then
    d := f(s)
    s := s+1
    p := 1−p
  end
```

```
receive
  when
    p ≠ q
  then
    g := g ∪ {r ↦ d}
    r := r+1
    q := 1−q
  end
```

```
final
  when
    r = n+1
  then
    skip
  end
```

4.8 参考资料

L Lamport. Specifying Systems: The TLA+ Language and Tools for Hardware and Software Engineers. Addison-Wesley, 1999.

第 5 章　Event-B 建模语言和证明义务规则

在前几章里，我们使用了 Event-B 表示法和各种相应的证明义务规则，但没有从一开始就以某种系统化的方式介绍它们。我们采用的方式是通过一些例子，在需要它们的时候给予说明。对前面研究过的那些简单例子，这样做也足够了，因为其中只用到不多的表示法和一些证明义务规则。但是，在后面各章中，我们要给出一些更精致复杂的例子，再以这种方式继续可能就不太合适了。本章的目标就是纠正这种情况。首先，我们要以整体的方式说明 Event-B 表示法，特别是那些至今还没有用到的特征；而后我们将给出所有的证明义务规则。这些将通过一个简单实例来详细说明。

5.1　Event-B 表示法

5.1.1　引言：机器和上下文

用 Event-B 做形式化开发，最基本的概念就是**模型**。一个模型包含了一个**离散迁移系统**的完整的数学开发，它由分属两个类别的一些**组件**构成，这两个类别分别称为**机器**和**上下文**。机器包含模型的动态部分，也就是变量、不变式、定理、变动式和事件；而上下文包含模型的静态部分，包括载体集合、常量、公理和定理。图 5.1 描述了有关情况。分属于机器和上下文的各种项目（变量、不变式等）统称为**模型元素**。

一个模型可以只有上下文部分，或者只有机器部分，也可以两者俱全。对于第一种情况，该模型就表示一种包含了载体集合、常量、公理和定理的纯粹的数学结构。对于第三种情况，这类模型是以上下文而参数化的。最后，第二种情况表示一类没有参数化的模型。

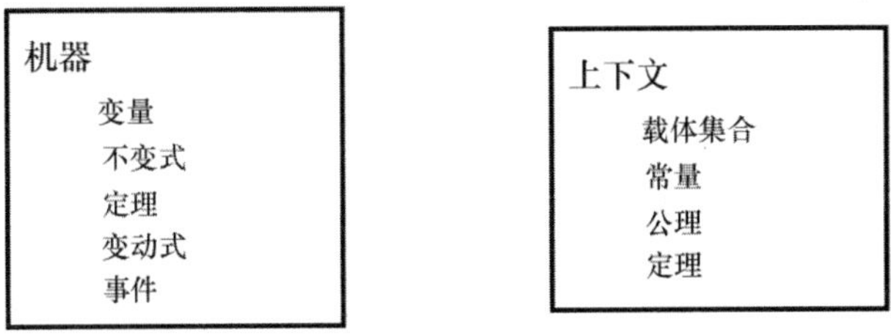

机器	上下文
变量	载体集合
不变式	常量
定理	公理
变动式	定理
事件	

图 5.1　机器和上下文

5.1.2　机器和上下文的关系

机器和上下文之间存在多种关系：一部机器可以被另一部机器“精化”，一个上下文可以被另一个上下文“扩充”。进一步说，一部机器可以“观看”一个或几个上下文。图 5.2 描绘了机器和上下文之间的关系。机器和上下文之间的可见性遵循下面的规则。

- 一部机器可以显式地观看若干上下文（也可以不观看任何上下文）。
- 一个上下文可以显式地扩充若干上下文（也可以不扩充任何上下文）。
- 上下文扩充的概念具有传递性：当上下文 C1 显式地扩充另一上下文 C2 时，它也隐式地扩充了那些被 C2 扩充的上下文。
- 当上下文 C1 扩充上下文 C2 时，C2 的集合和常量都能被 C1 使用。
- 一部机器显式观看某个上下文时，也就隐含地观看所有被其扩充的上下文。
- 机器 M 观看上下文 C，就意味着 C 的所有集合和常量都能在 M 里使用。
- 把“精化”和“扩充”关系放在一起，不允许出现任何循环。
- 一部机器只能精化至多另一部机器。
- 一部机器显式或隐式观看的上下文必须不小于它所精化的那一部抽象机器。

图 5.3 描绘了这方面的一个具体情况。在图中可以看到：机器 M0 显式观看上下文 C01 和 C02，而机器 M1 显式观看上下文 C1，并因此也隐式观看上下文 C01 和 C02。请注意，从 M2 到 C1 的“观看”链接是必不可少的。

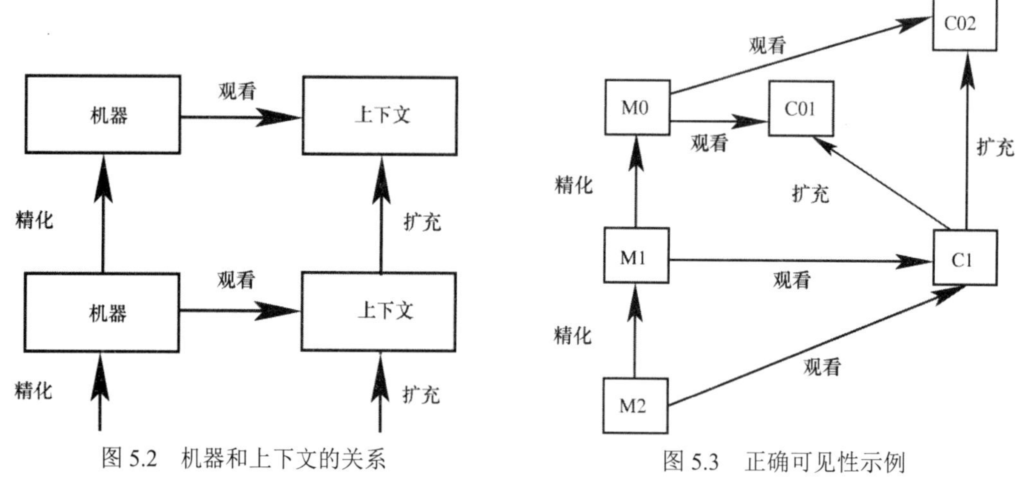

图 5.2　机器和上下文的关系　　　　图 5.3　正确可见性示例

5.1.3　上下文的结构

图 5.4 描述了上下文的通用结构。正如所见，一个上下文里包含了若干个由关键字引导的子句。图 5.4 展示的是在 Rodin 平台上这些子句的布局情况，在这里，它们是**预先定义**好的，这也意味着我们不需要显式地输入有关的关键字。这些子句都不是强制性的，因此其中的一些（或者全部都）可以为空。

正如所见，有些子句中引入的元素需要同时写出标签，如公理和定理。显然，这些标签需要互不相同。Rodin 平台将自动生成这些标签（但用户也可以修改它们）。现在说明这些子句的内容。

- 每个上下文需要有一个名字，这个名字必须与同一个模型里的所有其他部件（机器和上下文）的名字不同。

- 子句“**extends**”里列出一些上下文，用以显式说明本上下文扩充的上下文。当前上下文可以引用被显式扩充的上下文（以及它们所扩充的上下文）里的集合和常量。
- 子句“**sets**”里列出所有新引进的载体集合，它们定义了一些互不相交的类型。对于这些载体集合，我们可以隐含地假设的性质只有它们非空。
- 子句“**constants**”里列出本上下文引进的各种常量。这些常量标识符必须互不相同，而且与被扩充上下文里出现的所有常量和集合所用的标识符都不同。

```
< context_identifier >
  extends
    < context_identifier_list >
  sets
    < set_identifier_list >
  constants
    < constant_identifier_list >
  axioms
    < label >:  < predicate >
    ...
  theorems
    < label >:  < predicate >
    ...
  end
```

图 5.4 上下文结构

- 子句“**axioms**”里列出常量需要服从的各种谓词。这些谓词将被作为所有证明义务的假设（5.2 节）。
- 子句“**theorems**”里列出各种定理，它们必须在这个上下文的范围里证明。为了证明一个定理，我们的假设是所有的公理和位于被扩充上下文里的定理，还包括在本上下文里的前面已经证明了的那些定理。

5.1.4 上下文的例子

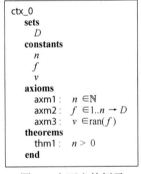

```
ctx_0
  sets
    D
  constants
    n
    f
    v
  axioms
    axm1:  n ∈ℕ
    axm2:  f ∈1..n → D
    axm3:  v ∈ran(f)
  theorems
    thm1:  n > 0
  end
```

图 5.5 上下文的例子

图 5.5 给出了一个上下文的例子。在上下文 ctx_0 里定义了一个载体集合 D，还进一步定义了三个常量 n、f 和 v，其中的 n 是一个自然数（**axm1**），f 是一个从区间 $1\,..\,n$ 到集合 D 的全函数（**axm2**），而 v 被假定为属于 f 的值域（**axm3**）。这里还提出了一个定理：n 是一个正数（**thm1**）。

请注意，在这本书里，我们将不像图 5.5 中展示的那样写上下文的例子，因为如果上下文很大，它就可能变得很难读。正如在前几章里已经做的那样，我们将总用几个方框的形式给出一个上下文实例（每个方框包含一个子句），如图 5.6 中显示的那样。进一步说，“extends”子句将在正文里说明。

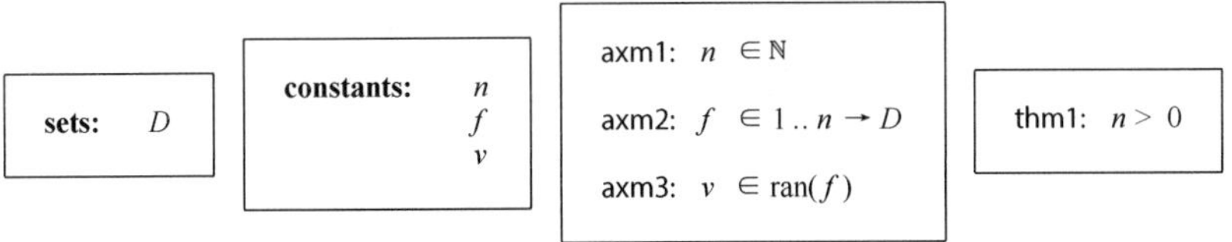

图 5.6 本书中给出上下文实例的方式

5.1.5 机器的结构

图 5.7 给出了通用的机器的结构。正如所见，一部机器与一个上下文类似，也包含了一些由关键字引导的子句。图 5.7 展示的是在 Rodin 平台上这些子句的布局情况，在这里它们

是**预先定义**的。子句不是强制性的，因此其中的一些（或者全部都）可以为空。

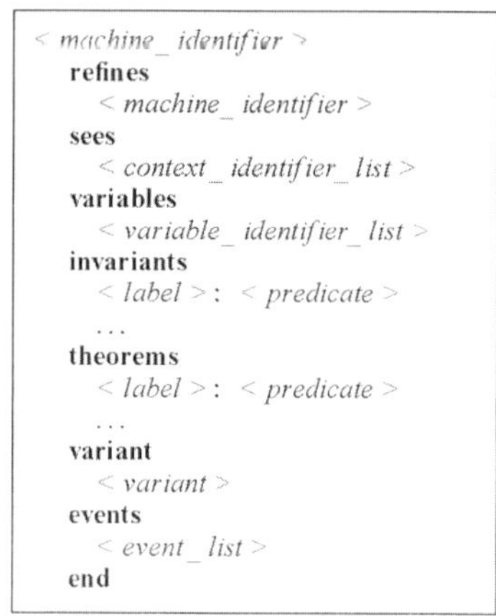

< machine_ identifier >
refines
< machine_ identifier >
sees
< context_ identifier_ list >
variables
< variable_ identifier_ list >
invariants
< label >: < predicate >
...
theorems
< label >: < predicate >
...
variant
< variant >
events
< event_ list >
end

图 5.7　机器的结构

正如所见，有些子句中引入的元素需要同时给出标签，即那些不变式和定理。显然，这些标签需要互不相同。Rodin 平台将自动生成这些标签（但用户也可以修改它们）。现在说明这些子句的内容。

- 一部机器有一个名字，这个名字必须与同一个模型里所有其他部件（机器或上下文）的名字都不同。
- 子句“**refines**”包含（如果有）被这部机器精化的机器的名字。
- 子句“**sees**”里列出本机器显式观看的那些上下文。机器里可以使用被显式或隐式观看的所有上下文里定义的集合和常量。
- 子句“**variables**”里列出本机器引进的各种变量，这些变量标识符必须互不相同。但是，与上下文不同的是，可以有些变量的名字与抽象机器（如果有）里的某些变量同名。
- 子句“**invariants**”里列出变量必须服从的各种谓词（不变式）。在一个不变式里，可以出现被精化机器（如果有）里的变量。如果出现这种情况，该不变式就称为**连接不变式**，因为它“连接”起当前机器里的变量和被精化机器里的变量。
- 子句“**theorems**”里列出各种定理，它们需要在本机器的范围里证明。为了证明一个定理，我们将假定所有可观看的上下文里的公理和定理，所有被精化机器里的不变式和定理，所有局部的不变式，以及本机器里前面已经证明了的定理。
- 子句“**variant**”出现在包含着一个或几个 `convergent` 事件（5.1.7 节）的机器里，描述变动式。有关变动式的行为，我们将在 5.2.9 节说明相应的证明义务规则时解释。
- 子句“**events**”里列出本机器的各种事件。事件在 5.1.7 节说明。

5.1.6　机器的例子

图 5.8 给出了一个机器的例子。机器 `m_0a` 观看上下文 `cxt_0`。这里定义了一个变量 i，它属于区间 $1..n$（n 在上下文 `ctx_0` 里定义）。这一机器里的事件将在 5.1.9 节定义。与上下文的情况一样，在本书中，我们不采用图 5.8 中的形式来表示机器，而是如图 5.9 那样，把每个子句放在一个单独的方框里。被观看的上下文和被精化的机器，都可以根据相应的正文明确地知道。

```
m_0a
  sees
    ctx_0
  variables
    i
  invariants
    inv1 :  i ∈1 .. n
  events
    ...
  end
```

图 5.8 机器的例子

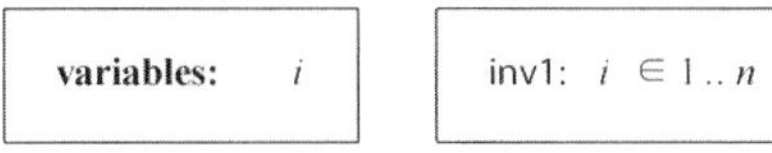

图 5.9 本书中展示机器实例的形式

5.1.7 事件

常见的事件结构如图 5.10 所示。一个事件也包含了几个用关键字引导的子句。图 5.10 展示的是在 Rodin 平台上这些子句的布局情况，在这里它们也是**预先定义**的。除了 **status** 子句之外，其他子句均可以没有。

```
< event_identifier >
  status
    {ordinary,convergent,anticipated}
  refines
    < event_identifier_list >
  any
    < parameter_identifier_list >
  where
    < label >:  < predicate >
    ...
  with
    < label >:  < witness >
    ...
  then
    < label >:  < action >
    ...
  end
```

图 5.10 事件结构

下面说明各子句的内容。

- 子句“**status**”可以是 ordinary、convergent（表示该事件必须使变动式减小）或者 anticipated（表示该事件必须不使变动式变大）之一。
- 子句“**refines**”里列出该事件精化的抽象事件（如果有）。
- 子句“**any**”里列出该事件的参数（如果有）。
- 子句“**where**”包含该事件的各种卫。卫就是事件的使能条件。注意，如果“any”子句没有出现，在 Rodin 平台里美观打印时，关键字 **where** 将用关键字 **when** 取代。
- 子句“**with**”里包含相应抽象事件的所有见证。对于抽象事件里**每一个不再出现的参数**，以及在抽象事件里用“非确定性的方式”赋值的**每一个不再出现的变量**（5.1.8 节），都需要提供一个见证。这类参数或变量 a 的见证用 $a{:}P(a)$ 的形式定义，其中的 $P(a)$ 是一个涉及 a 的谓词。见证里的谓词可以是**确定性的**或者**非确定性的**。确定性的谓词 $P(a)$ 用 $a = E$ 的形式给出（其中的 E 里不包含 a）。
- 子句“**then**”里列出该事件的所有动作。动作将在 5.1.8 节解释。

每一个机器都需要包含一个特殊的 `initialization` 事件。

5.1.8 动作

一个事件的动作可以是**确定性的**，也可以是**非确定性的**。对于第一种情况，该动作包含一个变量，随后是符号 :=，然后是一个表达式。有关形式如下：

$$< variable\_identifier > \ := \ < expression >$$

下面是一个例子。这是出现在一部包含变量 x、y 和 z 的机器里的某个事件里的一个确定性动作的列表：

$$\begin{array}{lcl} \text{act1}: & x & := & x+z \\ \text{act2}: & y & := & y-x \end{array}$$

这里变量 x 和 y 被修改了（如上所示），但变量 z 未被修改。特别重要的是需要注意，这样的一组动作是**同时**“执行”的。换句话说，在上面这样的列表里，几个动作的出现顺序并无意义。例如，在 **act2** 的右边的表达式里引用了变量 x 的值，所用的值就是 **act1** 修改 x 的操作之前的变量 x 的值。

下面是确定性赋值的一种特殊情况：

$$< identifier > (< expression\_1 >) \quad := \quad < expression\_2 >$$

这里的 <identifier> 指代一个函数变量，这个形式是下面表达式的简写：

$$< identifier > \ := \ < identifier > \ \Leftarrow \{< expression\_1 > \mapsto < expression\_2 >\}$$

这里的 $\Leftarrow$ 是关系覆盖运算符。

另一种情况，动作可以是非确定性的。这种动作的形式首先是一串不同的变量标识符，而后是符号 :|，后面跟着一个前-后谓词，也就是下面的形式：

$$\boxed{< variable\_identifier\_list > \ :| \ < before\_after\_predicate >}$$

前-后谓词里可以包含本机器里的所有变量，它们表示在这一动作起效**之前**这些变量的对应值。还可以包含一些带撇号的变量标识符，它们表示在这一动作起效之后这些变量的值。例如，假设我们有三个变量 x、y 和 z，下面是一个非确定性动作：

$$\text{act1}: \quad x, y \quad :| \quad x' > y \ \wedge \ y' > x' + z.$$

该动作将使 x 变得比 y 大，而且使 y 变得比 $x'+z$ 还要大（注意，这个 x' 表示修改之后的 x 的值，而 z 是在这里没修改的变量）。

非确定性动作还有最后一种情况，由一个变量标识符、一个符号 :∈ 和一个表达式构成，如下所示：

$$\boxed{< variable\_identifier > \ :\in \ < set\_expression >}$$

这种形式实际上是前一形式的一种特殊情况，它总可以翻译为前一种非确定性的动作。下面是一个例子，假定现在的机器包含变量 A、x 和 y，下面是一个动作：

$$\text{act1}: \quad x \quad :\in \quad A \cup \{y\}$$

它等同于：

$$\text{act1}: \quad x \quad :| \ x' \in A \cup \{y\}.$$

让变量 x 变为集合 $A \cup \{y\}$ 的一个成员，这里的 A 和 y 没修改。

注意，在事件的所有动作中，最一般的形式就是非确定性的动作。例如，我们在本节开始时给出的例子：

$$\begin{array}{lcl} x & := & x+z \\ y & := & y-x \end{array}$$

可以等价地“翻译”为：

$$x, y \;:|\; x' = x + z \land y' = y - z.$$

这也是在工具里系统化地使用的形式，它统一表示了本节中介绍的三种动作形式。

最后请注意，在同一个动作列表里的动作，必须分别处理不同的变量。例如，下面描述就是不允许的，因为 **act1** 和 **act2** 里都要求修改变量 x：

$$\begin{array}{llll} \mathsf{act1}: & x & := & x + z \\ \mathsf{act2}: & x, y & :| & x' > y \land y' \leqslant x' + z, \end{array}$$

下面这个也不允许：

$$\begin{array}{llll} \mathsf{act1}: & x & := & x + z \\ \mathsf{act2}: & y, z & :| & z' > y \land y' \leqslant z' + x. \end{array}$$

5.1.9 事件的例子

图 5.11 给出了与前面机器 m_0a 相关的各个事件，包括初始化事件 initialization 和常规事件 search。这里采用的也是本书中展示事件的方式，一些东西被简化了。对于 ordinary 事件，**status** 子句将省略。进一步说，如果一个事件的内容只是一个 **then** 子句，那么在写这个事件时，**then** 关键字也将省略，就像 initialization 事件一样。在 Rodin 平台上，显示的方式与此略有不同：每个卫和每个动作都有各自的标签。

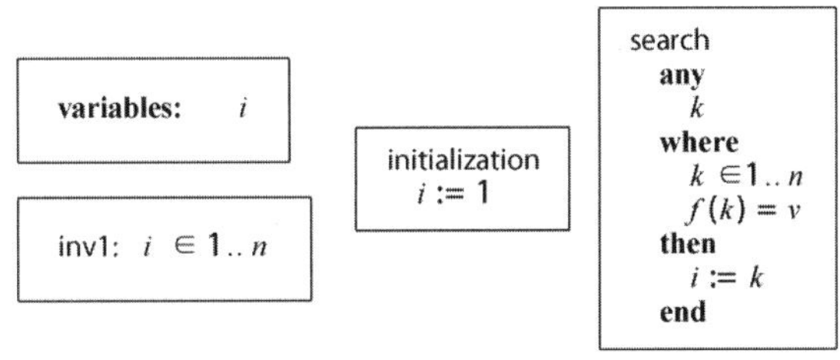

图 5.11 与机器 m_0a 的相关的事件

事件 search 描述了机器 m_0a 的用途，也就是说，要在数组 f 里找到一个下标 i，使得 $f(i)$ 等于常量 x。图 5.12 给出了另一部机器 m_0b，其中包含了另一个不同的事件 search，用一个非确定性的动作定义它。

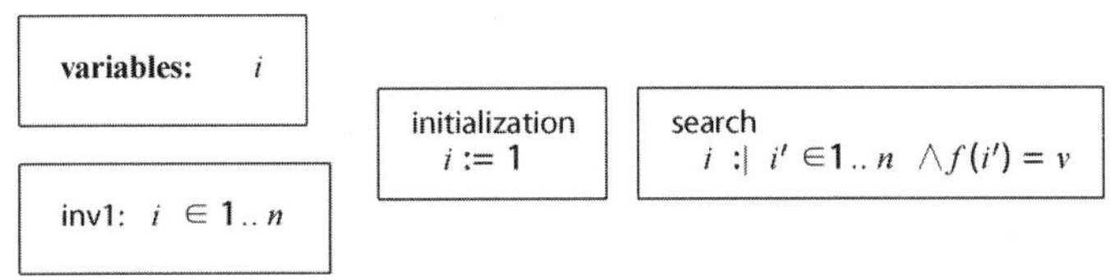

图 5.12 另一机器 m_0b

图 5.13 给出的机器 m_1a 是 m_0a 的一个精化。这里引进了一个新变量 j。请注意事件 search 的“with”子句，它为机器 m_0a 里抽象事件 search 的参数 k 提供了一个见证，后者在机器 m_1a 的具体事件 search 里已经不见了。这里还引进了一个新的 convergent 事件 progress。请注意机器 m_1a 里的“variant”子句是一个数值变动式“$n - j$”，事件 progress 减小这个变动式。

图 5.14 给出了机器 m_1b 是 m_0b 的精化。事件 search 不再需要“with”子句，因为事件 search 的具体版本里保留了变量 i。请注意这里的“variant”子句，它定义了一个有穷集合变动式 $j..n$，这是与精化机器 m_1a **仅有的差异**之处。

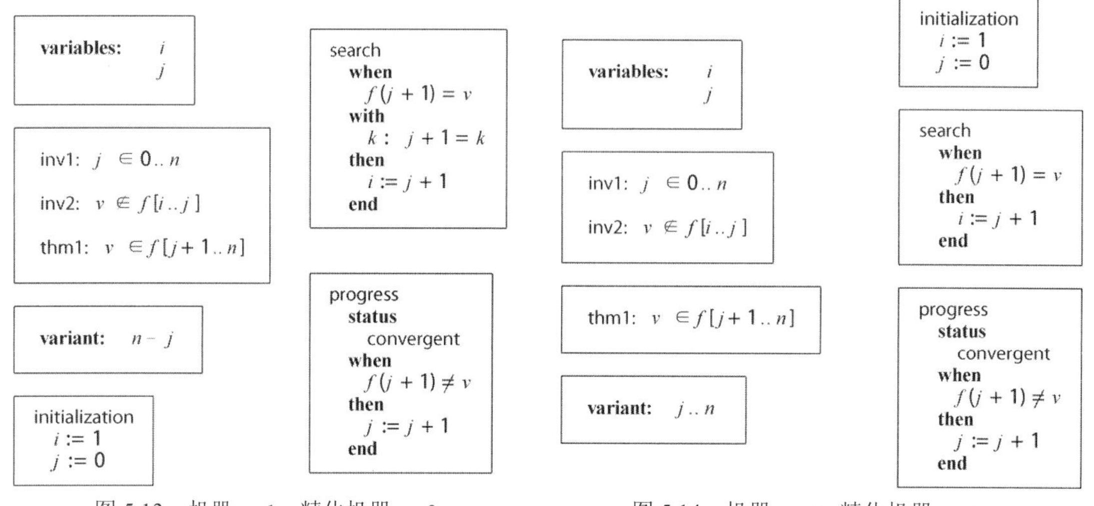

图 5.13　机器 m_1a 精化机器 m_0a　　　图 5.14　机器 m_1b 精化机器 m_0b

5.2　证明义务规则

5.2.1　引言

证明义务规则定义了“对一个 Event-B 模型必须证明些什么”。Rodin 平台中有一个称为**证明义务生成器**的工具，它对上下文和机器的正文做一些静态检查，自动确定需要证明的东西。该工具的输出就是所有需要证明的相继式（证明义务，proof obligation，简写为 PO）。这些相继式被送给**证明器**，在那里完成自动的或者交互式的证明。基本 Rodin 平台包含下面一些工具：静态检查器（由词法分析器、语法分析器和类型检查器组成），证明义务生成器，以及证明器。

下面我们将描述各种证明义务规则。我们做这件事的方式是，对每一类证明义务规则，定义相应的由工具生成的相继式的特定形式。我们将总是用一个非确定性动作（5.1.18 节）表示事件的动作，因为我们知道，任何动作都可以用这种规范形式描述。

为了定义好处理一个事件的规则（大部分规则都是做这件事情），我们将系统化地使用下面这个框架性的事件：

```
evt
  any  x  where
    G(s, c, v, x)
  then
    v :| BA(s, c, v, x, v')
  end
```

这里的 s 表示被观看的集合，c 是被观看的常量，而 v 是该机器的变量。被观看的公理和定理收集到一起用 $A(s, c)$ 表示，不变式和局部定理用 $I(s, c, v)$ 表示。在精化机器里，具体变量将用 w 表示，局部的不变式和定理用 $J(s, c, v, w)$ 表示。为了简单起见，我们将假定被精化机器没有观看更多的上下文（因此还是用 s 表示集合，用 c 表示常量）。

5.2.2 不变式保持证明义务规则：INV

这一证明义务规则保证机器里的每一条不变式被每个事件保持。对于一个事件 evt 和一条不变式 inv(s, c, v)，这个 PO 命名为“evt / inv / INV”。令 evt 是下面的事件：

evt
  any x **where**
    $G(s,c,v,x)$
  then
    $v :| BA(s,c,v,x,v')$
  end

该规则如下：

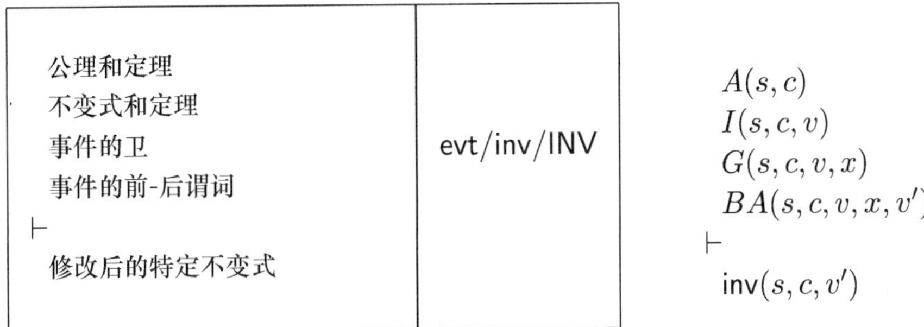

对于图 5.11 里的机器 m_0a，工具将生成下面的证明义务：“initialization / inv1 / INV”和“search / inv1 / INV”。下面是证明义务“initialization / inv1 / INV”：

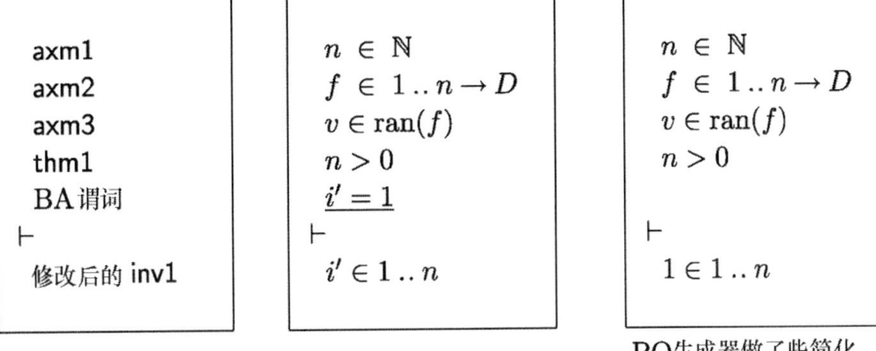

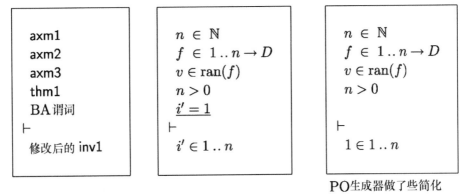

这里是证明义务“search / inv1 / INV”：

axm1 axm2 axm3 thm1 inv1 grd1 grd2 BA 谓词 ⊢ 修改后的 inv1	$n \in \mathbb{N}$ $f \in 1\,..\,n \rightarrow D$ $v \in \mathrm{ran}(f)$ $n > 0$ $i \in 1\,..\,n$ $k \in 1\,..\,n$ $f(k) = v$ $\underline{i' = k}$ ⊢ $i' \in 1\,..\,n$	$n \in \mathbb{N}$ $f \in 1\,..\,n \rightarrow D$ $v \in \mathrm{ran}(f)$ $n > 0$ $i \in 1\,..\,n$ $k \in 1\,..\,n$ $f(k) = v$ ⊢ $k \in 1\,..\,n$

PO 生成器做了些简化

正如所见，在把证明义务送给证明器之前，这个工具还能做一些平凡的简化工作。从现在开始，再给出例子时，我们将只给出简化后的形式。

INV 证明义务规则还用于精化的不变式。令 evt0 是一个事件，而 evt 是它的精化：

```
evt0
  any
    ...
  where
    ...
  then
    v :| ...
  end
```

```
evt
  refines
    evt0
  any
    y
  where
    H(y, s, c, w)
  with
    ...
    v' : W2(v', s, c, w, y, w')
  then
    w :| BA2(s, c, w, y, w')
  end
```

令 $inv(s, c, v, w)$ 是这个精化的特定不变式。相应证明义务如下：

公理和定理 抽象不变式和定理 具体不变式和定理 具体事件的卫 参数的见证谓词 变量的见证谓词 具体前后谓词 ⊢ 修改后的特定不变式	evt/inv/INV	$A(s,c)$ $I(s,c,v)$ $J(s,c,v,w)$ $H(y,s,c,w)$ $W2(v',s,c,w,y,w')$ $BA2(s,c,w,y,w')$ ⊢ $inv(s,c,v',w')$

5.2.3 可行性证明义务规则：FIS

这一证明义务的用途是保证非确定性动作的可行性。对于事件 evt 和其中的一个非确定性事件 act，这一证明义务的名字是“evt / act / FIS”。令 evt 是下面的事件：

evt
  any x **where**
    $G(s,c,v,x)$
  then
    act : $v :| BA(s,c,v,x,v')$
  end

规则如下：

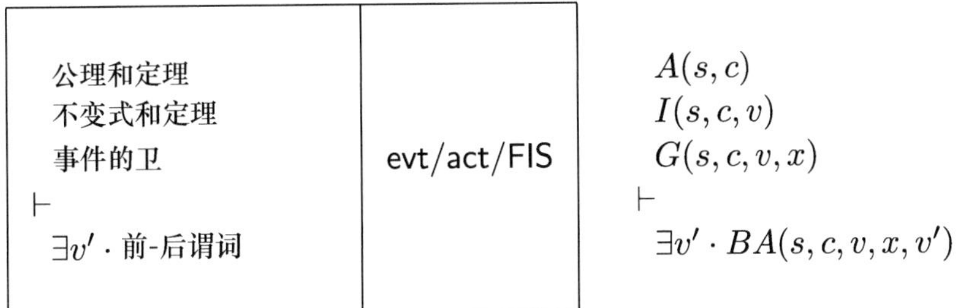

公理和定理
不变式和定理
事件的卫
⊢
∃v′ · 前-后谓词
evt/act/FIS
A(s,c)
I(s,c,v)
G(s,c,v,x)
⊢
∃v′ · BA(s,c,v,x,v′)

对于图 5.12 里的机器 m_0b，工具将生成下面的证明义务：

axm1 axm2 axm3 thm1 inv1 grd ⊢ $\exists i' \cdot$ 前-后谓词	$n \in \mathbb{N}$ $f \in 1\,..\,n \rightarrow D$ $v \in \mathrm{ran}(f)$ $n > 0$ $i \in 1\,..\,n$ 事件 search 没有卫 ⊢ $\exists i' \cdot i' \in 1\,..\,n \ \wedge \ f(i') = v$

5.2.4 卫加强证明义务规则：GRD

这一证明义务的用途是保证一个具体事件的具体卫强于对应的抽象事件的抽象卫。这样就能保证，当具体事件被使能时抽象事件也被使能。对具体事件 evt 和对应抽象事件的卫 grd，这一证明义务的名字是“evt / grd / GRD”。令 evt0 是一个事件，evt 是它的精化：

cvt0 **any** x **where** grd : $g(s, c, v, x)$ … **then** … **end**	evt **refines** evt0 **any** y **where** $H(y, s, c, w)$ **with** $x : W(x, s, c, w, y)$ **then** … **end**

请注意这里的见证谓词 $W(x, y, s, c, w)$，这是由于抽象参数 x 与具体参数 y 不同。这样，有关证明义务如下：

公理和定理 抽象不变式和定理 具体不变式和定理 具体事件的卫 参数的见证谓词 $\vdash$ 抽象事件特定的卫	evt/grd/GRD	$A(s, c)$ $I(s, c, v)$ $J(s, c, v, w)$ $H(y, s, c, w)$ $W(x, s, c, w, y)$ $\vdash$ $g(s, c, v, x)$

对于图 5.13 里的机器 `m_1a`，工具将生成下面的证明义务：

axm1 axm2 axm3 thm1 of ctx_0 inv1（抽象） inv1（具体） inv2（具体） thm1 of m_1a grd1（具体） k 的见证谓词 $\vdash$ grd2（抽象）	$n \in \mathbb{N}$ $f \in 1..n \to D$ $v \in \text{ran}(f)$ $n > 0$ $i \in 1..n$ $j \in 0..n$ $v \notin f[1..j]$ $v \in f[j+1..n]$ $f(j+1) = v$ $j+1 = k$ $\vdash$ $f(k) = v$

5.2.5 卫归并证明义务规则：MRG

这一证明义务保证，当一个具体事件归并了两个抽象事件时，它的卫应强于那两个抽象事件的卫的析取。对于归并事件 evt，这个规则的名字是“evt / MRG”。假定有下面两个具有同样的参数和动作的抽象事件 evt01 和 evt02，而 evt 是相应的具体归并事件：

```
evt01
  any
    x
  where
    G1(s, c, v, x)
  then
    S
  end
```

```
evt02
  any
    x
  where
    G2(s, c, v, x)
  then
    S
  end
```

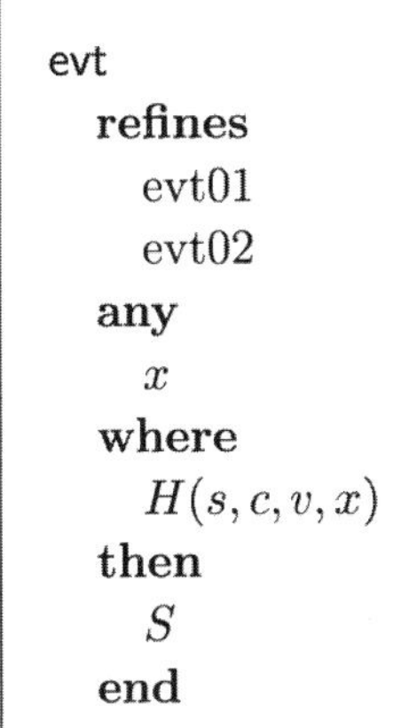

```
evt
  refines
    evt01
    evt02
  any
    x
  where
    H(s, c, v, x)
  then
    S
  end
```

相应的规则是：

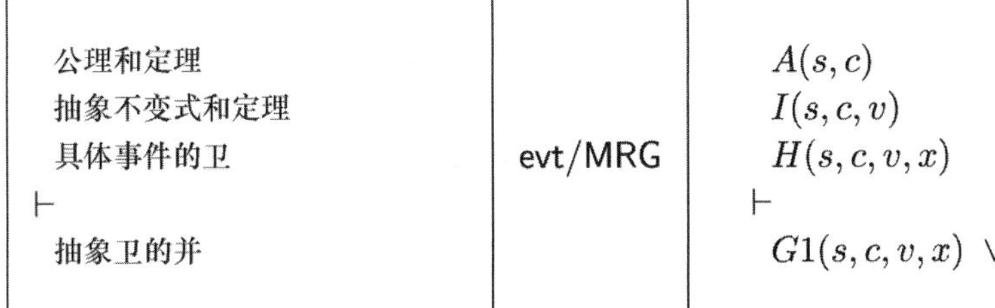

公理和定理 抽象不变式和定理 具体事件的卫 ⊢ 抽象卫的并	evt/MRG	$A(s,c)$ $I(s,c,v)$ $H(s,c,v,x)$ $\vdash$ $G1(s,c,v,x) \ \vee \ G2(s,c,v,x)$

5.2.6 模拟证明义务规则：SIM

这一证明义务的作用是保证在一个精化里，每一个抽象事件的每个动作，在相应精化里都得到了正确的模拟。这样就保证了具体事件的“执行”不会与相应抽象事件的所作所为矛盾。对一个具体事件 evt 和一个抽象动作 act，这一证明义务的名字是“evt / act / SIM”。令 evt0 是下面的事件而 evt 是它的精化：

```
evt0
  any
    x
  where
    ...
  then
    v :| BA1(s, c, v, x, v')
  end
```

```
evt
  refines
    evt0
  any
    y
  where
    H(y, s, c, w)
  with
    x : W1(x, s, c, w, y, w')
    v' : W2(v', s, c, w, y, w')
  then
    w :| BA2(s, c, w, y, w')
  end
```

这些事件表达的是可能遇到的**最一般**的情况。这里的两个事件都有参数（用关键字 **any** 引导）和一些非确定性动作。我们假设抽象参数 x 和具体参数 y 互不相交。类似地，也假设抽象变量 v 和具体变量 w 互不相交。由于这些情况，我们需要有两个见证谓词：$W1(x, s, c, w, y, w')$ 针对抽象参数 x，$W2(v', s, c, w, y, w')$ 针对抽象变量的后值 v'。证明义务规则如下：

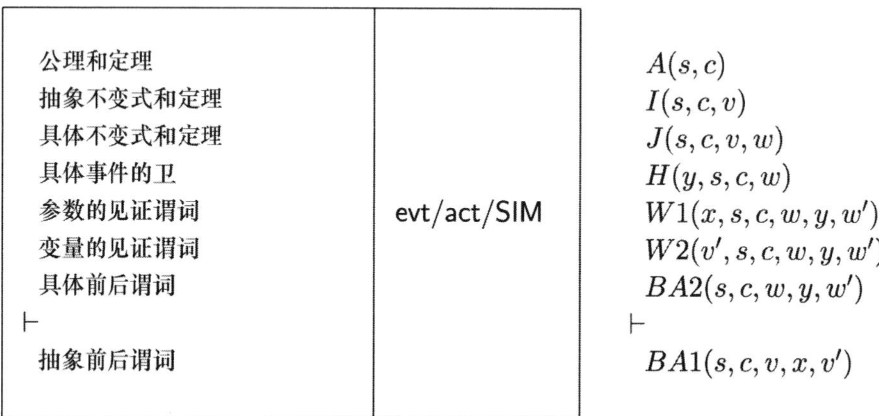

公理和定理 抽象不变式和定理 具体不变式和定理 具体事件的卫 参数的见证谓词 变量的见证谓词 具体前后谓词 ⊢ 抽象前后谓词	evt/act/SIM	$A(s,c)$ $I(s,c,v)$ $J(s,c,v,w)$ $H(y,s,c,w)$ $W1(x,s,c,w,y,w')$ $W2(v',s,c,w,y,w')$ $BA2(s,c,w,y,w')$ ⊢ $BA1(s,c,v,x,v')$

为了阐释这一条证明义务规则，我们用一个专门的例子。下面是一部具有变量 v 和事件 `inc` 的机器：

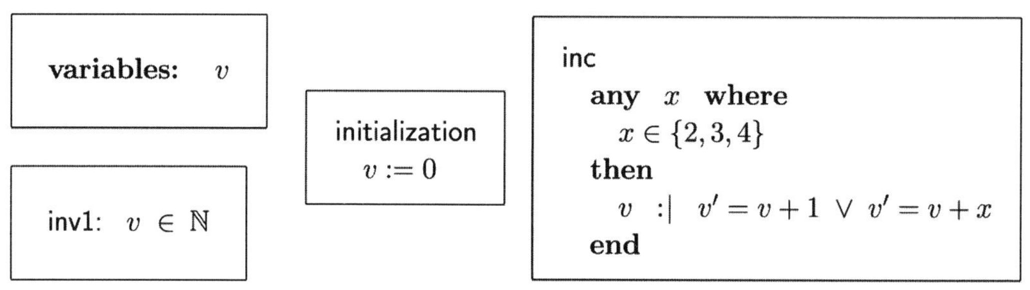

variables: v

inv1: $v \in \mathbb{N}$

initialization
$v := 0$

inc
any x **where**
$x \in \{2,3,4\}$
then
$v \ :| \ v' = v + 1 \lor v' = v + x$
end

下面是这一机器的精化：

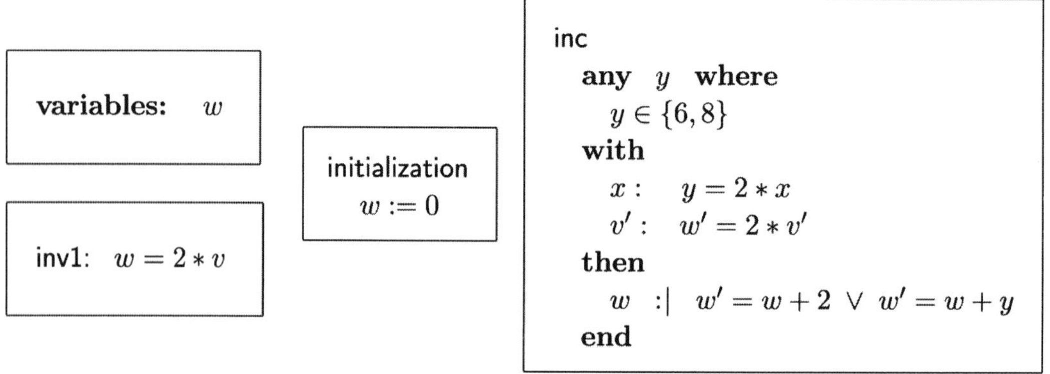

variables: w

inv1: $w = 2 * v$

initialization
$w := 0$

inc
any y **where**
$y \in \{6,8\}$
with
$x: \quad y = 2 * x$
$v': \quad w' = 2 * v'$
then
$w \ :| \ w' = w + 2 \lor w' = w + y$
end

假定事件 `inc` 中的抽象动作用具有标签 `act`，生成的证明义务如下：

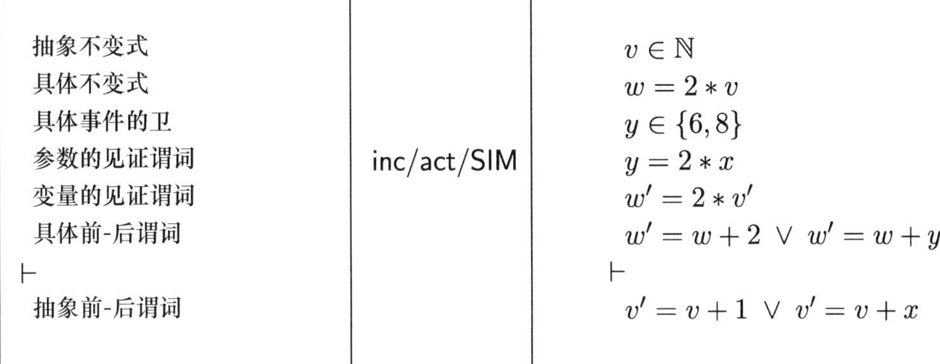

SIM 证明义务规则还有另一种使用，处理（一部分）抽象变量保留在具体机器里的情况。为了简单起见，我们在这里给出的规则针对所有抽象变量都保留在具体机器里的情况，而且假定没有增加新变量（不难对它做推广）：

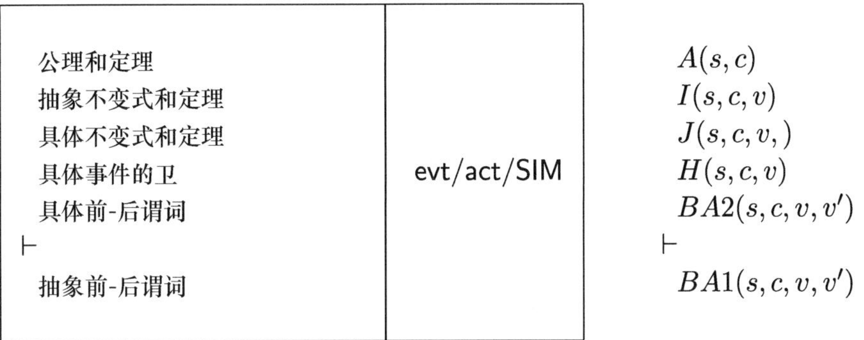

我们用下面的机器阐释相关情况：

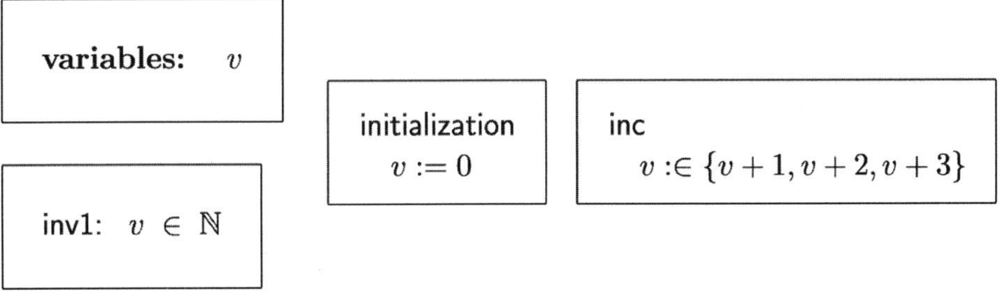

该机器被精化，如下所示：

variables: v

initialization
$v := 0$

inc
$v :\in \{v + 1, v + 3\}$

生成的 SIM 证明义务如下（假设 act 是抽象动作的标签）：

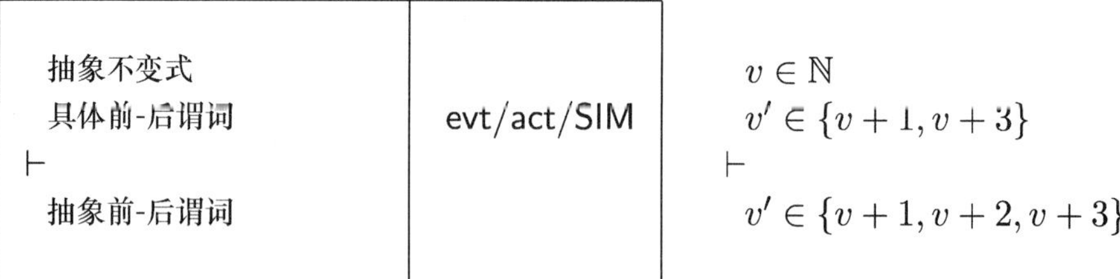

5.2.7　数值变动式证明义务规则：NAT

这一规则保证，在每个收敛的或者预期的事件的卫条件下，我们提出的变动式确实具有自然数值。对于一个收敛的（或预期的）事件 evt，这条规则的名字是“evt / NAT”。给定一部机器及其如下定义的收敛事件：

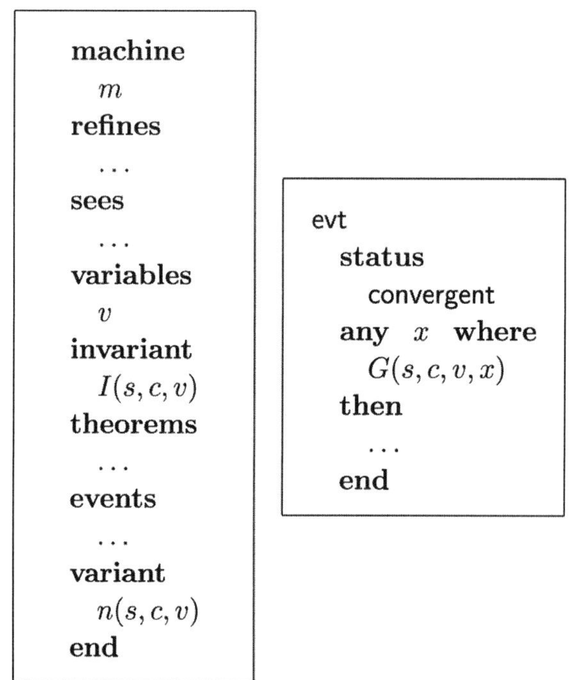

NAT 证明义务规则如下：

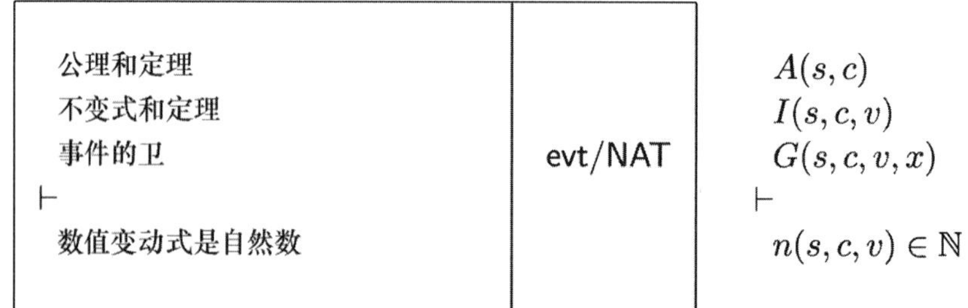

5.2.8　有穷集变动式证明义务规则：FIN

这一规则保证，在每个收敛的或者预期的事件的卫条件下，我们提出的集合变动式确实是一个**有穷**集。对于一个收敛的（或预期的）事件 evt，这条规则的名字是“evt / FIN”。给定机器及其如下定义的收敛事件：

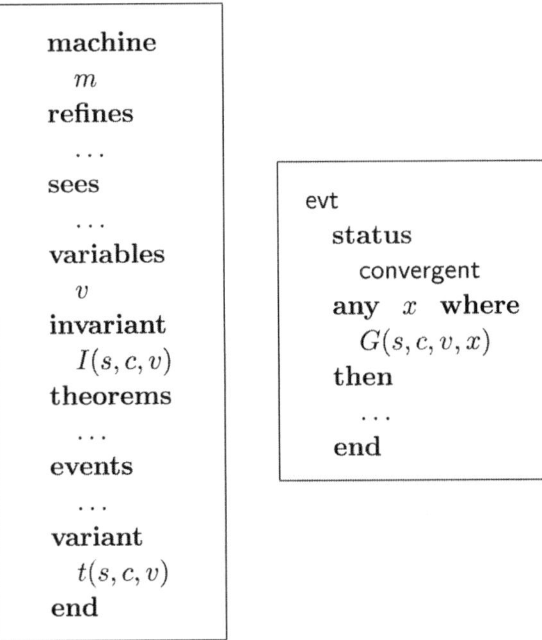

FIN 证明义务规则如下：

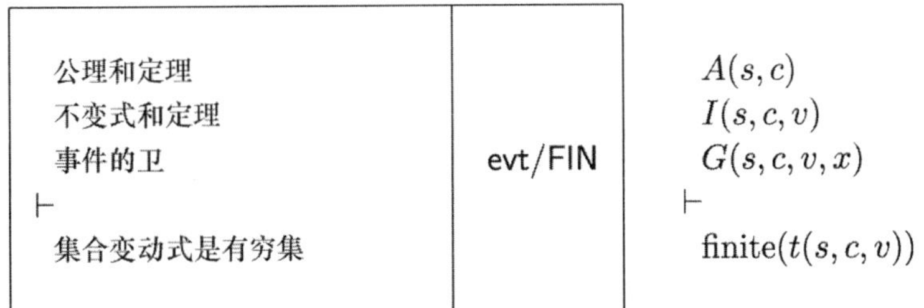

5.2.9 变动量证明义务规则：VAR

这一证明义务保证，每一个收敛事件都能使我们提出的数值变动式或者有穷集变动式减小。它也保证了每一个预期事件不会增大我们提出的数值变动式或有穷集变动式。对于一个收敛的或预期的事件 evt，这一规则的名字是“evt / VAR”。对于下面的收敛事件：

```
evt
  status
    convergent
  any x where
    G(x, s, c, v)
  then
    v :| BA(s, c, v, x, v')
  end
```

如果变动式 $n(s, c, v)$ 是数值的，证明义务规则如下：

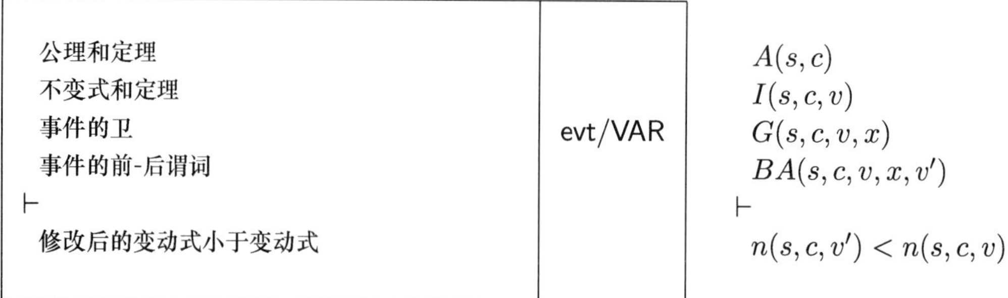

如果变动式 $t(s, c, v)$ 是有穷集，证明义务规则如下：

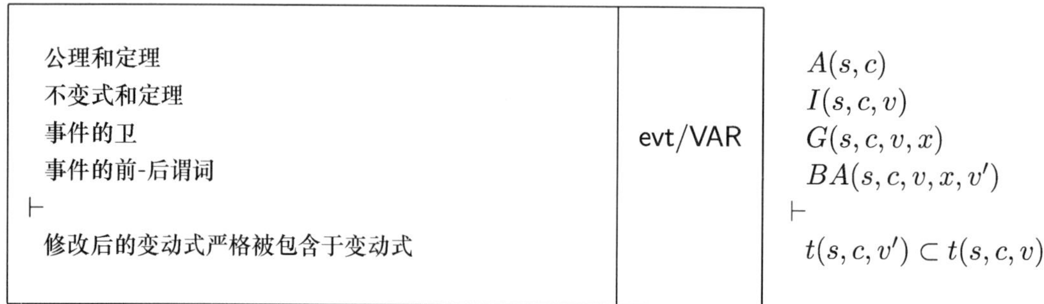

假设有下面的预期事件：

evt
  status
    anticipated
  any x **where**
    $G(s, c, v, x)$
  then
    $v :\mid BA(s, c, v, x, v')$
  end

如果变动式 $n(s, c, v)$ 是数值的，证明义务规则如下：

公理和定理 不变式和定理 事件的卫 事件的前-后谓词 ⊢ 修改后的变动式不大于变动式	evt/VAR	$A(s, c)$ $I(s, c, v)$ $G(s, c, v, x)$ $BA(s, c, v, x, v')$ ⊢ $n(s, c, v') \leqslant n(s, c, v)$

如果变动式 $t(s, c, v)$ 是有穷集，证明义务规则如下：

公理和定理 不变式和定理 事件的卫 事件的前-后谓词 $\vdash$ 修改后的变动式被包含于或等于变动式	evt/VAR	$A(s,c)$ $I(s,c,v)$ $G(s,c,v,x)$ $BA(s,c,v,x,v')$ $\vdash$ $t(s,c,v') \subseteq t(s,c,v)$

5.2.10 非确定性见证证明义务规则：WFIS

这一证明义务规则保证，在一个具体事件的见证谓词中提出的每个见证都存在。对于具体事件 evt 和参数 x，这条规则命名为“evt / x / WFIS”。设下面是一个具体事件，其中针对抽象参数 x 定义了见证谓词 $W(x, s, c, w, y)$（对应于抽象后值的见证也可以用类似的方法处理）：

```
evt
  refines
    evt0
  any
    y
  where
    H(y, s, c, w)
  with
    x : W(x, s, c, w, y, w')
  then
    BA2(s, c, w, y, w')
  end
```

证明义务规则定义如下：

公理和定理 抽象不变式和定理 具体不变式和定理 具体事件的卫 具体前-后谓词 $\vdash$ $\exists x \cdot$ 见证	evt/x/WFIS	$A(s,c)$ $I(s,c,v)$ $J(s,c,v,w)$ $H(y,s,c,w)$ $BA2(s,c,w,y,w')$ $\vdash$ $\exists x \cdot W(x,s,c,w,y,w')$

5.2.11 定理证明义务规则：THM

这一规则保证所提出的上下文或及其定理是可证的。定理的重要性在于有可能简化证明。对一个上下文或一部机器里的定理 thm，这一规则命名为“thm / THM”。

5.2.12 良好定义证明义务规则：WD

这一证明义务规则保证，每个有可能病态定义的公理、定理、不变式、卫、动作、变动式或者见证都确实是良好定义的。对于给定的模型元素（axm、thm、inv、grd、act 或变动量，或者事件 evt 里的一个见证 x）的证明义务，将分别命名为 axm / WD、thm / WD、inv / WD、grd / WD、act / WD、WVD 和 evt / x / WD。这个证明义务规则的特殊形式依赖于潜在病态定义的表达式。有关情况见下表：

数学表达式	良好定义条件
$\mathrm{inter}(S)$	$S \neq \varnothing$
$\bigcap x \cdot P \mid T$	$\exists x \cdot P$
$f(E)$	f 是偏函数 $E \in \mathrm{dom}(f)$
E/F	$F \neq 0$
$E \bmod F$	$0 \leqslant E \land 0 < F$
$\mathrm{card}(S)$	$\mathrm{finite}(S)$
$\min(S)$	$S \neq \varnothing \land \exists x \cdot (\forall n \cdot n \in S \Rightarrow x \leqslant n)$
$\max(S)$	$S \neq \varnothing \land \exists x \cdot (\forall n \cdot n \in S \Rightarrow x \geqslant n)$

第 6 章　有界重传协议

在这一章里，我们将扩充第 4 章开发的**文件传输协议**实例。相对于前面的简单例子，这里新增加了一些约束。现在我们假定，设置在两个站点之间的数据和确认通道都是**不可靠的**。由于这种情况，这里将要讨论的**有界重传协议**（Bounded re-transmission protocol，简记为 BRP）的执行效果，就是只能**部分地**（有时可能是完全地）把文件从一个站点复制到另一个。这个例子的目的就是精确地研究我们可能如何处理这类问题，如何形式化地对其中的**容错**性质做推理。请注意，在这一章里，我们将不会像在前面几章里那样开发证明，而只是给出一些提示，请读者去开发有关的形式化证明。这个实例已经在许多文献里研究过，包括 J. F. Groote 和 J. C. Van de Pool 的文章[1]。

6.1　有界重传协议的非形式说明

6.1.1　正常行为

假设需要把一个顺序文件从一个站点，发送方，一个一个片段地传输到另一个站点，接收方，为此，发送方通过从它连接到接收方的所谓**数据通道**，送出一个确定的数据项。而一旦收到这个数据项，接收方就把它存入自己的文件，并且通过从它那里连接到发送方的所谓**确认通道**送回一个确认消息。一旦收到确认消息，发送方就发出下一个数据项，并如此继续。我们假定发送方送出的最后一个数据项包含一个特殊信息项，接收方可以根据这个信息项知道文件传输结束。注意，这时它还是要发出确认信息。

图 6.1 表示了所有这些情况，假定其中的各种事件（`SND_snd`、`RCV_rcv`、`RCV_snd` 和 `SND_rcv`）表示我们上面说明的各个阶段，事件、通道之间的同步用箭头表示。

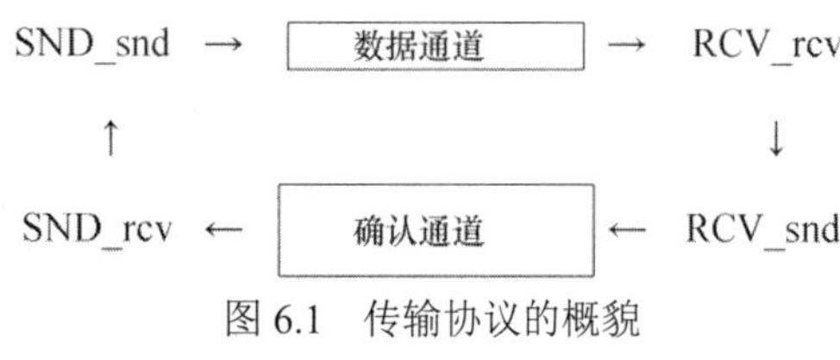

图 6.1　传输协议的概貌

上面说明的是这一协议的正常行为，其中整个文件都被从发送方传输到了接收方。下面我们还要说明一些退化的行为，其中，由于传输通道的一些问题，发送方只能把文件部分地传到接收方。

6.1.2　不可靠的通信

在这个问题里，设置在发送站点和接收站点之间的（数据和确认）传输通道都可能出错，也就是说，由发送方送出的数据项，或者接收方送出的确认消息，都可能丢失。为了处理这些不可靠的通道，发送方在送出一个数据项后启动一个计时器。该设备经过适当的设置，在确定的延迟之后将唤醒发送方（当然，前提是在此期间它还没收到确认消息）。这一延迟足够大，**保证**大于首先送一个数据项，然后接收相应确认消息，所需要的**最大**延迟 *dl*。换句话说，当计时结束时，由于 *dl* 时间已过，送给接收方的最后一个数据项之后还没有收到确认消息，发送方就可以确定该消息已经丢了。

当然，在被计时器唤醒后，发送方并不知道究竟是它送出的数据项丢了，还是假定接收方应该送回的确认消息丢了。在任何情况下，发送方都会重新送出前一个数据项，然后等待相应的确认消息。这也就是本协议被称为**重传**协议的原因。

6.1.3 协议流产

如果连续丢失消息，数据重传的过程就可能重复若干次。发送方用一个所谓的**重传计数器**记录重复发送的次数。当这个计数器达到某个确定的预设上限 M 时，发送方就决定这一次文件传输确实失败了，并（从它的观点）流产这个协议。这就是本协议被称为**有界**重传协议（Bounded Retransmission Protocol，BRP）的原因。

当然，这时立刻就出现了接收方将如何同步的问题。换句话说，接收方怎么能知道协议已经流产了？显然，发送方已无法再与接收方通信，因此不可能通知它这一流产的消息，因为通信通道现在已经失效了。

解决这个问题的方法就是在接收方的站点设置另一个计时器。当接收方接到一个新数据项时（也就是说，不是重传的数据项）激活该计时器。这一计时器也经过适当的设置，它将在确定的延迟时间之后唤醒接收方（前提是，其间没有接收到一个新数据项）。该延迟时间**保证**这时接收方可以确定发送方已经流产了重传协议。显然，该延迟应该大于或等于量 $(M + 1) \times dl$，因为经过了这么长的时间，发送方一定已经放弃了，正如我们前面说明的情况。当这第二个计时器唤醒接收方时，它也（从它的观点）流产这个协议。如我们所见，在出问题的时候，两个参与方通过这两个计时器间接地完成了同步。

6.1.4 交替位

从上面的说明中可以看到，发送方有可能数次重传同一个数据项，也可能是顺序地传了两个（或者更多个）数据项，而这些数据项恰好具有**相同的值**。显然，这也是一个令人烦恼的问题，因为接收方有可能混淆了重传的数据项和新的但恰好与其前驱相等的数据项。为了解决这个问题，每个数据项被附上了一个二进制位，其值对每个项反转一下。当接收方连续收到两个具有相同二进制位的项时，它就能确定（能确定吗？）后一个是前一个的重传。

6.1.5 协议的最后情况

当这个协议结束时，我们可能遇到如下三种不同的情况。

① 协议已经成功地把整个文件从发送方传到了接收方，而发送方也已收到了接收方送来的最后一个确认消息。在这种情况下，发送方和接收方都知道协议已成功结束，文件复

制工作已经全部完成，而且双方都知道这一情况。

② 协议已经成功地把整个文件从发送方传到了接收方，但是发送方没收到最后一个确认消息（虽然它又一再重传，但确认通道的消息总是丢失）。这样，发送方流产了这个协议，而接收方没有。

③ 双方都流产了这个协议。

请注意第四种可能性，其中接收方已经流产了协议而发送方却没有流产。这种情况是不可能出现的（这句话对吗？）。

6.1.6 BRP 的伪代码描述

在这一节里，我们将给出这个协议的一个伪代码版本。这个描述的作用就是把前几节中完全非形式化的说明弄得稍微精确一点。协议中的每个事件（也就是说，SND_snd、RCV_rcv、RCV_snd 和 SND_rcv），以及对应于两个计时器的附加事件（我们将它们称为 SND_timer 和 RCV_timer），将都用**使能条件**的方式描述，就像我们在前面章节中已经做的那样，用关键字 **when** 引导，后跟一个用关键字 **then** 引导的动作部分。前者说明这个事件可能发生的条件，而后者描述当这个事件被激活时，将要做些什么说明。

事件 SND_snd 我们的第一个事件 SND_snd 被使能的条件是该事件确实被唤醒（我们将在下面看到，做这件事的或者是事件 SND_rcv，或者是事件 SND_timer）。SND_snd 的动作包括从发送方的文件里获取下一个数据项，将其存入数据通道，同时存入相应的交错的二进制位，启动发送方的计时器，以及最后激活数据通道（以便有效地发送数据和那个二进制位）。下面是这个事件的伪代码：

```
SND_snd
  when
    SND_snd被唤醒
  then
    从发送方的文件获取数据;
    将获得的数据存入数据通道;
    将发送方的二进制位存入数据通道;
    启动发送方计时器;
    激活数据通道;
  end
```

```
RCV_rcv
  when
    发生数据通道中断
  then
    由数据通道获取发送方二进制位;
    if 接收方二进制位 = 发送方二进制位 then
      由数据通道获取数据;
      把数据存入接收方文件;
      修改接收方二进制位;
      if 数据项不是最后一个 then
        启动接收方计时器;
      end
    end
    清除数据通道中断;
    唤醒事件RCV_snd;
  end
```

事件 RCV_rcv 下一个事件 RCV_rcv 在上面的右边给出，它由数据通道在接收方的中断使能。该事件的动作是首先检查发送方的交错位是否等于接收方以前保存的修改后的交错位。如果是这个情况，根据约定，接收方确定得到了一个新数据项。从数据通道提取这个项，并将其按顺序存入接收方文件，然后修改接收方的二进制位。最后，如果接收项不是最后一个，就启动接收方计时器。在任何情况下，都需要清除数据通道的中断，并唤醒 RCV_snd 事件。

事件 RCV_snd 下一个事件是 RCV_snd。我们已经看到，它将被事件 RCV_rcv 唤醒。这个事件的动作就是激活确认通道。它的伪代码显示在下面的左边。

```
RCV_snd
  when
    RCV_snd被唤醒
  then
    激活确认通道;
  end
```

```
SND_rcv
  when
    发生确认通道中断
  then
    从发送方删除一个数据项;
    重发计数器清0;
    修改发送方二进制位;
    清除确认通道中断
    if 发送方文件不空 then
      唤醒SND_snd;
    end
  end
```

事件 SND_rcv 下一个事件是 SND_rcv，它由唤醒通道在发送方一端的中断使能。这个事件的动作是从发送方文件中删除前面已经发送的数据项（虽然该数据项已经发送，但因为还可能重发，所以还保留在文件里。现在，由于确认消息告诉我们接收方已经收到这个数据项，因此就可以删掉它了）。还要为了发送下一个数据项而修改发送方的交错位，清除确认通道中断，最后唤醒事件 SND_snd。

事件 SND_timer 事件 SND_timer 在接收方的计时器达到其特定延时的时刻被使能。其动作是首先检查重发计数器是否已经达到其最大值，确认了这种情况时流产这个协议（从发送方的观点）。如果不是这种情况，就增加重发计数器的值，并为重新发送而唤醒事件 SND_snd：

```
SND_timer
  when
    发生发送方计时器中断
  then
    if 重发计数器等于 M+1  then
      在发送方站点流产协议
    else
      重发计数器加一;
      唤醒事件SND_snd;
    end
  end
```

```
RCV_timer
  when
    发生接收方计时器中断
  then
    在接收方流产协议
  end
```

事件 RCV_timer 事件 RCV_timer 在接收方计时器达到其特定延时的时刻被使能。其动作就是流产协议（从接收方的观点）。

注意：当事件 SND_snd 观察到文件为空时（我们假定开始时文件不空），发送方就知道整个文件都已被成功地发送和接收。看起来，当文件为空时，SND_timer 不能再唤醒 SND_snd（我们能肯定这一点吗？）。

类似地，发送方知道文件已经全部送出，但是最后一个数据项未必已经被接收。当

SND_timer 流产这个协议时，就可能出现这种情况，这时发送方的文件里还会剩下一项数据。

当接收方收到最后一项数据时，最后一项数据上附加的特殊信息说明了这一情况，它就知道协议已经成功结束。

6.1.7 有关伪代码的说明

我们的协议用伪代码的方式定义（或者用其他任何类似的描述形式），会引出很多问题。我们怎么能确信这样的一个描述是正确的？也就是说，它有效地对应于一个**文件传输协议**？我们能保证所描述的协议一定终止吗（没有无穷循环，也没有死锁）？这一协议应该维持哪些种类的性质？

按照我们的看法，仅仅基于这种非形式化的描述，上述问题都无法回答。当然了，我们也相信给出这样一个描述也是很有用的，因为它可以作为我们未来协议构造的一个**目标**。下面，正如前面所说的，我们将形式化地构造我们的协议，从它的主要性质的数学规范说明开始，直至得到其各个组件的形式化描述。把这样得到的结果与它们的非形式化的伪代码对应物比较，也会很有收获。

前面这样的描述（也常被称为制定这些协议的规范说明）的主要缺点，就是它们描述的实际上是一个相当非形式化的**实现**。这也就是为什么下面的工作非常重要的：我们需要把这种非形式化的规范说明，清晰地重新写成一个正确的需求文档。我们准备在下一节里完成这项工作。

6.2 需求文档

与前面给出的非形式化解释相比，我们现在提出的需求文档**远远不够精确**。之所以说它不够精确，就是因为它**并没有提出一个实现**。从根本上说，这个文档只是解释了在协议结束时，每个站点可以有哪种信心。我们要把确实为真的那些信心都弄精确。下面是我们对于有界重传协议的需求文档。首先精确地提出这个协议的总体用途：

有界重传协议是一个文件传输协议，其目标是从一个站点（发送方）向另一个站点（接收方）完整地或部分地传输一个已有的非空顺序文件。	FUN-1

下一步我们解释“完整地传输”的意思：

“完整地传输”意味着传输得到的文件是原文件的一个正确拷贝。	FUN-2

我们也要解释“部分地传输”的意义：

“部分地传输”意味着传输得到的文件是原文件的一个前缀。	FUN-3

现在我们描述协议结束时两个站点可以有什么样的信心：

每个站点都可能结束于下面两种情况之一：或者它相信这一协议已经成功完成，或者它相信这一协议在成功完成之前已经流产。	FUN-4

我们需要关联起发送方和接收方的信心：

当发送方相信协议已成功完成时，接收方也有这样的信心。反过来，当接收方相信协议已经流产时，发送方也同样相信这一点。	FUN-5

我们还要说明有可能出现两方并不共享同样信心的情况：

然而，有可能出现发送方相信协议已经流产，但接收方相信协议已正常完成的情况。	FUN-6

最后我们说明，接收方的信心总是正确的：

当接收方相信协议已正常完成时，就是因为原文件已经完整地拷贝到了接收方站点。换句话说，接收方的信心总是正确的。	FUN-7

当接收方相信协议已经流产时，就是因为原文件还没有完整地拷贝到接收方站点。同样，接收方的信心总是正确的。	FUN-8

6.3 精化策略

在这很短的一节里，我们给出构造有界重传协议的精化策略。这一工作将通过建立初始模型，而后做六次精化的过程完成。

- 初始模型把 FUN-4 纳入考虑范围，设置好一个图景，说明协议的两个参与方的最后状况。
- 在第一次和第二次精化中，我们将关注 FUN-5 和 FUN-6，建立起两个参与方之间的一些关系。
- 在第三次精化中，我们将引入被传输的文件，把 FUN-1 和 FUN-3 纳入考虑的范围。在这一精化中，只把接收方放进我们的图景。
- 在第四次精化中，我们引入发送方，它发送消息给接收方，还有反向的确认消息。
- 在第五次精化中，我们引入通道的不可靠性。
- 在第六次精化中，我们将优化发送方和接收方之间传送的信息。

6.4 初始模型

我们的初始模型只包含有界重传协议中非常少的一部分规范。它只处理需求 FUN-4：

每个站点都可能结束于下面两种情况之一：或者它相信这一协议已经成功完成，或者它相信这一协议在成功完成之前已经流产。	FUN-4

6.4.1 状态

在这个初始的非常抽象的模型里，我们引入状态的概念。为此我们定义一个命名为 *STATUS* 的载体集合，它包含三个不同的元素 *working*、*success* 和 *failure*，如下所示：

sets: $STATUS$

constants: $working$
$success$
$failure$

axm1_1: $STATUS = \{working, success, failure\}$

axm0_2: $working \neq success$

axm0_3: $working \neq failure$

axm0_4: $success \neq failure$

用两个变量 s_st 和 r_st 定义两个参与方的状况：

variables: s_st
r_st

inv0_1: $s\_st \in STATUS$

inv0_2: $r\_st \in STATUS$

6.4.2 事件

初始时，参与方都处于 *working* 状态。我们有一个**观察器**事件，命名为 brp，当两个参与方都不再处于 *working* 状态时将激活这个事件。

init
  $s\_st := working$
  $r\_st := working$

brp
  when
    $s\_st \neq working$
    $r\_st \neq working$
  then
    skip
  end

我们将使用**预期**事件的技术，这种技术已经在 4.7 节介绍过。我们定义两个**预期**事件，它们说这两个参与方最终都将处于 *success* 或者 *failure* 状态：

```
SND_progress
  status
    anticipated
  when
    s_st = working
  then
    s_st :∈ {success, failure}
  end
```

```
RCV_progress
  status
    anticipated
  when
    r_st = working
  then
    r_st :∈ {success, failure}
  end
```

6.5 第一次和第二次精化

这两个精化考虑需求 FUN-5：

当发送方相信协议已成功完成时，接收方也有这样的信心。反过来，当接收方相信协议已经流产时，发送方也同样相信这一点。	FUN-5

和需求 FUN-6：

然而，有可能出现发送方相信协议已经流产，但接收方相信协议已正常完成的情况。	FUN-6

最后，我们还要把前面的预期事件的意义弄得更准确。

6.5.1 状态

下面的不变式形式化了需求 FUN-5。由于它不是等价断言，因此，它也间接地处理了需求 FUN-6：

inv1_1: $s\_st = success \Rightarrow r\_st = success$

6.5.2 第一次精化的事件

我们现在把事件 progress 分裂为成功和失败。请注意，事件 SND_success（本节）和 RCV_success（下一节）都做了“欺骗”，因为它们把另一个参与方的状态包含在自己的卫中。我们可以证明这些事件确实收敛。这一工作通过两个分离的精化完成：

```
SND_success
refines
  SND_progress
status
  convergent
when
  s_st = working
  r_st = success
then
  s_st := success
end
```

```
SND_failure
refines
  SND_progress
status
  convergent
when
  s_st = working
then
  s_st := failure
end
```

variant1: $\{success, failure\} \setminus \{s\_st\}$

6.5.3 第二次精化的事件

```
RCV_success
refines
  RCV_progress
status
  convergent
when
  r_st = working
then
  r_st := success
end
```

```
RCV_failure
refines
  RCV_progress
status
  convergent
when
  r_st = working
  s_st = failure
then
  r_st := failure
end
```

variant2: $\{success, failure\} \setminus \{r\_st\}$

6.6 第三次精化

在这个精化里，我们考虑需求 FUN-1 和 FUN-2，它们关系到文件的传输。我们还在这里处理 FUN-7 和 FUN-8，它们说明接收方的信心总是对的。

6.6.1 状态

首先，我们要扩充上下文，定义一个顺序文件 f，它需要从发送方传到接收方：

sets: D

constants: n f

axm0_1: $0 < n$

axm0_2: $f \in 1\,..\,n \rightarrow D$

已传输的文件用一个变量 g 及其长度 r 表示。不变式 **inv3_2** 形式化地描述：已传输的文件总是原文件的一个前缀。不变式 **inv3_3** 形式化地描述：文件已完全传输时接收方成功。

variables: r g

inv3_1: $r \in 0\,..\,n$

inv3_2: $g = 1\,..\,r \lhd f$

inv3_3: $r\_st = success \Leftrightarrow r = n$

6.6.2 事件

新事件 `RCV_rcv_current_data` 和精化事件 `RCV_success` 也都做了欺骗，因为在它们里面都直接引用了属于发送方的信息，也就是其中的 $f(r+1)$ 和 n。这里没给出事件 `init`，它简单地把 r 设置为 0：

```
RCV_rcv_current_data
  status
    convergent
  when
    r_st = working
    r + 1 < n
  then
    r := r + 1
    g := g ∪ {r + 1 ↦ f(r + 1)}
  end
```

```
RCV_success
  when
    r_st = working
    r + 1 = n
  then
    r_st := success
    r := r + 1
    g := g ∪ {r + 1 ↦ f(n)}
  end
```

variant3: $n - r$

6.6.3 事件之间的同步

在这一精化里，事件之间的同步情况如图 6.2 所示。在这个图里，新事件的名字用斜体给出，虚线对应于在抽象中已有的同步。

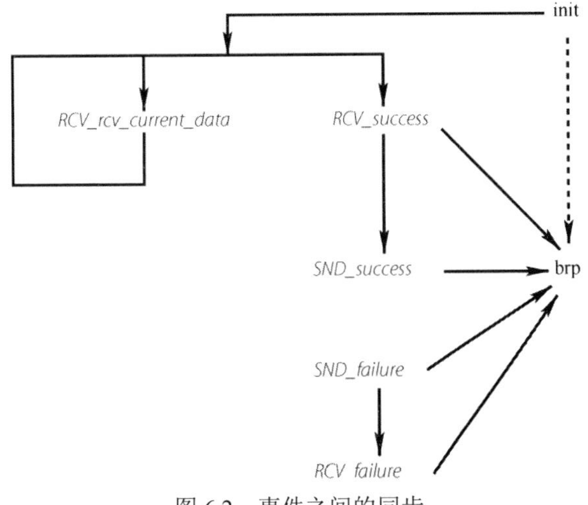

图 6.2 事件之间的同步

6.7 第四次精化

在这一精化中，发送方将进入我们的视野，它需要与接收方的合作，以便传输文件。事实上，这里的接收方不再像在前面的精化中那样，不再直接访问原文件 f 了，而是通过发送方的操作完成相关工作。发送方将把相应的数据发送给接收方，这种发送是通过所谓的数据通道完成的，这一通道设置在两个站点之间。注意，现在我们还没有引入“通道并不可靠”的事实，该情况将在下一次精化中处理。

6.7.1 状态

首先扩大状态，加入一个激活位 w，这个位由发送方使用。这是一个布尔变量，不变式 **inv4_3** 隐含地说明了这一情况。当 w 等于 TRUE 时，就说明，给接收方传输信息的发送方事件可以被激活：

variables: $\ldots$
w
s
d

inv4_1: $s \in 0\,..\,n-1$

inv4_2: $r \in s\,..\,s+1$

inv4_3: $w = \text{FALSE} \;\Rightarrow\; d = f(s+1)$

我们还需要扩大这里的状态，再增加一个发送方指针 s，让 $s+1$ 指向下一个数据项，这样，$f(s+1)$就是从原文件里传输给接收方的那个数据项。这一情况由不变式 **inv4_1** 定义。还请注意，这个非常重要的性质建立起指针 s 和已完成传输的文件大小 r 之间的联系：r 或者等于 s，或者等于 $s+1$。

状态中还增加了一个数据容器 d，它是数据通道的一部分，其中包含着被传输的数据项。d 的主要性质由不变式 **inv4_3** 定义。这个性质说，当数据通道处于活动状态时（也就是说，当 w = FALSE 时），d 等于 $f(s+1)$。

6.7.2 事件

事件 `brp`、`SND_failure` 和 `RCV_failure` 在这一精化中都没有改变。初始化事件需要做下面直截了当的扩充。在开始时，激活位 w 被设置为 TRUE，因此，这时只有两个事件可能被激活，其中一个将在下面描述：

```
init
  r := 0
  g := ∅
  r_st := working
  s_st := working
  w := TRUE
  s := 0
  d :∈ D
```

下一个事件 `SND_snd_data` 是个新事件，它对应于发送方的主要动作，也就是说，准备好要通过数据通道发送的信息。通过该通道传输的信息包括数据 d 和发送方指针 s：

```
SND_snd_data
  when
    s_st = working
    w = TRUE
  then
    d := f(s + 1)
    w := FALSE
  end
```

下面的两个事件对应于接收方从数据通道接收信息。正如所见，接收方需要检查从发送方收到的指针 s，看它是否与自己的指针 r 相等。第一个事件 `RCV_rcv_current_data` 对应于接收方收到的信息不是最后一个（如果是，就有 $r+1=n$），在这种情况下接收成功：

```
RCV_rcv_current_data
  when
    r_st = working
    w = FALSE
    r = s
    r + 1 < n
  then
    r := r + 1
    g := g ∪ {r + 1 ↦ d}
  end
```

```
RCV_success
  when
    r_st = working
    w = FALSE
    r = s
    r + 1 = n
  then
    r_st := success
    r := r + 1
    g := g ∪ {r + 1 ↦ d}
  end
```

请注意，这里接收方还是做了“欺骗”，因为它能（在上面的卫里）将自己的指针 r 与原文件 f 的（常量）大小 n 比较，而这个大小信息是位于发送方站点。这一不正常的情况将在下一个精化里予以纠正。

下面两个事件对应于发送方收到来自接收方的确认信息。第一个事件 `SND_rcv_current_ack` 是新的。当发送方收到最后一个确认消息时（当时事件 `SND_success` 里的 $s+1=n$ 成立），发送方成功结束，否则（在 `SND_snd_current_ack` 事件里的 $s+1<n$ 成立），发送方将指针 s 加 1，并通过把激活位 w 设置为 TRUE 激活事件 `SND_snd_data`：

```
SND_rcv_current_ack
  when
    s_st = working
    w = FALSE
    s + 1 < n
    r = s + 1
  then
    w := TRUE
    s := s + 1
  end
```

```
SND_success
  when
    s_st = working
    w = FALSE
    s + 1 = n
    r = s + 1
  then
    s_st := success
  end
```

我们最后引进一个事件来修改激活位 w，在下一精化中将给出这个事件的完整解释：

```
SND_time_out_current
  when
    s_st = working
    w = FALSE
  then
    w := TRUE
  end
```

6.7.3 事件的同步

在这一精化里，各事件之间的同步如图 6.3 所示。新事件在图中用**斜体**表示。这些新事件被插入到前面图 6.2 的同步图中。事件 SND_failure、RCV_failure 和 SND_time_out_current 现在变成了“自发的”事件。下一精化中将给出对它们的更多解释。

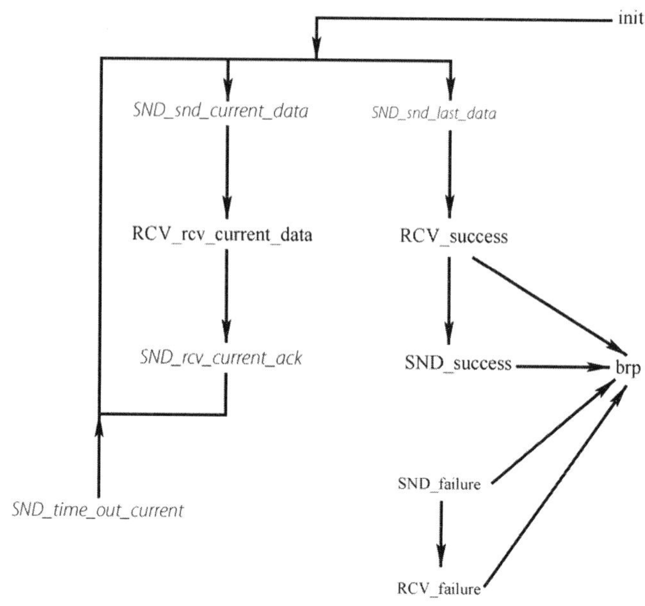

图 6.3 在第四次精化里事件之间的同步

6.8 第五次精化

6.8.1 状态

在这一精化中，我们将引入“通道的不可靠性”。为了做这件事，我们首先加入三个激活位 *db*、*ab* 和 *v*。连同前一次精化已经引入的 *w*，这几个位之中最多有一个等于 TRUE，这一点用不变式 **inv5_1** 到 **inv5_6** 描述。图 6.4 描绘了这些激活位的使用情况。

variables: ...
db
ab
v

inv5_1: $w = \text{TRUE} \Rightarrow db = \text{FALSE}$

inv5_2: $w = \text{TRUE} \Rightarrow ab = \text{FALSE}$

inv5_3: $w = \text{TRUE} \Rightarrow v = \text{FALSE}$

inv5_4: $db = \text{TRUE} \Rightarrow ab = \text{FALSE}$

inv5_5: $db = \text{TRUE} \Rightarrow v = \text{FALSE}$

inv5_6: $ab = \text{TRUE} \Rightarrow v = \text{FALSE}$

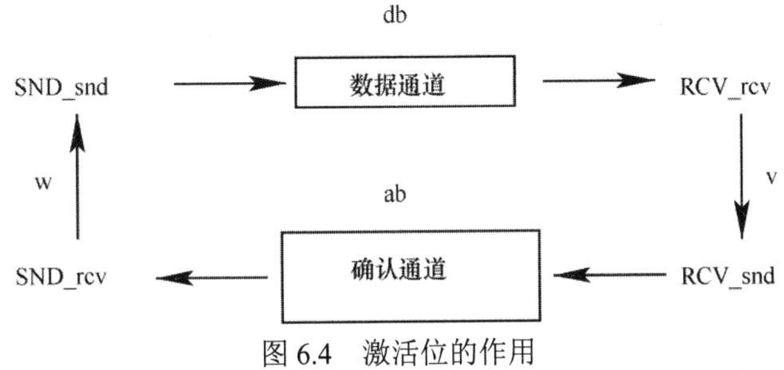

图 6.4　激活位的作用

我们再引入一个布尔变量 l，作为文件的最后一项的指示器。它也由发送方传给接收方（与 d 和 s 一道）。当这个位等于 TRUE 时，就表示现在传的是最后一个数据项（不变式 **inv5_7** 和 **inv5_8**）：

variables: …
l

inv5_7: $db = \text{TRUE} \land r = s \land l = \text{FALSE} \Rightarrow r+1 < n$

inv5_8: $db = \text{TRUE} \land r = s \land l = \text{TRUE} \Rightarrow r+1 = n$

最后，我们引入一个常量 *MAX* 和一个变量 c。常量 *MAX* 表示重传的最大次数，变量 c 表示当前重传次数。不变式 **inv5_10** 说明，如果 c 的值超过 *MAX*，发送方就失败：

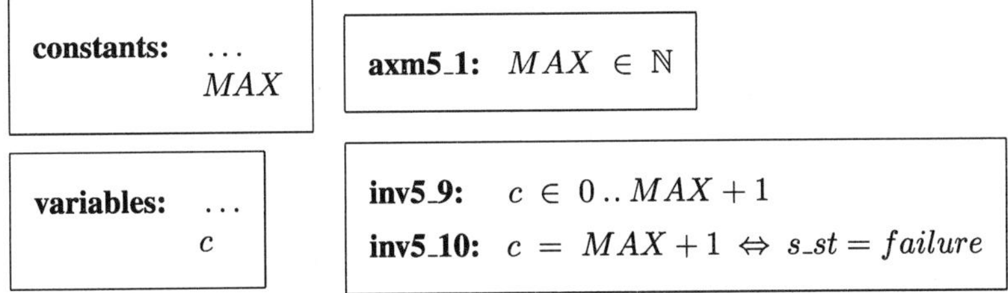

constants: …
MAX

axm5_1: $MAX \in \mathbb{N}$

variables: …
c

inv5_9: $c \in 0 \,..\, MAX+1$

inv5_10: $c = MAX+1 \Leftrightarrow s\_st = failure$

6.8.2　事件

初始化事件的扩充是直截了当的，事件 `brp` 在这一精化中不需要修改：

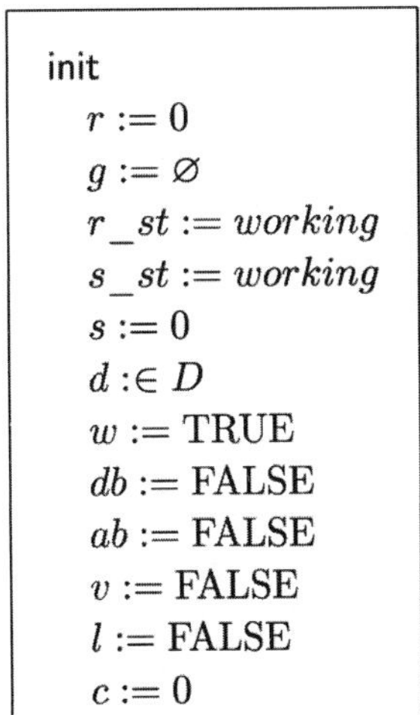

```
init
  r := 0
  g := ∅
  r_st := working
  s_st := working
  s := 0
  d :∈ D
  w := TRUE
  db := FALSE
  ab := FALSE
  v := FALSE
  l := FALSE
  c := 0
```

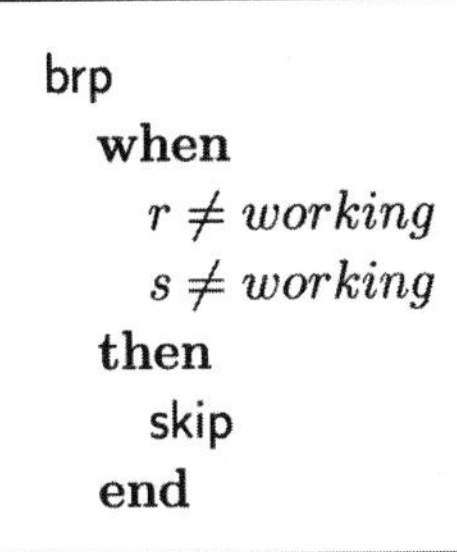

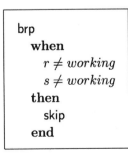

```
brp
  when
    r ≠ working
    s ≠ working
  then
    skip
  end
```

下面两个事件需要修改，新加的操作用下划线标出。我们现在要根据发送的是否最后数据项，把抽象事件 `SND_snd_data` 分裂成两个事件。还把数据通道的激活位 db 设置为 TRUE：

```
SND_snd_current_data
  refines
    SND_snd_data
  when
    s_st = working
    w = TRUE
    s + 1 < n
  then
    d := f(s + 1)
    w := FALSE
    db := TRUE
    l := FALSE
  end
```

```
SND_snd_last_data
  refines
    SND_snd_data
  when
    s_st = working
    w = TRUE
    s + 1 = n
  then
    d := f(s + 1)
    w := FALSE
    db := TRUE
    l := TRUE
  end
```

在下面两个接收事件里，抽象模型里的“欺骗”卫 $r + 1 < n$ 和 $r + 1 = n$ 已经不见了。它们分别被卫 l = FALSE 和 l = TRUE 取代。后面定义的不变式 **inv5_11** 和 **inv5_12** 保证了卫的强化。将接收方的激活位设置为 TRUE：

```
RCV_rcv_current_data
  when
    r_st = working
    db = TRUE
    r = s
    l = FALSE
  then
    r := r + 1
    h := h ∪ {r + 1 ↦ d}
    db := FALSE
    v := TRUE
  end
```

```
RCV_success
  when
    r_st = working
    db = TRUE
    r = s
    l = TRUE
  then
    r_st := success
    r := r + 1
    h := h ∪ {r + 1 ↦ d}
    db := FALSE
    v := TRUE
  end
```

下面两个事件是新的。事件 `RCV_rcv_retry` 对应于接收方的重试。接收方检查自己的指针 r 是否与发送方传来的 s 不同。激活位 v 被设置为 TRUE。第二个事件 `RCV_snd_ack` 在 v 值等于 TRUE 时被激活。它还把确认通道的激活位 ab 设置为 TRUE，以便能给发送方发出确认消息。注意，这里并不发送信息：

```
RCV_rcv_retry
  when
    db = TRUE
    r ≠ s
  then
    db := FALSE
    v := TRUE
  end
```

```
RCV_snd_ack
  when
    v = TRUE
  then
    v := FALSE
    ab := TRUE
  end
```

在下面两个发送方事件里，抽象卫 $r = s + 1$ 消失了。它已经被具体卫 ab = TRUE 取代。为了保证新的卫是强化，我们还需要增加下面两个不变式：

inv5_11:	$ab = \text{TRUE} \;\Rightarrow\; r = s + 1$
inv5_12:	$v = \text{TRUE} \;\Rightarrow\; r = s + 1$

第二个不变式能帮助证明事件 `RCV_snd_ack` 中的第一个事件：

```
SND_rcv_current_ack
  when
    s_st = working
    ab = TRUE
    s + 1 < n
  then
    w := TRUE
    s := s + 1
    c := 0
    ab := FALSE
  end
```

```
SND_success
  when
    s_st = working
    ab = TRUE
    s + 1 = n
  then
    s_st := success
    c := 0
    ab := FALSE
  end
```

下面两个新事件对应于关闭通道的守护事件，它们将使所有的激活位 w、db、v 和 ab 都变成 FALSE。请注意，这些事件只在相应通道活动时异步地发生：

```
DMN_data_channel
  when
    db = TRUE
  then
    db = FALSE
  end
```

```
DMN_ack_channel
  when
    ab = TRUE
  then
    ab = FALSE
  end
```

下面的三个事件与计时器有关。前面两个关联于发送方计时器，其中第一个事件在重传次数还没达到最大值 MAX 时发生，第二个事件在次数达到了最大值时发生，在这种情况下让发送方失败。最后一个对应于接收方失败。这个事件在接收方已经根据不变式 **inv5_10** 失败时发生。正如前面所说，给接收方设定的时间区间，隐含地假定了发送方失败之后这个事件才会发生：

```
SND_time_out_current
  when
    s_st = working
    w = FALSE
    ab = FALSE
    db = FALSE
    v = FALSE
    c < MAX
  then
    w := TRUE
    c := c+1
  end
```

```
SND_failure
  when
    s_st = working
    w = FALSE
    ab = FALSE
    db = FALSE
    v = FALSE
    c = MAX
  then
    s_st := failure
    c := c+1
  end
```

```
RCV_failure
  when
    r_st = working
    c = MAX + 1
  then
    r_st := failure
  end
```

6.8.3 事件的同步

这些事件最后的同步情况如图 6.5 所示。

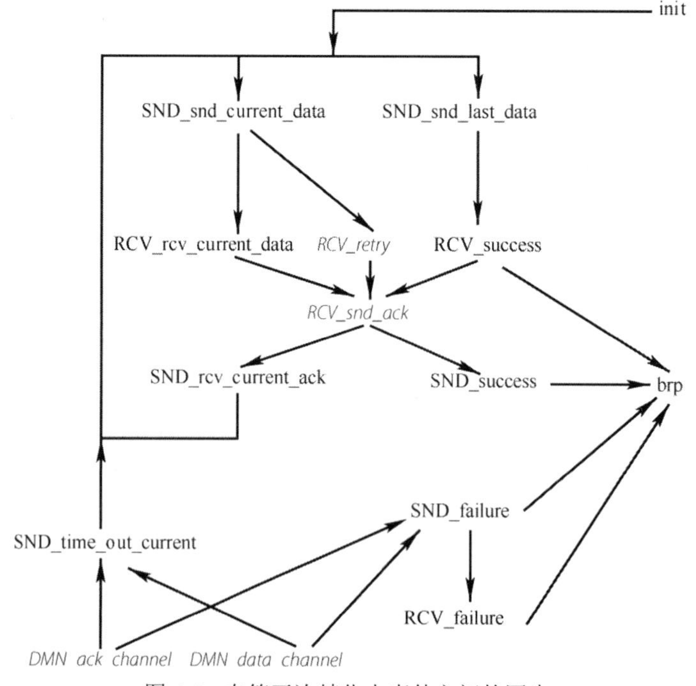

图 6.5 在第五次精化中事件之间的同步

6.9 第六次精化

第六次精化包括把指针 s 的奇偶性从发送方送给接收方，以及对指针 r 奇偶性的反向传输。这一精化的定义留给读者。其中使用的技术也就是 6.6 节使用的技术。

6.10 参考资料

J F Groote and J C Van de Pol. A bounded retransmission protocol for large data packets – a case study in computer checked algebraic verification. Lecture Notes in Computer Science 1101. Algebraic Methodology and Software Technology, 5th International Conference AMAST '96, Munich.

第 7 章　一个并发程序的开发[1]

在这本书里，我们通过一些例子研究了**分布式程序**的正确开发问题。迄今为止，我们已经在第 4 章（文件传输协议）和第 6 章（有界重传协议）里做了这一工作。在后面几章里，我们还会再研究几个分布式程序的开发问题：第 10 章讨论环形网络上的领导选举，第 11 章讨论树上的同步过程，第 12 章研究路由算法，第 13 章研究连通网络上的领导选举。我们还将在第 15 章研究**顺序程序**的开发问题。而在这一章里，我们将研究另一类执行范型，也就是**并发程序**。

7.1　分布式和并发程序的比较

顺序程序和分布式程序之间的差异是很清楚的，但分布式程序和并发程序之间的差异就不那么明晰了。我们考虑这两者的差异，下面是一些主要不同点。

7.1.1　分布式程序

对分布式程序的情况，整个算法由位于**不同计算机**上的一些代理执行，它们执行若干个顺序程序（有时就是同一个程序）。与此同时，我们假设这些代理是**相互合作的**，为了共同达到某个良好定义的目标，也就是那个算法的目标。

如果存在某个中心代理，由它来调度不同的参与方代理，完成这种合作可能更容易一些。但是，我们假定并不存在这样一个代理。换句话说，这里的不同代理只能以某种良好定义的方式相互通信，在开始一个分布式系统的开发之前，必须清晰地定义好这些通信的情况。在第 10 章和第 13 章将要开发的领导选举算法里，这方面的情况就非常典型。在这两个算法里，每个代理都执行**同样的**一个很短的顺序程序，它们的目标就是选出一个结点作为领导。在这两个例子里，网络的几何结构主导着代理之间的通信方式。

7.1.2　并发程序

对并发程序，我们同样也有一些不同的代理并发地工作，分别执行一些顺序程序。但在这种情况下，不同的执行可能对应着不同的程序，而且是在**同一台**计算机上执行。进一步说，这些代理并不像分布式程序里那样合作，而是相互**竞争**以便能使用一些公用的共享资源。为了资源的完整性，这种竞争必须按某些特定的规则来处理。

在这里，与前面情况类似，一种明显的方式就是有一个中心代理，由它来保护需要考虑的资源，以保证这些资源的完整性。按这种做法，每个代理都需要请求中心代理的许可，

1 本章是作者与 Dominique Cansell 密切合作的结果。

以便能使用那些共享资源。但是，我们同样希望避免使用这种中心代理。换句话说，我们希望每个代理只通过执行自己的程序，去考虑它能不能使用有关的资源，就像其他代理并不存在似的。与此同时，我们还有最后一个约束：一个代理在执行其顺序程序时，可能以一种完全随机的方式被另一个代理执行的另一个顺序程序中断。当然，在每个代理执行的程序里，可能中断的位置都是预先良好定义的：它们对应于在这种程序里的各种“指令”的**原子性**。假定这种原子性约束由运行我们的并发程序的计算机硬件决定。在开始这样的并发程序开发之前，必须先定义好其中的原子性问题。

7.2 提出的实例

7.2.1 非形式的说明

我们将要用来开发并发程序的技术是完全系统化的。在这一章里，我们将通过由 H R Simpson [1]提出的一个有名的例子“四槽完全异步机制”，来描述和阐释有关情况。

这里是该机制的一个简化的解释。我们有两个参与方，一个写者和一个读者。写者要向一个共享存储中写入某些信息（是从其他地方得到的），而读者必须能从这一共享存储里读出所存信息。作为最初步的近似，我们考虑该共享存储就是一对存储槽，写者交替地向其中写入。图 7.1 描绘了有关情况，其中的两个槽分别命名为“0”和“1”。

还是作为一个近似，我们还需要第二对槽——写者和读者交替地在那里写或者读（同样，这只是目前的近似）。图 7.2 描绘了有关情况，这两个对偶也分别命名为“0”和“1”。

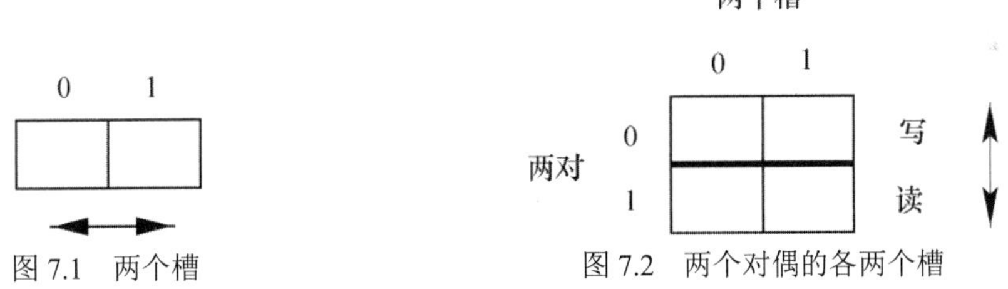

图 7.1 两个槽

图 7.2 两个对偶的各两个槽

我们现在已经可以给出写者和读者的两个顺序程序了。但是，在做这件事之前，我们还需要定义这些全局变量，它们被两个参与方共享：

$$data \in \{0,1\} \rightarrow (\{0,1\} \rightarrow D)$$

$$reading \in \{0,1\}$$

$$latest \in \{0,1\}$$

$$slot \in \{0,1\} \rightarrow \{0,1\}$$

这里的 D 是泛型的，表示被写和读的数据。变量 *data* 定义了两个槽的对偶，第一个维度定义对偶，而第二个维度定义槽。例如，图 7.3 里的“X”就是 *data*(1)(0)。

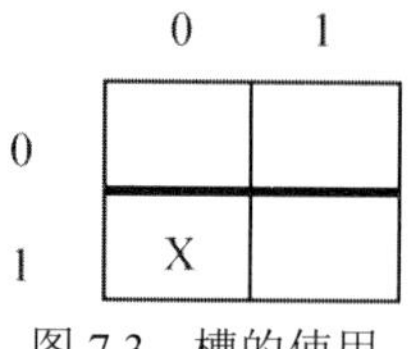

图 7.3　槽的使用

变量 *reading* 表示读者使用的对偶，因此写者使用的对偶就是 1 – *reading*。变量 *latest* 表示此前写者最后用过的那个对偶，如果现在读者要去读，就应该用这个对偶。最后，变量 *slot* 指明写者和读者当前写或者读的槽。说得更精确些，*slot*(*reading*) 指明读者当前读的那个槽，而 *slot*(1 – *reading*) 指明写者当前写的那个槽。

写者的顺序程序里使用了两个局部变量：

$$pair\_w \in \{0,1\}$$

$$indx\_w \in \{0,1\}$$

局部变量 *pair_w* 表示写者使用的对偶，局部变量 *indx_w* 表示写者当前使用的槽。现在，用一种洋泾浜语言写出的写者程序如下（带有参数 *x*）：

Writer(x)	
$pair\_w := 1 - reading;$	选择与读者所用的不同的对偶
$indx\_w := 1 - slot(pair\_w);$	选择与前一次写所用的不同的槽
$data(pair\_w)(indx\_w) := x;$	写入
$slot(pair\_w) := indx\_w;$	保存最后一次被写的槽
$latest := pair\_w$	保存最后一次被写的对偶

读者的顺序程序使用一个局部变量：

$$indx\_r \in \{0,1\}$$

局部变量 *indx_r* 表示读者当前所用的槽。现在，用洋泾浜语言写出的读者程序如下（其返回值就是 y）：

Reader	
$reading := latest;$	选择最后一次被写的对偶
$indx\_r := slot(reading);$	选择最后一次被写的槽
$y := data(reading)(indx\_r)$	读出

在前面注释里的“最后一次”的使用，“选择最后一次被写的对偶”和“选择最后一次被写的槽”都不正确，我们将在后面看到有关情况。说得更准确些，如果 **Reader** 程序是以非并发于 **Writer** 程序的方式执行的话，这个说法是正确的。也就是说，当它们以互不中断对方的方式执行。但如果 **Reader** 程序执行了第一条指令 *reading* := *latest*，而这时 **Writer** 程序已经通过执行 *data*(*pair_w*)(*indx_w*) 写入了另一条数据，这里就会出问题了。

7.2.2 非并发的场景展示

为了更准确地理解写者和读者的行为，我们先定义一个很短的执行场景，其中（目前情况下）读者和写者相互独立地工作。我们假定下面的初始条件：

$$reading = 1 \qquad\qquad slot = \{0 \mapsto 1, 1 \mapsto 1\}$$

前面 **Writer** 程序的执行连续写入三个值 a、b 和 c，将会产生下面的几个连续的状态：

Writer(a)

	0	1
0	a	–
1	–	–

$pair\_w = 0$
$indx\_w = 0$
$reading = 1$
$slot(pair\_w) = 0$
$latest = 0$

Writer(b)

	0	1
0	a	b
1	–	–

$pair\_w = 0$
$indx\_w = 1$
$reading = 1$
$slot(pair\_w) = 1$
$latest = 0$

Writer(c)

	0	1
0	c	b
1	–	–

$pair\_w = 0$
$indx\_w = 0$
$reading = 1$
$slot(pair\_w) = 0$
$latest = 0$

现在我们读两次，然后再写入 d，得到下面连续的几个状态：

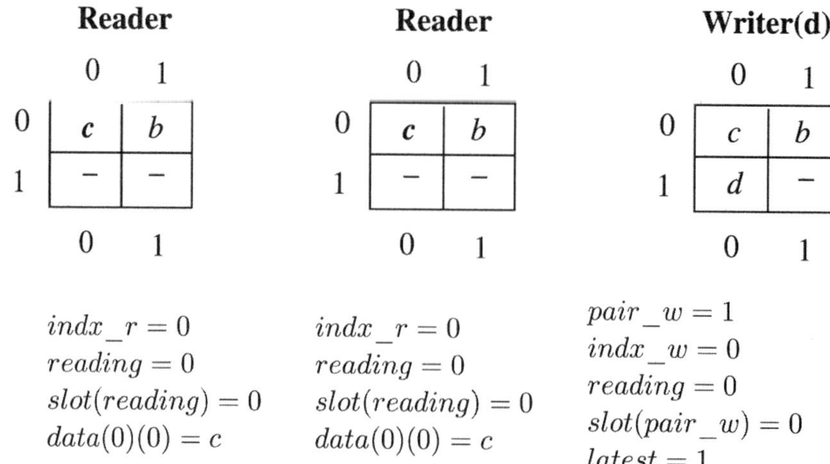

最后再写入 e 和 f 并读一次，我们将得到下面几个状态：

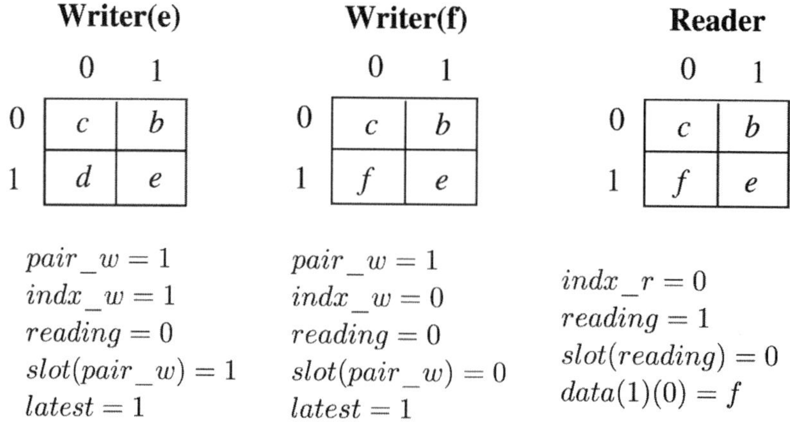

根据这段不长的执行场景，我们可以看到与 **Reader** 程序有关的一些事实：

- 它总是读到最后写入的数据，如 c 和 f；
- 它可能多次读到同一个数据，如 c；
- 它可能错过了一些写入的数据，如 a、b、d 和 e。

7.2.3 定义原子性

我们假定 **Writer** 和 **Reader** 程序里的每一条指令都是原子的，但还要求读操作和写操作绝不在同一个槽上“同时”发生。换句话说，如果 **Writer** 程序现在准备把一项数据写到 $data(pair\_w)(indx\_w)$，而且同时 **Reader** 程序准备从 $data(reading)(indx\_r)$ 读一项数据，那么我们就要求或者 $pair\_w$ 与 $pair\_r$ 不同，或者如果它们相同，那么要求 $indx\_w$ 和 $indx\_r$ 不同。更形式地说，就是：

$$pair\_w = reading \;\Rightarrow\; indx\_w \neq indx\_r$$

这种有关原子性的定义是高度主观的。有人可能争辩说，需要更细粒度的原子性，因为硬件或许不能保证上面的要求。我们也应该说这种意见有些道理，但并不准备深入这方面的讨论，因为它不是这里想关心的问题。

我们当前要考虑的是如何完成这一并发程序的开发。现在，我们立即就遇到了一个很困难的问题：事实上，在目前这个时间点，最不清楚的就是**这个问题的规范是什么**。由于这种情况，我们不知道必须去证明些什么东西，才能保证所做的并发开发是正确的。换句话说，我们现在根本不知道应该做什么！

7.3 交错

在清晰地定义我们问题的规范（这件事将在 7.4 节完成）之前，我们需要首先考虑一下**交错**的问题。

7.3.1 问题

在前一节里，我们能观察到的执行场景还是非常简单的，因为在 **Writer** 和 **Reader** 的执行中，并没有出现相互中断的情况。而在这样两个程序的真实执行中，情况将会复杂得多，它们的指令可能任意地交错。例如，下面是我们可能看到的一种交错情况（这是许多其他可能情况中的一种）：

Writer	**Reader**
...	...
1. $pair\_w := 1 - reading$	
	1. $reading := latest$
2. $indx\_w := 1 - slot(pair\_w)$	
	2. $indx\_r := slot(reading)$
	3. $y := data(reading)(indx\_r)$
3. $data(pair\_w)(indx\_w) := x$	
	1. $reading := latest$
4. $slot(pair\_w) := indx\_w$	
5. $latest := pair\_w$	
	2. $indx\_r := slot(reading)$
1. $pair\_w := 1 - reading$	
	3. $y := data(reading)(indx\_r)$
2. $indx\_w := 1 - slot(writing)$	
3. $data(pair\_w)(indx\_w) := x$	
	1. $reading := latest$
...	...

正如所见，每个程序的执行都是顺序的，但在它的连续两个指令之间可能被另一个程序中断，反过来也一样。对于这种交错执行的程序，一种可能的推理方式，就是想象性地

研究对应于 **Writer** 和 **Reader** 程序执行中所有可能的交错，对所有情况做完全的检查。当然，在那样做之前，形式化地计算出交错的数目，也很有意义，它将使我们了解到做那种完全的检查是否可行。

7.3.2 计算不同交错的数目

我们给定了两个顺序程序，它们分别有 m 和 n 条指令，这里的 m 和 n 都是自然数。请注意，完全可能出现 m 或 n 等于 0 的情况，对应于一个程序为空。令 $U(m, n)$ 表示这样两个程序的交错数目。首先，我们必然有：

$$U(m,0) = 1$$

$$U(0,n) = 1$$

因为一个程序的指令与另一个空程序交错，可能出现的交错情况只有一种。现在假定 m 和 n 都不是 0，我们就有：

$$U(m,n) \ = \ U(m-1,n) + U(m,n-1)$$

这个公式很容易解释：如果第一个程序的最后一条指令放到第二个程序的最后一条指令之后，交错的数目就是 $U(m-1, n)$。而如果第二个程序的最后一条指令放到第一个程序的最后一条指令之后，交错的数目就是 $U(m, n-1)$。

我们可以用一个递归程序来计算 $U(m, n)$，但这个程序可能很低效，因为其中将需要很多次地计算同一个量。一种更好的技术是**动态规划**，其中用一个大小为 $m+1$ 乘 $n+1$ 的矩阵 M，一步一步地算。先将其第一行 $M(i, 0)$（对于 i 等于 $0..m$）和第一列 $M(0, j)$（对于 j 等于 $0..n$）都填入 1，最后的结果就得到 $M(m, n)$。下面是计算 $U(m, n)$ 的程序：

```
int U(int m, int n)
   {int M[m+1][n+1],i,j;
    for (i=0; i<=m; ++i) M[i][0]=1;
    for (j=0; j<=n; ++j) M[0][j]=1;
    for (i=1; i<=m; ++i)
       for (j=1; j<=n; ++j)
          M[i][j]=M[i-1][j]+M[i][j-1];
    return M[m][n];
   }
```

这个程序还需要修改，因为计算中可能出现溢出的情况，也就是说，某一次计算得到的数大于 INT_MAX（这是“C 语言机器”能表示的最大整数）。为了处理这种情况，我们定义一个在可能溢出时返回 0（这是一个不可能的结果）的版本：

```
int U(int m, int n)
   {int M[m+1][n+1],i,j,a,b;
    for (i=0; i<=m; ++i) M[i][0]=1;
    for (j=0; j<=n; ++j) M[0][j]=1;
    for (i=1; i<=m; ++i)
       for (j=1; j<=n; ++j)
          {a=M[i-1][j];
           b=M[i][j-1];
         if (a>INT_MAX-b) return 0;
         M[i][j]=a+b;
        }
  return M[m][n];
 }
```

7.3.3 结果

结果很有趣。我们的 **Writer** 程序有 5 条指令，**Reader** 程序有 3 条指令。让我们算算 0 个 **Writer** 与 0 个 **Reader** 一起工作的交错情况，也就是 *U*(0, 0)；以及一个 **Writer** 和一个 **Reader** 一起工作的情况 *U*(5, 3)；再有两个 **Writer** 和两个 **Reader** 一起的 *U*(10, 6)；等等。下面是计算这些值的主程序：

```
main(void)
   {int i,a,b,r,ok=1;
    for (i=0; ok; ++i)
       {a=5*i;
        b=3*i;
        r=U(a,b);
        if (r==0)
          {printf("   U(%d,%d)    = OVERFLOW\n",a,b);
           ok=0;
          }
        else
          printf("   U(%d,%d)    = %d\n",a,b,r);
       }
   }
```

以及计算的结果：

```
U(0,0)    = 1
U(5,3)    = 56
U(10,6)    = 8008
U(15,9)    = 1307504
U(20,12)    = 225792840
U(25,15)    = OVERFLOW
```

这些结果说明，交错的数目增长得非常快。只要 5 个写和 5 个读（也就是说，U(25, 15)），得到的数目就超过了 INT_MAX，即 2,147,483,647。这些情况说明，通过检查所有可能的执行情况来对并发程序做推理，是完全不现实的。

7.4 并发程序的规范描述

回到我们的例子。在这一节里，我们将说明如何写出这个并发程序的规范。

7.4.1 写和读的轨迹

这里的想法是，在考虑 **Writer** 和 **Reader** 程序时，完全不去看它们的规范。我们假定只能看到它们完成写或者读时的那个时刻的情况。在推理中，只是考虑这些时刻，可以采用的做法就是记录下到此为止已经写过和读过的全部历史，这样就得到了**写的轨迹**和**读的轨迹**。我们就把这一并发程序的规范定义为**这两个轨迹之间的关系**。写轨迹和读轨迹分别用 wt 和 rd 表示，它们的形式化定义是非常直截了当的。用变量 w 和 r 分别表示这两个轨迹的长度：

sets: D

variables: w, r, wt, rd

inv0_1: $w \in \mathbb{N}_1$

inv0_2: $r \in \mathbb{N}_1$

inv0_3: $wt \in 1\,..\,w \rightarrow D$

inv0_4: $rd \in 1\,..\,r \rightarrow D$

7.4.2 轨迹之间的关系

现在，我们来说明读轨迹相对于写轨迹的各种性质：

① 能读到的数据都是在前面写的；

② 能读到的东西由写的顺序确定；

③ 有些写的东西可能在读轨迹里缺失；

④ 有些写的东西可能在读轨迹里重复。

我们可以用一个把读轨迹联系到写轨迹的函数 f，部分地形式化这些性质：

variables: f

inv0_5: $f \in 1\,..\,r \rightarrow 1\,..\,w$

inv0_6: $rd = (f\,;wt)$

变量 f 是个全函数，它把读轨迹的作用域映射到写轨迹的作用域（不变式 **inv0_5**）。读

轨迹也就是将 f 放在前面与 wt 做出的函数复合（**inv0_6**）。在图 7.4 里，我们给出了这两个轨迹的一个例子以及它们的相互关系。从中可以看到，关联起两个轨迹的函数 f 就是：

$$f = \{1 \mapsto 1,\ 2 \mapsto 1,\ 3 \mapsto 5,\ 4 \mapsto 8,\ 5 \mapsto 8,\ 6 \mapsto 11,\ \ldots\}$$

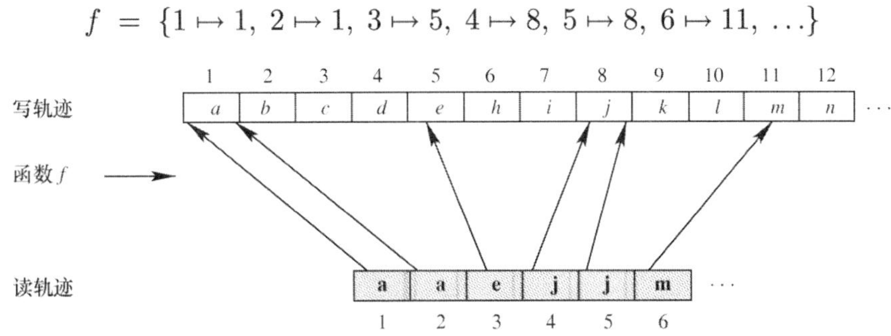

图 7.4　写轨迹和读轨迹以及它们之间的基本关系

在我们至今定义的规范里，不变式中没有考虑有关读轨迹的一个直观情况：事实上，如果 **Reader** 程序一直读写轨迹中的第一个元素，也是当前规范的一个完美实现。为了不允许这样的实现，我们必须说明读轨迹**应该有一些必要的进展**。

现在着手处理这件事。当一个值进入读轨迹时，在我们的规范里缺失了这个值在写轨迹里的确切位置。为了弥补这一缺失，我们引进另一个函数 g，它与 f 一样，也联系起读轨迹的作用域与写轨迹的作用域（不变式 **inv0_7**）：

variables: g	**inv0_7:** $g \in 1\,..\,r \rightarrow 1\,..\,w$

给定读轨迹的作用域里的一点 i（也就是说，$i \in 1\,..\,r$），$g(i)$ 表示正好在读轨迹的结束位置之前已经出现的写轨迹中的最后一个点。图 7.5 描述了有关的情况。

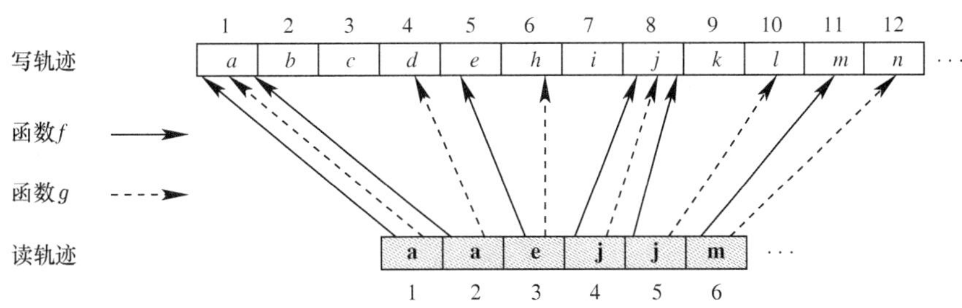

图 7.5　写轨迹和读轨迹以及它们之间的关系

函数 f 和 g 使我们（原则上）可以把两个轨迹放到一起，如图 7.6 所示。在这里可以看到，第二个读（读 **a**）是对着第一个写，虽然恰好在第二个读之前的写操作是第 4 个写（写 **d**）。这一情况就是因为 **Writer** 和 **Reader** 程序之间的交错。当读者执行其第一条指令时，就会把一个新值赋给变量 *reading*（它执行 *reading* := *latest*）。如果这时读者停住，那么写者的任何新的执行都会写在不同于 *reading* 的槽里，而且它可以做多次。由于这种情况，当读者再次开始工作时，就会读到一个很老的值。

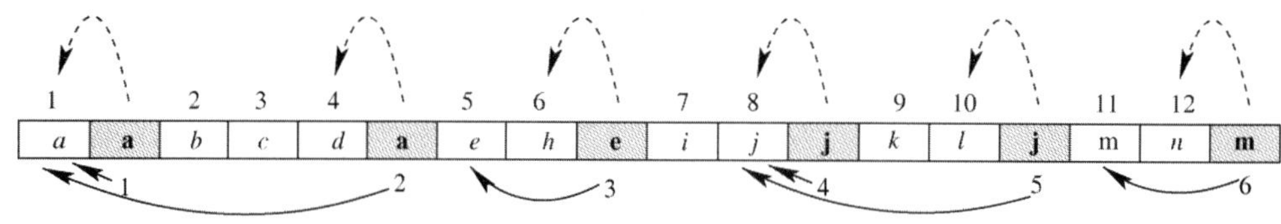

图 7.6　写轨迹和读轨迹放在一起

现在我们可以非常简单地说明，读总是对应于某个已经被写入的东西，也就是说，对于所有 $i \in 1\,..\,r$，总有 $f(i) \leqslant g(i)$（不变式 **inv0_8**）。请注意，在这里不能写等于符号的原因是，当 **Reader** 程序已经决定了准备读什么，但还没有真正去读的那段期间，**Writer** 程序可能已经向前移动了（有时可能已经走了很远）：

$$\textbf{inv0\_8:}\quad \forall i \cdot i \in 1\,..\,r \;\Rightarrow\; f(i) \leqslant g(i)$$

现在还剩下的，就是要说明一个事实：在某个点 $i+1$（对某个 $i \in 1\,..\,r-1$）将要去读的写下标，也就是写轨迹中的下标 $f(i+1)$，应该大于或等于在前一个读下标之后已经被写入的下标 $g(i)$。这也就是不变式 **inv0_9**：

$$\textbf{inv0\_9:}\quad \forall i \cdot i \in 1\,..\,r-1 \;\Rightarrow\; g(i) \leqslant f(i+1)$$

把 **inv0_8** 和 **inv0_9** 放在一起，我们就得到，对所有 $1\,..\,r-1$ 中的 i：

$$f(i+1) \;\in\; g(i)\,..\,g(i+1).$$

图 7.7 描述了这些情况，其中写轨迹的作用域显示在顶部，而读轨迹的作用域显示在底部。

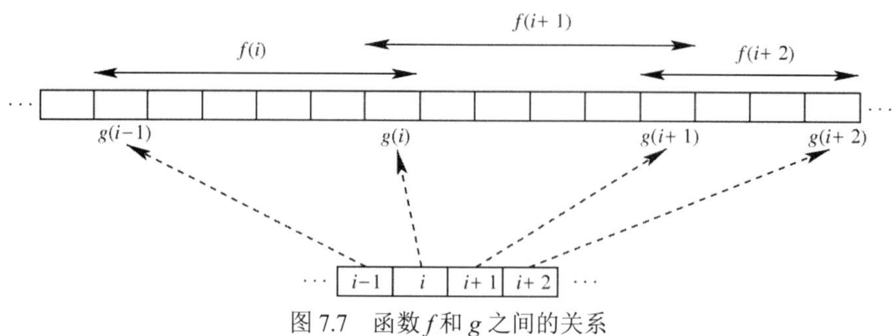

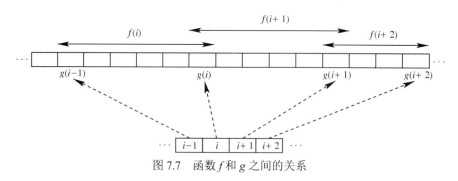

图 7.7　函数 f 和 g 之间的关系

正如我们在这里可以看到的，如果**连续的两个读之间至少有一个写**，读者就一定要进展。说得更精确些，如果 $g(i+1)=g(i)+1$，那么 $f(i+2)$ 的最小值（它应该等于 $g(i+1)$）也就等于 $g(i)+1$，而 $f(i)$ 的最大值就是 $g(i)$。在这种情况下，读者就是在 i 和 $i+2$ 之间做出了一些进展。图 7.8 描绘了这里的情况，其中我们说明了第 i 个读的值可以是 **a**、**b** 或 **c**，而

第 $i+1$ 个读的值可以是 **c** 或 **d**，第 $i+2$ 个读的值可以是 **d**、**e** 或 **h**。

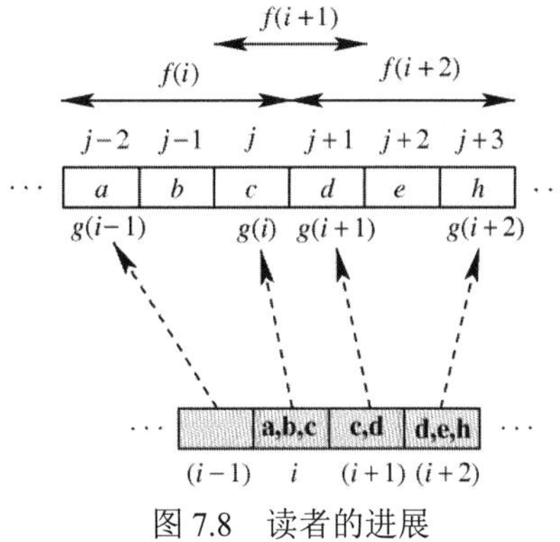

图 7.8　读者的进展

像在图 7.9 中那样，把两个轨迹放在一起，可以把这个例子表达得更清晰。正如在图中所见，在第 i 次和第 $i+1$ 次读之间有一个写（**d**），由于这一情况，在第 i 个读（当时可能读到 **a**、**b** 或 **c**），而在第 $i+2$ 个读时可能读到 **d**、**e** 或 **h**（但不可能是 **a**、**b** 或 **c**）。

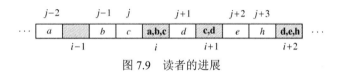

	$j-2$		$j-1$	j		$j+1$		$j+2$	$j+3$		
···	a		b	c	**a,b,c**	d	**c,d**	e	h	**d,e,h**	···
		$i-1$			i		$i+1$			$i+2$	

图 7.9　读者的进展

7.4.3　不变式的总结

下面是初始模型中不变式的总结：

inv0_1: $w \in \mathbb{N}_1$

inv0_2: $r \in \mathbb{N}_1$

inv0_3: $wt \in 1\,..\,w \rightarrow D$

inv0_4: $rd \in 1\,..\,r \rightarrow D$

inv0_5: $f \in 1\,..\,r \rightarrow 1\,..\,w$

inv0_6: $rd = (f\,;wt)$

inv0_7: $g \in 1\,..\,r \rightarrow 1\,..\,w$

inv0_8: $\forall i \cdot i \in 1\,..\,r \Rightarrow f(i) \leqslant g(i)$

inv0_9: $\forall i \cdot i \in 1\,..\,r-1 \Rightarrow g(i) \leqslant f(i+1)$

7.4.4　事件

为了简单起见，我们假定一开始就有一个确定的值 $d0$ 已经被写而后被读：

constants: $d0$

axm0_1: $d0 \in D$

有了这个假设，初始事件的定义非常简单：

```
init
  w := 1
  r := 1
  wt := {1 ↦ d0}
  rd := {1 ↦ d0}
  f := {1 ↦ 1}
  g := {1 ↦ 1}
```

```
write
  any d where
    d ∈ D
  then
    w := w + 1
    wt(w + 1) := d
  end
```

```
read
  any v where
    v ∈ g(r) .. w
  then
    r := r + 1
    f(r + 1) := v
    g(r + 1) := w
    rd(r + 1) := wt(v)
  end
```

事件 read 里的卫 $v \in g(r)..w$ 和两个动作 $f(r+1) := v$ 和 $g(r+1) := w$ 保证了不变式的保持性：

- 对不变式 **inv0_8**，因为 $f(r+1) = v \leqslant w = g(r+1)$，所以 $f(r+1) \leqslant g(r+1)$；
- 对不变式 **inv0_9**，因为 $g(r) \leqslant v = f(r+1)$，所以 $g(r) \leqslant f(r+1)$。

7.5 精化策略

我们将用于开发这个并发程序的技术，就是把前一节里提出的事件 write 和 read 切割为更小的片段。这种技术也是非常通用的，可以应用于很多并发算法。

7.5.1 最终精化的梗概

在这一开发结束时，两个程序里的每一条指令的形式化，都必须对应到一些特别的事件，使写事件与读事件之间的非确定性能得到所需要的交错执行。说得更精确一些，我们将有两个变量，分别表示 **Writer** 和 **Reader** 程序里的地址计数器，它们是 *adr_w* 和 *adr_r*：

$$adr\_w \in 1..5$$

$$adr\_r \in 1..3$$

除了初始化事件（它把两个地址计数器设置为 1），对应于 **Writer** 和 **Reader** 程序里的其他各种事件都将具有下面的形式：

```
init
adr_w := 1
adr_r := 1
...
```

```
Writer_1
any d where
  d ∈ d
  adr_w = 1
then
  x := d
  pair_w := 1 − reading
  adr_w := 2
end
```

```
Writer_2
when
  adr_w = 2
then
  indx_w := 1 − slot(pair_w)
  adr_w := 3
end
```

```
Writer_3
when
  adr_w = 3
then
  data(pair_w)(index_w) := x
  adr_w := 4
end
```

```
Writer_4
when
  adr_w = 4
then
  slot(pair_w) := indx_w
  adr_w := 5
end
```

```
Writer_5
when
  adr_w = 5
then
  latest := pair_w
  adr_w := 1
end
```

```
Reader_1
when
  adr_r = 1
then
  reading := latest
  adr_r := 2
end
```

```
Reader_2
when
  adr_r = 2
then
  indx_r := slot(reading)
  adr_r := 3
end
```

```
Reader_3
when
  adr_r = 3
then
  y := data(reading)(indx_r)
  adr_r := 1
end
```

对比这些事件与（在 7.2.1 节给出的）两个并发程序是很有价值的：

```
Writer(x)

  pair_w := 1 − reading;

  indx_w := 1 − slot(pair_w);

  data(pair_w)(indx_w) := x

  slot(pair_w) := indx_w;

  latest := pair_w
```

```
Reader

  reading := latest;

  indx_r := slot(reading);

  y := data(reading)(indx_r)
```

正如所见，每一条指令对应一个独立的事件。请注意，事件 `Write_1` 还要把参数存入一个变量 x，这件事也可以用另一个初始事件 `Write_0` 来做。

7.5.2 精化的目标

现在，我们的目标已经很清楚了：必须精化 7.4 节给出的初始模型，以得到 7.5.1 节给出的最终模型。有关工作将通过如下的方式完成：

- 逐步分割在抽象中一步完成的写动作和读动作；
- 逐步删去写轨迹和读轨迹；
- 逐步引入最终并发程序的数据结构。

下面是说得更精确的精化策略：

① 把读者和写者分为两个部分，删除读轨迹；
② 引入 Simpson 算法的数据结构，从读者程序中分割出另一个部分；
③ 删除写轨迹；
④ 把写者分割为三个部分。

7.6 第一次精化

在这一精化中，我们要给写者和读者都引入地址计数器，并删除读者轨迹。我们还要把写轨迹里的写操作分割为几个片段。

7.6.1 读者状态

写者计数器的名字是 *adr_w*，取值从 1 到 5；读者计数器的名字是 *adr_r*，取值从 1 到 3。这些由下面的不变式 **inv1_1** 和 **inv1_2** 定义：

variables: ...
adr_r
adr_w

inv1_1: $adr\_r \in \{1,2,3\}$

inv1_2: $adr\_w \in \{1,2,3,4,5\}$

让我们重看一下初始模型里的 `read` 事件：

read
  any v **where**
    $v \in g(r) \,..\, w$
  then
    $r := r+1$
    $f(r+1) := v$
    $g(r+1) := w$
    $rd(r+1) := wt(v)$
  end

可以看到，这里只使用和修改了下标 r 和新下标 $r + 1$ 处 f 和 g 的值。由于这种情况，我们可以完全忘掉整个读轨迹，只用两个变量 u 和 m 来表示 $g(r)$ 和 $f(r)$。下面的不变式 **inv1_3** 和 **inv1_4** 描述了这些情况。变量 y 表示读操作的结果，因此，它也是集合 D 的一个成员（不变式 **inv1_5**）。我们还需要说明，这个变量对应于读轨迹 rd 里的最后一个值，也就是 $rd(r)$。不变式 **inv1_6** 描述这个情况：

variables: $\ldots$
u
m
y

inv1_3: $u = g(r)$

inv1_4: $m = f(r)$

inv1_5: $y \in D$

inv1_6: $adr\_r = 1 \Rightarrow y = rd(r)$

7.6.2 读事件

现在的读者事件在下面定义。我们现在有两个新事件 `Reader_1` 和 `Reader_3`。在目前这一步，事件 `Reader_1` 还是虚设的（dummy），抽象的 `read` 事件重新命名为 `Reader_2`。图 7.10 描述了上述有关情况。

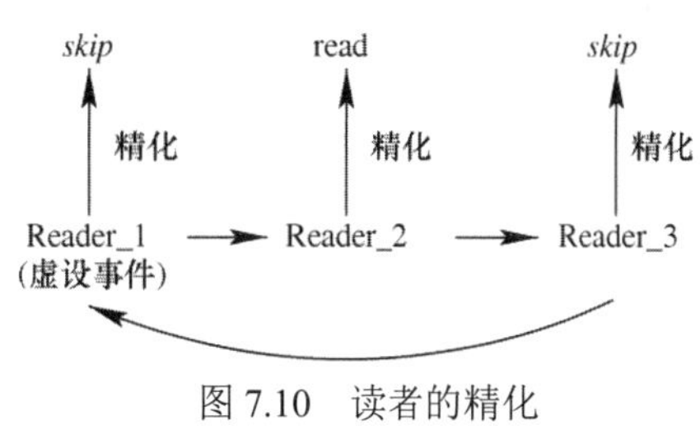

图 7.10 读者的精化

在这三个事件里，`Reader_2` 精化了抽象事件 `read`。为了非形式化地解释这样选择的原因，我们再看一看 **Reader** 程序：

Reader

$reading := latest;$

$indx\_r := slot(reading);$

$y := data(reading)(indx\_r)$

事实上，在这个程序的第二条指令执行之后，将被读的数据 $data(reading)(indx\_r)$ 就不会改变了，无论在此期间写程序做什么事情。这一事实将在第 4 次精化中证明。所以我们就说，被读数据在第二个指令后已经定义好了，因此用事件 `Reader_2` 精化事件 `read`。

在事件 `Reader_2` 里，变量 v 的值是非确定性选择，在抽象里，这个值来自 $g(r) \,..\, w$，现在取自 $u \,..\, w$（看看 **inv1_3**，它说 u 等于 $g(r)$）。把数据读入变量 y 的工作在 `Reader_3`

完成。注意，不变式 **inv1_6** 说在事件 `Reader_3` 发生之后（当 adr_r 等于 1 时），y 等于读轨迹中的最后一个项 $rd(r)$，也就是 $wtp(f(r))$，即 $wtp(m)$（根据不变式 **inv1_4**，$m = f(r)$）：

```
Reader_1
when
  adr_r = 1
then
  adr_r := 2
end
```

```
Reader_2
refines
  read
any v where
  adr_r = 2
  v ∈ u .. w
then
  m := v
  u := w
  adr_r := 3
end
```

```
Reader_3
when
  adr_r = 3
then
  y := wtp(m)
  adr_r := 1
end
```

7.6.3 写者状态

现在我们定义具体的写轨迹 wtp，它与抽象的写轨迹 wp 略有不同。需要不同的原因在于，在这一精化中，写轨迹 wtp 在一个事件（`Writer_1`）里修改，而写下标 w 在另外两个不同的事件 `Writer_42` 或 `Writer_51` 里增值。这些在下面的不变式里描述：

variables: …
wtp

inv1_7: $wtp \in \mathbb{N}_1 \nrightarrow D$

inv1_8: $wt \subseteq wtp$

inv1_9: $adr\_w = 1 \Rightarrow \mathrm{dom}(wtp) = 1 \,..\, w$

inv1_10: $adr\_w \in \{2,3,4\} \Rightarrow \mathrm{dom}(wtp) = 1 \,..\, w+1$

inv1_11: $adr\_w = 5 \Rightarrow \mathrm{dom}(wtp) \in \{1 \,..\, w,\ 1 \,..\, w+1\}$

7.6.4 写事件

现在考虑写事件。我们将有 5 个新事件（它们都精化 `skip`）：`Writer_1`、`Writer_2`、`Writer_3`、`Writer_41` 和 `Writer_52`。目前 `Writer_2`、`Writer_3`、`Writer_41` 和 `Writer_52` 都是简单的虚设事件，而事件 `Writer_42` 和 `Writer_51` 两者都精化抽象事件 `write`。图 7.11 描绘了上述情况。

与读的情况相比，在选择让哪些事件精化抽象事件 `write` 时，出现了一些微妙的问题。为了非形式地解释这里的情况，我们先研究一下 **Writer** 程序：

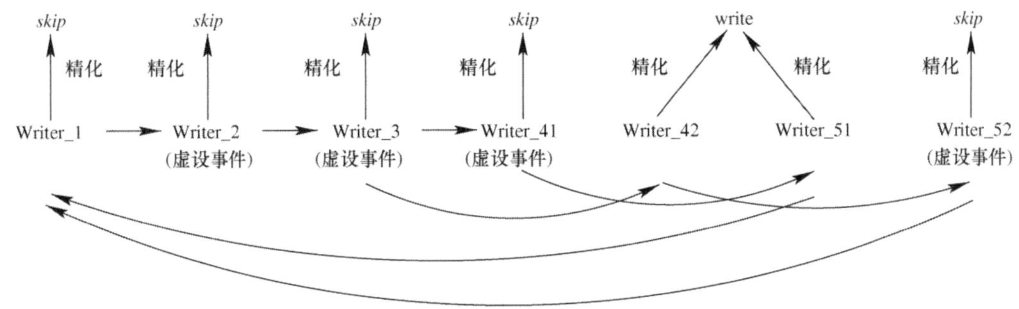

图 7.11 写者的精化

Writer(x)

$pair\_w := 1 - reading;$

$indx\_w := 1 - slot(pair\_w);$

$data(pair\_w)(indx\_w) := x$

$slot(pair\_w) := indx\_w;$

$latest := pair\_w$

在这里，虽然是第三条指令实际完成了修改操作，必须对应到我们在抽象中的观察的指令却不应该是它。不选择第三条指令，是因为最后两条指令修改了一些与 **Reader** 程序共享的数据（*slot* 和 *latest*）。因此我们必须选择最后一条指令。但是，实际上，最后一条指令有时什么也不做（当 *latest* 已经等于 *pair_w* 时）。如果 **Reader** 程序休息了一段时间，一直没去修改 *reading*，就会出现这种情况。在这种情况下，这里的第一条指令不会修改变量 *pair_w*，这样，*latest* 也不会变化。由于这些情况，抽象的写有可能结束在第 4 指令或者第 5 条指令。因此，我们将针对第 4 条指令定义两个事件 `Writer_41` 和 `Writer_42`，针对第 5 条指令也定义两个事件 `Writer_51` 和 `Writer_52`。

对 *wtp* 的写操作出现在事件 `Writer_1` 里，对下标 *w* 的增量操作在事件 `Writer_42` 和 `Writer_51` 里完成。请注意事件 `Writer_51` 和 `Writer_52` 的卫，它们保证 *w* 总是增加的，只在事件 **`Writer_42`** 或者事件 **`Writer_51`** 里增加一次：

Writer_1
any d **where**
  $d \in D$
  $adr\_w = 1$
then
  $wtp(w+1) := d$
  $adr\_w := 2$
end

Writer_2
when
  $adr\_w = 2$
then
  $adr\_w := 3$
end

Writer_3
when
  $adr\_w = 3$
then
  $adr\_w := 4$
end

Writer_41
when
  $adr\_w = 4$
then
  $adr\_w := 5$
end

Writer_42
refines
  write
when
  $adr\_w = 4$
with
  $d = wtp(w+1)$
then
  $w := w+1$
  $adr\_w := 5$
end

Writer_51
refines
  write
when
  $adr\_w = 5$
  $\mathrm{dom}(wtp) = 1\,..\,w+1$
with
  $d = wtp(w+1)$
then
  $w := w+1$
  $adr\_w := 1$
end

Writer_52
when
  $adr\_w = 5$
  $\mathrm{dom}(wtp) = 1\,..\,w$
then
  $adr\_w := 1$
end

7.7 第二次精化

在这一精化里，我们引进 Simpson 算法的数据结构。

7.7.1 状态

这个算法的数据结构已经在 7.2.1 节展示过，下面给出形式化的定义。请注意这里的两种例外的情况：①变量 *idata* 并不包含数据值，而只是指到写轨迹里的一个下标。它将在第 3 次和第 4 次精化中被精化到最终的变量 *data*。②变量 *indx_wp* 与最终的变量 *indx_w* 有些不同，后一变量将在第 4 个精化中引入。还请注意，现在我们要删去变量 *u* 和 *m*，它们已经没用了：

variables: …
reading
pair_w
latest
indx_r
indx_wp
slot
idata

inv2_1: $reading \in \{0,1\}$

inv2_2: $pair\_w \in \{0,1\}$

inv2_3: $latest \in \{0,1\}$

inv2_4: $indx\_r \in \{0,1\}$

inv2_5: $indx\_wp \in \{0,1\}$

inv2_6: $slot \in \{0,1\} \rightarrow \{0,1\}$

inv2_7: $idata \in \{0,1\} \rightarrow (\{0,1\} \rightarrow \mathrm{dom}(wtp))$

7.7.2 事件和新增的不变式

下面是精化后的读者事件：

```
Reader_1
when
  adr_r = 1
then
  reading := latest
  adr_r := 2
end
```

```
Reader_2
when
  adr_r = 2
with
  v = idata(reading)(slot(reading))
then
  indx_r := slot(reading)
  adr_r := 3
end
```

```
Reader_3
when
  adr_r = 3
then
  y := wtp(idata(reading)(indx_r))
  adr_r := 1
end
```

下面是事件 Reader_2 和 Reader_3 的抽象版本：

```
(abstract-)Reader_2
refines
  read
any v where
  adr_r = 2
  v ∈ u .. w
then
  m := v
  u := w
  adr_r := 3
end
```

```
(abstract-)Reader_3
when
  adr_r = 3
then
  y := wtp(m)
  adr_r := 1
end
```

这些使我们能理解下面不变式的必要性，在证明之前需要讨论一下。事实上，不变式 **inv2_8** 能帮助我们证明 Reader_2，而 **inv2_9** 帮助我们证明 Reader_3。而且 **inv2_9** 帮助我们证明事件 Reader_1 对 **inv2_8** 的保持性：

inv2_8:	$adr\_r = 2 \Rightarrow idata(reading)(slot(reading)) \in u\,..\,w$
inv2_9:	$adr\_r = 3 \Rightarrow m = idata(reading)(indx\_r)$
inv2_10:	$idata(latest)(slot(latest)) = w$

下面是写事件，其中 Writer_2、Writer_3 保持在它们前一个精化里的样子，没有修改，因此没在这里给出：

```
Writer_1
any d where
  d ∈ D
  adr_w = 1
then
  pair_w := 1 − reading
  indx_wp := 1 − slot(1 − reading)
  idata(1 − reading)(1 − slot(1 − reading)) := w + 1
  wtp(w + 1) := d
  adr_w := 2
end
```

```
Writer_41
when
  adr_w = 4
  pair_w ≠ latest
then
  slot(pair_w) := indx_wp
  adr_w := 5
end
```

```
Writer_42
when
  adr_w = 4
  pair_w = latest
then
  slot(pair_w) := indx_wp
  w := w + 1
  adr_w := 5
end
```

```
Writer_51
when
  adr_w = 5
  pair_w ≠ latest
then
  latest := pair_w
  w := w + 1
  adr_w := 1
end
```

```
Writer_52
when
  adr_w = 5
  pair_w = latest
then
  latest := pair_w
  adr_w := 1
end
```

为证明前面不变式的保持性，需要引进下面这些不变式。它们的证明都很简单：

inv2_11: $adr\_w = 1 \Rightarrow pair\_w = latest$

inv2_12: $reading = pair\_w \Rightarrow latest = reading$

inv2_13: $adr\_w \in \{1,5\} \Rightarrow indx\_wp = slot(pair\_w)$

inv2_14: $adr\_w \in \{2,3,4\} \Rightarrow indx\_wp = 1 - slot(pair\_w)$

inv2_15: $adr\_w = 5 \Rightarrow (latest = pair\_w \Leftrightarrow \mathrm{dom}(wtp) = 1\,..\,w)$

inv2_16: $idata(pair\_w)(indx\_w) = \max(\mathrm{dom}(wtp))$

注意，$\max(\mathrm{dom}(wtp))$ 是良好定义的，因为 $\mathrm{dom}(wtp)$ 不空而且有穷（不变式 **inv1_9** 和 **inv1_11** 保证了 $\mathrm{dom}(wtp) \subseteq 1..w+1$，不变式 **inv0_1** 保证 $w \geqslant 1$）。最后是下面的初始化事件：

$$
\begin{array}{l}
\mathsf{init} \\
\quad adr\_w := 1 \\
\quad adr\_r := 1 \\
\quad w := 1 \\
\quad wtp := \{1 \mapsto d0\} \\
\quad y := d0 \\
\quad pair\_w := 0 \\
\quad reading := 0 \\
\quad latest := 0 \\
\quad slot := \{0 \mapsto 0, 1 \mapsto 0\} \\
\quad idata := \{0 \mapsto \{0 \mapsto 1, 1 \mapsto 1\}, \\
\qquad\qquad 1 \mapsto \{0 \mapsto 1, 1 \mapsto 1\}\} \\
\quad indx\_wp := 0 \\
\quad indx\_r := 0
\end{array}
$$

7.8　第三次精化

在这一精化中，我们要删除轨迹 *wtp*，因此也可以删去变量 *w*。由于这些处理，事件 `Writer_41` 和 `Writer_42` 里的动作变成一样的了，这两个事件将在下一次精化中合并。同样情况也发生在 `Writer_51` 和 `Writer_52` 之间，下次精化也会合并它们。

7.8.1　状态

我们用变量 *Data* 取代变量 *idata* 和 *wtp*，这个变量将包含数据的值（正如粘接不变式 **inv3_2** 所指明的）：

$$
\begin{array}{ll}
\textbf{variables:} & \ldots \\
 & Data
\end{array}
$$

$$
\begin{array}{ll}
\textbf{inv3\_1:} & Data \in \{0,1\} \to (\{0,1\} \to D) \\
\\
\textbf{inv3\_2:} & \forall x, y \cdot \left(\begin{array}{l} x \in \{0,1\} \\ y \in \{0,1\} \\ \Rightarrow \\ wtp(idata(x)(y)) = Data(x)(y) \end{array} \right)
\end{array}
$$

7.8.2　事件

下面是各个事件。注意，第一个写事件还是连接起三个动作。它将在下一次精化中分解出 `Writer_2` 和 `Writer_3`：

init
$adr\_w := 1$
$adr\_r := 1$
$y := d0$
$pair\_w := 0$
$reading := 0$
$latest := 0$
$slot := \{0 \mapsto 0, 1 \mapsto 0\}$
$Data := \{0 \mapsto \{0 \mapsto d0, 1 \mapsto d0\},$
$\quad 1 \mapsto \{0 \mapsto d0, 1 \mapsto d0\}\}$
$indx\_wp := 0$
$indx\_r := 0$

Writer_1
any d **where**
$d \in D$
$adr\_w = 1$
then
$pair\_w := 1 - reading$
$indx\_wp := 1 - slot(1 - reading)$
$Data(1 - reading)(1 - slot(1 - reading)) := d$
$adr\_w := 2$
end

Writer_41
when
$adr\_w = 4$
$pair\_w \neq latest$
then
$slot(pair\_w) := indx\_wp$
$adr\_w := 5$
end

Writer_42
when
$adr\_w = 4$
$pair\_w = latest$
then
$slot(pair\_w) := indx\_wp$
$adr\_w := 5$
end

Writer_51
when
$adr\_w = 5$
$pair\_w \neq latest$
then
$latest := pair\_w$
$adr\_w := 1$
end

Writer_52
when
$adr\_w = 5$
$pair\_w = latest$
then
$latest := pair\_w$
$adr\_w := 1$
end

Reader_1
when
$adr\_r = 1$
then
$reading := latest$
$adr\_r := 2$
end

Reader_2
when
$adr\_r = 2$
then
$indx\_r := slot(reading)$
$adr\_r := 3$
end

Reader_3
when
$adr\_r = 3$
then
$y := Data(reading)(indx\_r)$
$adr\_r := 1$
end

7.9 第四次精化

7.9.1 状态

这里完成最后一项工作：分解事件 `Writer_1`。我们将精确地得到在 7.5.1 节给出的系统概貌。用变量 *data* 取代 *Data*，用变量 *indx_w* 取代 *indx_wp*：

variables: ...
$data$
$indx\_w$
x

inv4_1: $data \in \{0,1\} \to (\{0,1\} \to D)$

inv4_2: $indx\_w \in \{0,1\}$

inv4_3: $x \in D$

inv4_4: $adr\_w \in \{1,4,5\} \Rightarrow Data = data$

inv4_5:
$adr\_w \in \{2,3\}$
$\Rightarrow$
$Data = data \Leftarrow \{pair\_w \mapsto (data(pair\_w) \Leftarrow \{indx\_wp \mapsto x\})\}$

inv4_6: $adr\_w \in \{1,3,4,5\} \Rightarrow indx\_w = indx\_wp$

inv4_7:
$adr\_w = 3$
$adr\_r = 3$
$pair\_w = reading$
$\Rightarrow$
$indx\_r \neq indx\_wp$

inv4_8:
$adr\_w = 2$
$adr\_r = 3$
$pair\_w = reading$
$\Rightarrow$
$indx\_r \neq indx\_wp$

请注意 **inv4_7**，在 7.2.3 节提出需要这个条件。这个不变式说，我们将不会并发地在同一个位置写和读。

7.9.2 事件

init
$adr\_w := 1$
$adr\_r := 1$
...

Writer_1
when
$adr\_w = 1$
then
$x :\in D$
$pair\_w := 1 - reading$
$adr\_w := 2$
end

Writer_2
when
$adr\_w = 2$
then
$indx\_w := 1 - slot(pair\_w)$
$adr\_w := 3$
end

Writer_3	Writer_4	Writer_5
when $adr\_w = 3$ **then** $data(pair\_w)(index\_w) := x$ $adr\_w := 4$ **end**	**refines** Writer_41 Writer_42 **when** $adr\_w = 4$ **then** $slot(pair\_w) := indx\_w$ $adr\_w := 5$ **end**	**refines** Writer_51 Writer_52 **when** $adr\_w = 5$ **then** $latest := pair\_w$ $adr\_w := 1$ **end**

Reader_1	Reader_2	Reader_3
when $adr\_r = 1$ **then** $reading := latest$ $adr\_r := 2$ **end**	**when** $adr\_r = 2$ **then** $indx\_r := slot(reading)$ $adr\_r := 3$ **end**	**when** $adr\_r = 3$ **then** $y := data(reading)(indx\_r)$ $adr\_r := 1$ **end**

事件 write 的一系列变换如下所示：

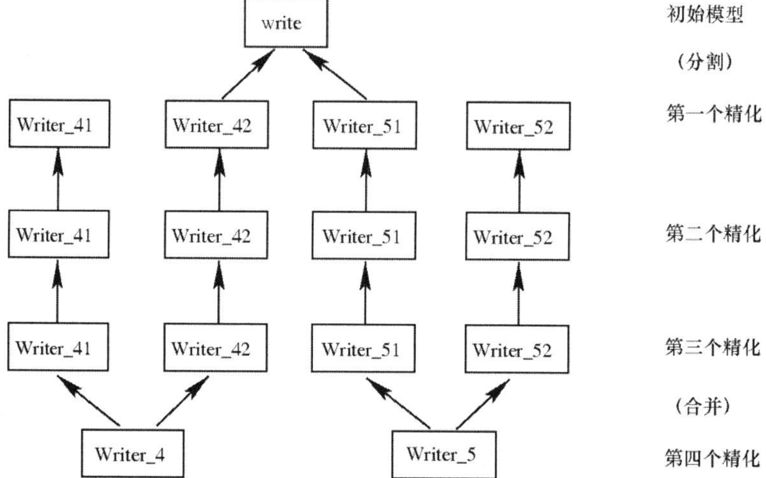

7.10 参考资料

H R Simpson. Four-slot fully asynchronous communication mechanism. Computer and Digital Techniques. IEE Proceedings. Vol. 137 (1) (January 1990).

第 8 章　电路的开发

8.1　引言

在这一章里，我们将展示用一种简单的方法，支持同步电路的**渐进式的带有证明的开发**。图 8.1 描绘了一个典型的电路。

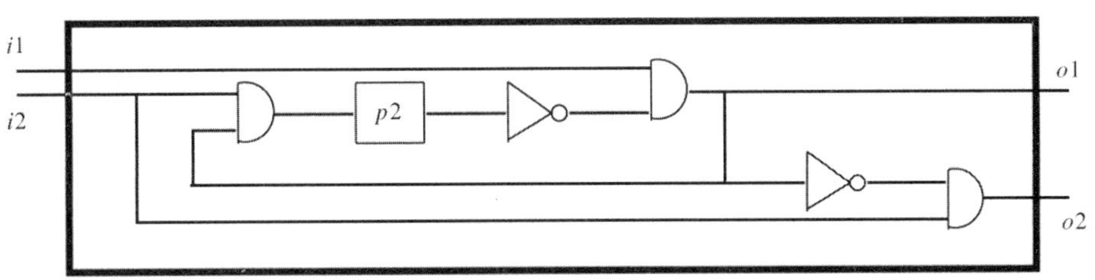

图 8.1　一个典型的电路

这一电路由下面一些部件组成：两个输入连线 *i*1 和 *i*2 送入布尔值，两个输出连线 *o*1 和 *o*2 送出布尔值，若干个**门电路**（这里有三个与门和两个非门），以及一个保存布尔值的**寄存器** *p*2。我们希望用一种系统化方法来开发这类电路。

8.1.1　同步电路

一个同步电路可以看作是一个盒子，它有一个确定的**状态**，我们将称其为 *cir_state*。一些**输入**线 *input* 进入这个盒子，另一些**输出**线 *output* 从它引出。假定这些输入和输出线携带的都是布尔值，这些可以用图 8.2 表示。

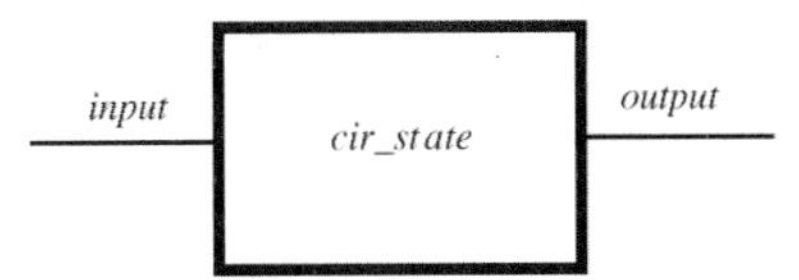

图 8.2　电路看作带有一些输入和输出线的盒子

作为一种充分的抽象，我们可以说一个电路是通过一个时钟**同步的**，该时钟规范地在两个电平（*low* 和 *high*，即**低**和**高**）之间交替地脉动，如图 8.3 所示。

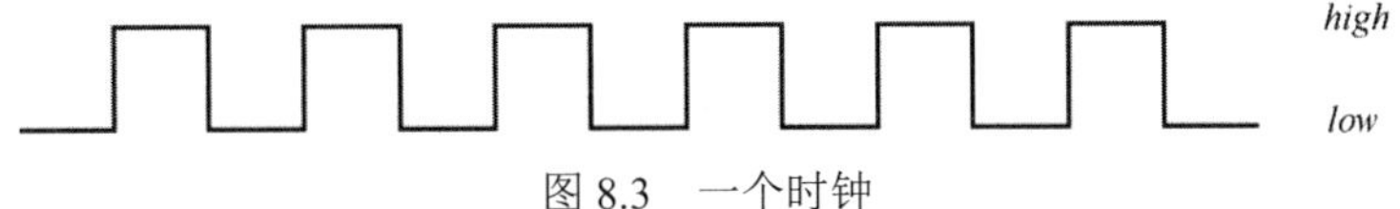

图 8.3　一个时钟

对时钟的这种抽象有如下的解释：①当时钟处于 *low* 时，*cir_state* 和输出线 *output* 都假定处于停顿，只有输入线 *input* 可能变化；与此相反，②当时钟是 *high* 时，输入线 *input* 假定为停顿，而 *cir_state* 可以改变，输出线 *output* 也可以改变。从现在开始，我们将把 *cir_state* 和输出线 *output* 放在一起，看作一个**电路**，把输入线 *input* 看作它的**环境**。注意，环境本身也形成了一个状态，我们将称其为 *env_state*。

8.1.2 电路与其环境的耦合

基于这种有关电路和环境的观点，时钟的概念可以看得更抽象，简单地说，它就是给了我们两种交替的方式去**观察这个闭系统**，该系统由有关的电路及其环境组成。

这样，我们可以认为存在着两种观察**模式**：一个是 *env*，它对应于以独立于电路的方式去观察环境；而另一个是 *cir*，它对应于以独立于环境的方式去观察电路。这两个模式之间反复交替，永无止境。从现在开始，我们将一直采用这种观点而忘记时钟的事情。这样做还有一个自然的效果：我们将不会孤立地去开发一个电路，而**总是与其环境一起开发**。图 8.4 描绘了电路与环境的这种**耦合关系**。

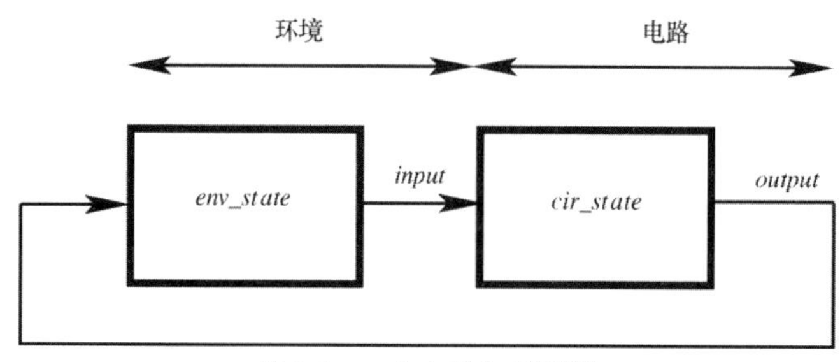

图 8.4 一个电路与其环境

8.1.3 耦合的动态观点

假设我们把 *cir_state* 形式化为若干个布尔变量 c，电路的各种动态演化就可以形式化为如下定义的一个事件：

$$
\begin{array}{l}
\text{cir\_event\_i} \\
\quad \textbf{when} \\
\qquad mode = cir \\
\qquad GC\_i(input, c) \\
\quad \textbf{then} \\
\qquad mode := env \\
\qquad c, output :\mid PC\_i(input, c, c', output') \\
\quad \textbf{end}
\end{array}
$$

与此类似，环境也可以形式化为若干个变量 e，环境的各种动态演化可以形式化为如下定义的一个事件：

```
env_event_j
  when
    mode = env
    GE_j(output, e)
  then
    mode := cir
    e, input :| PE_j(output, e, e', input')
  end
```

正如在上面定义中可以看到的，这里有一个重要的区分：当 *mode* 是 *env* 时，可以被修改的是 *input* 连线和环境变量 *e*；而当 *mode* 是 *cir* 时，被修改的是 *output* 连线和电路变量 *c*。环境的修改可能依据某些特殊的规则，但无论如何，这些修改都不受电路变量的影响（当然，可能受到 *output* 的影响）。在另一个方向上，电路变量 *c* 的修改，可能依赖于 *input* 连线和电路变量 *c* 本身，但与环境变量无关。

还要注意，在我们有关电路和环境的抽象观点中，*input* 和 *output* 连线，以及 *c* 和 *e*，并不必须用布尔值表示（在精化后的实现中，有可能是这样的）。例如，在一个抽象规范里，变量 *e* 和 *c* 完全可能携带着自运行开始之后电路与其环境之间所发生情况的整个历史。

8.1.4 耦合的静态观点

至今我们所想象的，一直是有关电路与其环境的一个非常**操作性**（虽然很抽象）的观察。我们描述了这些实体如何随着时间流逝而演化的动态情况，但还完全没有解释**为什么**它们将会有如此的行为。另一个完全独立的途径是展示一种**静态观点**，通过某些条件 *C* 和 *D* 描述这些实体**持续地**相互关联的方式。这些条件表达了电路与其环境之间的**耦合**情况：

$$mode = env \quad \Rightarrow \quad C(e, input, c, output)$$

$$mode = cir \quad \Rightarrow \quad D(e, input, c, output)$$

条件 *C* 说明电路应该（为其环境）建立的东西，前提是它在 *D* 成立的情况中活动。反过来，条件 *D* 说明环境应该（为电路）建立的东西，前提是它在 *C* 成立的情况中活动。

8.1.5 协调性条件

上面我们说明了有关动态和静态情况的想法，但没有任何东西能保证它们相互协调。

这其中的协调性需要我们严格证明。协调性条件可以作如下描述：

$$
\begin{array}{l}
C(e, input, c, output) \\
GE\_j(output, e) \\
PE\_j(output, e, e', input') \\
\Rightarrow \\
D(e', input', c, output))
\end{array}
$$

$$
\begin{array}{l}
D(e, input, c, output) \\
GC\_i(input, c) \\
PC\_i(input, c, c', output') \\
\Rightarrow \\
C(e, input, c', output')
\end{array}
$$

非形式地说，上面的条件意味着，当 *mode* 是 *env* 而且静态条件 *C* 成立时，环境做出的任何可以接受的修改 *e'* 和 *input'* 都必须保证 *D* 成立。类似地，当 *mode* 是 *cir* 而且静态条件 *D* 成立时，电路做出的任何可接受的修改 *c'* 和 *output'* 都必须保证 *C* 成立。

8.1.6 一个警告

注意，上面这种形式化的公式，对应于我们在一次**形式化开发的最后**必须得到的东西，在那里必须有清晰分离的电路和环境。然而，在开发过程中，这种分离就不必太严格了。例如，我们完全可以允许一些情况，例如允许环境去访问以前的 *input*，或甚至去访问电路的状态。类似地，我们也可以接受诸如电路去访问以前的 *output*，或甚至环境的状态。当然，即使是在抽象模型里，有些规矩还是必须遵守，这就是有关修改对象的限制：环境只能修改 *input* 和自己的状态，而电路只能修改自己的状态和 *output*。

电路设计的一个目标是非常清晰的，那就是在电路和环境之间，最终只是通过输入和输出连线通信。为了做到这一点，我们必须让两者的状态都**局部化**。

8.1.7 电路的最终构造

当下面的条件都满足时，我们就得到了一个最终的精化情况：

① 电路变量必须都是布尔的；

② 输入必须是布尔的；

③ 输出必须是布尔的；

④ 电路必须没有死锁；

⑤ 电路的内部必须是确定性的——这里关注的是电路变量和输出；

⑥ 电路对外部必须是确定性的——电路中不同的卫必须互斥（互不相交）；

⑦ 除了输出之外，环境不访问电路的变量；

⑧ 除了输入之外，电路不访问环境的变量。

注意，环境完全可以是外部非确定性的，或者内部非确定性的。作为这种情况的结果，一个电路事件将具有下面的形式：

$$
\begin{array}{l}
\textsf{cir\_event\_i} \\
\quad \textbf{when} \\
\qquad mode = cir \\
\qquad GC\_i(input, c) \\
\quad \textbf{then} \\
\qquad mode := env \\
\qquad c := C\_i(input, c) \\
\qquad output := O\_i(input, c) \\
\quad \textbf{end}
\end{array}
$$

现在我们将要证明，一个电路里的每个事件都可以精化到同一种形式，它们对电路状态和输出都采用**同一个动作**。下面就是这个精化的形式：

$$
\begin{array}{l}
\textsf{cir\_event\_i} \\
\quad \textbf{when} \\
\qquad mode = cir \\
\qquad GC\_i(input, c) \\
\quad \textbf{then} \\
\qquad mode := env \\
\qquad c := \mathrm{bool}\left(\begin{array}{l} \ldots \;\; \vee \\ (GC\_i(input, c) \;\wedge\; C\_i(input, c) = \mathrm{TRUE}) \;\; \vee \\ \ldots \end{array}\right) \\
\qquad output := \mathrm{bool}\left(\begin{array}{l} \ldots \;\; \vee \\ (GC\_i(input, c) \;\wedge\; O\_i(input, c) = \mathrm{TRUE}) \;\; \vee \\ \ldots \end{array}\right) \\
\quad \textbf{end}
\end{array}
$$

请注意，这里运算符“bool”把一个谓词变换为一个布尔表达式。这个变换是基于下面的等价关系定义：

$$
E = \mathrm{bool}(P) \;\Leftrightarrow\; \left(\begin{array}{rcl} P & \Rightarrow & E = \mathrm{TRUE} \\ \neg P & \Rightarrow & E = \mathrm{FALSE} \end{array}\right)
$$

上面所说的精化证明是直截了当的，实际上，就是要证明与变量 c 有关的下面相继式（与 *output* 有关的证明与此类似，因此不再给出）：

$$
\begin{array}{l}
GC\_i(input, c) \\
\vdash \\
C\_i(input, c) \;=\; \mathrm{bool}\left(\begin{array}{l} \ldots \;\; \vee \\ (GC\_i(input, c) \;\wedge\; C\_i(input, c) = \mathrm{TRUE}) \;\; \vee \\ \ldots \end{array}\right)
\end{array}
$$

根据运算符 bool 的定义，这可以归结到两个语句的证明。第一个是：

$$
\begin{array}{l}
GC\_i(input, c) \\
\left(\begin{array}{l} \ldots \quad \vee \\ (\,GC\_i(input, c) \ \wedge \ C\_i(input, c) = \text{TRUE}\,) \quad \vee \\ \ldots \end{array}\right) \\
\vdash \\
C\_i(input, c) = \text{TRUE}
\end{array}
$$

由于卫的互斥性（也就是说，当$i \neq j$）时 $GC\_i(input, c) \Rightarrow \neg GC\_j(input, c)$），第一个语句可以归约到下面自然成立的式子：

$$
\begin{array}{l}
GC\_i(input, c) \\
C\_i(input, c) = \text{TRUE} \\
\vdash \\
C\_i(input, c) = \text{TRUE}
\end{array}
$$

下面是需要证明的第二个相继式：

$$
\begin{array}{l}
GC\_i(input, c) \\
\neg\left(\begin{array}{l} \ldots \quad \vee \\ (\,GC\_i(input, c) \ \wedge \ C\_i(input, c) = \text{TRUE}\,) \quad \vee \\ \ldots \end{array}\right) \\
\vdash \\
C\_i(input, c) = \text{FALSE}
\end{array}
$$

去除最外面的否定后再应用 de Morgen 律，这个语句等价于：

$$
\begin{array}{l}
GC\_i(input, c) \\
\ldots \\
\neg GC\_i(input, c) \ \vee \ C\_i(input, c) = \text{FALSE} \\
\ldots \\
\vdash \\
C\_i(input, c) = \text{FALSE}
\end{array}
$$

它也就是下面这个自然成立的相继式：

$$
\begin{array}{l}
GC\_i(input, c) \\
\ldots \\
C\_i(input, c) = \text{FALSE} \\
\ldots \\
\vdash \\
C\_i(input, c) = \text{FALSE}
\end{array}
$$

因为电路是无死锁的（当 $mode = cir$ 时，所有卫的析取总成立），而且具有相同的动作，它们可以合并为如下的一个事件：

```
cir_event
  when
    mode = cir
  then
    mode := env
    c := bool( ... ∨
               GC_i(input, c) ∧ C_i(input, c) = TRUE ∨
               ... )
    output := bool( ... ∨
                    GC_i(input, c) ∧ O_i(input, c) = TRUE ∨
                    ... )
  end
```

请注意，当某个 $C\_i(input, c)$ 在语法上就是 TRUE 时，$C\_i(input, c) = \mathrm{TRUE}$ 可以直接删去；而当某个 $C\_i(input, c)$ 在语法上就是 FALSE 时，$GC\_i(input, c) \wedge C\_i(input, c) = \mathrm{TRUE}$ 就可以删去。对 $O\_i(input, c)$ 等也可以做类似化简。最后这个事件就是我们的电路。从这个公式出发，我们可以通过一种系统化的方式提取出实际的电路。

8.1.8 一个非常小的示例

假设我们最后开发出了下面的电路事件：

```
env1
  when
    mode = env
    input_1 = TRUE
    input_2 = TRUE
  then
    mode := cir
    output := TRUE
  end
```

```
env2
  when
    mode = env
    input_1 = TRUE
    input_2 = FALSE
  then
    mode := cir
    output := TRUE
  end
```

```
env3
  when
    mode = env
    input_1 = FALSE
    input_2 = TRUE
  then
    mode := cir
    output := TRUE
  end
```

```
env4
  when
    mode = env
    input_1 = FALSE
    input_2 = FALSE
  then
    mode := cir
    output := FALSE
  end
```

显然，这些事件是内部和外部确定性的，而且也是无死锁的。通过应用前一节给出的合并规则，我们就得到了下面这个应该赋给 *output* 的布尔表达式：

$$\text{bool}\begin{pmatrix} (input\_1 = \text{TRUE} \wedge input\_2 = \text{TRUE} \wedge \text{TRUE} = \text{TRUE}) \vee \\ (input\_1 = \text{TRUE} \wedge input\_2 = \text{FALSE} \wedge \text{TRUE} = \text{TRUE}) \vee \\ (input\_1 = \text{FALSE} \wedge input\_2 = \text{TRUE} \wedge \text{TRUE} = \text{TRUE}) \vee \\ (input\_1 = \text{FALSE} \wedge input\_2 = \text{FALSE} \wedge \text{FALSE} = \text{TRUE}) \end{pmatrix},$$

它可以化简为：

$$\text{bool}(input\_1 = \text{TRUE} \vee input\_2 = \text{TRUE}).$$

作为最后的结果，这些事件可以合并为下面的唯一事件：

```
or_gate
  when
    mode = env
  then
    mode := cir
    output := bool(input_1 = TRUE ∨ input_2 = TRUE)
  end
```

8.2 第一个例子

前面的讨论可能让人感到很枯燥。现在我们将通过一个电路规范和设计的小例子，来阐释我们的开发方法。

8.2.1 非形式的规范描述

我们现在要提出来研究的是一个众所周知的范例，它已经被人们在一些不同的上下文中仔细分析过。这个例子称为**单脉冲发生器**（简称脉冲发生器）。这里是它的一个非形式规范，取自参考资料[1]：

我们有一个按钮开关，低位是开（真），高位是关（假）。请设计一个电路来检测这个按钮的按压情况，并维持长度为一个时钟脉冲的输出信号。由此直至按钮被操作者释放，不允许这个系统产生任何其他的输出。

参考资料[1] 中有另一个与此相关的规范描述，通过描述这个电路的输入 I 与输出 O 之间的三个性质的方式，给出了对该电路的要求：

① 任何时刻出现 I 的上升沿，若干时间之后 O 变为真；

② 只要 O 变为真，它就将在下一时间间隔变为假，并保持为假直至 I 的下一个上升沿；

③ 只要出现了上升沿，再假定输出脉冲没有立即发生，在这种脉冲发生前不会出现更

多的上升沿（在 I 的两个上升沿之间不可能出现没有 O 脉冲的情况）。

阅读这些规范的主观感受，就是它们都很难理解。我们更喜欢把电子线路插入在可能的环境中，以这样的方式描述之：

① 我们有一个按钮，它可以被操作者按下或释放，这个按钮连在电路的输入端；

② 我们有一个灯泡，它能被点亮而后关掉。这个灯泡连在电路的输出端；

③ 电路位于按钮和灯泡之间，它将使得灯泡闪亮的次数恰好等于按钮被按下后再被释放的次数。

图 8.5 给出了这个封闭系统的概貌表示。

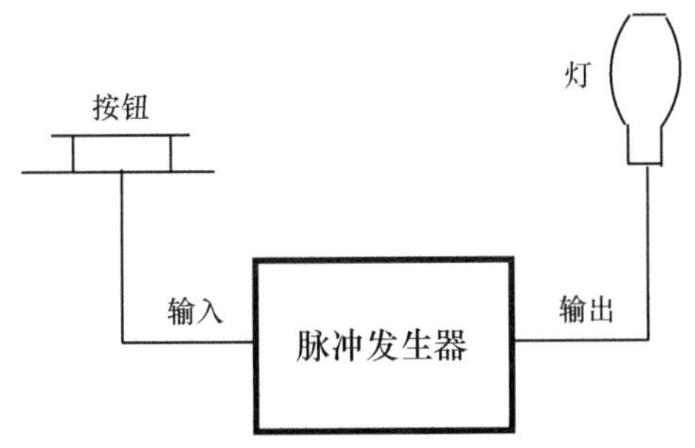

图 8.5 一个脉冲发生器和它的环境

请注意，我们刚才描述的情节可以被一个外部**见证者**观察到。我们可以统计按钮被操作人员按下的次数以及灯泡闪亮的次数，然后**比较**这两个数。例如，图 8.6 展示了两个波形图，第一个波形图表示了一系列的按钮按下随后被释放的情况，第二个表示与之对应的灯泡的一系列闪亮的情况。

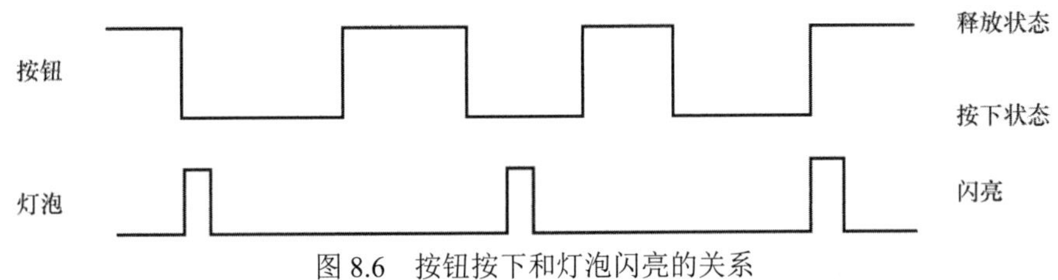

图 8.6 按钮按下和灯泡闪亮的关系

正如所见，灯泡的闪亮可能发生在按钮刚刚被按下的时刻，也可能在一次按下和一次释放之间，还可能紧接着一次释放之后。

8.2.2 初始模型

状态 在定义状态之前，我们必须先形式化集合 *MODE* 和它的两个值 *env* 和 *cir*：

sets: $MODE$

constants: env, cir

axm0_1: $MODE = \{env, cir\}$
axm0_2: $env \neq cir$

我们并不想直接用具体的输入线表示环境，用具体的输出线（或许再加上一些具体的内部状态）表示电路。与此不同，我们考虑一个**抽象**，其中环境用两个自然数变量 *push* 和 *pop* 表示，它们分别记录（系统启动之后）按钮被按下和释放的次数。这样就得到了下面的不变式，它们的描述非常自然：*push* 至少与 *pop* 一样大，至多比 *pop* 大 1。

variables: $mode$
$push$
pop

inv0_1: $mode \in MODE$

inv0_2: $push \in \mathbb{N}$

inv0_3: $pop \in \mathbb{N}$

inv0_4: $pop \leqslant push$

inv0_5: $push \leqslant pop + 1$

抽象的电路用一个变量 *flash* 表示，其值是灯泡闪亮的次数。这样，我们就有了下面的性质，它们说明了抽象环境和抽象电路之间的耦合关系：*push* 至少与 *flash* 一样大，至多比 *flash* 大 1。换句话说，你先按按钮，灯泡后闪亮（假设电路启动时灯泡不是亮的）：

variables: $\ldots, flash$

inv0_6: $flash \in \mathbb{N}$

inv0_7: $flash \leqslant push$

inv0_8: $push \leqslant flash + 1$

事件 除了初始化事件，环境的动态行为也容易想清楚：我们有三个事件，分别对应于按下按钮（事件 env1）、释放它（事件 env2）和最后一个什么也不做（事件 env3）。显然，只有在 *pop* 等于 *push* 时我们才能按下按钮，只有在 *push* 与 *pop* 不同时（根据不变式 **inv0_4** 和 **inv0_5**，*push* 的值比 *pop* 大 1），我们才能释放按钮。最后，在任何情况下都可以不做事：

init
  $mode := env$
  $push := 0$
  $pop := 0$
  $flash := 0$

env1
  when
    $mode = env$
    $pop = push$
  then
    $mode := cir$
    $push := push + 1$
  end

env2
  when
    $mode = env$
    $push \neq pop$
  then
    $mode := cir$
    $pop := pop + 1$
  end

env3
  when
    $mode = env$
  then
    $mode := cir$
  end

抽象电路的动态行为稍微复杂一点。这里有两个事件，分别对应于灯泡闪亮（事件 cir1）和什么也不做（事件 cir2）。当 *push* 不等于 *flash* 时灯泡可以亮一下：

```
cir1
  when
    mode = cir
    push ≠ flash
  then
    mode := env
    flash := flash + 1
  end
```

在什么情况下电路可以什么也不做？这件事需要仔细研究一下。当按钮被按下时，灯泡可以立刻闪亮（图 8.7 中的情况 1），也可能过一会再闪（图 8.7 中的情况 2 和情况 3）。闪亮发生的最晚时间就是在用户释放按钮后的那一刻（图 8.7 中的情况 3）。作为这些情况的后果，电路可以在图 8.8 描绘的 A、B 和 C 三种情形中什么也不做。

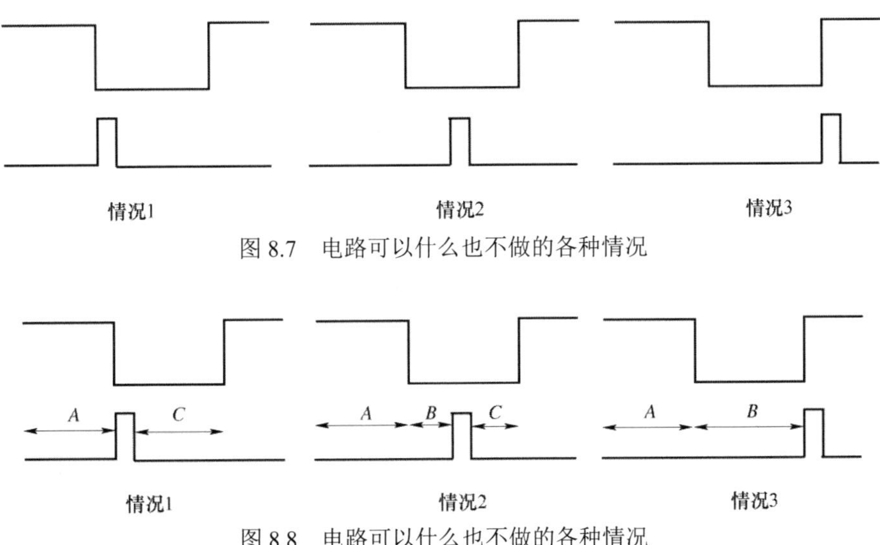

图 8.7 电路可以什么也不做的各种情况

图 8.8 电路可以什么也不做的各种情况

条件 A、B 和 C 可以如下地严格形式化：

$$\text{Condition } A: \quad push = pop \ \wedge \ push = flash$$

$$\text{Condition } B: \quad push \neq pop \ \wedge \ push \neq flash$$

$$\text{Condition } C: \quad push \neq pop \ \wedge \ push = flash$$

电路的“什么也不做”事件的卫，就应该对应于这些条件的析取，也就是：

$$A \lor B \lor C \;\Leftrightarrow\; push \neq pop \lor push = flash$$

```
cir2
  when
    mode = cir
    push ≠ pop ∨ push = flash
  then
    mode := env
  end
```

证明 为了证明有关静态性质和这些事件之间的一致性，要求我们引入下面这条附加不变式：

inv0_9: $mode = env \;\Rightarrow\; flash = push \lor flash = pop$

初一看，它好像是要说 $flash = push \lor flash = pop$ 总是真（即使在 $mode = cir$ 时）。事实上，几乎就是这种情况，除了当闪亮出现在如图 8.9 所示的最后时刻。

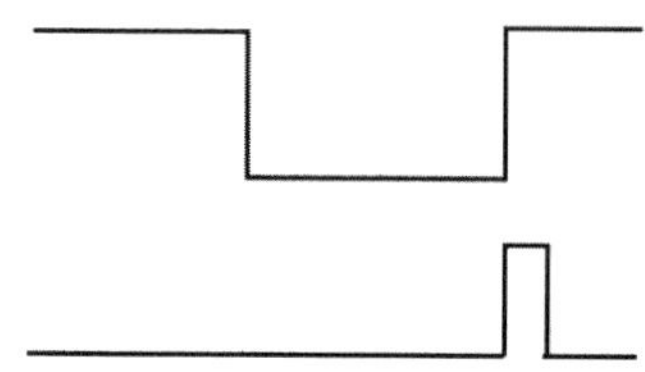

图 8.9 条件$flash = push \lor flash = pop$ 不成立的特殊情况

在事件 env2（释放按钮）出现后的那个时刻，我们将有 $mode = cir$ 和 $puch = pop = flash + 1$。显然，这时$flash = push \lor flash = pop$ 并不成立。

8.2.3 精化电路以减少其非确定性

在这一节里，我们将展示精化电路的第一种方法。该方法对应于消除电路中可能出现的某些非确定性行为。让我们重新考虑所研究的电路的下面两个事件：

```
cir1
  when
    mode = cir
    push ≠ flash
  then
    mode := env
    flash := flash + 1
  end
```

```
cir2
  when
    mode = cir
    push ≠ pop ∨ push = flash
  then
    mode := env
  end
```

很显然，当 $push \neq flash$ 而且 $push \neq pop$ 都成立时，这两个事件的卫出现了重叠。在按下操作和释放操作之间（$push \neq pop$），而且闪亮尚未发生时（$push \neq flash$），可能出现这种情况。在这种情况下，电路可以闪亮，也可以什么都不做。

很容易想到，我们有两种不同方法把这个事件系统弄成确定性的：①把 `cir2` 的卫改成$push = flash$，或者②给事件 `cir1` 的卫增加一项 $push = pop$。这两种方法都是强化事件的卫，修改的效果是使一个卫变成另一个的否定，因此就把这个电路变成确定性的了。第一种解决方法，我们称之为 `PULSER1`，实际上是让灯泡尽可能早闪亮，如图 8.10 所示。

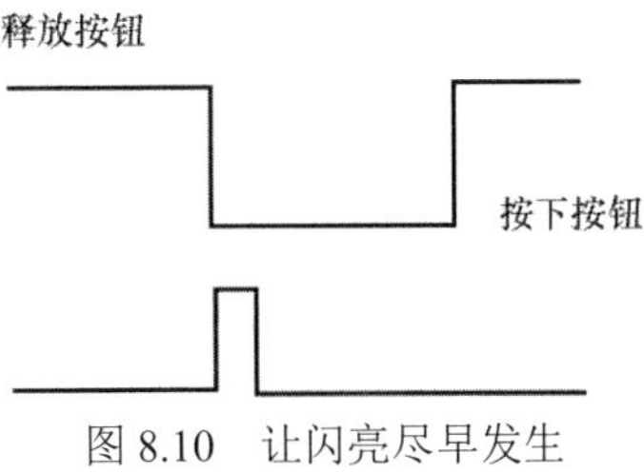

图 8.10 让闪亮尽早发生

```
cir1_PULSER1
  when
    mode = cir
    push ≠ flash
  then
    mode := env
    flash := flash + 1
  end
```

```
cir2_PULSER1
  when
    mode = cir
    push = flash
  then
    mode := env
  end
```

在这种情况下，可以证明如下不变式：

$$\textbf{inv1\_pulser1:}\quad pop \neq push \ \wedge\ mode = env \ \Rightarrow\ flash \neq pop$$

当按钮被按下（$push \neq pop$），而且模式在环境（$mode = env$），闪亮就会发生。这时闪亮数就会比释放数大 1。或者换一种说法，闪亮数等于按钮按下的次数（$flash = push$）。

第二种解决方法，我们称之为 `PULSER2`，对应于让灯泡尽可能晚闪亮，如图 8.11 所示。

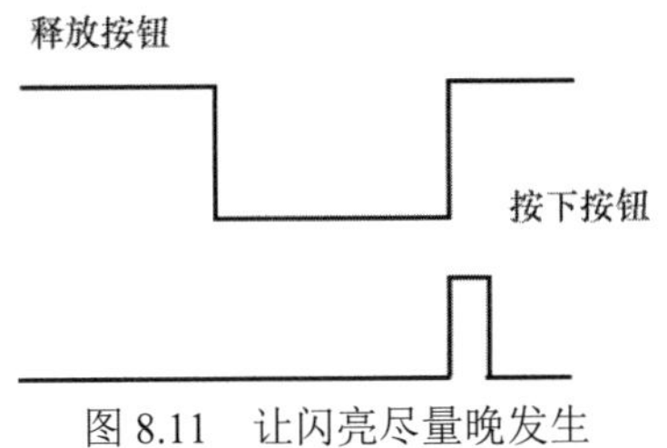

图 8.11 让闪亮尽量晚发生

```
cir1_PULSER2
  when
    mode = cir
    push = pop ∧ push ≠ flash
  then
    mode := env
    flash := flash + 1
  end
```

```
cir2_PULSER2
  when
    mode = cir
    push ≠ pop ∨ push = flash
  then
    mode := env
  end
```

在这种情况下，可以证明如下不变式：

inv1_pulser2: $pop \neq push \Rightarrow flash \neq push$

当按钮被按下（$push \neq pop$）时，闪亮数就会比按下数少一次（$flash \neq push$）。或者换一种说法，闪亮数总等于释放按钮的次数（$flash = pop$）。

8.2.4 通过改变数据空间来精化电路

我们已经得到了两个电路 `PULSER1` 和 `PULSER2`。虽然它们已经是确定性的，但仍然非常抽象。我们希望使它们向着“真实的”电路靠拢。特别地，应该定义有关的输入和输出连线，而那些抽象的变量 *push*、*pop* 和 *flash* 也应该抛弃。本节的目的是展示可以怎样利用精化帮助我们改变模型的数据空间。

我们有了两个新变量 *input* 和 *output*，它们分别对应于输入和输出线路。这些变量都取 BOOL 值：

variables: $mode$
$input$
$output$

inv2_1: $input \in \text{BOOL}$

inv2_2: $output \in \text{BOOL}$

变量 *input* 是环境变量，它被环境事件 `env1` 和 `env2` 修改。前面假定抽象变量 *push* 的值表示变量 *input* 从 FALSE 变到 TRUE 的次数。类似地，抽象变量 *pop* 表示变量 *input* 从 TRUE 变到 FALSE 的次数。这样就得到了下面的新事件 `env1` 和 `env2`：

env1
  when
    $mode = env$
    $input = \text{FALSE}$
  then
    $mode := cir$
    $input := \text{TRUE}$
  end

env2
  when
    $mode = env$
    $input = \text{TRUE}$
  then
    $mode := cir$
    $input := \text{FALSE}$
  end

env3
  when
    $mode = env$
  then
    $mode := cir$
  end

要让这些事件能正确地精化它们的抽象对应物，每个具体的卫都必须蕴涵抽象的卫。下面是拷贝过来的抽象事件：

(abstract-)env1
when
$mode = env$
$pop = push$
then
$mode := cir$
$push := push + 1$
end

(abstract-)env2
when
$mode = env$
$pop \neq push$
then
$mode := cir$
$pop := pop + 1$
end

(abstract-)env3
when
$mode = env$
then
$mode := cir$
end

这样，正确的精化就牵涉到证明具体环境空间与抽象环境空间之间的下述关系：

inv2_3: $input = \text{TRUE} \Leftrightarrow pop \neq push$

现在让我们转到抽象电路 `PULSER1` 的实现。我们有下面的抽象电路：

(abstract-)cir1_PULSER1
when
$mode = cir$
$push \neq flash$
then
$mode := env$
$flash := flash + 1$
end

(abstract-)cir2_PULSER1
when
$mode = cir$
$push = flash$
then
$mode := env$
end

抽象变量 *flash* 也必须消去，实际上，它就是统计 *output* 从 FALSE 变为 TRUE 的次数。为了消去 *flash*，具体事件 `cir1` 的卫必须检查抽象变量 *push* 刚刚被环境修改的情况。正如我们已经知道的，出现这种情况，就是在输入线路 *input* 从 FALSE 变为 TRUE 的时候。显然，我们可以访问 *input* 现在的实际值，但**不可能访问到它的前值**。没有别的办法，我们只能引进一个寄存器 *reg*。这是线路的一个内部变量，其用途就是保存 *input* 的前值。我们还知道，当 $mode = env$ 时 *reg* 等于 *input*（inv2_5）：

variables: $mode, input, output, reg$

inv2_4: $reg \in \text{BOOL}$

inv2_5: $mode = env \Rightarrow reg = input$

这些导致了 `PULSER1` 中 `cir1` 和 `cir2` 的下面实现：

cir1_PULSER1
when
$mode = cir$
$input = \text{TRUE} \ \wedge \ reg = \text{FALSE}$
then
$mode := env$
$output := \text{TRUE}$
$reg := input$
end

cir2_PULSER1
when
$mode = cir$
$input = \text{FALSE} \ \vee \ reg = \text{TRUE}$
then
$mode := env$
$output := \text{FALSE}$
$reg := input$
end

具体事件的卫必须蕴涵抽象事件的卫，所有这些要求维持下面的性质：

inv2_PULSER1_6: $mode = cir \ \Rightarrow \left(\begin{array}{l} input = \text{TRUE} \ \wedge \ reg = \text{FALSE} \\ \Leftrightarrow \\ push \neq flash \end{array} \right)$

我们也有 PULSER2 中 cir1 和 cir2 的下面类似实现：

cir1_PULSER2
when
$mode = cir$
$input = \text{FALSE} \ \wedge \ reg = \text{TRUE}$
then
$mode := env$
$output := \text{TRUE}$
$reg := input$
end

cir2_PULSER2
when
$mode = cir$
$input = \text{TRUE} \ \vee \ reg = \text{FALSE}$
then
$mode := env$
$output := \text{FALSE}$
$reg := input$
end

这时需要保证下面的不变式：

inv2_PULSER2_6: $mode = cir \ \Rightarrow \left(\begin{array}{l} input = \text{FALSE} \ \wedge \ reg = \text{TRUE} \\ \Leftrightarrow \\ push \neq flash \ \wedge push = pop \end{array} \right)$

8.2.5 构造最后的电路

我们的下一个设计步骤，就是离开这个封闭系统，转去孤立地考虑电路 PULSER1 和 PULSER1。下面是 PULSER1 事件的一个拷贝：

```
cir1_PULSER1
  when
    mode = cir
    input = TRUE ∧ reg = FALSE
  then
    mode := env
    output := TRUE
    reg := input
  end
```

```
cir2_PULSER1
  when
    mode = cir
    input = FALSE ∨ reg = TRUE
  then
    mode := env
    output := FALSE
    reg := input
  end
```

应用 8.1.7 节开发的技术，我们就得到了：

```
PULSER1
  when
    mode = cir
  then
    mode := env
    output := bool((input = TRUE ∧ reg = FALSE ∧ TRUE = TRUE) ∨
                   (... ∧ FALSE = TRUE))
    reg    := bool(input = TRUE ∧ (input = TRUE ∧ reg = FALSE) ∨
                   input = TRUE ∧ (input = FALSE ∨ reg = TRUE))
  end
```

，

它可以化简为：

```
PULSER1
  when
    mode = cir
  then
    mode := env
    output := bool(input = TRUE ∧ reg = FALSE)
    reg    := bool(input = TRUE)
  end
```

图 8.12 显示了我们最后构造出的小电路 PULSER1。

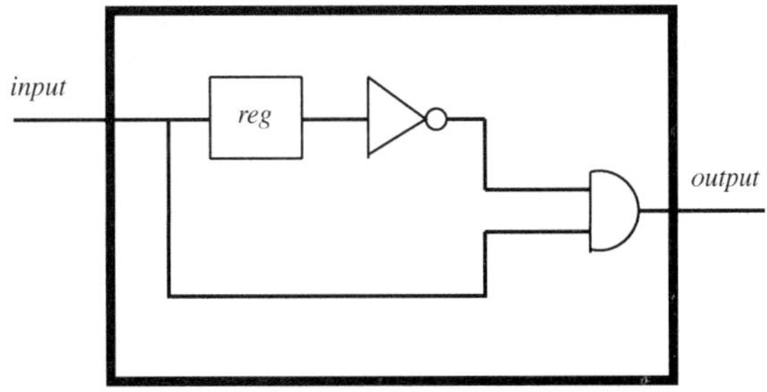

图 8.12 电路 PULSER1

类似地，我们可以构造出下面的电路 PULSER2：

```
cir1_PULSER2
  when
    mode = cir
    input = FALSE ∧ reg = TRUE
  then
    mode := env
    output := TRUE
    reg := input
  end
```

```
cir2_PULSER2
  when
    mode = cir
    input = TRUE ∨ reg = FALSE
  then
    mode := env
    output := FALSE
    reg := input
  end
```

应用 8.1.7 节开发的技术，我们就能得到：

```
PULSER2
  when
    mode = cir
  then
    mode := env
    output := bool((input = FALSE ∧ reg = TRUE ∧ TRUE = TRUE) ∨
                   (... ∧ FALSE = TRUE))
    reg    := bool(input = TRUE ∧ (input = FALSE ∧ reg = TRUE) ∨
                   input = TRUE ∧ (input = TRUE ∨ reg = FALSE))
  end
```

它可以化简为：

```
PULSER2
  when
    mode = cir
  then
    mode := env
    output := bool(input = FALSE ∧ reg = TRUE)
    reg    := bool(input = TRUE)
  end
```

这样就得到了图 8.13 描绘的电路。

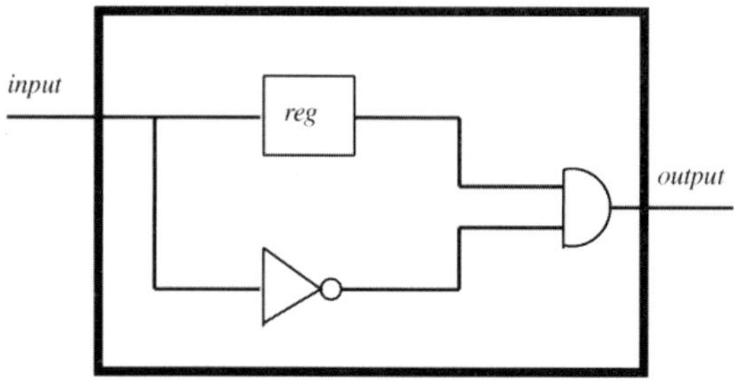

图 8.13 电路 PULSER2

8.3　第二个例子：仲裁器

8.3.1　非形式的规范描述

下一个简单电路称为（二进制）**仲裁器**。它有两个输入线，分别称为 i_1 和 i_2，以及两个输出线，称为 o_1 和 o_2，如图 8.14 所示。

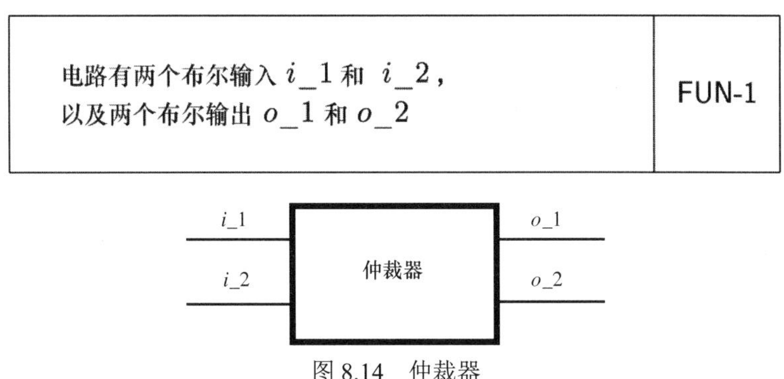

图 8.14　仲裁器

这个电路工作时，两条连线 i_i 各关联着一个确定的用户 $user\_i$。当 i_i 的值为 TRUE 时，就意味着该用户要求（请求）使用某种特定的共享资源（讨论中涉及的特定资源，以及用户的性质，在这个系统中都不扮演任何角色）：

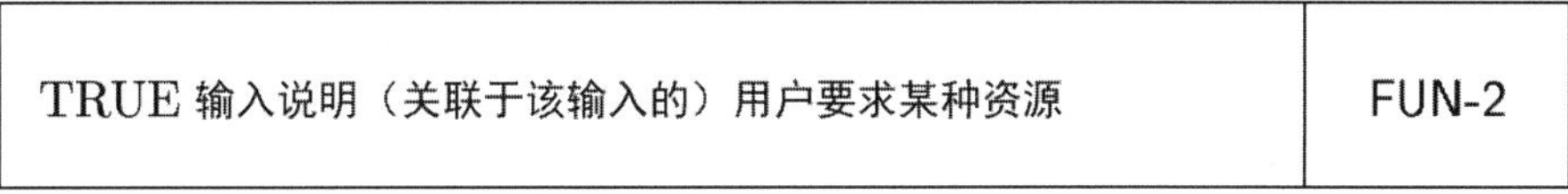

TRUE 输入说明（关联于该输入的）用户要求某种资源
FUN-2

如果当输入 i_i 的值为 TRUE 时，电路用输出值 o_i 为 TRUE 作为响应，就表示电路把有关的资源授权给 $user\_i$。当然，只有输入 i_i 的值为 TRUE 时，输出值 o_i 才能是 TRUE：

本电路对请求的正面响应是把相应的输出设置为 TRUE	FUN-3

另一方面，电路应该在可能的情况下尽快做出响应。但所做响应有一个限制：在任何时间，电路只能把资源授权给**最多一个用户**：

在一个时间，本电路只能对一个请求做出正面响应（互斥性）	FUN-4

请注意，我们假定每次获胜的用户都立即释放资源，所以它有可能在获取资源之后立刻再次提出请求：

每个用户都将立刻释放资源	FUN-5

我们还有一些附加的限制：

- 提出请求的用户，其获得资源的权利不能被永无止境地拒绝（这种情况有可能出现，如果另一个用户每次得到资源后总是立刻提出请求）。注意，在这个例子里，我们将把这一限制说得更准确：提出请求的用户，在得到服务之前的等待时间不能超过一个时钟脉冲。换句话说，新提出请求的用户，如果在下一次电路响应中未得到服务，就必须在随后的那次响应中得到服务：

提出请求的用户不能被无止境地拖延	FUN-6

- 我们假定提出请求的用户在未得到资源的服务时将不放弃请求（这只是一种简化，不难放松这条限制）：

提出请求的用户在未得到服务之前将继续维持其请求	FUN-7

- 最后，我们还要求电路在无请求（没有用户请求资源）时的正确响应。在这种情况下，它必须不把资源授权于任何用户：

无用户请求资源时就不授权	FUN-8

我们并不知道能不能构造出一个这样的电路。还有，假如能构造出这样的电路，我们也不知道它是否会在某些情况下出现死锁。

8.3.2 初始模型

状态 在形式化规范里，我们将像前一节所描述的那样，抽象掉布尔类型的输入和输出。我们考虑，在环境中，我们有可能统计每个用户提出请求的次数 $r1$ 和 $r2$，以及电路对应于这些请求所做的确认次数 $a1$ 和 $a2$。非形式化规范中的约束要求下面这些很直观的不变式永远成立，它们说，请求数至多比确认数大 1（**inv0_5** 和 **inv0_8**）：

variables: $r1$, $r2$, $a1$, $a2$

inv0_1: $r1 \in \mathbb{N}$

inv0_2: $r2 \in \mathbb{N}$

inv0_3: $a1 \in \mathbb{N}$

inv0_4: $a2 \in \mathbb{N}$

inv0_5: $a1 \leqslant r1$

inv0_6: $r1 \leqslant a1 + 1$

inv0_7: $a2 \leqslant r2$

inv0_8: $r2 \leqslant a2 + 1$

我们还没说无论如何用户也不会永无休止地等待。对这个约束，我们要在电路里引进两个

布尔变量 $p1$ 和 $p2$。当（比如说）pi 是 TRUE 时，意味着 $user\_i$ 现在正等待资源。很显然，$p1$ 和 $p2$ 不可能同时是 TRUE（**inv0_11**），因为这就意味着电路没有立刻做出响应。事实上，当 $mode$ 为 env 时，pi = FALSE 等价于 $ri = ai$；也就是说，不会存在 $user\_i$ 的悬而未决的请求（**inv0_12** 和 **inv0_13**）：

variables: $p1$
$p2$

inv0_9: $p1 \in$ BOOL

inv0_10: $p2 \in$ BOOL

inv0_11: $p1 = \text{FALSE} \vee p2 = \text{FALSE}$

inv0_12: $mode = env \Rightarrow (r1 = a1 \Leftrightarrow p1 = \text{FALSE})$

inv0_13: $mode = env \Rightarrow (r2 = a2 \Leftrightarrow p2 = \text{FALSE})$

事件 这里有几个环境事件，分别对应于新的请求被单独提出（env1 和 env2），或者同时提出（env3），以及环境什么也不做的情况（env0）：

```
env1
  when
    mode = env
    r1 = a1
  then
    mode := cir
    r1 := r1 + 1
  end
```

```
env2
  when
    mode = env
    r2 = a2
  then
    mode := cir
    r2 := r2 + 1
  end
```

```
env3
  when
    mode = env
    r1 = a1
    r2 = a2
  then
    mode := cir
    r1 := r1 + 1
    r2 := r2 + 1
  end
```

```
env0
  when
    mode = env
  then
    mode := cir
  end
```

电路的事件很简单。在存在悬而未决的请求时（在事件 cir1 和 cir2 里），有关事件增加确认计数器的值，并把相应的变量设置为 FALSE（例如在 cir1 里设置 $p1$）。注意，这个变量有可能已经是 FALSE 了。出现这种情况的条件是另一个用户在多于一个时钟周期的时间里一直没提出请求，因此 $p2$ = FALSE。在没出现请求时（事件 cir0），有关事件什么也不做，但要把变量 $p1$ 和 $p2$ 都设置为 FALSE：

$$
\begin{array}{l}
\mathsf{cir1} \\
\quad \textbf{when} \\
\qquad mode = cir \\
\qquad r1 \neq a1 \\
\qquad p2 = \mathrm{FALSE} \\
\quad \textbf{then} \\
\qquad mode := env \\
\qquad a1 := a1 + 1 \\
\qquad p1 := \mathrm{FALSE} \\
\qquad p2 := \mathrm{bool}(r2 \neq a2) \\
\quad \textbf{end}
\end{array}
\qquad
\begin{array}{l}
\mathsf{cir2} \\
\quad \textbf{when} \\
\qquad mode = cir \\
\qquad r2 \neq a2 \\
\qquad p1 = \mathrm{FALSE} \\
\quad \textbf{then} \\
\qquad mode := env \\
\qquad a2 := a2 + 1 \\
\qquad p2 := \mathrm{FALSE} \\
\qquad p1 := \mathrm{bool}(r1 \neq a1) \\
\quad \textbf{end}
\end{array}
$$

$$
\begin{array}{l}
\mathsf{cir0} \\
\quad \textbf{when} \\
\qquad mode = cir \\
\qquad r1 = a1 \\
\qquad r2 = a2 \\
\quad \textbf{then} \\
\qquad mode := env \\
\qquad p1 := \mathrm{FALSE} \\
\qquad p2 := \mathrm{FALSE} \\
\quad \textbf{end}
\end{array}
$$

证明无死锁 当然，没有什么能保证这一电路的事件不会由于卫不成立而卡住。因此，我们必须证明下面的断言：在 cir 模式下，所有电路事件的卫的析取总是成立的：

$$
\textbf{thm0\_1:} \quad mode = cir \;\Rightarrow\; \begin{pmatrix} r1 \neq a1 \;\wedge\; p2 = \mathrm{FALSE} \;\;\vee \\ r2 \neq a2 \;\wedge\; p1 = \mathrm{FALSE} \;\;\vee \\ r1 = a1 \;\wedge\; r2 = a2 \end{pmatrix}
$$

为证明这件事，需要加入下面两个不变式：

$$
\textbf{inv0\_14:} \quad mode = cir \;\Rightarrow\; (r1 = a1 \;\Rightarrow\; p1 = \mathrm{FALSE})
$$

$$
\textbf{inv0\_15:} \quad mode = cir \;\Rightarrow\; (r2 = a2 \;\Rightarrow\; p2 = \mathrm{FALSE})
$$

注意，这个电路仍然是非确定性的：当两个用户同时提出资源请求时（因此 $p1$ = FALSE 和

$p2 = \text{FALSE}$ 同时成立)，就会出现这种情况。在这种情况下，两个电路事件 `cir1` 和 `cir2` 都可以被激活。

8.3.3 第一次精化：让电路生成二进制输出

状态 在前一小节里，电路事件 `cir1` 和 `cir2` 直接增加两个确认计数器（$a1$ 和 $a2$）的值，这两个计数器形式化了电路的抽象输出。我们现在要推迟这种增量操作，让电路只产生一个偏移量（也就是说，0 或 1），而让环境用两个带了一点时间偏移的计数器（$b1$ 和 $b2$），在它们上完成真正的增量操作。但是，我们希望电路只产生布尔值。为此引进一个常量函数 b_2_01，在需要时用它把布尔值转换为数值：

constants: b_2_01

axm1_1: $b\_2\_01 \in \text{BOOL} \rightarrow \{0, 1\}$

axm1_2: $b\_2\_01(\text{TRUE}) = 1$

axm1_3: $b\_2\_01(\text{FALSE}) = 0$

这一精化引入了 4 个变量，它们的类型定义如下：

variables: $b1, o1, b2, o2$

inv1_1: $b1 \in \mathbb{N}$

inv1_2: $o1 \in \text{BOOL}$

inv1_3: $b2 \in \mathbb{N}$

inv1_4: $o2 \in \text{BOOL}$

在抽象计数器 $a1$ 和 $a2$ 与我们刚引入的具体变量之间的“连接”不变式如下：

inv1_5: $mode = cir \Rightarrow a1 = b1$

inv1_6: $mode = cir \Rightarrow a2 = b2$

inv1_7: $mode = env \Rightarrow a1 = b1 + b\_2\_01(o1)$

inv1_8: $mode = env \Rightarrow a2 = b2 + b\_2\_01(o2)$

最后两个语句说明，如果我们观察环境（恰好在电路响应之后的那个时刻），抽象计数器 ai 的值已经（被抽象电路）增加了，而具体计数器 bi 的值还没有增加。事实上，具体计数器的值将被环境增加，这就要借助于输出 oi 的内容。此外，前两个语句说明，在观察这个电路时，可以看到，现在抽象计数器和具体计数器就是“相互配合的”。

事件 环境事件的修改都直截了当：

env1
  when
    $mode = env$
    $r1 = b1 + b\_2\_01(o1)$
  then
    $mode := cir$
    $r1 := r1 + 1$
    $b1 := b1 + b\_2\_01(o1)$
    $b2 := b2 + b\_2\_01(o2)$
  end

env2
  when
    $mode = env$
    $r2 = b2 + b\_2\_01(o2)$
  then
    $mode := cir$
    $r2 := r2 + 1$
    $b1 := b1 + b\_2\_01(o1)$
    $b2 := b2 + b\_2\_01(o2)$
  end

env3
  when
    $mode = env$
    $r1 = b1 + b\_2\_01(o1)$
    $r2 = b2 + b\_2\_01(o2)$
  then
    $mode := cir$
    $r1 := r1 + 1$
    $r2 := r2 + 1$
    $b1 := b1 + b\_2\_01(o1)$
    $b2 := b2 + b\_2\_01(o2)$
  end

电路事件也需要做相应的修改：

cir1
  when
    $mode = cir$
    $r1 \neq b1$
    $p2 = \mathrm{FALSE}$
  then
    $mode := env$
    $o1 := \mathrm{TRUE}$
    $o2 := \mathrm{FALSE}$
    $p1 := \mathrm{FALSE}$
    $p2 := \mathrm{bool}(r2 \neq b2)$
  end

cir2
  when
    $mode = cir$
    $r2 \neq b2$
    $p1 = \mathrm{FALSE}$
  then
    $mode := env$
    $o1 := \mathrm{FALSE}$
    $o2 := \mathrm{TRUE}$
    $p1 := \mathrm{bool}(r1 \neq b1)$
    $p2 := \mathrm{FALSE}$
  end

cir0
  when
    $mode = cir$
    $r1 = b1$
    $r2 = b2$
  then
    $mode := env$
    $o1 :=$ FALSE
    $o2 :=$ FALSE
    $p1 :=$ FALSE
    $p2 :=$ FALSE
  end

8.3.4 第二次精化

状态 现在，环境事件已经是只访问环境变量（$r1$、$r2$、$b1$ 和 $b2$），以及电路的输出（$o1$ 和 $o2$）了。但电路的事件还访问环境变量（$r1$、$r2$、$b1$ 和 $b2$）。在这一次精化中，我们引入电路的真实输入变量 $i1$ 和 $i2$。

这个电路的输入并不是请求数 ri 和确认数 bi，只用它们的差可能更好，这个值至多是 1，正如我们在 **inv0_5** 和 **inv0_8** 中所见。为此我们引进两个新的布尔变量 $i1$ 和 $i2$：

variables: $i1, i2$

inv2_1: $i1 \in \text{BOOL}$

inv2_2: $i2 \in \text{BOOL}$

将 $i1$ 和 $i2$ 关联于 $r1$、$r2$、$b1$ 和 $b2$ 的不变式直截了当：

inv2_2: $mode = cir \Rightarrow (i1 = \text{FALSE} \Leftrightarrow r1 = b1)$

inv2_3: $mode = cir \Rightarrow (i2 = \text{FALSE} \Leftrightarrow r2 = b2)$

环境事件的修改都很简单：

```
env1
  when
    mode = env
    r1 = b1 + b_2_01(o1)
  then
    mode := cir
    r1 := r1 + 1
    b1 := b1 + b_2_01(o1)
    b2 := b2 + b_2_01(o2)
    i1 := TRUE
    i2 := bool(r2 ≠ b2 + b_2_01(o2))
  end
```

```
env2
  when
    mode = env
    r2 = b2 + b_2_01(o2)
  then
    mode := cir
    r2 := r2 + 1
    b1 := b1 + b_2_01(o1)
    b2 := b2 + b_2_01(o2)
    i1 := bool(r1 ≠ b1 + b_1_01(o1))
    i2 := TRUE
  end
```

```
env3
  when
    mode = env
    r1 = b1 + b_2_01(o1)
    r2 = b2 + b_2_01(o2)
  then
    mode := cir
    r1 := r1 + 1
    r2 := r2 + 1
    b1 := b1 + b_2_01(o1)
    b2 := b2 + b_2_01(o2)
    i1 := TRUE
    i2 := TRUE
  end
```

```
env0
  when
    mode = env
  then
    mode := cir
    b1 := b1 + b_2_01(o1)
    b2 := b2 + b_2_01(o2)
    i1 := bool(r1 ≠ b1 + b_1_01(o1))
    i2 := bool(r1 ≠ b2 + b_1_01(o2))
  end
```

下面是新的电路：

```
cir1
  when
    mode = cir
    i1 = TRUE
    p2 = FALSE
  then
    mode := env
    o1 := TRUE
    o2 := FALSE
    p1 := FALSE
    p2 := i2
  end
```

```
cir2
  when
    mode = cir
    i2 = TRUE
    p1 = FALSE
  then
    mode := env
    o1 := FALSE
    o2 := TRUE
    p1 := i1
    p2 := FALSE
  end
```

```
cir0
  when
    mode = cir
    i1 = FALSE
    i2 = FALSE
  then
    mode := env
    o1 := FALSE
    o2 := FALSE
    p1 := FALSE
    p2 := FALSE
  end
```

8.3.5 第三次精化：消除电路的非确定性

状态 我们在前一节得到的电路已经是完整的，而且很简单，但**仍然是非确定性的**：当 $i1$ 和 $i2$ 都是 TRUE，而且 $p1$ 和 $p2$ 都是 FALSE 时，该电路可以把 $o1$ 或者 $o2$ 设置为 TRUE。换句话说，当时两个事件 `cir1` 和 `cir2` 都是能行的。为了把电路做成完全确定性的，我们决定，在这种情况下（例如）$o1$ 是赢家。事实上，我们将删去变量 $p1$。

事件 环境事件不变，电路事件修改为下面的定义：

```
cir1
  when
    mode = cir
    i1 = TRUE
    p2 = FALSE
  then
    mode := env
    o1 := TRUE
    o2 := FALSE
    p2 := i2
  end
```

```
cir2
  when
    mode = cir
    i2 = TRUE
    ¬(i1 = TRUE ∧ p2 = FALSE)
  then
    mode := env
    o1 := FALSE
    o2 := TRUE
    p2 := FALSE
  end
```

```
cir0
  when
    mode = cir
    i1 = FALSE
    i2 = FALSE
  then
    mode := env
    o1 := FALSE
    o2 := FALSE
    p2 := FALSE
  end
```

现在已经很清楚，无论从内部还是外部，电路事件都是确定性的了。

修改后仍无死锁 我们需要证明的有趣且基本的最后一个语句，就是电路事件的无死锁性质。为此，我们必须证明，在 $mode = cir$ 的假设下，所有电路事件的析取是真（交互式地证明这一点非常容易）。也就是说，需要证明：

$$\textbf{thm3\_1:}\ mode = cir \Rightarrow \left(\begin{array}{l} i1 = \text{TRUE} \wedge p2 = \text{FALSE}) \vee \\ i2 = \text{TRUE} \wedge \neg(i1 = \text{TRUE} \wedge p2 = \text{FALSE}) \vee \\ i1 = \text{FALSE} \wedge i2 = \text{FALSE} \end{array}\right)$$

8.3.6 第四次精化：构造最后的电路

现在的电路和环境完全满足了我们在 8.1.7 节提出的最后条件。这样，我们就能以系统化的方式构造出最后的电路了：

$$
\begin{array}{l}
\mathsf{arbiter} \\
\quad \textbf{when} \\
\qquad mode = cir \\
\quad \textbf{then} \\
\qquad mode := env \\
\qquad o1 := \text{bool}\,(\,(i1 = \text{TRUE} \;\wedge\; p2 = \text{FALSE} \;\wedge\; \text{TRUE} = \text{TRUE}) \;\vee \\
\qquad\qquad\qquad (\ldots \;\wedge\; \text{FALSE} = \text{TRUE}) \;\vee \\
\qquad\qquad\qquad (\ldots \;\wedge\; \text{FALSE} = \text{TRUE})\,) \\
\qquad o2 := \text{bool}\,(\,(\ldots \;\wedge\; \text{FALSE} = \text{TRUE}) \;\vee \\
\qquad\qquad\qquad (i2 = \text{TRUE} \;\wedge\; \neg(i1 = \text{TRUE} \;\wedge\; p2 = \text{FALSE}) \;\wedge\; \text{TRUE} = \text{TRUE}) \;\vee \\
\qquad\qquad\qquad (\ldots \;\wedge\; \text{FALSE} = \text{TRUE})\,) \\
\qquad p2 := \text{bool}\,(\,(i1 = \text{TRUE} \;\wedge\; p2 = \text{FALSE} \;\wedge\; i2 = \text{TRUE}\,) \;\vee \\
\qquad\qquad\qquad (\ldots \;\wedge\; \text{FALSE} = \text{TRUE}) \;\vee \\
\qquad\qquad\qquad (\ldots \;\wedge\; \text{FALSE} = \text{TRUE})\,) \\
\quad \textbf{end}
\end{array}
$$

这一描述可以简化为：

$$
\begin{array}{l}
\mathsf{arbiter} \\
\quad \textbf{when} \\
\qquad mode = cir \\
\quad \textbf{then} \\
\qquad mode := env \\
\qquad o1 := \text{bool}\,(\,i1 = \text{TRUE} \;\wedge\; p2 = \text{FALSE}\,) \\
\qquad o2 := \text{bool}\,(\,i2 = \text{TRUE} \;\wedge\; \neg(i1 = \text{TRUE} \;\wedge\; p2 = \text{FALSE})\,) \\
\qquad p2 := \text{bool}\,(\,i1 = \text{TRUE} \;\wedge\; p2 = \text{FALSE} \;\wedge\; i2 = \text{TRUE}\,) \\
\quad \textbf{end}
\end{array}
$$

这样就得到了图 8.15 描绘的电路。

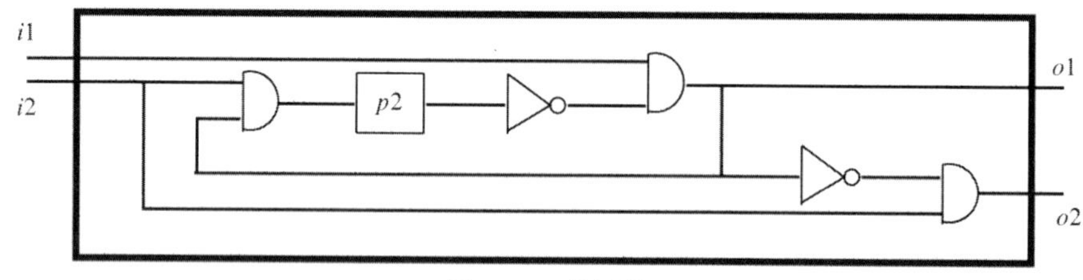

图 8.15 仲裁器

8.4 第三个例子：一种特殊的道路交通灯

在这一节里，我们将要开发的例子是一个完整（但仍然很简单）的系统，其中电路的用途就是通过适当的响应去控制一个物理环境。在这个例子里，我们还要体验“把不同的电路连接起来”的思想。

8.4.1 非形式的规范描述

我们的目标是在一条主路和一条支路的交叉口设置一个交通灯。这里的想法是让这些灯以适当的方式活动，给主路相对于支路的一定的优先通行权。对应的策略在下面的非形式化描述的规则中给出解释（和评注）。

规则 1 当控制主路的灯是绿色时，只有支路上出现汽车时（需要适当的传感器检查汽车的存在），这个灯才会变黄（而后变红）。也就是说，如果支路上没有车，主路的交通不会受到影响。

规则 2 只有主路已经维持其优先通行权一定（长度）的延时之后，才可能丧失其优先权。换句话说，在这一延时范围内，主路将保持其优先通行权，即使这时已经有车在支路上等待。由于这一规定，即使支路上经常来车，主路上的交通也能平稳地进行。

规则 3 此外，在支路被授予优先通行权后，它的通行优先权只维持到当时支路上还有车辆希望行驶穿过主路。

规则 4 支路只能在一定长度的延时之内维持其优先通行权（这一延时等于主路的前述延时）。在这段延时结束时，优先权将系统地转到主路，即使当时在支路上仍然有车。这就意味着，即使支路上有很多车，这些车也不会阻拦主路太长时间。

规则 5 就像上面规则中已经隐含的，绿灯不会立刻转为红灯。与通常情况一样，在交通灯转为红色之前，黄灯将出现一（小）段时间。

规则 6 与实际中常见的情况一样，驾驶人的安全由交通灯来保证。当一条路上是绿灯或者黄灯时，另一条路一定是红灯，反之依然。这就说明，只要驾驶人遵守规则不闯红灯（这是另一个问题，电路无法对此负责！），安全是有保证的。

8.4.2 关注点分离的方法

读了前面的非形式化需求，看起来这个工作里有两个相互独立的问题：①处理从主路到支路的优先通行权转移，以及相反的转移（上面的**规则 1** 和**规则 4**）；②以一种对驾驶人有意义的方式（对应于上面的**规则 5** 和**规则 6**）实现这种优先通行权的变换，这关系到每个交通灯颜色的变化（比如说，顺序地从绿到黄，然后到红，然后再到绿，并如此下去），以及不同路上颜色管理之间的明显相对关系（如不允许同时是绿灯等）。

看起来，这两方面的关切相当“正交”，因为修改道路优先权的策略并不会影响交通灯的正常行为，反过来也一样。事情也很清楚，修改交通灯的经典行为方式不是我们应该考虑的问题，因为这种行为具有相当的普遍性。另一方面，修改优先权策略却很有可能，我们不应该事先就排斥这种可能性。在这种情况下，我们希望以某种方式来构造这一电路，使后一种修改比较容易完成（通过替换一部分电路）。

首先，我们应该注意到，上面两个问题中的第一个关系到这个系统的基本**功能**，也就是说，在两条路之间，以一种并不对等的方式切换优先通行权。其次，第二个问题更多地关注**安全性**和可能的用户**进展性**。换一种说法，我们必须保证驾驶人：只要遵守由交通灯的颜色表示的习见规则，就能总是处于安全状况；也不会被永无止境地堵在那里（每个人可能都经历过这种情况，例如，两个方向的交通灯都是红色）。

由于这些情况，我们初始的想法就是设计**两个相互独立的电路**，它们最终将连接到一起。一个是 `Priority`（优先权）电路，另一个是 `Light`（交通灯）电路。`Priority` 电路发信号给 `Light` 电路，告知优先通行权应该从一条路转到另一条路。按照这种方式，后者将把“优先通行权”信息转换为对应的“交通灯”信息。

8.4.3 优先权电路：初始模型

状态 我们可以想到的最简单的 `Priority` 电路就是图 8.16 描绘的样子：有两个布尔输入 *car* 和 *clk*，其中 *car* 对应于配置在支路上的汽车传感器传来的信息，*clk* 是来自一个外部时钟的警报，说指定的延时时段已经过去了。这一优先权电路有两个布尔输出 *chg* 和 *prt*，这里的 *chg* 送出一个优先权应该**转变**的信息，而 *prt* 送出应该使用的优先权。

当前面说明的延时过去之时（只要该时刻已到），时钟发送一个警报给布尔入口 *clk*。优先权电路根据三个因素“决定”可能的优先权转换：①电路里保存的实际优先权授予情况（主路或支路）；②支路上是否存在车辆；③来自时钟的警报状态。`Priority` 电路内部有一个寄存器 *prt*，保存着实际的优先权情况。输出 *chg* 在外部被用于复位时钟。整个情况如图 8.17 所示。

图 8.16 优先权电路

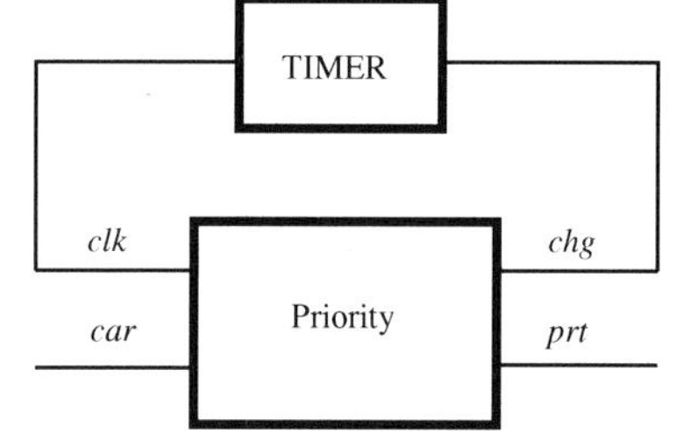

图 8.17 在优先权电路上连接时钟电路

优先权电路的变量声明如下：

variables: car, clk, chg, prt

inv0_1: $car \in \text{BOOL}$

inv0_2: $clk \in \text{BOOL}$

inv0_3: $chg \in \text{BOOL}$

inv0_4: $prt \in \text{BOOL}$

我们有如下约定：①*car* 值为 TRUE 表示支路上有车在等待；②*clk* 值为 TRUE 表示长延时已过；③*chg* 值为 TRUE 表示优先权应该改变。变量 *prt* 的值可以是 FALSE（优先权授予主路）或 TRUE（优先权授予支路）。

事件 `Priority` 电路的事件实现优先权的交换。我们有两个这种事件，分别称为

main_to_small 和 small_to_main。这两个事件的卫形式化地描述了优先权交换的环境情况，下面是有关情况的解释。

① 事件 main_to_small 的激活条件是：优先权在主路（*prt* = FALSE），当时支路上有车等待（*car* = TRUE），而且长延时已过（*clk* = TRUE）。对应于**规则 1** 和**规则 2**。

② 事件 small_to_main 的激活条件是：优先权在支路（*prt* = TRUE），当时支路上没有车（*car* = FALSE）或者长延时已过（*clk* = TRUE）。对应于**规则 3** 和**规则 4**。

在这两种情况下，优先权应该转换（*chg* := TRUE），变量 *prt* 也需要做相应的修改。下面是有关事件：

```
main_to_small
  when
    mode = cir
    prt = FALSE
    car = TRUE
    clk = TRUE
  then
    mode := env
    prt := TRUE
    chg := TRUE
  end
```

```
small_to_main
  when
    mode = cir
    prt = TRUE
    car = FALSE ∨ clk = TRUE
  then
    mode := env
    prt := FALSE
    chg := TRUE
  end
```

另一套事件对应于电路什么也不做，除了把 *chg* 输出重新设置为 FALSE（实际上并不修改）。在如下两种情形中会出现这类事件。

① 事件 do_nothing_1 的激活条件是：优先权在主路（*prt* = FALSE），当时支路上无车等待（*car* = FALSE）或者长延时尚未完结（*clk* = FALSE）。对应于前面的**规则 1** 和**规则 2**。

② 事件 do_nothing_2 的激活条件是：优先权在支路（*prt* = TRUE），当时支路上有车（*car* = FALSE），而且长延时尚未完结（*clk* = FALSE）。对应于前面的**规则 3** 和**规则 4**。

下面是有关事件：

```
do_nothing_1
  when
    mode = cir
    prt = FALSE
    car = FALSE ∨ clk = FALSE
  then
    mode := env
    chg := FALSE
  end
```

```
do_nothing_2
  when
    mode = cir
    prt = TRUE
    car = TRUE
    clk = FALSE
  then
    mode := env
    chg := FALSE
  end
```

下面是唯一的环境事件：

$$
\begin{array}{l}
\text{env1} \\
\quad \textbf{when} \\
\quad\quad mode = env \\
\quad \textbf{then} \\
\quad\quad mode := cir \\
\quad\quad car :\in \text{BOOL} \\
\quad\quad clk :\in \text{BOOL} \\
\quad \textbf{end}
\end{array}
$$

请注意：这个事件不那么真实，因为在这里车可能以非常随机的方式到达和消失。在 8.4.4 节，我们将分裂该事件，把它做得更真实。

无死锁 Priority 电路的无死锁性质由下面的定理描述：

$$
\textbf{thm0\_1:}\ mode = cir \Rightarrow \begin{pmatrix} prt = \text{FALSE} \wedge car = \text{TRUE} \wedge clk = \text{TRUE} \\ prt = \text{TRUE} \wedge (car = \text{FALSE} \vee clk = \text{TRUE}) \\ prt = \text{FALSE} \wedge (car = \text{FALSE} \vee clk = \text{FALSE}) \\ prt = \text{TRUE} \wedge car = \text{TRUE} \wedge clk = \text{FALSE} \end{pmatrix}
$$

8.4.4 最后的 Priority 电路

优先权电路已经完全满足了 8.1.7 节提出的条件。请注意，事件 do_nothing_1 和 do_nothing_2 里并没有提到变量 prt。事实上，我们也可以认为它们都执行了动作 $prt := prt$。按照这种考虑产生的电路如下：

$$
\begin{array}{l}
\text{priority} \\
\quad \textbf{when} \\
\quad\quad mode = cir \\
\quad \textbf{then} \\
\quad\quad mode := env \\
\quad\quad prt := \text{bool} \begin{pmatrix} (prt = \text{FALSE} \wedge car = \text{TRUE} \wedge clk = \\ \qquad\qquad \text{TRUE} \wedge \text{TRUE} = \text{TRUE}) \vee \\ (prt = \text{FALSE} \wedge (car = \text{FALSE} \vee clk = \text{FALSE}) \wedge prt = \\ \qquad\qquad \text{TRUE}) \vee \\ (prt = \text{TRUE} \wedge car = \text{TRUE} \wedge clk = \text{FALSE} \wedge prt = \\ \qquad\qquad \text{TRUE}) \end{pmatrix} \\
\quad\quad chg := \text{bool} \begin{pmatrix} (prt = \text{FALSE} \wedge car = \text{TRUE} \wedge clk = \text{TRUE} \wedge \text{TRUE} \\ \qquad\qquad = \text{TRUE}) \vee \\ (prt = \text{TRUE} \wedge (car = \text{FALSE} \vee clk = \text{TRUE}) \wedge \text{TRUE} \\ \qquad\qquad = \text{TRUE}) \vee \\ (\ldots \wedge \text{FALSE} = \text{TRUE}) \vee \\ (\ldots \wedge \text{FALSE} = \text{TRUE})) \end{pmatrix} \\
\quad \textbf{end}
\end{array}
$$

很容易把它简化为下面的样子：

$$
\begin{array}{l}
\textsf{priority} \\
\quad \textbf{when} \\
\qquad mode = cir \\
\quad \textbf{then} \\
\qquad mode := env \\
\qquad prt := \text{bool}\left(\begin{array}{l}(prt = \text{FALSE} \ \wedge \ car = \text{TRUE} \ \wedge \ clk = \text{TRUE}) \ \vee \\ (prt = \text{TRUE} \ \wedge \ car = \text{TRUE} \ \wedge \ clk = \text{FALSE})\end{array}\right) \\
\\
\qquad chg := \text{bool}\left(\begin{array}{l}(prt = \text{FALSE} \ \wedge \ car = \text{TRUE} \ \wedge \ clk = \text{TRUE}) \ \vee \\ (prt = \text{TRUE} \ \wedge \ (car = \text{FALSE} \ \vee \ clk = \text{TRUE}))\end{array}\right) \\
\quad \textbf{end}
\end{array}
$$

还可以进一步变换到下面的等价形式：

$$
\begin{array}{l}
\textsf{priority} \\
\quad \textbf{when} \\
\qquad mode = cir \\
\quad \textbf{then} \\
\qquad mode := env \\
\qquad prt := \text{bool}\left(\begin{array}{l}(prt = \text{TRUE} \ \wedge \ \neg\left(\begin{array}{l}(car = \text{TRUE} \ \ \wedge \ clk = \text{TRUE}) \ \vee \\ (car = \text{FALSE} \ \wedge \ prt = \text{TRUE})\end{array}\right) \ \vee \\ \\ (prt = \text{FALSE} \ \wedge \ \left(\begin{array}{l}(car = \text{TRUE} \ \ \wedge \ clk = \text{TRUE}) \ \vee \\ (car = \text{FALSE} \ \wedge \ prt = \text{TRUE})\end{array}\right)\end{array}\right) \\
\\
\qquad chg := \text{bool}\left(\begin{array}{l}(car = \text{TRUE} \ \ \wedge \ clk = \text{TRUE}) \ \vee \\ (car = \text{FALSE} \ \wedge \ prt = \text{TRUE})\end{array}\right) \\
\quad \textbf{end}
\end{array}
$$

很容易弄清楚这两个事件等价。提示：①分情况（$prt = \text{TRUE}$ 和 $prt = \text{FALSE}$）证明有关 *prt* 赋值情况的等价性；②分情况（$car = \text{TRUE}$ 和 $car = \text{FALSE}$）证明有关对 *chg* 赋值的等价性。后一个事件很有意思，因为其中三次出现下面片段，所以只需计算一次：

$$
\begin{array}{l}
car = \text{TRUE} \ \ \wedge \ clk = \text{TRUE} \ \ \vee \\
car = \text{FALSE} \ \wedge \ prt = \text{TRUE}.
\end{array}
$$

在这个版本里，我们还可以注意到几次出现下面形式的谓词：

$$
(P \wedge Q) \ \vee \ (\neg P \wedge R).
$$

这种谓词形式可以用一个 IF 门非常经济地表示，并将其看作一个基本器件。图 8.18 描绘了这种门电路的情况。

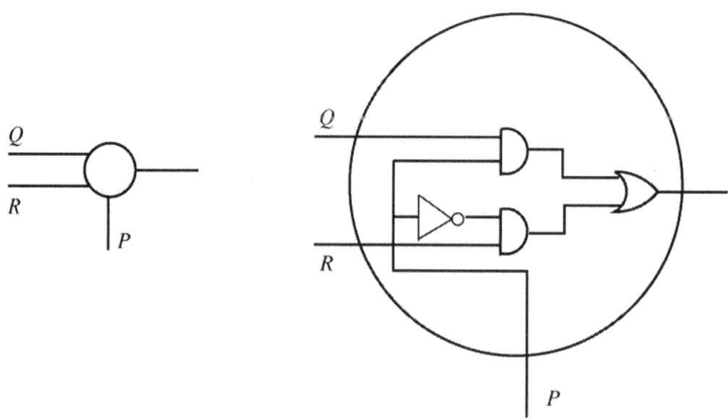

图 8.18 一个 IF 门

有了这种 IF 门，我们就能画出图 8.19 中的 `Priority` 电路了。

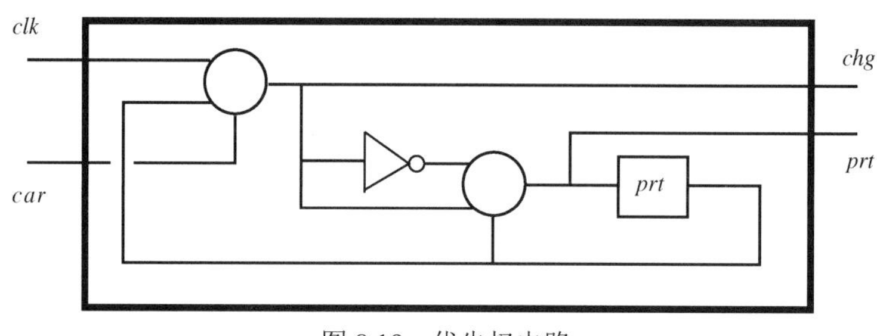

图 8.19 优先权电路

8.5 `Light` 电路

现在我们要把开发的 `Priority` 电路连接到 `Light` 电路。这个 `Light` 电路将指挥两个交通灯显示出各种颜色。有关情况如图 8.20 所示。

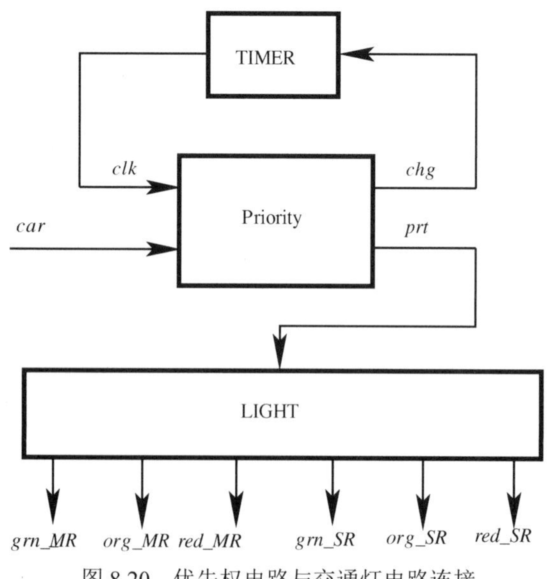

图 8.20 优先权电路与交通灯电路连接

8.5.1 一个抽象：Upper 电路

我们从一个简化的电路开始，它扮演的角色就是保证一个交通灯（主路交通灯）的顺序性，如图 8.21 所示。

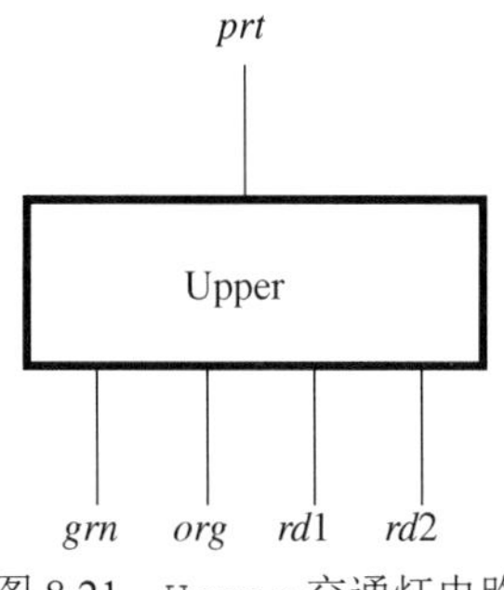

图 8.21 Upper 交通灯电路

我们在下面将扩充这个电路，使之能处理两个同步的交通灯。这个电路只有一个布尔入口 *prt*，其值为 TRUE 时说明有关的灯把优先权授予支路。它有 4 个布尔输出，分别称为 *grn*、*org*、*rd*1 和 *rd*2。把红色分解为两种颜色的原因是为了对称。在每个时刻，这些颜色中只有一个为 TRUE。下面是这些情况的形式化：

variables: $prt, grn, org, rd1, rd2$

inv0_1:	$prt \in \text{BOOL}$
inv0_2:	$grn = \text{TRUE} \vee org = \text{TRUE} \vee rd1 = \text{TRUE} \vee rd2 = \text{TRUE}$
inv0_3:	$grn = \text{TRUE} \Rightarrow org = \text{FALSE} \wedge rd1 = \text{FALSE} \wedge rd2 = \text{FALSE}$
inv0_4:	$org = \text{TRUE} \Rightarrow rd1 = \text{FALSE} \wedge rd2 = \text{FALSE}$
inv0_5:	$rd1 = \text{TRUE} \Rightarrow rd2 = \text{FALSE}$
inv0_6:	$mode \in MODE$

电路的事件都是直截了当的：

```
grn_to_org
  when
    mode = cir
    prt = TRUE
    grn = TRUE
  then
    mode := env
    grn := FALSE
    org := TRUE
  end
```

```
org_to_rd1
  when
    mode = cir
    org = TRUE
  then
    mode := env
    org := FALSE
    rd1 := TRUE
  end
```

```
rd1_to_rd2
  when
    mode = cir
    prt = FALSE
    rd1 = TRUE
  then
    mode := env
    rd1 := FALSE
    rd2 := TRUE
  end
```

```
rd2_to_grn
  when
    mode = cir
    rd2 = TRUE
  then
    mode := env
    grn := TRUE
    rd2 := FALSE
  end
```

我们还需要电路中有两个“什么也不做”的事件，还有一个环境事件以非确定性的方式给 *prt* 赋值。下面是这些事件：

```
grn_to_nth
  when
    mode = cir
    grn = TRUE
    prt = FALSE
  then
    mode := env
  end
```

```
rd1_to_nth
  when
    mode = cir
    rd1 = TRUE
    prt = TRUE
  then
    mode := env
  end
```

```
env_evt
  when
    mode = env
  then
    mode := cir
    prt :∈ BOOL
  end
```

8.5.2 精化：加入 Lower 电路

我们精化上面的电路，让它有 6 个输出，分别对应于两个交通灯的颜色。首先是主路的交通灯 *grn_MR*、*org_MR* 和 *red_MR*，然后是支路的交通灯 *grn_SR*、*org_SR* 和 *red_SR*：

```
variables:  prt, grn, org, rd1, rd2
            grn_MR, org_MR, red_MR
            grn_SR, org_SR, red_SR
```

这些最后的颜色与初始模型中颜色的关联是直截了当的：

inv1_1:	$grn\_MR = grn$
inv1_2:	$org\_MR = org$
inv1_3:	$red\_MR = \text{TRUE} \Leftrightarrow (rd1 = \text{TRUE} \vee rd2 = \text{TRUE})$
inv1_4:	$grn\_SR = rd1$
inv1_5:	$org\_SR = rd2$
inv1_6:	$red\_SR = \text{TRUE} \Leftrightarrow (grn = \text{TRUE} \vee org = \text{TRUE})$

我们可以证明下面的安全性定理：

thm1_1:	$red\_MR = \text{TRUE} \Leftrightarrow (grn\_SR = TRUE \vee org\_SR = \text{TRUE})$
thm1_2:	$red\_SR = \text{TRUE} \Leftrightarrow (grn\_MR = TRUE \vee org\_MR = \text{TRUE})$

下面是这些事件的精化：

grn_to_org
when
$mode = cir$
$prt = \text{TRUE}$
$grn = \text{TRUE}$
then
$mode := env$
$grn := \text{FALSE}$
$org := \text{TRUE}$
$grn\_MR := \text{FALSE}$
$org\_MR := \text{TRUE}$
end

org_to_rd1
when
$mode = cir$
$org = \text{TRUE}$
then
$mode := env$
$org := \text{FALSE}$
$rd1 := \text{TRUE}$
$org\_MR := \text{FALSE}$
$red\_MR := \text{TRUE}$
$grn\_SR := \text{TRUE}$
$red\_SR := \text{FALSE}$
end

rd1_to_rd2
when
$mode = cir$
$prt = \text{FALSE}$
$rd1 = \text{TRUE}$
then
$mode := env$
$rd1 := \text{FALSE}$
$rd2 := \text{TRUE}$
$org\_SR := \text{TRUE}$
$grn\_SR := \text{FALSE}$
end

rd2_to_grn
when
$mode = cir$
$rd2 = \text{TRUE}$
then
$mode := env$
$grn := \text{TRUE}$
$rd2 := \text{FALSE}$
$grn\_MR := \text{TRUE}$
$red\_MR := \text{FALSE}$
$org\_SR := \text{FALSE}$
$red\_SR := \text{TRUE}$
end

各种电路事件可以用常规方法统一起来：

light
when
$mode = cir$
then
$mode := env$
$grn := \text{bool}(rd2 = \text{TRUE} \lor (prt = \text{FALSE} \land grn = \text{TRUE}))$
$org := \text{bool}(prt = \text{TRUE} \land grn = \text{TRUE})$
$rd1 := \text{bool}(org = \text{TRUE} \lor (prt = \text{TRUE} \land rd1 = \text{TRUE}))$
$rd2 := \text{bool}(prt = \text{FALSE} \land rd1 = \text{TRUE})$
$grn\_MR := \text{bool}(rd2 = \text{TRUE} \lor (prt = \text{FALSE} \land grn = \text{TRUE}))$
$org\_MR := \text{bool}(prt = \text{TRUE} \land grn = \text{TRUE})$
$red\_MR := \text{bool}(org = \text{TRUE} \lor (prt = \text{TRUE} \land rd1 = \text{TRUE}) \lor (prt = \text{FALSE} \land rd1 = \text{TRUE}))$
$grn\_SR := \text{bool}(org = \text{TRUE} \lor (prt = \text{TRUE} \land rd1 = \text{TRUE}))$
$org\_SR := \text{bool}(prt = \text{FALSE} \land rd1 = \text{TRUE})$
$red\_SR := \text{bool}(rd2 = \text{TRUE} \lor (prt = \text{FALSE} \land grn = \text{TRUE}) \lor (prt = \text{TRUE} \land grn = \text{TRUE}))$
end

最后的 Light 电路如图 8.22 所示。

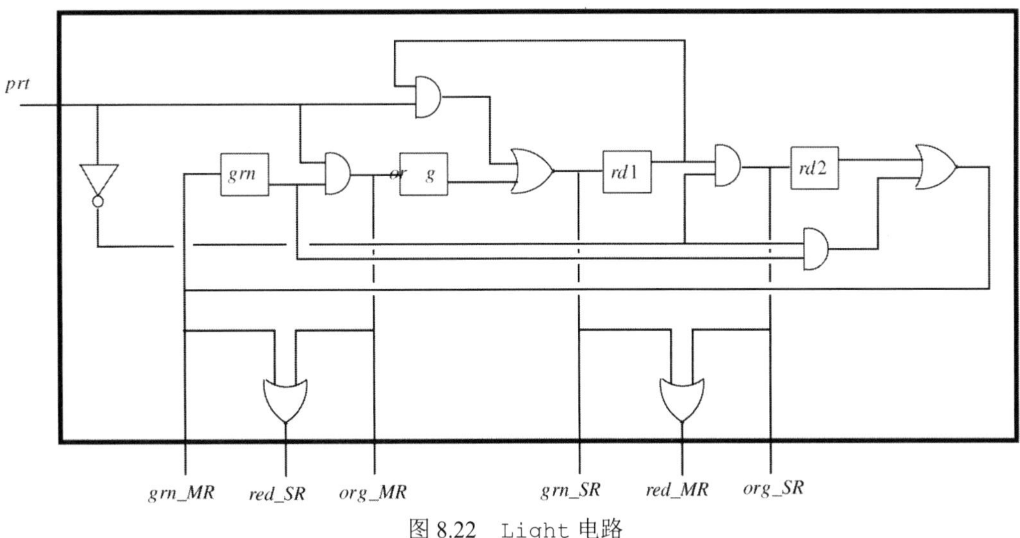

图 8.22 Light 电路

8.6 参考资料

T Kropf. Formal Hardware Verification: Methods and Systems in Comparison. LNCS State-of-the-art Survey. Springer, 1991.

第9章　数学语言

这一章包含本书中使用的**数学语言**的定义，共 7 节。第一节介绍相继式、推理规则和证明的基本定义；而后给出了这一数学语言的方方面面：命题语言（9.2 节）、谓词语言（9.3 节）、等词语言（9.4 节）、集合论语言（9.5 节），以及布尔和算术语言（9.6 节）。这些语言中的每一个都表现为前一个的扩充。最后一节介绍将在随后几章里使用的各种数据结构的定义，包括一些表、环和树。

9.1　相继式演算

9.1.1　定义

在这一小节，我们将给出几个定义，它们有助于对相继式演算的展示。

① **相继式**就是“我们希望去证明的东西”的一般性说法。现在，这还是一个尚未形式化定义的概念，我们将在 9.1.2 节精化这个定义。在目前这个时刻，需要说明的重要问题就是，我们可以把一个**证明**关联于一个相继式。当然，现在我们还不知道证明是什么，这一概念将在本节的最后定义。

② **推理规则**是一种用来构造相继式的证明的设施。一条推理规则由两个部分组成，一个**前提**部分和一个**结论**部分。前提部分是有穷的一集相继式，而结论部分就是一个相继式。假设一条推理规则的名字是 **R1**，带有前提 A 和结论 C，通常写为下面的形式：

$$\frac{\mathsf{A}}{C}\quad \mathbf{R1}$$

它应该读作：

如果我们已经有了A中各相继式的证明，推理规则**R1**给出相继式C的证明

前提 A 可以是空。在这种情况下，推理规则（假设是 **R2**）写成

$$\frac{}{C}\quad \mathbf{R2}$$

它应该读作：

推理规则 **R2** 给出相继式 C 的证明

③ 一个**理论**就是一集推理规则。

④ 在一个理论里的**一个相继式的证明**，就是一棵有特定约束的有穷树。这棵树的每个结点包含两个成分：一个相继式和该理论里的一条规则。有关限制是：对每一个形式为（s, r）的结点，规则 r 的结论就是 s；而且这个结点的子结点是这样的一些结点——它们的相继式正好是 r 的前提中的所有相继式。由此可以得知：这棵树的叶结点包含的都是无前提的规则。进一步要求，根结点包含的就是我们想证明的那个相继式。

作为一个例子，我们给出下面的理论，其中涉及相继式 `S1` 到 `S7` 以及规则 **R1** 到 **R7**：

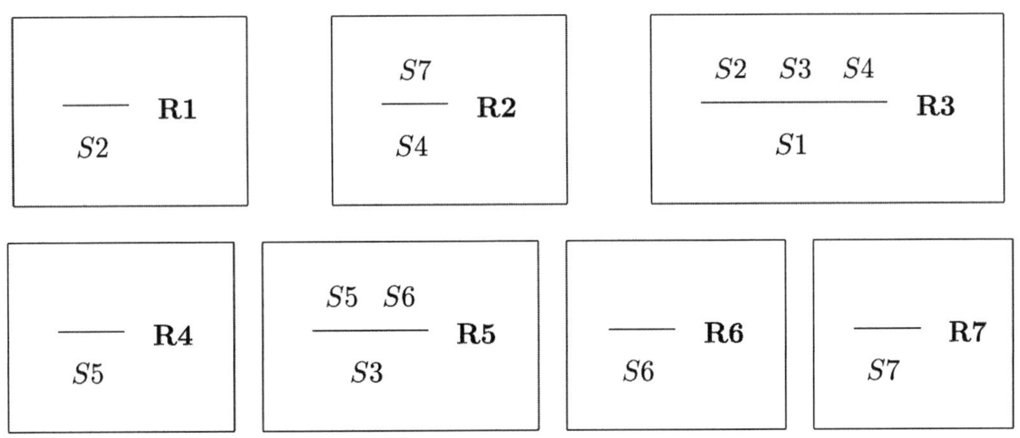

在图 9.1 里，你可以看到相继式 `S1` 的一个证明。

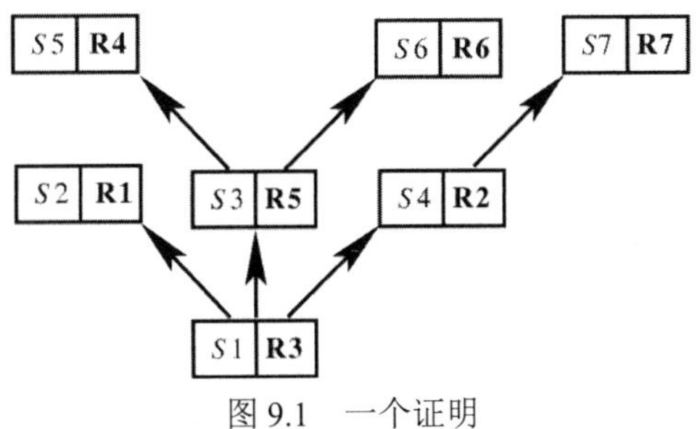

图 9.1 一个证明

正如所见，树根包含相继式 `S1`，它就是我们希望证明的相继式。很容易检查每个结点所用规则的结论部分确实就是结点的相继式，例如结点（`S3`, **R5**）。说得更精确一点，这里的 `S3` 就是规则 **R5** 的结论。进一步地，我们可以检查结点（`S3`, **R5**）的子结点，也就是 `S5` 和 `S6`，它们正好是规则 **R5** 的前提中的两个相继式。

这棵树可以如下解释：为了证明 `S1`，根据规则 **R3**，我们需要证明 `S2`、`S3` 和 `S4`；为了证明 `S2`，根据规则 **R1**，我们不需要证明更多东西；为了证明 `S3`，根据规则 **R5**，我们需要证明 `S5` 和 `S6`；如此等等。

这棵树也可以表示为第 2 章用过的形式，如图 9.2 所示。在这一章里，我们还继续采用这种形式。

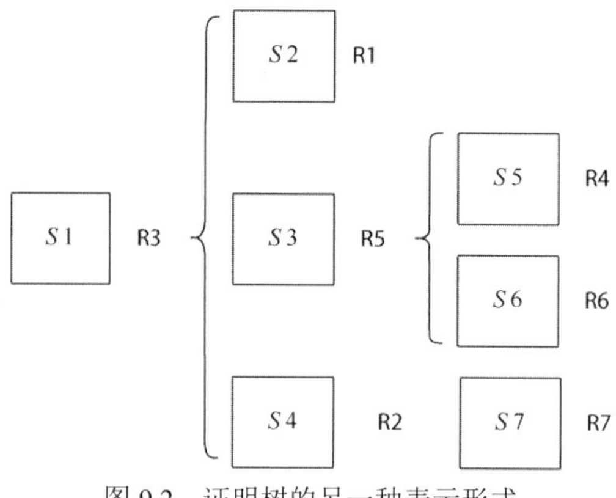

图 9.2 证明树的另一种表示形式

9.1.2 一个数学语言的相继式

现在我们精化前面有关相继式的概念，定义我们用这里的数学语言里做证明的方式。这种语言里包含一类称为**谓词**的结构，目前，这也就是我们对这个数学语言已知的所有东西。在这个框架里，相继式 S（如前面一节所定义）现在变成了一个更复杂的对象。它包含两个部分：一个**假设**部分和一个**目标**部分。假设部分是一集谓词，而目标部分就是一个谓词。一个带有假设 H 和目标 G 的相继式写成如下形式：

$$\mathsf{H} \vdash G$$

这个相继式可以按照如下方式读出：

> 目标 G 在假设集合 H 下成立

这也就是我们希望去证明的那一类相继式，也是我们在自己的数学语言里的各种理论中将要使用的相继式类。请注意：相继式的假设集合可能为空，而且集合 H 中假设的排列顺序并无任何特殊意义。

9.1.3 初始理论

现在我们已经有了所建议语言中足够多的元素，可以来定义我们的证明理论中的第一组规则了。还需再提醒一下，现在我们还不知道谓词是什么，只知道谓词是一类结构，将在我们后面的数学语言里定义。我们从三条最基本的规则开始，先非形式地陈述它们，然后再给出严格的定义。这三条规则分别是 **HYP**、**MON** 和 **CUT**。下面是它们的定义：

- **HYP**: 如果一个相继式的目标 P 属于这个相继式的假设 H，那么它就已经证明了。

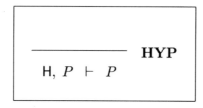

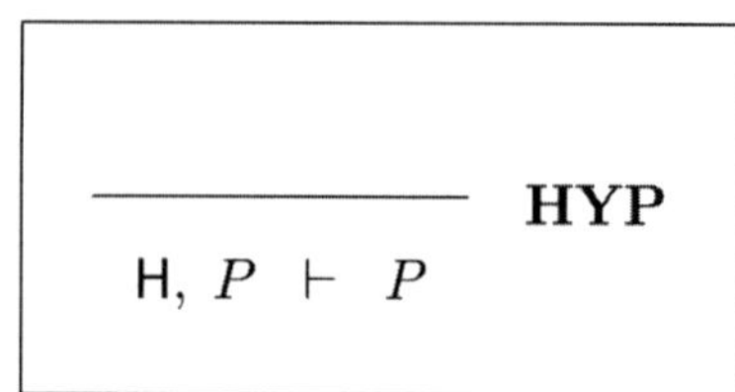

- **MON**：为了证明一个相继式，证明另一个目标相同，但假设较少的相继式就足够了。

$$\frac{\mathsf{H} \ \vdash \ Q}{\mathsf{H},\, P \ \vdash \ Q}\ \mathbf{MON}$$

- **CUT**：如果已经在一集假设 H 下成功证明了目标 P，那么在证明另一目标 Q 时，就可以把 P 加入假设集 H。

$$\frac{\mathsf{H} \ \vdash \ P \qquad \mathsf{H},\, P \ \vdash \ Q}{\mathsf{H} \ \vdash \ Q}\ \mathbf{CUT}$$

请注意，在上面各条规则理的字母 H、P 和 Q 都被称为**元变量**。其中字母 H 是表示谓词集的元变量，而字母 P 和 Q 是表示谓词的元变量。显然，上面的每个“规则”都不是只表示一条规则，更好的方式是称其为一个**规则模式**。下面的讨论均为这种情况。

9.2 命题语言

在这一节里，我们将给出所用数学语言的第一个版本，它称为**命题语言**。后面将从它扩充，得到各种更完全的语言版本：谓词语言（9.3 节）、等式语言（9.4 节）、集合论语言（9.5 节）以及布尔和算术语言（9.6 节）。

9.2.1 语法

我们的第一个版本围绕着五个结构来构造，它们是：**谬误**、**否定**、**合取**、**析取**和**蕴涵**。给定两个谓词 P 和 Q，我们可以构造出它们的合取 $P \wedge Q$、它们的析取 $P \vee Q$ 以及它们的蕴涵 $P \Rightarrow Q$。给定一个谓词 P，我们可以构造出它的否定 $\neg P$。这些可以用下面的语法规则形式化地描述：

$$\begin{array}{lll} predicate & ::= & \bot \\ & & \neg\, predicate \\ & & predicate \wedge predicate \\ & & predicate \vee predicate \\ & & predicate \Rightarrow predicate \end{array}$$

这一语法显然是有歧义的，但在这个阶段，我们并不关心这件事。现在只要注意合取和析取运算符具有比蕴涵运算符更强的语法优先级。进而，合取和析取具有相同的语法优先级，因此，如果几个这种运算符相继出现，就应该写出必要的括号。还应注意，这个语法里并不包含任何“基本”谓词（除了⊥），这类谓词将在后面的 9.4 节和 9.5 节出现。

9.2.2 初始理论的扩充

现在为 9.1.3 节给出的初始理论加入如下的推理规则：

$$\frac{}{\mathsf{H},\ \bot\ \vdash\ P}\ \textbf{FALSE\_L}$$

$$\frac{\mathsf{H}\ \vdash\ P \quad \mathsf{H}\ \vdash\ \neg P}{\mathsf{H}\ \vdash\ \bot}\ \textbf{FALSE\_R}$$

$$\frac{\mathsf{H},\ \neg Q\ \vdash\ P}{\mathsf{H},\ \neg P\ \vdash\ Q}\ \textbf{NOT\_L}$$

$$\frac{\mathsf{H},\ P\ \vdash\ \bot}{\mathsf{H}\ \vdash\ \neg P}\ \textbf{NOT\_R}$$

$$\frac{\mathsf{H},\ P,\ Q\ \vdash\ R}{\mathsf{H},\ P \wedge Q\ \vdash\ R}\ \textbf{AND\_L}$$

$$\frac{\mathsf{H}\ \vdash\ P \quad \mathsf{H}\ \vdash\ Q}{\mathsf{H}\ \vdash\ P \wedge Q}\ \textbf{AND\_R}$$

$$\frac{\mathsf{H},\ P\ \vdash\ R \quad \mathsf{H},\ Q\ \vdash\ R}{\mathsf{H},\ P \vee Q\ \vdash\ R}\ \textbf{OR\_L}$$

$$\frac{\mathsf{H},\ \neg P\ \vdash\ Q}{\mathsf{H}\ \vdash\ P \vee Q}\ \textbf{OR\_R}$$

$$\frac{\mathsf{H},\ P,\ Q\ \vdash\ R}{\mathsf{H},\ P,\ P \Rightarrow Q\ \vdash\ R}\ \textbf{IMP\_L}$$

$$\frac{\mathsf{H},\ P\ \vdash\ Q}{\mathsf{H}\ \vdash\ P \Rightarrow Q}\ \textbf{IMP\_R}$$

正如所见，对于每一类谓词，即谬误、否定、合取、析取和蕴涵，这里都给出了两条规则：一条左规则，加后缀 **_L** 标记；另一条右规则，加后缀 **_R** 标记。这两条规则对应于该类谓词出现在规则结论部分的假设部分（左部）或者目标部分（右部）。

9.2.3 派生规则

除了前面几条规则，下面的**派生**规则（还有许多）也相当有用。它说，为了证明一个目标 P，首先在假设 Q 下证明它，然后在假设 $\neg Q$ 下证明它，就足够了：

$$\frac{\mathsf{H}, Q \ \vdash \ P \qquad \mathsf{H}, \neg Q \ \vdash \ P}{\mathsf{H} \ \vdash \ P} \ \textbf{CASE}$$

要证明一条派生规则，我们需要假定其前提（如果有的话）并证明其结论。按照这种方式，下面是派生规则 **CASE** 的证明：

- $\mathsf{H} \vdash P$ **CUT**
  - $\mathsf{H} \vdash Q \vee \neg Q$ **OR_R** $\mathsf{H}, \neg Q \vdash \neg Q$ **HYP**
  - $\mathsf{H}, Q \vee \neg Q \vdash P$ **OR_L**
    - $\mathsf{H}, Q \vdash P$ 假设的前提
    - $\mathsf{H}, \neg Q \vdash P$ 假设的前提

有了这一新（派生）规则的帮助，我们现在可以从规则 **NOT_L** 推广出规则 **CT_L**：

$$\frac{\mathsf{H}. \neg Q \ \vdash \ \neg P}{\mathsf{H}, P \ \vdash \ Q} \ \textbf{CT\_L}$$

规则 **CT_L** 的证明：

- $\mathsf{H}, P \vdash Q$ **CASE**
  - $\mathsf{H}, P, Q \vdash Q$ **HYP**
  - $\mathsf{H}, P, \neg Q \vdash Q$ **CUT**
    - $\mathsf{H}, P, \neg Q \vdash \neg P$ **MON** ...
    - $\mathsf{H}, P, \neg Q, \neg P \vdash Q$ **NOT_L** ...

... $\mathsf{H}, \neg Q \ \vdash \ \neg P$ 假设的前提

$$\cdots \quad \boxed{\mathsf{H}, P, \neg Q, \neg Q \ \vdash \ P} \ \textbf{HYP}$$

我们还可以从 **NOT_R** 推广到 **CT_R**:

$$\boxed{\frac{\mathsf{H}, \neg P \ \vdash \ \bot}{\mathsf{H} \ \vdash \ P} \ \textbf{CT\_R}}$$

规则 **CT_R** 的证明:

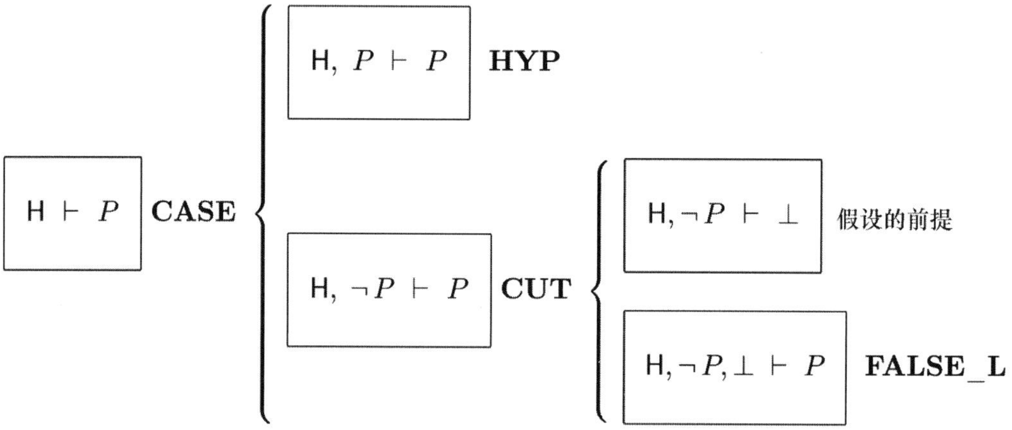

$$\boxed{\mathsf{H} \vdash P} \ \textbf{CASE} \begin{cases} \boxed{\mathsf{H}, P \vdash P} \ \textbf{HYP} \\ \boxed{\mathsf{H}, \neg P \vdash P} \ \textbf{CUT} \begin{cases} \boxed{\mathsf{H}, \neg P \vdash \bot} \ \text{假设的前提} \\ \boxed{\mathsf{H}, \neg P, \bot \vdash P} \ \textbf{FALSE\_L} \end{cases} \end{cases}$$

按照类似的方式，我们可以证明下面的派生规则（第 2 章已经使用了它们）:

$$\boxed{\frac{\mathsf{H} \ \vdash \ P}{\mathsf{H} \ \vdash \ P \vee Q} \ \textbf{OR\_R1}} \qquad \boxed{\frac{\mathsf{H} \ \vdash \ Q}{\mathsf{H} \ \vdash \ P \vee Q} \ \textbf{OR\_R2}}$$

9.2.4 方法论

我们将在下面构造各种数学语言，所用的方法需要进一步澄清。我们的方法将是非常系统化的，包括两个步骤。首先，扩充语法。其次，或者对于一种简单的设施作扩充——在这种情况下，我们将简单地基于已有的结构给出新结构的定义；或者使新的结构与任何已有结构都没有关系——在这种情况下，我们就是扩充了当时的理论。

9.2.5 命题语言的扩充

现在扩充前面定义的命题语言，增加一种称为**等价**的结构。给定两个谓词 P 和 Q，我们可以构造它们的等价 $P \Leftrightarrow Q$。我们还增加了一个谓词 $\top$。这样，现在的语法如下:

$$
\begin{array}{lll}
predicate & ::= & \bot \\
& & \top \\
& & \neg\, predicate \\
& & predicate \;\land\; predicate \\
& & predicate \;\lor\; predicate \\
& & predicate \;\Rightarrow\; predicate \\
& & predicate \;\Leftrightarrow\; predicate
\end{array}
$$

请注意：蕴涵和等价运算符具有相同的语法优先级，所以，如果几个这类运算符相继出现，就需要加括号。这个扩充通过已有的结构，以重写的方式定义：

谓 词	重 写
$\top$	$\neg\ \bot$
$P \Leftrightarrow Q$	$(P \Rightarrow Q) \land (Q \Rightarrow P)$

下面的两条派生规则很容易证明：

$$\frac{\mathsf{H} \;\vdash\; P}{\mathsf{H},\,\top \;\vdash\; P}\quad \textbf{TRUE\_L}$$

$$\frac{}{\mathsf{H} \;\vdash\; \top}\quad \textbf{TRUE\_R}$$

注意：规则 **TRUE_L** 可以用规则 **MON** 证明，而相反的规则（交换前提和结论）虽然也成立，但不能用 **MON** 证明。我们把这些规则的证明留给读者作为练习。

9.3 谓词语言

9.3.1 语法

在这一节里，我们将引入**谓词语言**。语法的扩充包括若干类新谓词，以及另外两个新的语法范畴，分别称为**表达式**和**变量**。一个**变量**就是一个简单的标识符。给定一个非空的变量列表 x（其中包含一些互不相同的变量）和一个谓词 P，结构 $\forall x \cdot P$ 称为一个**全称量化谓词**。与此类似，给定一个非空的变量列表 x（其中包含一些互不相同的变量）和一个谓词 P，结构 $\exists x \cdot P$ 称为一个**存在量化谓词**。一个**表达式**或者就是一个变量，或者是一个**表**

达式对偶 $E \mapsto F$，其中的 E 和 F 都是表达式。下面是新的语法：

$$
\begin{array}{lll}
predicate & ::= & \bot \\
 & & \top \\
 & & \neg predicate \\
 & & predicate \wedge predicate \\
 & & predicate \vee predicate \\
 & & predicate \Rightarrow predicate \\
 & & predicate \Leftrightarrow predicate \\
 & & \forall var\_list \cdot predicate \\
 & & \exists var\_list \cdot predicate \\
 & & \\
expression & ::= & variable \\
 & & expression \mapsto expression \\
 & & \\
var\_list & ::= & variable \\
 & & variable, var\_list
\end{array}
$$

这个语法也是有歧义的。请注意，全称或存在量词的作用域将一直延伸到可能延伸的地方，也就是说，它们所表达的限制，或者是一直延伸到整个公式结束，或者是通过外围的括号来限定。

9.3.2 谓词和表达式

现在澄清一下谓词和表达式之间的差异，弄清这一点可能很有用。一个谓词 P 也就是一段形式化的文本，当它们被嵌入相继式时，可以**被证明**，例如：

$$\mathsf{H} \ \vdash \ P.$$

谓词并不指称任何东西。表达式的情况则不是这样，一个表达式总指称一个**对象**。表达式不能被“证明”。因此，谓词和表达式是互不相容的。注意，现在我们已经定义的可能的表达式非常有限，这件事将在 9.5 节定义集合论语言时予以扩充。

9.3.3 全称量词的推理规则

加入了全称和存在量化谓词，也需要引入对应的推理规则。就像在命题演算里一样，对这两种情况，我们各需要两条规则：一条针对量化的假设（左规则），另一条针对量化的目标（右规则）。下面是针对全称量化谓词的规则：

$$\frac{\mathsf{H},\ \forall x \cdot P,\ [x := E]P \ \vdash \ Q}{\mathsf{H},\ \forall x \cdot P \ \vdash \ Q} \quad \textbf{ALL\_L}$$

$$\frac{\mathsf{H} \ \vdash \ P}{\mathsf{H} \ \vdash \ \forall x \cdot P} \quad \textbf{ALL\_R} \ (x\text{在 H 里非自由})$$

第一条规则（**ALL_L**）使我们可以在假设中有全称量化谓词时增加另一个假设，得到这一新假设的方法，就是在被量化的谓词 P 中用任何表达式来替换量化变量 x，这种操作用 $[x := E]P$ 表示。第二条规则（ALL_R）允许我们消去出现在目标里的全称量词。当然，做这件事时有条件：要求量化变量（这里的 x）在假设集合 H 里**没有自由出现**。这种要求称为**副条件**。下面，我们将用 x `nfin` P 表示 x 没在谓词 P 里自由出现。同样的写法也将用于表达式。在这个讨论中，我们不打算给出一组用于计算非自由出现的语法规则，与代换一样。

我们也有针对存在量化公式的类似规则：

$$\frac{\mathsf{H},\ P\ \vdash\ Q}{\mathsf{H},\ \exists x\cdot P\ \vdash\ Q}\qquad \textbf{XST\_L}\ (x\ \text{在 H 和}\ Q\ \text{里非自由})$$

$$\frac{\mathsf{H}\ \vdash\ [x := E]P}{\mathsf{H}\ \vdash\ \exists x\cdot P}\qquad \textbf{XST\_R}$$

作为一个例子，现在我们来证明下面这个相继式：

$$\forall x\cdot(\exists y\cdot P_{x,y})\ \Rightarrow\ Q_x\quad\vdash\quad\forall x\cdot(\forall y\cdot P_{x,y}\ \Rightarrow\ Q_x),$$

其中的 $P_{x,y}$ 表示一个只包含自由变量 x 和 y 的谓词，而 Q_x 表示一个只包含自由变量 x 的谓词。

$$\boxed{\begin{array}{l}\forall x\cdot(\exists y\cdot P_{x,y})\ \Rightarrow\ Q_x\\ \vdash\\ \forall x\cdot(\forall y\cdot P_{x,y}\ \Rightarrow\ Q_x)\end{array}}\quad \begin{array}{l}\mathsf{ALL\_R}\\ \mathsf{ALL\_R}\\ \mathsf{IMP\_R}\end{array}\quad \boxed{\begin{array}{l}\forall x\cdot(\exists y\cdot P_{x,y})\ \Rightarrow\ Q_x\\ P_{x,y}\\ \vdash\\ Q_x\end{array}}\quad \mathsf{CUT}\ldots$$

$$\ldots\left\{\begin{array}{l}\boxed{\begin{array}{l}\forall x\cdot(\exists y\cdot P_{x,y})\ \Rightarrow\ Q_x\\ P_{x,y}\\ \vdash\\ \exists y\cdot P_{x,y}\end{array}}\quad \mathsf{XST\_R}\quad \boxed{\begin{array}{l}\forall x\cdot(\exists y\cdot P_{x,y})\ \Rightarrow\ Q_x\\ P_{x,y}\\ \vdash\\ P_{x,y}\end{array}}\quad \mathsf{HYP}\\[2ex] \boxed{\begin{array}{l}\forall x\cdot(\exists y\cdot P_{x,y})\ \Rightarrow\ Q_x\\ P_{x,y}\\ \exists y\cdot P_{x,y}\\ \vdash\\ Q_x\end{array}}\quad \begin{array}{l}\mathsf{ALL\_L}\\ \mathsf{IMP\_L}\end{array}\quad \boxed{\begin{array}{l}\forall x\cdot(\exists y\cdot P_{x,y})\ \Rightarrow\ Q_x\\ Q_x\\ P_{x,y}\\ \exists y\cdot P_{x,y}\\ \vdash\\ Q_x\end{array}}\quad \mathsf{HYP}\end{array}\right.$$

下面相继式的证明留给读者：

$$\forall x \cdot (\forall y \cdot P_{x,y} \Rightarrow Q_x) \quad \vdash \quad \forall x \cdot (\exists y \cdot P_{x,y}) \Rightarrow Q_x$$

下面是一个很有意思的派生规则，它使我们可以简化一个存在量化的目标，用另一个希望是更简单的目标来代替它：

$$\frac{\mathsf{H} \ \vdash \ \exists x \cdot Q \qquad \mathsf{H},\, Q \ \vdash \ P}{\mathsf{H} \ \vdash \ \exists x \cdot P} \quad \begin{array}{c}\textbf{CUT\_XST} \\ (\mathsf{x}\ \underline{\mathsf{nfin}}\ \mathsf{H})\end{array}$$

CUT_XST 的证明：

$\mathsf{H} \vdash \exists x \cdot P$ **CUT**
- $\mathsf{H} \vdash \exists x \cdot Q$ 假设的前提
- $\mathsf{H}, \exists x \cdot Q \vdash \exists x \cdot P$ **XST_L** **XST_R** $\mathsf{H},\, Q \vdash P$ 假设的前提

9.4 相等谓词

现在我们要再次扩充谓词语言，加入一种新谓词：**相等谓词**。给定两个表达式 E 和 F，我们用结构 $E = F$ 定义它们的相等。下面是扩充后的语法：

predicate	::=	$\bot$
		$\top$
		$\neg$ *predicate*
		predicate $\wedge$ *predicate*
		predicate $\vee$ *predicate*
		predicate $\Rightarrow$ *predicate*
		predicate $\Leftrightarrow$ *predicate*
		$\forall$*var_list* $\cdot$ *predicate*
		$\exists$*var_list* $\cdot$ *predicate*
		expression $=$ *expression*
expression	::=	*variable*
		expression $\mapsto$ *expression*

注意，下面我们将用常规的 $\neq$ 表示相等的否定。有关相等的证明推理规则如下：

$$\frac{[x := F]\mathrm{H},\ E = F\ \vdash\ [x := F]P}{[x := E]\mathrm{H},\ E = F\ \vdash\ [x := E]P}\quad \textbf{EQ\_LR}$$

$$\frac{[x := E]\mathrm{H},\ E = F\ \vdash\ [x := E]P}{[x := F]\mathrm{H},\ E = F\ \vdash\ [x := F]P}\quad \textbf{EQ\_RL}$$

这两条规则使我们可以把相等的假设**应用于**其余的假设和目标。在做这件事时，可以从左到右或从右到左使用相等谓词。下面的规则反映了相等的自反性，并定义了对偶的相等问题。这两件事都用重写规则定义：

运算符	谓词	重写规则
相等	$E = E$	$\top$
对偶的相等	$E \mapsto F\ =\ G \mapsto H$	$E = G\ \wedge\ F = H$

下面两条重写规则（假定其中的变量 x 在 E 中无自由出现）很容易证明。它们被称为**单点规则**：

谓词	重写规则
$\forall x \cdot x = E\ \Rightarrow\ P$	$[x := E]P$
$\exists x \cdot x = E\ \wedge\ P$	$[x := E]P$

9.5 集合论语言

我们的下一个语言是**集合论语言**，现在将它作为前面谓词语言的扩充。

9.5.1 语法

在这一扩充里，我们要引进一类特殊的表达式，称为**集合**。注意，并非所有的表达式都是集合，例如，对偶就不是集合。然而，在下面的语法里，我们将不区分哪些表达式是集合，哪些表达式不是集合。

我们要引进的另一个谓词是**成员谓词**。给定一个表达式 E 和一个集合 S，结构 $E \in S$ 就是一个成员谓词，它说表达式 E 是集合 S 的一个**成员**。

我们还要引进一些基本的集合构造。给定两个集合 S 和 T，结构 $S \times T$ 也是一个集合，称为 S 和 T 的**笛卡儿积**。给定一个集合 S，结构 $\mathbb{P}(S)$ 也是一个集合，称为 S 的**幂集**。最后，给定一组互不相同的变量 x，一个谓词 P 和一个表达式 E，结构 $\{x \cdot P \mid E\}$ 称为一个**通过内涵定义的集合**。下面是我们的新语法：

$$
\begin{array}{lll}
predicate & ::= & \ldots \\
 & & expression \ \in \ expression \\
 & & \\
expression & ::= & variable \\
 & & expression \mapsto expression \\
 & & expression \times expression \\
 & & \mathbb{P}(expression) \\
 & & \{\, var\_list \cdot predicate \mid expression \,\}
\end{array}
$$

注意，在下面，我们将用 $\notin$ 表示集合成员关系的否定。

9.5.2 集合论公理

集合论语言有一些公理，用一些集合成员关系等价的形式给出。它们都通过重写规则的形式定义。注意，最后一条规则定义集合相等，称为**外延公理**。

运算符	谓词	重写规则	副条件
笛卡儿积	$E \mapsto F \in S \times T$	$E \in S \ \wedge \ F \in T$	
幂集	$E \in \mathbb{P}(S)$	$\forall x \cdot x \in E \ \Rightarrow \ x \in S$	x <u>nfin</u> E x <u>nfin</u> S
集合内涵	$E \in \{x \cdot P \mid F\}$	$\exists x \cdot P \ \wedge \ E = F$	x <u>nfin</u> E
集合相等	$S = T$	$S \in \mathbb{P}(T) \ \wedge \ T \in \mathbb{P}(S)$	

作为一种特殊情况，集合内涵有时可以写成 $\{F \mid P\}$，这可以读作“这个集合包含所有使 P 成立的形式为 F 的对象”。当然，我们应该注意到，现在变量表 x 不见了，事实上，在这里，变量由 F 中所有的自由变量**隐式确定**。如果我们希望 x 只包含 F 中的一些（但不是全部）自由变量，那么就不能采用这种缩写形式。

作为另一种更特殊的情况，其中 F 就是一个变量 x，也就是说集合 $\{x \cdot P \mid x\}$，现在可以写成 $\{x \mid P\}$，这种形式在数学中经常被非形式地所用。在这种情况下，根据 9.4 节的“单点规则”，$E \in \{x \cdot P \mid x\}$ 就变成了 $[x := E]P$。

9.5.3 基本集合运算符

这一节引进经典的集合运算符：包含、并集、交集、差集、扩充和空集。

predicate	::=	...
		$expression \subseteq expression$
expression	::=	...
		$expression \cup expression$
		$expression \cap expression$
		$expression \setminus expression$
		$\{expression\_list\}$
		$\varnothing$
expression_list	::=	$expression$
		$expression,\ expression\_list$

注意，*expression_list* 里的表达式不必互不相同。

运算符	谓词	重写规则
包含	$S \subseteq T$	$S \in \mathbb{P}(T)$
并	$E \in S \cup T$	$E \in S \ \lor \ E \in T$
交	$E \in S \cap T$	$E \in S \ \land \ E \in T$
差	$E \in S \setminus T$	$E \in S \ \land \ \neg(E \in T)$
集合外延	$E \in \{a, \ldots, b\}$	$E = a \ \lor \ \ldots \ \lor \ E = b$
空集	$E \in \varnothing$	$\bot$

9.5.4 基本集合运算符的推广

下面一系列运算符把并和交推广到集合的集合。这些推广在形式上或者是一个针对集合的运算符，或者是一个针对集合的量词：

$$
\begin{array}{lll}
\ldots & & \\
expression & ::= & \ldots \\
 & & \mathrm{union}(expression) \\
 & & \bigcup var\_list \cdot predicate \mid expression \\
 & & \mathrm{inter}(expression) \\
 & & \bigcap var\_list \cdot predicate \mid expression
\end{array}
$$

运算符	谓词	重写规则	副条件
广义并	$E \in \mathsf{union}\,(S)$	$\exists s \cdot s \in S \ \wedge\ E \in s$	s $\underline{\mathsf{nfin}}$ S s $\underline{\mathsf{nfin}}$ E
量化并	$E \in \bigcup x \cdot P \mid T$	$\exists x \cdot P \ \wedge\ E \in T$	x $\underline{\mathsf{nfin}}$ E
广义交	$E \in \mathrm{inter}\,(S)$	$\forall s \cdot s \in S \ \Rightarrow\ E \in s$	s $\underline{\mathsf{nfin}}$ S s $\underline{\mathsf{nfin}}$ E
量化交	$E \in \bigcap x \cdot P \mid T$	$\forall x \cdot P \ \Rightarrow\ E \in T$	x $\underline{\mathsf{nfin}}$ E

上面的最后两个重写规则要求集合 inter(S) 或者 $\cap x \cdot P \mid T$ 是**良好定义的**（**良定义的**）。下表中说明了良定义性：

集合构造	良定义条件
$\mathrm{inter}\,(S)$	$S \neq \varnothing$
$\bigcap x \cdot P \mid T$	$\exists x \cdot P$

良定义条件将在证明义务中关注，如第 5 章的 5.2.12 节中的解释。

9.5.5 二元关系运算符

现在我们定义第一组二元关系运算符：从两个集合构造出一个二元关系的集合、二元关系的定义域和值域以及各种二元关系集合。

$$
\begin{array}{lll}
\ldots & & \\
\mathit{expression} & ::= & \ldots \\
 & & \mathit{expression} \leftrightarrow \mathit{expression} \\
 & & \mathrm{dom}(\mathit{expression}) \\
 & & \mathrm{ran}(\mathit{expression}) \\
 & & \mathit{expression} \twoheadleftarrow\!\!\rightarrow \mathit{expression} \\
 & & \mathit{expression} \leftarrow\!\!\twoheadrightarrow \mathit{expression} \\
 & & \mathit{expression} \twoheadleftarrow\!\!\twoheadrightarrow \mathit{expression}
\end{array}
$$

运算符	谓词	重写规则	副条件
所有二元关系的集合	$r \in S \leftrightarrow T$	$r \subseteq S \times T$	
定义域	$E \in \mathrm{dom}\,(r)$	$\exists y \cdot E \mapsto y \;\in\; r$	y nfin E y nfin r
值域	$F \in \mathrm{ran}\,(r)$	$\exists x \cdot x \mapsto F \;\in\; r$	x nfin F x nfin r
所有全关系的集合	$r \in S \twoheadleftarrow\!\!\rightarrow T$	$r \in S \leftrightarrow T \;\wedge\; \mathrm{dom}\,(r) = S$	
所有满射关系的集合	$r \in S \leftarrow\!\!\twoheadrightarrow T$	$r \in S \leftrightarrow T \;\wedge\; \mathrm{ran}\,(r) = T$	
所有全满射关系的集合	$r \in S \twoheadleftarrow\!\!\twoheadrightarrow T$	$r \in S \twoheadleftarrow\!\!\rightarrow T \;\wedge\; r \in S \leftarrow\!\!\twoheadrightarrow T$	

下面一组二元关系运算定义关系的逆、各种受限的关系，以及一个集合在一个关系下的像（集合）：

$$\begin{array}{lll} expression & ::= & \ldots \\ & & expression^{-1} \\ & & expression \lhd expression \\ & & expression \rhd expression \\ & & expression \ntriangleleft expression \\ & & expression \ntriangleright expression \\ & & expression[expression] \end{array}$$

运算符	谓词	重写规则	副条件
逆	$E \mapsto F \in r^{-1}$	$F \mapsto E \in r$	
作用域限制	$E \mapsto F \in S \lhd r$	$E \in S \land E \mapsto F \in r$	
值域限制	$E \mapsto F \in r \rhd T$	$E \mapsto F \in r \land F \in T$	
作用域减	$E \mapsto F \in S \ntriangleleft r$	$\neg E \in S \land E \mapsto F \in r$	
值域减	$E \mapsto F \in r \ntriangleright T$	$E \mapsto F \in r \land \neg F \in T$	
关系的像集	$F \in r[U]$	$\exists x \cdot x \in U \land x \mapsto F \in r$	x nfin F x nfin r x nfin U

让我们用图示来解释一下关系的像（集）。给定从集合 S 到集合 T 的一个二元关系 r, S 的一个子集 U 在关系 r 下的像是 T 的一个子集，用 $r[U]$ 表示。下面是它的定义：

$$r[U] = \{y \mid \exists x \cdot x \in U \land x \mapsto y \in r\}.$$

图 9.3 给出了相应的图示。如图所示，集合 $\{a, b\}$ 在关系 r 下的像是集合 $\{m, n, p\}$。

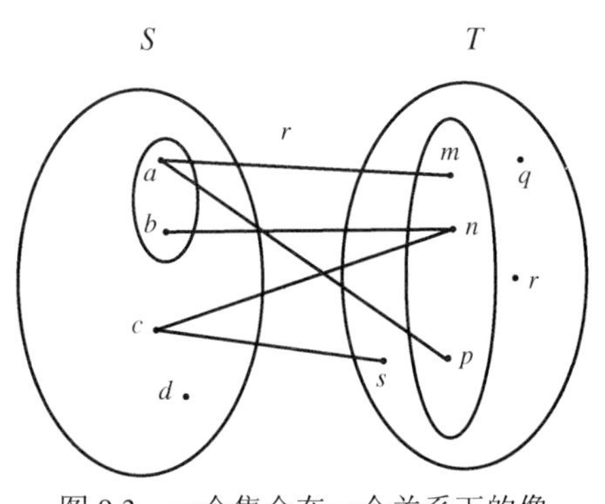

图 9.3 一个集合在一个关系下的像

我们的下一组运算符定义两个二元关系的复合、一个二元关系对另一个的覆盖，以及两个二元关系的直积和平行积：

$$
\begin{array}{lll}
expression & ::= & \ldots \\
 & & expression \; ; \; expression \\
 & & expression \circ expression \\
 & & expression \Leftarrow expression \\
 & & expression \otimes expression \\
 & & expression \parallel expression
\end{array}
$$

运算符	谓词	重写规则	副条件
前向复合	$E \mapsto F \in f \, ; g$	$\exists x \cdot E \mapsto x \in f \;\; \wedge \;\; x \mapsto F \in g$	x nfin E x nfin F x nfin f x nfin g
反向复合	$E \mapsto F \in g \circ f$	$E \mapsto F \in f \, ; g$	

给定从集合 S 到 T 的一个二元关系 f 和从 T 到 U 的另一个二元关系 g，f 和 g 的**前向（关系）复合**是从 S 到 U 的一个二元关系，用结构 $f; g$ 表示。这种复合有时也被从另一个方向表示为 $g \circ f$，这种情况被称为**反向复合**。图 9.4 是前向复合的图示。

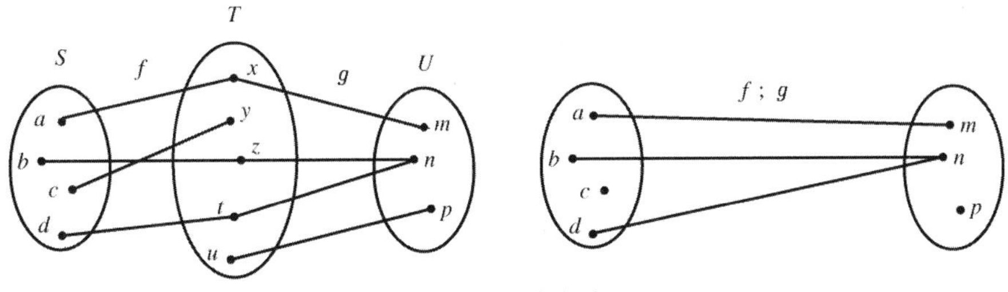

图 9.4 前向复合

运算符	谓词	重写规则
覆盖	$E \mapsto F \in f \Leftarrow g$	$E \mapsto F \in (\mathrm{dom}\,(g) \lhd f) \; \cup \; g$
直积	$E \mapsto (F \mapsto G) \in f \otimes g$	$E \mapsto F \in f \;\; \wedge \;\; E \mapsto G \in g$
并行积	$(E \mapsto F) \mapsto (G \mapsto H) \in f \parallel g$	$E \mapsto G \in f \;\; \wedge \;\; F \mapsto H \in g$

覆盖运算符可应用于从（例如）集合 S 到集合 T 的一个关系和从 S 到 T 的另一个关系 g。

图 9.5 描绘了集合覆盖的情况。

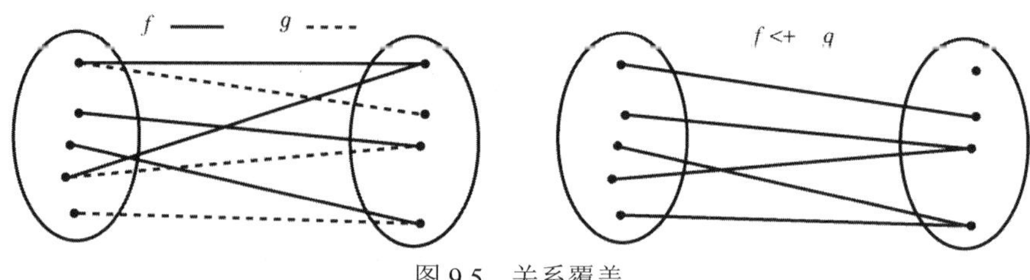

图 9.5 关系覆盖

如果 f 是一个函数，而 g 是一个单点函数 $\{x \mapsto E\}$，那么 $f \lhd\!\!\!+ \{x \mapsto E\}$ 将用对偶 $x \mapsto E$ 取代 f 里原来的对偶 $x \mapsto f(x)$。注意，当 x 不属于 f 的定义域时，$f \lhd\!\!\!+ \{x \mapsto E\}$ 也就是简单地把对偶 $x \mapsto E$ 加入函数 f。这种情况下的覆盖就等于 $f \cup \{x \mapsto E\}$。

9.5.6 函数运算符

在这一节里，我们要定义各种函数运算符：所有部分的和全的函数集合、部分的和全的内射集合、部分的和全的满射集合，以及双射的集合。我们还要引进两个投影函数，还有全等函数：

$$
\begin{array}{lll}
expression & ::= & \ldots \\
 & & \mathrm{id} \\
 & & expression \;\text{⇸}\; expression \\
 & & expression \rightarrow expression \\
 & & expression \;\text{⤔}\; expression \\
 & & expression \rightarrowtail expression \\
 & & expression \;\text{⤀}\; expression \\
 & & expression \twoheadrightarrow expression \\
 & & expression \;\text{⤖}\; expression \\
 & & \mathrm{prj}_1 \\
 & & \mathrm{prj}_2
\end{array}
$$

运算符	谓词	重写规则
全等	$E \mapsto F \in \mathrm{id}$	$E = F$
所有部分函数的集合	$f \in S \;\text{⇸}\; T$	$f \in S \leftrightarrow T \;\wedge\; (f^{-1}\,;f) \subseteq \mathrm{id}$
所有全函数的集合	$f \in S \rightarrow T$	$f \in S \;\text{⇸}\; T \;\wedge\; S = \mathrm{dom}\,(f)$
所有部分内射的集合	$f \in S \;\text{⤔}\; T$	$f \in S \;\text{⇸}\; T \;\wedge\; f^{-1} \in T \;\text{⇸}\; S$
所有全内射的集合	$f \in S \rightarrowtail T$	$f \in S \rightarrow T \;\wedge\; f^{-1} \in T \;\text{⇸}\; S$
所有部分满射的集合	$f \in S \;\text{⤀}\; T$	$f \in S \;\text{⇸}\; T \;\wedge\; T = \mathrm{ran}\,(f)$
所有全满射的集合	$f \in S \twoheadrightarrow T$	$f \in S \rightarrow T \;\wedge\; T = \mathrm{ran}\,(f)$
所有双射的集合	$f \in S \;\text{⤖}\; T$	$f \in S \rightarrowtail T \;\wedge\; f \in S \twoheadrightarrow T$

运算符	谓词	重写规则
第一投影函数	$(E \mapsto F) \mapsto G \in \mathrm{prj}_1$	$G = E$
第二投影函数	$(E \mapsto F) \mapsto G \in \mathrm{prj}_2$	$G = F$

注意，我们有 $\forall x \cdot x \in S \times T \Rightarrow x = \mathrm{prj}_1(x) \mapsto \mathrm{prj}_2(x)$。

9.5.7 各种箭头的总结

运算符	箭头
二元关系	$S \rel T$
全关系	$S \trel T$
满关系	$S \srel T$
全满关系	$S \strel T$
部分函数	$S \pfun T$
全函数	$S \tfun T$

运算符	箭头
部分内射	$S \pinj T$
全内射	$S \tinj T$
部分满射	$S \psur T$
全满射	$S \tsur T$
双射	$S \tbij T$

9.5.8 lambda 抽象和函数调用

我们现在定义 lambda **抽象**，这是一种构造函数的方法。还有**函数应用**，也就是使用函数的方式。为此，我们需要首先定义**变量模式**的概念。一个变量模式或者就是一个标识符，或者是由两个变量模式组成的对偶。进一步说，组成一个变量模式的所有变量必须互不相同。举例说，下面是三个变量模式：

$$\mathsf{abc}$$
$$\mathsf{abc} \mapsto \mathsf{def}$$
$$\mathsf{abc} \mapsto (\mathsf{def} \mapsto \mathsf{ghi})$$

给定一个变量模式 x、一个谓词 P 和一个表达式 E，结构 $\lambda x \cdot P \mid E$ 就是一个 lambda 抽象，它是一个函数。给定一个函数 f 和一个表达式 E，结构 $f(E)$ 是一个表达式，表示一个函数应用。下面是我们的新语法：

$$
\begin{array}{lll}
expression & ::= & \ldots \\
 & & expression(expression) \\
 & & \lambda pattern \cdot predicate \mid expression \\
pattern & ::= & variable \\
 & & pattern \mapsto pattern
\end{array}
$$

在下面的表里，l 表示模式 L 里所有变量的表：

运算符	谓词	重写规则
lambda 抽象	$F \in \lambda L \cdot P \mid E$	$F \in \{l \cdot P \mid L \mapsto E\}$
函数应用	$F = f(E)$	$E \mapsto F \in f$

函数应用结构 $f(E)$ 要求一个良定义条件，见下：

变动式	良定义条件
$f(E)$	$f^{-1}\,;f \subseteq \mathrm{id} \quad \wedge \quad E \in \mathrm{dom}(f)$

9.6 布尔和算术语言

本节给出一些有关布尔值和整数的公理。

9.6.1 语法

在这一节里，我们将再一次扩充表达式。一个表达式可以是一个布尔值或者一个数。布尔值就是 TRUE 或 FALSE（不要将它们与 $\top$ 和 $\bot$ 混淆）。数可以是 0，1，…，或两个数的和、乘积，或者幂。我们也加入集合 BOOL、$\mathbb{Z}$、$\mathbb{N}$、$\mathbb{N}_1$ 以及函数 succ 和 pred：

$$
\begin{array}{lll}
expression & ::= & \ldots \\
 & & \mathrm{BOOL} \\
 & & \mathrm{TRUE} \\
 & & \mathrm{FALSE} \\
 & & \mathbb{Z} \\
 & & \mathbb{N} \\
 & & \mathbb{N}_1 \\
 & & \mathrm{succ} \\
 & & \mathrm{pred} \\
 & & 0 \\
 & & 1 \\
 & & \ldots \\
 & & expression + expression \\
 & & expression * expression \\
 & & expression\,\hat{}\,expression
\end{array}
$$

9.6.2 皮阿诺公理和递归定义

下面的谓词给出了布尔和算术表达式的定义：

$$
\begin{array}{l}
\text{BOOL} \ = \ \{\text{TRUE}, \text{FALSE}\} \\
\text{TRUE} \neq \text{FALSE} \\
0 \ \in \ \mathbb{N} \\
\text{succ} \ \in \ \mathbb{Z} \rightarrowtail\!\!\!\!\twoheadrightarrow \mathbb{Z} \\
\text{pred} \ = \ \text{succ}^{-1} \\
\forall S \cdot 0 \in S \ \land \ (\forall n \cdot n \in S \ \Rightarrow \ \text{succ}(n) \in S) \ \Rightarrow \ \mathbb{N} \subseteq S \\
\forall a \cdot a + 0 \ = \ a \\
\forall a \cdot a * 0 \ = \ 0 \\
\forall a \cdot a \,\hat{}\, 0 \ = \ \text{succ}(0) \\
\forall a, b \cdot a + \text{succ}(b) = \text{succ}(a + b) \\
\forall a, b \cdot a * \text{succ}(b) = (a * b) + a \\
\forall a, b \cdot a \,\hat{}\, \text{succ}(b) = (a \,\hat{}\, b) * a
\end{array}
$$

9.6.3 算术语言的扩充

我们引进数上的各种经典二元关系，有穷性谓词，两个数之间的区间，以及减、除、取模、序数，还有最大和最小的结构：

$$
\begin{array}{lll}
\ldots & & \\
\textit{predicate} & ::= & \ldots \\
 & & \textit{expression} \leqslant \textit{expression} \\
 & & \textit{expression} < \textit{expression} \\
 & & \textit{expression} \geqslant \textit{expression} \\
 & & \textit{expression} > \textit{expression} \\
 & & \text{finite}(\textit{expression}) \\
\textit{expression} & ::= & \ldots \\
 & & \textit{expression} \mathrel{..} \textit{expression} \\
 & & \textit{expression} - \textit{expression} \\
 & & \textit{expression} \,/\, \textit{expression} \\
 & & \textit{expression} \ \text{mod} \ \textit{expression} \\
 & & \text{card}(\textit{expression}) \\
 & & \max(\textit{expression}) \\
 & & \min(\textit{expression})
\end{array}
$$

运算符	谓词	重写规则
小于等于	$a \leqslant b$	$\exists c \cdot c \in \mathbb{N} \ \land \ b = a + c$
小于	$a < b$	$a \leqslant b \ \land \ a \neq b$
大于等于	$a \geqslant b$	$\neg(a < b)$
大于	$a > b$	$\neg(a \leqslant b)$
区间	$c \in a\,..\,b$	$a \leqslant c \ \land \ c \leqslant b$
减	$c = a - b$	$a = b + c$
除	$c = a/b$	$\exists r \cdot (r \in \mathbb{N} \ \land \ r < b \ \land \ a = c * b + r)$
取模	$r = a \bmod b$	$a = (a/b) * b + r$
有穷性	$\text{finite}(s)$	$\exists n, f \cdot n \in \mathbb{N} \ \land \ f \in 1\,..\,n \rightarrowtail\!\!\!\!\twoheadrightarrow s$
基数	$n = \text{card}(s)$	$\exists f \cdot f \in 1\,..\,n \rightarrowtail\!\!\!\!\twoheadrightarrow s$
最大	$n = \max(s)$	$n \in s \ \land \ (\forall x \cdot x \in s \Rightarrow x \leqslant n)$
最小	$n = \min(s)$	$n \in s \ \land \ (\forall x \cdot x \in s \Rightarrow x \geqslant n)$

除法、取模、基数、最小和最大都有一些良定义条件，见下：

数值表达式	良定义条件
a/b	$b \neq 0$
$a \bmod b$	$0 \leqslant a \ \land \ b > 0$
$\text{card}(s)$	$\text{finite}(s)$
$\max(s)$	$s \neq \varnothing \ \land \ \exists x \cdot (\forall n \cdot n \in s \ \Rightarrow \ x \geqslant n)$
$\min(s)$	$s \neq \varnothing \ \land \ \exists x \cdot (\forall n \cdot n \in s \ \Rightarrow \ x \leqslant n)$

9.7 高级数据结构

在这一节里，我们将展示前面定义的基本数学语言可以如何进一步扩充，以便处理我们在本书的后面章节里将要使用的各种（高级）数据结构，包括强连通图、表、环和树。我们将给出这些数据结构的公理定义以及一些定理。这里将不给出证明，事实上，这些证明都已经用 Rodin 平台做过了。

9.7.1 反自反的传递闭包

我们从一个关系的反自反的传递闭包开始，这是在下面的讨论中非常有用的一个概念。给定了从集合 S 到它自身的一个关系 r，r 的反自反的传递闭包用 cl(r) 表示，它也是一个从 S 到 S 的关系。刻画 cl(r) 特征的性质是：

① 关系 r 包含于 cl(r)；

② cl(r) 与 r 的复合包含于 cl(r)；

③ 关系 cl(r) 是满足①和②的最小关系。

图 9.6 描绘了这些情况，这些可以形式化如下：

$$\begin{array}{ll}
\textbf{axm_1}: & r \in S \leftrightarrow S \\
\textbf{axm_2}: & \mathrm{cl}(r) \in S \leftrightarrow S \\
\textbf{axm_3}: & r \subseteq \mathrm{cl}(r) \\
\textbf{axm_4}: & \mathrm{cl}(r)\,;r \subseteq \mathrm{cl}(r) \\
\textbf{axm_5}: & \forall p \cdot r \subseteq p \ \land \ p\,;r \subseteq p \ \Rightarrow \ \mathrm{cl}(r) \subseteq p
\end{array}$$

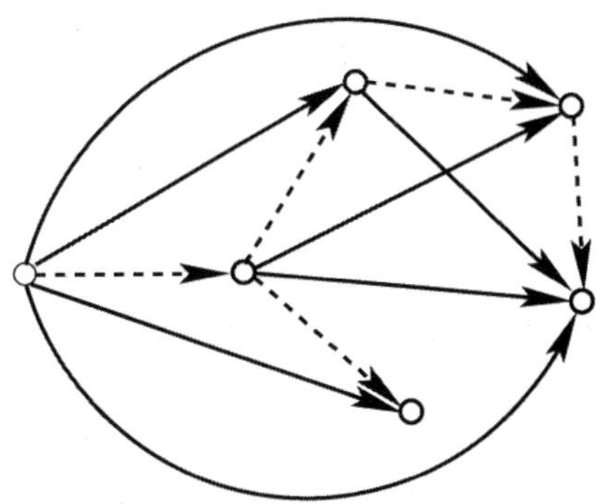

图 9.6 一个关系（虚线箭头）和它的反自反的传递闭包（虚线箭头和普通箭头）

可以证明下面几个定理：

$$\begin{array}{ll} \textbf{thm\_1}: & \mathrm{cl}(r)\,;\mathrm{cl}(r) \subseteq \mathrm{cl}(r) \\ \textbf{thm\_2}: & \mathrm{cl}(r) = r \cup r\,;\mathrm{cl}(r) \\ \textbf{thm\_3}: & \mathrm{cl}(r) = r \cup \mathrm{cl}(r)\,;r \\ \textbf{thm\_4}: & \forall s \cdot r[s] \subseteq s \;\Rightarrow\; \mathrm{cl}(r)[s] \subseteq s \\ \textbf{thm\_5}: & \mathrm{cl}(r^{-1}) = \mathrm{cl}(r)^{-1} \end{array}$$

证明这些定理的方法是，设法找到对全称量化的公理 **axm_5** 中局部变量 p 的某种实例化。特别地，对于 **thm_1** 的证明，可以通过把 p 实例化为下面集合的方式处理[1]：

$$\{x \mapsto y \mid \mathrm{cl}(r)\,;\{x \mapsto y\} \subseteq \mathrm{cl}(r)\}.$$

9.7.2 强连通图

给定集合 V 和从 V 到其自身的关系 r，如果 V 中任意两个不同的结点 m 和 n 都能通过基于 r 构造的一条路径连接起来，那么，表示这一关系的图称为是**强连通的**。图 9.7 描述了这个概念，它可以形式化为：

$$\begin{array}{ll} \textbf{axm\_1}: & r \in V \leftrightarrow V \\ \textbf{axm\_2}: & (V \times V) \setminus \mathrm{id} \subseteq \mathrm{cl}(r) \end{array}$$

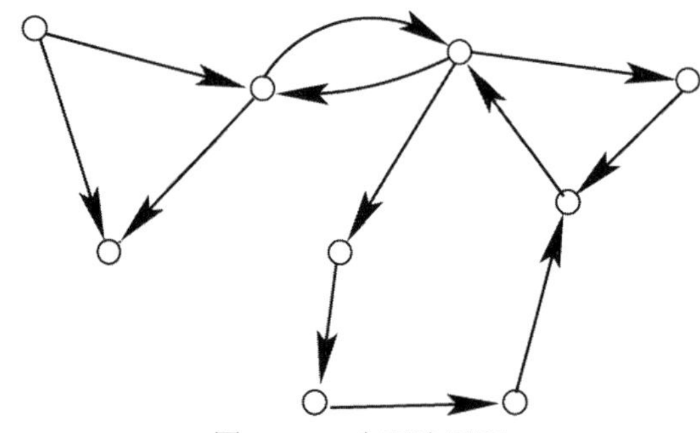

图 9.7 一个强连通图

这个定义很容易理解：它简单地说明，V 的任一两个不同结点之间，都由 r 的反自反的传递闭包 cl(r) 建立了关系。但是，在用于证明的时候，这个定义不是很方便。下面是另一个**等价定义**，用起来更方便：

$$\textbf{thm\_1}: \quad \forall S \cdot S \neq \varnothing \;\wedge\; r[S] \subseteq S \;\Rightarrow\; V \subseteq S$$

† 这是 D. Cansell 的建议

这个定义背后的直观是：它说，仅有的能使得 $r[S] \subseteq S$ 的非空集合，也就是整个的集合 V。举个例子，假设我们有：

$$V = \{a, b\}$$

$$r = \{a \mapsto b\}$$

$$r[\{a\}] = \{b\}$$

$$r[\{b\}] = \varnothing$$

$$r[\{a, b\}] = \{b\}.$$

图 r 不是强连通的，因为存在非空集合 $\{b\}$ 使得 $r[\{b\}] \subseteq \{b\}$，而它又不等于 V。现在假定：

$$V = \{a, b\}$$

$$r = \{a \mapsto b, b \mapsto a\}$$

$$r[\{a\}] = \{b\}$$

$$r[\{b\}] = \{a\}$$

$$r[\{a, b\}] = \{a, b\}$$

图 r 是强连通的，因为仅有的使 $r[S] \subseteq S$ 的非空集合就是整个集合 $\{a, b\}$，这也就是 V。

还应该注意如下非常直观的事实：如果 r 是强连通的，r^{-1} 也是。

9.7.3 无穷表

集合 V 的一个点 f（表的起始点）和一个从 V 到 $V \setminus \{f\}$ 的一个双射函数，定义了 V 上的一个无穷表，如图 9.8 所示。

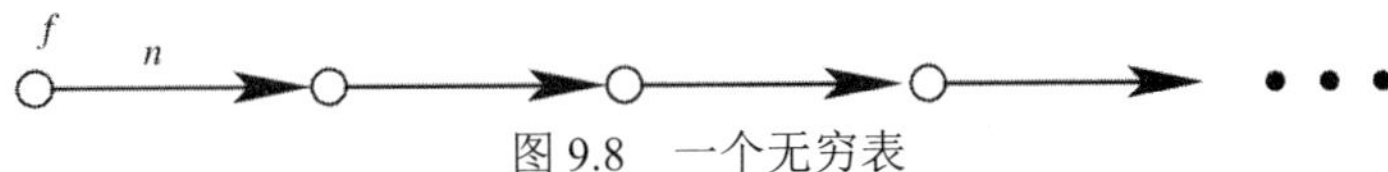

图 9.8 一个无穷表

这一结构可以形式化如下：

$$\mathbf{axm\_1}: \quad f \in V$$

$$\mathbf{axm\_2}: \quad n \in V \rightarrowtail\!\!\!\!\twoheadrightarrow V \setminus \{f\}$$

但是，只有这两个性质还不够。我们还需要最后一条性质，它说明这里不存在环路，也没有后向的无穷链。公理 **axm_1** 和 **axm_2** 并没有排除这些情况。我们需要删除后向的无穷链和环路的情况，如图 9.9 所示。

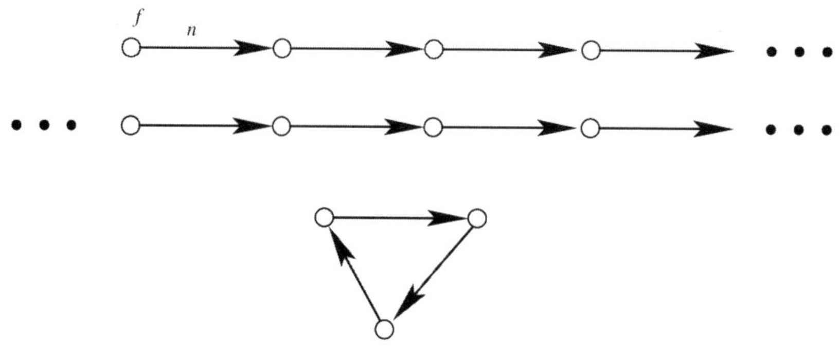

图 9.9　避免无穷的后向链和环路

集合 S 包含一个环路或者后向的无穷链，意味着 S 里的每个点 x 与 S 里另一个点 y 通过关系 n^{-1} 关联。这一情况可以形式化为：

$$\forall x \cdot x \in S \;\Rightarrow\; (\exists y \cdot y \in S \;\wedge\; y \mapsto x \in n):$$

这也就是：

$$S \;\subseteq\; n[S].$$

但是空集满足这个性质。所以我们写出下面的公理，说明此性质只针对非空集合：

$$\textbf{axm\_3}: \quad \forall S \cdot S \subseteq n[S] \;\Rightarrow\; S = \varnothing$$

这里是无穷表的一个经典例子：V 为自然数集合，f 是 0 而 n 是限制到集合 $\mathbb{N}$ 上的下一个数函数 succ，如图 9.10 所示。

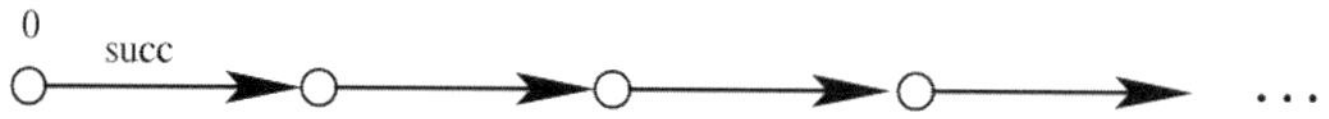

0　succ　…

图 9.10　自然数集合

自然数集合显然满足公理 **axm_1** 和 **axm_2**，它也满足 **axm_3**：令 S 是 $\mathbb{N}$ 的一个非空子集，这样，succ[S] 就不会包含 min(S)，因此 S 不包含于 succ[S]。事实上，**axm_1** 和 **axm_2** 也就是前 4 条皮阿诺公理。但是，显然，**axm_3** 并不对应于最后一条皮阿诺公理（递归）。然而，下面的定理说明，从 **axm_3** 可以证明最后一条皮阿诺公理（反之亦然）。很容易证明这件事，只需把 **axm_3** 里的集合 S 实例化为 $V \setminus T$：

$$\textbf{thm\_1}: \quad \forall T \cdot f \in T \;\wedge\; n[T] \subseteq T \;\Rightarrow\; V \subseteq T$$

通过展开 $n[T] \subseteq T$，就能得到：

$$\textbf{thm\_2}: \quad \forall T \cdot f \in T \;\wedge\; (\forall x \cdot x \in T \Rightarrow n(x) \in T) \;\Rightarrow\; V \subseteq T$$

把这个公式翻译到自然数，我们就得到了最后一条皮阿诺公理：

$$\forall T \cdot 0 \in T \ \wedge \ (\forall x \cdot x \in T \Rightarrow x+1 \in T) \ \Rightarrow \ \mathbb{N} \subseteq T$$

下面三个定理也都很有用。可以看到，**thm_4** 说反向链总是有穷的。定理 **thm_5** 用另一种方式说明不存在环路。这里并没有说存在无穷的反向链，因此，它并不等价于 **axm_3**，而是被 **axm_3** 蕴涵。

$$\begin{array}{ll} \textbf{thm\_3}: & \mathrm{cl}(n)[\{f\}] \cup \{f\} = V \\ \textbf{thm\_4}: & \forall x \cdot \mathrm{finite}(cl(n^{-1})[\{x\}]) \\ \textbf{thm\_5}: & cl(n) \cap \mathrm{id} = \varnothing \end{array}$$

注意，对于自然数而言，$a \mapsto b \in \mathrm{cl(succ)}$ 和 $a < b$ 一样，而 $\mathrm{cl}(\mathrm{succ}^{-1})[\{a\}] \cup \{a\}$ 就等同于区间 $0\,..\,a$。

表归纳规则 定理 **thm_2** 可以用于证明某个性质 P(x) 对一个表里的所有结点都成立。证明采用下面提出的方式。首先把性质 P(x) 翻译为下面的集合：

$$\{x \,|\, x \in V \ \wedge \ \mathsf{P}(x)\}.$$

现在，要证明性质 P(x) 对某个集合 V 中每一个结点 x 成立，也就是要证明 V 包含在上面这个集合里。这也就是

$$V \ \subseteq \{x \,|\, x \in V \ \wedge \ \mathsf{P}(x)\}.$$

为了完成这一证明，我们只需要把 **thm_2** 里的集合 T 实例化为集合 $\{x \mid x \in V \wedge \mathrm{P}(x)\}$，这样就得到了：

$$\begin{array}{l} f \ \in \ \{x \,|\, x \in V \ \wedge \ \mathsf{P}(x)\} \\ \forall x \cdot x \in \{x \,|\, x \in V \ \wedge \ \mathsf{P}(x)\} \ \Rightarrow \ n(x) \in \{x \,|\, x \in V \ \wedge \ \mathsf{P}(x)\} \\ \Rightarrow \\ V \ \subseteq \{x \,|\, x \in V \ \wedge \ \mathsf{P}(x)\} \end{array}$$

这个蕴涵的第一个前提可以简化为：

$$\mathsf{P}(f)$$

第二个前提可以重写为：

$$\forall x \cdot x \in V \ \wedge \ \mathsf{P}(x) \ \Rightarrow \ \mathsf{P}(n(x))$$

现在，一旦证明了前面的语句，我们就可以得到下式，也就是我们的初始目标：

$$V \ \subseteq \{x \,|\, x \in V \ \wedge \ \mathsf{P}(x)\},$$

它也就是：

$$\forall x \cdot x \in V \ \Rightarrow \ \mathsf{P}(x).$$

总结一下，当我们需要证明某个性质 P(x) 对一个表里所有的元素 x 成立时，一种可能的做法如下：

- 对表的第一个元素 f 证明 P(f) 成立；
- 在假设 P(x) 对表中任何 x 成立的条件下，证明 P($n(x)$) 成立。

如果上述工作完成，我们就说已经通过**表归纳法**证明了 P(x)（对表中所有元素成立）。所有这些可以翻译为下面的推理规则：

$$\frac{\mathsf{H} \vdash \mathsf{P}(f) \qquad \mathsf{H},\ x \in V,\ \mathsf{P}(x) \ \vdash \ \mathsf{P}(n(x))}{\mathsf{H},\ x \in V \ \vdash \ \mathsf{P}(x)} \qquad \begin{array}{c}\mathsf{IND\_LIST} \\ (x\ \underline{\mathsf{nfin}}\ \mathsf{H})\end{array}$$

把这条规则翻译到自然数，我们就得到了：

$$\frac{\mathsf{H} \vdash \mathsf{P}(0) \qquad \mathsf{H},\ x \in \mathbb{N},\ \mathsf{P}(x) \ \vdash \ \mathsf{P}(x+1)}{\mathsf{H},\ x \in \mathbb{N} \ \vdash \ \mathsf{P}(x)} \qquad \begin{array}{c}\mathsf{IND\_}\mathbb{N} \\ (x\ \underline{\mathsf{nfin}}\ \mathsf{H})\end{array}$$

9.7.4 有穷表

集合 V 中的两个结点 f（表示表中第一个元素）和 l（表示表中最后一个元素）可以定义集合 V 上的一个有穷表。表本身是一个双射，如图 9.11 所示。最后，这里有一个类似于无穷表的公理 **axm_3** 的公理，说明这里没有反向链或者环：

axm_1： $f \in V$

axm_2： $l \in V$

axm_3： $n \in V \setminus \{l\} \rightarrowtail\!\!\!\!\twoheadrightarrow V \setminus \{f\}$

axm_4： $\forall S \cdot S \subseteq n[S] \ \Rightarrow \ S = \varnothing$

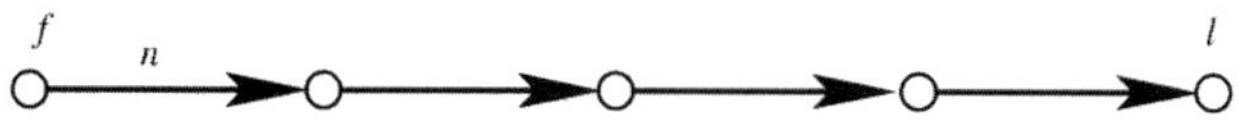

图 9.11 有穷表

请注意，公理 **axm_4** 对于表的两个方向并不是对称的。但对称性可以用一种系统化的方式证明。有关情况表现在下面的定理中：

$$\begin{array}{ll}
\textbf{thm_1}: & \forall T \cdot f \in T \ \wedge \ n[T] \subseteq T \ \Rightarrow \ V \subseteq T \\
\textbf{thm_2}: & \mathrm{cl}(n)[\{f\}] \cup \{f\} = V \\
\textbf{thm_3}: & \mathrm{cl}(n^{-1})[\{l\}] \cup \{l\} = V \\
\textbf{thm_4}: & \forall T \cdot l \in T \ \wedge \ n^{-1}[T] \subseteq T \ \Rightarrow \ V \subseteq T \\
\textbf{thm_5}: & \forall S \cdot S \subseteq n^{-1}[S] \ \Rightarrow \ S = \varnothing \\
\textbf{thm_6}: & \mathrm{finite}(V) \\
\textbf{thm_7}: & cl(n) \cap \mathrm{id} = \varnothing
\end{array}$$

有穷表的一个经典的例子是整数区间 $a\,..\,b$（这里 $a \leqslant b$），如图 9.12 所示。

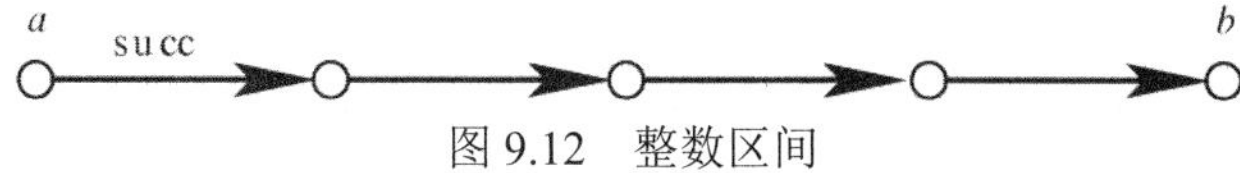

图 9.12　整数区间

很容易证明：

$$a \in a\,..\,b$$

$$b \in a\,..\,b$$

$$(a\,..\,b-1) \lhd \mathrm{succ} \ \in \ (a\,..\,b) \setminus \{b\} \twoheadrightarrow\!\!\!\!\!\rightarrowtail (a\,..\,b) \setminus \{a\}$$

回到一般的有穷表，现在让我们定义元素集合 itvl(x)，其中包括了从 f 到 l 的有穷表中属于从 f 到 x 的子表的所有元素：

$$\begin{array}{ll}
\textbf{axm_5}: & \mathrm{itvl} \in V \rightarrow \mathbb{P}(V) \\
\textbf{axm_6}: & \forall x \cdot x \in V \ \Rightarrow \ \mathrm{itvl}(x) = cl(n^{-1})[\{x\}] \cup \{x\}
\end{array}$$

下面的定理陈述了这种集合的一些有用性质。请特别注意 **thm_9** 所描述的递归性质：

$$\begin{array}{ll}
\textbf{thm_8}: & \forall x \cdot x \in V \ \Rightarrow \ \{f, x\} \subseteq \mathrm{itvl}(x) \\
\textbf{thm_9}: & \forall x \cdot x \in V \setminus \{f\} \ \Rightarrow \ \mathrm{itvl}(x) = \mathrm{itvl}(n^{-1}(x)) \cup \{x\} \\
\textbf{thm_10}: & \mathrm{itvl}(l) = V
\end{array}$$

最后一个定理也就是 **thm_3** 的一种改写。

9.7.5　环

环可以通过一个双射定义，它形成了一个强连通图，如图 9.13 所示。因此，我们在 **axm_2** 中拷贝了 9.7.2 节里 **thm_2** 的一部分，说明了环与强连通的等价性。

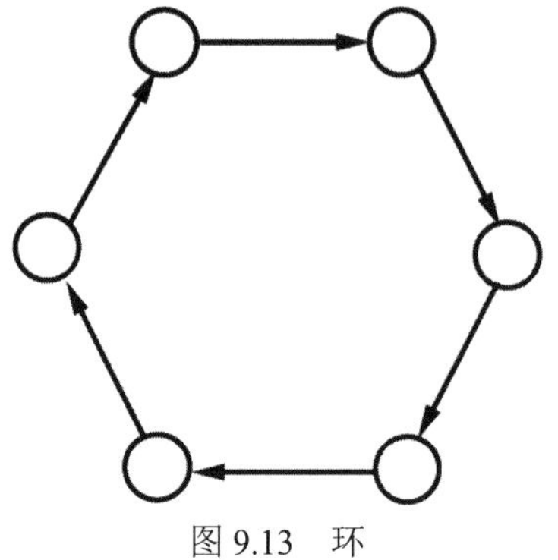

图 9.13　环

axm_1：　$n \in V \rightarrowtail\!\!\!\twoheadrightarrow V$
axm_2：　$\forall S \cdot S \neq \varnothing \wedge n^{-1}[S] \subseteq S \Rightarrow V \subseteq S$

因为 n 是内射（实际上是双射），我们有下面的事实：

thm_1：　$\forall S \cdot n^{-1}[S] \subseteq S \Leftrightarrow S \subseteq n[S]$

这使我们可以得到环的下面连接性关系：

thm_2：　$\forall S \cdot S \neq \varnothing \wedge S \subseteq n[S] \Rightarrow V \subseteq S$

在 $n^{-1}(x)$ 和 x 之间将环切断，我们可以得到一个从 x 到 $n^{-1}(x)$ 的有穷表，如图 9.14 所示。这一有穷表开始于 x 而结束于 $n^{-1}(x)$。下面的定理说明了有关情况：

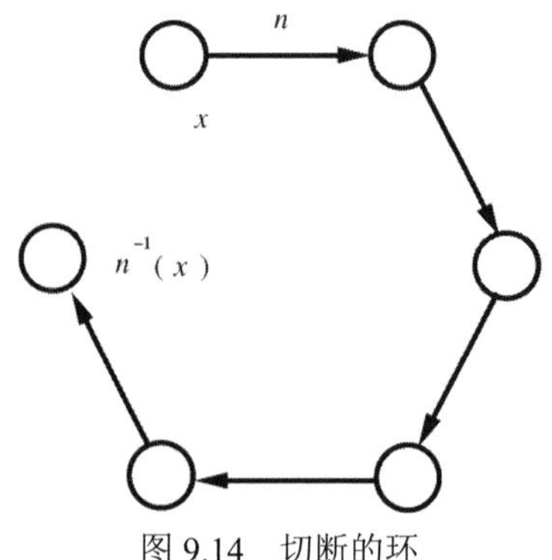

图 9.14　切断的环

$$\mathbf{thm\_1}: \quad \forall x \cdot x \in V \;\Rightarrow\; p \in V \setminus \{n^{-1}(x)\} \rightarrowtail\!\!\!\!\twoheadrightarrow V \setminus \{x\}$$

$$\mathbf{thm\_2}: \quad \forall x \cdot x \in V \;\Rightarrow\; (\forall S \cdot S \subseteq p[S] \;\Rightarrow\; S = \varnothing)$$

其中p为$n \rhd \{x\}$

现在让我们定义一个环中属于从 x 到 y 的区间的所有元素的集合 itvr(x)(y)：

$$\mathbf{axm\_3}: \quad \mathrm{itvr} \in V \to (V \to \mathbb{P}(V))$$

$$\mathbf{axm\_4}: \quad \forall x, y \cdot x \in V \land y \in V \;\Rightarrow\; \mathrm{itvr}(x)(y) = \mathrm{cl}(\{x\} \lhd n^{-1})[\{y\}] \cup \{y\}$$

下面的定理说明了这种区间的一些有用性质：

$$\mathbf{thm\_3}: \quad \forall x \cdot x \in V \land y \in V \;\Rightarrow\; \{x, y\} \subseteq \mathrm{itvr}(x)(y)$$

$$\mathbf{thm\_4}: \quad \forall x \cdot x \in V \land y \in V \setminus \{x\} \;\Rightarrow\; \mathrm{itvr}(x)(y) = \mathrm{itvr}(x)(n^{-1}(y)) \cup \{y\}$$

$$\mathbf{thm\_5}: \quad \forall x \cdot x \in V \;\Rightarrow\; \mathrm{itvr}(x)(n^{-1}(x)) = V$$

这里的最后一个定理，也就是有穷表的 **thm_10** 的一个变形。环的一个经典实例是“带模的加法”，如图 9.15 所示。

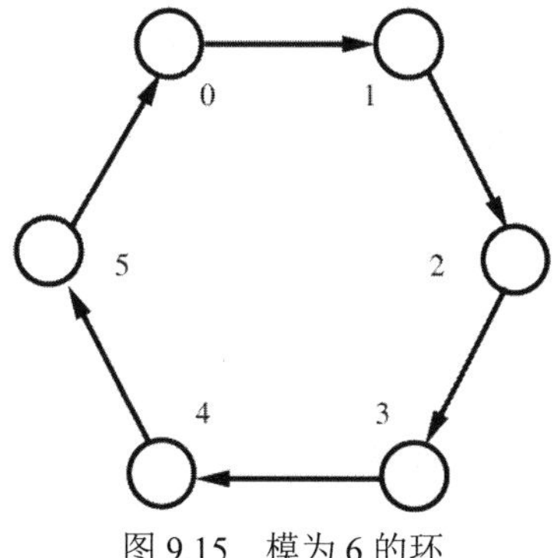

图 9.15 模为 6 的环

注意，使用环而不是“带模的加法”，有时更方便，证明可能变得更简单。

9.7.6 无穷树

无穷树是无穷表的一个推广。表的起始点 f 被替代为树的顶点 t，并用函数 p 替代无穷表中的 n^{-1}，如图 9.16 所示。这些用下面的公理 **axm_1** 和 **axm_2** 的描述。公理 **axm_3** 与无穷表的 **axm_3** 作用相同：禁止循环和无穷的反向链。

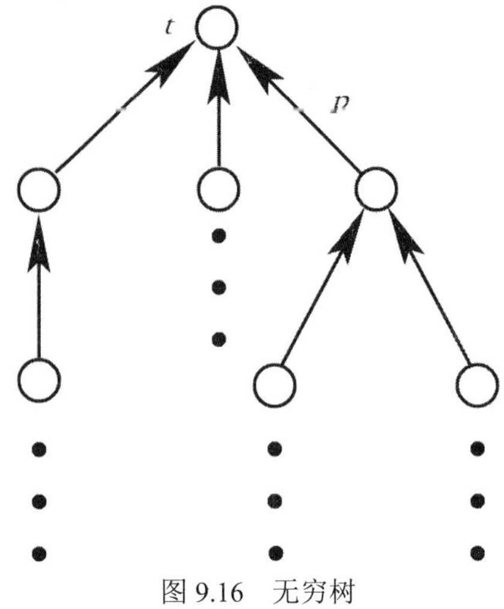

图 9.16　无穷树

$$
\begin{aligned}
&\textbf{axm\_1}: && t \in V \\
&\textbf{axm\_2}: && p \in V \setminus \{t\} \twoheadrightarrow V \\
&\textbf{axm\_3}: && \forall S \cdot S \subseteq p^{-1}[S] \;\Rightarrow\; S = \varnothing
\end{aligned}
$$

下面的定理定义了的归纳规则，是无穷表的相应规则的推广：

$$
\begin{aligned}
&\textbf{thm\_1}: && \forall T \cdot t \in T \;\wedge\; p^{-1}[T] \subseteq T \;\Rightarrow\; V \subseteq T \\
&\textbf{thm\_2}: && \mathrm{cl}(p^{-1})[\{t\}] \cup \{t\} = V
\end{aligned}
$$

下面的定理说反向链皆为有穷：

$$
\textbf{thm\_3}: \quad \forall x \cdot \mathrm{finite}(\mathrm{cl}(p)[\{x\}])
$$

树归纳规则　很容易证明，上面的 **thm_1** 等价于下面的定理 **thm_4**（提示：用 $N \setminus T$ 实例化 **thm_1** 里的 T）：

$$
\begin{aligned}
\textbf{thm\_4:} \quad \forall T \cdot \;& T \subseteq V \\
& t \in T \\
& p^{-1}[T] \subseteq T \\
& \Rightarrow \\
& V \subseteq T
\end{aligned}
$$

这一定理可以进一步展开为下面的等价形式：

$$\begin{array}{lll}\textbf{thm\_5:} & \forall T \cdot & T \subseteq V \\ & & t \in T \\ & & \forall x \cdot x \in V \setminus \{t\} \ \wedge \ p(x) \in T \ \Rightarrow \ x \in T \\ & & \Rightarrow \\ & & V \subseteq T\end{array}$$

能得到这个，是因为我们有：

$$\begin{array}{l} p^{-1}[T] \ \subseteq \ T \\ \Leftrightarrow \\ \forall x \cdot x \in p^{-1}[T] \ \Rightarrow \ x \in T \\ \Leftrightarrow \\ \forall x \cdot (\ \exists y \cdot y \in T \ \wedge \ x \mapsto y \in p\ ) \ \Rightarrow \ x \in T \\ \Leftrightarrow \\ \forall x \cdot (\ \exists y \cdot y \in T \ \wedge \ x \in \mathrm{dom}(p) \ \wedge \ y = p(x)\ ) \ \Rightarrow \ x \in T \\ \Leftrightarrow \\ \forall x \cdot x \in V \setminus \{t\} \ \wedge \ p(x) \in T \ \Rightarrow \ x \in T \end{array}$$

定理 **thm_5** 可用于证明一个性质 $\mathsf{P}(x)$ 对一棵树里的所有结点都成立。这件事可以用下面的风格来完成。性质 $\mathsf{P}(x)$ 可以变换为下面的集合：

$$\{\, x \mid x \in V \ \wedge \ \mathsf{P}(x) \}.$$

现在，要证明 V 中的所有结点都满足性质 $\mathsf{P}(x)$，就等价于证明 V 包含在上面的这个集合里，也就是说：

$$V \ \subseteq \{\, x \mid x \in V \ \wedge \ \mathsf{P}(x) \}$$

要证明这件事，只需要把定理 **thm_5** 里的集合 T 实例化为集合 $\{x \mid x \in V \wedge \mathsf{P}(x)\}$。这样做就产生出：

$$\begin{array}{l} \{\, x \mid x \in V \ \wedge \ \mathsf{P}(x) \} \ \subseteq \ V \\[1em] t \ \in \ \{\, x \mid x \in V \ \wedge \ \mathsf{P}(x) \} \\[1em] \forall x \cdot \left(\begin{array}{l} x \in V \setminus \{t\} \\ p(x) \in \{\, x \mid x \in V \ \wedge \ \mathsf{P}(x) \} \\ \Rightarrow \\ x \in \{\, x \mid x \in V \ \wedge \ \mathsf{P}(x) \} \end{array} \right) \\ \Rightarrow \\ V \ \subseteq \{\, x \mid x \in V \ \wedge \ \mathsf{P}(x) \} \end{array}$$

这一蕴涵的第一个前件很明显，因为集合 $\{x \mid x \in V \wedge \mathsf{P}(x)\}$ 确实包含于集合 V。第二个前件可以归约到：

$$\boxed{\mathsf{P}(t)}$$

第三个前件可以重写为：

$$\forall x \cdot x \in V \setminus \{t\} \ \wedge \ \mathsf{P}(p(x)) \ \Rightarrow \ \mathsf{P}(x)$$

现在，一旦证明了前面这些语句，就可以推导出下面的结果，而这也就是我们的初始目标：

$$V \ \subseteq \{\, x \,|\, x \in V \ \wedge \ \mathsf{P}(x)\},$$

也就是说：

$$\forall x \cdot (\, x \in V \ \ \Rightarrow \ \ \mathsf{P}(x)\,)$$

总结一下，当我们需要证明一个性质 P(x) 对一棵树里所有的结点都成立时，可能的做法是：

- 证明性质 P(x) 对树的顶点 t 成立。
- 对 $V \setminus \{t\}$ 中任意的 x，在假设性质 P(x) 对 x 的父结点 $p(x)$ 成立（即，P($p(x)$) 成立）的条件下，证明 P(x) 对 x 也成立。

如果完成了这些证明，我们就说是**通过树归纳法**证明了性质P(x)。所有这些可以归结为下面这一条推理规则：

$$\frac{\mathsf{H} \ \vdash \ \mathsf{P}(t) \qquad\qquad \mathsf{H},\ x \in V \setminus \{t\},\ \mathsf{P}(p(x)) \ \vdash \ \mathsf{P}(x)}{\mathsf{H},\ x \in V \ \vdash \ \mathsf{P}(x)} \qquad \begin{array}{c}\mathsf{IND\_TREE} \\ (\mathbf{x}\ \underline{\mathsf{nfin}}\ \mathsf{H})\end{array}$$

9.7.7　有穷深度树

有穷深度树是有穷表的一个推广。我们还是有一个顶点 t，对应于表中的 f。但是，表中的最后元素 l 现在被一个集合 L 取代：这个集合里的结点称为树的**叶**，如图 9.17 所示。如常，有关的公理见下：

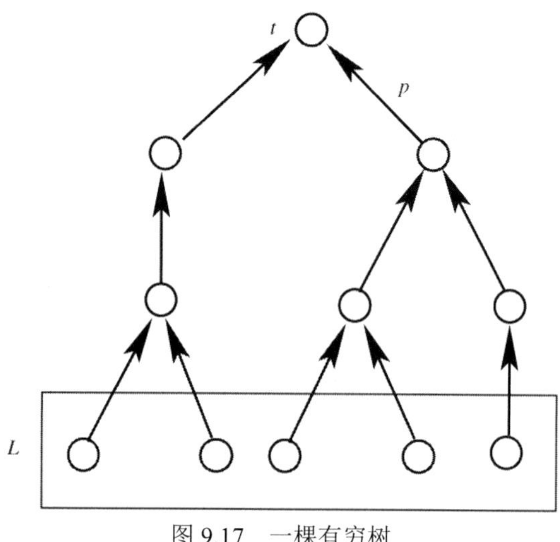

图 9.17　一棵有穷树

$$
\begin{array}{ll}
\textbf{axm\_1}: & t \in V \\
\textbf{axm\_2}: & L \subseteq V \\
\textbf{axm\_3}: & p \in V \setminus \{t\} \twoheadrightarrow V \setminus L \\
\textbf{axm\_4}: & \forall S \cdot S \subseteq p^{-1}[S] \;\Rightarrow\; S = \varnothing \\
\textbf{axm\_5}: & \forall S \cdot S \subseteq p[S] \;\Rightarrow\; S = \varnothing
\end{array}
$$

表的一些定理可以移植到有穷树，见下：

$$
\begin{array}{ll}
\textbf{thm\_1}: & \forall T \cdot t \in T \;\wedge\; p^{-1}[T] \subseteq T \;\Rightarrow\; V \subseteq T \\
\textbf{thm\_2}: & \forall T \cdot L \subseteq T \;\wedge\; p[T] \subseteq T \;\Rightarrow\; V \subseteq T \\
\textbf{thm\_3}: & \mathrm{cl}(p^{-1})[\{t\}] \cup \{t\} = V \\
\textbf{thm\_4}: & \mathrm{cl}(p)[L] \cup L = V
\end{array}
$$

9.7.8 自由树

自由树也是一种数据结构，常用于网络模拟方面。图 9.18 显示了一棵自由树。给定一个有穷集 V（**axm_1**），自由树是满足如下性质的一个图 g：它是从 V 到 V 的一个关系（**axm_2**），它是对称的（**axm_3**）、反自反的（**axm_4**）、连通的（**axm_5**），而且在不考虑对称性的前提下是无环的（**axm_6**）。

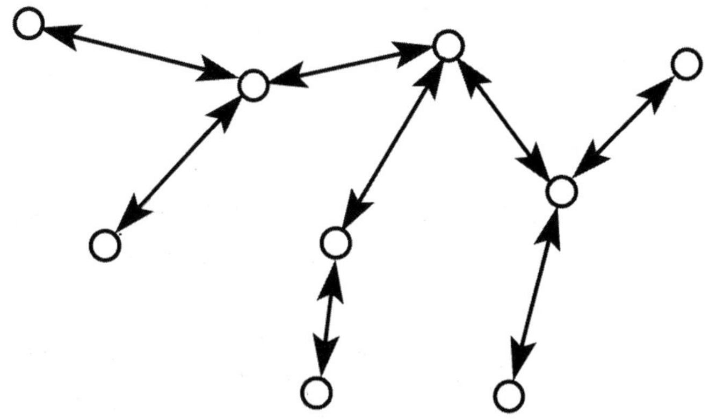

图 9.18 一棵自由树

公理 **axm_5** 是 9.7.2 节中定理 **thm_2** 的一个拷贝，处理强连通性。请注意，公理 **axm_6** 并不是 9.7.2 节中公理 **axm_4** 的拷贝。这里增加了一个量化变量 h 和两个性质，即 $h \subseteq g$ 以及 $h \cap h^{-1} = \varnothing$。这样做是因为图的对称性，我们必须采取措施将其“删除”。公理 **axm_6** 里出现的 h，其效果就是把自由树转换为一棵有穷树。图 9.19 展示了有关情况。

$$
\begin{array}{ll}
\textbf{axm\_1}: & \text{finite}(V) \\
\textbf{axm\_2}: & g \in V \leftrightarrow V \\
\textbf{axm\_3}: & g \subseteq g^{-1} \\
\textbf{axm\_4}: & g \cap \text{id} = \varnothing \\
\textbf{axm\_5}: & \forall S \cdot S \neq \varnothing \ \land \ g[S] \subseteq S \ \Rightarrow \ V \subseteq S \\
\textbf{axm\_6}: & \forall h, S \cdot \ \begin{array}{l} h \subseteq g \\ h \cap h^{-1} = \varnothing \\ S \subseteq h[S] \\ \Rightarrow \\ S = \varnothing \end{array}
\end{array}
$$

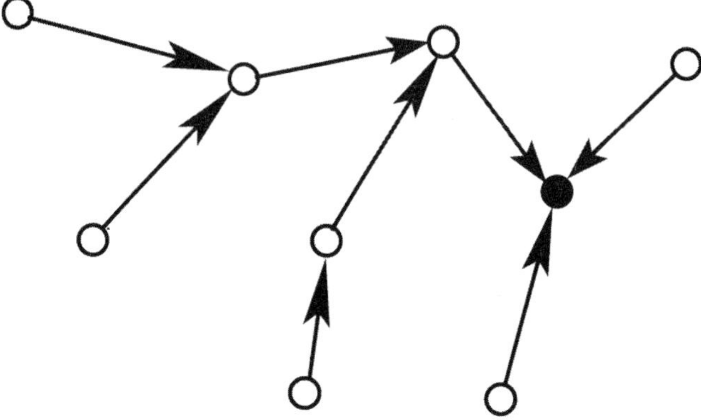

图 9.19 把一棵自由树转换为一棵有穷树

自由树的外部和内部结点 一棵自由树的外部结点，就是集合 V 中那些只与树中另一个结点 y 连接的结点：

$$\{\, x \mid x \in V \ \land \ \exists y \cdot g[\{x\}] = \{y\} \,\}.$$

其他结点都是内部结点，如图 9.20 所示，其中的外部结点是黑色的，内部结点是白色的。下面的定理说明，如果一棵自由树不空，其外部结点集合也不空：

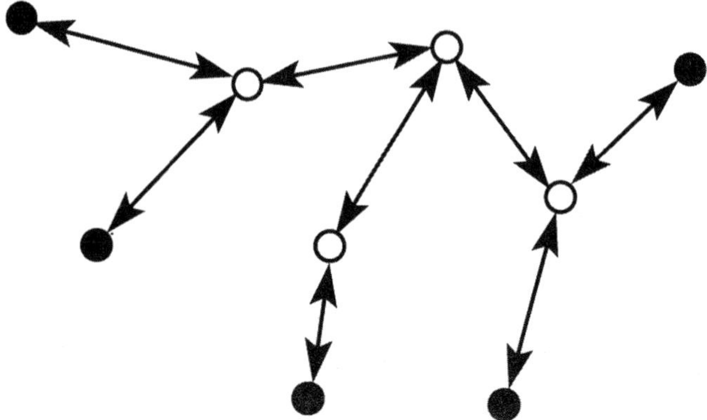

图 9.20 自由树的外部结点和内部结点

$$\textbf{thm\_1}: \quad (\exists x \cdot V = \{x\}) \ \lor \ \exists x, y \cdot g[\{x\}] = \{y\}$$

9.7.9 良定义条件和有向无环图

我们请读者把无穷树推广到良定义图，把有穷树推广到有向无环图。

第 10 章　环形网络上选领导

本章的目的是进一步学习建模，特别是在非确定性领域。我们准备研究一种有趣的数据结构——环。在做这件工作时，我们将以最一般的方式使用在第 9 章最后（9.7 节）介绍的高级数据结构。

这里做的所有事情将通过分布式计算中的另一个有趣问题来完成，这个例子来自 Le Lann 在 20 世纪 70 年代的一篇论文[1]。

10.1　需求文档

我们有数量可能很多个（但仍然是有穷的）代理（agent），而不像第 4 章和第 6 章讨论文件传输那样只有两个代理。这些代理位于不同的站点，并通过单向通道连成了一个环，如图 10.1 所示。

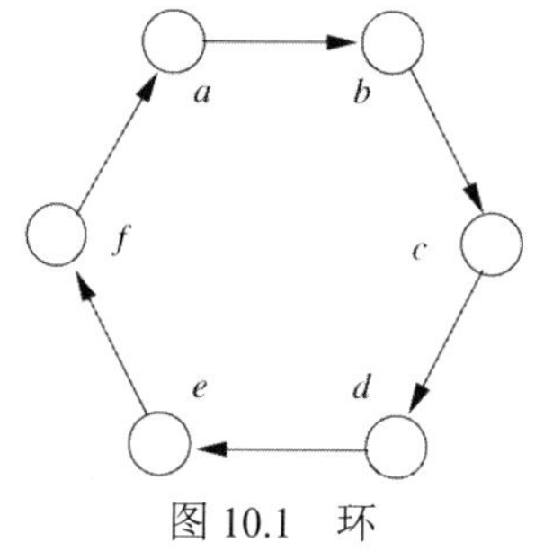

图 10.1　环

我们有一个包含有穷个结点的集合，形成了一个环	ENV-1

每个结点能向其右邻居发送消息，由其左邻居接收消息。

每个结点可以给环中的下一个结点发消息	ENV-2

假定这种消息不能立即从一个结点传输到另一个结点。事实上，我们假定消息可以在两个结点之间被缓存，处在缓存中的不同消息的顺序有可能改变：

消息可能在每个结点被缓存	ENV-3

图 10.2 描绘了这里的情况，可以看到每个结点关联着一个缓存。

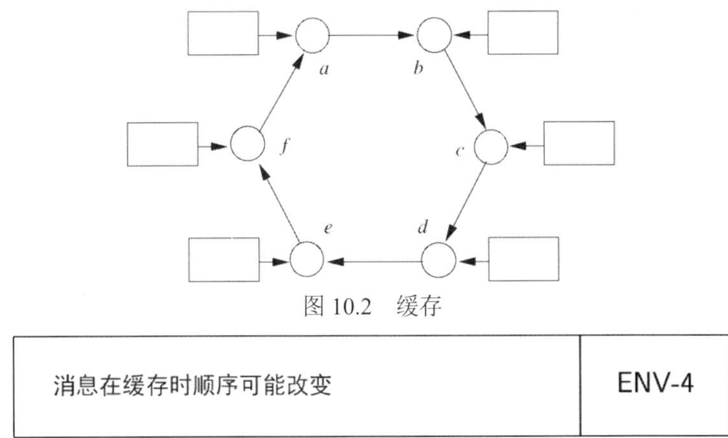

图 10.2 缓存

消息在缓存时顺序可能改变	ENV-4

进一步说，假定每个代理都执行着**同一段**代码：

这个分布式程序由在每个结点执行的同一段代码构成	ENV-5

这些等同程序的分布式执行，应该得到一个唯一的代理作为“选出的领导”：

这个分布式程序的效果是得到一个唯一结点作为选出的领导	FUN-1

最终决策由胜出的那个代理自己确定，它作出决定时，自然要基于一些特定的局部标准。当然，我们必须证明，不会有其他代理也做出同样的结论（也认为自己是领导）。在一个环启动时，或者重新初始化时，确定这样一个有特权的代理，可能非常有用。

因为每个代理都执行着同样的代码，问题看起来是不可能解决的：在这些结点之间出现什么样的特点，有可能导致它们之间的不同地位？代理在环上的不同位置肯定不能成为特点，因为环的形状并没有给任何代理一个特殊地位，没有第一个，也没有最后一个，每个代理都处于中间的位置。事实上，可以让一个代理与其他不同的仅有属性就是它的名字：我们假定这些代理是命名的，而且它们的名字相互不同。但是，名字本身是同质的，没有优先关系，除了相互不同之外也没有“更多的”特点。

为了能在这些互不相同的名字之中尽可能地引进更多特点，我们必须让名字集合本身具有某种特定结构。可以想到的最简单的结构就是自然数。换一个说法，我们将假定这些代理的名字来自一个有穷的自然数集合：

每个结点有一个唯一的名字，这是一个自然数	ENV-6

现在情况很清楚，存在一种在这些名字之中找出特点的可能方法：找出名字最大的（当然，也可以是最小的）那个代理。现在我们可以如下地重新陈述要解决的问题：怎样使一个代理能知道它的名字正好就是环中所有代理的名字集合中最大的那个数？

领导就是那个具有最大名字的结点	FUN-2

10.2 初始模型

现在，我们已经有了足够多的要素，可以开始做形式化的工作了。我们首先定义代理名字的常量集合 N，假定它是自然数的一个有穷而且非空的子集。这些由下面的性质 **axm0_1** 到 **axm0_3** 形式化描述：

constants: N

axm0_1: $N \subseteq \mathbb{N}$

axm0_2: $\mathrm{finite}(N)$

axm0_3: $N \neq \varnothing$

再假设一个变量 w，它是一个结点，不变式 **inv0_1** 说明这件事。这个变量将指代这一选举的胜出者。初始时，w 可以是任何一个结点：

variables: w

inv0_1: $w \in N$

就像其他例子里一样，我们也定义唯一的一个事件，命名为 `elect`，它一下子就解决了这里的问题，方式就是把 N 中的最大值赋给变量 w，就像 `FUN-2` 要求的那样：

```
init
  w :∈ N
```

```
elect
  w := max(N)
```

注意：表达式 $\max(N)$ 是良好定义的，因为，根据公理 **axm0_1** 到 **axm0_3**，N 是一个非空有穷的自然数集合。

10.3 讨论

在这一节里，我们将讨论确定被选（具有最大名字的）结点的各种可能性。

10.3.1 第一个尝试

这里考虑第一个简单的过程。开始时，每个结点没有其他选择，只能把自己的名字送给右邻。一个代理接到其左邻送来的名字后，就将其收集到自己的私有存储器里，并将其进一步送给自己的右邻。当一个代理收到自己的名字时，它就知道已经收集到了所有的名字（因为它自己的名字已经在这个环上转了一整圈），只需要检查自己的私有存储器，就可以确定自己的名字是否为最大。

然而，这一非常初级的过程不能解决问题，因为正如需求 ENV-4 所说，消息在缓存中可能改变顺序。因此，当一个代理收到自己的名字时，它可能还没有收集到所有的名字。

10.3.2 第二个尝试

第一个尝试的缺点可以设法绕过。我们可以让每个代理知道在环上的所有代理的个数 n，这样它也就知道了可否开始自己的判定过程。它需要像前面那样从左邻收到自己的名字，但还要在接收到 n 个不同的名字之后，才能作出判断。

这种想法当然能行（虽然以一种很烦琐的方式），但我们希望避免让代理先知道这种数值 n，原因也很实际：这里的环有可能经常扩充或收缩。

10.3.3 第三个尝试

可以提出的另一种过程与我们在上面提到的类似，但在工作中，名字为 A 的代理并不是系统化地把所有收到的名字 N 传给右邻，而是只传送那些严格大于 A 的 N。初始时，每个代理传出自己的名字。

事实上，如果 N 严格小于 A，那么它就不可能是我们需要找的最大值。在这种情况下，继续传送它也毫无意义，因为它不会是被选出的领导。

最后，如果 N 就等于 A，那么 A 就获选：它的名字一定是所有代理名字中最大的。我们感觉这一方法能行，**剩下的事情就是证明**这种方法具有完全的通用性（在使用非同步通道的情况下，而且消息的顺序可能在缓存中变化）。

10.3.4 解的非形式化展示

我们现在要提出的模型很抽象，**不是**那种需要显式表示的结点之间的通道，或者对应的“读”和“写”操作的模型。在这里，我们要表示系统演化中的实际状态，用一个部分函数 a 联系起一些代理的名字 x 和需要传送它的代理 $a(x)$，并说 x 在 $a(x)$ 的缓冲区里。请注意，a 确实是一个函数，因为一个名字不会同时出现在多个缓冲区里。而且 a 是一个部分函数，因为可能有些名字不在任何缓冲区里，它们已经在此前被删除了。图 10.3 描绘了这样一个情况。正如所见，其中的函数 a 如下：

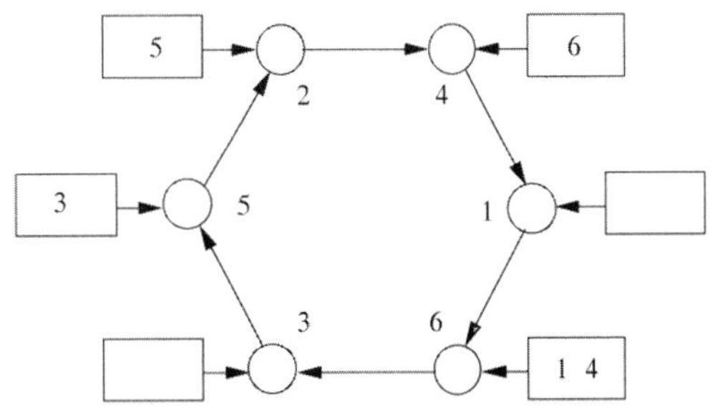

图 10.3 缓冲区里的名字

$$a = \{1 \mapsto 6, 3 \mapsto 5, 4 \mapsto 6, 5 \mapsto 2, 6 \mapsto 4\}.$$

从这个状态出发，系统可以向着许多不同情况演化。例如，6 可以移动到结点 1，因为 6 大于 4；或者 3 可以删除，因为 3 小于 5；或者 5 可以移动到结点 4，因为 5 大于 2，如此等等。一种情况可能如何演化，下面会发生什么，都是**高度非确定性的**。初始时，每个代理都把自己的名字传给环中的邻居，如图 10.4 所示。

现在假定某个特定名字，例如 6，已经顺序地移动到结点 3、5、2 和 4，如图 10.3 中所示。现在 6 正等待着被传送给结点 1。显然，名字 6 一定大于 3、5、2，因为，如果不是这样，它就不可能被传送到结点 4。这样，集合 $\{6,3,5,2\}$ 中最大的元素明显地就是 6。更一般地，对于 a 的定义域里所有的代理名字 x，x 总是环中从 x 到 $n^{-1}(a(x))$ 的区间里的最大值。这样，当 x 等同于 $a(x)$ 时，x 就是从结点 x 到结点 $n^{-1}(x)$ 的区间中的最大值，而这些结点正好就等于 N。这对应于图 10.5 描绘的情况，在这里我们有：

$$6 \;=\; \max(\{6,3,5,2,4,1\}) \;=\; \max(N).$$

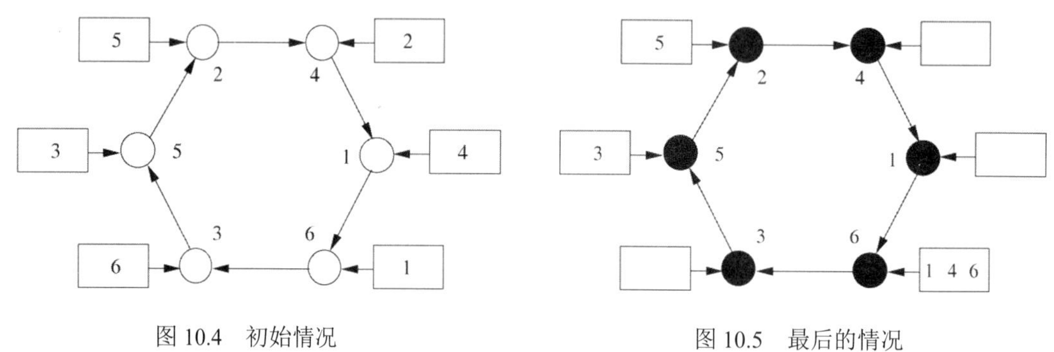

图 10.4　初始情况　　　　图 10.5　最后的情况

请注意，有可能做出这样一个简单的证明，就是因为我们让自己的模型离开了将来那个分布式程序的实际环境，甚至也不是一个与之近似的拷贝。在这里没有通道，也没有缓冲区等。清晰地区分构造模型的活动和构造程序的活动，总是非常重要的。在前一种活动中，我们的目标是证明，使用抽象将会非常方便；而在后一种活动中，我们的目标是执行。这种目标的不同，导致了所用的表达形式的不同。

10.4　第一次精化

现在我们希望做的，就是把前一节里给出的非形式化的证明完全形式化。

10.4.1　状态：环的形式化

基本方法　我们需要定义的第一个概念是**环**。环的定义基于一个集合 N 和一个函数 n（表示下一个，next），函数 n 表示每个结点到它的（比如说）右邻之间的连接。显然，n 是从 N 到其自身的一个双射。我们还要请读者注意，从一个集合 S 到另一集合 T 的双射是一个全函数，它的逆也就是从集合 T 到 S 的全函数。这种函数用 $S \rightarrowtail\!\!\!\!\rightarrow T$ 表示。

constants:　N, n, itvr

下面的一系列公理就是 9.7.5 节中开发的有关环的一些公理和定理的拷贝：

axm1_1: $n \in N \rightarrowtail\!\!\!\!\twoheadrightarrow N$

axm1_2: $\forall S \cdot n^{-1}[S] \subseteq S \;\wedge\; S \neq \varnothing \;\Rightarrow\; N \subseteq S$

axm1_3: $\mathrm{itvr} \in N \rightarrow (N \rightarrow \mathbb{P}(N))$

axm1_4: $\forall x \cdot x \in N \wedge y \in N \setminus \{x\} \;\Rightarrow\; \mathrm{itvr}(x)(y) = \mathrm{itvr}(x)(n^{-1}(y)) \cup \{y\}$

axm1_5: $\forall x \cdot x \in N \;\Rightarrow\; \mathrm{itvr}(x)(n^{-1}(x)) = N$

10.4.2 状态：变量

现在，让我们回到原来的问题，也就是环上的选举问题。我们定义一个函数变量 a，就是 10.3.4 节中提出的那个从 N 到其自身的部分函数，如 **inv1_1** 的定义。它的主要性质由 **inv1_2** 定义。10.3.4 节曾非形式化地陈述了这里的情况：对于 a 的定义域中的每一个 x（注意，a 是部分函数），x 是从 x 开始到 $n^{-1}(a(x))$ 结束的区间里的最大值：

constants: w, a

inv1_1: $a \in N \rightarrow\!\!\!\!\!+ N$

inv1_2: $\forall f \cdot f \in \mathrm{dom}(a) \;\Rightarrow\; f = \max(\mathrm{itvr}(f)(n^{-1}(a(f))))$

10.4.3 事件

下面是事件。elect 已经在抽象中提到。这里还有新事件 accept 和 reject：

```
init
  w :∈ N
  a := n
```

```
elect
  any x where
    x ∈ dom (a)
    x = a(x)
  then
    w := x
  end
```

```
accept
  any x where
    x ∈ dom (a)
    a(x) < x
  then
    a(x) := n(a(x))
  end
```

```
reject
  any x where
    x ∈ dom (a)
    x < a(x)
  then
    a := {x} ⩤ a
  end
```

注意，抽象中的事件 elect 现在变成了一个参数化的事件，两个新事件也是参数化事件。在所有情况中，量化变量 x 均表示函数 a 的定义域里的一个结点。

10.5 证明

在这一节里，我们将要给出精化后的事件 elect 以及新事件 accept 和 reject 的半形式化的证明。我们还要给出新事件收敛的非形式化的证明，并将用无死锁的一个非形式化的证明结束本节。

请注意，在每种情况里使用证明义务规则时，我们将只给出这些规则所要求的元素的一部分。换句话说，我们将只给出有关证明中需要的那些性质和不变式，相反的做法，也就是说，给出整个规则的完整誊写，得到的结果太烦琐，没有可读性。

10.5.1 事件 elect 的证明

下面是精化事件 elect 和它的抽象。对它的证明并不要求我们使用证明义务规则 GRD，因为抽象事件没有卫。这里也不要求对两个不变式 **inv1_1** 和 **inv1_2** 使用证明义务规则 INV，因为这些不变式都不包含对变量 w 的应用，而该变量是 elect 修改的唯一变量：

(abstract-)elect	(concrete-)elect
$w := \max(N)$	**any** x **where** $x \in \mathrm{dom}\,(a)$ $x = a(x)$ **then** $w := x$ **end**

这里需要使用的证明义务规则就只剩下 SIM，因为变量 w 存在于两个变量空间里，两个事件都修改它。

公理 **axm1_5**	$\forall x \cdot (\, x \in N \;\Rightarrow\; \mathrm{itvr}(x)(n^{-1}(x)) = N\,)$
不变式 **inv1_1**	$a \;\in\; N \mapsto N$
不变式 **inv1_2**	$\forall f \cdot f \in \mathrm{dom}\,(a) \;\Rightarrow\; f = \max\,(\mathrm{itvr}(f)(n^{-1}(a(f))))$
事件elect	$x \in \mathrm{dom}\,(a)$
的具体卫	$x = a(x)$
$\vdash$	$\vdash$
对公共变量w的动作相等	$x = \max(N).$

证明很简单。我们把两个全称量词中量化的变量都实例化为 x，再做了一些简化后，就得到了：

$$
\begin{array}{l}
\mathrm{itvr}(x)(n^{-1}(x)) = N \\
x = \max\,(\mathrm{itvr}(x)(n^{-1}(a(x)))) \\
x = a(x) \\
\vdash \\
x = \max(N).
\end{array}
$$

现在把 $a(x)$ 替换为 x，产生出下式，它是很明显的：

$$
\begin{array}{l}
\mathrm{itvr}(x)(n^{-1}(x)) = N \\
x = \max(\mathrm{itvr}(x)(n^{-1}(x))) \\
\vdash \\
x = \max(N).
\end{array}
$$

10.5.2 事件 accept 的证明

下面是新事件 accept：

$$\begin{array}{l}\text{accept}\\ \quad \textbf{any}\ x\ \textbf{where}\\ \quad\quad x \in \operatorname{dom}(a)\\ \quad\quad a(x) < x\\ \quad \textbf{then}\\ \quad\quad a(x) := n(a(x))\\ \quad \textbf{end}\end{array}.$$

它必须精化 skip。这也是很明显的，因为这个事件没有触动抽象变量 w。我们首先证明该事件保持不变式 **inv1_1**，下面是应用证明义务规则 INV 得到的语句：

inv1_1	$a \in N \rightarrowtail\!\!\!\!\twoheadrightarrow N$
事件accept 的卫	$x \in \operatorname{dom}(a)$ $a(x) < x$
$\vdash$	$\vdash$
修改了的不变式 **inv1_1**	$(\{x\} \lhd\!\!\!- a) \cup \{x \mapsto n(a(x))\} \in N \rightarrowtail\!\!\!\!\twoheadrightarrow N$

这个语句很明显：由于这一相继式的目标的左边是两个从 N 到 N 的函数的并，这两个函数的定义域不相交。下一步，我们要证明事件 accept 维持不变式 **inv1_2**。需要证明的语句如下，这是通过应用证明义务规则 INV 并做了一些简化后得到的：

公理 **axm1_4**	$\forall x, y \cdot \begin{pmatrix} x \in N \\ y \in N \setminus \{x\} \\ \Rightarrow \\ \operatorname{itvr}(x)(y) = \operatorname{itvr}(x)(n^{-1}(y)) \cup \{y\} \end{pmatrix}$
不变式 **inv1_1**	$ra \in N \rightarrowtail\!\!\!\!\twoheadrightarrow N$
不变式 **inv1_2**	$\forall f \cdot f \in \operatorname{dom}(a) \Rightarrow f = \max(\operatorname{itvr}(f)(n^{-1}(a(f))))$
事件accept 的卫	$x \in \operatorname{dom}(a)$ $a(x) < x$
$\vdash$	$\vdash$
修改了的不变式 **inv1_2**	$\forall f \cdot \begin{pmatrix} f \in \operatorname{dom}(a \lhd\!\!\!+ \{x \mapsto n(a(x))\}) \\ \Rightarrow \\ x = \max(\operatorname{itvr}(x)(n^{-1}((a \lhd\!\!\!+ \{x \mapsto n(a(x))\})(f)))) \end{pmatrix}.$

对结论部分的全称量化可以分解（使用规则 ALL_R 和 IMP_R），得到：

$$\begin{array}{l}
\forall x, y \cdot \begin{pmatrix} x \in N \\ y \in N \setminus \{x\} \\ \Rightarrow \\ \operatorname{itvr}(x)(y) = \operatorname{itvr}(x)(n^{-1}(y)) \cup \{y\} \end{pmatrix}\\
a \in N \rightarrowtail\!\!\!\!\twoheadrightarrow N\\
\forall f \cdot f \in \operatorname{dom}(a) \Rightarrow f = \max(\operatorname{itvr}(f)(n^{-1}(a(f))))\\
x \in \operatorname{dom}(a)\\
a(x) < x\\
f \in \operatorname{dom}(a \lhd\!\!\!+ \{x \mapsto n(a(x))\})\\
\vdash\\
f = \max(\operatorname{itvr}(f)(n^{-1}((a \lhd\!\!\!+ \{x \mapsto n(a(x))\})(f)))).
\end{array}$$

现在我们做**分情况证明**，分别考虑 f 等于 x 和 f 不等于 x 的情况。注意，在证明包含覆盖运算符 $\Leftarrow\!\!\!+$ 的表达式时，这种情况很常见：

第一种情况，$f = x$。注意：

$$n^{-1}((a \Leftarrow\!\!\!+ \{x \mapsto n(a(x))\})(x))$$

可以简化为：

$$n^{-1}(n(a(x))),$$

这是因为 $a(x)$ 是双射。这样就得到了：

$$\begin{array}{l}
\forall x, y \cdot \left(\begin{array}{l} x \in N \\ y \in N \setminus \{x\} \\ \Rightarrow \\ \mathrm{itvr}(x)(y) = \mathrm{itvr}(x)(n^{-1}(y)) \cup \{y\} \end{array} \right) \\
a \in N \rightarrowtail\!\!\!\!\twoheadrightarrow N \\
\forall f \cdot f \in \mathrm{dom}\,(a) \Rightarrow f = \max(\mathrm{itvr}(f)(n^{-1}(a(f)))) \\
x \in \mathrm{dom}\,(a) \\
a(x) < x \\
\vdash \\
x = \max(\mathrm{itvr}(x)(a(x))).
\end{array}$$

在第一个全称量化公式中，我们用 x 实例化 x，用 $a(x)$ 实例化 y。注意，因为 $x < a(x)$，我们有 $x \neq a(x)$。这样就得到：

$$\mathrm{itvr}(x)(a(x)) = \mathrm{itvr}(x)(n^{-1}(a(x))) \cup \{a(x)\}.$$

现在我们可以把 $\max(\mathrm{itvr}(x)(a(x)))$ 里的 $\mathrm{itvr}(x)(a(x))$ 代换为 $\mathrm{itvr}(x)(n^{-1}(a(x)) \cup \{a(x)\}$，再把第二个全称量化公式里的 f 实例化为 x，最后就得到了：

$$\begin{array}{l}
x = \max(\mathrm{itvr}(x)(n^{-1}(a(x)))) \\
a(x) < x \\
\vdash \\
x = \max(\mathrm{itvr}(x)(n^{-1}(a(x))) \cup \{a(x)\}).
\end{array}$$

这个公式很容易解决：注意，对两个有穷且非空的数集合 s 和 t，我们有 $\max(s \cup t) = \max(\{\max(s), \max(t)\})$。最后还有，对任何 a，$\max(\{a\}) = a$。这样就能得到下面的相继式，它显然成立：

$$\begin{array}{l}
a(x) < x \\
\vdash \\
x = \max(\{x, a(x)\}).
\end{array}$$

第二种情况，$f \neq x$。这时我们得到：

$$\begin{array}{l}
a \in N \rightarrowtail\!\!\!\!\twoheadrightarrow N \\
\forall f \cdot f \in \mathrm{dom}\,(a) \Rightarrow f = \max(\mathrm{itvr}(f)(n^{-1}(a(f)))) \\
f \in \mathrm{dom}\,(a) \\
\vdash \\
f = \max(\mathrm{itvr}(f)(n^{-1}(a(f)))).
\end{array}$$

把全称量化的 f 实例化为 f，我们就得到下面的公式，可以通过规则 HYP 解决：

$$f = \max(\text{itvr}(f)(n^{-1}(a(f))))$$
$$\vdash$$
$$f = \max(\text{itvr}(f)(n^{-1}(a(f)))).$$

10.5.3 事件 reject 的证明

我们请读者生成出事件 reject 的证明语句，并给出它们的非形式化的证明。就像我们对事件 accept 所做的那样。

10.5.4 新事件不发散的证明

我们需要提出一个变动式，两个事件 accept 和 reject 都将减小它。显然，事件 reject 将减少集合 dom(a) 中元素的个数，因为它把 a 变换为$\{x\} \lhd a$，而且它的卫包含条件 $x \in a$。但是很可惜，事件 accept 不能减小这个值，它只是把 x 从 $a(x)$ 移到 $n(a(x))$。但是，在这样做时，它也确实减小了从 $a(x)$ 到 x 的区间（itvr($a(x)$)(x)），中元素的个数。

上面讨论给我们了一个线索：我们可以对 a 的作用域里所有的 x，取所有元素集合 itvr($a(x)$)(x) 的基数之和作为变动式。这个量一定也被事件 reject 减小，因为该事件将彻底删除当时被求和的区间中的一个。

variant1: $\sum_{x \in \text{dom}(a)} \text{card}(\text{itvr}(a(x))(x))$

注意，要证明这一变动式减小，只需证明下面有穷集合：

$$\{x \mapsto y \mid x \in \text{dom}(a) \ \wedge \ y \in \text{itvr}(a(x))(x)\}$$

被各个新事件严格地减小。我们把作为变动式的有穷集的基数之和减小的问题，用这个集合本身减小的等价问题取代，与直接处理基数相比，这样做显然更方便。

10.5.5 无死锁的证明

只要考虑下面给出的各个卫，就知道无死锁的证明很简单。只要我们确定 dom(a) 绝不空，这些卫的析取明显为真。在这里，我们需要增加一个新的不变式并给出证明：

inv1_3: $\text{dom}(a) \neq \varnothing$

事件	卫
elect	$\exists x \cdot (x \in \text{dom}(a) \ \wedge \ x = a(x))$
accept	$\exists x \cdot (x \in \text{dom}(a) \ \wedge \ a(x) < x)$
reject	$\exists x \cdot (x \in \text{dom}(a) \ \wedge \ x < a(x))$

10.6　参考资料

G Le Lann. Distributed systems – towards a formal approach. In B. Gilchrist, editor, Information Processing 77. North-Holland, 1977.

第 11 章　树形网络上的同步

在这一章里，我们将要研究另一个分布式程序的例子。在这个工作里，我们将遭遇另一种非常有趣的数学对象：树。我们将学习如何形式化这样的一种数据结构，看到如何对它使用归纳规则，做出成果丰富的推理。这个例子也已经被一些研究者处理过，我们的问题取自参考资料[1]和参考资料[2]。

11.1　引言

在这个例子里，我们有一个结点的网络，它比前一章的网络更复杂一点。在那里我们处理的是环，本章我们将研究有穷树，如图 11.1 所示。

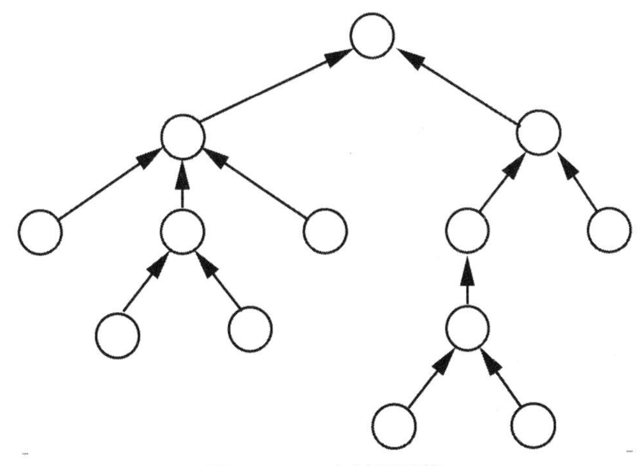

图 11.1　一个树形网络

我们有一集结点，它们构成一棵有穷树	ENV-1

在树中每个结点，我们将有一个进程执行特定的任务，所有结点完成同样的任务（这一任务的具体性质并不重要）。我们希望这些进程满足的约束，就是能看到它们能保持**同步**。换句话说，在它们中，没有任何一个进程的能进展到比其他进程快得太多。为了形式化这种同步约束，我们给树中每个结点安排一个计数器。直观地说，一个进程里的计数器表示了该进程当前正在进行的工作阶段：

每个结点有一个计数器，它是一个自然数	FUN-1

为了表达每个进程最多走在其他进程前面一个工作阶段，我们简单地要求任意两个计数器之差最多是 1，如图 11.2 所示。

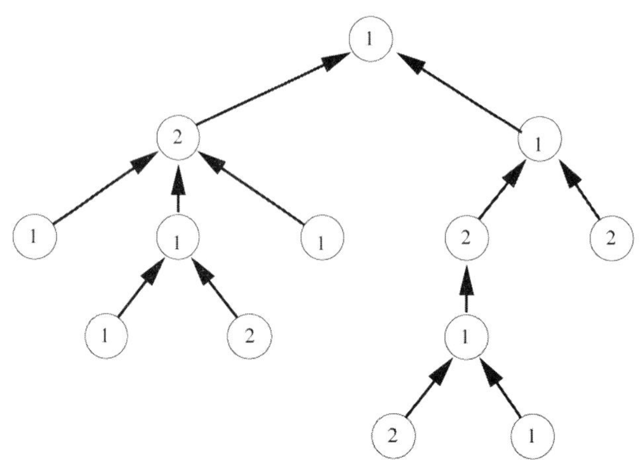

图 11.2 一棵树，每个结点有一个计数器

任意两个计数器之差最多等于1	FUN-2

我们的分布式算法还有一个约束，即每个进程**只能读其直接邻居的计数器**：

每个结点只能读其在树中的直接邻居的计数器	FUN-3

进一步说，每个结点**只能修改自己的计数器**：

一个结点的计数器只能由这个结点修改	FUN-4

在我们的方法中，最重要的方面就是，在构造开始时，我们并不遵守需求 FUN-3 描述的局部性。在构造的早期阶段，我们将自由地让任意结点可以（通过某种魔术）访问任何一个地方。但在精化阶段，我们将逐步强化事件的卫，最终使上述局部性需求得到满足。再说一次，这一方法揭示了模型和程序之间最重要的不同。

11.2 初始模型

11.2.1 状态

现在开始第一次形式化。有关网络基于一个载体集合 N 定义，这一集合仅有的性质就是它为有穷的。公理 **axm0_1** 描述了这个性质：

sets: N

axm0_1: $\text{finite}(N)$

在这个阶段，我们并不需要定义树结构。我们仅有的变量就是一个函数 c，它定义了在每个结点的计数器值（它们都初始化为 0）。我们现在定义两个涉及 c 的不变式。一个是 c 的基本不变式 **inv0_1**，它说 c 是从 N 到自然数集合 $\mathbb{N}$ 的一个全函数。另一个不变式 **inv0_2** 描述基本的同步需求 `FUN-2`：两个结点的计数器值之差至多为 1，因此，每一个计数器将保持小于或等于另一个计数器的值加 1：

variable: c

inv0_1: $c \in N \to \mathbb{N}$

inv0_2: $\forall x, y \cdot x \in N \land y \in N \Rightarrow c(x) \leqslant c(y) + 1$

初一看，不变式 **inv0_2** 有点让人吃惊。它真的说明了两个计数器的值之间至多相差 1 吗？令 a 和 b 是这样的两个值。如果 $a \leqslant b$，一定存在某个 $d \geqslant 0$ 使得 $b = a + d$。根据 **inv0_2** 我们有 $b \leqslant a+1$，因此 $a+d \leqslant a+1$（也就是说，$d \leqslant 1$）。换种说法，如果情况是 $a \leqslant b$，那么就有 $b-a \in 0\,..\,1$。对 $b \leqslant a$ 也可以做类似的推理，得到 $a-b \in 0\,..\,1$。

11.2.2 事件

除了事件 `init`，我们只有另一个事件 `increment`，它明确描述了在什么样的条件下，一个结点 n 可以前进一步。情况很明显，只有在它的计数器值并不大于任何其他计数器 m 的时候，也就是 $c(n) \leqslant c(m)$。在这种情况下，该结点可以增大自己的计数器值，而不会破坏同步不变式 **inv0_2**。正如所见（也是上面已经宣布的），这里我们假定给定的结点 n 可以自由地访问树中的所有其他结点。再说一次，这是因为，我们目前正在一个抽象里，在这里，任何访问都是允许的。另请注意事件 `init`，看看那里如何让所有计数器都等于 0：

```
init
  c := N × {0}
```

```
increment
  any  n  where
    n ∈ N
    ∀m · m ∈ N ⇒ c(n) ≤ c(m)
  then
    c(n) := c(n) + 1
  end
```

11.2.3 证明

事件 `init` 能建立不变式的语句很容易证明，下面我们将只考虑表达了事件 `increment` 保持不变式 **inv0_2** 的非形式化证明。下面是需要证明的语句：

不变式 **inv0_1**	$c \in N \rightarrow \mathbb{N}$
不变式 **inv0_2**	$\forall x, y \cdot x \in N \wedge y \in N \Rightarrow c(x) \leqslant c(y) + 1$
事件increment	$n \in N$
的卫	$\forall m \cdot m \in N \Rightarrow c(n) \leqslant c(m)$
$\vdash$	$\vdash$
修改的不变式**inv0_2**	$\forall x, y \cdot x \in N \wedge y \in N \Rightarrow (c \Leftarrow \{n \mapsto c(n)+1\})(x) \leqslant (c \Leftarrow \{n \mapsto c(n)+1\})(y)+1$

该语句可以简化为下面的语句：除去结论部分的全称量词，把谓词 $x \in N$ 和 $y \in N$ 都移到前提中（规则 `ALL_R` 和 `IMP_R`）：

$$
\begin{array}{l}
c \in N \rightarrow \mathbb{N} \\
\forall x, y \cdot x \in N \wedge y \in N \Rightarrow c(x) \leqslant c(y)+1 \\
n \in N \\
\forall m \cdot m \in N \Rightarrow c(n) \leqslant c(m) \\
x \in N \\
y \in N \\
\vdash \\
(c \Leftarrow \{n \mapsto c(n)+1\})(x) \leqslant (c \Leftarrow \{n \mapsto c(n)+1\})(y)+1
\end{array}
$$

我们采用处理覆盖运算符 $\Leftarrow$ 时的常用方法来完成证明工作，对这一语句做分情况证明（事实上，这里总共有 4 种情况）：

① 当 x 和 y 都等于 n 时，我们得到下面的目标，很容易证明：

$$c(n)+1 \leqslant c(n)+1+1.$$

② 当 x 等于 n 但 y 不等于 n 时，我们得到下面的目标，根据事件 `increment` 的卫条件 $\forall m \cdot m \in N \Rightarrow c(n) \leqslant c(m)$，这个式子很容易证明（将 m 实例化为 y）：

$$c(n)+1 \leqslant c(y)+1.$$

③ 当 x 不等于 n 但 y 等于 n 时，我们得到下面的目标，根据 **inv0_2** 很容易证明它（将 x 实例化为 x，将 y 实例化为 n）：

$$c(x) \leqslant c(n)+1.$$

④ 当 x 和 y 都不等于 n 时，我们得到下面的目标，根据 **inv0_2** 很容易证明它（将 x 实例化为 x，将 y 实例化为 y）：

$$c(x) \leqslant c(y)+1.$$

注意，这样的证明可以由一个证明器自动完成。

11.3 第一次精化

11.3.1 状态

我们在前一节中提出了事件 `increment`（拷贝如下），但是它的卫是有问题的，因为其中比较了位于结点 n 的计数器的值 $c(n)$ 和**所有**其他计数器：

```
increment
  any n where
    n ∈ N
    ∀m · m ∈ N ⇒ c(n) ⩽ c(m)
  then
    c(n) := c(n) + 1
  end
```

为了（在这一次精化中部分地）解决这个问题，我们需要引进网络的树结构。这也就是我们准备在这一节完成的工作。树通过三个变量定义：它的根 r、一集叶子 L 和一个父关系函数 f。我们借用 9.7.7 节给出的有穷树的公理化定义以及树归纳规则：

constants: r L f

axm1_1: $r \in N$

axm1_2: $L \subseteq N$

axm1_3: $f \in N \setminus \{r\} \twoheadrightarrow N \setminus L$

axm1_4: $\forall T \cdot r \in T \wedge f^{-1}[T] \subseteq T \Rightarrow N \subseteq T$

为了限制在事件 `increment` 的新版本里一个结点必须执行的比较的次数，这里的想法是假定树根 r 的计数器 $c(r)$ 的值总是小于或等于所有其他计数器的值，这样我们就有，对**所有的**结点 m，$c(r) \leqslant c(m)$。在这种情况下，我们就可以缩小事件 `increment` 的卫，让它只比较 $c(n)$ 与 $c(r)$。如果两者相等，即 $c(n) = c(r)$，那么，对**所有**的结点 m 就一定都有 $c(n) \leqslant c(m)$。这时我们可以安全地增加 n 的计数器的值。上面的规则，即 $c(r) \leqslant c(m)$ 对**所有**结点 m 成立，可以作为一条不变式，但我们选择下面这一更基本的不变式 **inv1_1**：

inv1_1: $\forall m \cdot m \in N \setminus \{r\} \Rightarrow c(f(m)) \leqslant c(m)$

为了维护性质 $c(r) \leqslant c(m)$ 对**所有**的结点 m 成立，我们只需要保证每个结点 m（除根结点之外，因为它没有父结点）的父结点的计数器，总是小于或等于其分支结点的计数器。换句话说，我们只需要保证 $c(f(m)) \leqslant c(m)$ 对**每一个**结点 m（除根结点外）成立，这就是 **inv1_1**。作为推论，计数器的增加过程就像一阵自底向上的波，如图 11.3 所示。下面是我们最终想证明的定理：

thm1_1: $\forall m \cdot m \in N \Rightarrow c(r) \leqslant c(m)$

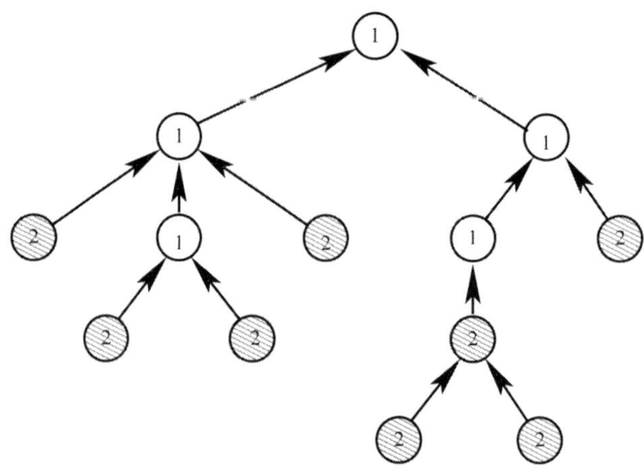

图 11.3 一阵自底向上的波

11.3.2 事件

为了维持上面提出的新不变式 **inv1_1**，我们需要加强事件 `ascending`（作为抽象事件 `increment` 的新名字）的卫，确保结点 n 的计数器与它的所有分支都不同：

init
  $c \ := \ N \times \{0\}$

ascending
  refines
    increment
  any n **where**
    $n \in N$
    $c(n) = c(r)$
    $\forall m \cdot m \in f^{-1}[\{n\}] \ \Rightarrow \ c(n) \neq c(m)$
  then
    $c(n) := c(n) + 1$
  end

请注意，现在，在结点 n，我们已经把计数器 $c(n)$ 的比较对象限制到了 n 的子结点集合 $f^{-1}(\{n\})$ 里那些结点 m 的计数器 $c(m)$。这也是需求 `FUN-3` 所允许的，因为 n 和这些 m 都是相邻的。但是，现在我们还需要比较 $c(n)$ 与 $c(r)$，这是不能接受的，因为一般而言 n 和 r 并不相邻。这一问题将在下一次精化中解决。

11.3.3 证明

为了使证明更容易，我们引入下面两个定理。它们都很容易从不变式得到：

thm1_2: $\forall n \cdot n \in N \ \Rightarrow \ c(n) \ \in \ c(r) \mathinner{..} c(r) + 1$

thm1_3: $\forall n \cdot n \in N \setminus \{r\} \ \Rightarrow \ c(n) \ \in \ c(f(n)) \mathinner{..} c(f(n)) + 1$

定理 **thm1_1** 的证明可以在假设 **inv1_1** 之下，通过树归纳完成。请回忆一下 9.7.6 节介绍的树归纳规则。我们用这一证明规则时，把 V 实例化为 N，把 t 实例化为 r，把 p 实例化为 f，把 x 实例化为 m，这样就得到：

$$\frac{\mathsf{H} \vdash \mathsf{P}(r) \qquad \mathsf{H},\ m \in N \setminus \{r\},\ \mathsf{P}(f(m)) \vdash \mathsf{P}(m)}{\mathsf{H},\ m \in N \vdash \mathsf{P}(m)} \quad \begin{array}{c}\mathsf{IND\_TREE} \\ (\mathbf{m}\ \underline{\mathsf{nfin}}\ \mathsf{H})\end{array}$$

这里的 $\mathsf{P}(m)$ 是 $c(r) \leqslant c(m)$。下面是在应用了规则 `ALL_R` 和 `IMP_R` 之后 **thm1_1** 的证明：

$$\begin{array}{l} \forall m \cdot m \in N \setminus \{r\} \Rightarrow c(f(m)) \leqslant c(m) \\ m \in N \\ \vdash \\ c(r) \ \leqslant\ c(m) \end{array} \quad \mathsf{IND\_TREE} \left\{ \begin{array}{l} \begin{array}{l} \forall m \cdot m \in N \setminus \{r\} \ \Rightarrow\ c(f(m)) \leqslant c(m) \\ \vdash \\ c(r) \ \leqslant\ c(r) \end{array} \quad \mathsf{ARI} \\ \\ \begin{array}{l} \forall m \cdot m \in N \setminus \{r\} \Rightarrow c(f(m)) \leqslant c(m) \\ m \in N \setminus \{r\} \\ c(r) \ \leqslant\ c(f(m)) \\ \vdash \\ c(r) \ \leqslant\ c(m) \end{array} \quad \mathsf{ALL\_L} \ \ldots \end{array} \right.$$

我们把第一个假设里的 m 实例化为 m：

$$\ldots \ \begin{array}{l} m \in N \setminus \{r\} \ \Rightarrow\ c(f(m)) \leqslant c(m) \\ m \in N \setminus \{r\} \\ c(r) \ \leqslant\ c(f(m)) \\ \vdash \\ c(r) \ \leqslant\ c(m) \end{array} \quad \mathsf{IMP\_L} \quad \begin{array}{l} c(f(m)) \leqslant c(m) \\ m \in N \setminus \{r\} \\ c(r) \ \leqslant\ c(f(m)) \\ \vdash \\ c(r) \ \leqslant\ c(m) \end{array} \quad \mathsf{ARI} \quad \begin{array}{l} c(f(m)) \leqslant c(m) \\ x \in N \setminus \{r\} \\ c(r) \ \leqslant\ c(f(m)) \\ c(r) \ \leqslant\ c(m) \\ \vdash \\ c(r) \ \leqslant\ c(m) \end{array} \quad \mathsf{HYP}$$

11.4 第二次精化

现在剩下的工作，也就是需要用更局部的检查去取代事件 `ascending`（备份如下）的卫里的 $c(r) = c(n)$：

$$\begin{array}{l} \mathsf{ascending} \\ \quad \textbf{any}\ \ n\ \ \textbf{where} \\ \qquad n \in N \\ \qquad c(n) = c(r) \\ \qquad \forall m \cdot m \in f^{-1}[\{n\}] \ \Rightarrow\ c(n) \neq c(m) \\ \quad \textbf{then} \\ \qquad c(n) := c(n) + 1 \\ \quad \textbf{end} \end{array}$$

问题是设法让所有结点都得到通知，知道根结点的计数器值已经等于它们的计数器值了。情况很清楚，当增量波到达根结点时，所有结点的计数器都已具有了同样的值。

我们的想法是，在到达了这个状态后，通过第二阵向下的波，逐步通知各个结点，告

知它们现在根 r 的计数器值已经等于所有其他计数器的值了。为了完成这件事，我们需要在结点里安排第二个计数器 d，用它来控制向下的第二阵波。图 11.4 描述了现在的情况，其中每个结点里的左边是第二个计数器。

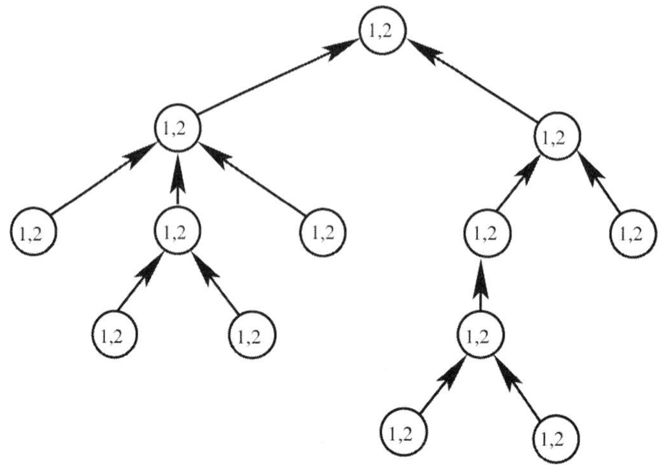

图 11.4 扩充状态，加入第二个计数器

这第二阵波自顶向下，如图 11.5 所示。在这一次精化中，我们将仅仅定义 d 计数器（用下面的不变式 **inv2_1** 描述）以及它的基本性质，也就是说，任意两个 d 计数器之差不会大于 1（不变式 **inv2_2**）。注意，这一性质的描述与初始模型里 c 计数器的特征不变式 **inv0_1** 具有同样性质。形式化地说，就是：

variable: c, d

inv2_1: $d \in N \to \mathbb{N}$

inv2_2: $\forall x, y \cdot x \in N \wedge y \in N \Rightarrow d(x) \leqslant d(y) + 1$

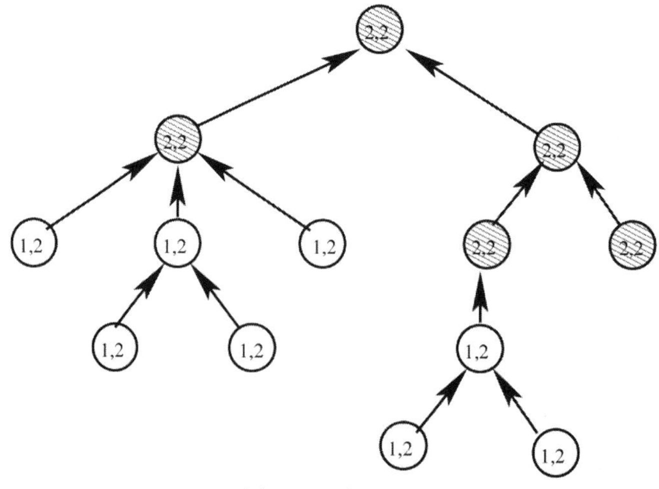

图 11.5 向下的波

现在，我们还必须扩充事件 `init`，有关的扩充直截了当。还需要增加另一个新事件

descending，对应于在适当的时候增大 d 计数器的值。再说一次，这里的做法和我们在初始模型中处理 c 计数器的情况类似：

```
init
  c := N × {0}
  d := N × {0}
```

```
descending
  any  n  where
    n ∈ N
    ∀m · m ∈ N ⇒ d(n) ⩽ d(m)
  then
    d(n) := d(n) + 1
  end
```

这次精化没有触动事件 ascending，所以我们没把它拷贝过来。我们把证明这一精化的正确性的工作留给读者。请不要忘记证明新事件不会发散，以及整个系统不会死锁。

11.5 第三次精化

在第三次精化中，我们计划完成两项工作：首先，我们将构造出一阵增加 d 计数器的下行波，这非常像我们在第 3 章里构造的增加 c 计数器的上行波。其次，我们要建立起 c 和 d 计数器之间的关系。请注意，在这里我们并不需要扩充状态。这样做是叠加的一种特殊情况：具体状态正好等同于抽象状态。

11.5.1 事件 ascending 的精化

我们要引进的第一个不变式是 **inv3_1**，它具有与前面（在第一次精化中引进的，11.3.1 节）不变式 **inv1_1** 非常类似的性质。把 **inv1_1** 拷贝到这里：

$$\textbf{inv1\_1:}\quad \forall m \cdot m \in N \setminus \{r\} \Rightarrow c(f(m)) \leqslant c(m)$$

位于结点 m 的 d 计数器不应该大于其父结点 $f(m)$ 的计数器，这就决定了下行的波：

$$\textbf{inv3\_1:}\quad \forall m \cdot m \in N \setminus \{r\} \Rightarrow d(m) \leqslant d(f(m))$$

借助于这个不变式和 9.7.6 节提出的归纳规则 IND_TREE，我们很容易证明下面的定理。这个定理具有与 11.3.1 节的 **thm1_1** 同样的性质，它说 d 计数器的值不会大于 $d(r)$ 的值：

$$\textbf{thm3\_1:}\quad \forall n \cdot n \in N \Rightarrow d(n) \leqslant d(r)$$

这里的情况提醒我们建立 $c(r)$ 和 $d(r)$ 之间的联系。事实上，后者绝不会大于前者。下面的不变式表达了这个性质：

$$\textbf{inv3\_2:}\quad d(r) \leqslant c(r)$$

由于有了这些不变式，我们可以把 ascending 精化为：

```
(abstract-)ascending
  any n where
    n ∈ N
    c(n) = c(r)
    ∀m · m ∈ f⁻¹[{n}] ⇒ c(n) ≠ c(m)
  then
    c(n) := c(n) + 1
  end
```

```
(concrete-)ascending
  any n where
    n ∈ N
    c(n) = d(n)
    ∀m · m ∈ f⁻¹[{n}] ⇒ c(n) ≠ c(m)
  then
    c(n) := c(n) + 1
  end
```

正如所见，这些事件的抽象和具体版本之间仅有的差异，就是把抽象的卫 $c(n) = c(r)$ 换成了具体的卫 $c(n) = d(n)$。由于这种变换，我们只需要证明后者蕴涵前者（卫加强），这是非常简单的：

具体卫	$c(n) = d(n)$
根据 **thm3_1**	$d(n) \leqslant d(r)$
不变式 **inv3_2**	$d(r) \leqslant c(r)$
根据 **thm1_1**	$c(r) \leqslant c(n)$
$\vdash$	$\vdash$
抽象卫	$c(n) = c(r)$

现在我们已经达到了有关事件 ascending 的所有目标，它现在确实只访问邻居的计数器。这是需求 FUN-3 的要求。

11.5.2 事件 descending 的精化

现在我们把注意力转到事件 descending。事实上，抽象的 descending 事件必须分裂成两个事件：一个处理除了根 r 之外的所有结点 n，另一个处理根结点 r。下面是我们对第一种情况提出的定义，还附有原来的抽象事件：

```
(abstract-)descending
  any n where
    n ∈ N
    ∀m · m ∈ N ⇒ d(n) ≤ d(m)
  then
    d(n) := d(n) + 1
  end
```

```
(concrete-)descending_1
  any n where
    n ∈ N \ {r}
    d(n) ≠ d(f(n))
  then
    d(n) := d(n) + 1
  end
```

我们可以注意到，在这个事件的具体版本里，结点 n 满足需求 FUN-3：它只访问位于 n 和 $f(n)$（即 n 的父结点）的 d 计数器值。两个版本之间仅有的差异只是在卫。我们把抽象的卫 $\forall m \cdot m \in N \Rightarrow d(n) \leqslant d(m)$ 替换为具体的卫 $d(n) \neq d(f(n))$。在这里，我们还是只需要证明具体的卫蕴涵抽象的卫，也就是要证明：

$$\begin{array}{l} n \in N \setminus \{r\} \\ d(n) \neq d(f(n)) \\ m \in N \\ \vdash \\ d(n) \leqslant d(m) \end{array}$$

为证明这个语句，我们可以首先证明下面两个简单定理：

thm3_2:	$\forall n \cdot n \in N \setminus \{r\} \Rightarrow d(f(n)) \in d(n) \,..\, d(n)+1$
thm3_3:	$\forall n \cdot n \in N \Rightarrow d(r) \in d(n) \,..\, d(n)+1$

基于 $d(n) \neq d(f(n))$ 和 **thm3_2**，我们可以推导出 $d(f(n)) = d(n) + 1$。通过把 **thm3_3** 里的 n 分别实例化为 $f(n)$ 和 m，可以得到 $d(r) \in d(f(n)) \,..\, d(f(n)) + 1$ 和 $d(r) \in d(m) \,..\, d(m) + 1$。剩下的只有证明下式，很简单（由假设可以得到 $d(n) + 1 \leqslant d(m) + 1$）：

$$\begin{array}{l} d(r) \in d(n)+1 \,..\, d(n)+2 \\ d(r) \in d(m) \,..\, d(m)+1 \\ \vdash \\ d(n) \leqslant d(m) \end{array}$$

现在考虑事件 descending 的第二种情况。下面是我们提出的定义：

```
(abstract-)descending
  any n where
    n ∈ N
    ∀m · m ∈ N ⇒ d(n) ⩽ d(m)
  then
    d(n) := d(n) + 1
  end
```

```
(concrete-)descending_2
  when
    d(r) ≠ c(r)
  then
    d(r) := d(r) + 1
  end
```

显然，这里的具体版本满足需求 FUN-3，因为结点 r 只访问自己的 c 和 d 计数器。这里是又一个例子，其中的抽象事件是一个 **any** 结构，而具体事件是一个 **when** 结构。在这种情况下，我们需要提供一个见证。显然，这里应该用 r 处理抽象中的 n。这样做的结果使两个动作变得完全一样了，剩下的只是证明卫的强化。经过一些化简，需要证明的就是：

$$\begin{array}{l} d(r) \neq c(r) \\ m \in N \\ \Rightarrow \\ d(r) \leqslant d(m) \end{array}$$

现在，假定我们已经有下面的定理：

thm3_4:	$\forall n \cdot n \in N \Rightarrow c(r) \in d(n) \,..\, d(n)+1$

我们可以用 r 实例化这个定理，得到 $c(r) \in d(r) \,..\, d(r)+1$。由于我们有 $c(r) \neq d(r)$，这样就

得到了 $c(r) = d(r) + 1$。现在用 m 实例化定理 **thm3_4**，得到 $c(r) \in d(m) .. d(m) + 1$。剩下需要证明的就是下面相继式，很简单：

$$
\begin{array}{l}
d(r) + 1 \in d(m) .. d(m) + 1 \\
\vdash \\
d(r) \leqslant d(m)
\end{array}
$$

11.5.3 证明定理 thm3_4

现在我们还需要证明 **thm3_4**。为了完成这一工作，我们引进一个新的不变式：

$$
\boxed{\textbf{inv3\_3:} \quad \forall n \cdot n \in N \Rightarrow c(n) \in d(n) .. d(n) + 1}
$$

注意，不变式 **inv3_2** 断言 $d(r)$ 不会大于 $c(r)$，它现在可以改为一个定理了，因为不变式 **inv3_3** 明显地蕴涵它。定理 **thm3_4** 可以从不变式 **inv3_3** 和定理 **thm3_1** 和 **thm1_2** 证明。下面是我们需要证明的相继式：

$$
\begin{array}{ll}
\text{定理 } \textbf{thm3\_1} & \forall n \cdot n \in N \Rightarrow d(n) \leqslant d(r) \\
\text{不变式 } \textbf{inv3\_3} & \forall n \cdot n \in N \Rightarrow c(n) \in d(n) .. d(n) + 1 \\
\text{定理 } \textbf{thm1\_2} & \forall n \cdot n \in N \Rightarrow c(n) \in c(r) .. c(r) + 1 \\
\vdash & \vdash \\
\text{定理 } \textbf{thm3\_4} & \forall n \cdot n \in N \Rightarrow c(r) \in d(n) .. d(n) + 1
\end{array}
$$

通过实例化并简化上面的语句，我们可以得到下面的语句，它明显为真（从前两个前提可以得到 $d(n) \leqslant d(r) \leqslant c(r)$，从后两个可以得到 $c(r) \leqslant c(n) \leqslant d(n) + 1$）：

$$
\begin{array}{ll}
\text{定理 } \textbf{thm3\_1} \text{ 用 } n \text{ 实例化} & d(n) \leqslant d(r) \\
\text{不变式 } \textbf{inv3\_3} \text{ 用 } r \text{ 实例化} & c(r) \in d(r) .. d(r) + 1 \\
\text{定理 } \textbf{thm1\_2} \text{ 用 } n \text{ 实例化} & c(n) \in c(r) .. c(r) + 1 \\
\text{不变式 } \textbf{inv3\_3} \text{ 用 } n \text{ 实例化} & c(n) \in d(n) .. d(n) + 1 \\
\vdash & \vdash \\
\text{定理 } \textbf{thm3\_4} & c(r) \in d(n) .. d(n) + 1
\end{array}
$$

11.5.4 证明不变式 inv3_3 的保持性

现在我们还需要证明新不变式 **inv3_3** 确实被提出的事件保持。为了证明事件 `ascending` 保持不变式 **inv3_3**，我们需要证明下面的相继式：

$$
\begin{array}{ll}
\text{不变式 } \textbf{inv3\_3} & \forall m \cdot m \in N \Rightarrow c(m) \in d(m) .. d(m) + 1 \\
\text{ascending的卫} & n \in N \\
& c(n) = d(n) \\
& \forall m \cdot m \in f^{-1}[\{n\}] \Rightarrow c(n) \neq c(m) \\
\vdash & \vdash \\
\text{修改的不变式 } \textbf{inv3\_3} & \forall n \cdot m \in N \Rightarrow (c \mathbin{\lhd\!\!-} \{n \mapsto c(n) + 1\})(m) \in d(m) .. d(m) + 1
\end{array}
$$

它可以改写为：

$$
\begin{array}{l}
\forall m \cdot m \in N \;\Rightarrow\; c(m) \;\in\; d(m) \mathinner{..} d(m)+1 \\
n \in N \\
c(n) = d(n) \\
m \in N \\
\vdash \\
c \lhd\!\!\!- \{n \mapsto c(n)+1\})(m) \;\in\; d(m) \mathinner{..} d(m)+1
\end{array}
$$

如常，由于出现了运算符 $\lhd\!\!\!-$，我们必须做一个分情况证明：第一种情况是 $m = n$，第二种是 $m \neq n$。第一种情况要求我们证明下式，很简单：

$$
\begin{array}{l}
c(n) = d(n) \\
n \in N \\
\vdash \\
c(n)+1 \;\in\; d(n) \mathinner{..} d(n)+1
\end{array}
$$

解决第二种情况时，我们把全称量化的 m 实例化为 m，得到下式，也很简单：

$$
\begin{array}{l}
c(m) \;\in\; d(m) \mathinner{..} d(m)+1 \\
m \in N \\
\vdash \\
c(m) \;\in\; d(m) \mathinner{..} d(m)+1
\end{array}
$$

我们现在证明事件 `descending_1` 保持 **inv3_3**。这要求我们证明：

$$
\begin{array}{ll}
\text{不变式} \quad \textbf{inv3\_3} & \forall m \cdot m \in N \;\Rightarrow\; c(m) \;\in\; d(m) \mathinner{..} d(m)+1 \\
\text{descending\_1 的卫} & n \in N \setminus \{r\} \\
 & d(n) \neq d(f(n)) \\
\vdash & \vdash \\
\text{修改的不变式 } \textbf{inv3\_3} & \forall m \cdot m \in N \;\Rightarrow\; c(m) \;\in\; (d \lhd\!\!\!- \{n \mapsto d(n)+1\})(m) \mathinner{..} \\
 & \qquad (d \lhd\!\!\!- \{n \mapsto d(n)+1\})(m)+1
\end{array}
$$

它可以重整为：

$$
\begin{array}{l}
\forall m \cdot m \in N \;\Rightarrow\; c(m) \;\in\; d(m) \mathinner{..} d(m)+1 \\
n \in N \setminus \{r\} \\
d(n) \neq d(f(n)) \\
m \in N \\
\vdash \\
c(m) \;\in\; (d \lhd\!\!\!- \{n \mapsto d(n)+1\})(m) \mathinner{..} (d \lhd\!\!\!- \{n \mapsto d(n)+1\})(m)+1
\end{array}
$$

我们也用分情况证明：第一种情况是 $m = n$，第二种是 $m \neq n$。第一种情况将产生：

$$
\begin{array}{l}
n \in N \setminus \{r\} \\
d(n) \neq d(f(n)) \\
\Rightarrow \\
c(n) \;\in\; d(n)+1 \mathinner{..} d(n)+2
\end{array}
$$

用 n 实例化 **thm3_2**，我们得到了 $d(f(n)) \in d(n) \mathinner{..} d(n)+1$，再加上 $d(n) = d(f(n))$，我们就得到了 $d(f(n)) = d(n)+1$。用 $f(n)$ 实例化 **thm3_1** 将得到 $d(f(n)) \leqslant d(r)$，这样，我们就有 $d(n)+1 \leqslant d(r)$。现在我们需要证明的就是下面的相继式（已经加入了某些定理和不变式）。这很明显是真的（从这里的三个前件可以得到 $d(n)+1 \leqslant d(r) \leqslant c(r) \leqslant c(n)$），由最后一个前提可以得到 $c(n) \leqslant d(n)+1$，因此我们就有 $c(n) = d(n)+1$）：

	$d(n)+1 \leqslant d(r)$
inv3_3 用 r 实例化	$c(r) \in d(r)\,..\,d(r)+1$
thm1_2 用 n 实例化	$c(n) \in c(r)\,..\,c(r)+1$
inv3_3 用 n 实例化	$c(n) \in d(n)\,..\,d(n)+1$
	$\vdash$
	$c(n) \in d(n)+1\,..\,d(n)+2.$

第二种情况（$m \neq n$）要求证明下式，很简单：

$$\begin{array}{l} \forall m \cdot m \in N \ \Rightarrow\ c(m) \ \in\ d(m)\,..\,d(m)+1 \\ n \in N \setminus \{r\} \\ d(n) \neq d(f(n)) \\ m \in N \\ \vdash \\ c(m) \ \in\ d(m)\,..\,d(m)+1. \end{array}$$

最后我们还要证明事件 descending_2 保持不变式 **inv3_3**，这要求我们证明：

不变式 **inv3_3**	$\forall m \cdot m \in N \ \Rightarrow\ c(m) \ \in\ d(m)\,..\,d(m)+1$
descending_2 的卫	$d(r) \neq c(r)$
$\vdash$	$\vdash$
修改的不变式 **inv3_3**	$\forall m \cdot m \in N \ \Rightarrow\ c(m) \ \in\ (d \Leftarrow \{r \mapsto d(r)+1\})(m)\,..\,(d \Leftarrow \{r \mapsto d(r)+1\})(m)+1.$

它可以重整为：

$$\begin{array}{l} \forall m \cdot m \in N \ \Rightarrow\ c(m) \ \in\ d(m)\,..\,d(m)+1 \\ d(r) \neq c(r) \\ m \in N \\ \vdash \\ c(m) \ \in\ (d \Leftarrow \{r \mapsto d(r)+1\})(m)\,..\,(d \Leftarrow \{r \mapsto d(r)+1\})(m)+1. \end{array}$$

现在还是要做分情况证明。第一种情况（$m = r$）要求我们证明下式，它显然为真：

	$d(r) \neq c(r)$
定理 **thm3_1** 用 r 实例化	$c(r) \in d(r)\,..\,d(r)+1$
	$\vdash$
	$c(r) \in d(r)+1\,..\,d(r)+1+1.$

第二种情况（$m \neq r$）要求我们证明下式，它显然为真：

不变式 **inv3_3** 用 m 实例化	$c(m) \in d(m)\,..\,d(m)+1$
	$\vdash$
	$c(m) \in d(m)\,..d(m)+1.$

11.6 第四次精化

下一个精化的想法来自对前一节中已经得到的三个事件的细致观察。让我们首先把它们拷贝过来（这里已经修改了事件 ascending，用了另一个等价的卫）：

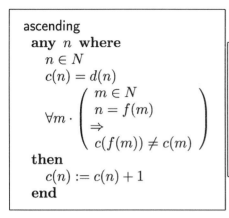

```
ascending
  any n where
    n ∈ N
    c(n) = d(n)
    ∀m · ( m ∈ N
           n = f(m)
           ⇒
           c(f(m)) ≠ c(m) )
  then
    c(n) := c(n) + 1
  end
```

```
descending_1
  any n where
    n ∈ N \ {r}
    d(n) ≠ d(f(n))
  then
    d(n) := d(n) + 1
  end
```

```
descending_2
  when
    d(r) ≠ c(r)
  then
    d(r) := d(r) + 1
  end.
```

在事件 ascending 里，我们注意到 $c(n)$ 与 $d(n)$ 的比较，还有 $c(m)$ 与 $c(f(m))$ 的比较。在事件 descending_1 里，我们注意到它的卫中包含 $d(n)$ 与 $d(f(n))$ 的比较，而在事件 descending_2 的卫，我们看到了 $d(r)$ 与 $c(r)$ 的比较。进一步说，所有事件都增大 c 和 d 计数器的值。

我们有了一点感觉，现在遇到的情况好像与在第 4 章和第 6 章文件传输协议时遇到的情况很类似。如果这种感觉能被确认，我们就有可能把 c 和 d 计数器的值代换为它们的奇偶性。这确实是一个很有意思的变换，因为，如果能这样做，就不会出现计数器变得过大的危险。但是，为了能做这样的精化，我们必须保证被比较的所有值之间的差不超过 1。我们在下面的表里说明了事实确实如此：

	确认情况的定理
$c(n)$ 和 $d(n)$	**inv3_3:** $\forall n \cdot n \in N \Rightarrow c(n) \in d(n) \,..\, d(n)+1$
$c(m)$ 和 $c(f(m))$	**thm1_3:** $\forall n \cdot n \in N \setminus \{r\} \Rightarrow c(n) \in c(f(n)) \,..\, c(f(n))+1$
$d(n)$ 和 $d(f(n))$	**thm3_2:** $\forall n \cdot n \in N \setminus \{r\} \Rightarrow d(f(n)) \in d(n) \,..\, d(n)+1$
$d(r)$ 和 $c(r)$	**thm3_4:** $\forall n \cdot n \in N \Rightarrow c(r) \in d(n) \,..\, d(n)+1$

现在，第四个精化已经很程序化了。我们拷贝来与奇偶性有关的性质和基本定理：

constants: $r, f, parity$

axm4_1: $parity \in \mathbb{N} \to \{0,1\}$

axm4_2: $parity(0) = 0$

axm4_3: $\forall x \cdot x \in \mathbb{N} \Rightarrow parity(x+1) = 1 - parity(x)$

thm4_1: $\forall x, y \cdot x \in \mathbb{N} \wedge y \in \mathbb{N} \wedge x \in y\,..\,y+1 \wedge parity(x) = parity(y) \Rightarrow x = y$

定义 $c(n)$ 和 $d(n)$ 的奇偶性 $p(n)$ 和 $q(n)$:

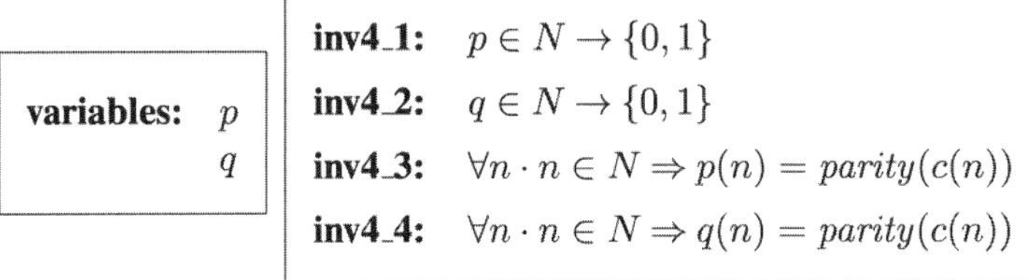

variables: p
q
inv4_1: $p \in N \to \{0,1\}$
inv4_2: $q \in N \to \{0,1\}$
inv4_3: $\forall n \cdot n \in N \Rightarrow p(n) = parity(c(n))$
inv4_4: $\forall n \cdot n \in N \Rightarrow q(n) = parity(c(n))$

最后的事件如下:

```
init
  p := N × {0}
  q := N × {0}
```

```
ascending
  any n where
    n ∈ N
    p(n) = q(n)
    ∀m · m ∈ N ∧ f(m) = n ⇒ p(n) ≠ p(m)
  then
    p(n) := 1 − p(n)
  end
```

```
descending_1
  any n where
    n ∈ N \ {r}
    q(n) ≠ q(f(n))
  then
    q(n) := 1 − q(n)
  end
```

```
descending_2
  when
    q(r) ≠ p(r)
  then
    q(r) := 1 − q(r)
  end
```

11.7 参考资料

[1] N Lynch. Distributed Algorithms. Morgan Kaufmann Publishers, 1996.

[2] W H J Feijen and A J M van Gasteren. On a Method of Multi-programming. Springer, 1999.

第 12 章　移动代理的路由算法

在这一章里，我们将要开发另一个例子，展示一个给移动手机发送消息的有趣算法。在这个例子里，我们将再次遇到一种树结构，就像前一章的情况，但这里的树结构将会动态地变化。与第 6 章中有界重传协议类似，在这个例子里，时钟又一次在其中扮演着非常重要的角色。这个例子取自参考资料 [1]。

12.1　问题的非形式化描述

假设有一个所谓的**移动代理** M 在不同站点之间旅行。位于某些站点的一些固定代理希望与 M 建立一些通信联系。为了简化问题，我们假定这里的通信是单向的，总是以某种特定的消息形式从各个固定代理传送到 M。

12.1.1　抽象的非形式化描述

在一个理想的**抽象**世界里，移动代理 M 从一个站点移动到另一站点是瞬时完成的。与此类似，我们也假定固定代理对于 M 的准确位置的知觉是即时的。在这种情况下，固定代理只需根据当时移动代理所在的位置送出消息。请注意，我们也假定 M（当时）立刻就收到了发来的消息。这种情况如图 12.1 所示，其中移动代理 M（用一个黑色方块表示）开始在站点 a，随后顺序地移动到站点 d、a、c 和 b。这里的箭头表示固定代理发送消息的目标站点，它们只需跟着 M，因为它们随时都能知道 M 在哪里。

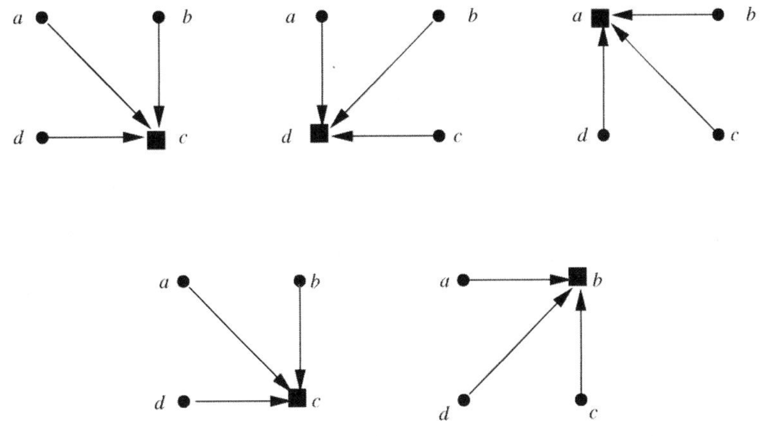

图 12.1　第一个抽象：固定代理总知道移动代理在哪里

12.1.2 第一个非形式化的精化

在一个更具现实性的**具体**世界里，M 从一个站点到另一站点的移动仍然是瞬时的。但是，只有一个站点知道 M 在哪儿，那就是 M 刚刚离开的那个站点。其他站点并不知道这一移动，它们仍然把消息送向自己**相信**为 M 所在的站点。这样，就可能有很多消息到达了当前 M 并不在的目标，作为这种情况的推论，对于一个站点，如果当时 M 已经不在这里了，该站点就不仅要发送自己的消息，还要负责**转送**自己收到的所有消息。显然，这样的中间传递很可能需要经过几次，才能将消息最终到达 M，如图 12.2 所示。

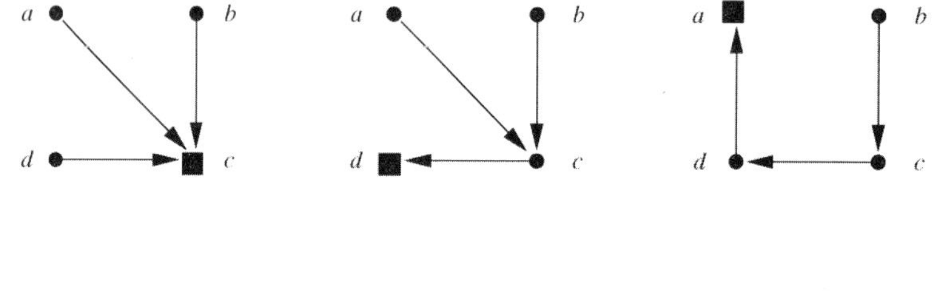

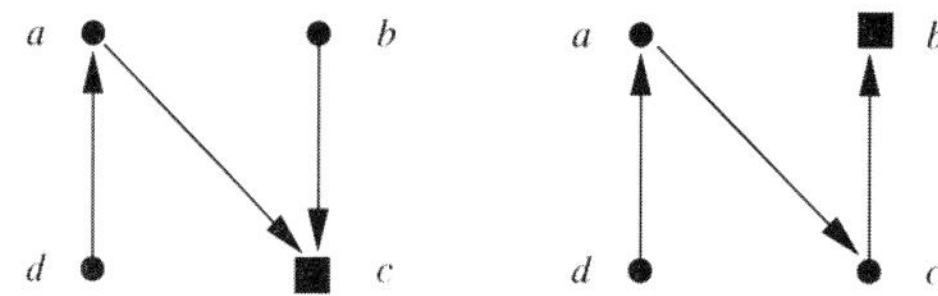

图 12.2 第一个精化：固定代理并不知道移动代理的确切位置

正如所见，当 M 到达一个新站点时，该站点自然会放弃自己有关的 M 位置的原有知识。例如在第 3 个快照中，M 刚刚从站点 d 移动到站点 a，在前一情况中位于 a 和 c 之间的连接就应该删除了。类似地，当 M 离开了一个站点时，该站点也将更新自己的知识，记下 M 的新位置（再说一下，假定它能瞬间知道这个新位置）。例如，在图中第 4 个快照里，M 刚刚从 a 移到 c，从 a 到 c 的新连接就已经建立了。

现在，我们可以根据直观来理解通信通道的动态变化，看到变化中维持着一个**树结构**，而树的根就是 M 实际所在的站点。图 12.3 描绘了这里的情况，其中我们已经重新摆放了站点，使当时的树结构看得更清楚。这样，每个站点都间接地连接到 M 的站点，而且这里没有环，不会出现某些转发消息进入永无止境的循环的情况。

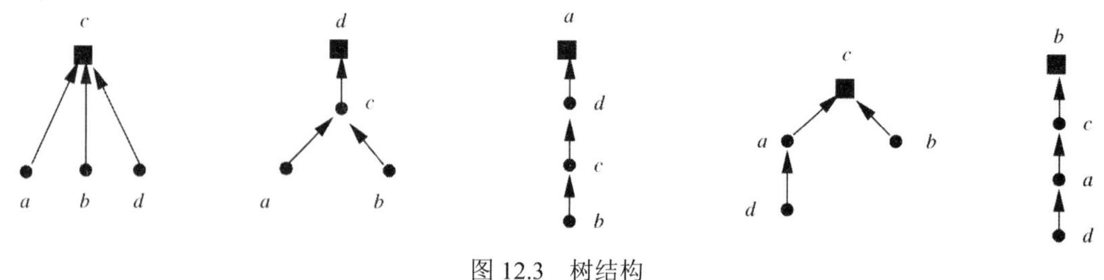

图 12.3 树结构

12.1.3 第二个非形式化的精化

在一个更实际的世界里，M 的移动也不是瞬间完成的。事实上，当 M 离开一个站点时，它并不知道自己往哪里去。只有当 M 到达了一个目标时，它才有可能发送一个**服务消息**给它的前一个站点，通知该站点自己的新位置。当然，这个服务消息也不能瞬间完成其旅程。通信消息还是要像前面那样在站点之间转发，但现在这种转发就可能需要在某些站点**暂停**一下，M 过去曾经离开了这些站点。而这种暂停将持续到该站点收到了服务消息，得知了 M“现在”的位置（当然，这个“现在”，实际上是服务消息发送时刻的情况，当这个消息被收到时，情况完全可能已经发生了变化）。

我们完全无法控制服务消息的相对速度：其中有些可能非常快地到达其目的地，而另一些可能要花更多时间（但我们假定它们最终都一定能到达目的地）。在图 12.4 里，我们画了一些虚线箭头，表示对应的服务消息尚未到达。请注意沿着这些虚线箭头传播的服务消息的传播方向，它们正好与接收到服务消息之后转发通信消息的方向相反。事实上，当一个服务消息到达其目标时，相应的虚线箭头就会变换为一个反向的“普通”箭头。

在图 12.4 里，我们同样展示了一系列快照，其中出现了一些待接收的服务消息。请注意，这里的最后一个快照包含一个潜在的问题：现在站点 *c* 有两个待收的服务消息，一个来自 *d* 而另一个来自 *b*。事实上，对于一个站点，可能存在的待收服务消息的个数，最多可以等于移动代理 M 以前访问过该站点的次数。

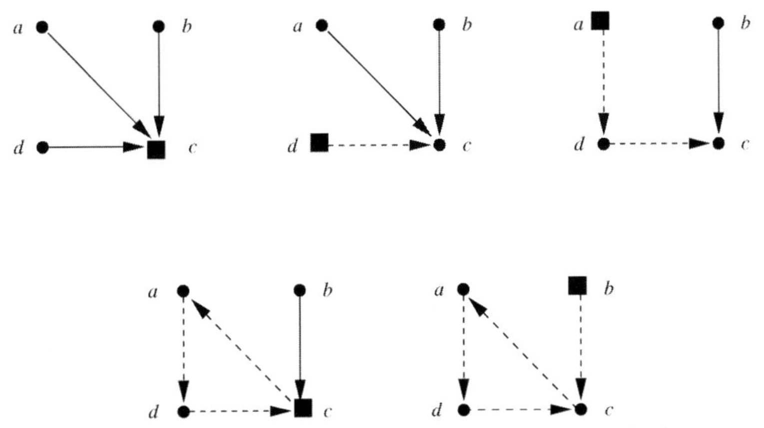

图 12.4 第二个精化：移动代理发送一个带着自己的新位置的服务消息

在图 12.5 里，我们描绘了对应于服务消息到达的各种情况的一些快照。最后一个快照显示了一个场景，其中其他服务消息都已经到达它们的目的地，除了两个消息 *sm*1 和 *sm*2，它们都假定是要送到 *c*，但分别来自 *d* 和 *b*。

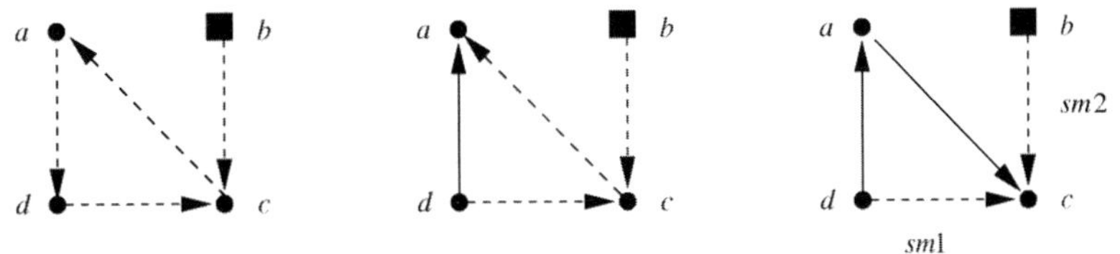

图 12.5 从 *b* 到 *c* 的服务消息 *sm*1 和从 *d* 到 *c* 的服务消息 *sm*2 都还没到达

如果从 *d* 到 *c* 的服务消息 *sm*1 来得非常晚（虽然它比从 b 到 c 的服务消息 *sm*2 先发，但却在 *sm*2 之后才到达），那么，在 *sm*1 的到达就可能造成灾难性的影响：首先是使站点 *b* 被完全隔离；其次是构造出一个环路，导致通信消息永无休止地转发。图 12.6 描绘了有关情况，这里的两个快照显示了服务消息 *sm*2 先到达、服务消息 *sm*1 随后到达的情况。

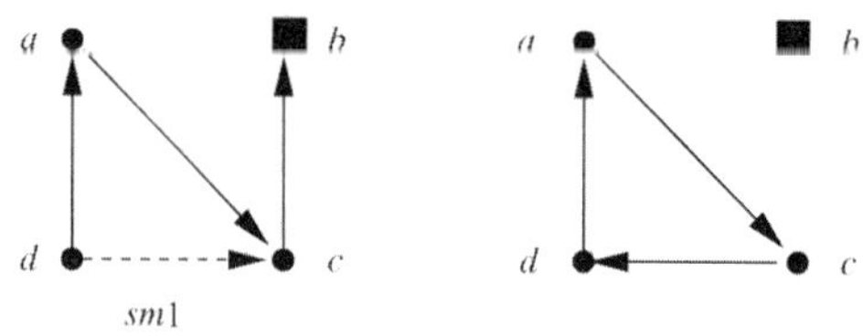

图 12.6　服务消息 *sm*2 先于 *sm*1 到达

在这里出错，应该归咎于站点 *c* 被来自站点 *d* 的服务消息 *sm*1 误导了。实际上，在 *b* 发送服务消息 *sm*2 给 *c* 时，就应该抛弃消息 *sm*1。但是，站点 *b* 怎么可能知道同样是发给 *c* 的待收服务消息 *sm*1 的存在呢？

12.1.4　第三个非形式化的精化：解

这里给出的分布式路由算法是 L. Moreau 在参考资料 [1] 中开发的，研究的目标就是精确地解决我们在上面已经揭示出的问题。这里的想法，就是让移动代理 M 在旅行中携带一个**逻辑时钟**，每到一个新站点，就把该时钟的值加 1。当 M 到达一个站点时，其逻辑时钟的值也被该站点保存下来（除了增值之外）。这样，每个站点都会记下移动代理 M 最后一次访问这里的时标。另一方面，当 M 给它的前一个站点发送服务消息时，也给消息打上新时间（也就是刚刚增值并被记录在新站点的那个时间）的标记。图 12.7 描绘了这里的情况，其中每个站点保存的局部时间标在站点旁边，服务消息的时间标在相应的箭头中间（正如所期，它们都等于消息源点保存的那个时钟值）。

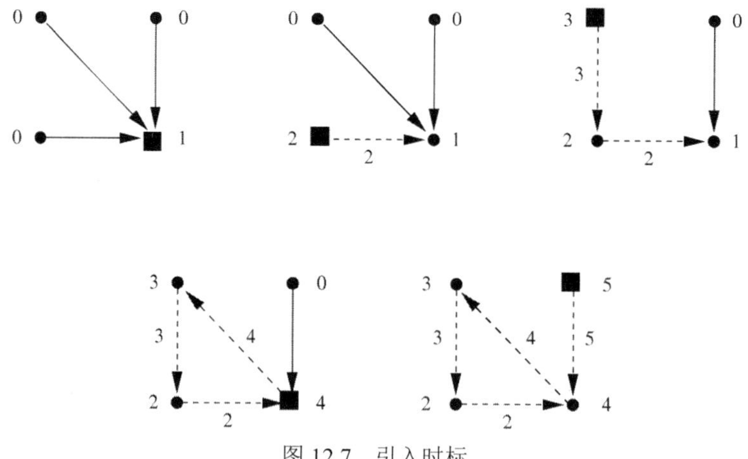

图 12.7　引入时标

作为这种设计的效果，新的服务消息所带的时间标记必定大于其目标站点记录的时标。到达的服务消息将被筛查：如果服务消息的时标小于或者等于目标站点记录的时标，它就会被抛弃，因为它显然是一个过晚的服务消息。如果服务消息的时标大于局部时标，该消息就被接受，与此同时，站点的局部时标也更新为这个到来的服务消息的时标。这种做法也保证了一个消息不可能被使用两次（在网络出现错误行为时）。图 12.8 显示了对应于服务消息到达的一系列情景。我们已经在这些情景中加标了时钟和消息的时标。

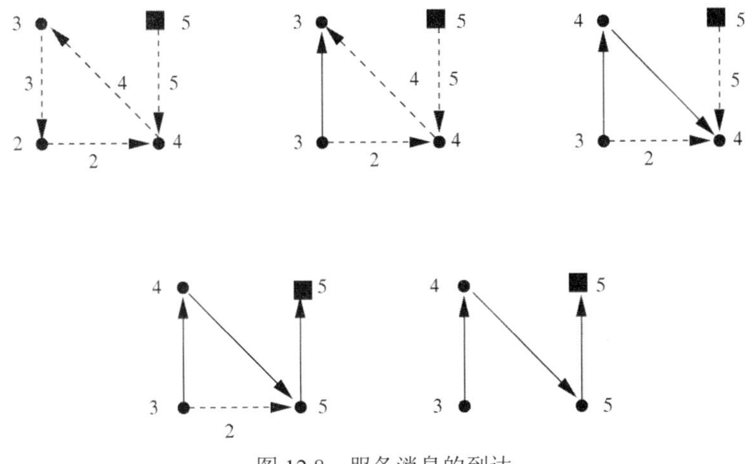

图 12.8 服务消息的到达

在图 12.8 里可以看到，最后一个服务消息被抛弃了，因为它的时标值 2 小于目标站点的局部时钟值 5。这样，我们就逆转了前面展示的潜在错误。这应归功于时钟和消息时标的出现，以及相应的特殊更新策略。

我们所描述的这个系统看起来能工作，至少是在这一非形式化的解释中。但显然更重要的是形式化地开发它，以保证它确实能按照正确的方式运行。这就是下面几节的目的。

12.2 初始模型

现在，我们已经有了足够多的信息，可以开始这一路由协议的形式化构造了。有关这个例子，我们需要问自己的第一个问题就是：从怎样的**描述层次**开始工作。显然不应该从最后的解开始，因为如果那样做，我们就什么也没办法证明了。我们必须从一个足够抽象的层次开始，在那里，问题相当明显（而且没有什么技术难度，特别是在处理时间和距离方面），因此我们可以证明，在那里提出的解确实解决了前面非形式化描述的问题。

对于目前这个情况，我们计划从 12.1.2 节描述的第二个抽象的非形式化层面开始，在那里，移动代理的确切位置只有其前一站点知道。这个层次相当简单：通信通道（如我们前面非形式化地说明的）形成了一个树结构（当然，这一不变式需要证明）；移动代理的运动不需要时间；最后，有关移动代理的最新位置的知识也是瞬间就通告了其前一站点（不存在服务消息）。进一步的精化将引进那些更实际的约束条件。

12.2.1 状态

我们有两个载体集合 S 和 M：集合 S 表示站点的集合，而集合 M 是通信消息的集合。用一个载体集合表示通信消息，也是一种非常有用的抽象，因为我们并不关心这些消息的内容，只是假定每个消息都与其他消息不同。初始时，移动代理位于某个初始位置，用常

量 *il* 表示（公理 **axm0_1**）：

sets: S
M

constant: il

axm0_1: $il \in S$

我们的初始模型里有三个变量，l、c 和 p。变量 l 表示移动代理的实际位置（**inv0_1**）。变量 c 表示站点之间动态变化的通信通道，它是一个从站点到站点的全函数（**inv0_2**）。注意，很明显，这个函数对 l 无意义。最后，变量 p 是一个消息池，表示在每个站点等待转发的消息。事情也很清楚，一个给定的消息，在每一个时刻，至多在一个站点等待，所以 p 是一个从消息到站点的部分函数（**inv0_3**）。把这些形式化：

variables: l, c, p

inv0_1: $l \in S$

inv0_2: $c \in S \setminus \{l\} \rightarrow S$

inv0_3: $p \in M \leftrightarrow S$

现在剩下的工作就是形式化通信通道的树结构。树根是 l 而父关系函数是 c。我们直接使用 9.7.7 节引进的公式，也就是 **inv0_4**：

inv0_4: $\forall T \cdot T \subseteq c^{-1}[T] \Rightarrow T = \varnothing$

可以看到，这里的做法与前一章不同：在这里的这个语句是不变式，而在前面它是公理。

12.2.2 事件

事件 `init` 说明所有结点（除 *il* 以外）都指向移动代理 M 的初始位置。我们还有另外 4 个事件：事件 `rcv_agt` 对应于 M 瞬间从站点 l 运动到（与 l 不同的）另一站点；事件 `snd_msg` 对应于将一个新通信消息 *m* 从站点 *s* 发给移动代理；事件 `fwd_msg` 对应于将通信消息 *m* 从站点 *s* 通过相应通信通道转发给另一站点（注意，当前我们认为这种传递是瞬时的）；最后一个事件 `dlv_msg` 对应于将通信消息 *m* 送给移动代理 M。下面是这些事件：

init
  $l := il$
  $c := (S \setminus \{il\}) \times \{il\}$
  $p := \varnothing$

rcv_agt
  any s **where**
    $s \in S \setminus \{l\}$
  then
    $l := s$
    $c := (\{s\} \lhd c) \cup \{l \mapsto s\}$
  end

snd_msg
  any s, m **where**
    $s \in S$
    $m \in M \setminus \mathrm{dom}(p)$
  then
    $p(m) := s$
  end

```
fwd_msg
  any m where
    m ∈ dom(p)
    p(m) ≠ l
  then
    p(m) := c(p(m))
  end
```

```
dlv_msg
  any m where
    m ∈ dom(p)
    p(m) = l
  then
    p := {m} ⩤ p
  end
```

12.2.3 证明

在这一层次，有意思的证明只有事件 `rcv_agt` 对不变式 **inv0_4** 的保持性。为了这个断言，我们需要证明：

…	…
不变式 **inv0_4**	$\left(\begin{array}{l}\forall T\cdot\ T\subseteq S\\ \quad\ \ T\subseteq c^{-1}[T]\\ \quad\ \ \Rightarrow\\ \quad\ \ T=\varnothing\end{array}\right)$
rcv_agt的卫	$s\in S\setminus\{l\}$
⊢	⊢
修改后的不变式inv0_4	$\left(\begin{array}{l}\forall T\cdot\ T\subseteq S\\ \quad\ \ T\subseteq(\{s\}\lhd c)\cup\{l\mapsto s\})^{-1}[T]\\ \quad\ \ \Rightarrow\\ \quad\ \ T=\varnothing\end{array}\right)$

我们可以应用规则 `ALL_R` 和 `IMP_R` 消去结论中的全称量词。随后的证明可以按下面的方式进行：

$$
\begin{array}{l}
\ldots\\
\left(\begin{array}{l}\forall T\cdot\ T\subseteq S\\ \quad\ \ T\subseteq c^{-1}[T]\\ \quad\ \ \Rightarrow\\ \quad\ \ T=\varnothing\end{array}\right)\\
s\in S\setminus\{l\}\\
T\subseteq S\\
T\subseteq(\{s\}\lhd c)\cup\{l\mapsto s\})^{-1}[T]\\
\vdash\\
T=\varnothing
\end{array}
$$

ALL_L

$$
\begin{array}{l}
\ldots\\
\left(\begin{array}{l}T\subseteq S\\ T\subseteq c^{-1}[T]\\ \Rightarrow\\ T=\varnothing\end{array}\right)\\
s\in S\setminus\{l\}\\
T\subseteq S\\
T\subseteq(\{s\}\lhd c)\cup\{l\mapsto s\})^{-1}[T]\\
\vdash\\
T=\varnothing
\end{array}
$$

SET …

$$\cdots \quad \boxed{\begin{array}{l} \ldots \\ \left(\begin{array}{l} T \subseteq S \\ T \subseteq c^{-1}[T] \\ \Rightarrow \\ T = \varnothing \end{array}\right) \\ s \in S \setminus \{l\} \\ T \subseteq S \\ T \subseteq (\{s\} \lhd c) \cup \{l \mapsto s\})^{-1}[T] \\ T \subseteq c^{-1}[T] \\ \vdash \\ T = \varnothing \end{array}} \quad \text{IMP\_L} \quad \boxed{\begin{array}{l} \ldots \\ T = \varnothing \\ s \in S \setminus \{l\} \\ T \subseteq S \\ T \subseteq (\{s\} \lhd c) \cup \{l \mapsto s\})^{-1}[T] \\ T \subseteq c^{-1}[T] \\ \vdash \\ T = \varnothing \end{array}} \quad \text{HYP.}$$

这一证明的关键是下面的这个引理。它的证明在下面简要说明：

$$\boxed{\begin{array}{l} \ldots \\ s \in S \setminus \{l\} \\ T \subseteq (\{s\} \lhd c) \cup \{l \mapsto s\})^{-1}[T] \\ \vdash \\ T \subseteq c^{-1}[T] \end{array}}$$

顺序考虑两个情况 $s \notin T$ 和 $s \in T$。在第一种情况里，$T \subseteq (\{s\} \lhd c) \cup \{l \mapsto s\})^{-1}[T]$ 简化为 $T \subseteq (c^{-1} \rhd \{s\})[T]$，因此 $T \subseteq c^{-1}[T]$。在第二种情况里，$T \subseteq (\{s\} \lhd c) \cup \{l \mapsto s\})^{-1}[T]$ 简化为 $T \subseteq (c^{-1} \rhd \{s\})[T] \cup \{l\}$，它与 $s \in T$ 矛盾，因为 $s \notin (c^{-1} \rhd \{s\})[T]$ 而且 $s \neq l$。

12.3 第一次精化

在第一次精化中，我们将模型进一步具体化。移动代理的运动将不再是瞬时的，它将通过两个步骤完成：第一步是移动代理离开原来的站点（新事件 `leave_agt`），第二步是它到达另一个不同于原站点的新站点（老事件 `rcv_agt`）。

由于这种考虑，以前站点 s 对移动代理的新位置 l 的知识也不再是瞬间的了（不像在初始模型中那样）。事实上，正如我们在 12.1.3 节所说的，移动代理将发送一个服务消息给以前的站点 s，使它可以把自己的转发指针更新到新站点 l。很明显，在移动代理的旅行延迟和随后服务消息的传输延迟期间，站点 s 将不能传递任何转发消息，因为它还不知道移动代理在哪里。站点 s 只知道它正期待着一个服务消息。对应于 M 以前位置的这个站点 s，最终将收到一个服务消息（新事件 `rcv_srv`）。

12.3.1 状态

显然，在这一新的精化模型里，通道结构并不能与前面模型保持同步，它的修改将在移动代理到达其新目标的时刻进行，由事件 `rcv_agt` 完成（在前面的模型里，旅行没有时间，也不传送服务消息）。在这一精化里，我们需要为新情况增加一个新变量 d，表示这一新的通道结构（**inv1_1**），它将只作为新事件 `rcv_srv` 的效果而被更新。

我们还需要一个新变量 a，表示包含服务消息的服务通道，在非形式化描述中已经提出了这个问题。这是一个从站点到站点的部分函数（不变式 **inv1_2**），说得更精确些，从移动代理**运动之前所在的那个**站点（该站点不可能是 l），到它**当前所在的站点**。这个函数包含的是**期望的**通信通道。为什么要用这样一个函数 a，现在好像还看不出这是一个明显的**优选**。在下面的推理过程中，我们将会把这个问题看清楚。我们将看到，在这一次抽象中，这样的通道将产生相当的有魔力的行为。

下一个不变式 **inv1_3** 建立抽象通道 c 与具体通道 d 之间的联系。它说，抽象通道 c 对应于具体通道 d 被服务通道 a **覆盖**的结果。有关的形式化定义如下：

variables: l, p, d, a, da

inv1_1: $d \in S \setminus \{l\} \nrightarrow S$

inv1_2: $a \in S \setminus \{l\} \nrightarrow S$

inv1_3: $c = d \mathbin{\lhd\!\!-} a$

我们还要引进另一个变量 da，用它记录一些站点，在这些站点，通信消息的转发方向在目前是没有定义的，原因是移动代理此前离开了这些站点，而到现在，这些站点还没有收到所期望的服务消息。把这些形式化：

inv1_4: $\mathrm{dom}(a) = da \setminus \{l\}$

12.3.2 事件

各个具体事件都很像它们的抽象。由于 `snd_msg` 没改变，我们没把它拷贝在下面。这里是第一组事件：

init
  $l := il$
  $p := \varnothing$
  $d := (S \setminus \{il\}) \times \{il\}$
  $a := \varnothing$
  $da := \varnothing$

dlv_msg
  any m **where**
    $m \in \mathrm{dom}(p)$
    $p(m) \notin da$
    $p(m) = l$
  then
    $p := \{m\} \lhd\!\!\!- p$
  end

fwd_msg
  any m **where**
    $m \in \mathrm{dom}(p)$
    $p(m) \notin da$
    $p(m) \neq l$
  then
    $p(m) := d(p(m))$
  end

事件 `fwd_msg` 的卫比其抽象更强。说得更精确些，位于站点 $p(m)$ 的消息 m 能被转发，条件是该站点不在 da 里（否则其转发目标将是未知的），而且该站点不等于 l（如果是这种情况，消息可以直接用 `dlv_msg` 发给移动代理）。

我们有一个新事件 `leave_agt`，对应于移动代理离开站点 l。当然，发生这件事的前提是 l 不在 da 里，否则移动代理已经离开了 l 并正在转移中，一定不会发生这个事件。正如所见，现在站点 l 将期待一个服务消息（赋值 $da := da \cup \{l\}$）：

```
leave_agt
  when
    l ∉ da
  then
    da := da ∪ {l}
  end
```

```
rcv_agt
  any s where
    s ∈ S \ {l}
    l ∈ da
  then
    l := s
    a := ({s} ⩤ a) ⊲+ {l ↦ s}
    d := {s} ⩤ d
    da := da \ {s}
  end
```

```
rcv_srv
  any s where
    s ∈ dom(a)
    l ≠ s
  then
    d(s) := a(s)
    a := {s} ⩤ a
    da := da \ {s}
  end
```

事件 `rcv_agt` 的行为非常有趣。请注意，把一个新消息 $\{l \mapsto s\}$ 放进服务通道 a（这一消息从移动代理的新站点 s 发往它前面所在的站点 l），我们非常奇妙地**删去了以前可能有的第一个元素是 l 的对偶**。换句话说，这样做实际上清理了服务通道，删除了原本要送给 l 但目前还没有到达的服务消息。通过这种方式，在通道变量 a 里，指向任何给定结点的服务消息至多只有一个，因此就不可能出现后到达的（也就是说，在更近的消息之后到达的）服务消息的危险了。显然，这样也就不会出现我们在 12.1.3 节描述的那种坏情况了。很明显，这种情况是相当魔幻的。我们只是希望在这个层次表达预期的通道行为。当然，这种魔幻行为还需要实现，这是另一个问题。我们将在下一个精化中解决它。

最后，我们还有一个新事件 `rcv_srv`，对应于结点 s 接收到了一个服务消息，通知 s 移动代理（在该服务消息发出时）的新位置 $a(s)$。注意，从 s 到 $a(s)$ 的迁移一定是移动代理从站点 s 出发的最近一次迁移，因为，送给 s 的所有其他待收服务消息，都已经被事件 `rcv_agt` 删除了。这个事件更新通信通道，并从服务通道里移除相应的服务消息。

12.3.3 证明

有关证明留给读者作为练习。

12.4 第二次精化

在下一个精化里，我们将实现前面抽象中有魔力的服务通道。这是开发的中心问题。

12.4.1 状态

现在，我们让移动代理旅行时带着一个时钟 k（**inv2_1**），还在每个站点设置了一个变量 t，记录移动代理最后一次访问这个站点的时间（**inv2_2**）。把这些形式化：

```
variables:  ...
            b
            k
            t
```

inv2_1: $k \in \mathbb{N}$

inv2_2: $t \in S \rightarrow \mathbb{N}$

我们用新的服务通道 b 取代 a。新通道具有远比其抽象更丰富的结构，对于同一个站点 s，现在可以有多个带时标的消息。下面是这种形式化表示的一个例子：

$$s \mapsto \{3 \mapsto s1, 5 \mapsto s2, 9 \mapsto s3, \ldots\}.$$

这意味着，已有消息 $s \mapsto s1$ 在时刻 3 发出，消息 $s \mapsto s2$ 在时刻 5 发出，消息 $s \mapsto s3$ 在时刻 9 发出，等等。因此，新通道 b 的类型如下：

$$\textbf{inv2\_3:}\quad b \in S \rightarrow (\mathbb{N} \nrightarrow S)$$

下面到来的是 **inv2_4**，它建立起抽象的服务通道 a 和具体的服务通道 b 之间的联系。在抽象通道 a 里送给 s 的服务消息，对应于在具体通道 b 里送给 s 的所有服务消息中时标最大的那一个（也就是最近的那一个）：

$$\begin{array}{ll}\textbf{inv2\_4:}\ \forall s\cdot & s \in \mathrm{dom}(a) \\ & \Rightarrow \\ & \mathrm{dom}(b(s)) \neq \varnothing \\ & a(s) = b(s)(\max(\mathrm{dom}(b(s))))\end{array}$$

对一个服务消息的接收站点 s，当其最后一次访问时间 $t(s)$ 严格小于该站点的所有待收服务消息中最大的时间（也就是 $\max(\mathrm{dom}(b(s)))$）时，说明站点 s 确实正期待着一个在抽象中也存在的消息。不变式 **inv2_5** 形式化地表示了这个条件：

$$\begin{array}{ll}\textbf{inv2\_5:}\ \forall s\cdot & s \in S \\ & \mathrm{dom}(b(s)) \neq \varnothing \\ & t(s) < \max(\mathrm{dom}(b(s))) \\ & \Rightarrow \\ & s \in \mathrm{dom}(a)\end{array}$$

但是，这里有一个显然的问题：**首先**，接收方并不知道自己收到的是需要考虑的最近消息。这一困难将通过下面最后一个不变式 **inv2_9** 绕过去。不变式 **inv2_5** 使我们能证明事件 rcv_srv 的卫得到了加强，也需要下面不变式 **inv2_9** 的帮助。

在这里，我们还有另外三个不变式，它们都与最后的访问时间 t 和时钟 k 有关：①待收服务消息的时间绝不会大于时钟 k（不变式 **inv2_6**）；②移动代理所在站点的最后访问时间 t 就等于时钟 k（不变式 **inv2_7**）；③在其他站点，最后一次访问的时间最多等于时钟 k（不变式 **inv2_8**）：

$$\begin{array}{ll}\textbf{inv2\_6:} & \forall s\cdot s \in S \wedge \mathrm{dom}(b(s)) \neq \varnothing \Rightarrow \max(\mathrm{dom}(b(s))) \leqslant k \\ \textbf{inv2\_7:} & t(l) = k \\ \textbf{inv2\_8:} & \forall s\cdot s \in S \setminus \{l\} \Rightarrow t(s) \leqslant k\end{array}$$

下面是**关键不变式 inv2_9**，它说：当一个服务消息的接收站点 s 收到了一个带有时标 n 的消息，而这个 n 大于该站点的最后访问时间，那么它就能**绝对地肯定**接收到的消息确实具有最大的时标。因此，根据 **inv2_4**，这也就是抽象模型中接收到的那个消息：

$$
\begin{array}{ll}
\textbf{inv2\_9:} \ \forall s,n\cdot & s \in S \\
& n \in \mathrm{dom}(b(s)) \\
& t(s) < n \\
& \Rightarrow \\
& n = \max(\mathrm{dom}(b(s)))
\end{array}
$$

这个不变式远非完全直观，下面是它的一个非形式化的解释。如果站点 s 期待着几个服务消息，那就意味着移动代理曾经数次访问 s。在每次访问时，它都会用当时的时钟值更新 s 的最后访问时间。在离开站点 s 后，它（在到达自己的新位置时）必须给 s 发一个服务消息，该消息所带的时标值比 s 的最后访问时间大 1。所以，移动代理**前面刚刚进行的那次** s 访问，必定发生在对 s 的先前访问后的服务消息发送**之后**（未必在接收之后）。由于这一情况， s 最后一次被访问时更新的时间值，就必定大于当时 s 待收的那些服务消息的时标。作为这种情况的推论，当移动代理最后一次离开 s 之后，它（在到达了新位置时）将再发送一个服务消息，而这个消息是**唯一的一个**时标值大于 s 的最后访问时间的服务消息。**当然，所有这些都需要通过形式化证明来确认**。有了这个不变式，我们就能用具体通道 b 去实现那个有魔力的抽象通道 a 了。

12.4.2 事件

下面是 `init` 的最后版本：

$$
\begin{array}{l}
\mathsf{init} \\
\quad l := il \\
\quad p := \varnothing \\
\quad d := (S \setminus \{il\}) \times \{il\} \\
\quad b := S \times \{\varnothing\} \\
\quad da := \varnothing \\
\quad k := 1 \\
\quad t := S \times \{0\} \Leftarrow \{il \mapsto 1\}
\end{array}
$$

下面是 `rcv_agt` 以及它的抽象版本：

$$
\begin{array}{l}
\mathsf{(abstract\text{-})rcv\_agt} \\
\quad \textbf{any} \ s \ \textbf{where} \\
\quad\quad s \in S \setminus \{l\} \\
\quad\quad l \in da \\
\quad \textbf{then} \\
\quad\quad l := s \\
\quad\quad a(l) := s \\
\quad\quad d := \{s\} \lhd d \\
\quad\quad da := da \setminus \{s\}
\end{array}
\qquad
\begin{array}{l}
\mathsf{(concrete\text{-})rcv\_agt} \\
\quad \textbf{any} \ s \ \textbf{where} \\
\quad\quad s \in S \setminus \{l\} \\
\quad\quad l \in da \\
\quad \textbf{then} \\
\quad\quad l := s \\
\quad\quad t(s) := k+1 \\
\quad\quad k := k+1 \\
\quad\quad b(l)(k+1) := s \\
\quad\quad d := \{s\} \lhd d \\
\quad\quad da := da \setminus \{s\} \\
\quad \textbf{end}
\end{array}
$$

请注意时钟 k 的增值，以及将其存入 $t(s)$ 的操作。

现在我们提出下面的事件 `rcv_srv`，也带着它的抽象版本：

(abstract-)rcv_srv
any s **where**
$s \in \mathrm{dom}(a)$
$l \neq s$
then
$d(s) := a(s)$
$a := \{s\} \lhd a$
$da := da \setminus \{s\}$
end

(concrete-)rcv_srv
any s, n **where**
$s \in S$
$n \in \mathrm{dom}(b(s))$
$t(s) < n$
then
$d(s) := b(s)(n)$
$t(s) := n$
$da := da \setminus \{s\}$
end

我们再把 **inv2_5** 和 **inv2_9** 拷贝过来，以便说明卫的一部分（即$s \in \mathrm{dom}(a)$）的加强是可以证明的：

$$\textbf{inv2\_5: } \forall s \cdot \left(\begin{array}{l} s \in S \\ \mathrm{dom}(b(s)) \neq \varnothing \\ t(s) < \max(\mathrm{dom}(b(s))) \\ \Rightarrow \\ s \in \mathrm{dom}(a) \end{array}\right)$$

$$\textbf{inv2\_9: } \forall s, n \cdot \left(\begin{array}{l} s \in S \\ n \in \mathrm{dom}(b(s)) \\ t(s) < n \\ \Rightarrow \\ n = \max(\mathrm{dom}(b(s))) \end{array}\right)$$

实际上，把 **inv2_5** 和 **inv2_9** 放到一起，很容易证明下面这个定理：

$$\textbf{thm2\_1: } \forall s, n \cdot \begin{array}{l} s \in S \\ n \in \mathrm{dom}(b(s)) \\ t(s) < n \\ \Rightarrow \\ s \in \mathrm{dom}(a) \end{array}$$

卫的第二部分（$l \neq s$）的加强，可以利用 **inv2_7**、**inv2_6** 和 **inv2_9** 证明。有关证明直截了当：我们假定 $l = s$ 并推导出矛盾。

注意，为了简单起见，我们并没有在事件 `rcv_srv` 里清理通道 b。实际情况是，**这件事并不必要**，因为抽象中做过通道清理，而且现在证明了这个精化是正确的。这也意味着那些过时的消息在任何时候都不会被接受了。这里的原因也很清楚：由于最后一次访问的时间已经更新（$t(s) := n$），实际上也起到了清理的作用。

12.4.3 证明

有关证明留给读者。

12.5 第三次精化：数据精化

在这一精化中，我们将把集合 *da* 变换为一个布尔函数。事实上，我们还实现了这一信息的局部化。

12.5.1 状态

我们引进一个新变量 *dab*（不变式 **inv3_1**）来取代抽象变量 *da*。不变式 **inv3_2** 将这个布尔函数定义为相应集合的特征函数：

variables: ...
dab

inv3_1: $dab \in S \rightarrow \text{BOOL}$

inv3_2: $\forall x \cdot x \in S \Rightarrow (x \in da \Leftrightarrow dab(x) = \text{TRUE})$

12.5.2 事件

各个事件可以直截了当地精化如下（请注意函数 *dab* 的初始化）：

init
$l := il$
$p := \varnothing$
$d := (S \setminus \{il\}) \times \{il\}$
$b := S \times \{\varnothing\}$
$dab := S \times \{\text{FALSE}\}$
$k := 1$
$t := S \times \{0\} \lhd\!\!- \{il \mapsto 1\}$

leave_agt
when
$dab(l) = \text{FALSE}$
then
$dab(l) := \text{TRUE}$
end

rcv_agt
any s **where**
$s \in S \setminus \{l\}$
$dab(l) = \text{TRUE}$
then
$l := s$
$t(s) := k + 1$
$k := k + 1$
$b(l)(k + 1) := s$
$d := \{s\} \lhd\!\!\!- d$
$dab(s) := \text{FALSE}$
end

rcv_srv
any s, n **where**
$s \in S$
$n \in \text{dom}(b(s))$
$t(s) < n$
then
$d(s) := b(s)(n)$
$t(s) := n$
$dab(s) := \text{FALSE}$
end

```
dlv_msg
  any m where
    m ∈ dom(p)
    dab(p(m)) = FALSE
    p(m) = l
  then
    p := {m} ⩤ p
  end
```

```
fwd_msg
  any m where
    m ∈ dom(p)
    dab(p(m)) = FALSE
    p(m) ≠ l
  then
    p(m) := d(p(m))
  end
```

12.5.3 证明

有关证明留给读者。

12.6 第四次精化

还需要做另一个精化，在其中实现转发的通信消息的有效迁移。我们把该精化作为练习，留给读者去开发。

12.7 参考资料

L Moreau. Distributed directory service and message routers for mobile agent. Science of Computer Programming 39 (2–3): 249–272, 2001.

第 13 章　在连通图网络上选领导

IEEE-1394 协议的目标是，在一个通过某种通信通道连接起有穷个结点构成的网络里，在**有穷时间**内选举出一个特殊的结点，称为**领导**。

给定一个有穷网络，本协议的目标是选出一个领导	FUN-1

这里的网络具有一些特殊的性质——作为数学结构，这种网络称为**自由树**：

表示网络的图是一棵自由树	FUN-2

图 13.1 显示了一棵自由树。

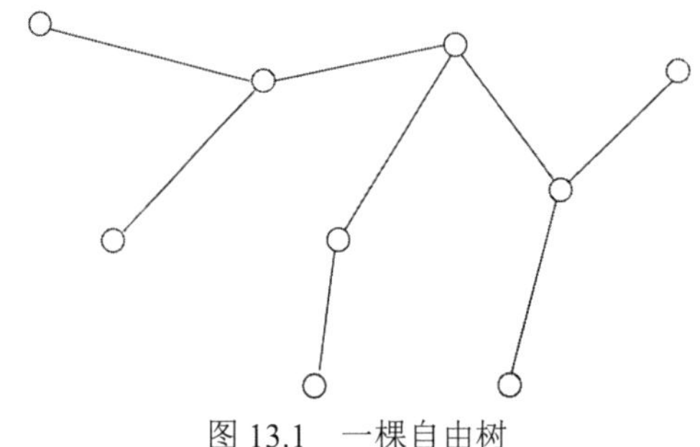

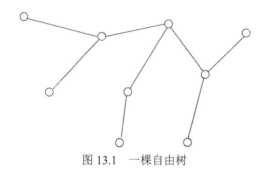

图 13.1　一棵自由树

13.1　初始模型

13.1.1　状态

这一初始步骤只包括定义结点的有穷集 N。变量 l 通过一步动作被赋值为领导：

sets: N

axm0_1: $\text{finite}(N)$

variables: l

inv0_1: $l \in N$

13.1.2 事件

协议的动态部分主要就是一个**事件** `elect`，它断言了**完成时协议的结果是什么**。换句话说，在这个层次上并没有什么协议，只是形式化地定义了所希望的结果。也就是说，非确定性地选择 l 作为领导：

```
init
  l :∈ N
```

```
elect
  any x where
    x ∈ N
  then
    l := x
  end
```

13.2 第一次精化

13.2.1 定义自由树

现在引入常量 g 作为一棵自由树。为完成这件工作，我们拷贝过来已经在 9.7.8 节给出的有关自由树的所有公理。

constant: g

axm1_1: $g \in N \leftrightarrow N$

axm1_2: $g = g^{-1}$

axm1_3: $g \cap \mathrm{id}(N) = \varnothing$

axm1_4: $\forall s \cdot \begin{array}{l} S \subseteq N \\ S \neq \varnothing \\ g[S] \subseteq S \\ \Rightarrow \\ N \subseteq S \end{array}$

axm1_5: $\forall h, S \cdot \begin{array}{l} h \subseteq g \\ h \cap h^{-1} = \varnothing \\ S \subseteq h[S] \\ \Rightarrow \\ S = \varnothing \end{array}$

13.2.2 扩充状态

我们扩充已有状态，加入变量 n 表示集合 N 的一个子集，将它初始化为 N。相关不变

式说图 $n \lhd g \rhd n$ 保持为一棵自由树直至变为空（这时 n 将缩减为一个元素的集合）。

constant: l
n

inv1_1: $n \subseteq N$

inv1_2: $\forall s \cdot S \subseteq n$
$S \neq \varnothing$
$(n \lhd g \rhd n)[S] \subseteq S$
$\Rightarrow$
$n \subseteq S$

13.2.3　事件的第一次精化

我们引进一个新事件 `progress`，它将从集合 n 中删去一个元素，该元素正好是自由树的一个外部结点（9.7.8 节），如图 13.2 所示。

init
　$l :\in N$
　$n := N$

elect
　any x **where**
　　$n = \{x\}$
　then
　　$l := x$
　end

progress
　status
　　convergent
　any x, y **where**
　　$x \in n$
　　$g[\{x\}] \cap n = \{y\}$
　then
　　$n := n \setminus \{x\}$
　end

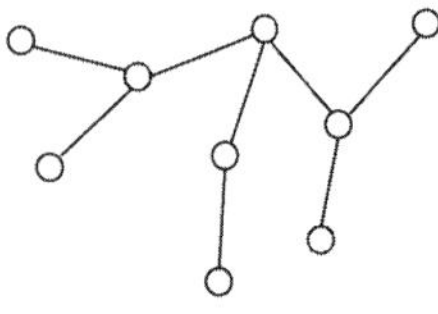
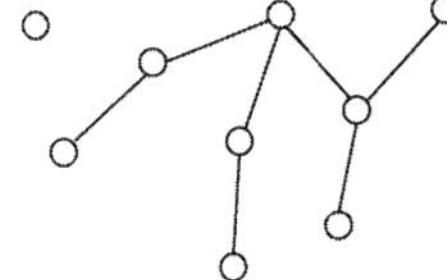
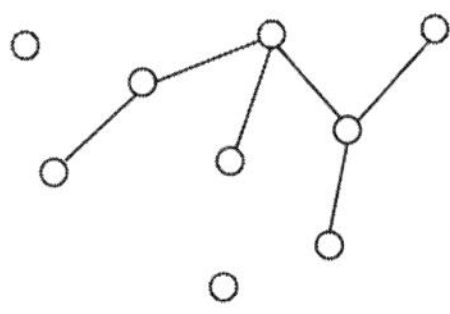
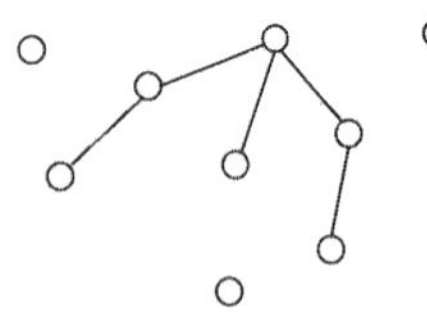
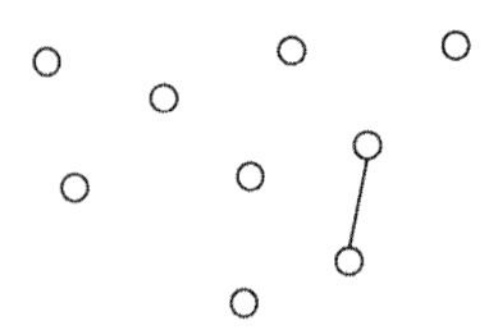

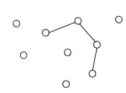

图 13.2　分布式算法的图示

13.2.4 第一次精化的证明

有关证明大都不困难，除了证明事件 `progress` 保持不变式 **inv1_2**。有关事件 `progress` 收敛的变动式很明显：直接用集合 n，它明显是有穷的，而且逐渐变小。

无死锁的证明是 9.7.8 节里定理 **thm_1** 的推理。该定理说，只要一棵自由树不空，其外部结点就不会为空。

13.3 第二次精化

在前一精化里，事件 `progress` 还是非常抽象的。当一个结点 x 通过检查得知自己是自由树 $n \lhd g \rhd n$ 的一个外部结点时，它发送一个**消息**给自己在自由树 $n \lhd g \rhd n$ 中唯一连接的结点 y。结点 y 在收到这个消息时，完成把 x 从 n 中删除的工作。

13.3.1 第二次精化的状态

为了建立结点之间的分布式的联系，我们需要定义一个新变量 m 来处理消息：m 表示结点之间的通道。变量 m 是从 n 到其自身的一个部分函数。当对偶 $x \mapsto y$ 属于 m 时，意味着结点 x 发送了一个消息给结点 y。m 是函数，这是因为在 $n \lhd g \rhd n$ 里 x 只连接到一个结点 y。显然，m 也在图 g 里（不变式 **inv2_1**）。所有这些可以形式化如下：

variables: l, n, m

inv2_1: $m \subseteq g$

inv2_2: $m \in n \mathrel{+\!\!\!\rightarrow} n$

inv2_3: $\forall x, y \cdot x \mapsto y \in m \Rightarrow x \in n$

inv2_4: $\forall x, y \cdot x \mapsto y \in m \Rightarrow g[\{x\}] \cap n = \{y\}$

13.3.2 事件

这里定义了一个新事件 `send_msg` 来处理消息。如我们将看到的，事件 `progress` 要做些修改，而事件 `elect` 保持不变。下面是事件 `send_msg` 以及事件 `progress` 的精化版本：

send_msg
  any x, y **where**
    $x \in n$
    $g[\{x\}] \cap n = \{y\}$
    $x \notin \mathrm{dom}(m)$
  then
    $m := m \cup \{x \mapsto y\}$
  end

progress
  any x, y **where**
    $x \mapsto y \in m$
    $y \notin \mathrm{dom}(m)$
  then
    $n := n \setminus \{x\}$
    $m := m \setminus \{x \mapsto y\}$
  end

当 x 发现自己是自由树 $n \lhd g \rhd n$ 的外部结点时，事件 send_msg 将被使能。这一条件原来出现在事件 progress 的卫中。进一步说，这里还要求结点 x 尚未发送过消息，也就是说，条件 $x \notin \mathrm{dom}(m)$ 必须成立。当这些条件都满足时，对偶 $x \mapsto y$ 被加入 m。

事件 progress 在结点 y 收到结点 x 发来的信息时被使能，也就是说，当条件 $x \mapsto y \in m$ 成立时。这里还要求 y 本身并没有送出一个消息，也就是说 $y \notin \mathrm{dom}(m)$。当这些条件成立时，结点 y 从 n 中删除 x，并从 m 中删除 $x \mapsto y$。

13.3.3 证明

事件send_msg的证明 新事件send_msg显然精化skip，因为它只对新变量 m 工作。进一步说，它的动作增大了 m 的基数（该基数被图 g 所限），因此不会发散。这个事件保持 **inv2_1** 和 **inv2_4** 的事实也很容易证明。

事件 progress 的证明 下面是事件 progress 的抽象版本和具体版本：

(abstract-)progress
  any x, y **where**
    $x \in n$
    $g[\{x\}] \cap n = \{y\}$
  then
    $n := n \setminus \{x \mapsto y\}$
  end

(concrete-)progress
  any x, y **where**
    $x \mapsto y \in m$
    $y \notin \mathrm{dom}(m)$
  then
    $n := n \setminus \{x\}$
    $m := m \setminus \{x \mapsto y\}$
  end

两者对变量 n 的动作相同，我们只需要证明具体的卫蕴涵抽象的卫。根据不变式 **inv2_3** 和 **inv2_4**，这是非常明显的。

13.4 第三次精化：竞争问题

13.4.1 引言

下面是事件 progress，拷贝自 13.3.2 节。这一事件解释了在什么时候结点 x 可以从集合 n 中删除：

progress
  any x, y **where**
    $x \mapsto y \in m$
    $y \notin \mathrm{dom}(m)$
  then
    $n := n \setminus \{x\}$
    $m := m \setminus \{x \mapsto y\}$
  end

正如所见，事件的卫里包含条件 $y \notin \mathrm{dom}(m)$，这就意味着 x 可以从 n 中删除的前提是 y **本身在此前没有发送一个消息**。如果 y 已经发送过一个消息给 x，而且其他卫条件都成立，也就是说 $x \mapsto y \in m$，那么很清楚：x 已经发送了一个消息给 y，而且 y 已经发送了一个消息给 x。换句话说，这时的状况在两个结点之间是**完全对称**的：两个结点都在等待另一个把自己从 n 中删去。在这种情况下，任何动作都不能发生。

解决问题的方法，就是让两个结点重新试着去发送消息给另一个（就像此前并没有出现这种情况），希望能引入某种非对称性。图 13.3 显示了竞争发生的情况，这时只剩下两个结点成为领导的候选。

在实际协议中，人们用一个时钟来解决这个问题。一旦结点 y 发现了与结点 x 的竞争，它就等待一段很短的时间，以便确信另一个结点 x 也已经发现了这个问题。这里所说的“很短的延时”，至少要等于结点之间的消息传递时间（假定这种时间**有界**）。在此之后，每个结点随机地选择（按概率 1/2）是等待第二次延迟（这一次可以是一个“短的”延时或者“长的”延时，两者之差至少为消息传递时间的两倍）。在选定的延迟时间用完后，该结点再发一个消息给另一个结点。

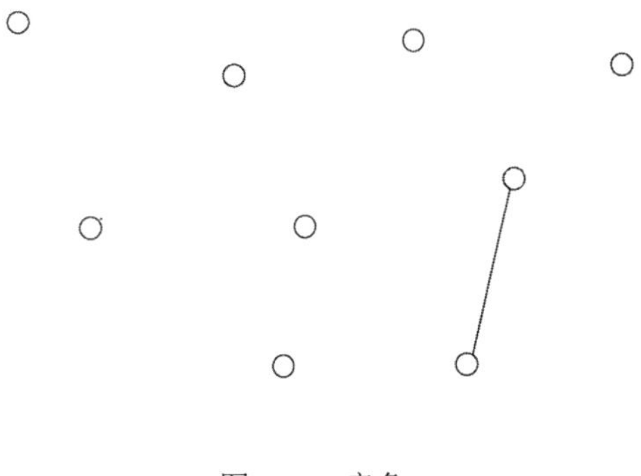

图 13.3 竞争

显然，如果两个结点都选择同样的第二次延迟，竞争条件就会再次出现。但是，只要它们没有选择同样的延迟，那个选择较大延迟的结点就会成为胜者：当它醒来时就会发现来自另一个结点的消息，而在当时它还没有发送自己的那个消息，因此就可以把另一个结点从 n 中删去了。根据**大数定理**，两者**无穷多次选择同样延迟**的概率为 0，因此，在某一点，它们将（概率地）选择不同的延迟，导致两者之一被选为领导。

13.4.2 处理竞争的状态

在这里，我们将只给出竞争问题的一部分形式化。这里的想法是引进一个**虚拟的竞争通道**，称为 c。当“通道”c 包含对偶 $x \mapsto y$ 时，表示 y 已经发现与结点 x 竞争。$x \mapsto y$ 和 $y \mapsto x$ 都出现在 c 中，就表示 x 和 y 都发现了这一竞争。注意，c 和 m 是不相交的，它们的并是一个函数。我们还要引进一个集合 bm，它等于 $m \cup c$。下面是这些不变式的定义：

variables: l, n, m, c, bm

inv3_1:	$c \subseteq g$
inv3_2:	$m \cup c \in n \rightarrowtail n$
inv3_3:	$m \cap c = \varnothing$
inv3_4:	$bm = \mathrm{dom}(m \cup c)$

13.4.3 处理竞争的事件

现在我们必须修改前面给出的事件，新版本如下：

$$
\begin{array}{l}
\textsf{send\_msg} \\
\quad \textbf{any}\ x, y\ \textbf{where} \\
\qquad x \in n \\
\qquad g[\{x\}] \cap n = \{y\} \\
\qquad x \notin bm \\
\quad \textbf{then} \\
\qquad m := m \cup \{x \mapsto y\} \\
\qquad bm := bm \cup \{x\} \\
\quad \textbf{end}
\end{array}
\qquad
\begin{array}{l}
\textsf{progress} \\
\quad \textbf{any}\ x, y\ \textbf{where} \\
\qquad x \mapsto y \in m \\
\qquad y \notin bm \\
\quad \textbf{then} \\
\qquad n := n \setminus \{x\} \\
\qquad m := m \setminus \{x \mapsto y\} \\
\qquad bm := bm \setminus \{x\} \\
\quad \textbf{end}
\end{array}
$$

在事件 send_msg 里，新的卫 $x \notin bm$ 取代了更弱的卫 $x \notin \mathrm{dom}(m)$；在事件 progress 里，新的卫 $y \notin bm$ 取代了更弱的卫 $y \notin \mathrm{dom}(m)$。

我们有两个新事件。第一个是 discover_contention。这个事件的卫与事件 progress 的卫只有一点不同，那就是 discover_contention 要求 $y \in bm$ 为真，而 progress 要求它为假。这个事件的动作把对偶 $x \mapsto y$ 加入 c 中。第二个新事件是 solve_contention，当 $x \mapsto y$ 和 $y \mapsto x$ 都出现在 c 中时将其使能。这个事件重置 c 并从 bm 里删除 x 和 y。这形式化了在"很短的延迟"之后发生的情况。注意，这一事件并不是协议的一部分，它对应于一个短延时刚结束时的一个"魔鬼"动作。下面是这两个事件：

$$
\begin{array}{l}
\textsf{discover\_contention} \\
\quad \textbf{any}\ x, y\ \textbf{where} \\
\qquad x \mapsto y \in m \\
\qquad y \in bm \\
\quad \textbf{then} \\
\qquad c := c \cup \{x \mapsto y\} \\
\qquad m := m \setminus \{x \mapsto y\} \\
\quad \textbf{end}
\end{array}
\qquad
\begin{array}{l}
\textsf{solve\_contention} \\
\quad \textbf{any}\ x, y\ \textbf{where} \\
\qquad c = \{x \mapsto y,\ y \mapsto x\} \\
\quad \textbf{then} \\
\qquad c := \varnothing \\
\qquad bm := bm \setminus \{x, y\} \\
\quad \textbf{end}
\end{array}
$$

所有不变式的保持性都很容易证明。

13.5 第四次精化：简化

在这一精化中，我们做前面模型的数据精化。事实上，卫

$$g[\{x\}] \cap n = \{y\}$$

可以通过引进一个变量 d 代替 n 而得到简化。下面是新的不变式：

variables: l, d, m, c, bm

inv4_1: $d \in n \rightarrow \mathbb{P}(n)$

inv4_2: $\forall x \cdot x \in n \Rightarrow d(x) = g[\{x\}] \cap n$

下面是压缩了的事件：

```
init
  l :∈ N
  d :| ( d′ ∈ N → ℙ(N)
         ∀x · (x ∈ N ⇒ d′(x) = g[{x}]) )
  m := ∅
  c := ∅
  bm := ∅
```

```
elect
  any x where
    x ∈ dom(d)
    d(x) = ∅
  then
    l := x
  end
```

```
send_msg
  any x, y where
    x ∈ dom(d)
    d(x) = {y}
    x ∉ bm
  then
    m := m ∪ {x ↦ y}
    bm := bm ∪ {x}
  end
```

```
progress
  any x, y where
    x ↦ y ∈ m
    y ∉ bm
  then
    d := ({x} ⩤ d) <+ {y ↦ d(y) \ {x}}
    m := m \ {x ↦ y}
    bm := bm \ {x}
  end
```

很容易证明，它们分别正确地精化了对应的抽象事件。

13.6 第五次精化：引入基数

在事件 `elect` 或 `send_msg` 的卫里，都需要检查集合 $d(x)$ 是否为空或只有一个元素。在大多数情况下，这样的测试可以简化，只需要检查 $d(x)$ 的基数是否为 0 或 1。本精化的目的就是引进这种优化。下面是新的状态：

variables: l, d, m, c, bm, r

inv5_1: $r \in N \rightarrow \mathbb{N}$

inv5_2: $\forall x \cdot (x \in N \Rightarrow r(x) = \mathrm{card}(d(x)))$

下面是修改后的事件：

init
$l :\in N$
$d :| \begin{pmatrix} d' \in N \rightarrow \mathbb{P}(N) \\ \forall x \cdot (x \in N \Rightarrow d'(x) = g[\{x\}]) \end{pmatrix}$
$m := \varnothing$
$c := \varnothing$
$bm := \varnothing$
$r :| \begin{pmatrix} r' \in N \rightarrow \mathbb{N} \\ \forall x \cdot (x \in N \Rightarrow r'(x) = \mathrm{card}(g[\{x\}])) \end{pmatrix}$

elect
any x **where**
$x \in N$
$r(x) = 0$
then
$l := x$
end

send_msg
any x, y **where**
$x \in N$
$r(x) = 1$
$y \in d(x)$
$x \notin bm$
then
$m := m \cup \{x \mapsto y\}$
$bm := bm \cup \{x\}$
end

progress
any x, y **where**
$x \mapsto y \in m$
$y \notin bm$
then
$d := (\{x\} \lhd d) \Leftarrow \{y \mapsto d(y) \setminus \{x\}\}$
$r := (\{x\} \lhd r) \Leftarrow \{y \mapsto r(y) - 1\}$
$m := m \setminus \{x \mapsto y\}$
end

第 14 章 证明义务的数学模型

14.1 引言

这一章包含本书中使用的证明义务规则的数学论证。说得更精确些，我们准备给出下面证明义务规则的坚实的数学定义：

规则	第5章	本章	规则	第5章	本章
INV	2.2 节	2 节	FIN	2.8 节	6.3 节
FIS	2.3 节	2 节	VAR	2.9 节	6.3 节
GRD	2.4 节	5.3 节	WFIS	2.10 节	5.3 节
MRG	2.5 节	6.2 节	THM	2.11 节	
SIM	2.6 节	5.3 节	WD	2.12 节	
NAT	2.7 节	6.3 节	DLF		2节

在这里的讨论中，为简单起见，我们假定所有的模型定义中不包含常量。

14.2 不变式保持性的证明义务规则

在这一节里，我们的目的就是**形式化地论证**有关不变式的证明义务规则，包括 INV、FIS 和 DLF，它们的使用贯穿全书。为此，我们要开发一种离散模型的集合论表示，而后建立这种表示和事件模型之间的关系。

我们假定状态变量 v 被不变式 $I(v)$ 所限制，初始化事件 init 通过后谓词 $K(v')$ 定义。

每个事件，比如说 event$_i$（是不同于 init 的事件）用它的卫 $G_i(v)$ 和前后谓词 $R_i(v, v')$ 定义。这些情况可以描述如下：

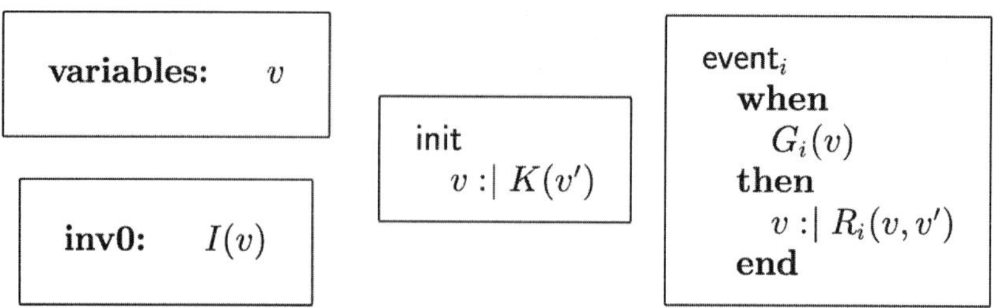

variables: v

inv0: $I(v)$

init $v :\mid K(v')$

event$_i$ **when** $G_i(v)$ **then** $v :\mid R_i(v, v')$ **end**

我们的数学模型由三个要素构成：①一个集合 S，变量 v 在其中变化；②一个非空的初始化集合 L；③针对每个事件 event$_i$ 的一个特定的二元关系 ae_i。这样，初始化事件 init 建立起不变式 $I(v)$ 并被事件 event$_i$ 保持的事实，就可以简单地形式化为 L 包含在 S 中，以及 ae_i 是构造在 S 上的一个二元关系：

$$L \subseteq S \qquad L \neq \varnothing \qquad ae_i \in S \leftrightarrow S$$

为了建立这一集合论表示与我们一直在用的证明义务规则之间的联系，我们只需要形式化地定义好 S、L 和 ae_i。这涉及用不变式 $I(v)$ 定义 S，用后谓词 $K(v')$ 定义 L，以及用卫 $G_i(v)$ 和前后谓词 $R_i(v, v')$ 定义关系 ae_i。我们有：

$$\begin{array}{lcl} S & = & \{ v \mid I(v) \} \\ L & = & \{ v \mid K(v) \} \\ ae_i & = & \{ v \mapsto v' \mid I(v) \ \wedge \ G_i(v) \ \wedge \ R_i(v, v') \} \\ \mathrm{dom}\,(ae_i) & = & \{ v \mid I(v) \ \wedge \ G_i(v) \} \end{array}$$

事实上，由集合 $L \subseteq S$ 不空可以得到下式，它正好就是 init 事件的证明义务 FIS：

$\vdash \ \exists v \cdot K(v)$	FIS

翻译条件 $L \subseteq S$ 就能得到 init 事件的证明义务规则 INV，也就是：

$K(v) \ \vdash \ I(v)$	INV

上面的最后一个公式说 $G_i(v)$ 和 $I(v)$ 一起表示了关系 ae_i 的真正的定义域，而 ae_i 的定义域由下面的集合定义：

$$\{ v \mid I(v) \ \wedge \ G_i(v) \ \wedge \ \exists v' \cdot R_i(v, v') \}$$

这样就得到了下面的相继式，正好就是事件的证明义务规则 FIS：

$I(v)$ $G_i(v)$ $\vdash$ $\exists v' \cdot R_i(v, v')$	FIS

最后，对谓词 $ae_i \in S \leftrightarrow S$ 的翻译，得到的正好是证明义务规则 INV，也就是：

$I(v)$ $G_i(v)$ $R_i(v, v')$ $\vdash$ $I(v')$	INV

当不变式 $I(v)$ 由若干个子不变式 $I_1(v)$, ..., $I_n(v)$ 组成时，上面规则就可以分裂为 n 个独立的规则（每个是一个子不变式）。

有时我们希望证明有关的迁移系统不会死锁，也就是说，任何时候总有一个事件处于使能状态。为此，我们就需要考虑模型的全局迁移关系 ae，它是对应于各个事件的所有个别迁移关系的并集，形式化定义为：

这时我们必须证明关系 ae 的定义域正好就是集合 S，即：

$$
\begin{aligned}
ae &= ae_1 \cup \ldots \cup ae_n. \\
\mathrm{dom}(ae) &= \{v \mid I(v) \land (G_1(v) \lor \ldots \lor G_n(v))\} = \{v \mid I(v)\}.
\end{aligned}
$$

这样就能得到下式，正好就是证明义务规则 DLF：

$I(v)$ $\vdash$ $G_1(v) \lor \ldots \lor G_n(v)$	DLF

14.3 观察离散迁移系统的演化：迹

在这一节里，我们将介绍广为人知的**迹**的概念。迹表示一种历史，其中记录了在一个离散系统的“运行中”发生，而后被观察到的每一次迁移。我们将首先通过例子来展示这一概念，而后从这种例子出发进行推广，最后将给出这一概念的坚实的数学定义。在这里介绍迹的概念，是因为人们在许多场合用它来帮助定义**精化**的概念。在 14.4 节里，我们也将借助于迹的概念给出一种简单的精化。在该节的最后，我们也将说明，实际上，使用迹的概念并不是真正必要的。

14.3.1　第一个例子

作为一个引入问题的例子，让我们取一个“动作/弱反应”模式，如第 3 章里已经讨论过的。这里的状态由两个变量 a（表示动作）和 r（表示反应）组成，两者都从集合 $\{0, 1\}$ 中取值。下面是构成了一个小系统的几个事件：

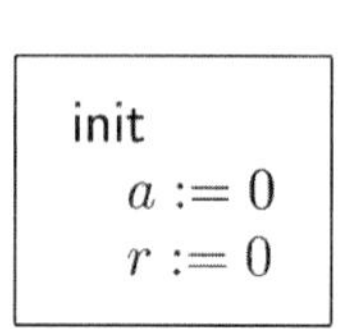

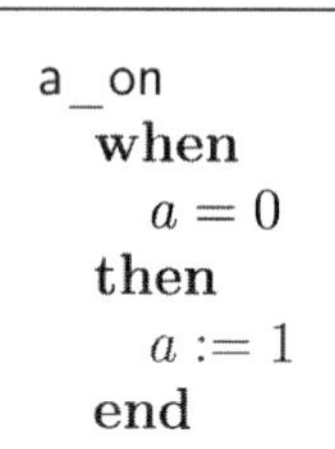


```
a_off
  when
    a = 1
  then
    a := 0
  end
```

```
r_on
  when
    a = 1
    r = 0
  then
    r := 1
  end
```

```
r_off
  when
    a = 0
    r = 1
  then
    r := 0
  end
```

由事件 `r_on` 和 `r_off` 表示的反应称为**弱反应**。下面是有关这个问题的解释：当动作和反应都处于“关闭”状态（值为 0）时，由事件 `a_on` 和 `a_off` 表示的动作，可以在相关的反应确实出现并“开启”（变为 1）之前，在（动作变为“开启”，即，其值变为 1 之后）在“关闭”（0）和“开启”（1）之间交替 0 次或者多次。这样的反应就称为弱反应。从另一个方向上也可以观察到类似的对称效果：当动作和反应都“开启”状态（值为 1）时，由事件 `a_on` 和 `a_off` 表示的动作，可以在相关的反应确实出现并“关闭”（变为 0）之前，在（动作变为“关闭”，即其值变为 0，之后）在“开启”（1）和“关闭”（0）之间交替 0 次或多次。下图描绘了这些情况：

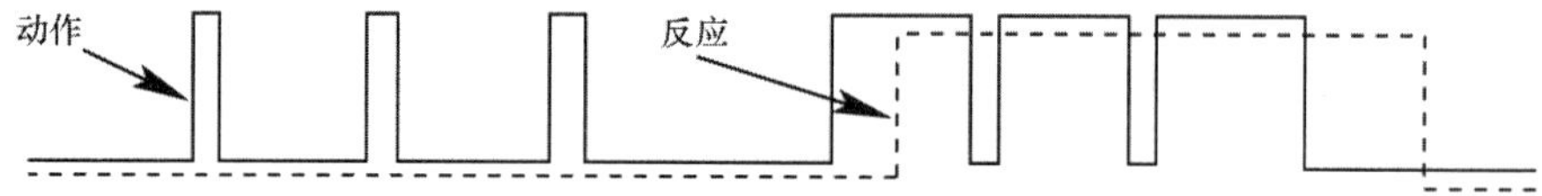

14.3.2　迹

考虑这一问题的另一种更形式化的方式，就是记录下从系统启动到“现在”，**一个外部观察者可以观察到**的有穷个顺序出现的状态。在这个例子里，让我们在下面用的小“圆圈”表示状态，圆圈里标着 a 和 r 两个值，如下所示：

有了这个约定，我们可以画出在 8 次活动之后可以观察到的如下的一系列状态（还可能有另外许多可观察状态）：

(0 0) —a_on→ (1 0) —a_off→ (1 1) —a_on→ (0 1) —r_on→ (1 1) —a_off→ (0 1) —r_off→ (0 0)

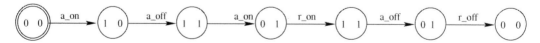

这样的一系列状态就称为一个**迹**。

14.3.3 迹的特征

令 T 是一个上面所说的这种迹的集合，T 中的迹 t 具有如下特征：

① 它是长度至少为 1 的有穷序列；

② 它的第一个元素是由 `init` 事件定义的初始状态集合的一个成员；

③ 其中顺序的两个元素由事件定义的前后谓词关联。

进一步说，如果迹 t 属于 T，那么 t 的任何非空前缀也都是 T 的元素。这一情况非常直观：很明显，在我们记录下的至今的已有观察里，必定包含着我们在此之前的所有观察。最后，整个迹集合 T 的特征可以用下面三种不同方式描述。

① 对于一些离散系统，迹的数量有穷。相关的事实是，这种系统总是在运行了一些时间之后，最终达到某种死锁状态（当时所有事件的卫都为假）。

② 对于另一些系统，它们的每一个迹都永远能继续扩展。这种系统将无休止地运行下去，它们的迹的数目也没有限制。

③ 也存在居于上述两者之间的情况，其中有些迹可以扩展，而另一些迹则不能。这就意味着在某些状况下这种系统会死锁，而在另一些状况下不会。

我们前面给出的例子，那个“动作/弱反应”系统，就是第 2 种情况，其中的每个迹都可以扩展。这个系统总是永无止境地“运行”。

14.3.4 演化图

要考察一个离散迁移系统的演化，另一种方式是给出它的**演化图**。对我们的例子，这个图是有穷的，因为其状态集合有穷。我们一共只有 4 个状态，如下所示：

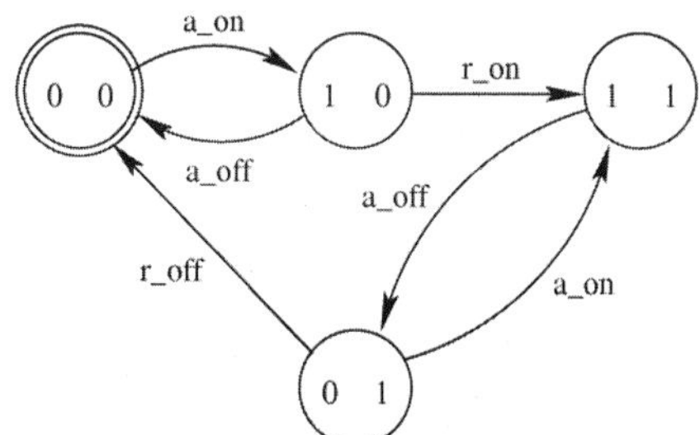

正如所见，一个迹对应于图中一条有穷路径，总是从这个图里的初始状态开始，到某个确定的点结束。注意，我们在上图中特别标出了初始状态，这个例子里的初始状态唯一（但是，一般而言，情况不一定是这样）。

14.3.5 数学表示

所有这些都可以进一步地形式化。对应于有关事件，我们可以直接定义各种二元关系。初始化可以直接用状态的初始集合 L 表示。对于我们的例子，可以得到下面的定义：

$$L = \{0 \mapsto 0\} \qquad \begin{array}{lcl} \mathsf{a\_on\_rel} & = & \{(0 \mapsto 0) \mapsto (1 \mapsto 0), (0 \mapsto 1) \mapsto (1 \mapsto 1)\} \\ \mathsf{a\_off\_rel} & = & \{(1 \mapsto 0) \mapsto (0 \mapsto 0), (1 \mapsto 1) \mapsto (0 \mapsto 1)\} \\ \mathsf{r\_on\_rel} & = & \{(1 \mapsto 0) \mapsto (1 \mapsto 1)\} \\ \mathsf{r\_off\_rel} & = & \{(0 \mapsto 1) \mapsto (0 \mapsto 0)\}. \end{array}$$

取这里所有关系的并集，我们就得到了与所有迁移对应的关系 ae：

$$
\begin{array}{rcl}
ae & = & \{ \;\; (0 \mapsto 0) \mapsto (1 \mapsto 0), \\
 & & \;\;\;\;\; (0 \mapsto 1) \mapsto (1 \mapsto 1), \\
 & & \;\;\;\;\; (1 \mapsto 0) \mapsto (0 \mapsto 0), \\
 & & \;\;\;\;\; (1 \mapsto 1) \mapsto (0 \mapsto 1), \\
 & & \;\;\;\;\; (1 \mapsto 0) \mapsto (1 \mapsto 1), \\
 & & \;\;\;\;\; (0 \mapsto 1) \mapsto (0 \mapsto 0) \, \}.
\end{array}
$$

给定一个集合 S，通过一个初始集合 L 和迁移关系 ae 定义了一个离散迁移系统，与之对应的迹集合 $T(L \mapsto ae)$ 可以定义如下：

$$T(L \mapsto ae) \;\subseteq\; \mathbb{N}_1 \times (\mathbb{N}_1 \nrightarrow S).$$

这里的对偶 $n \mapsto t$ 由一个正整数 n 和一个属于集合 $T(L \mapsto ae)$ 的迹 t 组成，这种迹 t 满足的关系如下面的定义：

$$
n \mapsto t \;\in\; T(L \mapsto ae) \quad\Leftrightarrow\quad
\left(\begin{array}{l}
n \in \mathbb{N}_1 \\
t \in 1\,..\,n \rightarrow S \\
t(1) \in L \\
\forall i \cdot i \in 1\,..\,n-1 \;\Rightarrow\; t(i) \mapsto t(i+1) \;\in\; ae
\end{array}\right)
$$

这一形式化定义，正对应于我们在 14.3.3 节给出迹的非形式化的特征描述：

① 它是长度至少为 1 的有穷序列；

② 它的第一个元素是由 `init` 事件定义的初始状态集合的一个成员；

③ 其中顺序的两个元素由事件定义的前后谓词关联。

根据上面定义，很容易证明 t 的任何长度为 m 的非空前缀也是集合 $T(L \mapsto ae)$ 的成员。

14.4 用迹表示简单精化

在这一节里，我们将给出两个离散迁移系统之间的**简单精化**的概念。与上面讨论迹概念时的方式类似，对简单精化的解释也将从一个例子开始，然后将其推广，直至得到一个坚实的数学定义。在本节的最后我们将说明，前面所介绍的这种简单精化，实际上是**相对于可以从状态观察到的东西**，并不必须是整个的状态集合。

14.4.1 第二个例子

作为第二个例子，我们取一个“动作/强反应”模式，在第 3 章也讨论过这个模式。这里的状态与前一个例子相同，用两个变量 a 和 r 定义，它们的值都取自集合 $\{0, 1\}$。事件也一样，只是事件 `a_on` 和 `a_off` 的卫更强一些，如下所示：

init	a_on	a_off	r_on	r_off
$a := 0$ $r := 0$	**when** $a = 0$ $\underline{r = 0}$ **then** $a := 1$ **end**	**when** $a = 1$ $\underline{r = 1}$ **then** $a := 0$ **end**	**when** $a = 1$ $r = 0$ **then** $r := 1$ **end**	**when** $a = 0$ $r = 1$ **then** $r := 0$ **end**

现在，这里的反应就称为是“强”的。当动作和反应都处于“关闭”状态（值为 0）时，动作可以转移到“开启”（值等于 1）。但这时它不能重新转回“关闭”（值为 0），除非反应已经转到了“开启”状态（值等于 1）。另一个方向上的状况与此类似，两者是对称的：动作不能转到“开启”状态（值等于 1），除非反应已经转到了“关闭”状态（值等于 0）。也就是说，反应要跟着动作，而动作也要跟着反应。下图描绘了这里的情况：

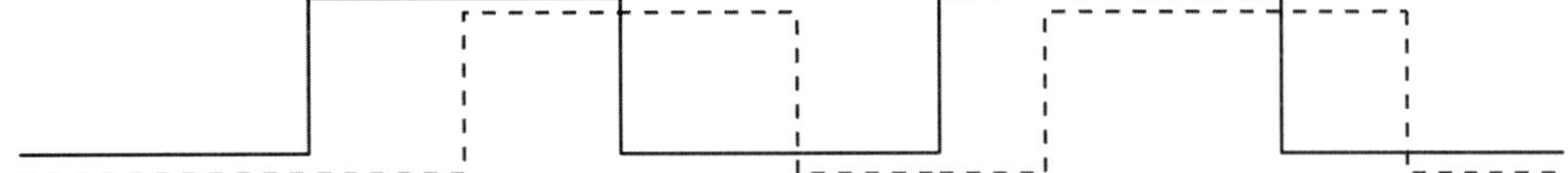

下图展示了一个迹，描述的是经过 4 次状态迁移的行为过程：

0 0 —a_on→ 1 0 —r_on→ 1 1 —a_off→ 0 1 —r_off→ 0 0

我们同样可以用一个演化图来抽象出所有迹的完整图景：

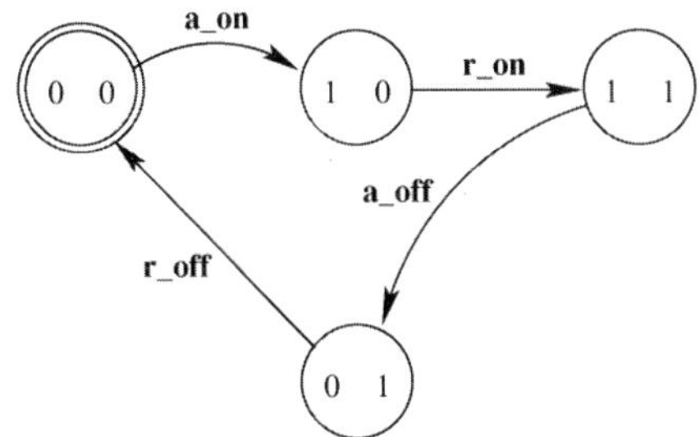

最后，我们也可以用下面的初始状态 M 和二元关系 re，定义这个离散系统：

$$M = \{0 \mapsto 0\}$$

$$\begin{aligned} re = \{ & (0 \mapsto 0) \mapsto (1 \mapsto 0), \\ & (1 \mapsto 0) \mapsto (1 \mapsto 1), \\ & (1 \mapsto 1) \mapsto (0 \mapsto 1), \\ & (0 \mapsto 1) \mapsto (0 \mapsto 0)\} \end{aligned}$$

14.4.2 比较这两个例子

当我们把表示这两个例子的图并排放好后，立刻就可以看出，这里的第二个图包含在第一个图里。作为这一情况的推论，第二个例子的任何一个迹必定也是第一个例子的迹。换一种说法，如果我们只是观察第二个例子的一个迹，并不足以知晓究竟它是由哪个系统生成出来的。在观察到第二个例子的一个迹时，我们不能确定它必然出自这个例子，因为第一个例子完全可能生成出这个迹。

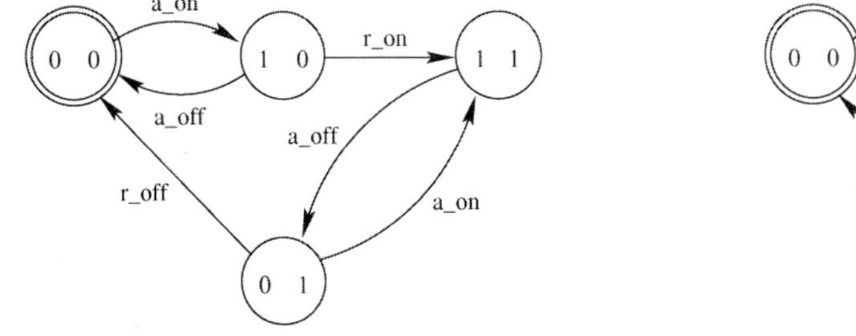

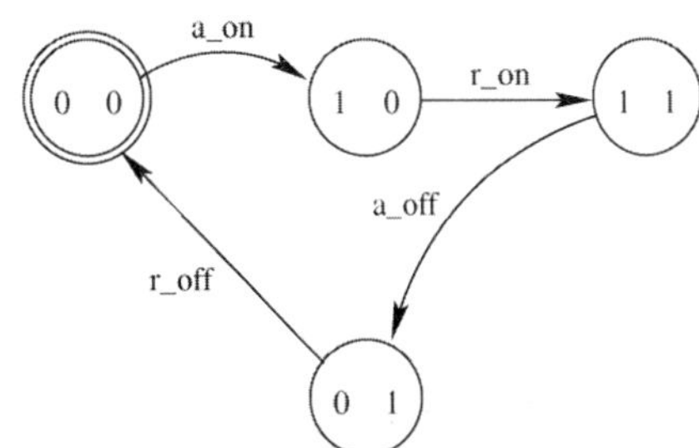

我们（现在还是非形式化地）说第二个例子是第一个例子的一个**精化**。同样，反过来说，第一个例子是第二个例子的一个**抽象**。这一节开始时表达的思想说明了精化的本质：**得到了一个精化的模型而不是原来的抽象，必须让"买家"完全察觉不到**。

14.4.3 简单精化：非形式化的方法

我们在本节的目标，就是设法通过迹的比较，更准确地刻画精化的概念。如上文所说，一个精化的模型的任何一个迹，必须也是抽象的一个迹。但是另一方面，如果说精化模型的迹集合包含在抽象的迹集合里，则明显是一个过强的断言，因为这意味着一个具有空的迹集合的模型可以是任何抽象的精化，这当然是反直觉的！

为了能继续前进，并得到更准确的定义，我们必须依靠以行为比较为基础的原始想法：对一个潜在精化的行为观察，必须使我们无法推断出被观察的到底是精化，还是抽象（注意，相反的论断不真）。所以，如果我们对某个特定系统无法观察到任何东西，然而对其潜在的抽象却能观察到一些东西，那么就可以断定，我们现在观察的肯定不是前面系统的抽象。这样就把具有空的迹集合的系统排除到精化之外了。

此外，我们还希望把这个思想再向前推进一点。如果我们能看到某个特定的迹，而在它之后不再能看到任何东西（没有更多的演化），然而，如果在"抽象"中情况不是这种，同样一个迹可以继续扩展，那么我们就可以断定这不是前面系统的抽象。这一情况排除了任何在精化中出现死锁而抽象却不死锁的情况，这一性质称为**相对的无死锁**。

最后，我们还需要考虑初始集合。有可能出现精化的初始集合（M）小于抽象的初始集合（L）的情况。当然，精化的初始集合必须不空。

14.4.4 简单精化：形式化定义

现在我们已经准备好，可以给出简单精化的精确定义了。给定一个载体集合 S，我们有一个抽象，它由一个包含在 S 中的初始集合 L 以及一个从 S 到 S 的迁移关系 ae 构成。我们有一个潜在的精化，它由一个初始集合 M 和一个从 S 到 S 的迁移关系 re 组成。这些可以形式化地描述如下：

$$L \subseteq S \qquad\qquad M \subseteq S$$

$$ae \in S \leftrightarrow S \qquad\qquad re \in S \leftrightarrow S$$

如前面所说，我们首先要求 M 包含在 L 里，而且 M 不空：

$$M \subseteq L \qquad\qquad M \neq \varnothing$$

现在我们还必须考虑潜在精化的状态，考虑其活动的空间：它应该是 M 与 M 在关系 ae 的传递闭包下的像集之并集，也就是 $M \cup \mathrm{cl}(ae)[M]$。显然，这个集合正好包含了精化模型的所有的迹元素。因为我们希望精化的迹都是抽象的迹，所以要求有如下的附加性质：

$$(M \cup \mathrm{cl}(ae)[M]) \lhd re \subseteq ae$$

最后，我们不希望出现一个精化的迹不能扩展，而对应的抽象迹却可以扩展的情况。这就要求抽象迁移关系 ae 的作用域与集合 $M \cup \mathrm{cl}(ae)[M]$ 的并集，包含在精化迁移关系 re 的作

用域与同一个集合 $M \cup \mathrm{cl}(ae)[M]$ 的并集里，形式化定义为：

$$(M \cup \mathrm{cl}(ae)[M]) \cap \mathrm{dom}(ae) \ \subseteq \ (M \cup \mathrm{cl}(ae)[M]) \cap \mathrm{dom}(re)$$

最后这两个条件不太容易处理，因为其中出现了集合 $M \cup \mathrm{cl}(ae)[M]$。由于这种情况，我们忘掉这个集合，转而采用下面稍微强一点（但是简单得多）的条件：

$$\boxed{\begin{array}{l} M \ \subseteq \ L \\ M \neq \varnothing \\ re \ \subseteq \ ae \\ \mathrm{dom}(ae) \ \subseteq \ \mathrm{dom}(re) \end{array}} \qquad (\mathrm{I})$$

回到我们的例子。现在我们可以严格证明第二个例子是第一个的精化了：

$$\begin{array}{lcl} L & = & \{0 \mapsto 0\} \\ ae & = & \{\ (0 \mapsto 0) \mapsto (1 \mapsto 0), \\ & & \ \ \ (0 \mapsto 1) \mapsto (1 \mapsto 1), \\ & & \ \ \ (1 \mapsto 0) \mapsto (0 \mapsto 0), \\ & & \ \ \ (1 \mapsto 1) \mapsto (0 \mapsto 1), \\ & & \ \ \ (1 \mapsto 0) \mapsto (1 \mapsto 1), \\ & & \ \ \ (0 \mapsto 1) \mapsto (0 \mapsto 0)\ \} \end{array} \qquad \begin{array}{lcl} M & = & \{0 \mapsto 0\} \\ re & = & \{\ (0 \mapsto 0) \mapsto (1 \mapsto 0), \\ & & \ \ \ (1 \mapsto 1) \mapsto (0 \mapsto 1), \\ & & \ \ \ (1 \mapsto 0) \mapsto (1 \mapsto 1), \\ & & \ \ \ (0 \mapsto 1) \mapsto (0 \mapsto 0)\ \} \end{array}$$

总结一下。一方面，我们已经看到，迹的概念使我们可以把对于一个精化和一个抽象的观察弄得更明确，从而对精化做非形式化的推理。但是，另一方面，我们最后得到了条件（I），它并不依赖于迹的概念，只依赖于抽象和精化的初始集合和迁移关系。

14.4.5 考虑个别的事件

在前一节里，我们考虑了抽象关系 ae 和具体关系 re，它们分别为对应于抽象事件的各个关系 $ae_1, ..., ae_n$ 的并，以及对应于具体事件的各个关系 $re_1, ..., re_n$ 的并，形式化定义为：

$$ae \ = \ ae_1 \cup \cdots \cup ae_n \qquad\qquad re \ = \ re_1 \cup \cdots \cup re_n.$$

我们可以把前面要求的包含关系 $re \subseteq ae$ 变得更强一点，在更精细的每个个别事件的层面上要求这种包含关系，也就是说，要求：

$$re_1 \ \subseteq \ ae_1 \ \wedge \ \ldots \ \wedge \ re_n \ \subseteq \ ae_n.$$

显然，这个条件蕴涵关系 $re \subseteq ae$。我们还可以对这些关系的作用域提出类似的更强要求，也就是说：

$$\mathrm{dom}(ae_1) \ \subseteq \ \mathrm{dom}(re_1) \ \wedge \ \ldots \ \wedge \ \mathrm{dom}(ae_n) \ \subseteq \ \mathrm{dom}(re_n).$$

但这样要求可能有些过强了。我们可以把精化条件（I）重写为下面的形式：

$$\begin{array}{l} M \subseteq L \\ M \neq \varnothing \\ re_1 \subseteq ae_1 \\ \ldots \\ re_n \subseteq ae_n \\ \mathrm{dom}(ae) \subseteq \mathrm{dom}(re) \end{array} \qquad (\text{Ⅱ})$$

在这样做时，我们（暂时）强制性地要求，由关系 re_i 形式化的每个具体事件，都能对应到由关系 ae_i 形式化的相应抽象事件。这种限制将在 14.6 节里弄得更自由一些，在那里我们要研究三种可能性：①把一个抽象事件分裂为若干个具体事件；②把若干个抽象事件合并为一个具体事件；③在精化中引进新事件，它们在抽象中没有对应物。

14.4.6　外部变量和内部变量

在前一节里，我们通过考虑对于离散迁移系统可以观察到的情况，定义了一种精化。但是，能观察到什么，实际上是我们自己设置的一种**约定**。事实上，系统的状态可能比我们对它的观察更复杂得多。在第 3 章开发的“动作/反应”的例子里，我们就有一个更复杂的状态：除了变量 a 和 r 之外，还有另外两个变量 ca 和 cr，分别用于记录动作和反应“开启”（值变成 1）的次数。这样的变量 ca 和 cr 称为**内部变量**，而 a 和 r 则称为**外部变量**。如果我们用一个包含 4 个变量的圆圈表示状态，如下所示：

$$\begin{array}{cc} ca & cr \\ a & r \end{array}$$

这时，对应于第一个例子的迁移关系，可以部分地（因为现在它是无穷的了）描绘如下：

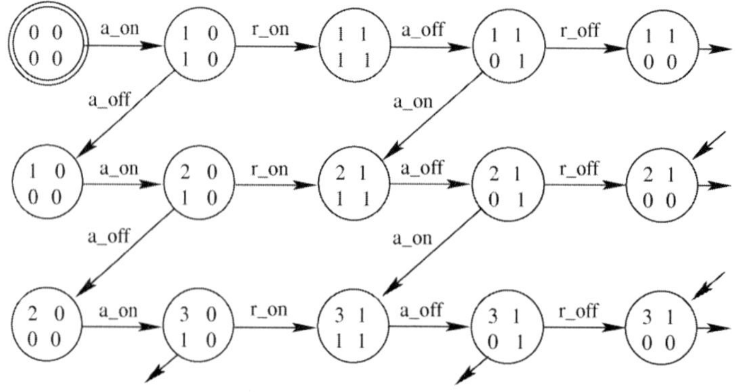

总结一下，为了定义精化，我们只关心两个迹集合的比较，而相应的迹对应于状态中一部分，由被我们确定为**外部的**那些变量组成。

14.4.7 外部集合

为了形式化前一节里解释的问题，我们考虑状态的集合 S 和一个把 S 投影到**外部集合** E 的全函数 f:

$$f \in S \to E$$

这个投影函数应该系统化地应用，以便定义出相应的迁移关系，而且用它定义出两个离散迁移系统之间的精化关系。我们并不直接用 re_i 去与 ae_i 比较，而是利用函数 f 去比较它们在外部集合 E 的投影，也就是说，比较 $f^{-1}\,;re_i\,;f$ 和 $f^{-1}\,;ae_i\,;f$。下图描绘了这里的情况，在图中，抽象事件用标着 ae_i 的关系表示，与之对应的具体事件用标着 re_i 的关系表示：

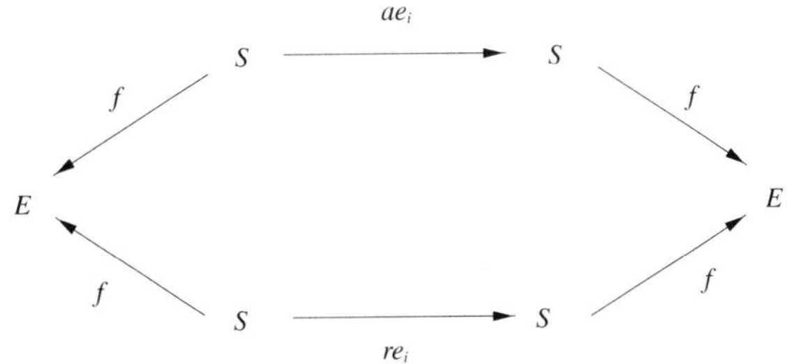

换句话说，在 14.4.3 节里定义的简单精化条件（II）仍然合法，前提是我们把其中的集合 S 换成外部集合 E。这些可以用下面的条件形式化：

$$
\begin{array}{|l|}
\hline
M \subseteq L \\
M \neq \varnothing \\
f^{-1}\,;re_1\,;f \;\subseteq\; f^{-1}\,;ae_1\,;f \\
\dots \\
f^{-1}\,;re_n\,;f \;\subseteq\; f^{-1}\,;ae_n\,;f \\
\mathrm{dom}(ae) \subseteq \mathrm{dom}(re) \\
\hline
\end{array}
\qquad (\text{Ⅲ})
$$

如果我们在精化时把状态集合 S 换成了另一个集合 T，情况就更复杂了。下一节的目标就是解释清楚我们可以如何定义**广义精化**，这种情况也被称为**数据精化**。

14.5 广义精化的集合论表示

正如在 14.2 节里有关不变式的讨论，我们在这一节里的意图就是**形式化地确认**，我们纵贯本书所使用的各种精化证明义务规则，即 FIS、GRD、INV 和 SIM，都是正确的。为此，我们需要扩充 14.2 节的集合论表示。

14.5.1 引言

和前文一样，我们仍假定抽象变量 v 始终在一个确定的集合 S 里变化。但现在还要引进**外部集合**。事实上，集合 S 可以投影到一个外部集合 E。正如前一节中所说的，外部集合 E 定义了我们可以从这个模型**观察到什么**。类似地，精化后的变量 w 总是在一个确定的集合 T 里变化，该集合也能投影到一个外部集合 F（注意，现在外部集合 E 和 F 并不相同）。令 f 和 g 分别表示从集合 S 到集合 E，以及从集合 T 到集合 F 的投影函数：

$$f \in S \to E$$
$$g \in T \to F$$

在外部集合 E 和 F 之间，通过一个确定的**全函数** h 建立联系。这里要求 h 是一个函数，是因为我们还希望能从具体的观察**重新构造出**抽象的观察。换句话说，我们不希望在具体状态中丢掉了对于抽象状态的观察。这样，函数 h 的类型如下：

$$h \in F \to E$$

令 re_i 表示对应于一个抽象事件 event 的二元关系，再令 ae_i 表示与之对应的精化后事件的二元关系。初始集合 L 不空而且包含在 S 中，对应的精化后的初始集合 M 也不空，而且包含在 T 中。这样，我们就有下面的类型约束：

$$L \subseteq S \qquad L \neq \varnothing \qquad ae_i \in S \leftrightarrow S$$
$$M \subseteq T \qquad M \neq \varnothing \qquad re_i \in T \leftrightarrow T$$

所有这些可以用下图描绘：

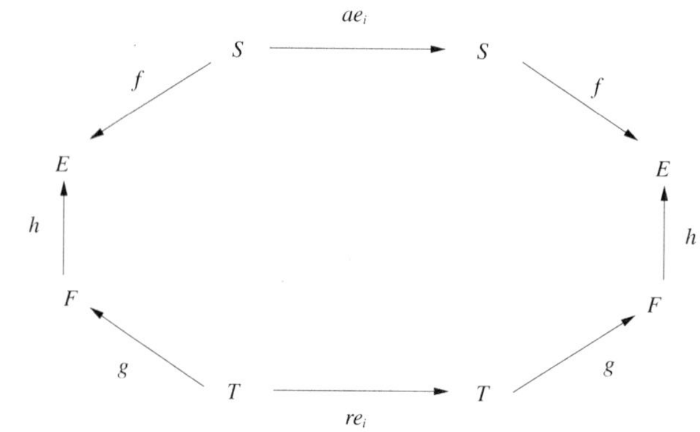

在这个图里，初始化情况可以通过假定关系 ae_i 在 $S \times L$ 中，以及 re_i 在 $T \times M$ 中而得到。

14.5.2 精化的形式化定义

现在我们给出精化的形式化定义，这个定义完全依赖于外部集合的概念。这样做的结果就得到了精化的一种最终定义。在下一节里，我们将推导出一些**充分精化条件**，其中蕴涵着连接不变式的形式化。

前面的图显示出，我们可以在抽象里，通过 h、f^{-1}、ae_i、f 和 h^{-1} 联系起 F 与其自身，或者在精化里通过 g^{-1}、re_i、和 g。这两种组合都将得到构造在 F 上二元关系。精化的定义如下：由关系 ae_i 表示的事件被由关系 re_i 表示的事件精化，条件就是关系 $g^{-1};re_i;g$ **包含**在关系 $h;f^{-1};ae_i;f;h^{-1}$ 里。正如所见，现在，精化完全是**相对于外部集合**定义的。初始化情况可以简化为 $g[M] \subseteq h^{-1}[f[L]]$：

$$\begin{array}{l} g[M] \subseteq h^{-1}[f[L]] \\ M \neq \varnothing \\ g^{-1};re_1;g \subseteq h;f^{-1};ae_1;f;h^{-1} \\ \ldots \\ g^{-1};re_n;g \subseteq h;f^{-1};ae_n;f;h^{-1} \\ h^{-1}[f[\mathrm{dom}(ae)]] \subseteq g[\mathrm{dom}(re)] \end{array} \qquad (\text{IV})$$

如果一对外部值的集合能通过精化后的事件 re_i 联系起来，它们也必须能通过抽象事件 ae_i 联系起来。换句话说，**从外部集合的观点看**，精化后的事件必须不与其抽象矛盾。

14.5.3 精化的充分条件：前向模拟

我们现在要定义精化的一个**充分精化条件**，称为**前向模拟**。在下一节里，我们还会看到另一个充分条件，称为**反向模拟**。令 r 是从具体集合 T 到抽象集合 S 的一个**全的**二元关系，该关系形式化了从精化后的状态到抽象状态的连接不变式。把这些形式化：

$$r \in T \leftrightarrow S$$

注意，这里用符号“$\leftrightarrow$”表示从一个集合到另一个集合的**全的二元关系**。关系 r 的引入带来了下面的图示：

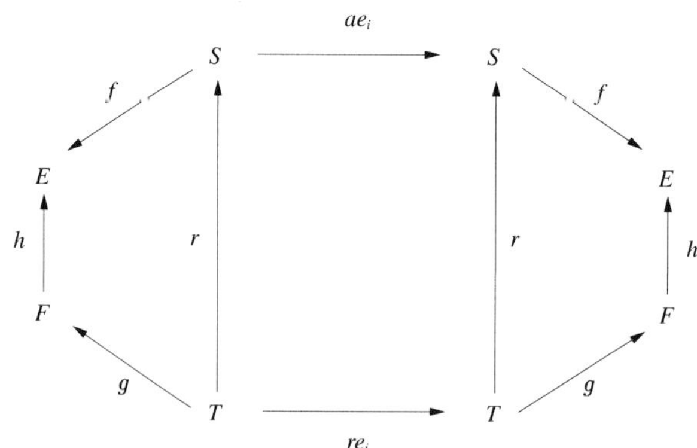

由关系 r 建立的外部集合 F 与 E 之间的联系，必须与函数 h **相容**。换句话说，如果 y 通过 r 联系到 x，那么 $g(y)$ 必须能通过 h 联系到 $f(x)$，也就是说，$f(x) = h(g(y))$。这个要求可以形式化为下面的条件：

$$\forall x,y \cdot (\, y \mapsto x \in r \;\Rightarrow\; f(x) = h(g(y))\,)$$

上述条件可以简化为下面与之等价的条件：

$r^{-1}\,;g \;\subseteq\; f\,;h^{-1}$	C1

下面是证明（使用简单的谓词演算规则）：

$$\begin{array}{ll}
 & \forall x,y \cdot (\, y \mapsto x \in r \;\Rightarrow\; f(x) = h(g(y))\,) \\
\Leftrightarrow & \\
 & \forall x,y \cdot (\, y \mapsto x \in r \;\Rightarrow\; g(y) \mapsto f(x) \in h\,) \\
\Leftrightarrow & \\
 & \forall x,y,z \cdot (\, z = g(y) \;\wedge\; y \mapsto x \in r \;\Rightarrow\; z \mapsto f(x) \in h\,) \\
\Leftrightarrow & \\
 & \forall x,z \cdot (\, \exists y \cdot (z = g(y) \;\wedge\; y \mapsto x \in r\,) \;\Rightarrow\; z \mapsto f(x) \in h\,) \\
\Leftrightarrow & \\
 & \forall x,z \cdot (\, \exists y \cdot (z = g(y) \;\wedge\; y \mapsto x \in r\,) \;\Rightarrow\; \exists u \cdot (u = f(x) \;\wedge\; z \mapsto u \in h\,)\,) \\
\Leftrightarrow & \\
 & \forall x,z \cdot (\, \exists y \cdot (x \mapsto y \in r^{-1} \;\wedge\; y \mapsto z \in g\,) \;\Rightarrow\; \exists u \cdot (x \mapsto u \in f \;\wedge\; u \mapsto z \in h^{-1}\,)\,) \\
\Leftrightarrow & \\
 & \forall x,z \cdot (\, x \mapsto z \in (r^{-1}\,;g) \;\Rightarrow\; x \mapsto z \in (f\,;h^{-1})\,) \\
\Leftrightarrow & \\
 & r^{-1}\,;g \;\subseteq\; f\,;h^{-1}
\end{array}$$

现在，我们假定下面的两个附加条件成立：

$r^{-1}\,;re_i \;\subseteq\; ae_i\,;r^{-1}$	C2
$g^{-1} \;\subseteq\; h\,;f^{-1}\,;r^{-1}$	C3

很容易证明，条件 C1、C2 和 C3 一起**充分地保证了精化条件**，也就是前面的条件（IV）。这一事实依赖于关系复合相对于集合包含的单调性，以及关系复合的可结合性。下面是证明：

$$
\begin{array}{ll}
 & \underline{g^{-1}} \,;\, re_i \,;\, g \\
\subseteq & \qquad\qquad \text{C3} \\
 & h \,;\, f^{-1} \,;\, \underline{r^{-1} \,;\, re_i} \,;\, g \\
\subseteq & \qquad\qquad \text{C2} \\
 & h \,;\, f^{-1} \,;\, ae_i \,;\, \underline{r^{-1} \,;\, g} \\
\subseteq & \qquad\qquad \text{C1} \\
 & h \,;\, f^{-1} \,;\, ae_i \,;\, f \,;\, h^{-1}
\end{array}
$$

但是，实际上，条件 C3 可以从条件 C1 和 r 的完全性推导出来。下面是证明：

$$
\begin{array}{lll}
 & r^{-1} \,;\, g \;\subseteq\; f \,;\, h^{-1} & \text{C1} \\
\Rightarrow & & \text{集合论} \\
 & r \,;\, r^{-1} \,;\, g \;\subseteq\; r \,;\, f \,;\, h^{-1} & \\
\Rightarrow & & \text{id} \subseteq r \,;\, r^{-1} \quad \text{因为} \quad r \in T \leftrightarrow S \\
 & g \;\subseteq\; r \,;\, f \,;\, h^{-1} & \\
\Leftrightarrow & & \text{集合论} \\
 & g^{-1} \;\subseteq\; h \,;\, f^{-1} \,;\, r^{-1} & \text{C3}
\end{array}
$$

初始集合 L 和 M 之间的关系可以从条件 C2 推导出来，为此只需用 $S \times L$ 取代其中的 ae_i，用 $T \times M$ 取代其中的 re_i。我们请读者证明，从这些能够得到：

$$\boxed{M \subseteq r^{-1}[L]}$$

作为这些讨论的一个推论，现在只剩下条件 C2。为了翻译这个条件，并由此得到我们的证明义务规则，只需要能在这个新公式里联系起 S、T、ae_i、re_i 和 r。我们假定已有下面的抽象模型，就如在 14.2 节的情况：

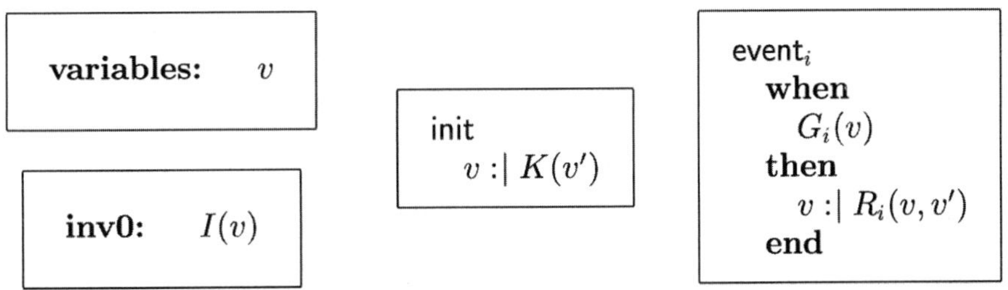

假定下面的模型精化了上面的模型。注意 event$_i$ 里的 **with** 子句，它定义了一个**非确定性的见证** v'：

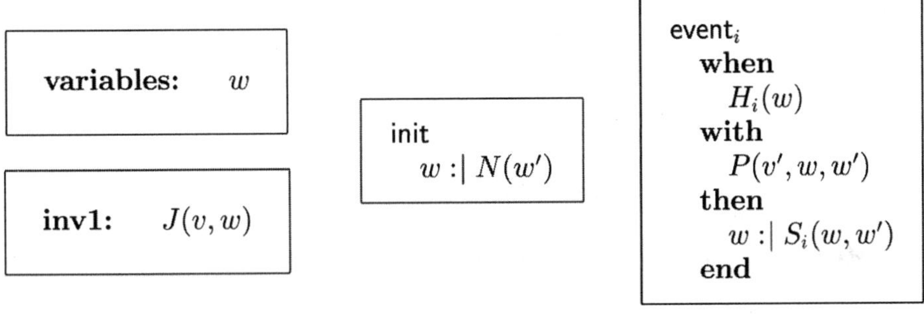

这些将产生：

$$
\begin{array}{lcl}
S & = & \{\, v \mid I(v) \,\} \\
T & = & \{\, w \mid \exists v \cdot (\, I(v) \;\wedge\; J(v,w) \,) \,\} \\
L & = & \{\, v \mid K(v) \,\} \\
M & = & \{\, w \mid N(w) \,\} \\
ae_i & = & \{\, v \mapsto v' \mid I(v) \;\wedge\; G_i(v) \;\wedge\; R_i(v,v') \,\} \\
re_i & = & \{\, w \mapsto w' \mid (\, \exists v \cdot I(v) \;\wedge\; J(v,w) \,) \;\wedge\; H_i(w) \;\wedge\; S_i(w,w') \,\} \\
r & = & \{\, w \mapsto v \mid I(v) \;\wedge\; J(v,w) \,\} \\
\mathrm{dom}\,(ae_i) & = & \{\, v \mid I(v) \;\wedge\; G_i(v) \,\} \\
\mathrm{dom}\,(re_i) & = & \{\, w \mid \exists v \cdot (\, I(v) \;\wedge\; J(v,w) \,) \;\wedge\; H_i(w) \,\}
\end{array}
$$

对公式 $M \subseteq r^{-1}[L]$ 的翻译给出下式，它正好就是一个精化中的初始化情况规则 INV：

$N(w)$ $\vdash$ $\exists v \cdot (\; K(v) \;\wedge\; J(v,w) \;)$	INV

注意，二元关系 r 的定义域是 T，因此关系 r 确实是一个全关系，正如所需。二元关系 re_i 的作用域是下面的集合：

$$\{\, w \mid \exists v \cdot (\, I(v) \;\wedge\; J(v,w) \,) \;\wedge\; H_i(w) \;\wedge\; \exists w' \cdot S_i(w,w') \,\}$$

这样，从我们有关 re_i 的定义域的最后一个约束可以导出下式，它正好是精化中的规则 FIS：

$I(v)$ $J(v,w)$ $H_i(w)$ $\vdash$ $\exists w' \cdot S_i(w,w')$	FIS

C2（即 $r^{-1}\,;re_i \subseteq ae_i\,;\, r^{-1}$）的翻译将产生出：

$$I(v) \;\wedge\; J(v,w) \;\wedge\; H_i(w) \;\wedge\; S_i(w,w') \;\vdash\; G_i(v) \;\wedge\; \exists v' \cdot (\, R_i(v,v') \;\wedge\; J(v',w') \,)$$

它可以分裂，其中的一部分恰好得到证明义务规则 GRD：

$I(v)$ $J(v,w)$ $H_i(w)$ $\vdash$ $G_i(v)$	GRD

另一半是下式，正如所见，其中的目标是存在量化的：

$$\begin{array}{l} I(v) \\ J(v,w) \\ H_i(w) \\ S_i(w,w') \\ \vdash \\ \exists v' \cdot (\, R_i(v,v') \;\wedge\; J(v',w')\,) \end{array}$$

由于我们有精化事件提供的见证谓词 $P(v',w,w')$，这个相继式可以分解为下面三个证明义务规则：

$I(v)$ $J(v,w)$ $H_i(w)$ $S_i(w,w')$ $\vdash$ $\exists v' \cdot P(v',w,w')$	WFIS

$I(v)$ $J(v,w)$ $H_i(w)$ $S_i(w,w')$ $P(v',w,w')$ $\vdash$ $R_i(v,v')$	SIM

$I(v)$ $J(v,w)$ $H_i(w)$ $S_i(w,w')$ $P(v',w,w')$ $\vdash$ $J(v',w')$	INV

这一分解，也就是应用 9.4.2 节最后证明的派生推理规则 **CUT_EXT** 得到的直接推论。现在剩下的就是相对无死锁规则的形式化了，与之对应的条件是：

$$r^{-1}[\mathrm{dom}(ae)] \;\subseteq\; \mathrm{dom}(re)$$

这一公式很容易翻译为下式：

$I(v)$ $J(v,w)$ $G_1(v) \vee \ldots \vee G_n(v)$ $\vdash$ $H_1(w) \vee \ldots \vee H_n(w)$	DLF

注意，只要每个抽象的卫都蕴涵具体的卫，我们就可以定义出强无死锁规则，其形式化定义为：

$I(v)$ $J(v,w)$ $G_i(v)$ $\vdash$ $H_i(w)$	DLF

14.5.4 精化的另一充分条件：反向模拟

精化还有另一种充分条件，称为**反向模拟**。关系 r 应该具有与前一节同样的性质：它应该是从 T 到 S 的全关系。条件 C1 和 C3 与前一节中一样，只有条件 C2 需要改成条件 C2'。下面是前一节中的条件和新的条件：

$r^{-1}\,;g \;\subseteq\; f\,;h^{-1}$	C1
$r^{-1}\,;re_i \;\subseteq\; ae_i\,;r^{-1}$	C2
$g^{-1} \;\subseteq\; h\,;f^{-1}\,;r^{-1}$	C3

$r^{-1}\,;g \;\subseteq\; f\,;h^{-1}$	C1
$r^{-1}\,;re_i^{-1} \;\subseteq\; ae_i^{-1}\,;r^{-1}$	C2'
$g^{-1} \;\subseteq\; h\,;f^{-1}\,;r^{-1}$	C3

条件 C1、C2'、C3 可以重新写成下面与之等价的 D1、D2'、D3 的形式：

$g^{-1}\,;r \;\subseteq\; h\,;f^{-1}$	D1
$re_i\,;r \;\subseteq\; r\,;ae_i$	D2'
$g \;\subseteq\; r\,;f\,;h^{-1}$	D3

下面是有关条件 D1、D2'、D3 充分保证精化关系的证明：

$$
\begin{array}{lll}
 & g^{-1}\,;re_i\,;\underline{g} & \\
\subseteq & & \text{D3}\\
 & g^{-1}\,;\underline{re_i\,;r}\,;f\,;h^{-1} & \\
\subseteq & & \text{D2'}\\
 & \underline{g^{-1}\,;r}\,;ae_i\,;f\,;h^{-1} & \\
\subseteq & & \text{D1}\\
 & h\,;f^{-1}\,;ae_i\,;f\,;h^{-1} &
\end{array}
$$

与条件 C2 比较一下，我们把条件 C2' 称为“反向模拟”，原因现在已经很清楚了。在（前向的）C2 里我们用的是 re_i 和 ae_i，而在（反向的）C2' 里用的是 re_i^{-1} 和 ae_i^{-1}。在下面的讨论中，我们将不使用反向模拟。

14.5.5 迹的精化

前向（和反向）模拟使我们可以证明个别事件的精化，它们也可以推广到迹的精化。在这一节里，我们将证明，对于由两个事件构成的迹，上述说法成立。显然，这一证明很容易推广到包含更多事件的迹。一个包含两个事件的迹与其精化用下图表示：

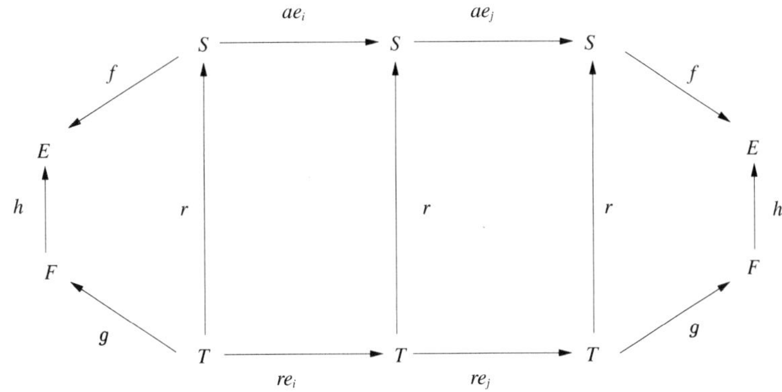

为了（用前向模拟）验证迹 $ae_i\,;ae_j$ 被 $re_i\,;re_j$ 精化，只需要证明下面关系（这也就是 14.5.2 节的条件 C2）：

$$r^{-1}\,;re_i\,;re_j \quad\subseteq\quad ae_i\,;ae_j\,;r^{-1}$$

由于 ae_i 被 re_i 精化，我们有

$$r^{-1}\,;re_i \quad\subseteq\quad ae_i\,;r^{-1}$$

因此：

$$r^{-1}\,;re_i\,;re_j \quad\subseteq\quad ae_i\,;r^{-1}\,;re_j$$

再有 ae_j 被 re_j 精化，因此我们有：

$$r^{-1}\,;re_j \quad\subseteq\quad ae_j\,;r^{-1}$$

所以：

$$r^{-1}\,;re_i\,;re_j \quad\subseteq\quad ae_i\,;r^{-1}\,;re_j \quad\subseteq\quad ae_i\,;ae_j\,;r^{-1}$$

采用反向模拟的证明，也可以通过同样方式得到。

14.6 打破抽象和具体事件之间的一对一关系

14.6.1 分裂抽象事件

在精化一个抽象事件 ae_i 时，我们可以将它分裂为两个（或者更多的）事件，例如 re_{i1} 和 re_{i2}。这时我们只需要简单地证明这两个事件都精化 ae_i。

14.6.2 合并几个抽象事件

我们也可能需要合并两个抽象事件 ae_i 和 ae_j，形成一个精化后的事件 re_{ij}。这时我们就必须证明 re_{ij} 精化 $ae_i \cup ae_j$。为此，必须要求事件 event$_i$ 和 event$_j$ 工作的模型里具有同样变量 v 和不变式 $I(v)$，而且它们的动作也一样，如下所示：

event$_i$
when
$P(v)$
then
S
end

event$_j$
when
$Q(v)$
then
S
end

合并产生右侧所示的事件：

event$_{ij}$
refines
event$_i$
event$_j$
when
$R(v)$
then
S
end

作为这些的推论，合并证明义务也是直截了当的：

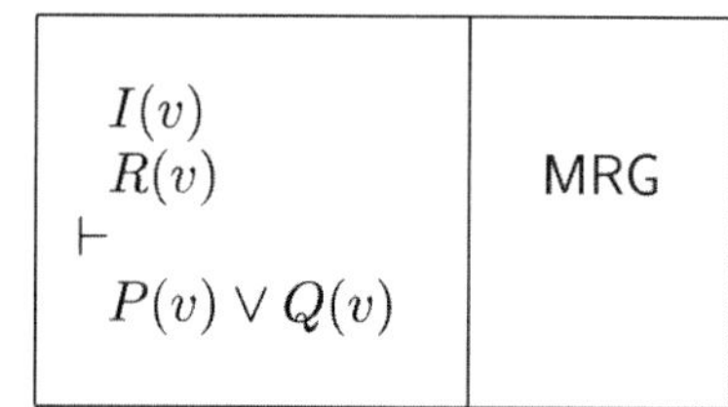

14.6.3　引进新事件

在一个精化里，除了可以改变状态，并通过所谓的“连接不变式”建立具体状态和抽象状态之间的某种特定关系之外，还可能在精化中加入新的事件。这样的新事件在抽象里没有对应，它们完成一些只能在具体空间里观察到，在抽象空间里观察不到的迁移。通过引入新事件，我们可以在精化中以比抽象里更细的粒度来观察我们的系统。

一个（带有新事件的）模型精化另一个更抽象的模型，这是什么意思呢？这一点还不是很清楚。我们必须回到迹集合的概念，考虑我们对抽象可以观察到什么，对精化又能观察到什么。为了简单起见，我们将假定这里没有事件的分裂或合并。这样，如果在抽象里的“老”事件用关系 $ae_1, \dots, ae_i, \dots, ae_n$ 表示，这些事件在精化里的存在用关系 $re_1, \dots, re_i, \dots, re_n$ 表示，只在精化里出现的新事件用二元关系 $ne_1, \dots, ne_k, \dots, ne_m$ 表示。下面展示了一个很短的抽象迹，其中有事件 ae_i 后跟 ae_j，在具体空间里我们有 re_i 后跟 re_j，但在两个事件之间出现了一个新事件 ne_k，在抽象中观察不到这个事件。

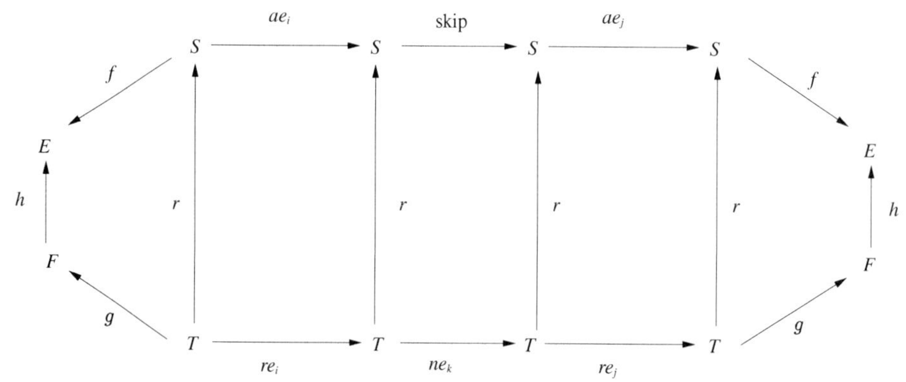

事实上，这个新事件简单地精化一个什么也不做的伪事件（skip），在这里，我们需要证明下面的前向模拟关系：

$$r^{-1}\,;ne_k \;\subseteq\; r^{-1}$$

有了这个，我们将很容易证明抽象迹 $ae_i\,;\,ae_j$ 被具体迹 $re_i\,;\,ne_k\,;\,re_j$ 精化，只需要应用我们已经在 14.5.5 节应用过的技术。假定新事件具有下面的形式：

```
new_event_k
  when
    N_k(w)
  then
    w :| T_k(w, w')
  end
```

我们必须证明的不变式保持性是规则 INV 的具体变形：

$I(v)$ $J(v,w)$ $N_k(w)$ $T_k(w,w')$ $\vdash$ $J(v,w')$	INV

新事件的引进，要求一个稍微修改的相对性无死锁规则，因为现在需要把新事件的卫也考虑进来。我们假定所有新事件的卫谓词分别是 $N_1(w)$，…，$N_m(w)$，该规则应修改为：

$I(v)$ $J(v,w)$ $G_1(v)\ \vee\ \ldots\ \vee\ G_n(v)$ $\vdash$ $H_1(w)\ \vee\ \ldots\ \vee\ H_n(w)\ \vee\ N_1(w)\ \vee\ \ldots\ \vee\ N_m(w)$	DLF

更强的规则修改为：

$I(v)$ $J(v,w)$ $G_i(v)$ $\vdash$ $H_i(w)\ \vee\ N_1(w)\ \vee\ \ldots\ \vee\ N_m(w)$	DLF

请注意，在由二元关系 re_i 和 re_j 表示的具体事件的两个出现之间，完全可能出现多个新事件，如下所示：

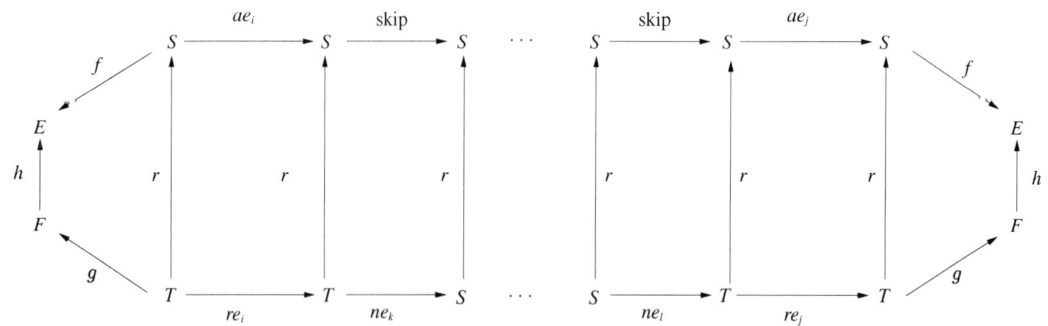

显然，我们不希望新事件的序列可以变得无穷长，因为，如果那样的话，相应的迹就不会是抽象迹的精化了（对应的抽象迹，也就是二元关系 ae_i 表示的事件后面跟着二元关系 ae_j 表示的事件）。换句话说，事件 re_j 必须是从 re_i **可达的**。这就是我们引进两条规则 NAT 和 VAR 的原因。我们必须给出一个自然数变动式 $V(w)$，每个新事件都使这个自然数减小：

```
new_event_k
  when
    N_k(w)
  then
    w :| T_k(w, w')
  end
```

下面是相应的证明义务规则：

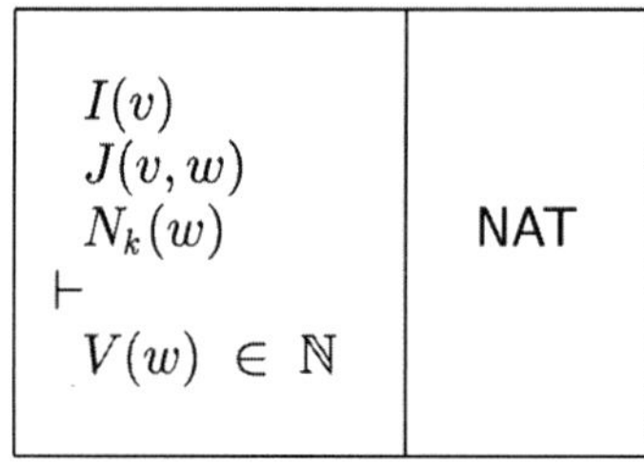

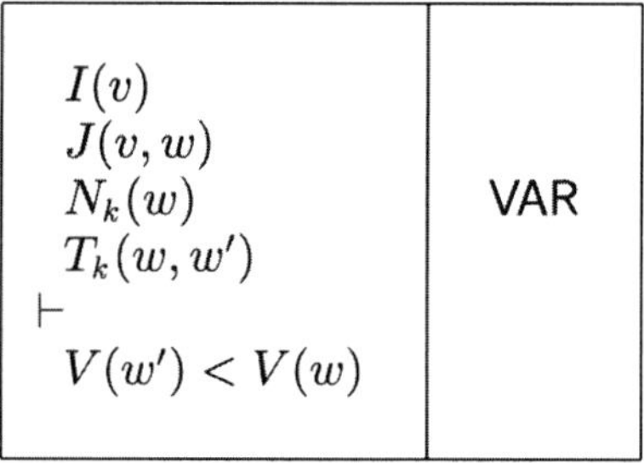

这里的自然数变动式减小，也可以推广为有穷集合 $S(w)$ 的严格缩小（严格包含）。这样做会得到下面的两条规则：

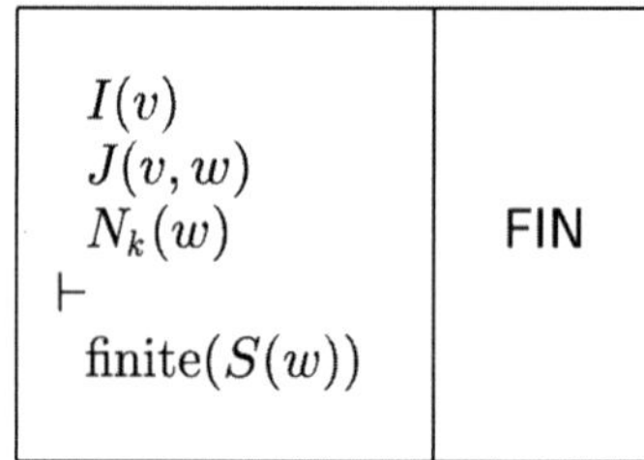

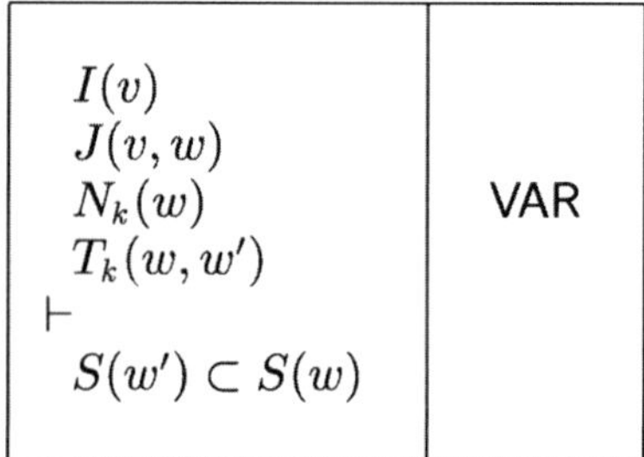

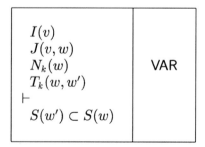

第 15 章 顺序程序的开发

在这一章里，我们将考察如何开发**顺序程序**。我们将首先展示一种在后面开发中使用的方法，然后给出一大批开发实例。

形式化地构造顺序程序（例如循环），常见的方法是从一个形式化的规范开始，一步步开发，依次得到一系列精化后的“概略描述”，最终得到一个程序。每个这样的概略描述都已经是一个完整描述（虽然经常具有高度非确定性的形式），以一个公式的形式反映了所期望的最终程序。精确地说，我们从初始“公式”开始逐步变换出最终程序。

在这一章里，我们不准备采用这种方法。无论如何，如果需要证明一个很大的公式，逻辑学家通常会把它分解为一些片段，然后对每个片段做一些简单操作，最后再把这些结果汇总到一起，做出一个最后的证明。

15.1 开发顺序程序的一种系统化方法

15.1.1 顺序程序的组成部分

一个顺序程序，本质上就是由一批**独立的赋值语句**组成，它们被用各种各样的结构粘接到一起。典型的粘接结构是顺序复合（**;**）、循环（**while**）和条件（**if**）。这些结构的作用就是按某种正确的顺序，显式地**调度**这些赋值语句，使程序的执行可以达到期望目标。下面是一个顺序程序的例子，其中的赋值都用方框括起，以示强调：

$$
\begin{array}{l}
\textbf{while}\quad j \neq m \quad \textbf{do}\\
\quad \textbf{if}\quad g(j+1) > x \quad \textbf{then}\\
\qquad \boxed{j := j+1}\\
\quad \textbf{elsif}\quad k = j \quad \textbf{then}\\
\qquad \boxed{k, j := k+1, j+1}\\
\quad \textbf{else}\\
\qquad \boxed{k, j, g := k+1, j+1, \mathsf{swap}\,(g, k+1, j+1)}\\
\quad \textbf{end}\\
\textbf{end}\,;\\
\boxed{p := k}
\end{array}
$$

请注意，为了简单起见，这里我们用了一个洋泾浜的命令式语言，它允许我们写多重赋值语句，如：

$$k,j := k+1, j+1 k,j,g := k+1, j+1, \mathsf{swap}(g, k+1, j+1)$$

虽然这种情况对我们这里想解释的问题并不重要，但请注意，表达式 swap$(g, k+1, j+1)$ 表示要求交换数组 g 里的值 $g(k+1)$ 和 $g(j+1)$。还请注意，在我们使用的语法中，有开始关键字（**while**、**if**），中间关键字（**do**、**then**、**elsif** 和 **else**）和结束关键字（**end**）。我们也可能采用其他语法形式，使 Java 或 C 程序员更习惯它们。但是，事实上，采用什么语法并不重要，最重要还是理解我们写出的到底是什么。

总结一下，我们将开发一种采用简单的洋泾浜命令式语言的程序，下面是这个语言里程序语句的语法：

$< variable > := < expressions >$

$< statement >$; $< statement >$

if $< condition >$ **then** $< statement >$ **else** $< statement >$ **end**

if $< condition >$ **then** $< statement >$ **elsif** ... **else** $< statement >$ **end**

while $< condition >$ **do** $< statement >$ **end**

进一步说，表达式可以表示自然数、数组以及指针。

15.1.2 把顺序程序分解为独立的事件

我们将在这里展示一种方法，其中，在设计阶段，我们将把各个独立的赋值与对它们的调度完全分离。因此，从本质上看，这一方法也就是我们喜爱的方法：在初始时采用一种隐式的**分布式的计算**，而不是显式的中心式的计算。在某个特定阶段，我们的“程序”将由一些赤裸裸的事件组成，这些事件在一些特定的卫式条件控制下执行一些动作。而且，在这一阶段，我们并不关注这些事件之间的同步。从操作的角度考虑，同步由一个隐藏的调度器**隐式地**完成，当一个事件的卫成立时，调度器**就可以激活**它。对前面的例子，我们可以写出下面几个赤裸裸的事件：

when
  $j \neq m$
  $g(j+1) > x$
then
  $j := j+1$
end

when
  $j \neq m$
  $g(j+1) \leqslant x$
  $k = j$
then
  $k := k+1$
  $j := j+1$
end

when
  $j \neq m$
  $g(j+1) \leqslant x$
  $k \neq j$
then
  $k := k+1$
  $j := j+1$
  $g := \mathsf{swap}(g, k+1, j+1)$
end

when
  $j = m$
then
  $p := k$
end

这种分解是按一种系统化的方式完成的。正如所见，我们收集起 **while** 和 **if** 语句引进的各种条件，根据它们得到各个事件的卫。例如，第二个事件处理赋值 $k := k+1$ 和 $j := j+1$，它得到了下面的卫：

$j \neq m$，因为这个赋值在以 **while** $j \neq m$ **do** ... **end** 开始的循环里；

$g(j+1) \leqslant x$，因为这个赋值不在语句 **if** $x < g(j+1)$ 的第一个分支里；

$k = j$，因为这个赋值在语句 **elsif** $k = j$ **then** ... **end** 语句里。

反过来，从这些赤裸裸的事件构造出前一节给出的程序，看起来也不困难。当然，这一过程也应该系统化地做，后面 15.3 节将讨论这件事。

15.1.3 方法梗概

在说了前面的那些话之后，我们计划使用的方法可以分为三个独立阶段。

① 在开发过程的开始，有关事件系统（除了初始化事件之外）将由一个带有卫、但是没有动作的事件构成。这个事件表示我们未来程序的规范。在这一阶段，我们可能还要定义一个 `anticipated` 事件（预期事件，见 15.2 节）。

② 在开发过程中，我们可能加入一些其他事件，也可能把某些抽象的 `anticipated` 事件转变为 `convergent` 事件（收敛事件，见 15.2 节）。

③ 当所有的独立片段都已“上桌”了（也就是我们在前一节中展示的那种情形），只有在此之后，我们才把兴趣转到它们的**显式**调度。这一调度工作的效果是使卫的求值最小化，为此，我们将应用一些特定的系统化规则（15.3 节），它们的作用就是逐步**合并这些事件**，把它们组织成一个整体，形成我们最后的程序。应用这些规则的效果就是逐渐删除作为事件的卫的各种谓词。这一开发的最后，我们将得到一个没有卫的“事件”。

这样一个开发方法，最有趣的地方，就在于它给了我们充分的自由，可以采用任何方法去精化未来程序的小片段，也可以创建新的片段，**并不受其他事件的干扰**。整个开发通过开发出一些小的**独立**片段的方式进行，它们保持在那样的状态，直到在这一过程的最后，我们才系统化地把它们组装到一起。这一开发过程可以用下面的图表示：

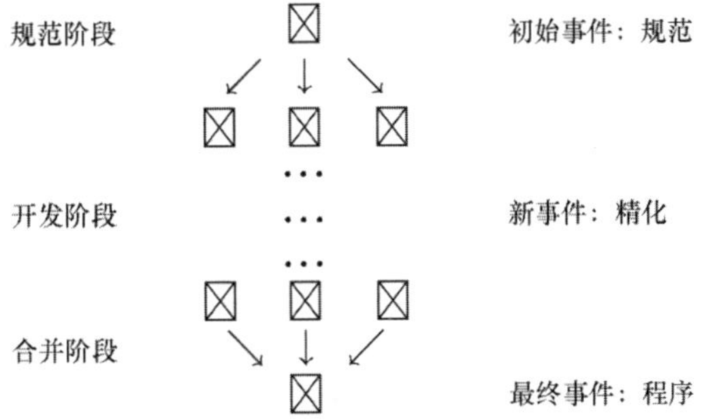

15.1.4 顺序程序的规范：前条件和后条件

一个有着一些输入参数和一些结果的顺序程序P，通常采用所谓的 Hoare 三元组的方式写出规范。这种规范具有下面的形式：

$$\{Pre\} \quad \mathsf{P} \quad \{Post\}$$

这里的 *Pre* 表示程序 P 的**前条件**，而 *Post* 表示它的**后条件**。前条件定义了我们对该程序的参数的假设，后条件描述了我们对这个程序可以期望的产出。

很容易把 Hoare 三元组编码到事件系统中。参数是常数，前条件是有关这些常数的公理。而结果是变量，整个程序用一个以后条件作为卫，以 skip 作为动作构成的事件表示。在下一节里，我们将用一个很简单的例子来展示有关情况。

15.2 一个非常简单的例子

15.2.1 规范

假定我们希望规范化一个程序，它的名字是 search。这个程序有下面几个参数：一个大小为 n 的数组 f，以及一个特定的值 v，假设它确实在数组 f 的值域中。我们的程序 search 的结果用 r 表示，它应该是 f 的一个下标，并使得 $f(r) = v$。这一非形式化的描述可以用下面 Hoare 三元组写得更形式化一些：

$$\left\{\begin{array}{l} n \in \mathbb{N} \\ f \in 1\,..\,n \rightarrow S \\ v \in \operatorname{ran}(f) \end{array}\right\} \qquad \text{search} \qquad \left\{\begin{array}{l} r \in 1\,..\,n \\ f(r) = v \end{array}\right\}$$

这个例子可以直截了当地编码如下。首先是前条件的编码：

sets: S

constants: n, f, v

axm0_1: $n \in \mathbb{N}$

axm0_2: $f \in 1\,..\,n \rightarrow S$

axm0_3: $v \in \operatorname{ran}(f)$

thm0_1: $n \geqslant 1$

正如所见，前条件的三个谓词，现在变成了三个公理 **axm0_1** 到 **axm0_3**。请注意这里给出的定理 **thm0_1**。现在考虑后条件的编码，首先定义结果变量 r：

variables: r

inv0_1: $r \in \mathbb{N}$

正如所见，这里的不变式非常弱：在不变式 **inv0_1** 中，我们只说了 r 是一个自然数。

下面是两个事件，分别命名为 init 和 final：

```
init
  r :∈ ℕ
```

```
final
  when
    r ∈ 1 .. n
    f(r) = v
  then
    skip
  end
```

构成原来的后条件的两个谓词，现在变成了 final 事件的卫。这个事件也没有动作。

最后，我们引进下面的 anticipated 事件 progress：

```
progress
  status
    anticipated
  then
    r :∈ ℕ
  end
```

这个事件以完全非确定性的方式修改 r 的值，这是我们在 4.7 节介绍的技术，在 6.4.2 节再次使用。在这一章里，我们将系统地使用这种技术。

15.2.2 精化

顺序程序的开发，也将完全按我们在前面各章里一再沿袭的路径，也就是说，做一些精化，更仔细地观察有关的状态，引进一些新事件，或者精化一个 anticipated 事件（在目前情况下，我们就是准备做这件事）。

在这个检索的例子里，我们的精化非常简单。这里并不准备引进任何新变量，而是对变量 r 做加法并精化 progress。让变量 r 在区间 $1\,..\,n$ 里取值（不变式 **inv1_1**），最主要的不变式说，v 不在区间 $1\,..\,r-1$ 在 f 下的像集（也就是说，$f[1\,..\,r-1]$）里面。这也就是说，区间 $1\,..\,r-1$ 表示的是我们已经探索过但**未能成功**的那些下标：

variables: r

inv1_1: $r \in 1\,..\,n$

inv1_2: $v \notin f[1\,..\,r-1]$

variant1: $n - r$

这种情况可以用下图表示：

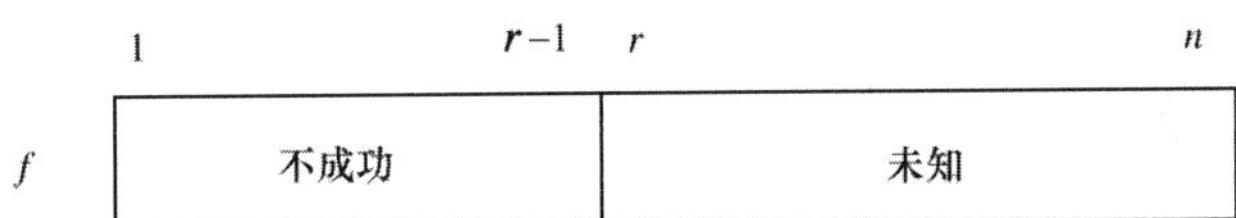

现在，我们还要把前面的 anticipated 事件做成 convergent 事件，让它在 $f(r)$ 不等于 v 时把 r 的值加 1。另外，请读者注意结果变量 r 的初始化：

```
init
  r := 1
```

```
final
  when
    f(r) = v
  then
    skip
  end
```

```
progress
  status
    convergent
  when
    f(r) ≠ v
  then
    r := r + 1
  end
```

注意，现在事件 progress 是 convergent 事件。为此我们需要提供了一个变动式 **variant1**，它应该是一个自然数，而且被 progress 减小。所有证明都留给读者完成。

15.2.3 推广

请注意，前面的例子可以推广到被检索的值未必在 f 的值域中出现的情况。这样的程序就会有两种输出：①被检索的值没有找到；②被检索的值找到了，结果就是对应的下标。在抽象里，这种情况应该用两个不同的事件表示，还要加入一个布尔变量 success，它等于真时表示 v 确实存在于 f 的值域中，否则其值为假。我们也可能重新安排前面的解，使这两个解非常接近。

15.3 合并规则

到了这一点，我们的开发已经接近完成了。剩下的事情就是把做好的事件合并起来，得到最后的程序。为了做这件事，我们定义几条**合并规则**。最基本的规则就是两条：一条用于定义条件语句（M_IF），另一条用于定义循环语句（M_WHILE）。下面是这两条规则：

when P Q **then** S **end**	**when** P $\neg Q$ **then** T **end**	$\leadsto$	**when** P **then** **if** Q **then** S **else** T **end** **end**	M_IF

when P Q **then** S **end**	**when** P $\neg Q$ **then** T **end**	$\leadsto$	**when** P **then** **while** Q **do** S **end**$\,;T$ **end**	M_WHILE

这些规则应该用如下的方式阅读：如果我们的系统里有两个事件，它们具有对应于上述规则中 $\leadsto$ 符号左部的形式，我们就可以把它们合并为对应于规则右部的一个**伪事件**。应该看到，两个规则的左部都是同样的带前提事件，因此，究竟是应用这个还是哪个可能成为问题。然而，这里不会出现混乱，因为这两条规则有**互不相容的副条件**，如下所示：

> 第二条规则（它引进 **while**）要求第一个带前提事件（它给出了循环的“体”S）是**新的或者非** anticipated **事件，因此，在比第二个事件低一层的精化里是收敛的**。按照这种考虑，我们可以确定这里存在一个变动式，可以保证循环的终止性。进一步说，**第一个事件必须保持公共条件 P 不变**。我们将认为，合并后的事件“出现”在与第二个带前提事件的同一个层次中。

第一条规则（它引进 **if**）可以应用的条件是，这两个事件是在同一层次中引进的。我们认为，合并后的事件是在其成分事件的同一个“层次”中。

第一条规则还有一种特殊形式，其中带前提条件的事件里，有一个事件本身也是一个 **if** 形式，如下所示：

when P Q **then** S **end**	**when** P $\neg Q$ **then** **if** R **then** T **else** U **end** **end**	$\rightsquigarrow$	**when** P **then** **if** Q **then** S **elsif** R **then** T **else** U **end** **end**
	M_ELSIF		

请注意：这三条规则里的 P 都是可缺的。在没有出现 P 的时候，规则右部的伪事件就简化为一个无卫的事件。再请注意合并规则 `M_WHILE`，其中的 T 也可以是 `skip`。在这些情况下，这些规则都可以做相应的简化。

系统化地应用这些规则，直到只剩下一个无卫的伪事件。然后我们还要应用最后一条合并规则，称为 M_INIT，它把初始化事件的唯一伪事件拼在最前面。对我们前面的简单例子，这些规则导出了下面的最后程序结构：

```
search_program
  r := 1;
  while  f(r) ≠ v  do
    r := r + 1
  end
```

15.4 例：排序数组里的二分检索

15.4.1 初始模型

这个问题与前面一个完全一样，也是在数组里检索一个值。所以，问题的规范也（几乎）与前一个相同，除了一点，那就是我们对数组有更多的信息：要求它是自然数的数组，而且元素按一种值非减小的方式排好序，如公理 **axm0_4** 所述。下面是前条件：

constants: n, f, v

axm0_1: $n \in \mathbb{N}$

axm0_2: $f \in 1\,..\,n \rightarrow \mathbb{N}$

axm0_3: $v \in \mathrm{ran}(f)$

thm0_1: $n \geq 1$

axm0_4: $\forall i, j \cdot \begin{array}{l} i \in 1\,..\,n \\ j \in 1\,..\,n \\ i \leqslant j \\ \Rightarrow \\ f(i) \leqslant f(j) \end{array}$

下面是后条件：

variables: r

inv0_1: $r \in \mathbb{N}$

```
init
  r :∈ ℕ
```

```
final
  when
    r ∈ 1 .. n
    f(r) = v
  then
    skip
  end
```

我们还是有一个预期（anticipated）事件：

```
progress
  status
    anticipated
  then
    r :∈ ℕ
  end
```

15.4.2 第一次精化

状态 我们要引进两个新变量 p 和 q，假定它们是数组 f 里的两个下标（不变式 **inv1_1** 和 **inv1_2**），而且变量 r 的值在区间 $p \,..\, q$ 里（不变式 **inv1_3**）。进一步说，假定值 v 是区间 $p..q$ 在 f 下的像集（也就是说，$f[p \,..\, q]$）的成员（公理 **inv1_4**）。下面是精化的状态：

variables: r, p, q

inv1_1: $p \in 1 \,..\, n$

inv1_2: $q \in 1 \,..\, n$

inv1_3: $r \in p \,..\, q$

inv1_4: $v \in f[p \,..\, q]$

variant1: $q - p$

下图描绘了这里的状况：

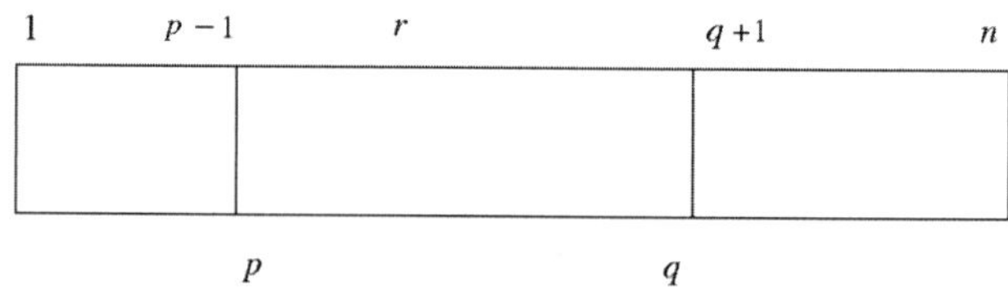

现在，我们引进两个事件，分别称为 inc 和 dec，用它们分裂抽象里的预期事件 progress。这两个事件都是 convergent（见上面的变动式 **variant1**）。当 $f(r)$ 小于或者大于 v 时，增大 p 的值或者减小 q 的值。这两个操作还非确定性地把 r 移到新区间 $p \,..\, q$ 里的某处：

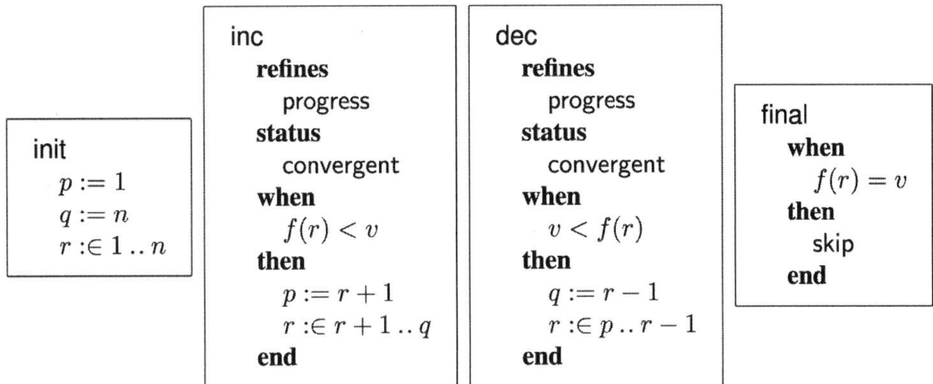

下图描绘这里的状况，当时正要执行事件 inc（箭头指出了下标 p 的新值）。这个事件以谓词 $f(r) < v$ 作为卫：

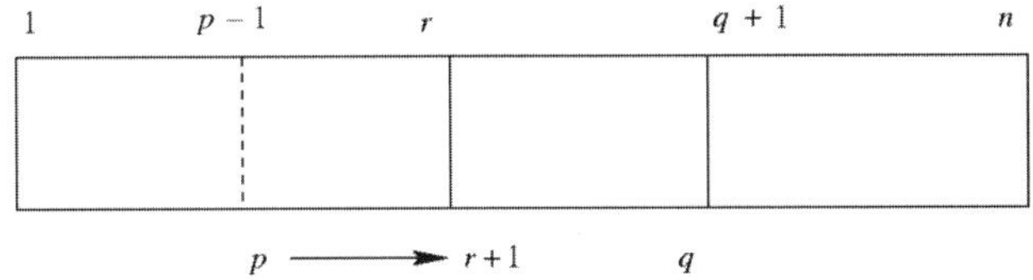

下图描绘正要执行事件 dec（箭头指出了下标 q 的新值）时的状况。这个事件以谓词 $f(r) > v$ 作为卫：

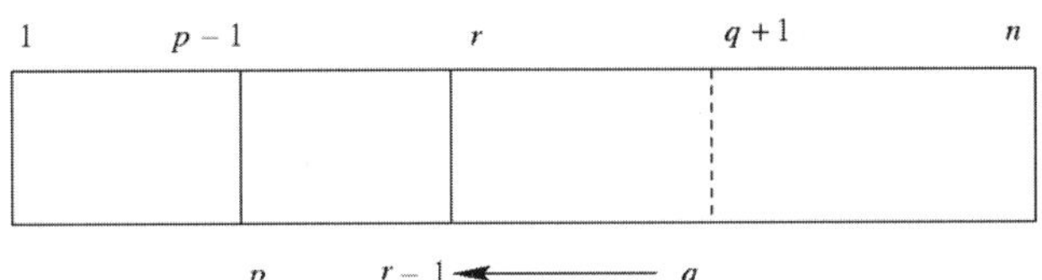

有关证明很简单，我们鼓励读者利用 Rodin 平台完成这一工作。

15.4.3 第二次精化

第二次精化非常简单：状态与前面的抽象相同，只是原来在事件 inc 和 dec 里对 r 的非确定性选择，现在改为选择位于两区间 $r + 1 .. q$ 和 $p .. r - 1$ “中间”的那个值作为 r。这样就得到了这两个事件的精化版本：

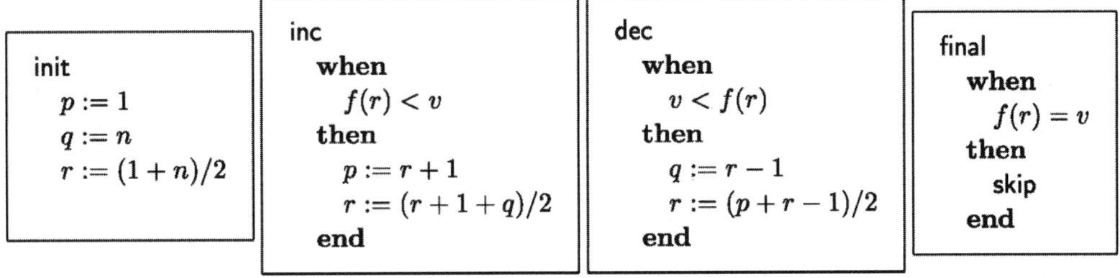

主要证明是关于事件 inc 和 dec 里对 r 的公共操作蕴涵着不变式。对于事件 dec，也就是要证明 $(r + 1 + q)/2 \in r + 1 .. q$，这是很明显的，因为我们在抽象里已经证明了 $r + 1 .. q$ 非空（事件 dec 的可行性）。对于事件 inc 的证明也类似。

15.4.4 合并

现在我们已经准备好，可以合并 inc 和 dec 了。为此我们使用规则 M_IF，得到下面的伪事件 inc_dec（左边）。在这之后我们归并这个伪事件和事件 final，为此可以应用合并规则 M_WHILE。最后得到的伪事件给出在右边：

```
inc_dec
  when
    f(r) ≠ v
  then
    if  f(r) < v  then
      p, r := r + 1, (r + 1 + q)/2
    else
      q, r := r − 1, (p + r − 1)/2
    end
  end
```

```
inc_dec_final
  while  f(r) ≠ v  do
    if  f(r) < v  then
      p, r := r + 1, (r + 1 + q)/2
    else
      q, r := r − 1, (p + r − 1)/2
    end
  end
```

把初始化附加在前面（规则 M_INIT），就得到了最后的程序：

```
bin_search_program
  p, q, r := 1, n, (1 + n)/2;
  while  f(r) ≠ v  do
    if  f(r) < v  then
      p, r := r + 1, (r + 1 + q)/2
    else
      q, r := r − 1, (p + r − 1)/2
    end
  end
```

15.5 例：自然数数组中的最小值

15.5.1 初始模型

我们的下一个简单示例，是找出一个非空自然数数组的值域中的最小值。令 n 和 f 是两个常量，m 是变量，下面是我们的初始模型：

constants: n
f

axm0_1: $0 < n$

axm0_2: $f \in 1\,..\,n \to \mathbb{N}$

thm0_1: $\mathrm{ran}(f) \neq \varnothing$

variables: m

$$\textbf{inv0\_1:}\quad m \in \mathbb{N}$$

```
init
  m :∈ ℕ
```

```
minimum
  m := min(ran(f))
```

15.5.2 第一次精化

我们的第一次精化也是引进两个下标变量 p 和 q（与前一个例子中类似）。但在这里，我们还要求 p 的值不大于 q（不变式 **inv1_3**）。进一步地，不变式 **inv1_4** 要求数组中的最小值在集合 $f[p\,..\,q]$ 里：

constants: n, f

variables: m, p, q

inv1_1: $p \in 1\,..\,n$

inv1_2: $q \in 1\,..\,n$

inv1_3: $p \leqslant q$

inv1_4: $\min(\text{ran}(f)) \in f[p\,..\,q]$

我们也引进两个新事件 `inc` 和 `dec`。当 p 小于 q 而且 $f(p)$ 大于 $f(q)$ 时，我们把区间 $p\,..\,q$ 缩小为 $p+1\,..\,q$，因为 $f(p)$ 肯定不是我们希望找到的最小值。事件 `dec` 也有类似的效果。根据不变式 **inv1_4**，当 p 等于 q 时，我们就找到了最小值：

```
init
  p, q := 1, n
  m :∈ ℕ
```

```
inc
  when
    p < q
    f(p) > f(q)
  then
    p := p + 1
  end
```

```
dec
  when
    p < q
    f(p) ≤ f(q)
  then
    q := q − 1
  end
```

```
minimum
  when
    p = q
  then
    m := f(p)
  end
```

我们把证明这个精化（请不要忘记证明事件 `inc` 和 `dec` 的收敛性），以及通过应用某些合并规则生成最终程序的工作，都留给读者作为练习。

15.6 例：数组划分

在这个例子中，所有证明都留给读者完成。

15.6.1 初始模型

现在我们要研究的问题，是著名的快速排序（Quicksort）中的划分问题的一个变形。令 f 是包含 n 个自然数的数组（为简单起见，我们假定这 n 个数互不相同），令 x 是一个自然数。我们希望把 f 变换为另一个数组 g，该数组的元素与 f 完全相同，但是存在区间 $0\,..\,n$ 中的一

个下标 k，使得 $g[1\,..\,k]$ 里的元素都小于或等于 x，而 $g[k+1\,..\,n]$ 里的元素都严格地大于 x。最终的结果如下图所示：

1	$\leqslant x$	k	$k+1$	$> x$	n

例如，假定 f 是下面数组：

3	7	2	5	8	9	4	1

如果我们希望用 5 划分它，转换得到的数组可能是下面的样子，而 k 被设置为 5：

3	2	5	4	1	9	7	8

注意，如果 f 中所有的元素都大于 x，那么 k 将等于 0。而如果所有元素都小于或等于 x，k 将等于 n。现在我们已经有了足够多的要素，可以给出如下的初始模型：

constants: n
f
x

axm0_1: $n \in \mathbb{N}$

axm0_2: $f \in 1\,..\,n \rightarrowtail \mathbb{N}$

axm0_3: $x \in \mathbb{N}$

variables: k
g

inv0_1: $k \in \mathbb{N}$

inv0_2: $g \in \mathbb{N} \leftrightarrow \mathbb{N}$

init
　$k :\in \mathbb{N}$
　$g :\in \mathbb{N} \leftrightarrow \mathbb{N}$

final
　when
　　$k \in 0\,..\,n$
　　$g \in 1\,..\,n \rightarrowtail \mathbb{N}$
　　$\mathrm{ran}\,(g) = \mathrm{ran}\,(f)$
　　$\forall m \cdot m \in 1\,..\,k \;\Rightarrow\; g(m) \leqslant x$
　　$\forall m \cdot m \in k+1\,..\,n \;\Rightarrow\; g(m) > x$
　then
　　skip
　end

progress
　status
　　anticipated
　then
　　$k :\in \mathbb{N}$
　　$g :\in \mathbb{N} \leftrightarrow \mathbb{N}$
　end

15.6.2　第一次精化

我们的下一步是引进一个新变量 j。假定变量 j 和 k 都是 $0\,..\,n$ 范围内的下标，并假定变量 k 小于或等于 j。我们还要有两个不变式，说明 k 和 j 把数组 g 划分为下面的样子：

1 $\leqslant x$ k	$k+1$ $>x$ j	$j+1$? n

正如所见，数组 g 中范围 $1\,..\,j$ 以 k 作为中间的划分点。这里的想法是，我们随后可能增大 j 的值，也可能同时增大 k 和 j，同时维持相应的不变式。当 j 等于 n 时整个过程结束。形式化地，这些考虑产生了下面的新状态：

variables: k
g
j

inv1_1: $j \in 0\,..\,n$

inv1_2: $k \in 0\,..\,j$

inv1_3: $g \in 1\,..\,n \rightarrowtail \mathbb{N}$

inv1_4: $\mathrm{ran}(g) = \mathrm{ran}(f)$

inv1_5: $\forall m \cdot m \in 1\,..\,k \Rightarrow g(m) \leqslant x$

inv1_6: $\forall m \cdot m \in k+1\,..\,j \Rightarrow x < g(m)$

下面是事件 init 和 final 的精化，这里还引进了三个 convergent 事件 progress_1、progress_2 和 progress_3，它们都精化抽象的 anticipated 事件 progress（请猜出变动式）：

init
  $j := 0$
  $k := 0$
  $g := f$

final
  when
    $j = n$
  then
    skip
  end

progress_1
  refines
    progress
  status
    convergent
  when
    $j \neq n$
    $g(j+1) > x$
  then
    $j := j+1$
  end

progress_2
  refines
    progress
  status
    convergent
  when
    $j \neq n$
    $g(j+1) \leqslant x$
    $k = j$
  then
    $k := k+1$
    $j := j+1$
  end

progress_3
  refines
    progress
  status
    convergent
  when
    $j \neq n$
    $g(j+1) \leqslant x$
    $k \neq j$
  then
    $k := k+1$
    $j := j+1$
    $g := g \Leftarrow \{k+1 \mapsto g(j+1)\} \Leftarrow \{j+1 \mapsto g(k+1)\}$
  end

15.6.3 合并

合并这些事件，我们就得到了下面的最终程序：

```
partition_program
  j, k, g := 0, 0, f;
  while j ≠ n do
    if g(j + 1) > x then
      j := j + 1
    elsif k = j then
      k, j := k + 1, j + 1
    else
      k, j, g := k + 1, j + 1, g ⩤ {k + 1 ↦ g(j + 1)} ⩤ {j + 1 ↦ g(l + 1)}
    end
  end
```

15.7 例：简单排序

在这个例子里，所有证明都留给读者完成。

15.7.1 初始模型

在这里，我们并不准备开发一个非常聪明的排序算法。实际上，我们的意图就是用排序作为一个机会，展示如何开发一个包含**嵌套循环**的小程序。我们有两个常量：n 是一个正的自然数，而 f 是一个从 1 .. n 到自然数的全的内射函数。我们希望得到的结果变量 g 必须是排序的，而且具有与 f 同样的元素。下面是我们的初始状态：

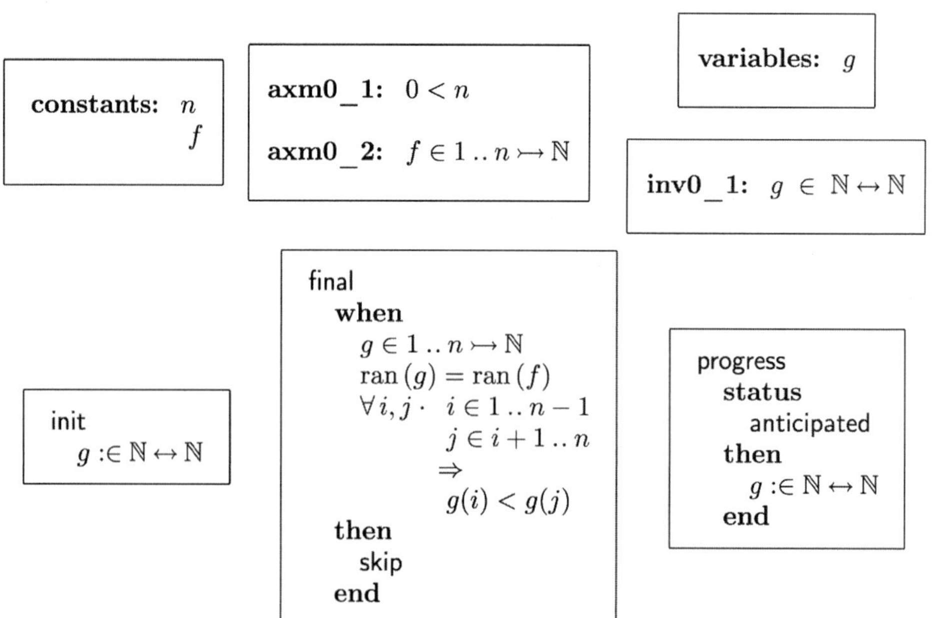

事件 final 的卫规定了 g 包含与原来 f 同样的元素，但是按上升序排好序了。

15.7.2 第一次精化

在这一精化里，我们引进一个新的下标变量 k，假定它在区间 $1 \,..\, n$ 取值。进一步说，g 中从 1 到 $k-1$ 的子部分里的元素都是排好序的，而且都小于位于另一个子部分（也就是说，范围为从 k 到 n）里的元素。下图描绘了这些情况：

1 排好序而且较小 $k-1$	k n

我们还要引进一个新变量 l 和一个新的 anticipated 事件 prog。在 convergent 事件 progress（请猜出变动式）的卫里，我们要求 $g(l)$ 是集合 $g[k \,..\, n]$ 里的最小值。我们的新状态和事件如下。请注意事件 init、progress 和 prog 都以非确定性的方式修改 l：

variables: g, k, l

inv1_1: $g \in 1 \,..\, n \rightarrowtail \mathbb{N}$

inv1_2: $\mathrm{ran}(g) = \mathrm{ran}(f)$

inv1_3: $k \in 1 \,..\, n$

inv1_4: $\forall i, j \cdot i \in 1 \,..\, k-1 \land j \in i+1 \,..\, n \Rightarrow g(i) < g(j)$

inv1_5: $l \in \mathbb{N}$

```
init
    g := f
    k := 1
    l :∈ ℕ
```

```
final
  when
    k = n
  then
    skip
  end
```

```
progress
  status
    convergent
  when
    k ≠ n
    l ∈ k .. n
    g(l) = min(g[k..n])
  then
    g := g ◁+ {k ↦ g(l)} ◁+ {l ↦ g(k)}
    k := k + 1
    l :∈ ℕ
  end
```

```
prog
  status
    anticipated
  then
    l :∈ ℕ
  end
```

15.7.3 第二次精化

我们的下一步工作，就是把前一节里最小值的任意选择确定化。为此，我们要引进另

一个下标变量 j，其取值范围是从 k 到 n，而让 l 的取值限制在从 k 到 j。再假定 g 在下标 l 的值是 g 中从 k 到 j 的子部分里的最小值。下面是我们的新状态：

variables: g
k
l
j

inv2_1: $j \in k\,..\,n$

inv2_2: $l \in k\,..\,j$

inv2_3: $g(l) = \min(g[k\,..\,j])$

下图描绘了不变式 **inv2_3** 的情况：

1 排好序而且较小 $k-1$	k $g(l)$ 是最小的 j	n

下面是几个抽象事件的精化：

init
  $g := f$
  $k := 1$
  $l := 1$
  $j := 1$

final
  when
    $k = n$
  then
    skip
  end

progress
  when
    $k \neq n$
    $j = n$
  then
    $g := g \lhd \{k \mapsto g(l)\} \lhd \{l \mapsto g(k)\}$
    $k := k + 1$
    $j := k + 1$
    $l := k + 1$
  end

在具体事件 progress 里，卫的加强（用条件 $j = n$）蕴涵着变量 l 的值正好对应于抽象中对最小值的任意选择。这里还有新的收敛事件 prog1 和 prog2（请猜出变动式），这两个事件都精化抽象的 anticipated 事件 prog：

prog1
  refines
    prog
  status
    convergent
  when
    $k \neq n$
    $j \neq n$
    $g(l) \leqslant g(j+1)$
  then
    $j := j + 1$
  end

prog2
  refines
    prog
  status
    convergent
  when
    $k \neq n$
    $j \neq n$
    $g(j+1) < g(l)$
  then
    $j := j + 1$
    $l := j + 1$
  end

15.7.4 合并

应用合并规则，我们可以得到下面的最终程序：

```
sort_program
  g, k, j, l := f, 1, 1, 1
  while k ≠ n do
    while j ≠ n do
      if g(l) ⩽ g(j + 1) then
        j := j + 1
      else
        j, l := j + 1, j + 1
      end
    end;
    k, j, l, g := k + 1, k + 1, k + 1, g ⩤ {k ↦ g(l)} ⩤ {l ↦ g(k)}
  end
```

请注意内层循环变量 j 和 l 的初始化在两个地方进行：在程序开始时需要正确地初始化，还有就是在内层循环之后尾随的那个语句里。

15.8 例：数组反转

本例中的所有证明都留给读者。

15.8.1 初始模型

我们的下一个例子是经典的数组反转。给定一个载体集合 S、两个常量 n 和 f 以及一个变量 g，下面是状态以及事件：

sets: S

constants: n, f

axm0_1: $n \in \mathbb{N}$

axm0_2: $0 < n$

axm0_3: $f \in 1\,..\,n \to S$

variables: g

inv0_1: $g \in \mathbb{N} \leftrightarrow S$

```
init
  g :∈ ℕ ↔ S
```

```
final
  when
    g ∈ 1 .. n → S
    ∀k · k ∈ 1 .. n  ⇒  g(k) = f(n − k + 1)
  then
    skip
  end
```

```
progress
  status
    anticipated
  then
    g :∈ ℕ ↔ S
  end
```

15.8.2 第一次精化

我们的第一次精化包括引进两个下标变量，i 从 1 开始取值，j 从 n 开始取值。下标 i 和 j 相向而行。数组 g 是逐渐反转的，在 i 严格小于 j 的情况下交换元素 $g(i)$ 和 $g(j)$。事件 `progress` 完成这一工作。按这种做法，g 的从 1 到 $i-1$ 和从 $j+1$ 到 n 的两个子数组的元素，相对于原数组 f 已经完成反转。g 中间的部分相对于 f 还没有改变。下图描绘了这里的情况：

1 已反转	i 没改变 j	已反转 n

请注意，$i+j$ 的值总是等于 $n+1$。在这一过程结束时，当 n 为奇数时 i 就等于 j，而当 n 为偶数时 i 等于 $j+1$。在这两种情况下，我们都有 $i \geqslant j$。下面是新的状态：

variables: g, i, j

inv1_1: $g \in 1\,..\,n \to S$

inv1_2: $i \in 1\,..\,n$

inv1_3: $j \in 1\,..\,n$

inv1_4: $i + j = n + 1$

inv1_5: $i \leqslant j + 1$

inv1_6: $\forall k \cdot k \in 1\,..\,i-1 \Rightarrow g(k) = f(n-k+1)$

inv1_7: $\forall k \cdot k \in i\,..\,j \Rightarrow g(k) = f(k)$

inv1_8: $\forall k \cdot k \in j+1\,..\,n \Rightarrow g(k) = f(n-k+1)$

下面是精化后的事件（请猜出事件 `progress` 的变动式）：

```
init
  i := 1
  j := n
  g := f
```

```
final
  when
    j ≤ i
  then
    skip
  end
```

```
progress
  status
    convergent
  when
    i < j
  then
    g := g ⩤ {i ↦ g(j)} ⩤ {j ↦ g(i)}
    i := i + 1
    j := j − 1
  end
```

现在我们已经可以应用合并规则了。最后得到了下面的程序：

```
reverse_program
  i, j, g := 1, n, f;
  while i < j do
    i, j, g := i + 1, j − 1, g <+ {i ↦ g(j)} <+ {j ↦ g(i)}
  end
```

15.9 例：链接表反转

至今为止，我们的所有例子都是处理数组和对应的下标。由于这种情况，一些证明依赖于某些基本算术性质。在目前这个例子里，我们将经历另一种数据结构，而且要处理指针问题。我们要解决的问题也是非常经典的，而且也很简单，就是希望反转一个线性链。注意，为了简单起见，我们假定这个链只由指针构成。换句话说，链中结点没有信息域。

15.9.1 初始模型

在这个链里，每个结点指向它的直接后继（如果存在的话）。链从一个称为f（“第一个”，first）的结点开始，到一个称为l（“最后一个”，last）的结点结束。下图描绘了这些情况：

$$\boxed{f} \rightarrow \boxed{x} \rightarrow \ldots \rightarrow \boxed{z} \rightarrow \boxed{l}$$

在进入问题之前，我们先形式化前面已经介绍的情况。我们简单地拷贝 9.7.4 节里给出的公理，只是重新命名了其中的一些常量：

sets: S

constants: d, f, l, c

axm0_1:	$d \subseteq S$
axm0_2:	$f \in d$
axm0_3:	$l \in d$
axm0_4:	$f \neq l$
axm0_5:	$c \in d \setminus \{l\} \rightarrowtail\!\!\!\!\rightarrow d \setminus \{f\}$
axm0_6:	$\forall T \cdot T \subseteq c[T] \Rightarrow T = \varnothing$

我们想反转这种链。所以，如果初始的链是

$$\boxed{f} \rightarrow \boxed{x} \rightarrow \ldots \rightarrow \boxed{z} \rightarrow \boxed{l}.$$

变换后得到的链 r 看起来应该是下面样子：

$$\boxed{f} \leftarrow \boxed{x} \leftarrow \ldots \leftarrow \boxed{z} \leftarrow \boxed{l}$$

下面是结果 r 的定义，同时还给出了一下子就完成工作的事件 `reverse`：r 正好就是 c 的反转：

variables: r

inv0_1: $r \in S \leftrightarrow S$

init
$r :\in S \leftrightarrow S$

reverse
$r := c^{-1}$

15.9.2 第一次精化

在第一次精化中，我们引进另外两个链 a 和 b，以及一个指针 p。链 a 对应于链 c 中已经反转的那一部分，而链 b 对应于链 c 中还没有反转的那一部分。结点 p 是两个链的开始结点。下图描绘了这里的情况：

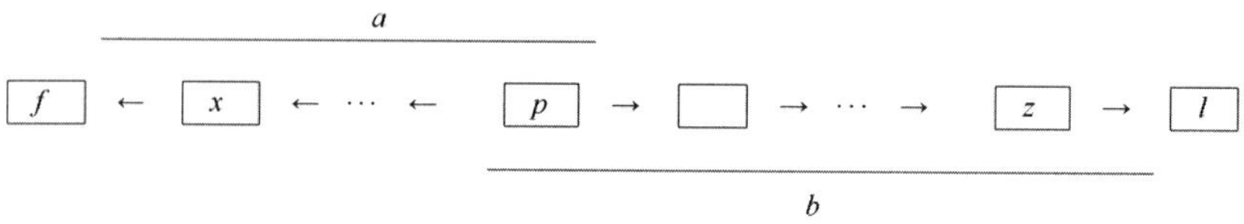

$$\overbrace{\boxed{f} \leftarrow \boxed{x} \leftarrow \cdots \leftarrow \boxed{p}}^{a}\ \underbrace{\boxed{p} \rightarrow \boxed{} \rightarrow \cdots \rightarrow \boxed{z} \rightarrow \boxed{l}}_{b}$$

取得进展的方式就是把 p 向右移一步，并把链 b 的第一个指针反过来，如下图所示：

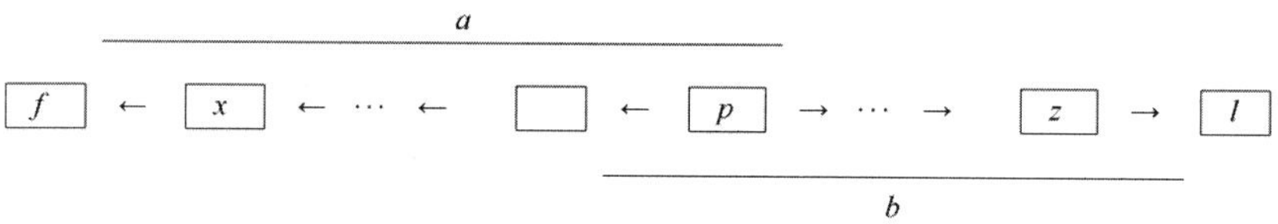

$$\overbrace{\boxed{f} \leftarrow \boxed{x} \leftarrow \cdots \leftarrow \boxed{} \leftarrow \boxed{p}}^{a}\ \underbrace{\boxed{p} \rightarrow \cdots \rightarrow \boxed{z} \rightarrow \boxed{l}}_{b}$$

开始时 p 等于 f，a 为空而 b 等于 c：

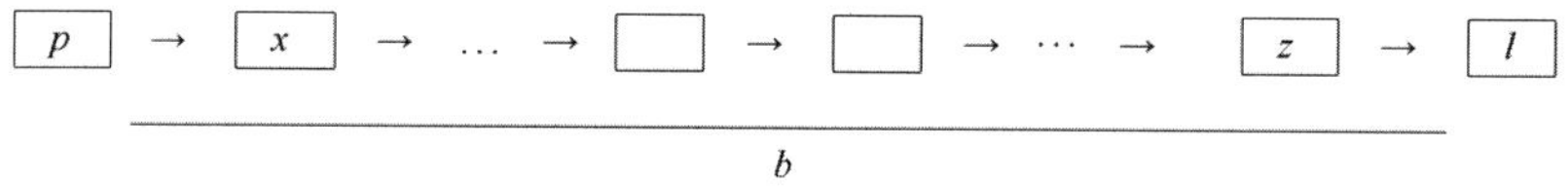

$$\underbrace{\boxed{p} \rightarrow \boxed{x} \rightarrow \cdots \rightarrow \boxed{} \rightarrow \boxed{} \rightarrow \cdots \rightarrow \boxed{z} \rightarrow \boxed{l}}_{b}$$

到了最后，p 等于 l，a 是反转的链而 b 为空了：

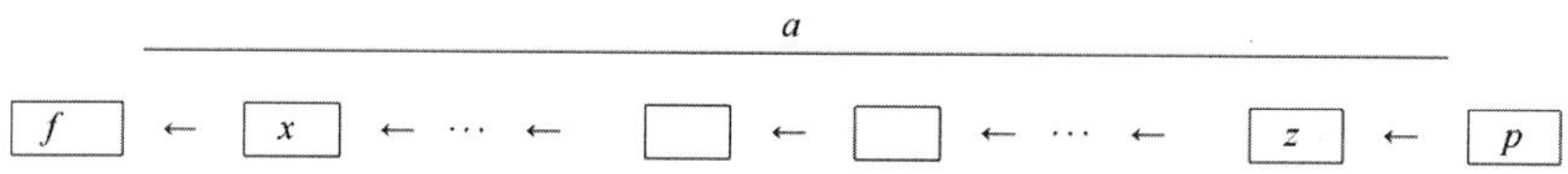

$$\overbrace{\boxed{f} \leftarrow \boxed{x} \leftarrow \cdots \leftarrow \boxed{} \leftarrow \boxed{} \leftarrow \cdots \leftarrow \boxed{z} \leftarrow \boxed{p}}^{a}$$

我们前面非形式地展示了有关的结构，它的形式化描述并不复杂：我们定义两个链 a 和 b 以及它们与链 c 的关系。请注意，这里我们用了 $\mathrm{cl}(c)$ 和 $\mathrm{cl}(c^{-1})$，它们分别是 c 和 c^{-1} 的反自反的传递闭包（cl 在 9.7.1 节定义）：

variables: r
a
b
p

inv1_1: $p \in d$

inv1_2: $a \in (\mathrm{cl}(c^{-1})[\{p\}] \cup \{p\}) \setminus \{f\} \rightarrowtail\!\!\!\!\twoheadrightarrow \mathrm{cl}(c^{-1})[\{p\}]$

inv1_3: $b \in (\mathrm{cl}(c)[\{p\}] \cup \{p\}) \setminus \{l\} \rightarrowtail\!\!\!\!\twoheadrightarrow \mathrm{cl}(c)[\{p\}]$

inv1_4: $c = a^{-1} \cup b$

下面是前面事件的精化，还引进了一个新事件 `progress`：

```
init
  r :∈ S ↔ S
  a, b, p := ∅, c, f
```

```
reverse
  when
    b = ∅
  then
    r := a
  end
```

```
progress
  when
    p ∈ dom(b)
  then
    p := b(p)
    a(b(p)) := p
    b := {p} ⩤ b
  end
```

正如我们在 `progress` 里看到的，p 被移向右边（用 $p := b(p)$），对偶 $b(p) \mapsto p$ 被加入链 a（用 $a(b(p)) := p$），还有，最后把结点 p 从链 b 删除（也就是 $b := \{p\} \lhd\!\!\!- b$）。

15.9.3 第二次精化

在这一精化中，我们引进一个特殊的常量结点 nil（**axm2_1**），假定它不是集合 d 的成员。我们还用链 bn 取代链 b，链 bn 等于 $b \cup \{l \mapsto nil\}$（**inv2_1**）。最后，我们引入另一个指针 q，让它等于 $bn(p)$。有关情况用下图表示：

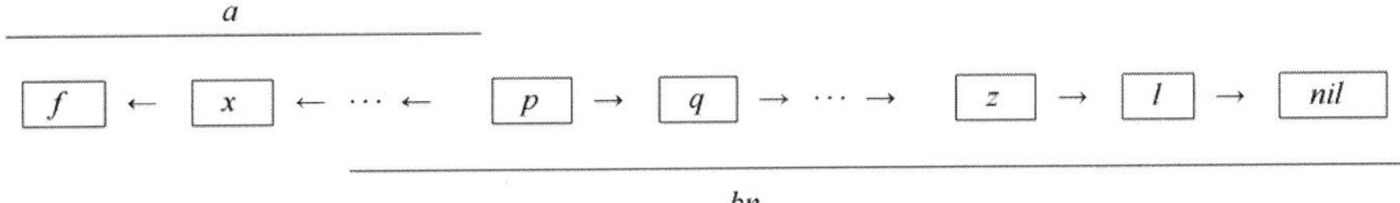

这里是新的状态：

constants: f, l, c, nil

variables: r, a, bn, p, q

axm2_1: $nil \in S$

axm2_2: $nil \notin d$

inv2_1: $bn = b \cup \{l \mapsto nil\}$

inv2_2: $q = bn(p)$

下面是各个事件的精化。注意，事件的卫都已修改，与 b 无关了：

```
init
  r :∈ S ↔ S
  a, bn := ∅, c ∪ {l ↦ nil}
  p, q := f, c(f)
```

```
reverse
  when
    q = nil
  then
    r := a
  end
```

```
progress
  when
    q ≠ nil
  then
    p := q
    a(q) := p
    q := bn(q)
    bn := {p} ⩤ bn
  end
```

15.9.4 第三次精化

现在我们移除链 a 和 bn，用一个唯一的链 e 取代它们，e 同时包含了 a 和 bn。下面是现在的情况：

$$\boxed{f} \leftarrow \boxed{x} \leftarrow \cdots \leftarrow \boxed{p} \quad \boxed{q} \rightarrow \cdots \rightarrow \boxed{z} \rightarrow \boxed{l} \rightarrow \boxed{nil}$$

e

下面是精化后的状态，包括新变量 e，它基于抽象变量 a 和 bn 定义：

variables: r, p, q, e

inv3_1: $e = (\{f\} \lhd bn) \mathbin{\lhd\!\!-} a$

对原来事件做直截了当的变换，就得到了现在的事件：

```
init
  r :∈ S ↔ S
  e := {f} ⩤ (c ∪ {l ↦ nil}
  p := f
  q := c(f)
```

```
reverse
  when
    q = nil
  then
    r := e ⩥ {nil}
  end
```

```
progress
  when
    q ≠ nil
  then
    p := q
    e(q) := p
    q := e(q)
  end
```

15.9.5 合并

从最后一个精化，可以得到下面的最终程序：

```
reverse_program
  p, q, e := f, c(f), {f} ⩤ (c ∪ {l ↦ nil});
  while q ≠ nil do
    p := q
    e(q) := p
    q := e(q)
  end;
  r := e ⩥ {nil}
```

15.10 例：计算平方根的简单数值程序

迄今为止，我们还没有在数值的例子上尝试我们的方法，这就是本节的目标。给定一个自然数 n，我们希望计算出它的自然数平方根的亏值，也就是满足下面条件的自然数 r：

$$r^2 \leqslant n < (r+1)^2.$$

15.10.1 初始模型

我们的第一个模型很简单，如下所示：

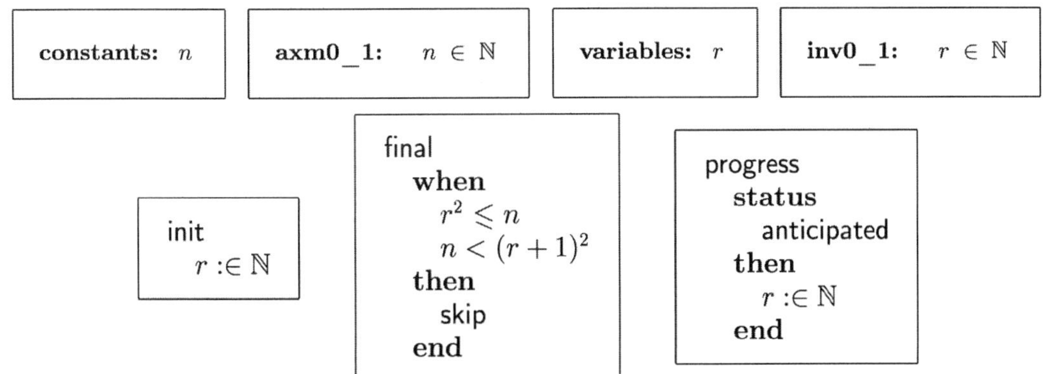

15.10.2 第一次精化

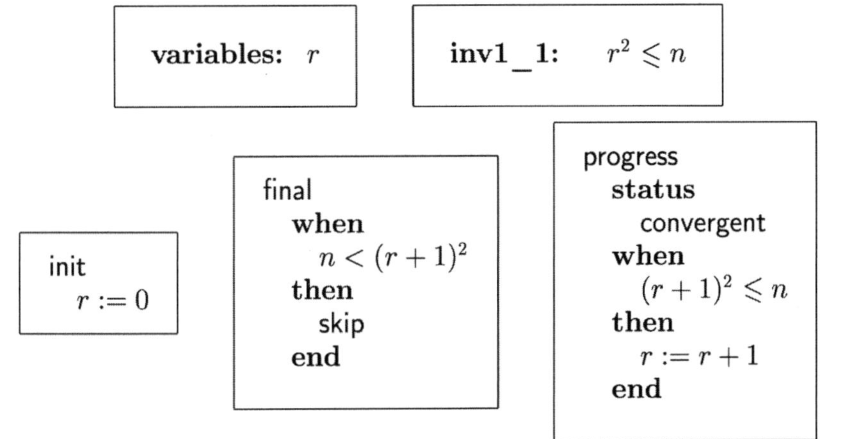

这个精化的证明是直截了当的，但不要忘记了证明事件 `progress` 的收敛性。我们得到了下面的程序：

```
square_root_program
  r := 0;
  while  (r + 1)² ⩽ n  do
    r := r + 1
  end
```

15.10.3 第二次精化

前一节里给出的解虽然是正确的，但是运行时的工作量比较大，因为在计算中的每一

步都必须算一次 $(r+1)^2$。我们希望研究一下，是否有可能精化这个解，把这个量的计算用代价较低的方式完成。这里的想法依赖于下面的等式：

$$((r+1)+1)^2 = (r+1)^2 + (2r+3)$$

$$2(r+1)+3 = (2r+3)+2$$

为改进结果，我们扩展系统的状态，加入两个新变量 a 和 b，用它们分别事先记录好 $(r+1)^2$ 和 $2r+3$。下面是新的状态和新的事件：

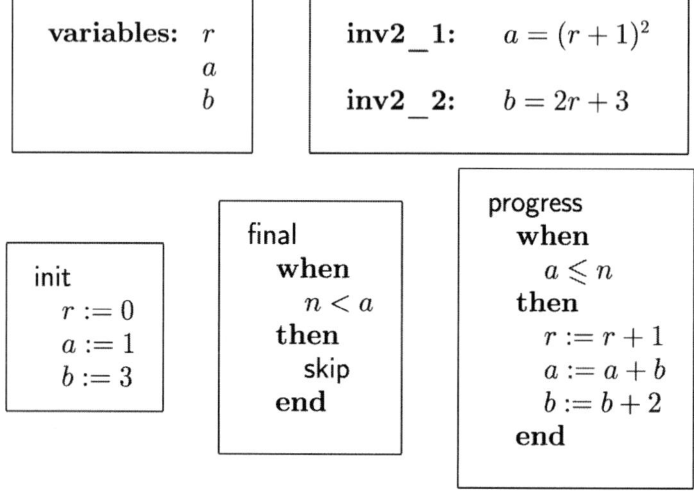

最后我们可以得到下面的程序：

```
square_root_program
  r, a, b := 0, 1, 3;
  while  a ⩽ n  do
    r, a, b := r + 1, a + b, b + 2
  end
```

15.11 例：内射数值函数的逆

在这个例子里，我们将试着借用 15.4 节开发的“二分检索”的思想。我们想计算一个定义在所有自然数上的内射数值函数的亏逆。

15.11.1 初始模型

这个例子是前一节里的例子的推广，在前面那个例子里，所考虑的函数就是求平方函数。在这个模型里，我们要做的比上面声称的稍微特殊一点：一开始，我们并不要求被处理的函数 f 是内射，只定义它为一个全函数（公理 **axm0_1**）。但另一方面，**axm0_2** 说这个数值函数 f 是严格递增。作为这一事实的推论，我们可以证明 f 是内射，也就是说，它的逆也是一个函数，这就是定理 **thm0_1** 陈述的事实。

constants: n
f

axm0_1: $f \in \mathbb{N} \to \mathbb{N}$

axm0_2: $\forall i, j \cdot i \in \mathbb{N}$
$j \in \mathbb{N}$
$i < j$
$\Rightarrow$
$f(i) < f(j)$

axm0_3: $n \in \mathbb{N}$

thm0_1: $f \in \mathbb{N} \rightarrowtail \mathbb{N}$

variables: r

inv0_1: $r \in \mathbb{N}$

事件 `final` 一下子就计算出 f 在 n 处的亏逆，它也就是我们在前一个例子里定义的相应事件的推广：

```
init
  r :∈ ℕ
```

```
final
  when
    f(r) ≤ n
    n < f(r+1)
  then
    skip
  end
```

```
progress
  status
    anticipated
  then
    r :∈ ℕ
  end
```

15.11.2 第一次精化

这一精化的想法是，首先假定我们可以提出两个数值常量 a 和 b，使得：

$$f(a) \leqslant n < f(b+1)$$

这样我们就可以确定所需要的结果 r 位于区间 $a\,..\,b$ 里，因为 f 处处有定义且单调递增。本精化的想法就是设法缩窄这一初始区间。为此，我们引进一个新变量 q 并将其初始化为 b，另一个变量 r 被初始化为 a。这两个变量将具有如下的不变式性质：

$$f(r) \leqslant n < f(q+1)$$

当 r 和 q 相等时，我们的工作就完成了。

当 r 和 q 不同时，我们就需要在区间 $r\,..\,q$ 里执行一次检索。在做这件事时，我们将使用的技术很像在 15.4 节做二分检索时使用的技术。下面是这一精化的状态：

constants: f, n, a, b

variables: r, q

axm1_1: $a \in \mathbb{N}$
axm1_2: $b \in \mathbb{N}$
axm1_3: $f(a) \leqslant n$
axm1_4: $n < f(b+1)$

inv1_1: $q \in \mathbb{N}$
inv1_2: $r \leqslant q$
inv1_3: $f(r) \leqslant n$
inv1_4: $n < f(q+1)$

我们再引进两个新事件 inc 和 dec。正如所见，我们将在区间 $p+1\,..\,q$ 中非确定性地选择一个数 x，在比较 n 和 $f(x)$ 之后，对 q 或者 p 做一个操作：

```
init
  r := a
  q := b
```

```
final
  when
    r = q
  then
    skip
  end
```

```
dec
  refines
    progress
  status
    convergent
  any x where
    r ≠ q
    x ∈ r+1..q
    n < f(x)
  then
    q := x − 1
  end
```

```
inc
  refines
    progress
  status
    convergent
  any x where
    r ≠ q
    x ∈ r+1..q
    f(x) ≤ n
  then
    r := x
  end
```

这一精化的证明并不困难。我们必须提出一个变动式，并证明它被两个新事件减小。这一变动式也不难猜出。

15.11.3 第二次精化

在第二次精化中，我们准备消除事件 inc 和 dec 里的非确定性。做这件事的方法就是让局部变量 x 取区间 $r+1\,..\,q$ 的“中间”值。在这一精化里，我们并不改变状态，只是修改事件 inc 和 dec，如下所示：

```
dec
  when
    r ≠ q
    n < f((r+1+q)/2)
  with
    x = (r+1+q)/2
  then
    q := (r+1+q)/2 − 1
  end
```

```
inc
  when
    r ≠ q
    f((r+1+q)/2) ≤ n
  with
    x = (r+1+q)/2
  then
    r := (r+1+q)/2
  end
```

为了证明这个精化是正确的，下面的定理可能很有用：

$$\textbf{thm2\_1:}\quad \forall x,y\cdot\ \begin{array}{l} x \in \mathbb{N} \\ y \in \mathbb{N} \\ x \leqslant y \\ \Rightarrow \\ (x+y)/2 \in x\,..\,y \end{array}$$

作为工作的结果，通过应用一些合并规则，我们可以得到下面的程序：

```
inverse_program
  r, q := a, b;
  while  r ≠ q  do
    if  n < f((r + 1 + q)/2)  then
      q := (r + 1 + q)/2 − 1
    else
      r := (r + 1 + q)/2
    end
  end
```

15.11.4　实例化

在这个例子里，我们已经完成的开发很有意思，因为它是**泛型的**，这也就意味着可以对它做**实例化**。为了做这类事情，我们需要为其中的几个常数提供具体值，还需要证明给出的这些值满足有关常数所要求的性质。

对于我们这个例子，需要实例化的常数包括 f、a 和 b。常数 n 原样保留在那里，因为它对应于我们希望计算逆函数值的那个量。在做这里的实例化时，**我们必须证明的性质**包括 **axm0_1**（f 是定义在 $\mathbb{N}$ 上的一个全函数）、**axm0_2**（f 是一个单调增函数）、**axm1_3**（$f(a) \leqslant n$）和 **axm1_4**（$n < f(b+1)$）。

15.11.5　第一个实例化

如果我们取 f 为平方函数，有关计算的结果应该就是 n 的亏平方根函数。说得更准确些，我们将计算出一个量 r，使得：

$$r^2 \leqslant n < (r+1)^2$$

为此，我们需要证明平方函数是全的和单调增的，这些都非常简单。现在，给定一个值 n，我们就需要找到两个数 a 和 b，使得：

$$a^2 \leqslant n < (b+1)^2$$

很容易看到，可以把 a 初始化为 0，把 b 初始化为 n。作为这样做的结果，我们**毫不费力**就得到了下面的计算 n 的平方根的程序：

```
square_root_program
  r, q := 0, n;
  while  r ≠ q  do
    if  n < ((r + 1 + q)/2)²  then
      q := (r + 1 + q)/2 − 1
    else
      r := (r + 1 + q)/2
    end
  end
```

15.11.6 第二个实例化

如果我们取 f 为函数“乘以 m”，**这里 m 是一个正的自然数**，有关计算将给出 n 被 m 整除的结果。说得更精确些，我们将计算出一个量 r 使得：

$$m \times r \leqslant n < m \times (r+1)$$

我们必须证明前述函数是全的而且是单调增的，这些都很显然。现在，给定一个值 n，我们需要找到两个数 a 和 b，使得：

$$m \times a \leqslant n < m \times (b+1).$$

这也很容易，我们可以将 a 初始化为 0，将 b 初始化为 n（记住，m 是一个正的自然数）。作为实例化的结果，我们**毫不费力**地得到了下面的程序，它计算 n 被 m 整除的结果：

```
integer_division_program
  r, q := 0, n;
  while  r ≠ q  do
    if  n < m × (p + 1 + q)/2  then
      q := (r + 1 + q)/2 − 1
    else
      r := (r + 1 + q)/2
    end
  end .
```

第 16 章　位置访问控制器

本章的目标是研究另一个例子，处理一个完整的系统。这一工作与我们在第 2 章里的工作类似，在那里我们做的是控制一座桥上的汽车。还有在第 3 章里，我们研究的是控制一台冲床。我们在这一章里将要研究的系统比前面那两个更复杂一些，特别是我们准备使用的数学结构更高级。这里的意图也是展示一些情况，说明在对模型的推理过程中，我们有可能发现需求文档里的一些重要缺失。

16.1　需求文档

我们希望构造出一个系统，它能控制一些人对一个"工作场所"里的一些不同位置的访问。工作场所的例子如一个大学的校园，或者一个工业场所、一个军事基地、一个购物中心等，即：

这个系统关注一些人和一些位置	FUN-1

这里进行的控制基于授权，有关的每个人被明确规定了所拥有的权利。这种授权将允许某个人在系统的控制之下进入某些位置，但不允许这个人进入其他位置。例如，某个特定的人 *p*1 得到授权，允许访问位置 *l*1 但不允许访问 *l*2，而另一个人 *p*2 可能被允许同时进入这两个位置。这种授权是以某种"固定不变的"方式给出的，换一种说法，授权在这个系统的正常工作期间保持不变：

人们被固定地赋予了访问一些位置的授权	FUN-2

一个人只能出现在被授权的位置	FUN-3

当某个人处于某位置内部时，其最终离开也必须由系统控制，以便使系统明确地知道在哪些时刻该人位于某个特定的位置内部。每个有关的人将得到一张磁卡，这种卡带有唯一标识，该标识被固定地刻在卡片中：

每个人得到一张个人磁卡	EQP-1

在有关位置的每个入口和每个出口都有一个读卡器。在每个读卡器附近有两个控制灯：一个红灯和一个绿灯。每个灯都可以打开或关闭：

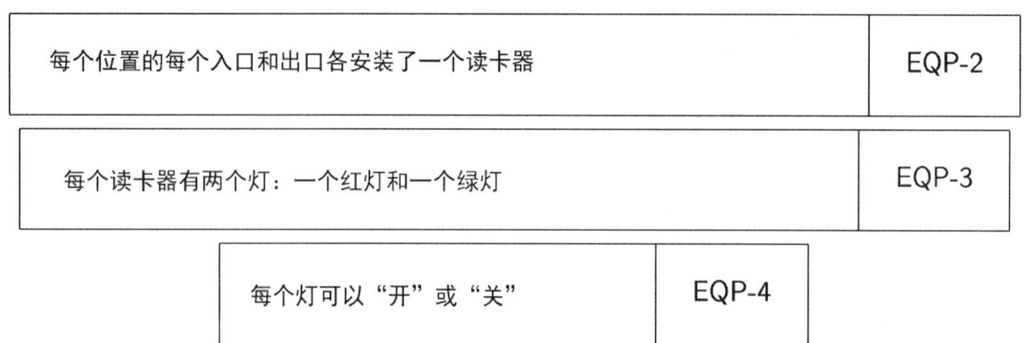

由于安装了“十字转门”，从一个位置到另一个位置的通路通常是阻塞的。要通过这种“十字转门”的人都要受到系统的控制。任何人穿过都会被传感器检查发现：

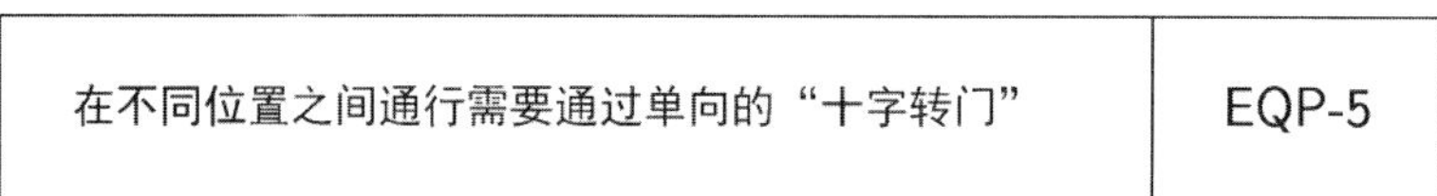

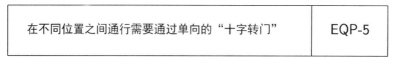

每个十字转门都被规定了一项任务，或进或出，不存在“双向”的十字转门。十字转门和读卡器的关系如图 16.1 所示。

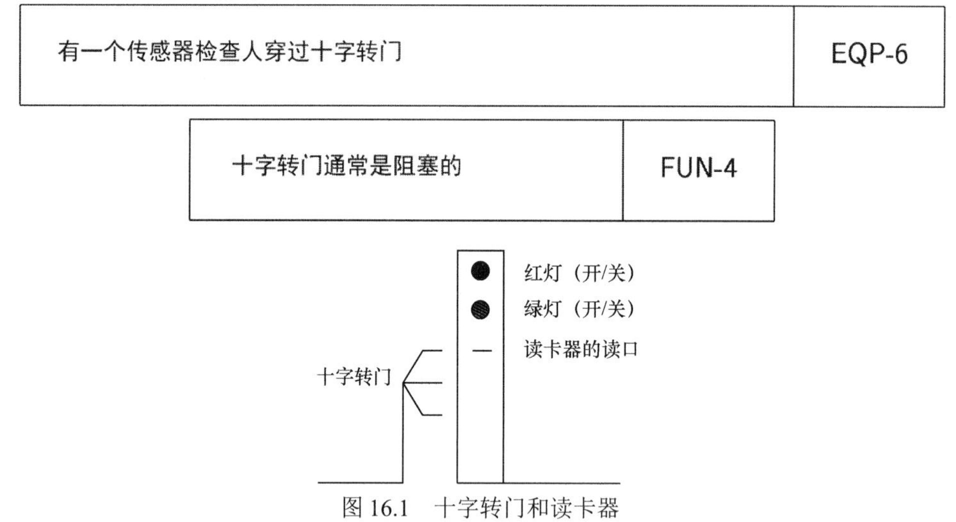

图 16.1 十字转门和读卡器

人进入或者离开一个位置，都需要按下面所说的系统化方式，历经几个适当的事件。一个人要想进入或离开一个位置，首先要把磁卡放入某个合适的十字转门的读卡器的读口。然后就会遇到下面两种可能情况。

① 如果这个人被授权通过这个十字转门，绿灯就会亮起，而且该十字转门将开启 30 秒。我们现在将面临下面两种情况：

- 如果这个人在 30 秒之内通过这个十字转门，人一旦通过，绿色控制灯立刻熄灭，而且该十字转门也立刻锁闭。
- 如果 30 秒过完没有人通过该十字转门，控制灯也熄灭，而且转门锁闭。

② 如果这个人未被授权通过此十字转门，红色控制灯亮起 2 秒。当然，相应的十字转门也不会开启。

一个人要想通过某十字转门，就应把自己的磁卡放入相应读卡器的读口	FUN-5

如果一个人被接受，绿灯亮起且十字转门开启至多30秒	FUN-6

如果一个人不被接受，红灯亮起2秒，十字转门继续锁闭	FUN-7

一旦人通过了开启的十字转门，绿灯立刻熄灭，而且十字转门重新锁闭	FUN-8

如果30秒周期内无人通过开启的十字转门，绿灯熄灭，而且十字转门重新锁闭	FUN-9

16.2　讨论

上面有关这一系统的非形式化描述，既没有假装说自己是完整的，也没有给出所有的技术选项。确实，这些也就是为实现将来的控制软件的一个最小出发点。情况很清楚，这里还遗留了很多未知的关切，包括硬件及其与软件的连接等。在构造形式化模型时需要考虑许多问题，下面我们将就需要研究的问题做出一些澄清。

16.2.1　控制的共享

站在这样一个系统的外面，需要问的一个重要问题，就是有关软件和各种外部设备（十字转门、读卡器等）的控制的分布性。这方面的情况或多或少都很重要。

例如，可以在每个十字转门处安装一台计算机。在这种情况下，这个系统就是完全无中心的。相反，也可以用一台计算机实现完全的中心控制。当然，还可以有居中的情况，其中每个转门有一定的自主性，例如在每个转门有一个时钟，管理转门的一部分行为。

16.2.2　闭模型的构造

在任何情况下，要开展一项技术性的工作，做出这样或那样的决策，都要求我们能把

系统作为一个整体来分析。还需要指出，这种技术性工作的开展，还必须得到市场上可用的设备的信息的“滋养”(当然，我们也可以决定专门开发一些新设备)。

由于这些情况，我们还是准备构造未来系统的一个闭模型，并证明它具有我们所假设的各种**特征性的性质**（这些都必须精确地解释)。

16.2.3 设备的行为

本研究的重要结果与不同设备的行为规范密切相关。所以，为了正确地开展这一研究，我们有义务在模型中引进与设备有关的大量叠加问题。例如，十字转门是根据有一个人通过而自行锁闭，还是必须在接收到来自软件的命令之后锁闭？显然，不同选项将影响到软件的组织结构。这一选择为软件能正确工作提供了一个假设条件。

这些情况说明，我们必须做出一些与设备的行为有关的选择。这些选择将影响到（除其他问题外）系统接受过程的定义，该过程的目标是验证已经安装的所有设备都具有所期望的品质。如果情况不是这样，那么事情也很清楚：有关软件和硬件组合不可能正确工作，即使我们在构造模型时已经证明了正确性，这一证明也毫无用处。

16.2.4 处理安全问题

上述需求文档完全没有涉及的一个重要问题，那就是在此系统中暗含的人的安全性。我们希望模型能说明这一点，或者它至少能提出一些切中要害的问题。例如，有可能把人永远阻塞在某个位置吗？我们应该如何保证不出现这种情况？

16.2.5 同步问题

在另一个更技术性的层面上，前面的非形式化讨论完全没说到转换操作的时间性质的细节。例如，从绿色控制灯点亮起，十字转门转到接受进入的状态，到 30 秒的计时开始之间，有没有（有怎样的）时间间隔？会不会出现绿灯亮起但十字转门仍然锁闭，或者绿灯已经熄灭但十字转门还能通过的情况？

上面提出的问题，更多的不是找出前面定义的行为的好或者坏，而是认识到某些确切行为的存在性，以及进一步地，知道当我们安装好最终的系统之后，这些行为有可能出现(甚至是以某种无常的形式)。

16.2.6 边界的功能

需求文档没有涉及的另一个问题是，当系统“处于边界情况”时，其行为会怎样。例如，如果在绿灯或者红灯亮起的情况下（也就是说，在前一**动作**尚未结束时)，把磁卡插入读卡器，系统会有怎样的反应？更一般地，我们很希望知道和预测，面临某些用户的“恶意”行为时，这个系统将如何反应。对于这类系统，我们绝不能做出一些假设，它们过分地依赖于用户的“良好”行为。肯定会有一些用户做出一些“奇怪”的行为。

16.3 系统的初始模型

现在我们准备开始做这个系统的形式化描述，构造第一个模型。它非常抽象，软件和硬件的分离并不是这里考虑的问题。

在这第一个模型里，我们引进人员的集合 P 和位置的集合 L，作为两个载体集合。应该提醒读者，载体集合只有唯一的一个隐含性质，那就是这些集合非空。我们引进一个常量 *aut*，表示给予人员的固定不变的授权，因此，这个变量是集合 P 与 L 上的一个二元关系，如 **axm0_1** 所述。我们再引进一个特殊的位置 *out*，表示**外部**。**axm0_3** 保证了每个人都得到了可以待在 *out* 的授权！

最后，我们再引进一个变量 *sit*，表示每一个人所在的位置。请注意，**inv0_1** 说这是一个全函数：一个人不能同时在两个位置，而且必须在某一个位置（这要感谢 *out* 的存在）。最后，这个系统最重要的性质由 **inv0_2** 描述：每一个人，无论处于哪个位置，都是被授权可以待在那里的。这一不变式形式化地表示了需求 FUN-3。下面是我们初始的形式化状态：

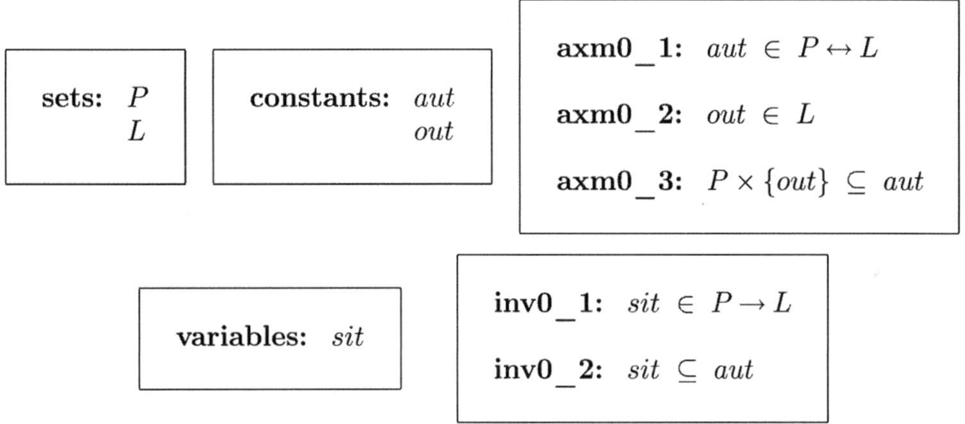

初始时，每个人都待在外面，如事件 init 说明的。我们只有一个普通的事件 pass，对应于一个人从一个位置进入另一个不同的位置：

init
  $sit := P \times \{out\}$

pass
  any p, l **where**
    $p \mapsto l \in aut$
    $sit(p) \neq l$
  then
    $sit(p) := l$
  end

为展示这里的情况，我们假定现在有 4 个位置 l1、l2、l3 和 l4，还有 3 个人 p1、p2 和 p3，他们分别取得了如下的授权：

p1	l2, l4
p2	l1, l3, l4
p3	l2, l3, l4

这样，下面的几个情况表示了系统的一序列安全的演化，因为，我们可以在这些情况中看到，不变式 **inv0_1** 和 **inv0_2** 都得到了遵守：

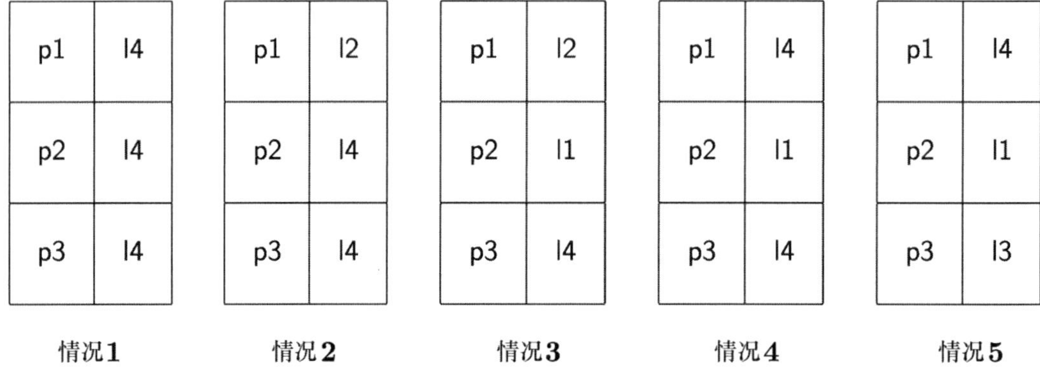

p1	l4
p2	l4
p3	l4

情况1

p1	l2
p2	l4
p3	l4

情况2

p1	l2
p2	l1
p3	l4

情况3

p1	l4
p2	l1
p3	l4

情况4

p1	l4
p2	l1
p3	l3

情况5

很容易**证明**，在上面这些迁移发生时，系统的不变式都得到了很好的保持。我们还需要指出，事件 `pass` 是非常抽象的，我们并不知道一个人 p 通过什么样的过程进入位置 l，也不知道 p 所在的那个位置是否与其想去的位置 l 相通。事实上，我们还无法描述这种性质，因为我们还没有形式化位置的“几何”关系。

在当前这个模型里，最重要的元素就是通过不变式 **inv0_1** 和 **inv0_2** 描述的最基本的系统规则，在这一层次中唯一可观察的而且有趣的事件（`pass`），以及它一定维持这些条件的证明。我们已经保证了将来的模型都将遵守这些条件，当然，前提是我们**证明**了那些系统是当前这个模型的**正确精化**。

16.4 第一次精化

16.4.1 状态和事件

现在我们准备继续前进，做第一次精化。在这个精化中，我们要在模型中引进两个位置之间可以直接相通的概念。为此，我们引进一个新常量 *com*，表示两个位置之间直接相通，这是构造在集合 L 上的一个二元关系。根据 **axm1_2**，一个位置并不与它自己“相通”。

$$\begin{array}{|l|}\hline \textbf{constants:} \quad \ldots \\ \qquad\qquad\qquad com \\ \hline \end{array} \qquad \begin{array}{|l|}\hline \textbf{axm1\_1:} \; com \in L \leftrightarrow L \\ \textbf{axm1\_2:} \; com \cap \mathrm{id} = \varnothing \\ \hline \end{array}$$

初始化事件不做任何改变，事件 pass 以一种非常直接的方式精化：一个人可以移动到另一位置 l，如果他有相关的授权（这件事在抽象中已经说明），而且 l 也与 p 目前所在的位置（也就是说，$sit(p)$）相通：

```
init
  sit := P × {out}
```

```
pass
  any p, l where
    p ↦ l ∈ aut
    sit(p) ↦ l ∈ com
  then
    sit(p) := l
  end
```

显然，这个事件是其先前版本的一个精化，因为两个事件中的动作完全一样（都是 $sit(p) := l$），而且新版本事件的卫比原版本的卫更强，因为我们有：

$$sit(p) \mapsto l \in com \Rightarrow sit(p) \neq l$$

因为根据 **axm1_2**，一个位置并不与其自身相通。

16.4.2 无死锁

虽然这个精化里没出现新事件，但我们也必须证明，具体事件 pass 并不比其抽象同类发生得更少（回忆一下，这是成为精化的一个必要条件）。但事实上，在这里，我们明显遇到了一个困难，因为不可能证明精化后的事件 pass 并不比其抽象同类发生得更少。要证明这个条件，我们必须证明抽象事件的卫蕴涵着具体事件的卫，也就是说：

$$\exists p, l \cdot p \mapsto l \in aut \;\wedge\; sit(p) \neq l \;\vdash\; \exists p, l \cdot p \mapsto l \in aut \;\wedge\; sit(p) \mapsto l \in com$$

显然，一般而言这一条件并不成立。很容易给出一个反例。假定我们的系统里只有一个人 p，再假定 p 正在一个可以进入的位置 $sit(p)$（他确实进入了这个位置）。现在，如果该位置无出口，p 就不能离开它并且移动到另一个位置 l。在抽象里，这个人确实可以这样做，因为在抽象里并不存在位置之间是否相通的限制。

上述条件的证明失败表明，**存在着一些人被永远阻塞在某些位置的可能性**。说得更准确些，即使在抽象中不存在这种情况，也就是说，授权的定义是良好的，因此在抽象中不会出现人员被永远阻塞在某处的情况，现在却有可能出现了。事实上，很明显，位置之间的几何相通关系，确实对人可以如何运动增加了限制。

当然，如果一个人处于位置 l，而他没有得到“允许去往任何与 l 相通的位置”的授权，这个人一定会阻塞在 l。由此可见，上述证明不可能完成，也告诉了我们一个安全性问题。我们可以通过设定一个安全性需求的方式处理这个问题，要求系统必须满足：

不能出现有人被永远阻塞在一个位置	SAF-1

请注意，这一需求所提出的要求比实际需要的更强，严格地说，它使我们能完成前面失败的证明。弱一些的条件例如下面这个："位置之间的几何关系约束，不应该引进比没有这种约束时更多的阻塞可能性。" 这一事实说明，我们方法中的数学已经揭示了一个问题，它给了我们一些有关一个更广泛的安全性问题的想法，而在原来的需求文档中，我们完全忽视了这个安全性问题。

16.4.3 第一个解

在目前的情况下，我们必须找到一个充分的约束，使得满足这种约束的实际情况能够满足需求 SAF-1。前面的证明义务，也就是：

$$\exists p,l \cdot p \mapsto l \in aut \ \wedge \ sit(p) \neq l \ \vdash \ \exists p,l \cdot p \mapsto l \in aut \ \wedge \ sit(p) \mapsto l \in com,$$

可以作为所需要的约束的模型。只要能证明上面蕴涵的结论部分就足够了：

$$\exists q,m \cdot q \mapsto m \in aut \ \wedge \ sit(q) \mapsto m \in com$$

这个公式可以重写为：

$$(aut \ \cap \ (sit;com)) \neq \varnothing$$

或者等价的：

$$((aut;com^{-1}) \ \cap \ sit) \neq \varnothing.$$

所以，要证明这个条件，证明下式就足够了（因为条件 $P \neq \varnothing$ 蕴涵着全函数 sit 不空）：

$$sit \subseteq (aut;com^{-1}).$$

这个条件说明了什么呢？如果我们把它展开，就会得到：

$$\forall p \cdot \exists l \cdot (p \mapsto l \in aut \ \wedge \ sit(p) \mapsto l \in com).$$

换句话说：对每个人 p 及其在任何时候可能处于的位置 $sit(p)$，至少 p 应得到授权，可以进入另一个 $sit(p)$ 与之相通的位置 l。这样，p 就可以通过 l 而离开 $sit(p)$ 了。

我们可以把这个条件强加进来，作为系统的一个新的不变式。当然，如果我们这样做，就相当于对事件 pass 的卫提出一种强制性的要求：对任何一个位置，如果一个人被授权进入（原来就有这个要求），而且也被授权离开，这个卫才能成立。如果要面对这样的行止条件，授权某个人进入其希望的某个位置就不太有用了，因为这种授权也有可能被拒绝。在这种情况下，更好的方法可能是提出一个**与人所在位置无关的**（充分）条件。实际上，这确实是可能的，因为我们已经有了不变式 $sit \subseteq aut$。要证明条件 $sit \subseteq (aut;com^{-1})$，由于有包含关系的传递性，只要证明下式就足够了：

$$\boxed{aut \ \subseteq \ aut;com^{-1}}$$

这个条件给出了另一个不变式，可以翻译为下面的形式：

$$\forall p, l \cdot p \mapsto l \in aut \;\Rightarrow\; (\exists m \cdot p \mapsto m \in aut \;\wedge\; l \mapsto m \in com).$$

解释一下这个不变式是非常有教益的，它说的实际上就是：只要对偶 $p \mapsto l$ 属于 aut（因为 p 得到了授权，所以 p 可以到位置 l），那么就存在一个 m 使得 $p \mapsto m$ 属于 aut（因此，同一个 p 也被授权进入位置 m），而且进一步地，$l \mapsto m$ 属于 com（所以位置 l 和 m 相通）。如果有了所有这些，只要 p 有可能到达位置 l，就不会被阻塞在那里，因为 p 有授权可以进入 m，而 l 和 m 是相通的。这样，p 就可以通过 m 离开 l。根据这些解释，需求 SAF-1 现在已经满足了，而做到这一点，是因为上面做出了一个更强的需求，而这个需求是在表达出来之前先确定（通过计算得到）的，可以描述如下：

任何人被授权到一个位置，也必须被授权到另一个位置，该位置与前一个相通	SAF-2

16.4.4 第二个解

请注意，前面给出的解并不是很令人满意。因为它还需要扩展，保证任何人在某个位置时，不仅可以离开这个位置，还总是可以回到外部去（到 *out* 去）。为此，我们扩充已有的常量，引进一个函数 *exit*，用它描述位置与位置的联系，而且对每个位置（除了 *out* 之外）都有定义（这就是下面的性质 **axm1_3**）。说得更精确些，*exit* 定义了一个树结构。作为这一设计的推论，我们可以拷贝 9.7.6 节的树公理。进一步地，*exit* 必须与 *com* 一致（这就是 **axm1_5**）。最后，我们还必须说明，每个人都必须得到按 *exit* 标识走的授权（**axm1_6**）。这些考虑带来了下面的公理：

constants: …
exit

axm1_3 : $exit \in L \setminus \{out\} \to L$

axm1_4 : $\forall s \cdot s \subseteq exit^{-1}[s] \;\Rightarrow\; s = \varnothing$

axm1_5 : $exit \subseteq com$

axm1_6 : $aut \rhd \{out\} \;\subseteq\; aut \,;exit^{-1}$

最后一条性质促使我们用下面的需求取代上面的那条需求：

任何人被授权到一个位置，如果这里不是“外部”，那么也必须被授权到另一个位置，该位置与前一个相通，而且可以导向外部	SAF-3

16.4.5 无死锁的修正

前面我们证明了，如果人在任何位置（除了在“外部”），总是可以到外部去。但我们还没证明在外部的人不会死锁。我们还必须证明人总是可以进入其他位置。我们可以用下面的公理来形式化这一需求：

$$\textbf{axm1\_7}: \quad \forall p \cdot p \in P \Rightarrow (\exists l \cdot p \mapsto l \subseteq aut \ \wedge \ out \mapsto l \in com)$$

16.5 第二次精化

16.5.1 状态和事件

在第二个精化里，我们准备引入从一个位置到另一位置的单向门。完成这一形式化的方式是引入另一个载体集合 D，用它作为门的模型。每个门关联着一个源位置，用全函数 org 表示（性质 **axm2_1**），以及一个目标位置，用全函数 dst 表示（性质 **axm2_2**）。所有这些门的源位置和目标位置，正好也就是前面的精化中引进的关系 com 所蕴涵的那些对偶（性质 **axm2_3**）。下面是有关的形式化定义：

sets: ... D

constants: ... org dst

$$\textbf{axm2\_1}: \quad org \in D \rightarrow L$$

$$\textbf{axm2\_2}: \quad dst \in D \rightarrow L$$

$$\textbf{axm2\_3}: \quad com = (org^{-1} ; dst)$$

在这一精化里，我们还要引进三个新变量：dap、grn 和 red。变量 dap 是一个从人的集合 P 到门的集合 D 的部分函数：

variables: ... dap

$$\textbf{inv2\_1}: \quad dap \in P \rightarrowtail\!\!\!\!\!\!\shortmid\; D$$

$$\textbf{inv2\_2}: \quad (dap ; org) \subseteq sit$$

$$\textbf{inv2\_3}: \quad (dap ; dst) \subseteq aut$$

它对应于某个人 p 希望通过一个门 d，但是现在还没通过 d。这是一个临时性的关联。从一个人被相应的门“接受”（新事件 `accept`）的时刻开始，直到或者该人通过了这个门（事件 `pass`）的时刻，或者 30 秒的时限已过（新事件 `off_grn`），在此期间关系 dap 存在。变量 dap 是一个函数（不变式 **inv2_1**），因为我们不希望一个人在同一个时刻涉及多于一个门（否则就可能出现其他人没有磁卡也能进入的情况）。它还应该是一个内射（不变式 **inv2_1**），因为我们也不希望出现一个门同时涉及多个人的情况（否则，就可能有门同时出现红灯和绿灯，从而导致某些人被拒绝进入的情况）。进一步说，关系 dap 中的门的源位置，必须是请求进入者的实际位置（不变式 **inv2_2**），而且，这个人应该有进入此门的目标位置的授权（不变式 **inv2_3**）。

另外两个变量 *grn* 和 *red* 表示门的两个子集，当时那里的绿灯或者红灯亮起（不变式 **inv2_4** 和 **inv2_5**）。注意，绿灯门的集合正好对应于变量 *dap* 的值域（不变式 **inv2_6**）。还请注意，两个灯不可能同时点亮（不变式 **inv2_7**）：

variables: …
grn
red

inv2_4 : $grn \subseteq D$

inv2_5 : $red \subseteq D$

inv2_6 : $grn = \mathrm{ran}(dap)$

inv2_7 : $grn \cap red = \varnothing$

我们有两个新事件 `accept` 和 `refuse`，定义如下：

accept
  any p, d **where**
    $p \in P$
    $d \in D$
    $d \notin grn \cup red$
    $sit(p) = org(d)$
    $p \mapsto dst(d) \in aut$
    $p \notin \mathrm{dom}(dap)$
  then
    $dap(p) := d$
    $grn := grn \cup \{d\}$
  end

refuse
  any p, d **where**
    $p \in P$
    $d \in D$
    $d \notin grn \cup red$
  $\neg\,($ $sit(p) = org(d)$
    $p \mapsto dst(d) \in aut$
    $p \notin \mathrm{dom}(dap)\,)$
  then
    $red := red \cup \{d\}$
  end

这两个事件都牵涉到一个人 *p* 和一个门 *d*，而门的红灯或绿灯都没有点亮。事件 `accept` 有三个附加的卫，用于确定门 *d* 可能接受 *p*：①*p* 当时必须在 *d* 的源位置；②*p* 有移动到 *d* 的目标位置的授权；③*p* 当时没有牵涉到任何一个门。事件 `refuse` 有一个附加的卫，正好就是上述三个卫的合取之否定。

下面是两个新事件 `off_grn` 和 `off_red` 的定义，以及抽象事件 `pass` 的精化：

off_grn
  any d **where**
    $d \in grn$
  then
    $dap := dap \rhd \{d\}$
    $grn := grn \setminus \{d\}$
  end

off_red
  any d **where**
    $d \in red$
  then
    $red := red \setminus \{d\}$
  end

pass
  any d **where**
    $d \in grn$
  with
    $p = dap^{-1}(d)$
    $l = dst(d)$
  then
    $sit(dap^{-1}(d)) := dst(d)$
    $dap := dap \rhd \{d\}$
    $grn := grn \setminus \{d\}$
  end

事件 off_grn 对应于 30 秒的延迟后熄灭绿灯。事件 off_red 对应于 2 秒延迟后熄灭红灯。事件 pass 对应于与绿灯门 d 相关的个人 p 通过了这个门。这里的 p 正是 $dap^{-1}(d)$，这个事件熄灭 d 的绿灯，也删去 p 与 d 的关联。

16.5.2　同步

正如下图所示，现在，不同事件之间的同步非常弱：

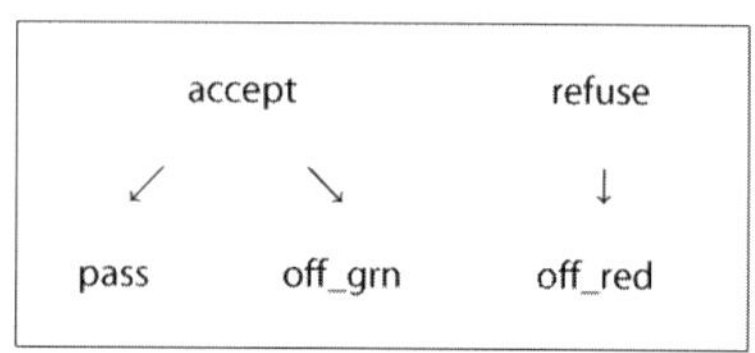

16.5.3　证明

很容易证明事件 pass 的新版本是其抽象的精化。也很容易证明新增加的事件都精化什么也不做的事件 skip。还有两个问题需要证明：

① 事件 pass 的新版本并不比其抽象更少发生，当然，这时我们需要把各个新事件都纳入考虑的范围；

② 新事件不可能无止境地掌握控制权，并因此完全排除了事件 pass 的参与。

事实上，①的证明相对简单。但也很容易看到，②的证明不可能完成。这里我们遇到了一个新困难，要求我们去做一些研究，并设法通过增加需求来改正。

16.5.4　读卡器持续阻塞的危险

考虑本章一开始的非形式化的说明，我们现在知道了，可以被观察的“基本”事件并不只是前面设想的事件 pass。我们知道一个人的进入可以被拒绝，而且一个希望进入某位置的人可以在通过相应的门之前改变主意——在后一情况下，这个门将在 30 秒之后重新锁闭。这些对应于上面考虑的事件 refuse 和 off_grn。

当然，在引进了这些事件之后，我们就必须证明这两个事件不会无止境地阻止事件 pass 的发生（也就是说，它们的卫不能持续地与事件 pass 的卫同时为真）。这一证明在理论上（而不是在实际中）就是不可能的。

确实，我们可以想象出系统的各种奇怪行为情况，其中甚至没有任何人能进入任何位置：或者是由于有人虽然没有得到必要的授权，但却一直试图进入；或者是另一些人，他们有授权，并把磁卡放入读卡器，但又总在最后改变了主意。所以，要想证明这样的行为不可能持续，我们必须提出一些东西去避免它们。

16.5.5　避免持续阻塞的提议

取得进展的第一种方法是形式化某种机制，通过它，本“系统”（整个地）将能以这种或那种方式，通过某种强制手段，使未被允许访问一个位置的人们无法**永无休止地**去试探进入（并遭到一次次拒绝）。按照同样的方式，系统还需要以某种方式，强制性地要求有权进入的人不能永无休止地在最后放弃（这导致了**永无休止的**新阻塞）。显然，这类极端行为并不是我们已经分析的系统规范的一部分。

另一种方式更不温和，但也可能更高效，就是从系统里删除那些过于频繁地表现出这类行为的人。这些人将不再被允许进入任何位置，他们进入任何位置的授权全部被撤销。这些人将被禁锢在他们当时的位置，例如在“外部”。这一做法很容易形式化，然后实现。进一步说，这也是我们在大部分智能卡系统中可以看到的情况。举个例子，在一个自动取款机上连续的取款操作三次失败之后，磁卡将被“吞”，这是一种防止操作者永无休止地操作取款机的有效方法。但请注意，在我们的情况里，这种激烈的解决方案有一个重要缺陷：如果一个人的磁卡被剥夺，这个人就无法离开此事件发生的位置，从而导致另一个安全性问题。

16.5.6 最后的决定

我们的决定是不去考虑上面讨论的这些可能性，因为它们可能使读卡机变得非常复杂（也非常昂贵），而且可能导致新的安全性问题。换一种说法，我们准备接受（由于经济的或/和安全性的原因）被永无休止地阻塞的危险，尽管有这种可能，但这种情况在实际中或许根本就不会发生。也就是说，我们准备构造的系统将不去防止人们无休止地阻塞一些门，或者是无穷无尽地试图进入他们并没有被授权进入的位置，或者是一次次地在企图进入被授权进入的位置的过程期间“放弃”。

显然，采取这种做法，按照我们的理论评价标准，下面准备构造的系统将不是完全正确的。我们准备接受这些情况，但也特别仔细地把情况都弄清楚了，而且通过明确而清晰的方式表达了我们的决策（这些都非常重要）。

16.6 第三次精化

16.6.1 引进读卡器

现在我们要把读卡器引入模型，这是我们第一次把这样一个物质的元素纳入考虑范围。这一设备的特征是：①通过读用户插入的磁卡来获取信息；②通过网络消息把获得的信息传给控制计算机。进一步说，在读磁卡的时候，我们可以假设读卡器处于物理的锁闭状态（插口被阻塞），直到读卡器接收到来自控制系统的确认消息。

所有这些都对应于读卡器的如下行为决策：我们假定，在任一读卡器将磁卡内容送给系统，到这个读卡器接收到对应的认可消息之间，该读卡器将维持物理的遮挡状态（插口被遮挡）。认可消息表示 pass 协议完全结束（可能成功或不成功）。

由于这一设计决策，我们就可以保证任何人都不可能随时把磁卡塞进读卡器。还应注意，为此我们也要付出一定的代价：需要安装带有可遮挡插口的读卡器（显然，并不是所有读卡器都属于这一类别）。

16.6.2 与通信网络有关的假设

有关通过网络的消息推送，我们只做最少的假定。例如，我们假定网络不能保证消息被接收的顺序与原来发送的顺序一致，但是假定通过网络发送的消息不会丢失，不会被修改，也不会出现多个副本。当然，我们也可以考虑这些特殊情况，但那样的话，模型就会变得更复杂一些。在任何情况下，这类约束都只应该在较晚的精化中引入系统。

16.6.3 变量和不变式

在这个模型里，我们将认为每个物理读卡器等同于它所关联的门。这样，我们就不必再引进一个读卡器的集合。所有正被遮挡的读卡器用门集合的一个子集表示，命名为 *BLR*（表示阻塞的读卡器，blocked reader），这就是下面的不变式 **inv3_1**。

读卡器送给控制系统的消息是一个“门-人员”对偶，变量 *mCard* 表示所有这种消息的集合（其中出现一个对偶 $d \mapsto p$，就表示关联于门 d 的读卡器已经读了人员 p 的磁卡）。这些对偶形成了从集合 D 到集合 P 的一个部分函数（不变式 **inv3_2**）。很明显，*mCard* 是部分函数也蕴涵着一个事实：任何读卡器发送的消息都不会涉及多个人，因为它的插口处于遮挡状态。然而，这个函数不是一个内射，因为，我们不能防止一个人在还没有通过与第一个读卡器关联的门，而且在相应的 30 秒尚未完结之前，又把自己的磁卡插入了另一台读卡器（这也是一种我们无法避免的奇怪行为）。

最后，确认消息的集合用变量 *mAckn* 表示，它也是门集合的一个子集（不变式 **inv3_3**）。这些要素的形式化定义如下：

variables: ...
BLR
$mCard$
$mAckn$

inv3_1 :	$BLR \subseteq D$
inv3_2 :	$mCard \in D \mapsto P$
inv3_3 :	$mAckn \subseteq D$

当一个读卡器处于遮挡状态时，相应的门将处于下面 4 种相互排斥的情况之一：①它已经提交了一个输入消息，但还没有得到系统的处理结果；②它的绿灯点亮；③它的红灯点亮；④它已经收到了确认消息，但相应的读卡器还没有处理。这些不同的状态描绘了贯穿这个系统的信息的进展情况。它们对应于如下几个不变式：

inv3_4 :	$\mathrm{dom}\,(mCard) \cup grn \cup red \cup mAckn = BLR$
inv3_5 :	$\mathrm{dom}\,(mCard) \cap (grn \cup red \cup mAckn) = \varnothing$
inv3_6 :	$mAckn \cap (grn \cup red) = \varnothing$

由于我们已知集合 *grn* 和 *red* 互不相交（这就是不变式 **inv2_7**），因此，可以说这 4 个集合

dom(*mCard*)、*grn*、*red* 和 *mAckn* 形成了集合 *BLR* 的一个划分。

16.6.4 事件

在这一阶段，我们引进一个对应于读卡片的新事件。这是一个“物理的”事件：

```
CARD
  any p, d where
    p ∈ P
    d ∈ D \ BLR
  then
    BLR := BLR ∪ {d}
    mCard := mCard ∪ {d ↦ p}
  end
```

注意，卫 $d \in D \setminus BLR$ 要求在读卡器被遮挡时不能插入磁卡。这也是一个“物理的”卫。

现在我们考虑两个事件 `accept` 和 `refuse` 的精化。它们几乎与其前面的版本一样，只是现在隐含的元素就是读卡器读入后发过来的消息里的 d 和 p：

```
accept
  any p, d where
    d ↦ p ∈ mCard
    sit(p) = org(d)
    p ↦ dst(d) ∈ aut
    p ∉ dom (dap)
  then
    dap(p) := d
    grn := grn ∪ {d}
    mCard := mCard \ {d ↦ p}
  end
```

```
refuse
  any p, d where
    d ↦ p ∈ mCard
    ¬( sit(p) = org(d)
       p ↦ dst(d) ∈ aut
       p ∉ dom (dap) )
  then
    red := red ∪ {d}
    mCard := mCard \ {d ↦ p}
  end
```

注意，消息 $d \mapsto p$ 一旦被读，就从“信道”*mCard* 里删除。

事件 `pass` 几乎与其前面版本一样。直到通过“信道”*mAckn* 把对应的确认消息发给了读卡器，磁卡的读入才得到认定：

```
pass
  any d where
    d ∈ grn
  then
    sit(dap⁻¹(d)) := dst(d)
    dap := dap ⩥ {d}
    grn := grn \ {d}
    mAckn := mAckn ∪ {d}
  end
```

类似地，两个事件 `off_grn` 和 `off_red` 也包含了分发给读卡器的确认消息：

```
off_grn
  any d where
    d ∈ grn
  then
    dap := dap ⩥ {d}
    grn := grn \ {d}
    mAckn := mAckn ∪ {d}
  end
```

```
off_red
  any d where
    d ∈ red
  then
    red := red \ {d}
    mAckn := mAckn ∪ {d}
  end
```

最后，一个新的物理事件 ACKN 结束这个协议，打开相应的读卡器：

```
ACKN
  any d where
    d ∈ mAckn
  then
    BLR := BLR \ {d}
    mAckn := mAckn \ {d}
  end
```

16.6.5 同步

这一精化里的各种事件的同步情况如下：

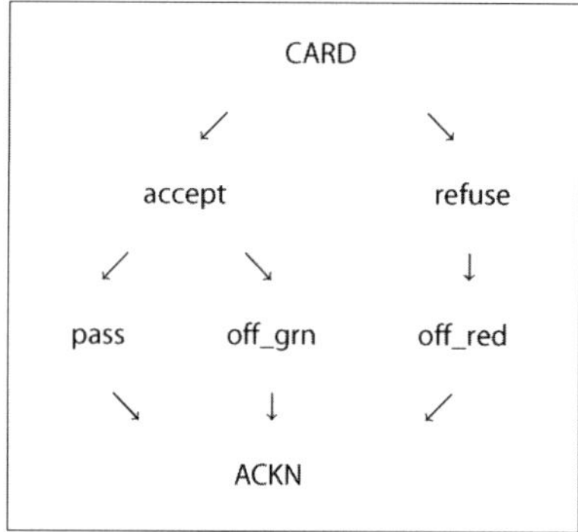

16.6.6 证明

这一精化的证明并没有带来任何特殊的问题。

16.7 第四次精化

16.7.1 与物理门有关的决策

现在我们要引进门的物理控制（锁闭和开启），以及有关通过检查的处理。我们还要做出与门的“局部”行为有关的如下决策：当一个门不需要继续开启时，它将自动地锁闭自己，不用控制系统的干预。

我们还要做出另一个重要的抉择：假定每个门有一个局部的锁，它保证在绿灯 30 秒到期或红灯 2 秒到期时，立刻锁闭这个门。

16.7.2 变量和不变式：绿色链

有关的形式化需要几个新变量。首先是控制系统发送给读卡器的（和相应门）的接受消息集合 *mAccept*。正如我们在上面讨论读卡器时已经看到的，还需要引进接受进入的门集合，变量名是 *GRN*，它表示**绿灯被物理地点亮的那些门**。我们还要有一个集合 *mPass*，表示开启的门检查到人通过后发出的消息。最后，我们还有一个消息集合 *mOff_grn*，门在 30 秒延迟之后自动重新锁闭时发出这种消息。这样就得到了下面的变量：

variables: $\ldots$
GRN
$mAccept$
$mOff\_grn$
$mPass$

后三个集合互不相交，它们的并正好等于**逻辑地点亮绿灯**的门集合 *grn*。与前一节类似，这些性质也表明了信息的进展情况。还请注意，集合 *GRN* 包含在 *mAccept* 里：

inv4_1 : $mAccept \cup mPass \cup mOff\_grn = grn$

inv4_2 : $mAccept \cap (mPass \cup mOff\_grn) = \varnothing$

inv4_3 : $mPass \cap mOff\_grn = \varnothing$

inv4_4 : $GRN \subseteq mAccept$

正如所见，有可能出现一个门在逻辑上是绿的，但现在物理上还没有绿，或者已经不再绿了的情况。进一步说，不变式 **inv4_1** 使得变量 *grn* 在这一精化中已经不再有用了。

16.7.3 变量和不变式：红色链

通过与“绿色链”完全对称的方式，我们现在来研究红色链，并找到了下面的变量：首先是消息集合 *mRefuse*，把这种消息发给一个门，就是要求它点亮红灯。还有表示（物理地）点亮了红灯的门集合 *RED*。最后我们还有一个消息集合 *mOff_red*，用于表示发送给软件部分的信息，告知红灯的点亮时限已到。最后这一信息将由我们的门在红灯点亮后两秒自动发出。我们得到的变量如下：

$$
\begin{array}{ll}
\textbf{variables:} & \ldots \\
& RED \\
& mRefuse \\
& mOff\_red
\end{array}
$$

后两个集合互不相交，它们的并等于逻辑地点亮了红灯的门集合 *red*。与前面一样，这些性质表明了信息的进展情况。进一步说，*RED* 包含在 *mRefuse* 里：

$$
\begin{array}{ll}
\textbf{inv4\_5:} & mRefuse \cup mOff\_red = red \\
\textbf{inv4\_6:} & mRefuse \cap mOff\_red = \varnothing \\
\textbf{inv4\_7:} & RED \subseteq mRefuse
\end{array}
$$

正如所见，有可能出现一个门在逻辑上是红灯，但物理上还没有点亮红灯，或红灯已经不再点亮的情况。进一步说，不变式 **inv4_5** 已使变量 *red* 在这个精化中变得无用了。

16.7.4 事件

现在让我们来考虑事件。一方面，对应于读卡器的事件在这个精化中不必修改，因此我们也没把它们拷贝过来。另一方面，事件 `accept` 需要做少许修改，加入一个动作，发送一个物理接受消息给相应的门：

$$
\begin{array}{l}
\mathsf{accept} \\
\quad \textbf{any } p, d \textbf{ where} \\
\qquad d \mapsto p \in mCard \\
\qquad sit(p) = org(d) \\
\qquad p \mapsto dst(d) \in aut \\
\qquad p \notin \mathrm{dom}\,(dap) \\
\quad \textbf{then} \\
\qquad dap(p) := d \\
\qquad mCard := mCard \setminus \{d \mapsto p\} \\
\qquad mAccept := mAccept \cup \{d\} \\
\quad \textbf{end}
\end{array}
$$

现在我们还需要一个表示门接受的物理事件，它物理地点亮绿灯：

$$
\begin{array}{l}
\mathsf{ACCEPT} \\
\quad \textbf{any } d \textbf{ where} \\
\qquad d \in mAccept \\
\quad \textbf{then} \\
\qquad GRN := GRN \cup \{d\} \\
\quad \textbf{end}
\end{array}
$$

看一看门的逻辑接受事件（软件里的 accept 事件）和物理接受事件（硬件的事件 ACCEPT）之间的差距，也是很有教益的。这一差距来自分布式系统的一个主要问题，也就是意图（软件）和实际动作（硬件）之间的分野。我们现在发现，物理事件对应于门前清空，但请注意，门并不“知道”是谁要求进入。

```
PASS
  any d where
    d ∈ GRN
  then
    GRN := GRN \ {d}
    mPass := mPass ∪ {d}
    mAccept := mAccept \ {d}
  end
```

在这个物理的通过事件之后就是逻辑的通过事件。后一事件几乎与前面的版本一样，仅有的一点不同对应于一个新事实：现在，启动这一事件的缘由是接到一个消息。还需要注意，事件 pass“知道”谁将通过，它处理的是被这个门接受的个人。在这里，我们再一次看到了物理检查（硬件的 PASS 事件）与其逻辑效果（软件的 pass 事件）之间的分野：

```
pass
  any d where
    d ∈ mPass
  then
    sit(dap⁻¹(d)) := dst(d)
    dap := dap ⩥ {d}
    mAckn := mAckn ∪ {d}
    mPass := mPass \ {d}
  end
```

下面的事件物理地重新锁闭一个门（命令来自假设安装在门内部的一个时钟，如果门接受进入后一直无人通过，30 秒后发出）。这时还要给软件发送一个门重新锁闭的消息：

```
OFF_GRN
  any d where
    d ∈ GRN
  then
    GRN := GRN \ {d}
    mOff_grn := mOff_grn ∪ {d}
    mAccept := mAccept \ {d}
  end
```

最后，我们还有事件 off_grn 的新版本，它在收到前一消息时启动：

```
off_grn
  any d where
    d ∈ mOff_grn
  then
    dap := dap ⩥ {d}
    mAckn := mAckn ∪ {d}
    mOff_grn := mOff_grn \ {d}
  end
```

事件 refuse 也有一点修改，现在它要送出一个与点亮红灯有关的消息：

```
refuse
  any p, d where
    d ↦ p ∈ mCard
    ¬ ( sit(p) = org(d)
       p ↦ dst(d) ∈ aut
       p ∉ dom (dap) )
  then
    mCard := mCard \ {q ↦ p}
    mRefuse := mRefuse ∪ {q}
  end
```

与收到上面的消息相对应，这里的第一个硬件事件实际点亮红灯。在红灯点亮 2 秒时，第二个事件自动关闭红灯，并给软件发一个消息，告知这一情况：

```
REFUSE
  any d where
    d ∈ mRefuse
  then
    RED := RED ∪ {d}
  end
```

```
OFF_RED
  any d where
    d ∈ RED
  then
    RED := RED \ {d}
    mOff_red := mOff_red ∪ {d}
    mRefuse := mRefuse \ {d}
  end
```

与前面版本相比，事件 off_red 也做了一点修改，现在它在收到消息后关闭：

```
off_red
  any d where
    d ∈ mOff_red
  then
    mAckn := mAckn ∪ {d}
    mOff_red := mOff_red \ {d}
  end
```

16.7.5 同步

现在，我们得到了如下的软件和硬件之间完全的同步：

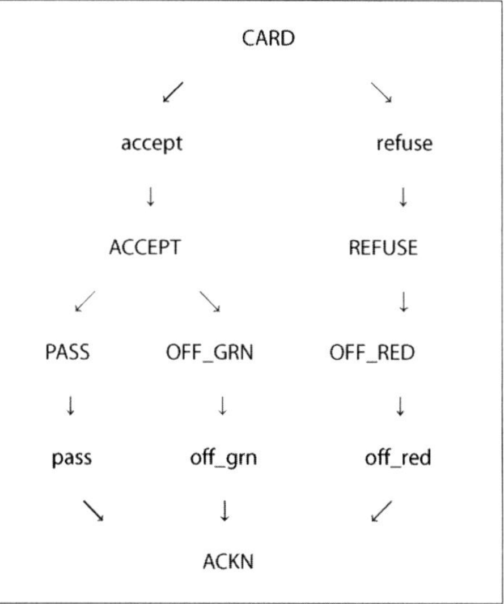
CARD
accept
refuse
ACCEPT
REFUSE
PASS
OFF_GRN
OFF_RED
pass
off_grn
off_red
ACKN

第 17 章　列 车 系 统

17.1　非形式的引言

这一章的目的还是展示一个完整的计算机化的系统的规范和构造。我们感兴趣的实例称为一个**列车系统**。我们用这个名字指代一个系统，它由一个**列车行车调度员**实际管理，该调度员的职责就是控制一些列车通过由他监控的一部分**轨道网络**。我们希望构造一个计算机化的系统，帮助行车调度员执行这项任务。

我们将在非常细节的层面上展示这样一个系统，在进入该系统的非形式化描述之前（随后是该系统的形式化构造），我们先解释一下为什么这个展示很重要，也是有助益的。做这件事至少有下面四方面的原因。

① 这个例子展示了一个比较复杂的数据结构（轨道网络）的有趣情况。这类数据结构的数学性质需要特别仔细地定义，我们希望说明，这样的事情是可能做好的。

② 这个例子说明了一类非常有意思的情况，其中最终产品的可靠性绝对是最基本的要求：我们希望构造的软件产品能完全自动化地引导列车，保证它们安全地通过有关的轨道网络。为了安全性，我们需要研究可能发生的严重事故，希望或者是完全避免它们，或者是安全地管理它们。然而，在这一章里，我们将更多地关心**预防事故**，而不是**容错**。在本章的总结中我们将回到这个问题。

③ 设计软件时，必须认真考虑被它控制的外部环境。作为这种想法的推论，我们在这里提出的形式化模型，将不仅包含希望构造的那个未来软件的模型，还包括其环境的细节模型。我们的最终目标是得到一个软件，保证它能与外部设备完美地协同工作。有关外部设备包括轨道电路、结点（道岔）、信号灯以及火车司机。我们希望**证明**，如果列车遵守软件设置的信号灯，那么它们只需要（盲目地）在道岔（在软件的控制下）都安排好的轨道上运行，就能绝对安全地通过轨道网络。

④ 通过这个研究，读者将能理解我们推荐的这种方法论。我们希望能以充分通用的方式描述它，使读者有可能把这种方法应用于类似的问题。

现在，我们将继续这一列车系统的非形式化的描述，同时给出它的非形式化的（但也非常精确的）定义和需求。我们将首先定义一个典型的轨道网络，本章后面将一直用它作为工作实例。其次，我们要研究两种重要的轨道组件，即轨道中的点（道岔）和交叉点。还要介绍一些重要的概念，包括阻塞、通路、信号，同时介绍它们的主要性质。我们要给出通路和阻塞保持的核心概念，而后研究安全性的条件。再次是一些补充的列车运行条件，讨论如何能允许几列列车同时出现在网络中。我们将对列车的行为方式提出几个假设。最后，我们要说明可能出现的故障情况以及这类问题的解决方法。

我们仍将采用一套**精化策略**，开展形式化开发（形式化模型的构造）工作，使相关工作能以一种平和而且结构化的方式进行。最后就是形式化模型的构造。

17.1.1 非形式描述的方法论约定

在下面几小节里，我们将给出列车系统的非形式化描述，与此同时，还要做出这个系统的**定义和需求**。这些定义和需求将穿插在解释性文档中间，采用独立的带标号的方框形式。这些方框需要清晰地定义人们在做形式化开发时需要考虑的各方面问题。各种定义和需求将按照下面的分类分别加上标号：

ENV	环境
FUN	功能
SAF	安全性

MVT	运行
TRN	列车
FLR	错误

- “环境”定义和需求关系到轨道网络及其部件；
- “功能”定义和需求处理系统的主要功能；
- “安全性”定义和需求定义那些能保证不出现经典事故的性质；
- “运行”定义和需求保证多列列车可以同时通过轨道网络；
- “列车”定义和需求定义有关列车行为的隐含假设；
- “事故”定义和需求定义各种各样的事故，系统需要应对它们以保证不出事故。

下面是我们的第一个也是最重要的需求：

列车系统的目标就是安全地控制列车在一个轨道网络上运行	FUN-1

17.1.2 行车调度员控制下的轨道网络

下图是一个在列车行车调度员控制下的典型的轨道网络。在后面的讨论中，我们将一直用这个网络作为实例：

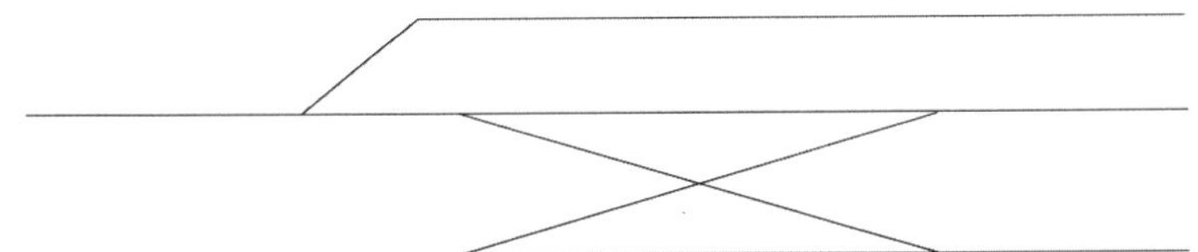

17.1.3 网络的特殊组件：道岔和交叉点

一个轨道网络包含一些**特殊部件**，也就是有若干个**道岔**和**交叉点**，如下所示（这里有 5

个道岔和一个交叉点）：

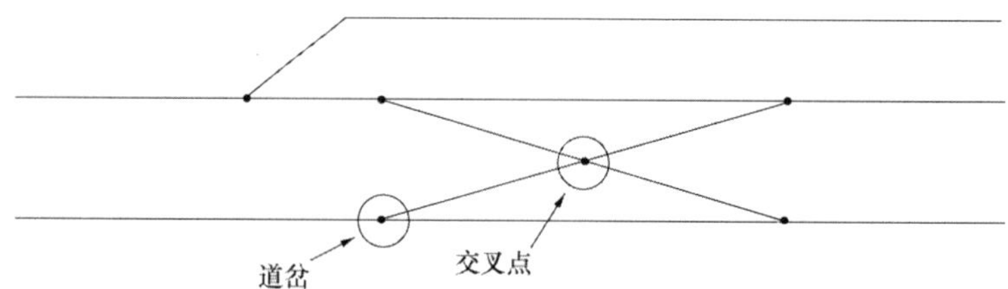

道岔是一种设备，它使一条轨道能分到两个独立的方向。交叉点正如其名字所说，这种设备让两条不同的轨道相互交叉。下面我们简单地描述道岔和交叉点：

轨道网络可能包含一些特殊部件：道岔和交叉点	ENV-1

道岔 一个道岔特殊部件可能处于三种不同的位置：左、右或者未知，如下所示：

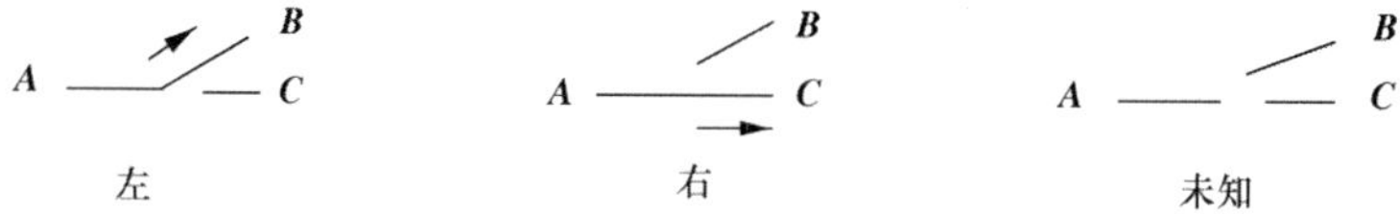

请注意，方向从 A 到 C 有时被称为**直行轨道**，而从 A 到 B 被称为**转移轨道**。然而在下面，我们将一直分别称它们为左和右，因为这样说并没有歧义。

在上图的前两种情况里，图中箭头说明了我们将用于表示道岔方向的约定。请注意，这些箭头并不指明列车行驶的方向。例如，在第一种情况，它表明如果一列列车从 A 方向驶来，它将转向左边，而来自 B 方向的列车将转向右边。但来自 C 方向的列车则**可能出大麻烦！**还请注意，如果一列列车遇到一个未知方向的道岔（第三种情况），同样可能出大麻烦，或者是当列车已经在道岔上时道岔突然转变位置（我们将在 17.1.8 节回到这个问题）。

可能出现最后一种情况（未知），就是在道岔从左转向右或相反转向的期间。因为转向动作需要时间，需要用一个电动机执行这些操作，该电动机是道岔的一部分。当道岔到达其最终位置后（左或者右），它就会锁定，但在需要转向的时候解锁。请注意，在下面将要进行的开发中，我们将不考虑这个问题。换句话说，为了简单起见，我们将假定**道岔的转换是瞬间完成的，而且它总是锁定的**。也就是说，我们没处理未知情况。这样，在这一开发中，一个道岔只有两个可能的位置——左或者右：

一个道岔可能处于两个不同位置：左或者右	ENV-2

交叉点 一个交叉点特殊部件完全是静态的，没有道岔那样的不同状态。交叉点的行为如下图所示，列车可以从 A 到 B 或者反向行驶，也可以从 C 到 D 或者反向行驶：

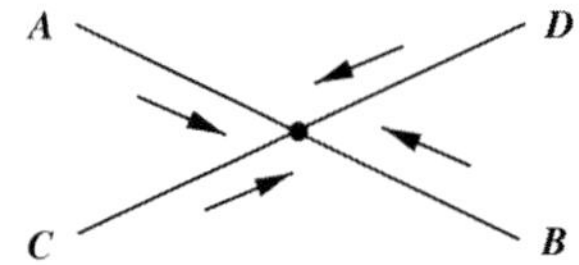

17.1.4 阻塞的概念

我们将受控的轨道网络静态地划分为固定数目的命名分段，如下所示。在这里我们有 14 个分段，分别用 *A* 到 *N* 的单个字母命名：

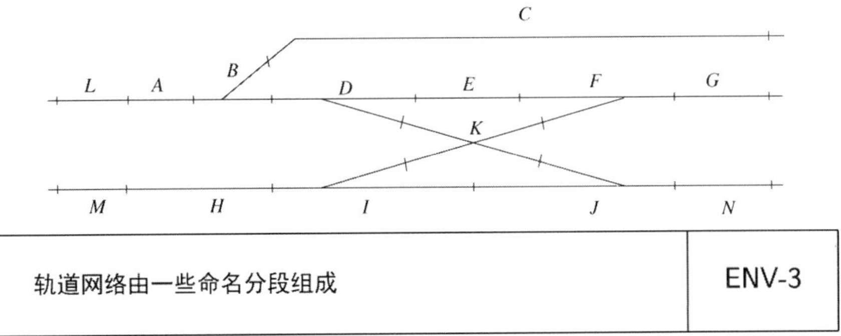

轨道网络由一些命名分段组成	ENV-3

每个分段可能包含至多一个特殊部件（道岔或交叉点）：

特殊部件（道岔或交叉点）总附着在某个特定分段上。一个分段可以包含至多一个特殊部件	ENV-4

在上面的例子中，分段 *C* 不包含特殊部件，分段 *D* 包含一个道岔，分段 *K* 包含一个交叉点。每个分段安装了一个所谓的**轨道电路**，它能检测出在这里有没有列车。这样，一个分段就有两种不同状态：非占用状态（没有列车在其上）或占用状态（有列车在其上）。

一个段可以被列车占用或者非占用	ENV-5

如下所示，你可以看到有一列列车占用了两个相邻的分段 *D* 和 *K*（图中用加粗的线段表示被占用的情况）：

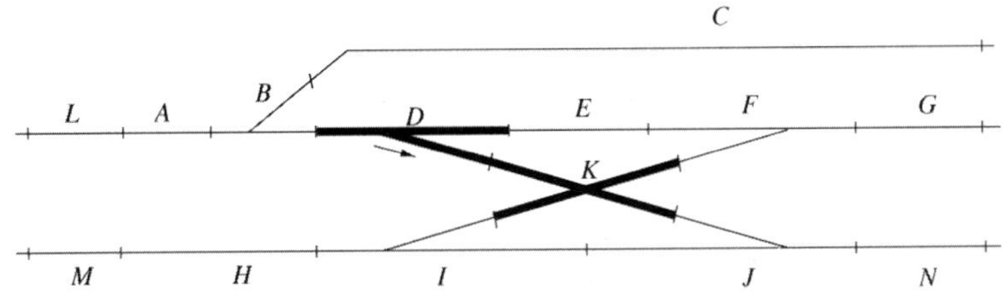

请注意，当检测发现一列列车位于某个分段时，我们并不能先天地知道该列车在这一分段上的精确位置，也不知道列车是停在那里或者正在运行。进一步说，即使列车在运行，我们也不知道其运行方向。然而，对我们而言，所有这些信息都不重要。正如将在下面的开发中看到的，对我们的目标而言，只知道分段是否被占用就足够了。

17.1.5 通路的概念

前一节定义的分段总是静态地构成了一些**预定义的通路**，每条通路表示了列车有可能在行车调度员的控制下，通过这一轨道网络的一条路径。换句话说，通路定义了列车穿行这一网络的可能的不同方式。一条通路就是由一些相邻分段组成的一个有序序列：

一个网络有固定的一组通路。每条通路由一些相邻分段的一个序列表征	ENV-6

沿着一条通路行驶的列车，将逐一占用该通路上的每一个分段。请注意，一列列车可能同时占用几个相邻分段（即使是很短的列车）。还请注意，一个给定的分段可能是若干条通路的一部分。所有这些都可以在下表中看到，这里共有 10 条预定义的通路：

$R1$	$L\ A\ B\ C$	$R6$	$C\ B\ A\ L$
$R2$	$L\ A\ B\ D\ E\ F\ G$	$R7$	$G\ F\ E\ D\ B\ A\ L$
$R3$	$L\ A\ B\ D\ K\ J\ N$	$R8$	$N\ J\ K\ D\ B\ A\ L$
$R4$	$M\ H\ I\ K\ F\ G$	$R9$	$G\ F\ K\ I\ H\ M$
$R5$	$M\ H\ I\ J\ N$	$R10$	$N\ J\ I\ H\ M$

通路除了由分段的序列表征外，还可能要通过一些道岔的位置表征，这些道岔属于该通路的某些分段。例如，通路 $R3$（$L\quad A\quad B\quad D\quad K\quad J\quad N$）还有如下表征：

- 分段 B 的道岔位置在右；
- 分段 D 的道岔位置在右；
- 分段 J 的道岔位置在右。

这些在下图中显示，其中通路 $R3$（$L\quad A\quad B\quad D\quad K\quad J\quad N$）被加粗画出，在分段 B、D 和 J 的道岔旁边的小箭头指明了它们的位置：

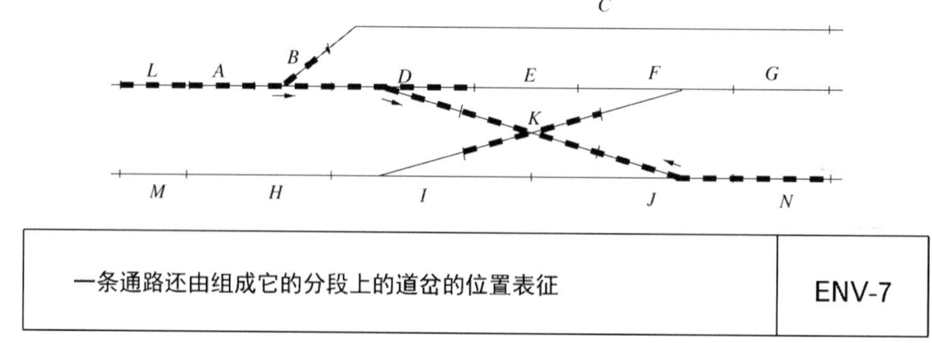

一条通路还由组成它的分段上的道岔的位置表征	ENV-7

通路还有两个附加的性质，第一个与通路上的第一个分段有关：

一条通路的第一个分段不会是另一条通路的一部分，除非该通路也以此分段作为其第一个或最后一个分段	ENV-8

第二个性质与通路的最后一个分段有关：

一条通路的最后一个分段不会是另一条通路的一部分，除非该通路也以此分段作为其第一个或最后一个分段	ENV-9

在下一节的最后，我们将解释为什么上面给出的这两个性质非常重要。

最后，一条通路还有某种明显的连续性：

一条通路连续地从它的第一个分段直至其最后一个分段	ENV-10

以及无环性：

一条通路里不包含环路	ENV-11

17.1.6 信号的概念

每条通路由一个**信号灯**保护，它可以是红色或绿色。这个信号灯设置在每条通路的第一个分段的前边。信号灯必须是列车司机明显可见的：

每条通路由设置在它的第一个分段前面的一个信号灯保护	ENV-12

如果信号灯是红色，那么对应的通路不能被驶来的列车使用。当然，列车司机必须遵守这项规定，这是最基本的要求：

信号灯可以是红色或绿色。假定列车遇到红灯时停车	ENV-13

在下图中，我们看到每条通路受到信号灯的保护：

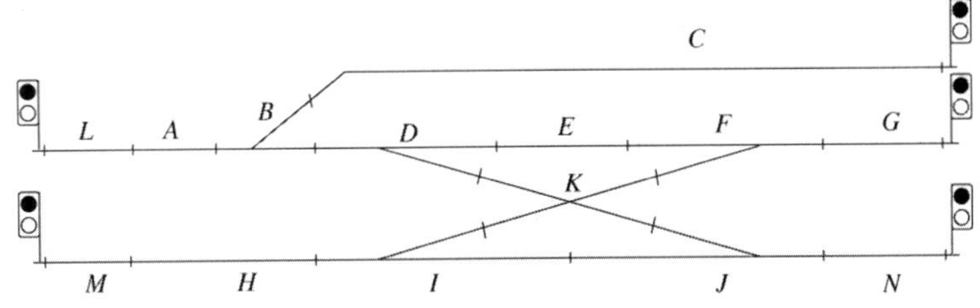

注意，一个特定的信号灯可能保护几条通路。例如，设置在分段 L 左端的信号灯保护

通路 *R*1（*L A B C*）、*R*2（*L A B D E F G*）和 *R*3（*L A B D K J N*）。这是因为，这些通路中的每一条都以同一个分段开始，也就是分段 *L*：

以同一个分段开始的通路共享同一个信号灯	ENV-14

在前面的图里，以及今后的所有图里，我们都约定：设置在一条通路左端点的信号灯，保护位于它右边的通路，反过来情况也类似。例如，设置在分段 *C* 右边的信号灯保护通路 *R*6，也就是（*C B A L*）。

有关信号灯保护第一个分段，还有最后一个重要性质：当它是绿色时，一旦有列车进入被保护的分段，这个信号灯立刻自动转为红色：

一旦第一个分段被占用，绿色信号灯立刻自动转为红色	ENV-15

我们在 17.1.5 节最后定义了几个约束，定义的原因现在已经很清楚了：我们希望一个信号灯（它总是安装在一条通路的第一个分段的前面）能清晰地表明对有关通路的保护。如果有一条通路（例如 *r*1）从另一条通路（例如 *r*2）的中间开始，那么保护 *r*1 的信号灯就会给通路 *r*2 上的列车造成一些麻烦。由于一条通路的逆通常也是另一条通路，前面的约束也适用于一条通路的最后一个分段，这种分段也不能是与另一条通路的公共分段，除非它也是那条通路上的第一个或者最后一个分段。

17.1.7 通路和阻塞保持

列车行车调度员掌握着一个控制板，上面提供了一些命令，对应于在他的“领地”中可以指派给列车的不同通路。

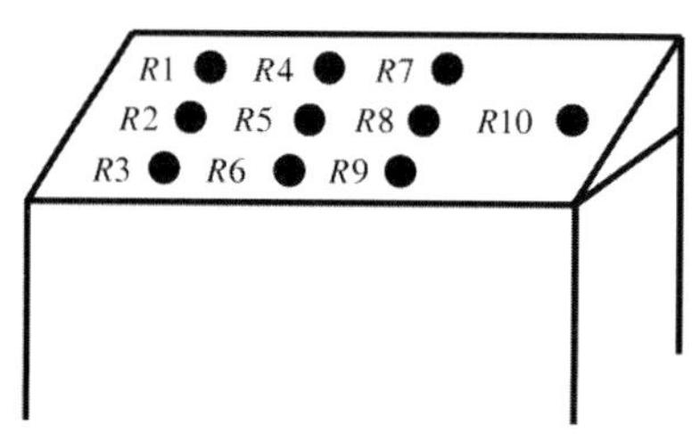

当一列列车接近这个网络时，行车调度员会就被告知该列车将使用某条特定的通路穿过这个网络。行车调度员按下对应的命令按钮，以预留这一条通路。请注意，当行车调度员发出上述命令时，可能已经有其他列车正在通过这个网络。作为这种情况的推论，行车调度员面临的情形就有潜在的危险性，我们将在 17.1.8 节回到这一非常重要的事实。正是由于存在这种危险，我们需要把通路的预留过程放在我们希望构造的软件的完全控制下。

可以为一列列车预留一条通路，软件负责控制这一预留过程	FUN-2

对一条通路 *r* 的预留过程要经过 3 个步骤：

① 首先独立地预留组成通路 r 的各个分段；

② 设定与通路 r 的有关的各道岔的位置；

③ 把保护通路 r 的信号灯转为绿色。

如果第一步不能完成（见下一节），预留失败，后面两步取消。在这种情况下，行车调度员必须以后重新尝试。现在让我们描述这些步骤的更多细节。

第 1 步：分段预留 在操作的第一步执行分段预留，这一操作导致分段进入（除了如 17.1.3 节说明的被列车占用或非占用之外的）另一种状态，也就是说，一个分段可以被预留或者释放：

一个分段可能被预留或释放	FUN-3

注意，显然，一个占用分段必须是已经预留的：

占用分段总是预留的	FUN-4

在成功地完成了第一步的最后，我们说这条通路已经**预留**，但它还没有准备好去接收一列列车：

预留一条通路包含预留组成该通路的每个个别的分段。这一工作一旦完成，我们就说这条通路已经预留	FUN-5

第 2 步：道岔定位 当通路 r 上的所有分段都已成功预留之后，预留过程进入第 2 步，也就是说，把有关的道岔都设定到对应于通路 r 的位置。当 r 的所有道岔都已正确设置完成时，我们说这条通路已经**成形**：

一旦预留，通路上的道岔需要正确定位，以成形这条通路	FUN-6

注意，成形的通路仍然是预留的：

成形的通路总是预留的通路	FUN-7

第 3 步：信号灯转为绿色 一旦通路 r 成形，就完成预留过程的第 3 步，也是最后一步：将控制通路 r 的信号灯转为绿色，使这条通路可以接收列车了。列车司机看到绿色信号，就可以将列车驶入已经预留而且成形的通路。我们已经从需求 ENV-15 知道，信号灯将立即转为红色：

一条通路一旦成形，相应信号灯就转为绿色，使该通路对开来的列车可用	FUN-8

17.1.8 安全性条件

由于可能出现多列列车同时通过一个网络的情况，而且，由于行车调度员（其实是他们使用的软件）在成形一条通路时有时需要重新定位道岔，这里显然存在出现严重事故的危险。因此，我们必须清晰地定义这些危险，并仔细考虑可能如何安全地避免它们。实际上，这也就是我们希望构造这一软件的主要目的，以便帮助行车调度员以一种系统化的方法完成这一工作。存在三种主要的危险，列举如下：

① 两列（或更多）列车同时通过这一网络时以某种方式相撞；

② 某个道岔可能在列车通过的情况下改变位置；

③ 在一列列车使用的通路上，前面的某个道岔可能改变位置。也就是说，该列车还没有占用这个道岔的分段，但将在最近的将来占用它，因为该分段在它的通路上。

情况①显然是非常糟糕的，因为相撞的列车可能出轨颠覆。情况②有可能把列车切为两部分，最可能出现的情况也是列车出轨。情况③有两种可能后果：或者使列车开出了它当前的通路，从而使它有可能撞上其他列车（情况①）；或者导致列车出轨，因为当前通路已经不连续了。由于这些情况，我们必须设定一些安全性条件，以防止这些危险发生。第一个危险（列车相撞）可以通过保证两个安全性条件来避免：

一个给定的分段**在同一个时间只能被至多一条通路预留**：

一个分段只能被至多一条通路预留	SAF-1

只有当一条通路的各分段都已为它预留且都未被占用，而且该通路上的所有道岔都已设置到正确的位置，该通路的信号灯才能转为绿色。

在一条通路上的所有分段都已为该通路预留且都未被占用，而且通路上的所有道岔都已正确定位之后，该通路的信号灯才能是绿色	SAF-2

作为推论（而且也由于需求 FUN-4 说明了被占用的分段一定是预留分段），几列列车绝不会在同一个时间占用同一个分段。当然，**前提是列车司机不越过红灯（这是必需的）**。我们将在 17.1.11 节回到这个重要问题。

要避免第二和第三种危险（道岔在特定的情况下改变方向），我们要保证道岔只在对应分段所属于的一条通路**已经预留（它的所有分段都已预留），但还没有成形时**，才能被操作。

只有在道岔所属分段被预留，但该分段的通路尚未成形时，该道岔才能重新定位	SAF-3

最后一个安全性需求保证，任何已经被预留但尚未成形的通路上的分段，都不可能被列车占用：

已预留但尚未成形的通路上的分段都不会被占用	SAF-4

最后这条安全性需求有一个推论，那就是说，根据需求 SAF-3 做道岔的重新定位，总是安全的。

17.1.9 运行条件

有了上面的安全性条件的约束，我们还希望能允许最大数量的列车同时出现在受控的网络上，前提是不出现危险（请注意，如果不允许任何列车通过这个网络，安全性条件一定成立！）。为此我们希望，只要列车已经不再占用为其预留的通路上的某个分段，我们就能立即释放这个分段：

一旦一条已成形通路上的一个分段不再被占用，它就被释放	MVT-1

作为上面需求的推论，一条已成形通路上的预留分段，也就是那些被列车占用的分段，以及那些还没有被列车占用过的分段：

一条通路保持成形状态的条件是其中还存在某些预留的分段	MVT-2

如果在一条已成形的通路上，已经不存在任何属于该通路的预留分段了，也就意味着列车已经离开了这条通路，那么该通路也应该释放了：

如果一条成形通路上已没有属于它的预留分段，该通路就可以释放（变成不再是成形的，也不再是预留的）	MVT-3

17.1.10 列车的假设

请注意，一旦某个分段从一条通路释放（被占用后又变为非占用），就**不能再被这条通路重新占用**，除非该通路被释放之后又再次成形。这一规定非常重要。强调这一点，是因为这一分段可能被赋给其他通路。为了满足这一要求，我们必须假设列车遵从两个性质。首先，一列列车在这一网络上不能分解为两个或更多部分：

列车在网络里不会分解	TRN-1

其次，列车在网络里不会向后行驶：

列车在网络里不会向后行驶	TRN-2

之所以要求这些，是因为在这两种情况下，都可能导致一个释放了的分段被重新占用。请注意，显然，实际中列车确实可能分解或向后行驶（例如，在大部分城市的主火车站），这也就意味着，那时列车并不在我们的列车系统控制下的网络中的分段上。

还有另一个重要的有关列车的隐含假设，它们不能从一条通路的“中间”进入（它们不能降落在通路上！）：

列车不能从一条通路的中间进入，必须从通路的第一个分段进入	TRN-3

类似地，列车也不能在通路中间消失（不能从路径上起飞！）：

列车必须在首先占用而后释放了一条通路上的所有分段之后，才能离开这一通路	TRN-4

17.1.11 事故

在这一节里，我们将研究几种可能发生的非正常情况。这些情况发生的概率都非常低，但这一事实不能作为排除它们的理由。

第一个和最重要的事故是最明显的，由于某些原因，一列列车的司机没有遵守保护某条通路的红灯信号。在 17.1.6 节，我们提出了需求 ENV-14，也就是“假定列车遇到红灯时停车”。现在，怎么保证事情总能这样呢？

解决这个问题应该在列车上局部地考虑。这种情况应该在出事故的火车上检查，使用一个称为自动列车保护器的设备。一旦该设备发现列车越过了红灯，它就应该自动激活列车的紧急制动闸。从信号灯到它保护的通路上的第一个分段的距离需要计算，使我们可以保证，列车一定能在进入第一个分段之前停住。请注意，这一保护并不是完全确定的，因为自动列车保护器可能损坏，导致列车无法在红灯信号停下来！

列车都安装了一个自动列车保护系统，保证它们不会进入红色信号灯守卫的通路	FLR-1

在 17.1.10 节，我们在需求 TRN-1 中断言“列车在网络里不会分解”。但是，如果出事故，这种情况有可能出现吗？解决这个问题还是应该在列车内部。我们让每列列车安装一种特殊绑定装置，使它构成一个连续的整体，不可能机械地破坏。这里还要说，这一解决方案也不保险，但从专业的角度看，出问题的危险性非常低：

列车安装了特殊的绑定装置，保证它们不会机械性地破坏	FLR-2

17.1.10 节的需求 TRN-2 提出了另一情况，“列车在网络里不会向后行驶”。在这里，需要自动列车保护系统再次出面，要求它立即检查任何向后的运动，并在这种情况下自动激

活紧急制动闸。但是，在这里我们必须保证的是，在一个分段被释放之后，列车无论如何也不会重新占用它。要保证这种性质，我们让轨道电路对分段占用信号的传输稍微延迟一点。当列车物理地离开了一个分段时，这一事实并不马上传给控制器，直到列车已经运行了一个特定的距离后再送出这个信号。这样，如果列车后退一点，它也不会重新占用已经离开的分段了（从软件控制器可以“看到”的角度）：

自动列车保护系统和轨道电路观察有少许延迟，保证列车的向后移动不会重新占用它前面已经物理地释放了的分段	FLR-3

在 17.1.10 节，我们还在需求 TRN-3 里说“列车不能从一条通路的中间进入”。列车确实能保证这个性质。但问题是，软件控制器“看不到”列车，它只能通过轨道电路连接，检查一个分段是否被占用或释放。由于这种情况，就可能出现由于某种原因，可能有一段金属物出现在路轨上，导致一个分段的轨道电路检查到该分段被占用。软件控制器可以检查到这种虚假的占用，在这种情况下，行车调度员就需要采取某些紧急处理措施。当然，这种情况是很罕见的，因此我们接受这种情况，并不在这里处理：

对于分段被虚假占用的情况，这里没有处理	FLR-4

在 17.1.10 节，还有需求 TRN-4 说“列车必须在首先占用而后释放了一条通路上的所有分段之后，才能离开这一通路”。然而，事情未必总是这样。考虑一种很罕见的情况：一列非常短的列车（例如就是一个火车头）脱轨并翻倒，它就会立刻脱离了当时所在的分段。软件控制器当然可以检查到这种情况，行车调度员也必须采取某种紧急措施。下面我们也不处理这种情况：

对于短列车出轨并脱离其分段的问题，这里没有处理	FLR-5

请注意，最后两种出事故的情况还提出了一个很困难的问题，那就是在处理事故之后重新启动系统。看起来，对于这个问题，仅有的解决方法需要包括仔细审查当时的网络，决定当时是否已经达到了那种正常情况。

17.1.12 实例

现在，我们通过一些列车安全地通过网络的例子，来演示前面提出的概念。

开始时，我们假定看到了列车 *T*1 接近分段 *L*，用 *L* 左边的黑色粗线段表示。该列车不能前进，因为那里的信号是红色：

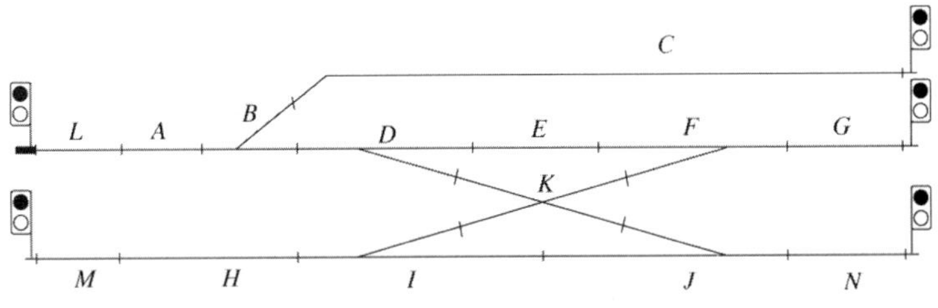

行车调度员被告知需要使通路 R3 成形，也就是 *L A B D K J N*。相关工作包括检查确定这一通路上的各个分段都没有被其他的通路预留，而且通路上所有道岔都已正确定位。一旦这些都完成，对应的信号灯就转为绿色，说明通路 R3 确实已成形。在下图里[1]，我们可以看到通路 R3 刚刚“成形”的情况：

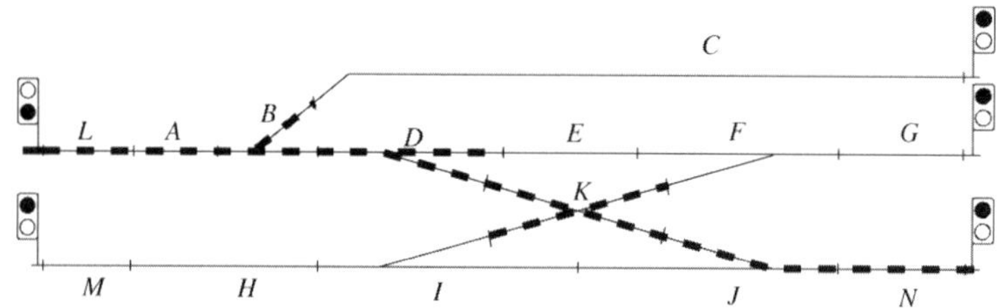

现在列车进入通路 R3，它占用了分段 *L*[2]。保护通路 R3 的信号灯重新转为红色，保证不会再有列车进入这一通路。

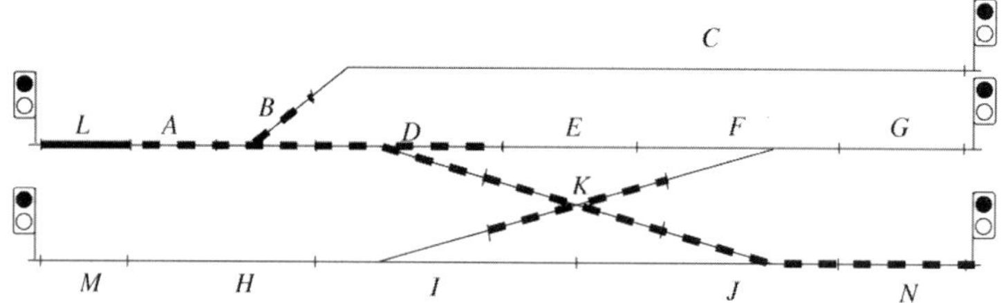

列车 T1 行驶到分段 *A*（这一分段简单，忽略）而后是分段 *B*。当列车不再占用分段 *L* 和 *A* 时，它们就立刻被释放了：

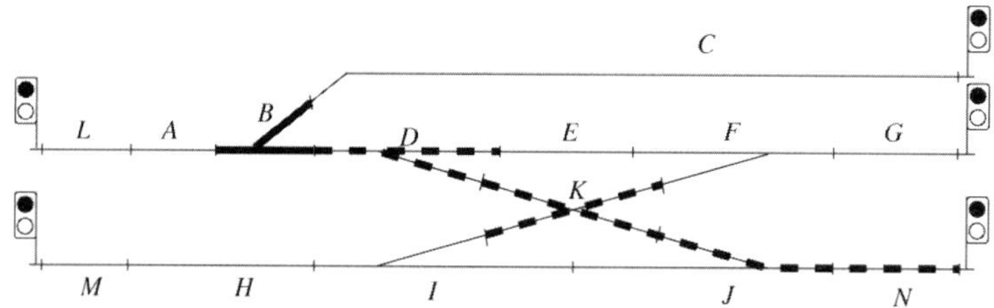

列车 T1 前进到分段 *D*，分段 *B* 被释放。这时第二列列车到来并接近分段 *C*，行车调度员被要求为这一新来的列车成形通路 R6，也就是 *C B A L*。这是可能的，因为这个要求并没有与已经预留的分段冲突。相应道岔都正确设定，而后保护 R6 的信号灯转为绿色：

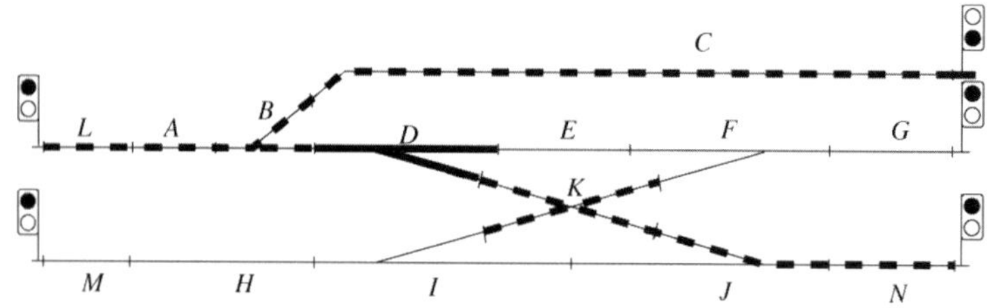

---

1 在图中，我们将采用如下约定：已预留但还未占用的分段用黑色虚粗线表示（在 17.1.3 节我们已经看到过这种表示），预留并占用的分段中粗实线表示。

2 在这一实例中，我们假定列车不会占用多于一个分段。这样做只是为了简单。实际情况未必是这样的，当一列列车的车厢跨过两个相邻的分段时，该列车肯定占用了它们。我们采用这种简化，只是为了使这里的例子能短一点。

列车 $T1$ 行驶到分段 K。列车 $T2$ 进入通路 $R6$，保护通路 $R6$ 的信号灯转为红色：

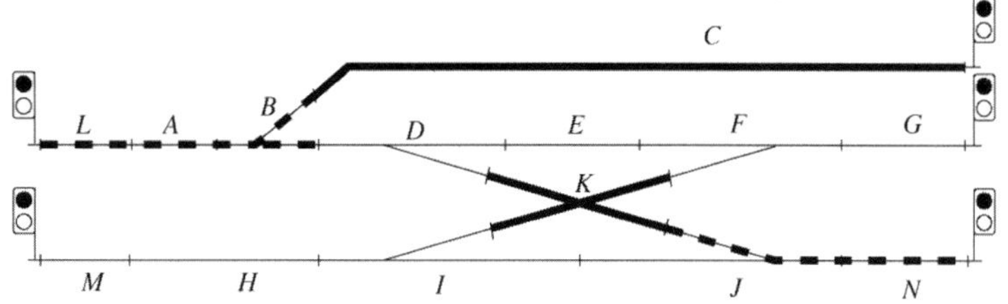

现在列车 $T1$ 占用了分段 J 并释放分段 K，而 $T2$ 仍然占用着分段 C。第三列列车 $T3$ 接近分段 M，行车调度员被要求为新列车成形通路 $R4$，也就是 $M\quad H\quad I\quad K\quad F\quad G$。这也是可能的，因为这一通路并不与已预留分段冲突。相应的道岔都设置好后，保护通路 $R4$ 的信号灯转为绿色：

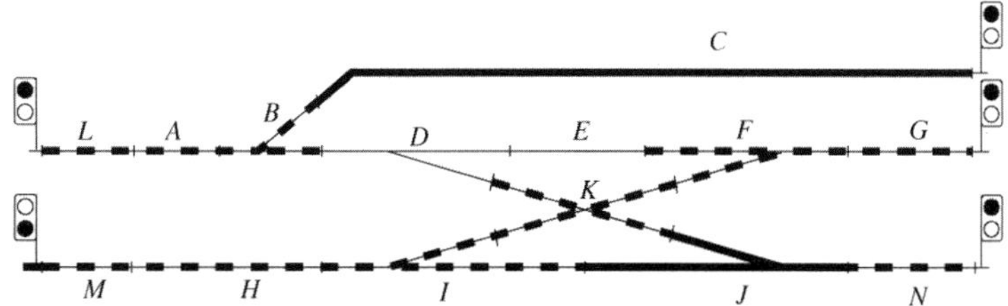

列车 $T3$ 进入通路 $R4$ 并占用分段 M，保护通路 $R4$ 的信号灯转为红色。其他列车也在它们各自的通路上继续行驶：

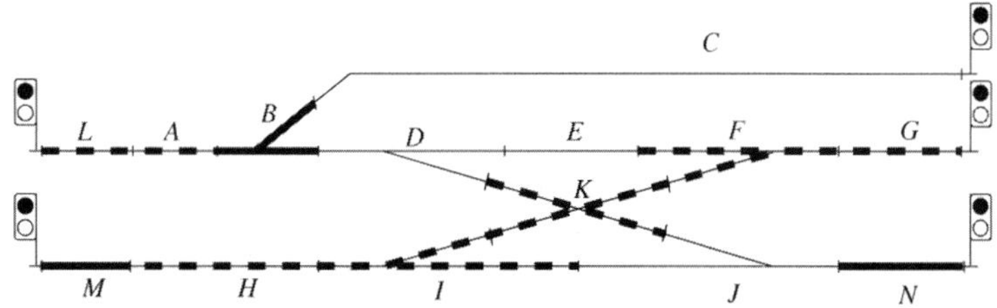

现在列车 $T1$ 离开了通路 $R3$，列车 $T2$ 和 $T3$ 继续行驶：

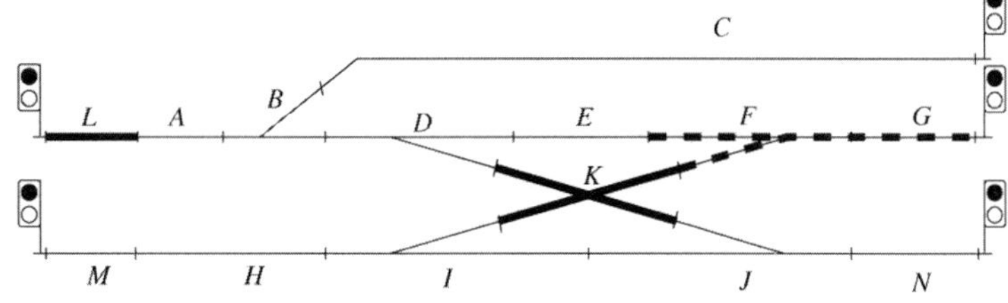

最后，列车 $T2$ 和 $T3$ 都离开了它们的通路：

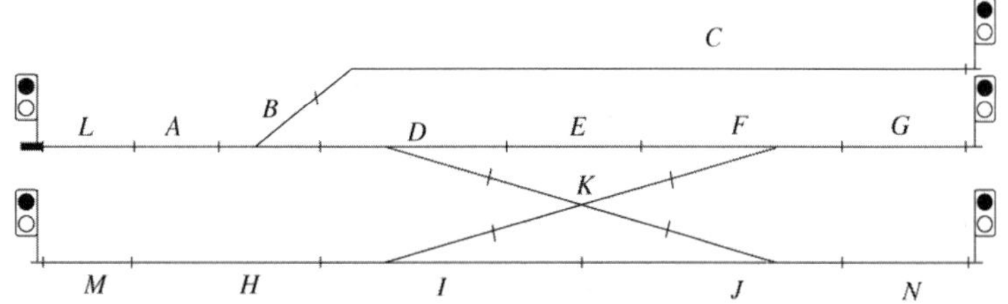

17.2 精化策略

我们已经在前几节里看到的非形式化需求可以总结如下。这里总共提出了 39 条需求。当然，为构造真实的列车系统，提出的需求可能比这多得多。我们这里展示的，显然只是真实列车系统的一个极端简化的版本：

ENV	环境	15
FUN	功能	8
SAF	安全性	4

MVT	运行	3
TRN	列车	4
FLR	故障	5

我们现在就要开始形式化开发阶段的工作，设法构造出一个能考虑并处理这些需求的模型。一下子就把这些需求都结合进来，当然是不可能的，我们准备通过“逐步逼近”的方式开展工作，也就是通过**精化**。在这一节里，我们定义下面准备采用的精化策略。定义一种顺序是非常重要的，这样我们才能逐渐提取出在前面阶段展示的各种需求。

① 在初始模型里，我们要形式化地定义分段和通路的概念。分段将从一种逻辑的观点定义。

② 在第一个精化里，我们将引进物理的分段，并开始形式化环境部分。我们要建立逻辑分段和物理分段之间的联系，这将以一种抽象的方式做。无论如何，到现在，我们还没有引进“道岔”的概念。

③ 在第二个精化中，我们将引进“通路就绪”的概念，这对应到绿色信号灯的一种抽象观点。

④ 在第三个精化中，我们将引进物理的信号灯，并将借助于绿色信号灯去数据精化（实现）通路的就绪概念。

⑤ 在第四个精化里，我们引进道岔。

⑥ 还需要做几个精化去形式化一些细节，但这些精化没有在本章中处理。

17.3 初始模型

17.3.1 状态

状态包括几个载体集合、常量和变量，我们将在下面几节中研究这些情况。

载体集合 初始模型关注分段和通路，我们在这里处理 17.1.4 节的需求 ENV-3 和 17.1.5

节的需求 ENV-6。目前我们暂时不考虑道岔和信号灯，将在后续的精化中考虑它们。这样，我们现在只有两个载体集合 B 和 R，分别表示分段和通路。下面我们将采用一种约定，载体集合都用单个大写字母命名：

sets:	B R

常量 轨道网络的组织形成了一些通路，这里用两个常量完成它们的形式化：*rtbl*（routes of blocks，“分段构成的通路”）建立通路与分段的关联，*nxt*（next，“下一个”）联系起各条通路中的相邻分段：

constants:	$rtbl$ nxt

常量 *rtbl* 是从 B 到 R 的二元关系，它是全的（关系到每个分段）和满的（关系到每条通路），见公理 **axm0_1**。之所以在这里用关系表示，是因为一条通路可能包含多个分段，而一个分段可能属于若干条通路：

axm0_1: $rtbl \in B \leftrightarrow\!\!\!\!\twoheadrightarrow R$

常量 *nxt* 表示在一条通路中分段之间的顺序关系（ENV-6）。这种顺序关系形成了一个从分段到分段的内射函数（也就是说，该函数的逆也是一个函数）：

axm0_2: $nxt \in R \rightarrow (B \rightarrowtail\!\!\!\!\!\!\!\!\;\;+ B)$

例如，下图中标出的通路 *R3* 由分段 *L A B D K J N* 按顺序构成：

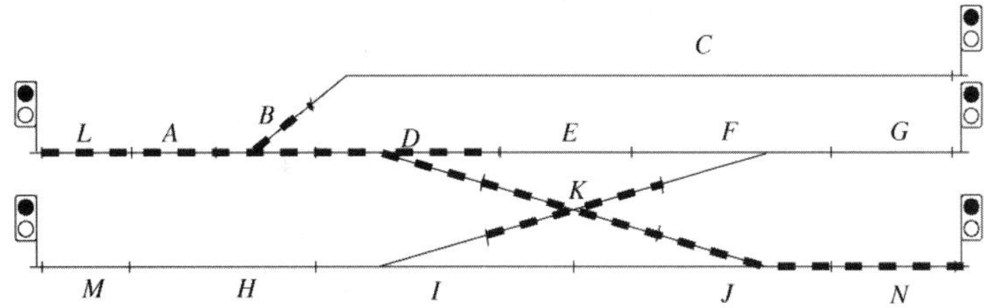

我们用下面的内射函数 *nxt*(*R*3) 表示这里的情况。正如所见，函数 *nxt*(*R*3) 建立起通路 *R3* 里从第一个分段 *L* 到最后分段 *N* 之间的一个接着一个的联系：

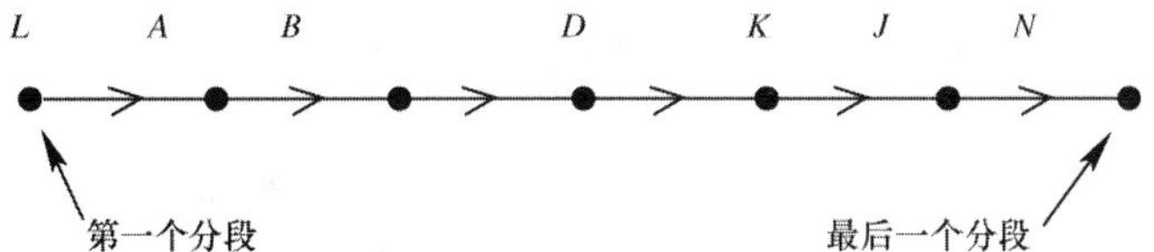

由于通路里的第一个和最后一个分段在一些性质中扮演着特殊角色，我们通过两个新的常量，明确地把它们引入我们的状态。我们扩充常量集合，用 *fst* 和 *lst* 记录每一条通路的第一个和最后一个分段：

constants: $\cdots$
fst
lst

一条通路的第一个和最后一个分段具有下面的明显性质：对每条通路，它们都有定义（**axm0_3** 和 **axm0_4**），它们都是通路里的真正分段（**axm0_5** 和 **axm0_6**）。进一步说，一条通路的第一个和最后一个分段是不同的（**axm0_7**）：

axm0_3: $fst \in R \rightarrow B$

axm0_4: $lst \in R \rightarrow B$

axm0_5: $fst^{-1} \subseteq rtbl$

axm0_6: $lst^{-1} \subseteq rtbl$

axm0_7: $\forall r \cdot r \in R \Rightarrow fst(r) \neq lst(r)$

正如前面图示中显示的，我们希望对每条通路 r，由函数 $nxt(r)$ 表示的连接是连续的，这是 17.1.5 节的需求 `ENV-10` 的要求。换句话说，我们希望排除下面的情况，因为对通路而言，这种情况是毫无意义的：

进一步说，我们还希望表明，对于一条通路 r，出现在内射 $nxt(r)$ 的定义域和值域中的分段，正好就是 r 的分段，也就是 $rtbl^{-1}[\{r\}]$。为了表示所有这些，我们只需要说内射函数 $nxt(r)$ 正好是从 $rtbl^{-1}[\{r\}] \setminus \{lst(r)\}$ 到 $rtbl^{-1}[\{r\}] \setminus \{fst(r)\}$ 的双射：

axm0_8: $\forall r \cdot r \in R \;\Rightarrow\; nxt(r) \in s \setminus \{lst(r)\} \rightarrowtail\!\!\!\!\twoheadrightarrow s \setminus \{fst(r)\}$

这里 s 是 $rtbl^{-1}[\{r\}]$

但这还不够，由于有可能出现下面的病态情况：

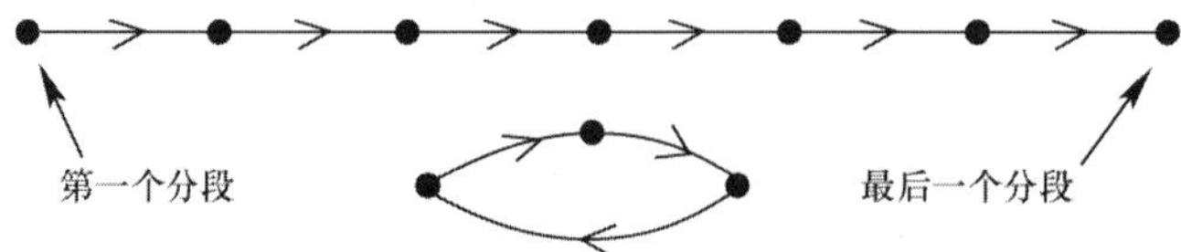

我们必须说明分段连接中不可能出现环路，这对应于 17.1.5 节的需求 `ENV-11`。要说明这一性质，我们可以断言，如果 B 的任何子集 S 包含在它自己在 $nxt(r)$ 下的像（也就是

$nxt(r)[S]$ 里，那么它只能是空集（真正的环路总是等于它自己在 $nxt(r)$ 下的像）：

$$\textbf{axm0\_9:}\ \forall r\cdot r\in R\ \Rightarrow\ (\forall S\cdot S\subseteq nxt(r)[S]\ \Rightarrow\ S=\varnothing)$$

有关通路的最后一条性质，就是要求它们不能从另一通路的**中间**起始或者到达。然而，几条通路可能从同一个分段开始，或者到达同一个分段。所有这些对应到 17.1.5 节的需求 `ENV-8` 和 `EVN-9`。这些可以用下面两个性质描述：

$$\begin{array}{ll}\textbf{axm0\_10:} & \forall r,s\cdot r\in R\\ & \quad s\in R\\ & \quad r\neq s\\ & \quad\Rightarrow\\ & \quad fst(r)\notin rtbl^{-1}[\{s\}]\setminus\{fst(s),lst(s)\}\\ \\ \textbf{axm0\_11:} & \forall r,s\cdot r\in R\\ & \quad s\in R\\ & \quad r\neq s\\ & \quad\Rightarrow\\ & \quad lst(r)\notin rtbl^{-1}[\{s\}]\setminus\{fst(s),lst(s)\}\end{array}$$

请注意，这些性质并没有排除两条通路具有同样的第一个或/和最后一个分段。

变量 在这个初始模型里，我们引进四个变量，分别是 *resrt*、*resbl*、*rsrtbl* 和 *OCC*（见下面标题为 **variables** 的方框）。我们约定，下面引入的所有**物理变量**都采用全大写字母的名字。所谓“物理变量”，就是指那些表示了外部设备的一部分的变量（例如这里的 *OCC*，表示被列车占用的物理分段的集合）。其他变量称为**逻辑变量**，表示那些将成为软件控制器中的一部分的变量，它们的名字里只用小写字母。对应于所有这些变量的不变式，都可以在下面的右表中看到（这些不变式将在下面解释）：

$$\begin{array}{ll}\textbf{variables:} & resrt\\ & resbl\\ & rsrtbl\\ & OCC\end{array}$$

$$\begin{array}{ll}\textbf{inv0\_1:} & resrt\subseteq R\\ \textbf{inv0\_2:} & resbl\subseteq B\\ \textbf{inv0\_3:} & rsrtbl\in resbl\rightarrow resrt\\ \textbf{inv0\_4:} & rsrtbl\subseteq rtbl\\ \textbf{inv0\_5:} & OCC\subseteq resbl\end{array}$$

第一个变量 *resrt*（reserved routes）表示预留的通路（**inv0_1**），对应于 17.1.7 节的需求 `FUN-2`，该需求说可以为列车预留通路。

第二个变量 *resbl*（reserved blocks）表示预留分段的集合（**inv0_2**），对应于 17.1.7 节的需求 `FUN-3`，该需求说可以为通路预留分段。

第三个变量 *rsrtbl*（reserved blocks of reserved route）将预留分段关联到预留通路（**inv0_3**），这对应于需求 SAF-1，该需求说不能为多条通路预留同一个分段。当然，这一关联要符合分段与通路之间的静态关系 *rtbl*（**inv0_4**）：为一条通路预留的分段必须是这条通路的分段。

最后，变量 *OCC* 表示占用分段的集合。这个变量对应于需求 ENV-5，它说分段可能被列车占用。这样占用的分段，显然应该是为某条通路预留的分段（**inv0_5**），这对应于 17.1.7 节的需求 FUN-4，它说占用分段总是已经预留的。

我们还必须定义更多的不变式，用以说明列车可能占用已经预留的通路的方式。最一般的情况如下图所示：

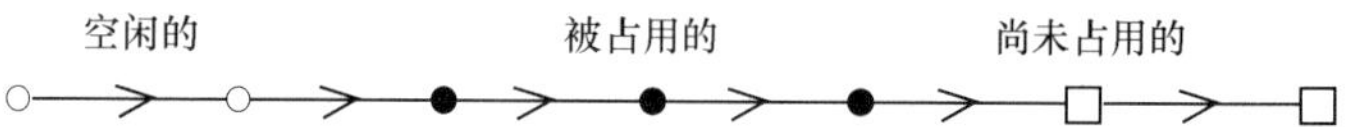

在一条预留通路上的分段分为三段。

① 位于第一段（上图里的最左边，这里的分段用小圆圈表示）里的分段已经被通路释放，因为列车已不再占用它们了。这些分段可以立刻被另一条通路再次使用（说不定它们已经被使用了）。

② 位于第二段（上图里的中间，这里的分段用小实心圆表示）里的所有分段都是预留的，而且被列车占用。

③ 位于第三段（上图里的右边，这里的分段用白色小矩形表示）里的分段都是预留的，但还没有被列车占用。

还有另一些情形，对应着前面图形描绘的最一般情况的各种特例。作为第一种特殊情况，上面三段中的前两段为空，也就是说，该通路已经预留，但列车还没有进入通路：

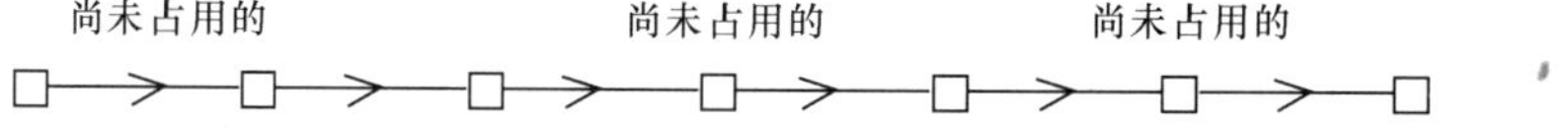

第二种特殊情况是：第 1 段为空，另外两段都不空。事实上，这时列车已经进入分段，看到的情况如下所示：

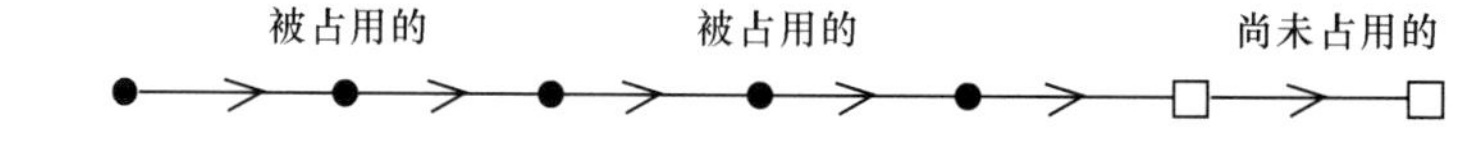

第三种特殊情况是一列（很长的）列车占用了通路的所有分段：

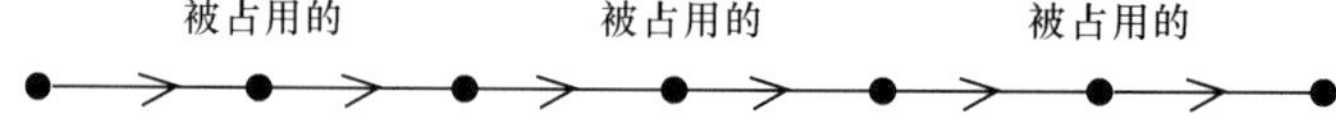

第四种特殊情况是列车已经开始离开这条通路：

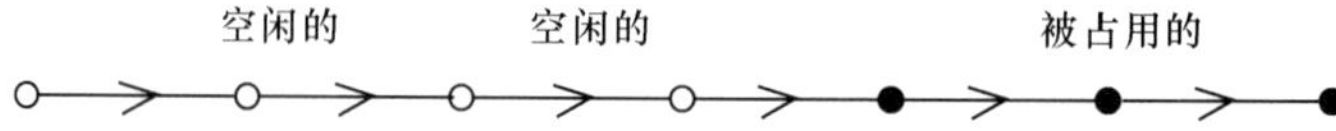

作为最后一种特殊情况，在预留通路上的所有分段都已经释放，这时这条通路本身也可以释放了：

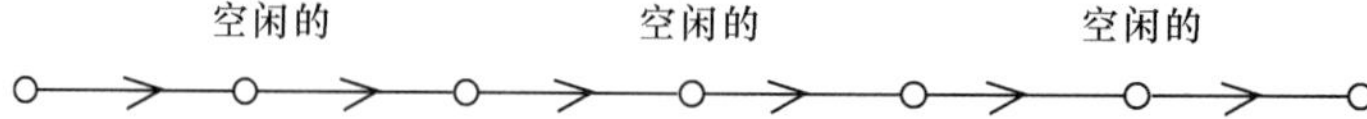

更形式化一些，我们用 M 表示在预留通路上所有（在列车通过之后）**已释放分段**的集合，用 N 表示在预留通路上所有占用分段的集合，最后，用 P 表示预留通路上所有尚未占用的分段（它们在列车的前方）的集合。对一条给定的预留通路 r，集合 M、N、P 可以形式化地定义如下：

$$M = rtbl^{-1}[\{r\}] \setminus rsrtbl^{-1}[\{r\}]$$

$$N = rsrtbl^{-1}[\{r\}] \cap OCC$$

$$P = rsrtbl^{-1}[\{r\}] \setminus OCC$$

注意，M、N 和 P 是 $rtbl^{-1}[\{r\}]$ 的一个划分。根据前面的说明，只可能出现下面这些转换：

$$M \to M \qquad M \to N \qquad N \to N \qquad N \to P \qquad P \to P$$

这些情况可以用下面的条件表示：

$$nxt(r)[M] \subseteq M \cup N \qquad nxt(r)[N] \subseteq N \cup P \qquad nxt(r)[P] \subseteq P$$

而这几个条件等价于下面的几个（因为根据 **axm0_8**，$nxt(r)[rtbl^{-1}[\{r\}]]$ 包含在 $rtbl^{-1}[\{r\}]$ 的内部）：

$$nxt(r)[M] \cap P = \varnothing \qquad nxt(r)[N \cup P] \subseteq N \cup P \qquad nxt(r)[P] \subseteq P$$

所有这些，最终可以形式化为下面的不变式：

inv0_6: $\forall r \cdot r \in R \;\Rightarrow\; nxt(r)[rtbl^{-1}[\{r\}] \setminus s] \;\cap\; (s \setminus OCC) \;=\; \varnothing$

inv0_7: $\forall r \cdot r \in R \;\Rightarrow\; nxt(r)[s] \;\subseteq\; s$

inv0_8: $\forall r \cdot r \in R \;\Rightarrow\; nxt(r)[s \setminus OCC] \;\subseteq\; s \setminus OCC$

where s is $rsrtbl^{-1}[\{r\}]$

这些不变式与 17.1.10 节定义的列车需求 `TRN-1` 到 `TRN-4` 一致。

17.3.2 事件

我们把四个变量 *resrt*、*resbl*、*rsrtbl* 和 *OCC* 都初始化为空集，因为初始时没有列车在网络中，也没有通路或分段被预留。除了初始化事件（这里没给出），我们还有 5 个正常事件，定义可以观察到的状态迁移。我们约定，在下面讨论中，对应于环境中出现的迁移的物理事件，都采用只包含大写字母的名字。下面是初始模型的事件：

- `route_reservation`
- `route_freeing`
- `FRONT_MOVE_1`
- `FRONT_MOVE_2`

- BACK_MOVE

事件 route_reservation 对应于预留一条通路 r，它对一条未预留的通路操作（即，$r \in R \setminus resrt$），其中的分段都不是已经被某条通路预留的（即，$rtbl^{-1}[\{r\}] \cap resbl = \varnothing$）。然后，通路 r 与它的分段一起预留，这对应于需求 FUN-5，该需求说，只要一条通路的分段都已为它预留，该通路就已经预留了：

```
route_reservation
  any r where
    r ∈ R \ resrt
    rtbl⁻¹[{r}] ∩ resbl = ∅
  then
    resrt := resrt ∪ {r}
    rsrtbl := rsrtbl ∪ (rtbl ▷ {r})
    resbl := resbl ∪ rtbl⁻¹[{r}]
  end
```

```
route_freeing
  any r where
    r ∈ resrt \ ran(rsrtbl)
  then
    resrt := resrt \ {r}
  end
```

事件 route_freeing 释放一条当时为预留的通路，前提是该通路中已经不包含任何预留的分段了。这对应于需求 MVT-3，该需求说，一旦不再存在为某条通路预留的分段，该通路就可以释放了。

事件 FRONT_MOVE_1 对应于列车进入预留通路 r，这时 r 的第一个分段必须是预留的，而且是未占用的。进一步说，对应于 r 的第一个分段的预留通路必须是 r 本身。该事件将这第一个分段改为占用的：

```
FRONT_MOVE_1
  any r where
    r ∈ resrt
    fst(r) ∈ resbl \ OCC
    rsrtbl(fst(r)) = r
  then
    OCC := OCC ∪ {fst(r)}
  end
```

```
FRONT_MOVE_2
  any b, c where
    b ∈ OCC
    c ∈ B \ OCC
    b ↦ c ∈ nxt(rsrtbl(b))
  then
    OCC := OCC ∪ {c}
  end
```

事件 FRONT_MOVE_2 对应于占用一个分段。当被占的分段不是一条预留通路的第一个分段时，这个事件发生。如果给定的分段 b 已被占用，而且 b 先于（同一通路上的）另一个分段 c，而 c 是未占用的，那么就把 c 改为占用的。

最后，事件 BACK_MOVE 对应于列车尾部的运行。当分段 b 被占用，而且是列车占用的最后一个分段时，这一事件可以发生。检查这一情况，要求分段 b 在预留 b 的通路 r 里有前一个分段，而该前一分段（即使被预留，也）不是为 r 预留的（这个条件对应于事件中最大的那个卫）。进一步说，如果 b 在 r 里有下一个分段，该分段必须是被占用的，因此，列车不会在到达 r 的末端之前消失（这对应于最后一个卫）。事件的动作就是把 b 改为非预留而且非占用的。这一事件对应于需求 MVT-1，该需求说“一旦一条已成形通路上的一个分段不再被占用，它就被释放”：

BACK_MOVE
$$\begin{array}{l}\textbf{any}\ \ b,n\ \ \textbf{where}\\ \quad b \in OCC\\ \quad n = nxt(rsrtbl(b))\\ \quad \left(\begin{array}{l} b \in \mathrm{ran}(n)\ \wedge\\ n^{-1}(b) \in \mathrm{dom}(rsrtbl)\\ \Rightarrow\\ rsrtbl(n^{-1}(b)) \neq rsrtbl(b)\end{array}\right)\\ \quad b \in \mathrm{dom}(n) \Rightarrow n(b) \in OCC\\ \textbf{then}\\ \quad OCC := OCC \setminus \{b\}\\ \quad rsrtbl := \{b\} \lhd rsrtbl\\ \quad resbl := resbl \setminus \{b\}\\ \textbf{end}\end{array}$$

重要注记：初看起来，在物理事件 FRONT_MOVE_1、FRONT_MOVE_2 和 BACK_MOVE 的卫里出现了非物理变量，这确实很奇怪（可能根本就是不对的）。显然，一个物理事件应该被只依赖于物理变量的条件使能：物理事件不可能有魔力地“去查看”非物理变量。目前，在这些卫中出现非物理变量，就是因为我们还在一个抽象版本里，在这里这种非正常的情况是允许的。当然，在物理事件最终的精化版本里，我们必须确认不再出现这种情况。

17.4 第一次精化

在第一个精化里，我们要引进物理的轨道，使列车的运行完全对应到轨道的物理情形中。当然，还需要注意，我们现在还没有引进道岔和信号灯。

17.4.1 状态

这一精化并不引进新的载体集合或常量。

变量 在这个精化中，我们引入三个新变量，名字分别是 *TRK*（track，轨道）、*frm*（formed route，成形的通路）和 *LBT*（last block of train，列车的最后一个分段）。请注意，初始模型引进的变量 *resrt*、*resbl*、*rsrtbl* 和 *OCC* 都还用在这个精化里：

$$\begin{array}{ll}\textbf{variables:} & \cdots\\ & TRK\\ & frm\\ & LBT\end{array}$$

变量 *TRK* 是从分段到分段的一个部分函数（**inv1_1**），它定义了**物理的分段连续性**。这个函数还描述了列车沿着轨道运行的方向。注意，最后这一项信息并不是“物理的”（你不可能在轨道上“看到”它），但是它反应了在物理轨道上的列车的物理行驶。下面是定义变

量 *TRK* 的不变式，该变量是一个内射函数：

$$\textbf{inv1\_1:}\quad TRK \in B \rightarrowtail\!\!\!\!\rightarrow B$$

下面显示了在某个特定情景中变量 *TRK* 的情况：

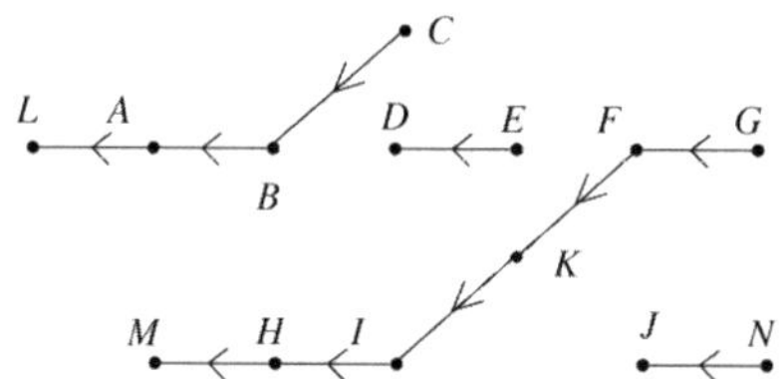

正如所见，这时已经在物理轨道上建立起了通路 *R9*（*G F K I H M*）。在 17.4.2 节，我们将看到，定位道岔的事件将会改变这里的情况。请注意，分段 *K* 的交叉点“被打破”了，物理轨道“记住了”列车将在其上行驶的方向。当然，在现实的轨道上不会发生这样的事情，但这却是一个非常有用的抽象。

最后，属于 *TRK* 的所有对偶也都属于 *nxt*(*r*)（对某条通路 *r*，不变式 **inv1_2**）：

$$\textbf{inv1\_2:}\quad \forall x,y\cdot x\mapsto y\in TRK \;\Rightarrow\; (\exists r\cdot r\in R \;\wedge\; x\mapsto y\in nxt(r))$$

变量 *frm* 表示所有成形通路的集合，它是预留通路集合的一个子集（**inv1_3**）。这对应于需求 `FUN-7`，该需求说“成形的通路总是预留的通路”。我们有几个不变式涉及成形的通路。被占用分段对应的通路都是成形的通路（**inv1_4**），如果一条通路 *r* 是预留的但还没有成形，那么其预留的分段正好就是构成该通路的所有分段的常量集合（**inv1_5**）。前两个不变式对应于需求 `SAF-4`，该需求说“已预留但尚未成形的通路上的分段都不会被占用”：

$$\textbf{inv1\_3:}\quad frm \subseteq resrt$$

$$\textbf{inv1\_4:}\quad rsrtbl[OCC] \subseteq frm$$

$$\textbf{inv1\_5:}\quad \forall r\cdot r\in resrt\setminus frm \;\Rightarrow\; rtbl\rhd\{r\} = rsrtbl\rhd\{r\}$$

现在考虑最重要的一个不变式（**inv1_6**），它把分段在一条通路上的逻辑接续性（由针对每条通路 *r* 的函数 *nxt*(*r*) 表示）联系到轨道网络中的物理轨道（由变量 *TRK* 表示）。这一不变式说，对于每条成形通路 *r*，其分段的逻辑接续关系（决定了当列车沿通路 *r* 穿行时，我们可以假定它在哪里，以及它必须往哪里去）与这一网络中的物理轨道相符。换句话说，当一条通路成形时，当列车沿着这一通路前进的过程中，将来可能位于的那一部分物理分段，正对应于我们所期望的，在控制器里记录的那些逻辑分段：

$$\textbf{inv1\_6:}\quad \forall r\cdot r\in frm \;\Rightarrow\; rsrtbl^{-1}[\{r\}]\lhd nxt(r) = rsrtbl^{-1}[\{r\}]\lhd TRK$$

最后，变量 *LBT* 表示被每列列车占用的最后一个分段的集合。这也是一个“物理的”变量，就像 *TRK* 一样。有关这一变量的第一个不变式（**inv1_7**）很自然：一列列车的最后一个分段当然是这一列车占用的分段：

$$\textbf{inv1\_7:}\quad LBT \subseteq OCC$$

现在我们要断言（**inv1_8**），对于一列列车的最后分段 b，如果在它的通路上，在其后面还有一个分段 a，那么即使 a 是预留的，也不会是为 b 的通路而预留的：

$$\begin{array}{ll}\textbf{inv1\_8:}\ \forall a,b\cdot & b \in LBT \\ & \wedge\, b \in \mathrm{ran}(nxt(rsrtbl(b))) \\ & \wedge\, a = (nxt(rsrtbl(b)))^{-1}(b) \\ & \wedge\, a \in \mathrm{dom}(rsrtbl) \\ & \Rightarrow \\ & rsrtbl(a) \neq rsrtbl(b)\end{array}$$

由于引进了物理变量 *TRK* 和 *LBT*，我们将能根据在区域中的哪个地方（在哪些物理的分段中）发现列车，来定义它的运动。注意，列车“知道”自己占用的最后分段属于 *LBT*。

17.4.2 事件

这个精化里，事件 `route_reservation` 没有修改，其他事件将如下面所说明的，做了一些修改。我们还要引进两个新事件：

- `point_positioning`
- `route_formation`

在这一精化中，事件 `point_positioning` 仍然是非常抽象的。它表达了未来的软件和外部设备之间交换信息的基本情况：物理的轨道 *TRK* 将根据逻辑通路 $nxt(r)$ 的需要进行修改。这一事件对应于需求 `SAF-3`，该需求说“只有在道岔所属分段被预留，但该分段的通路尚未成形时，该道岔**才能重新定位**”。在将来的精化里，物理轨道的这种修改将对应到控制器有关修改道岔位置的动作：

$$\begin{array}{l}\mathsf{point\_positioning}\\ \quad \textbf{any}\ \ r\ \ \textbf{where}\\ \qquad r \in resrt \setminus frm\\ \quad \textbf{then}\\ \qquad TRK := (\mathrm{dom}(nxt(r)) \lhd\!\!\!- TRK \,-\!\!\!\rhd \mathrm{ran}(nxt(r))) \cup nxt(r)\\ \quad \textbf{end}\end{array}$$

正如所见，这一逻辑事件对物理变量 *TRK* 产生了影响，这是由于本事件改变了（至少是现在）通路 r 上道岔的物理定位。

下面是在一次 `point_positioning` 事件出现之前和之后物理轨道的情况。可以看到，在这次事件出现之后，我们有了 3 个性质：①在物理轨道上建立了通路 *R*3（*L A B K J N*）；②道岔都已根据需要完成了定位；③分段 *K* 的交叉情况已经“重新安排”：

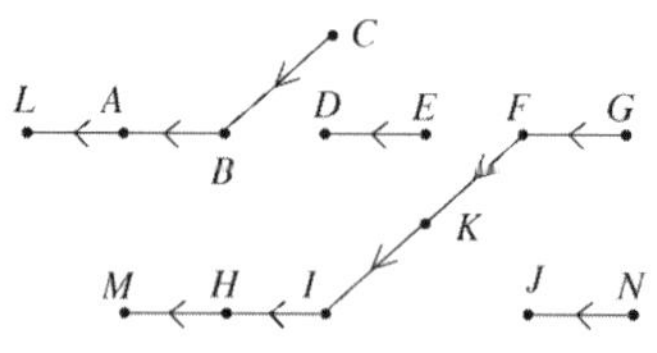

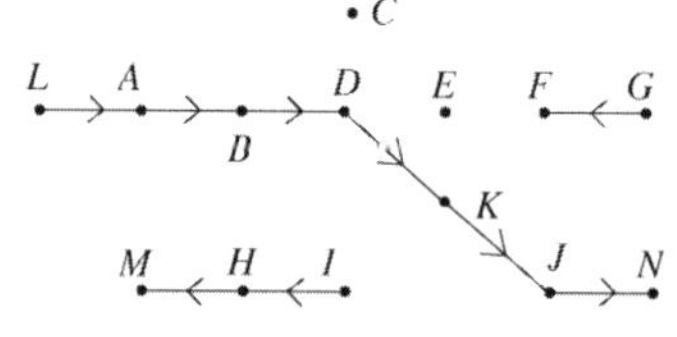

事件 route_formation 说明了在什么时候一条通路 r 可以“成形”，也就是说，当物理的和逻辑的轨道合拍，也就是在 point_positioning 事件对通路 r 作用之后：

route_formation
  any r **where**
    $r \in resrt \setminus frm$
    $rsrtbl^{-1}[\{r\}] \lhd nxt(r) = rsrtbl^{-1}[\{r\}] \lhd TRK$
  then
    $frm := frm \cup \{r\}$
  end

可以看到，在这一事件的卫中引用了物理变量 *TRK*。原因很清楚，只有控制器检查发现（至少是现在）通路 r 上所有的道岔都已正确定位时，该事件才应该被使能。

事件 route_freeing 有一点扩充，把被释放的通路改为不再成形的。这一操作对应于需求 MVT-2 以及 MVT-3。前一需求说：“一条通路保持成形状态的条件是其中还存在某些预留的分段”；后一需求说：“如果一条成形通路上已没有属于它的预留分段，该通路就可以释放（变成不再是成形的，也不再是预留的）”。

route_freeing
  any r **where**
    $r \in resrt \setminus \mathrm{ran}(rsrtbl)$
  then
    $resrt := resrt \setminus \{r\}$
    $frm := frm \setminus \{r\}$
  end

事件 FRONT_MOVE_1 也做了少许修改，现在我们还没有引进信号灯，这件事将在后续的精化中完成。当前修改包括扩充集合 *LBT*，为其加入单个元素 $\{fst(r)\}$。显然，当一列列车开始进入一条通路时，该列车的最后一个占用分段，也就是这条通路的第一个分段。这种情况将一直维持，直到由于此列车尾部的移动，事件 BACK_MOVE 里释放这个分段为止。

FRONT_MOVE_1
  any r **where**
    $r \in frm$
    $fst(r) \in resbl \setminus OCC$
    $rsrtbl(fst(r)) = r$
  then
    $OCC := OCC \cup \{fst(r)\}$
    $LBT := LBT \cup \{fst(r)\}$
  end

FRONT_MOVE_2
  any b **where**
    $b \in OCC$
    $b \in \mathrm{dom}(TRK)$
    $TRK(b) \notin OCC$
  then
    $OCC := OCC \cup \{TRK(b)\}$
  end

现在，事件 FRONT_MOVE_2 按实际轨道的物理情况进行。当然，我们需要证明它的这种做法精化了原来的抽象。可以看到，现在所有的卫已经只基于物理变量定义了。

事件 BACK_MOVE 分裂为两个事件。事件 BACK_MOVE_1 对应于列车的最后一个块离开了当前路径，事件 BACK_MOVE_2 对应于列车的最后一个块仍然在路径上继续。

```
BACK_MOVE_1
  any b where
    b ∈ LBT
    b ∉ dom(TRK)
  then
    OCC := OCC \ {b}
    rsrtbl := {b} ⩤ rsrtbl
    resbl := resbl \ {b}
    LBT := LBT \ {b}
  end
```

```
BACK_MOVE_2
  any b where
    b ∈ LBT
    b ∈ dom(TRK)
    TRK(b) ∈ OCC
  then
    OCC := OCC \ {b}
    rsrtbl := {b} ⩤ rsrtbl
    resbl := resbl \ {b}
    LBT := (LBT \ {b}) ∪ {TRK(b)}
  end
```

注记 1：正如所见，在物理事件 FRONT_MOVE_2、BACK_MOVE_1 和 BACK_MOVE_2 的所有卫里，现在都只有物理变量了（请回顾一下 17.3.2 节最后的“重要注记”）。然而，对于事件 FRONT_MOVE_1，情况还不是这样。这种情况将维持到 17.6 节的第三次精化，在那里我们会看到，事件 FRONT_MOVE_1 将变成绿色信号灯的后效，这显然是一个物理条件。

注记 2：注意物理事件 BACK_MOVE_1 和 BACK_MOVE_2，它们都在自己的动作部分引用了某些非物理变量（*rsrtbl* 和 *resbl*）。我们应该质疑，能这样做吗？事情当然很清楚，物理事件不可能去修改控制变量。在这些物理事件的动作里继续出现一些非物理变量，是因为这些事件**还必须进一步分解**为两个事件：一个“纯粹的”物理事件，以及另一个与之对应的控制器里的事件。这里的原因也很清楚：当列车完成了物理的尾部运动时，控制器需要做出响应，释放掉相应的逻辑分段。在物理的运动和（与之分离的）控制器里的逻辑响应之间，需要建立起某种联系，这件事将在后面完成（在某些后续精化步骤里完成，但本章中没有给出），当物理的轨道不再被占用时，应该让轨道电路**给控制器发一个消息**。控制器收到了这个消息，就可以做出有关的响应了。

注记 3：还请注意，在事件 FRONT_MOVE_1 和 FRONT_MOVE_2 的动作部分都没有出现对非物理变量的引用。这也就意味着，这两个事件对控制器没有任何影响。这个情况也很容易理解：当列车头部前进时，我们在控制器里不需要做任何事情，只有在列车尾部前进时，我们才需要做一些事（释放分段）。

17.5 第二次精化

在这一精化中，我们将引进“通路就绪”的概念。一条通路就绪，也就是它能接受新的列车了。在下一个精化里，我们将引进信号灯。在那里我们可以看到，就绪的通路将有一个绿色的信号灯。

17.5.1 状态

在这一精化中，我们不引进新的载体集合或常量。

变量 在这一精化中，我们引进一个新变量 rdy，表示就绪通路的集合。

$$\textbf{variables:}\quad \ldots,\ rdy$$

就绪通路有几个基本性质。一条就绪通路一定是成形的（**inv2_1**），其所有分段都已经为它而预留（**inv2_2**），而且所有这些分段都是未占用的（**inv2_3**）：

$$\textbf{inv2\_1:}\quad rdy \subseteq frm$$

$$\textbf{inv2\_2:}\quad \forall r \cdot r \in rdy \Rightarrow rtbl \rhd \{r\} \subseteq rsrtbl \rhd \{r\}$$

$$\textbf{inv2\_3:}\quad \forall r \cdot r \in rdy \Rightarrow \mathrm{dom}(rtbl \rhd \{r\}) \cap OCC = \varnothing$$

17.5.2 事件

在这一精化中，事件 `point_positioning`、`route_reservation`、`route_freeing`、`FRONT_MOVE_2`、`BACK_MOVE_1` 和 `BACK_MOVE_2` 都不修改，我们也没有把它们拷贝到这里。事件 `route_formation` 需要扩充，使相应的通路不仅成形（这一动作在前一个精化中已经有了），还要就绪：

```
route_formation
  any r where
    r ∈ resrt \ frm
    rsrtbl⁻¹[{r}] ◁ nxt(r) = rsrtbl⁻¹[{r}] ◁ TRK
  then
    frm := frm ∪ {r}
    rdy := rdy ∪ {r}
  end
```

事件 `FRONT_MOVE_1` 的卫被简化了（也变得更强），它说 r 是一条就绪的通路（这一事件在下一个精化里还将进一步简化，在那里我们要引进信号灯）。我们把这一事件的抽象版本放在精化后的版本旁边，以展示两个卫之间的差异：

```
(abstract-)FRONT_MOVE_1
  any r where
    r ∈ frm
    fst(r) ∈ resbl \ OCC
    rsrtbl(fst(r)) = r
  then
    OCC := OCC ∪ {fst(r)}
    LBT := LBT ∪ {fst(r)}
  end
```

```
(concrete-)FRONT_MOVE_1
  any r where
    r ∈ rdy
    rsrtbl(fst(r)) = r
  then
    OCC := OCC ∪ {fst(r)}
    LBT := LBT ∪ {fst(r)}
    rdy := rdy \ {r}
  end
```

17.6 第三次精化

在这一精化里，我们定义信号灯。信号灯的作用就是用绿色表示通路已经就绪。

17.6.1 状态

载体集合 我们引进几个载体集合，定义信号灯：

$$\textbf{sets:}\quad B, R, S$$

常量 在这一精化中，我们定义一个常量，将其命名为 *SIG*（表示第一个分段的信号灯）。这个常量给出关联于每条通路的第一个分段的唯一信号灯（**axm3_1**）。这对应于 17.1.6 节的需求 `ENV-12` 和 `ENV-14`。*SIG* 是一个双射，因为每个信号灯唯一地关联到通路的第一个分段。注意，共享同样的第一个分段的通路，也共享同一个信号灯：

$$\textbf{constants:}\quad \ldots\quad SIG$$

$$\textbf{axm3\_1:}\quad SIG \in \mathrm{ran}(fst) \rightarrowtail\!\!\!\!\twoheadrightarrow S$$

变量 在这一精化中，我们引进一个变量 *GRN*，表示绿色信号灯的集合（**inv3_1**）。这个变量数据精化抽象变量 *rdy*，而变量 *rdy* 将消失。为这两者之间建立的连接说明，就绪通路的第一个分段的信号灯，也就是那些绿色的信号灯（**inv3_2**）。这样，我们就建立起了抽象的就绪通路的概念，及其与绿色信号灯的物理概念之间的联系：

$$\textbf{variables:}\quad \ldots\quad GRN$$

$$\textbf{inv3\_1:}\quad GRN \subseteq S$$

$$\textbf{inv3\_2:}\quad SIG[fst[rdy]] = GRN$$

17.6.2 事件

在这个精化里，只有两个事件需要修改：`route_formation` 和 `FRONT_MOVE_1`。

事件 `route_formation` 的精化，就是把与新成形通路的第一个分段关联的信号灯转为绿色。这对应于需求 `FUN-8`，该需求说“一条通路一旦成形，相应信号灯就转为绿色，使该通路对开来的列车可用”。这一事件还处理了需求 `SAF-2`，该需求说“在一条通路上的所有分段都已为该通路预留且都未占用时，该通路的信号灯**才能是绿色**”。这归功于不变式 **inv3_2**，它把绿色信号灯的分段等同于就绪通路；还有不变式 **inv2_2** 和 **inv2_3**，它们说就绪通路的所有分段都是预留的，而且是未占用的：

```
route_formation
  any r where
    r ∈ resrt \ frm
    rsrtbl⁻¹[{r}] ◁ nxt(r) = rsrtbl⁻¹[{r}] ◁ TRK
  then
    frm := frm ∪ {r}
    GRN := GRN ∪ {SIG(fst(r))}
  end
```

这个逻辑事件还操作了物理变量 *GRN*。这对应于控制器发送一个命令，要求把通路 *r* 的第一个分段的物理信号灯转为绿色。

事件 FRONT_MOVE_1 现在响应绿色信号灯，而不再像在前一精化中那样响应就绪通路。我们终于把需求 ENV-13 也考虑进来了：

```
FRONT_MOVE_1
  any b where
    b ∈ dom(SIG)
    SIG(b) ∈ GRN
  then
    OCC := OCC ∪ {b}
    LBT := LBT ∪ {b}
    GRN := GRN \ {SIG(b)}
  end
```

可以看到，列车的物理运行是根据绿色信号灯的指示。注意，绿色信号灯将在列车进入相应的分段后自动转为红色，符合需求 ENV-15 的要求。

17.7 第四次精化

状态

在这一精化里，我们引进“道岔”的概念。但现在，我们还是从一种抽象的观点，用包含道岔的分段集合的方式表示它们。根据需求 ENV-4，我们知道，一个分段可能包含至多一个特殊部件，即道岔或者交叉点。

常量 在这一精化中，我们需要引进三个常量，*blpt*、*lft* 和 *rht*。常量 *blpt*（表示 blocks with points，带道岔的分段）表示包含道岔的分段集合（**axm4_1**）。每个包含道岔的分段 *b* 连接到一个道岔向左连接的分段，还有另一个道岔向右的分段，这些用两个从 *blpt* 到 *B* 的函数 *lft* 和 *rht* 表示（**axm4_2** 和 **axm4_3**）。注意，两个函数 *lft* 和 *rht* 互不相交（**axm4_4**），因为一个分段不可能同时居于一个道岔的左边和右边：

constants: ...
$blpt$,
lft,
rht

axm4_1: $blpt \subseteq B$

axm4_2: $lft \in blpt \to B$

axm4_3: $rht \in blpt \to B$

axm4_4: $lft \cap rht = \varnothing$

还是用我们一直在用的网络示例：

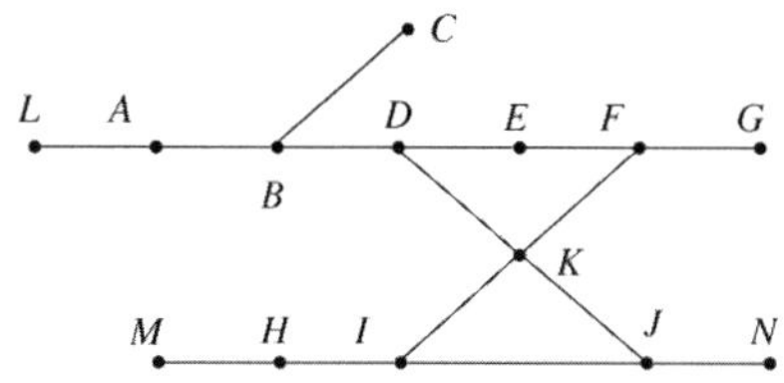

下面是对应于这个例子的集合 *blpt* 和两个函数 *lft* 和 *rft*:

$$blpt = \{B, D, F, I, J\}$$

$$lft = \{B \mapsto C,\ D \mapsto E,\ F \mapsto K,\ I \mapsto K,\ J \mapsto I\}$$

$$rht = \{B \mapsto D,\ D \mapsto K,\ F \mapsto E,\ I \mapsto J,\ J \mapsto K\}$$

在一条通路里，每个道岔相对于该通路的方向或是“顺”的，或是“逆”的。如下所示，我们可以看到两个通路片段：左图中的道岔是“顺-右”，右图中的道岔是“逆-右”：

说得更准确些，在一条通路上的一个道岔或者是左连接，或者是右连接；还可以是顺方向或者逆方向。举个例子，在 *R*2（*L* *A* *B* *D* *E* *F* *G*）里有 3 个道岔：在分段 *B*、分段 *D* 和分段 *F*。*B* 中的道岔是顺的，用对偶 $B \mapsto D$ 表示，它是 *lft* 的元素；*D* 中的道岔也是顺的，用对偶 $D \mapsto E$ 表示，该对偶也是 *rht* 的元素；而 *F* 中的道岔是逆的，用对偶 $F \mapsto E$ 表示，该对偶也是 *rht* 的元素。从每个带道岔分段到下一分段的连接，自然应该是通路的函数（因为道岔或处于左位置或处于右位置）。这可以形式化如下：

axm4_5: $\forall r \cdot r \in R \Rightarrow (lft \cup rht) \cap (nxt(r) \cup nxt(r)^{-1}) \in blpt \twoheadrightarrow B$

注意：每个道岔相对于通路 *r* 的位置是 $(lft \cup rht) \cap (nxt(r) \cup nxt^{-1}(r))$。

我们还有下面更多的技术性质，它们说第一个和最后一个分段都没有道岔：

$$\textbf{axm4\_6:}\quad blpt \cap \mathrm{ran}(fst) = \varnothing$$

$$\textbf{axm4\_7:}\quad blpt \cap \mathrm{ran}(lst) = \varnothing$$

变量 在这个精化中没有新变量，只有新的不变式表示道岔的定位，显然，这种定位是实际轨道的函数。这一性质用不变式 **inv4_1** 表示：

$$\textbf{inv4\_1:}\quad (lft \cup rht) \cap (TRK \cup TRK^{-1}) \in blpt \nrightarrow B$$

注意，这只是一个部分函数，就是因为有交叉点。不难证明，事件 `point_positioning` 保持这个不变式，重新把它写在这里：

point_positioning
  any r **where**
    $r \in resrt \setminus frm$
  then
    $TRK := (\mathrm{dom}(nxt(r)) \lhd TRK \rhd \mathrm{ran}(nxt(r))) \cup nxt(r)$
  end

很明显，我们还需要做几次精化，才能完成这一模型的开发。有关工作包括需要把事件 `route_reservation`、`route_formation` 和 `point_positioning` 分解为更原子性的事件，使我们可以构造出相应的循环。

17.8 总结

正如在本章引言中所说的，这里包含了更多有关预防事故的材料，而不是有关容错。这也是本质性的，因为对于我们要处理的这个问题，需要采用所有可能的方法避免事故。但事故依然可能发生，如 17.1.11 节的有关解释。所以，考虑一下如何把与此有关的问题纳入建模过程的考虑范围，也是非常有意思的问题。

把自动列车保护系统（如 17.1.11 中简略提到的）结合到我们的形式化模型里，不会有太大困难，因为我们已经有了处理环境问题的全局性方法。这里需要考虑需求 `FLR-1`（司机通过了一个红灯）和 `FLR-3`（列车向后行驶），让自动列车保护系统处理这些情况。

根据我从专家那里得到的一些认识，这里其他没有处理的出错情况，就是因为人们认为它们出现的概率极低。当然，对于 `FLR-4`（错误的分段占用）和 `FLR-5`（列车离开了一个分段）的有些情况，出错情况是可以检查的。在这些情况下，控制器必须停住整个系统，不允许任何信号灯变成绿色，也不做任何道岔定位。这一默认处理阶段一直持续到环境完成了检查，系统也被重置。模拟这些并不太困难。

我们在这里展示的开发很接近参考资料[1]和参考资料[3]中的研究。参考资料[1]采用的方法源于以前人们应用“动作系统”（Action System）的方法学[2]。在研究动作系统中得到的重要经验，就是在全局的层面上做推理的思想，不仅要在这个层面上引进预期的软件，还要引进**物理环境**。

在这一研究中，我们特别强调，在开始的非形式化阶段，应该包括给出我们希望构造的那个系统的结构化的“定义和需求”。我们认为，从方法论的角度看，强调这一点极端重要，在类似的工业开发中，这也经常是最薄弱的地方。看起来，我们也已经对轨道网络模型做出了一个更完整的数学处理。

17.9 参考资料

[1] M Butler. A system-based approach to the formal development of embedded controllers for a railway. Design Automation for Embedded Systems 6, 2002.

[2] M Butler, E Sekerinski, and K Sere. An action system approach to the steam boiler problem. In Formal Methods for Industrial Applications. Lecture Notes in Computer Science 1165. Springer-verlag, 1996.

[3] A E Haxthausen and J Peleska. Formal Development and Verification of a Distributed Railway Control System. FM'99, Lecture Notes in Computer Science Volume 1709. Springer-verlag, 1999.

第 18 章　一些问题

最后一章完全用于提出一些问题，希望你能试着去解决。它们都已经用 Rodin 平台做过，你可以从 Event-b 官方网站下载这个软件。我们建议初学者一开始就下载 Rodin 平台，并在深入本章中给出的任何问题之前，首先去“执行”包含在该网址的教程。

下面给出的问题分为三大类，分别称为**练习**（第 1 节）、**项目**（第 2 节）和**数学开发**（第 3 节）。

练习是小而简单的开发问题，主要对应于构造简单的顺序程序。但我们也会遇到简单完整的系统的模型，甚至简单电子线路的开发。这些练习可以在初学者的课程中使用。

项目是一些更严肃的问题，需要比练习更多的投入。它们可以在高级课程中使用。

数学开发的问题都来自纯粹数学。与前两个类别相比，它们涉及一些更复杂的证明，其中的大部分都不能用 Rodin 平台的证明器自动完成。由于这种情况，这些问题是提升我们的交互式证明能力的绝佳练习。

对于**练习**和**项目**，我们要求，在投入基于 Rodin 平台的形式化开发之前，先写出一个需求文档和一套精化策略。大部分情况下，我们必须用一些上下文来定义被处理问题中的载体集合和常量，然后定义一些机器，用于表示我们通过一系列精化而进行的开发。大部分证明都可以用 Rodin 平台自动完成。

对于**数学开发**问题，我们将只需要定义上下文，因为有关问题不涉及迁移系统，只是回答数学的问题。

18.1　练习

18.1.1　银行

定义一个简单的银行模型，其中人们（银行的顾客）可以开账户、关闭账户，在他们的账户中存钱或取钱。不允许账户余额为负。

我们可以在一个上下文中定义两个载体集合 *PERSON* 和 *ACCOUNT*。还可以考虑定义一个变量 *client*，表示银行的客户集合，再用一个变量 *account* 表示已经在银行开立的账户集合。每个这样的 *account* 必须关联于唯一的一个 *client*。个人（*PERSON* 的元素）可以成为银行的客户，而后可以开设一个或几个账户。

18.1.2　生日记录册

一个生日记录册包含一些个人的名字和出生日期。在这个例子里，我们可以考虑把

NAME 和 *DATE* 作为抽象集合。

应该可以给生日记录册加入新的（名字，日期）对偶，也可以删除记录条目。

作为一个精化，该记录册由若干连续数字编号的页组成。每页包含一个人的记录。当我们删除一个人时，就把册子里的最后一页移到消失的那一页。

18.1.3 有一行为 0 的数值矩阵

给定一个 m 行 n 列的数值矩阵，我们希望确定，在这个矩阵里是否存在一个行，其中的元素全都等于 0。

首先定义一个上下文，其中是矩阵的定义。

然后定义一个初始机器，它有两个事件，分别对应于两种可能输出的规范：成功（这种行存在）或失败（这种行不存在）。

精化前一个机器，引进一个行下标 r 和一个列下标 c。初始时 r 和 c 都等于 1。定义两个不变式，说明前 $r-1$ 行没有成功（这些行都不是全部由 0 组成），以及第 r 行的前 $c-1$ 个元素是成功的（它们都是 0）。这一精化有两个新事件，在特定的情况下让 r 和 c 增加。

18.1.4 有序矩阵检索

给定一个 m 行 n 列的数值矩阵，我们假定该矩阵中的元素，无论按行看还是按列看，都是递增排序的。再给定一个数值常量 x。我们希望知道 x 是否出现在这个矩阵里。

首先定义一个上下文，其中包括矩阵及其性质的定义，还有 x 的定义。

其次定义一个机器，其中包含两个事件，它们的规范分别对应于两种可能结果：成功（x 在矩阵里）或失败（x 不在矩阵里）。

精化前一个机器，引进一个行下标 r 和一个列下标 c。初始时 r 等于 m 而 c 等于 1。定义一个不变式说 x 不在子矩阵（$1 .. r, 1 .. c-1$）里，而且不在第 $r+1$ 到 m 行里。换句话说，有关检索集中关注子矩阵（$1 .. r, c .. n$）。有关情况如图 18.1 所示。引进两个新事件增大 c 或 r 的值，操作应根据将 x 与矩阵第 r 行或第 c 列的（最大或最小）值的比较。

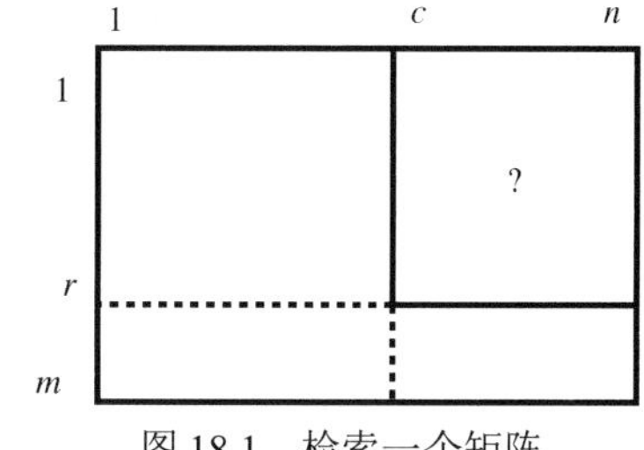

图 18.1 检索一个矩阵

18.1.5 名人问题

假设在包含一些人的集合 P 里有一个名人 c。这里给定了人之间的一个二元关系 *knows*，说得更准确些，如果对偶 $p \mapsto q$ 属于 *knows*，就说明 p 知道 q。名人 c 的特征是：每个人都知道 c，但是 c 并不知道其他任何人。我们希望通过问谁知道谁或者不知道谁，来找出这个名人。

定义一个上下文，其中包含个人的集合 P、关系 *knows* 和名人 c。我们假定 P 是一个自然数的集合，其中的理由到后面就会清楚了。

定义一个初始机器，其中只有一个事件 `find`，把结果变量 r 设置为名人 c。

精化前一个机器，引进一个变量 Q，假定它是 P 的包含名人 c 的子集。初始时 Q 等于 P。这一机器的作用就是引进了两个新事件，它们都逐个地删去 Q 中的元素。第一个事件从 Q 中删去一个人 p 的条件是 p 知道 Q 中的另一个人 q。第二个事件从 Q 中删去一个人 q 的条件是存在 Q 中的某个元素 p 不知道 q。请首先非形式地确认这两种删除的正确性，而后完成相应的形式化证明。

精化前一个机器，引进两个变量 R 和 b。变量 R 是集合 P 的一个子集，b 是不属于 R 的一个人。变量 Q 被消去，但它与 R 和 b 有如下关系：$Q = R \cup \{b\}$。请精化前面的事件，并完成有关证明。

在下一个精化里，我们假定集合 P 就是区间 $0\,..\,n$，对某个正数 n。我们引进一个新变量 a，它是区间 $1\,..\,n+1$ 里的一个数。初始时 a 等于 1 而 b 等于 0。集合 R 被消去，但它与 a 和 n 有关系 $R = a\,..\,n$。精化前面机器的事件，完成相关证明。

18.1.6 在两个有交集的有穷数值集合里找公共元素

给定两个自然数的有穷集合 a 和 b，假定这两个集合的交集非空。我们希望找到一个元素 r[1]，使得$r \in a \cap b$。

定义一个上下文，包含这两个集合。

定义一个初始机器，它有变量 r 和唯一的事件 `find`，该事件把 r 设置为集合 $a \cap b$ 里的任何一个元素 x。

精化前一个机器，引进两个新变量 c 和 d。变量 c 是 a 的一个子集，变量 d 是 b 的一个子集。进一步说，c 和 d 的交集等于 a 和 b 的交集。初始时 c 设置为 a 而 d 设置为 b。我们引进两个新事件，它们分别逐一删去 c 和 d 里的元素，这些元素都非确定性地选出。

精化前一个机器，把前面非确定性删除元素的事件变成确定性的。如果 c 的最小值小于 d 的最小值，我们就删去 c 的最小值；或者，如果 d 的最小值小于 c 的最小值，我们就删去 d 的最小值。当两个最小值相同时，我们就找到了一个公共元素。

现在我们扩充上下文，假定集合 a 和 b 分别为从 $1\,..\,m$ 和 $1\,..\,n$ 出发的两个双射 f 和 g 的值域：

$$f \in 1\,..\,m \rightarrowtail\!\!\!\!\twoheadrightarrow a$$

$$g \in 1\,..\,n \rightarrowtail\!\!\!\!\twoheadrightarrow b$$

再假定这两个双射是递增有序的，也就是说：

$$\forall i,j \cdot i \in 1\,..\,m \;\land\; j \in 1\,..\,m \;\land\; i \leqslant j \;\;\Rightarrow\;\; f(i) \leqslant f(j)$$

$$\forall i,j \cdot i \in 1\,..\,n \;\land\; j \in 1\,..\,n \;\land\; i \leqslant j \;\;\Rightarrow\;\; g(i) \leqslant g(j)$$

证明下面的定理：

$$\forall k \cdot k \in 1\,..\,m \;\Rightarrow\; f(k) = \min(f[k\,..\,m])$$

$$\forall l \cdot l \in 1\,..\,n \;\Rightarrow\; g(l) = \min(g[l\,..\,n]).$$

现在，我们再精化前一个机器。在精化中引进两个新变量 i 和 j，这两个变量分别在区

间 $1..m$ 和 $1..n$ 里取值。初始时它们都等于 1。变量 c 和 d 消去了，它们分别以如下方式关联于 i 和 j：

$$c = f[i..m]$$

$$d = g[i..n].$$

精化这些事件。

18.1.7 简单的访问控制系统

我们希望定义一个简单的访问控制系统的需求文档，下面是有关这一系统的非形式化的（很糟糕的）描述。

我们有一个包含着一些房间的建筑，每个房间通过门与另外（几个）房间相连。这里有一个特殊的房间称为走廊，它与所有房间相连。

假定这一建筑被一组人使用，组中的每个人取得了授权，（只）能到一些特定的房间。注意，每个人都可以到走廊。

人们用一张带有适当标识的磁卡进入或离开一个房间。为了进入和离开，他们必须把自己的磁卡放进相应的门上的一个机器里。如果他们被允许进入这个房间，门就会打开一会儿。

请定义一个更精确的需求文档，每条需求都应该标明是设备需求（EQP），或者是功能需求（FUN），抑或是安全性需求（SAF）。

请通过若干次精化，开发出这个系统的模型。

18.1.8 简单的图书馆

一座图书馆[2]里有一批图书。图书馆可以获取或退还图书。人们可以成为图书馆的成员，成员也可以离开图书馆。

成员可以借书，但所借图书不能超过某个固定的数目。成员需要归还借阅的书。

当一位成员希望借一本书而无法借到时（该书被其他成员借走），该成员将被放入与该书关联的一个等待队列。成员可以退出一个等待队列。当某本书被归还时，在其等待队列里等待时间最长的成员将得到服务。

请为这个系统定义一个合适的需求文档。

请通过几次精化开发出相应的模型。

18.1.9 简单的电路

我们希望构造一个如图 18.2 所示的简单电路[3]。该电路有 4 个输入 *a_in*、*b_in*、*r_in* 和 *t_in*，以及一个输出 o。所有输入输出都是布尔型的（TRUE 或 FALSE）。为了简单，我们假定每次只有一个输入可以设置为 TRUE。

这一电路可以是开的或者关的。当电路为关时，如果输入 *t_in* 设置为 TRUE，它就变为开的。当电路为开时，如果输入 *t_in* 设置为 TRUE，它就变为关的。

当电路为开时，如果在电路为开的期间，两个输入 *a_in* 和 *b_in* 都出现过一次 TRUE 信号（顺序任意），输出 o 就设置为 TRUE。

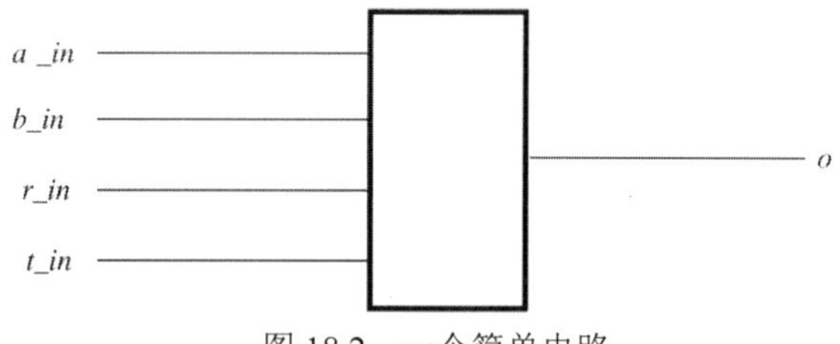

图 18.2 一个简单电路

当电路为开时，*r_in* 上的 TRUE 信号将重置这个电路。说得更精确些，这时有关输入 *a_in* 和/或 *b_in* 的记忆全部抛弃。如果当时 o 是 TRUE，它也重置为 FALSE。

当电路被打开时，它也被重置。换句话说，这时也会丢弃上一次打开期间曾经出现过的任何情况的记忆。

请定义一个初始机器，它有 4 个变量 a、b、t 和 o。变量 t 记录电路是开（TRUE）或关（FALSE）。注意，这时还没有把 4 个输入引入这个机器。变量 a（或 b）在电路开时记录输入 *a_in*（或 *b_in*）曾经是 TRUE 的事实。变量 o 是输出。定义不变式关联起这些变量。定义事件 $A1$、$A2$、$B1$、$B2$、R、T 和 S。事件 $A1$ 对应于输入 *a_in* 是 TRUE，而 b 还是 FALSE 的情况：它把 a 修改为 TRUE。事件 $A2$ 对应于输入 *a_in* 是 TRUE，而且当时 b 已经是 TRUE 的情况：它设 a 为 TRUE，也设 o 为 TRUE。事件 $B1$ 和 $B2$ 具有与 $A1$ 和 $A2$ 类似的行为，但是针对 *b_in*。事件 R 重置这个电路，事件 T 关闭电路而事件 S 打开它。

精化前一个机器，引进一个技术性的布尔变量 *cir*，当电路响应环境时其值是 TRUE，当环境设置输入时其值的 FALSE。引进 4 个输入变量 *a_in*、*b_in*、*r_in* 和 *t_in*。定义不变式说明每个时间至多一个输入为 TRUE，而且一直为 TRUE。引入环境事件 *push_a*、*push_b*、*push_r* 和 *push_t*。引进另一个电路事件 N，它什么也不做。精化前面机器的事件。

精化前一个机器，使用第 8 章开发的技术，使所有电路事件都有同样的动作。

精化前一个机器，把所有电路事件合并为一个事件。

18.1.10 闹钟

在这个练习里，我们希望构造一个电话闹钟的模型。我们有两个进程：一个用户和一个闹钟。进程之间通过电话线通信。

为了要求一次闹钟，用户打一个闹钟电话，给出（通过拨电话）自己希望被叫醒的时间。电话回答说闹钟已经设立的这个需求。

这里有两种可能性：

- 用户在被叫醒之前再次打电话，取消前面的请求；
- 电话闹钟的铃声响起。

注意，这两个时间之间有竞争。请定义并证明相应的数学模型。

18.1.11 连续信号的分析

这个练习的目标是构造一个系统的模型。这一系统分析连续信号，并将其转换为一种

“分步的”信号。

在图 18.3 里，可以看到一个连续的输入信号被按每 *CT* 秒的间隔取样（*CT* 表示周期时间，cycling time），在图中用黑色的圆点表示。产生的输出是这种取样的结果。初始时，输出信号是 *off*。

如果取样发现在两次取样之间越过了阈值 *RTH*（*RTH* 表示上升阈值，rising threshold），而且在此检测之后输入信号在 *RTH* 之上持续了 *BT* 的时间（*BT* 表示去抖动时间，debounce time），输出信号就从 *off* 转到 *on*。对于 *FTH*（*FTH* 表示下降阈值，falling threshold），我们有与此完全对称的情况，在相应的条件下，输出信息从 *on* 转为 *off*。我们假定整数比率 $n = BT / CT$ 有定义，而且是一个正值。

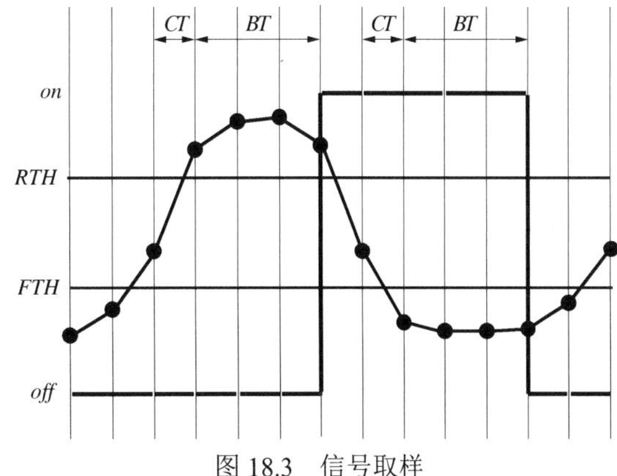

图 18.3 信号取样

请为这个系统构造一个模型，它能对每个被检测的输入产生适当的输出。每个事件将对应于系统对一个输入的响应。这里可能有许多不同的事件，因为输入可能出现许多不同的情况。

请通过一系列精化定义出有关模型。不要忘记在投入形式化开发之前，写出初始的需求文档，并计划好精化策略。

18.2 项目

18.2.1 旅馆的电子钥匙系统

本项目的目标是开发一个旅馆的电子钥匙系统[4][5]的模型。

这种系统的目标是保证，从客人到旅馆登记入住，直到其离开旅馆期间，都可以进入自己的房间，而其他人都不能进入。注意，基于金属钥匙的系统不能有这种保证，因为该房间的先前入住人有可能复制了拿到的钥匙。

一个建议实现如下。

① 旅馆的每个房间门都安装了一个独立的电子门锁，它带有一个电子钥匙。该锁有一个插口，可以插入一张磁卡。

② 每次入住登记作为一个特定房间的一次新入住。对于每次入住有一张关联的磁卡，包含两个电子钥匙：一个保证是一个新钥匙，而另一个是目前保存在房间锁里的电子钥匙（在中心化的动态系统里，我们就会假定系统保存着所有房间锁的钥匙）。在进入房间时，客人把自己的卡片塞进锁的插口。锁将读客人的卡，它打开的条件是自己的电子钥匙是磁卡上的钥匙之一。这时，锁还用客人磁卡上的新钥匙取代原来保存的钥匙。

在图 18.4 里，一张新卡插入了房门插口，其中包含新钥匙 *k*2 和锁的钥匙 *k*1。这张卡被接受，而且使锁里的电子钥匙变成 $k2$。现在，持卡的客户还可以用同一张卡再次进入房间，因为卡中包含钥匙 $k2$。

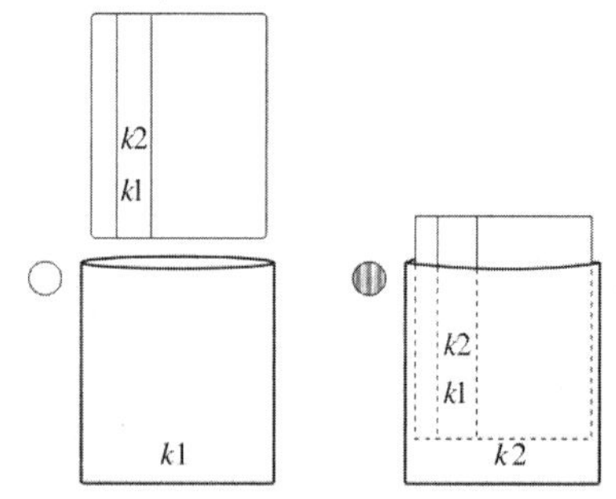

图 18.4 一个门锁和插入的一张新磁卡

采用磁卡的这一建议实现，要求入住者真实地使用了有关房间。如果某个人登记入住后没有使用其房间，再下一个客人就无法进入这个房间了。

请为这个系统开发一个模型。开始时不要引进磁卡和钥匙，可以做一种抽象，其主要性质可以如下说明：一个已经登记了某房间的人可以保证其他人不能进入这个房间。

在随后的精化中表达如下事实：客人按其到达的顺序得到服务（旅馆的政策）。而在最后，引进磁卡系统并实现这一政策。

可以定义各种事件：`check_in`、`enter_room` 和 `leave_room` 等，还可以考虑一个能进入房间的管理员（这就需要旅馆负责任了）。

18.2.2 Earley 分析器

这一项目的目标就是为一个 Earley 分析器[6]开发一个形式化模型。

为此我们必须首先定义什么是**语法**。给定一个符号的集合 S，S 的一个子集 N 包含所谓的**非终结符号**，N 的补集 T（也就是 $S\setminus N$）包含所有**终结符号**。

给定一集**产生式** P。一个产生式有一个**左部**，就是一个非终结符号；还有一个**右部**，是一个符号的非空序列。最后还有一个特殊的产生式称为**公理**。这些可以定义如下：

$$left \in P \rightarrow N$$

$$right \in P \rightarrow (\mathbb{N} \nrightarrow S)$$

$$size \in P \rightarrow \mathbb{N}_1$$

$$\forall p \cdot right(p) \in 1 \,..\, size(p) \rightarrow S$$

$$axiom \in P$$

一个语法，也就是定义在符号集合 S 上的一集产生式。

现在我们定义什么是一个符号的序列与一个终结符号的序列匹配。为此，我们使用下面的二元关系：

$$match \in (\mathbb{N} \nrightarrow S) \leftrightarrow (\mathbb{N} \nrightarrow T)$$

关系 *match* 用下面的三个公理定义：

$$\varnothing \mapsto \varnothing \in match$$

$$\begin{array}{ll} \forall i,j,k,l,n1,n2,s1,s2 \cdot & i \in 1\,..\,n1 \\ & j \in 0\,..\,n1-1 \\ & k \in 1\,..\,n2 \\ & l \in 0\,..\,n2-1 \\ & s1 \in 1\,..\,n1 \rightarrow S \\ & s2 \in 1\,..\,n2 \rightarrow T \\ & s1(j+1) = s2(l+1) \\ & i\,..\,j \lhd s1 \mapsto k\,..\,l \lhd s2 \;\in\; match \\ & \Rightarrow \\ & i\,..\,j+1 \lhd s1 \mapsto k\,..\,l+1 \lhd s2 \;\in\; match \end{array}$$

$$\begin{array}{ll} \forall i,j,k,l,n1,n2,s1,s2,m,p \cdot & i \in 1\,..\,n1 \\ & j \in 0\,..\,n1-1 \\ & k \in 1\,..\,n2 \\ & l \in 0\,..\,n2-1 \\ & s1 \in 1\,..\,n1 \rightarrow S \\ & s2 \in 1\,..\,n2 \rightarrow T \\ & m \in l\,..\,n2 \\ & left(p) = s1(j+1) \\ & right(p) \mapsto l+1\,..\,m \lhd s2 \;\in\; match \\ & i\,..\,j \lhd s1 \mapsto k\,..\,l \lhd s2 \;\in\; match \\ & \Rightarrow \\ & i\,..\,j+1 \lhd s1 \mapsto k\,..\,m \lhd s2 \;\in\; match \end{array}$$

最后，我们定义输入 *input*，它是一个大小为 s 的终结符号的序列，形式地：

$$s \in \mathbb{N}$$

$$input \in 1\,..\,s \rightarrow T$$

上面所有的建模组件都可以放入一个上下文。

如果下面条件成立，我们就说输入 *input* 被下面的语法识别：

$$right(axiom) \mapsto input \;\in\; match$$

很容易定义一步完成这一识别的初始机器，有关工作可以通过下面的事件完成：

```
parser
  when
    right(axiom) ↦ input ∈ match
  then
    r := TRUE
  end
```

这个项目的目标就是为上述分析器做一次完整的建模。

第一个精化包含 Earley 分析器的核心部分，为此我们要引进一个变量 *item*，它是如下定义的一个二元关系：

$$item \in (P \times \mathbb{N}) \leftrightarrow (\mathbb{N} \times \mathbb{N})$$

还有下面的不变式：

$$\begin{array}{ll} \forall p,k,i,j \cdot & (p \mapsto k) \mapsto (i \mapsto j) \in item \\ & \Rightarrow \\ & k \in 0 \,..\, size(p) \\ & i \in 0 \,..\, s \\ & j \in 0 \,..\, s \\ & i \leqslant j \\ & 1 \,..\, k \lhd right(p) \mapsto i+1 \,..\, j \lhd input \in match \end{array}$$

除了完成事件 parser 的精化，在第一个精化中，还需要加入三个新事件：分别称为 scanner、predictor 和 completer。

事件 scanner 加入一个新的“项”$(p \mapsto k+1) \mapsto (i \mapsto j+1)$，前提是$(p \mapsto k) \mapsto (i \mapsto j)$（这里 $k < size(p)$ 并且 $j < s$）已经保存，而且 $right(p)(k+1) = input(j+1)$ 成立。

事件 predictor 加入一个新的“项”$(q \mapsto 0) \mapsto (j \mapsto j)$，前提是$(p \mapsto k) \mapsto (i \mapsto j)$（这里 $k < size(p)$）已经保存，而且存在一个产生式 q 使得 $left(q) = input(p)(k+1)$ 成立。

事件 completer 加入一个新的“项”$(q \mapsto kp+1) \mapsto (ip \mapsto j)$，前提是$(p \mapsto size(p)) \mapsto (i \mapsto j)$（这里 $k < size(p)$ 并且 $j < s$）已经保存，$(q \mapsto kp) \mapsto (ip \mapsto i)$（这里 $kp < size(q)$）也已经保存，而且 $right(q)(kp+1) = left(p)$ 成立。

证明（首先非形式化地），借助于 *match* 的公理，这些事件都保持主要的不变式。精化事件 parser，正如所见，这样的第一个精化是高度非确定性的。

这一项目的目标是做几次精化，以便最终能得到一个顺序程序，它是有关分析器的一个高效的实现。

18.2.3 Schorr-Wait 算法

这个项目的目标是为 Schorr-Wait 算法[7]建立一个模型。

给定一个有穷的结点集合 N，这个集合上的一个二元关系 g（表示一个“图”，graph），以及一个特殊的结点 t（表示“顶”结点，top）。令 r 是 $\{t\}$ 在 g 的非自反传递闭包下的像集合，即 $g{:}r = \mathrm{cl}(g)[\{t\}]$。我们希望（用黑色）标记出 r 的所有元素。

定义一个初始机器完成工作，其中有一个“一步”标记完所有元素的事件 mark。

精化该机器，引入一个非确定性的事件 progress。初始时只有 t 是标记的。事件 progress 标记一个结点，如果这个结点与某个已标记的结点通过关系 g 关联。引进必要的不变式，并且精化事件 mark。

精化这个机器，让它以一种“深度优先”的方式工作。为此引进一个“当前”结点和一个栈，后者也就是一个线性表。给出栈的不变式性质。

假定图 g 是一个二度图，也就是说，每个结点最多通过两个部分函数 *left* 和 *right* 联系到两个结点。基于这一约束简化上面的机器。

继续精化工作，把栈临时性地保存在图中（这就是 Schorr-Wait 算法的核心）。

18.2.4 线性表封装

这一项目的目标是开发一个线性表“封装”[8]的模型。

给定一个有穷的结点集合 N。

我们定义一个初始机器，其中有一个这种结点的线性表。这个表可以通过下面的 $next$ 变量定义：

$$next \in N \rightarrowtail\!\!\!\!\!\rightarrow N$$

加入一些变量，以便把这一线性表定义得更精确。给出一些不变式性质。初始时这个表为空。

提供一些事件，它们可用于在这个表的开头、结尾或中间加入或者删除结点。对于最后一种事件，有可能使用 $next^{-1}$。

然后精化这一机器，使得在表的中间插入或删除结点都不使用 $next^{-1}$。

18.2.5 队列的并发访问

这一项目要求开发一个支持并发访问的队列的模型。这里使用的技术类似于第 7 章开发的技术。问题的完整描述见参考资料[9]，建议读者去看看那篇文章。

一个队列由一些结点组成，结点由称为 *Next* 的指针连接。队列的最后是一个称为 *Null* 的虚拟结点。队列的访问通过另外两个分别称为 *Head* 和 *Tail* 的指针进行。*Tail* 指针通常指向队列里位于 *Null* 之前的那个结点。当 *Head* 等于 *Tail* 时，我们就说这个队列是退化的。所有这些都可以在图 18.5 中看到。

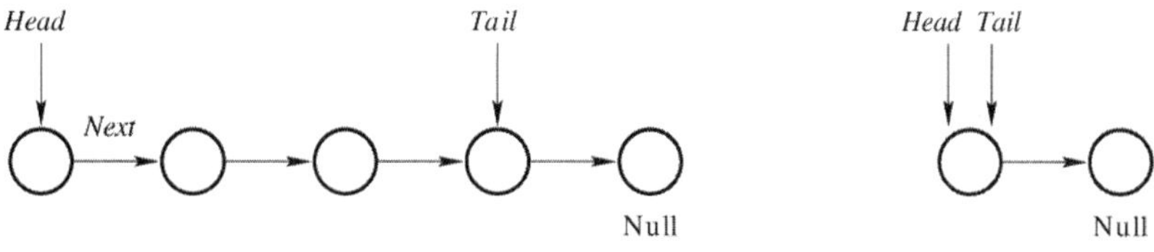

图 18.5 队列（正常的和退化的）

我们可以在队列上执行的操作包括：`Enqueue`、`Dequeue` 和 `Adapt`。这些操作用一个示例编程语言描述如下：

```
Dequeue
if Next ≠ Tail then
  Head := Next(Head)
end
```

```
Enqueue
  if Next(Tail) = Null then
    node := new_node;
    Next(node) := Null;
    Next(Tail) := node
  end
```

```
Adapt
  if Next(Tail) ≠ Null then
    Tail := Next(Tail)
  end
```

我们假定有几个进程需要并发地访问这个队列，它们将“同时”执行上面的操作，并不顾及其他进程的存在。在前面提到的文章里，你可以看到这些进程可以如何根据某些精确定义的原子性操作而相互中断。

请参照该文章里的描述，定义一个初始机器和它的几个精化。用 Rodin 平台完成全部证明工作。

18.2.6 几乎线性的排序

正常情况下，对 n 个项排序的期望时间正比于 $n \log n$。但是，在某些特定情景中，这一操作有可能在“几乎”正比于 n 的时间内完成。这一项目的目标就是开发一个几乎线性的排序算法的模型。

假定我们需要排序 n 个不同的数，其值恰好就是 1 到 n。图 18.6 所示的排序方法显然是线性的：简单地把每个数 i 放到第 i 个位置。

现在假定我们要对 n 个不同的数排序，其值域是 1 到 m，这里的 m 略微大于 n。例如图 18.7 中的情况，这里的 n 是 5 而 m 是 7。我们可以设想，现在有 m 与 n 之间的差不太大的假设，这个假设有可能帮助我们设计出一种几乎线性的算法。这一想法也很容易理解，我们已经知道，当 n 和 m 相同时排序只需要线性时间，n 和 m 之间很小的差别，不应该突然就带来了排序时间的巨大差异。

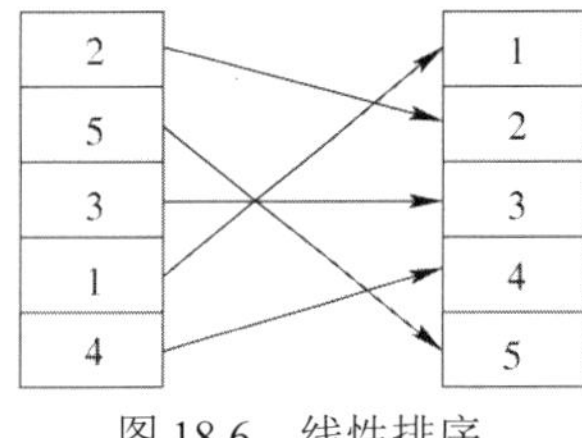

图 18.6 线性排序

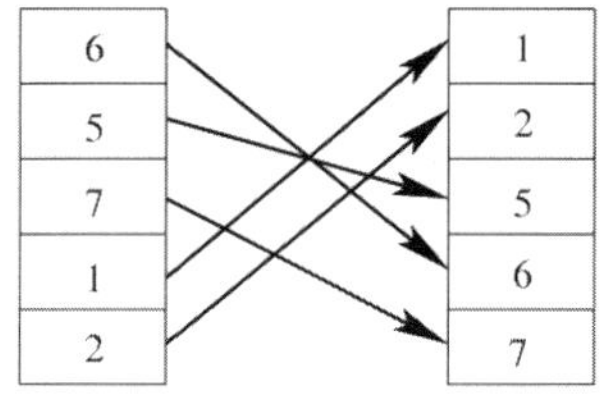

图 18.7 几乎线性排序

首先定义一个上下文，引进 n、m 和被排序的数组 f：

$$n > 0$$

$$m > 0$$

$$f \in 1\,..\,n \rightarrowtail 1\,..\,m$$

定义初始机器，一步完成排序工作。为此我们定义一个变量数组 g，它是一个从 $1\,..\,n$ 到 $1\,..\,m$ 的函数。再定义事件 `sort` 和一个预期事件 `progress`，如下所示：

```
sort
  any  h  where
    h ∈ 1 .. n → 1 .. m
    ran(h) = ran(f)
    ∀i · i ∈ 1 .. n − 1 ⇒ h(i) < h(i + 1)
  then
    g := h
  end
```

```
progress
  status
    anticipated
  begin
    g :∈ 1 .. n → 1 .. m
  end
```

精化初始机器。在这里引进一个变量 k，让它从 $0 .. m$ 中取值，还有另一个变量 l 从 $0 .. n$ 取值。初始时，这两个变量都设置为 0。作为不变式，我们断言数组 g 中从 1 到 l 的部分是排序的，$g[1 .. l]$ 的像集等于 $\mathrm{ran}(f) \cap 1 .. k$，还有，$\mathrm{dom}(f \rhd 1 .. k)$ 正好等于 l。精化抽象的事件，把预期事件 `progress` 分裂为两个事件，让得到的事件都成为 `convergent` 的。请证明这一精化。

再做另一个精化，加入事件 `scan`，它构造一个从 $1 .. m$ 到 BOOL 的布尔数组 r，其中我们最后要有 $r(x)$ 是 TRUE 当且仅当 x 在 f 的值域中。证明这一精化。做一次动画演示。这一排序算法的时间正比于 $m + n$，当 n 和 m 几乎相等时大致等于 $2n$。

18.2.7 终止性检查

这个小项目的目标是开发 Dijkstra-Scholten 终止检查[12]算法的一个简单模型。

给定一集进程 P，这些进程中的一个子集正在**休眠**。本算法的目标就是确定是否所有进程都在休眠。

定义一个上下文，内有进程的集合 P。定义一个初始机器，其中有变量 *sleeping* 和布尔变量 d。变量 d 的值为 TRUE 蕴涵着所有进程都在休眠：

$$d = \mathrm{TRUE} \;\Rightarrow\; sleeping = P$$

这个机器有三个事件：`awake`、`make_sleep` 和 `detection`。最后一个如下：

```
detection
  when
    sleeping = P
  then
    d := TRUE
  end
```

在这个版本里，考虑的就是整个的进程集合。我们可能希望有一个更经济的版本，其中只考虑一个进程。

我们扩充初始的上下文，引进一个特殊的常量进程 r，假定它总是在休眠。假定所有未休眠进程都在以 r 为根的一棵动态树中。这棵树也可能包含了一些休眠的进程，但如果这种进程是树叶就会被删除。为此，我们引进另一个事件 `shrink`，删除树中休眠的树叶。这棵树通过一个函数 f 定义如下（9.7.7 节）：

$$f \;\in\; P \setminus \{r\} \twoheadrightarrow \mathrm{dom}(f) \cup \{r\}$$

还有常用的树性质：

$$\forall S \cdot S \subseteq f^{-1}[S] \;\Rightarrow\; S = \varnothing$$

事件 `detection` 精化后的卫变成：

$$r \notin \mathrm{ran}(f)$$

换句话说，树的根没有子结点。请完成并证明这一精化的机器。

18.2.8 分布式互斥

假定我们有一些进程，它们正在并行地运行。而在此期间，不断会有其中的一些进程希望以**排他**的方式访问一个特定的“资源”（这种资源的具体性质并不重要）。我们希望开发出一个模型来处理这一约束。

我们考虑的进程是一个固定的进程集合 P 的所有成员，假定每个进程 x 都在永无止境地在下面三个阶段上循环运行。

- x 在所谓的**非临界区**（non-critical section）——不使用也不希望使用有关资源。
- x 在**前临界区**（pre-critical section）——对应于这个进程希望访问该资源。这时该进程需要与其他进程竞争，那些进程也处于前临界区，等待着被允许进入临界区。而在临界区里，另一个进程正在排他性地获得了我们所关注的资源。
- x 在**临界区**（critical section）——它正在使用有关资源。

我们将用图 18.8 所示的三个事件表示这三个阶段之间的转换。

- 事件 `ask` 对应于从非临界区到前临界区的转换；
- 事件 `enter` 对应于从前临界区到临界区的转换；
- 事件 `leave` 对应于从临界区到非临界区的转换。

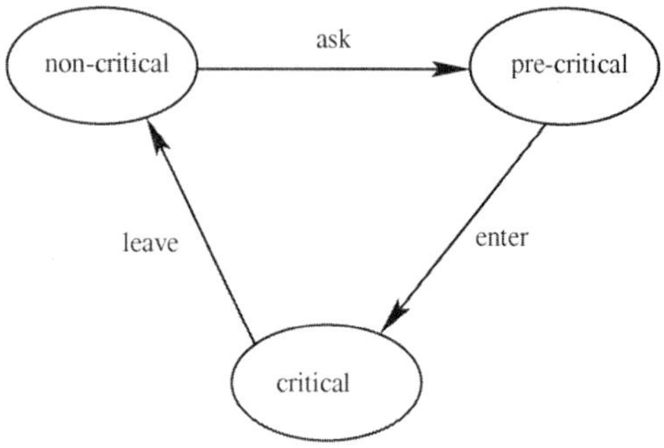

图 18.8 三个阶段之间的转换

这个问题有如下三个基本约束。

- 一个进程，假定位于非临界区，**绝不应该阻塞**那些正在前临界区的进程——这就排除了任何让每个进程按预先给定的顺序访问资源的解决方案。
- 一个进程**绝不应该永远等待**在前临界区——这一约束鼓励那些实现了进程之间的某种动态重排序的解决方案。
- 临界区包含**至多一个进程**——这是最基本的互斥性质。

我们定义一个初始机器。用一个集合变量 p 来形式化地包含正在前临界区里的那些进程，**以及正在临界区里的那个进程**。正在临界区里的进程集合用另一变量 c 标出。这些用不变式 **inv0_1** 和 **inv0_2** 表示。临界区里至多有一个进程（**inv0_3**）：

inv0_1： $p \subseteq P$

inv0_2： $c \subseteq p$

inv0_3： $c \neq \varnothing \Rightarrow \exists x \cdot c = \{x\}$

我们再定义一个变量 r，它维持着一个先行关系，可能联系起进程集合 P 的成员和前临界区中进程集合 p 的成员，但是除去位于临界区的进程（如果存在的话）。当一个对偶 x, y 属于 r 时，就意味着 x 不能先于 y 进入临界区（也就是说，y 应该先于 x 进入临界区）。要求 y 先于 x 的原因是，当 x 前次在临界区时，y 已经在前临界区里等待了。这样，如果 x 再次进入前临界区，那么，允许它比 y 先进入临界区就是不公平的。如果允许这种情况出现，y

就有可能被无限地阻塞在前临界区。显然，r 必须是一个严格的偏序，也就是说，如果 z 先于 y 而 y 先于 x，那么 z 就应该先于 x（否则就有出现死锁的危险），而且 x 不能被其自身先于。这些可以形式化为：

$$\mathbf{inv0\_4}: \ r \in P \leftrightarrow p \setminus c$$

$$\mathbf{inv0\_5}: \ r \,;r \subseteq r$$

$$\mathbf{inv0\_6}: \ r \cap r^{-1} = \varnothing$$

我们的初始机器的三个事件是：

ask
  any x **where**
    $x \in P \setminus p$
  then
    $p := p \cup \{x\}$
  end

enter
  any x **where**
    $x \in p$
    $c = \varnothing$
    $x \notin \mathrm{dom}\,(r)$
  then
    $c := \{x\}$
    $r := r \rhd\!\!\!\!- \{x\}$
  end

leave
  any x **where**
    $x \in c$
  then
    $c := \varnothing$
    $p := p \setminus \{x\}$
    $r := r \ \cup \ \{x\} \times (p \setminus \{x\})$
  end

有关上面的事件的卫的若干注释为：进程 x 可以执行 `ask` 的条件是它目前不在前临界区。进程 x 可以执行 `enter` 的条件是它已经在前临界区，当时的临界区为空，而且没有任何其他进程先于 x（也就是说，x 不在先行关系 r 的定义域里）。最后，进程 x 可以执行 `leave` 的条件是它正在临界区里。

注意，在执行事件 `leave` 时，当时的前临界区里可能存在多个并不被其他进程在先的候选进程（注意，r 只是一个偏序），这时就出现了明显的非确定性。

当一个进程 x 进入临界区时（事件 `enter`），所有形式为 $y \mapsto x$ 的进程对偶都应该从 r 中删除，因为 x 现在位于临界区，它已经不应该先于任何其他进程了。对关系 r 的另一个修改出现在一个进程离开临界区的时候（事件 `leave`），所有当时正在前临界区的进程都应该先于离开临界区的这个进程 x。

证明这一初始模型。

一种特定互斥算法的开发，可能是通过用某个更具体的关系来实现关系 r，这时，我们只需要该关系比 r 更弱（也就是说，包含更多对偶）。这样，这种具体关系的作用域就包含 r 的作用域。作为这种想法的推论，我们将能把事件 `enter` 的卫 $x \notin \mathrm{dom}(r)$ 替换为更强的“x 不在该具体关系的作用域里”。这是因为，如果进程 x 不在该具体关系的作用域里，那么它就必定不在 r 的作用域里。

在第一个精化的开发之前，我们先扩充初始的上下文（其中定义了进程的集合 P）。在这一扩充里，我们让所有进程形成一个环，在这里，可以使用 9.7.5 节描述的“环”的定义。这个环定义为进程之间的一个双射 n。你还可能证明有关环的一些有趣引理。特别地，你需要拷贝对于环中两个结点 a 和 b 的有关区间 $itv(a \mapsto b)$ 的定义。

在这个精化中，我们删除变量 r，用另一个变量 w“取代”它，其值就是一个进程。更精确些，w 或者就是在临界区的进程，或者（在临界区空时）是前面最近在临界区的那个进程。变量 r 和 w 之间的连接不变式如下：

$$\forall x, y \cdot x \mapsto y \in r \;\Rightarrow\; y \in p \;\wedge\; x \neq y \;\wedge\; y \in itv(n(w) \mapsto x)$$

图 18.9 显示了这里的情况。另一个不变式说 w 不在 r 的值域中。请精化三个事件。

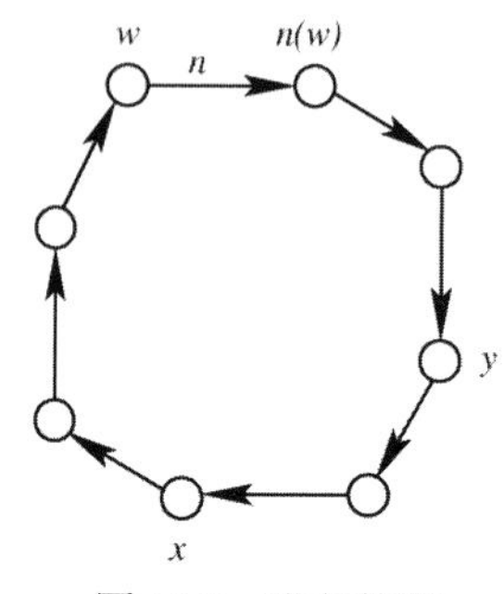

图 18.9 进程的环

开发进一步的精化，定义一个关注事件 `enter` 的循环。

18.2.9 电梯

下面给出一个电梯系统的非形式化描述。这一描述相当笨拙，写得也很差。在有些地方，某些基本需求可能被忽视了（可能是认为它们太明显）。这些都是有意的，这些情况都反映了在实践中遇到的用户需求文档的平均水平。

这一电梯系统由下面几个部分组成：

- 一个电梯
- 电梯的门
- 缆绳和使电梯运动的电动机
- 检查电梯已经到达各个楼层的传感器
- 一个电动机负责开门和关门
- $N+1$ 层
- 在各层呼叫电梯的按钮
- 在电梯里选楼层的按钮
- 控制整个系统的控制器
- 各种设备之间的连线

为使用户知道系统确认了他们的需求，每个按钮都附有一个小灯。当用户按下一个按钮时，相应的小灯亮起。相反，一旦需求得到满足，小灯就熄灭。

每个楼层有两个按钮（针对电梯的每个运行方向有一个按钮），除非只需要一个按钮。在电梯里有恰好 $N+1$ 个按钮，每个按钮对应于一个楼层。

最后，为了防止意外事故，电梯只能在门电机已经向关门方向工作之后才能运行，以防用户在电梯运行中开门。

控制器的输入是：

- 缆绳电动机的状态（卷进、卷出或停止）
- 门电动机的状态（开、关或停止）
- 楼层传感器的状态（电梯已经到达的楼层数，或者 –1 表示电梯在两个楼层之间，楼层数从 0 到 N）
- 门传感器的状态（完全打开、半开情况，或者关闭）
- 按钮的状态（按下或没有：布尔值）

控制器的输出是：

- 给缆绳电动机的命令（卷进、卷出或停止）
- 给门电动机的命令（开、关或停止）
- 给按钮灯的命令（开或关：布尔值）

除了上面描述外，你需要写出一个清晰的需求文档，应使用下面的分类需求：

- `EQP` 针对设备
- `FUN` 针对功能
- `SAF` 针对安全性

请继续这一项目，提出有关的精化策略，并通过几次精化开发相应的模型。

18.2.10 业务交易协议

这个项目的目标是构造出一个业务交易协议[11]的模型。这里的想法也是使用在第 3 章中展示的**设计模式**技术。

这一协议用于确定一个买方和一个卖方之间的谈判结果，交易可能有下面几种结果。

- 两方最后达成了一个合约，同意卖方以确定的价格把确定数量的产品卖给买方。请注意，有关的产品、数量和价格，在这里都抽象为在两方之间交换的一个 INFO 包。
- 两方可能结束交易而没有成功地得到一个合约。
- 无论结果为何（达成合约或没有达成），买方总可以取消这一交易。

这一协议分为 4 个阶段：**初始阶段**、**自由博弈阶段**、**最终提议阶段**和**结束阶段**。

- 在初始阶段，买方启动一次交易并送给卖方一个提议。
- 卖方收到初始提议后，协议进入自由博弈阶段。在这第二个阶段，买方和卖方都可以以完全异步的方式提出自己的反提议，或者接受另一方的提议。在这个阶段，任何一方的接受或者反提议都不是最终的。
- 最后提议阶段由买方启动，这时买方需要让卖方明白，送去的这个提议是最后一个。卖方可以接受它或者拒绝它，但不能送回反提议。
- 在结束阶段，买方发送一个结束消息，卖方送回一个确认消息。

在前三个阶段中，买方都可以随时取消这一交易，卖方收到了这个消息时需要确认。这一操作立即将交易协议转到结束阶段。

当买方或卖方发送反提议时，必须在相应消息里明确说明它是针对对方的哪个提议。

假定买方和卖方之间的消息信道是不可靠的，发送的消息可能丢失、被拷贝，而且不一定以发送者发送的顺序到达目的地。

使用设计模式来处理消息的发送、对一个消息的响应，或处理这两件事。以一种系统化的方式使用这些设计模式，模拟这一协议中的各个阶段。

不要以平坦的方式做这一模拟，采用一些精化来构造你的形式化模型。不要忘记写出尽可能精确的需求文档，以及采用的精化策略。

18.3 数学的开发

18.3.1 良构集合和关系

特征性质 给定集合 S，构造在 S 上一个二元关系 r 是**良构的**，如果从 S 里的任何元素 x 出发，通过 r 构造出的任何路径都是有穷的。如果存在基于关系 r 构造的无穷路径，r 就不是良构的。S 的一个子集 p 包含无穷路径，如果对 p 中任何一点 x，都存在 p 中一点 y 通过 r 关联于 x，形式化地：

$$\forall x \cdot x \in p \;\Rightarrow\; (\exists y \cdot y \in p \;\wedge\; x \mapsto y \in r):$$

这也就是：

$$p \;\subseteq\; r^{-1}[p].$$

因为空集总具有这样的性质，因此我们可以这样定义良构关系 r：仅有的满足上述性质的子集是空集：

$$\boxed{\forall p \cdot p \;\subseteq\; r^{-1}[p] \;\Rightarrow\; p = \varnothing} \tag{1}$$

良构关系 r 的另一个特征性质是，S 的每个非空子集都有一个 r-最小元素，形式地：

$$\boxed{\forall p \cdot p \neq \varnothing \;\Rightarrow\; \exists x \cdot x \in p \;\wedge\; (\forall y \cdot y \in p \;\Rightarrow\; x \mapsto y \notin r)} \tag{2}$$

请证明（1）和（2）等价。

归纳原理 给定构造在一个集合 S 上一个良构关系 r，我们可以定义一个广义归纳原理如下：

$$\boxed{\forall q \cdot (\forall x \cdot r[\{x\}] \subseteq q \;\Rightarrow\; x \in q) \;\Rightarrow\; S = q} \tag{3}$$

请证明（1）和（2）蕴涵（3）。

证明良构性 我们现在给出几个证明良构性的结果。

如果构造在集合 S 上的一个关系 b 是良构的，那么包含在 b 里的任何关系 a 也是良构的，形式化地：

$$\begin{array}{l} \forall p \cdot p \subseteq b^{-1}[p] \;\Rightarrow\; p = \varnothing \\ a \subseteq b \\ \Rightarrow \\ \forall p \cdot p \subseteq a^{-1}[p] \;\Rightarrow\; p = \varnothing \end{array} \qquad (4)$$

请证明（4）。

作为一个更一般的结果，假设我们有一个构造在集合 T 上的良构关系 b，还有一个从另一集合 S 到 T 的全的二元关系v。对于构造在 S 上的一个二元关系 a，如果 $v^{-1}\,;a \subseteq b\,;\,v^{-1}$ 成立，那么 a 就是良构的，形式地：

$$\begin{array}{l} \forall p \cdot p \subseteq b^{-1}[p] \;\Rightarrow\; p = \varnothing \\ v \in S \leftrightsquigarrow T \\ v^{-1}\,;a \subseteq b\,;v^{-1} \\ \Rightarrow \\ \forall p \cdot p \subseteq a^{-1}[p] \;\Rightarrow\; p = \varnothing \end{array} \qquad (5)$$

请证明（5）。性质（5）的一个特殊情况是，当 v 是从 S 到 T 的全函数时，形式地：

$$\begin{array}{l} a \in S \leftrightarrow S \\ b \in T \leftrightarrow T \\ v \in S \rightarrow T \\ \forall x, y \cdot x \mapsto y \in a \;\Rightarrow\; v(x) \mapsto v(y) \in b \\ \Rightarrow \\ v^{-1}\,;a \;\subseteq\; b\,;v^{-1} \end{array} \qquad (6)$$

请证明（6）。

自然数上的关系“<”是良构的，形式地：

$$\begin{array}{l} \forall x, y \cdot x \in \mathbb{N} \;\wedge\; y \in \mathbb{N} \;\Rightarrow\; x \mapsto y \in b \;\Leftrightarrow\; y < x \\ \Rightarrow \\ \forall q \cdot q \subseteq b^{-1}[q] \;\Rightarrow\; q = \varnothing \end{array} \qquad (7)$$

请证明（7）。把（6）和（7）放在一起，我们就得到了：

$$\begin{array}{l} a \in S \leftrightarrow S \\ v \in S \rightarrow \mathbb{N} \\ \forall x, y \cdot x \mapsto y \in a \;\Rightarrow\; v(y) < v(x) \\ \Rightarrow \\ \forall a \cdot a \subseteq p^{-1}[a] \;\Rightarrow\; a = \varnothing \end{array} \qquad (8)$$

请证明性质（8）。

18.3.2 不动点

定义 给定一个集合 S 和从 $\mathbb{P}(S)$ 到其自身的一个全函数 f:

$$f \in \mathbb{P}(S) \to \mathbb{P}(S).$$

我们希望构造出 S 的一个子集 $fix(f)$，使下面的性质成立：

$$fix(f) = f(fix(f))$$

下面是我们对 $fix(f)$ 提出的一个定义：

$$\boxed{fix(f) \;=\; \text{inter}(\{s \mid f(s) \subseteq s\})} \qquad (9)$$

请证明这个定义是良好定义的。

性质 现在考虑两个有用的引理。首先，$fix(f)$ 是集合 $\{s \mid s \subseteq f(s)\}$ 的一个下界，形式地：

$$\boxed{\forall s \cdot f(s) \subseteq s \;\Rightarrow\; fix(f) \subseteq s} \qquad (10)$$

其次，$fix(f)$ 是这个集合的最大下界，形式地：

$$\boxed{\forall v \cdot (\forall s \cdot f(s) \subseteq s \;\Rightarrow\; v \subseteq s) \;\Rightarrow\; v \subseteq fix(f)} \qquad (11)$$

请证明（10）和（11）。

Knaster 和 Tarski 定理说，$fix(f)$ 确实是不动点的条件是函数 f 单调：

$$\boxed{\begin{array}{l} \forall a, b \cdot a \subseteq b \;\Rightarrow\; f(a) \subseteq f(b) \\ \Rightarrow \\ fix(f) = f(fix(f)) \end{array}} \qquad (12)$$

请证明（12）。进一步说，$fix(f)$ 是最小不动点：

$$\boxed{\forall t \cdot t = f(t) \;\Rightarrow\; fix(f) \subseteq t} \qquad (13)$$

请证明（13）。

可以对如下定义的**最大不动点** $FIX(f)$ 得到类似的结果：

$$\boxed{FIX(f) \;=\; \text{inter}(\{s \mid s \subseteq f(s)\})} \qquad (14)$$

令 $dual$ 是下面的函数：

$$dual \in (\mathbb{P}(S) \to \mathbb{P}(S)) \to (\mathbb{P}(S) \to \mathbb{P}(S))$$

$$\forall f, x \cdot dual(f)(x) = S \setminus f(S \setminus x).$$

请证明：

$$FIX(f) = S \setminus fix(dual(f)).$$

18.3.3 递归

给定两个集合 S 和 T，构造在 S 上的一个良构关系 r，以及一个如下的函数 g：

$$g \in (S \leftrightarrow T) \to T.$$

我们希望构造一个从 S 到 T 的具下面性质的全函数 f：

$$f \in S \to T$$

$$\forall x \cdot x \in T \;\Rightarrow\; f(x) = g(r[\{x\}] \lhd f).$$

换一个说法，函数 f 在 x 的值依赖于它在集合 $r[\{x\}]$ 的所有点上的值。首先，我们定义一个函数 img：

$$img \in S \to \mathbb{P}(S)$$

$$\forall x \cdot x \in S \;\Rightarrow\; img(x) = r[\{x\}].$$

第二步，我们定义函数 res：

$$res \in (S \leftrightarrow T) \to (\mathbb{P}(S) \leftrightarrow (S \to T))$$

$$\forall p \cdot p \in S \leftrightarrow T \;\Rightarrow\; res(p) = \{a \mapsto h \,|\, h \in a \to T \;\wedge\; h \subseteq a \lhd p\}.$$

第三步，我们定义函数 $genf$：

$$genf \in (S \leftrightarrow T) \to (S \leftrightarrow T)$$

$$\forall p \cdot p \in S \leftrightarrow T \;\Rightarrow\; genf(p) = img \,;\, res(p) \,;\, g.$$

请证明函数 $genf$ 是单调的。现在我们定义 f 为如下的二元关系：

$$f \;=\; fix(genf).$$

请证明：

$$\forall z \cdot z \in S \;\Rightarrow\; \{z\} \lhd f \in \{z\} \to T.$$

提示：利用良构关系 r 定义的良构的归纳原理。由此证明：

$$f \in S \to T.$$

最后，证明：

$$\forall x \cdot x \in S \;\Rightarrow\; f(x) = g(r[\{x\}] \lhd f).$$

18.3.4 传递闭包

给定集合 S 和构造在 S 上的二元关系 r，我们定义函数 f：

$$f \in (S \leftrightarrow S) \to (S \leftrightarrow S)$$

$$\forall s \cdot s \in S \leftrightarrow S \;\Rightarrow\; f(s) = r \cup (s \,;\, r)$$

请证明 f 单调。现在定义：

$$\mathsf{cl}(r) = fix(f)$$

请证明下面的性质：

$$r \subseteq \mathsf{cl}(r)$$

$$\mathsf{cl}(r)\,;r \subseteq \mathsf{cl}(r)$$

$$\forall s \cdot r \subseteq s \;\wedge\; s\,;r \subseteq s \;\Rightarrow\; \mathsf{cl}\,(r) \subseteq s$$

$$\mathsf{cl}(r)\,;\mathsf{cl}(r) \subseteq \mathsf{cl}(r)$$

$$\mathsf{cl}(r) = r \cup \mathsf{cl}(r)\,;r$$

$$\mathsf{cl}(r) = r \cup r\,;\mathsf{cl}(r)$$

$$\mathsf{cl}(r^{-1}) = \mathsf{cl}(r)^{-1}$$

18.3.5 过滤器和超过滤器

给定集合 S。一个过滤器 f 是一个以 S 的子集为元素的集合，满足：

- 如果 A 属于 f，那么 A 的所有超集 B 也都属于 f；
- 如果两个集合 C 和 D 属于 f，那么它们的交也是；
- S 属于 f；
- 空集不属于 f。

这样，构造在 S 上的所有过滤器的集合 *filter* 可以如下定义：

$$\begin{array}{lll} filter & = & \{f \mid (\forall A, B \cdot A \in f \;\wedge\; A \subseteq B \;\Rightarrow\; B \in f) \;\wedge \\ & & \quad (\forall C, D \cdot C \in f \;\wedge\; D \in f \;\Rightarrow\; C \cap D \in f) \;\wedge \\ & & \quad S \in f \;\wedge \\ & & \quad \varnothing \notin f\} \end{array}$$

一个超过滤器也是一个过滤器，但是不存在比它更大的过滤器。超过滤器的集合 *ultra* 可以定义如下：

$$ultra \;=\; \{f \mid f \in filter \;\wedge\; \forall g \cdot g \in filter \;\wedge\; f \subseteq g \;\Rightarrow\; g = f\}.$$

超过滤器的一个主要性质就是：

$$\forall f, M, N \cdot f \in ultra \;\wedge\; M \cup N \in f \;\Rightarrow\; M \in f \;\vee\; N \in f.$$

请证明这个性质。提示：采用反证法，而后用集合 $\{X \mid M \cup X \in f\}$ 实例化下面的谓词里的 g：

$$\forall g \cdot g \in filter \;\wedge\; f \subseteq g \;\Rightarrow\; g = f$$

18.3.6 拓扑

拓扑可以用一些不同的等价方法定义。我们想研究一下这个问题，并且证明一些不同定义的等价性。

定义 给定了一个集合 S，构造在 S 上的一个拓扑空间就是以 S 的子集为元素的一个集合 O，它满足下面几个条件，这里 O 的成员被称为是**开的**：

- O 中两个集合的交集也在 O 中；
- O 的任一子集的广义并集也在 O 中；
- 空集 $\varnothing$ 属于 O；
- 集合 S 属于 O。

一个集合是**闭的**，如果它是一个开集的补集。令 C 是闭集的集合，请证明：

- C 中两个集合的并集也在 C 中；
- C 的任一子集的广义交集也在 C 中；
- 空集 $\varnothing$ 属于 C；
- 集合 S 属于 C。

请证明一个拓扑可以用闭集的集合 C 等价地公理化。

一个集合是 S 中点 x 的一个**邻域**，如果它包含了某个以点 x 为成员的开集。请从一本数学书里找出邻域的一些性质，并证明它们。请证明拓扑可以通过邻域来定义。

内部、闭包和边界 给定了构造在集合 S 上的一个拓扑，下面是几个定义：

- 集合 X 的**内部**是所有以 X 为其邻域的点 $x\in X$ 的集合；
- 集合的闭包是所有点 $x\in X$ 的集合，条件是 x 的邻域与 X 有公共元素；
- 集合 X 的边界是 X 的闭包与 $S\setminus X$ 的交集。

证明下面的性质：

- 集合 X 的内部是所有包含在 X 里的开集的并；
- 一个开集就是一个等于其内部的集合；
- 两个集合的交集的内部就是它们的内部的交集；
- 一个内部的内部就是这个内部；
- 一个闭包的闭包就是这个闭包；
- 一个集合 X 的闭包的补集就是其补集的内部；
- 一个闭集就是一个等于其闭包的集合；
- 一个集合的闭包是 X 与 X 的边界的并集；
- 一个集合的内部与其边界的交集为空。

连续函数 给定分别构造在集合 S 和 T 上的两个拓扑空间。为了简单起见，我们取 S 和 T 为同一个集合。

从 S 到 T 的一个全函数称为是连续的，如果对 S 的所有点 x 以及 $f(x)$ 的所有邻域 n，存在 x 的一个邻域 m，使得 m 包含在 n 在 f 下的逆像中。

请证明从 S 到 T 的全函数 f 的如下性质（注意，这些性质的循环性意味着它们都等价）：

- 如果 f 是连续的，那么对于 S 的所有子集 a，a 的闭包在 f 下的像集包含在 a 在 f 下的像集的闭包里；
- 如果 f 连续，且对 S 的所有子集 a，a 的闭包在 f 下的像集包含在 a 在 f 下的像集的闭包里，那么任一闭集在 f 下的逆像也是闭的；
- 如果任一闭集在 f 下的逆像也是闭的，那么任一开集在 f 下的逆像也是开的；
- 如果任一开集在 f 下的逆像也是开的，那么 f 连续。

请给出三个拓扑空间，证明连续函数的复合也是连续的。

18.3.7 Cantor-Bernstein 定理

给定两个集合 S 和 T，以及两个全的内射函数 f 和 g：

$$f \in S \rightarrowtail T$$

$$g \in T \rightarrowtail S.$$

再分别给定 S 和 T 的两个子集 x 和 y，满足：

$$f[x] = T \setminus y$$

$$g[y] = S \setminus x.$$

请证明：

$$(x \lhd f) \cup (y \lhd g)^{-1} \in S \rightarrowtail\!\!\!\!\rightarrow T.$$

再证明：

$$\forall a, b \cdot a \subseteq b \;\Rightarrow\; S \setminus g[T \setminus f[a]] \subseteq S \setminus g[T \setminus f[b]].$$

从上面的性质，推导出 Cantor-Bernstein 定理：

$$\begin{array}{l} \exists f \cdot f \in S \rightarrowtail T \\ \exists g \cdot g \in T \rightarrowtail S \\ \Rightarrow \\ \exists h \cdot h \in S \rightarrowtail\!\!\!\!\rightarrow T. \end{array}$$

18.3.8 Zermelo 定理

良序的迁移 给定两个集合 S 和 T，以及构造在 T 上的一个良序 q，形式地：

$$q \in S \leftrightarrow T$$

$$\mathrm{id} \subseteq q$$

$$q \cap q^{-1} \subseteq \mathrm{id}$$

$$q \,;q \subseteq q$$

$$\forall B \cdot B \neq \varnothing \;\Rightarrow\; \exists y \cdot y \in B \;\wedge\; B \subseteq q[y].$$

令 f 是从 S 到 T 的一个全内射函数：

$$f \in S \rightarrowtail T.$$

请证明关系 $f\,;q\,;f^{-1}$ 是集合 S 上的一个良序。

证明 Zermelo 定理[13]的策略 我们希望证明，任何一个集合 S 都可以被良序，这就是 Zermelo 定理。完成这一证明的基本思想如下：

- 定义一个集合 T；
- 构造出 T 上的一个良序；

- 构造出从 S 到 T 的一个全内射函数 f。

如果成功完成这些，那么，根据上面结果，集合 S 可被良序。

构建集合 T 和良序 q 集合 T 是 S 的子集的一个集合：

$$T \subseteq \mathbb{P}(S).$$

令 q 是构造在 T 上的集合包含关系：

$$\forall a, b \cdot a \in T \ \wedge \ b \in T \ \Rightarrow \ (a \mapsto b \in q \ \Leftrightarrow \ a \subseteq b).$$

进一步假定：

$$\forall A \cdot A \subseteq T \ \wedge \ A \neq \varnothing \ \Rightarrow \ \text{inter}(A) \in A. \qquad \textbf{假设 1}$$

请证明关系 q 在假设 1 下是 S 的良序。

定义 S 到 T 的全内射 定义 f 为从 S 到 T 的全函数：

$$f \in S \to T.$$

它具有如下性质：

$$\forall z \cdot z \in S \ \Rightarrow \ f(z) = \text{union}(\{x \mid x \in T \ \wedge \ z \notin x\}).$$

为了证明 f 是一个内射，我们需要有关 S 和 T 的更多假设。首先，我们需要，对于 T 的任何子集 A：

$$\forall A \cdot A \subseteq T \ \Rightarrow \ \text{union}(A) \in T \qquad \textbf{假设 2}$$

其次，我们假设 S 被安排了一个**选择函数** c，定义如下：

$$c \in \mathbb{P}1(S) \to S$$
$$\forall A \cdot A \subseteq S \ \wedge A \neq \varnothing \ \Rightarrow \ c(A) \in S. \qquad \textbf{假设 3}$$

现在我们定义 $\mathbb{P}(S)$ 上的一个全函数 n（表示下一个，next）如下：

$$n \in \mathbb{P}(S) \to \mathbb{P}(S).$$

满足下面的性质：

$$\begin{cases} n(S) = S \\ \forall A \cdot A \subseteq S \ \wedge A \neq S \ \Rightarrow \ n(A) = A \cup \{c(S \setminus A)\} \end{cases}.$$

再次，我们假定 n 在 T 下是闭的：

$$\forall x \cdot x \in T \ \Rightarrow \ n(x) \in T. \qquad \textbf{假设 4}$$

请证明在这 4 个假设下，f 是一个内射。

根据我们已经完成的工作，集合 S 在上面 4 个假设下是良序的。我们的下一步工作是给集合 T 更多的结构，使得假设 1、2、4 可以证明。假设 3 将继续为未证明的。换一种说法，集合 S 需要安排一个类似 c 的选择函数，以便被证明为良序的。

给集合 T 更多结构 定义 $\mathbb{P}(S)$ 上的一个函数 $Union$ 如下：

$$Union \in \mathbb{P}(\mathbb{P}(S)) \to \mathbb{P}(\mathbb{P}(S))$$
$$\forall A \cdot A \subseteq \mathbb{P}(S) \ \Rightarrow \ Union(A) = \text{union}(A).$$

我们再定义 $\mathbb{P}(S)$ 上的另一个函数 g 如下：

$$g \in \mathbb{P}(\mathbb{P}(S)) \to \mathbb{P}(\mathbb{P}(S))$$

$$\forall A \cdot A \subseteq \mathbb{P}(S) \;\Rightarrow\; g(A) = n[A] \cup Union[\mathbb{P}(A)].$$

我们假设：

$$g(T) \subseteq T.$$

请证明假设 2 和假设 4。进一步地，我们假设下式成立：

$$\forall x, y \cdot x \subseteq y \;\vee\; y \subseteq x. \qquad \text{假设 } \mathbf{5}$$

请证明假设 1。剩下的就是证明假设 5。为此我们假设 T 是函数 g 的最小不动点：

$$T = fix(g)$$

请证明 g 是**单调的**（所以，这里可以用 Tarski 定理）。最后证明假设 5。提示：使用 18.3.2 节的性质（10）。这样就完成了 Zermelo 定理的证明：任何安排了一个选择函数的集合，都是可良序的。

18.4 参考资料

[1] D Gries. The Science of Programming. Springer Verlag, 1981.

[2] B Fraikin, M Frappier, and R Laleau. State-Based versus Event-Base Specifications for Information Systems: a Comparison of B and EB3 . Software and Systems Modeling, 2005.

[3] G Berry. Private Communication, 2008.

[4] D Jackson. Software Abstractions: Logic, Language, and Analysis. MIT Press, 2006.

[5] T Nipkow. Verifying a Hotel Key Card System. ICTAC, 2006.

[6] J Earley. An Efficient Context-free Parsing Algorithm. CACM, 1970

[7] H Schorr and W Waite. An Efficient Machine Independent Procedure for Garbage Collection in Various List Structures. CACM, 1967.

[8] K Robinson Private Communication, 2008.

[9] J R Abrial and D Cansell. Formal Construction of a Non-blocking Concurrent Queue Algorithm (a Case Study in Atomicity) J. UCS, 2005.

[10] N Lynch. Distributed Algorithms. Morgan Kaufmann Publishers, 1996.

[11] S Wieczorek, A Roth, A Stefanescu, and A Charfi. Precise Steps for Choreography Modeling for SOA Validation and Verification. Proceedings of the Fourth IEEE International Symposium on Service-Oriented System Engineering, 2008.

[12] E W Dijkstra and C S Scholten. Termination Detection for Diffusing Computations. Information Processing Letters, 1980.

[13] J R Abrial, D Cansell, and G Lafitte. Doing Higher-order Mathematics in B, 2005.